누구나 합격할 수 있는 방법, 동일출판사와 함께 하는 것.

54년간 전기만을 연구해 온 최고의 집필진이 만든책!
동일출판사와 함께 합격의 기쁨을 누리시길 기원합니다.

수험서의 기준을 만듭니다.
합격을 위한 지름길을 안내합니다.
전·현직 전기인들이 가장 선호하는 수험서로 인정받았으며,
최다 누적 판매와 최다 합격자 배출의 기록을 자랑하고 있습니다.
동일출판사의 핵심은 다년간 축적된 노하우에 있습니다.
수험 과목의 핵심 개념을 명확하고 효과적으로 전달하며,
풍부한 예제와 실전 모의고사로 실력을 향상시킬 수 있는
최상의 환경을 제공합니다.
동일출판사와 함께라면 수험 고난의 시련을 극복하고
합격의 문을 두드릴 수 있습니다.
지금 동일출판사를 통해 성공적인 미래를 준비하세요.

d 동일출판사

무료 강의 제공

회원가입만으로 무료 강의 동영상을 제한 없이 이용할 수 있습니다.

도서 구입만으로 무료강의까지! 합격하는 날까지 평생무료!
동일출판사 홈페이지 또는 ▶ YouTube 에서도 시청 가능합니다.

무료제공 동영상 강의목록

전기기사(산업기사) 이론	필기	전기자기 / 회로이론 / 전기기기 / 전력공학 제어공학 / 전기응용 공사재료 / 전기설비기술기준
	실기	전기설비설계 / 전기설비작업 전기설비의 운영관리 및 유지보수 시험점검 전기설비유지보수 및 점검 / 테이블스팩 / 감리
전기기사(산업기사) 기출문제 풀이	필기 기출문제 2007년 ~ 2025년	
	실기 기출문제 2014년 ~ 2025년	
전기기능사 이론	전기이론 / 전기기기 / 전기설비	
전기기능사 기출문제 풀이	필기 기출문제 2015년 ~ 2025년 (전기이론 / 전기기기)	

학습센터운영

홈페이지를 통한 학습센터를 운영하여
학습에 부족함이 없도록 지원합니다.

FREE

학습센터   무료동영상강의   핵심요약   질문게시판   정오게시판   자료실

질문게시판   더보기

일반 질문을 남겨주세요 :)   2025-03-18   동일출판사

질문하기

자료실   더보기

국가화재안전기준 - 소방시설의 내진설계 기준 (시행 2021.2.19) - 변경...

전기기사 시리즈 1. 전기자기 유사문제 풀이

전기기사 시리즈 2. 회로이론 유사문제 풀이 (1장~9장)

전기기사 시리즈 2. 회로이론 유사문제 풀이 (10장~17장)

전기기사 시리즈 3. 전기기기 유사문제 풀이

전기기사 시리즈 4. 전력공학 유사문제 풀이

전기기사 시리즈 5. 제어공학 유사문제 풀이

전기기사 시리즈 6. 전기응용 공사재료 유사문제 풀이

정오게시판   더보기

2025 전기응용공사재료 (전기기사시리즈 6 필기 기본서) [2025.05.15]

FINAL 적중 소방설비기사 전기분야 필기 600제 (Non-stop High-Pas...

2024 국가화재안전기준 (NFSC) 및 소방관련법령 (소방설비(산업)기사...

신전기설비 [2024.08.30]

최신 송배전공학 [2023.08.23]

2025 가스기능장 실기 (완벽대비 동영상 실기시험 대비) [2024.11.15]

핵심요약   더보기

기초전기수학   [복소수] 복소수의 극형식

전기자기학
[전계의 특수 해법(전기영상법)] 평면 도체와 선전하

기초전기수학   [삼각함수] 특수각의 삼각비

하루에 한문제

유전율 $\epsilon_0 \epsilon_s$ 의 유전체 내에 있는 전하 Q 에서
나오는 전기력선 수는?

① Q개 ② $\dfrac{Q}{\epsilon_0 \epsilon_s}$개 ③ $\dfrac{Q}{\epsilon_0}$개 ④ $\dfrac{Q}{\epsilon_s}$개

동영상강의 / 핵심요점정리 / 질문게시판 / 정오 및 자료실
회원가입만으로 무료로 이용가능합니다.

전기기사 필기

전기기사 필기 기본서 전기기사시리즈

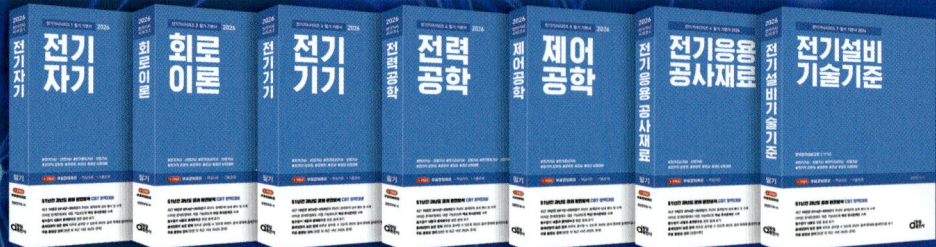

전기자기 / 회로이론 / 전기기기 / 전력공학 / 제어공학 / 전기응용 공사재료 / 전기설비기술기준   `이론` `기출문제`

51년간 과년도 및 복원문제를 완석분석하여 CBT시험에 완벽대비
어떠한 문제유형에도 대응이 가능하도록 핵심 유사문제 수록
10년간 과년도 및 복원문제 풀이 동영상 제공

기출문제 + 동영상강의
20년간 전기기사 필기
20년간 전기산업기사 필기
`기출문제`

20년간 기출문제 수록
19년간 과년도 및 복원문제 풀이 동영상 제공
가장 많은 문제를 수록하여
CBT시험에 대응할 수 있도록 구성

답이보인다 30일 단기완성
전기기사 · 산업기사 필기
전기공사기사 · 산업기사 필기
`이론` `기출문제`

51년간 과년도 및 복원문제를 완전분석, 이론과 함께 수록
5년간 과년도 및 복원문제 수록
전기기사 · 전기산업기사 풀이 동영상 제공

과년도 문제 중심의
완벽대비 전기기사 필기
완벽대비 전기산업기사 필기

이론 **기출문제**

28년간 과년도 및 복원문제를 엄선, 이론과 함께 수록
10년간 과년도 및 복원문제 수록, 풀이 동영상 제공

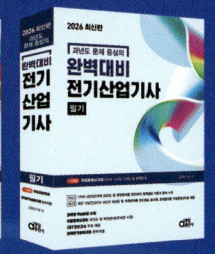

과년도 문제 중심의
완벽대비 전기공사기사 필기
완벽대비 전기공사산업기사 필기

이론 **기출문제**

28년간 과년도 및 복원문제를 엄선, 이론과 함께 수록
10년간 과년도 및 복원문제 수록

최근 7년 과년도 문제
핵심 전기기사 필기
핵심 전기산업기사 필기

이론 **기출문제**

과목별 핵심요점 및 문제
최근 7년 과년도 및 복원문제
과년도 및 복원문제 무료 동영상 제공

전기기사 실기

기출문제 + 동영상강의
30년간 전기기사 실기
`기출문제`

30년간 기출문제 수록
9년간 과년도 및 복원문제 풀이 동영상 제공

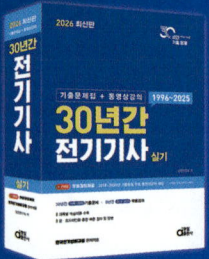

기출문제 + 동영상강의
30년간 전기산업기사 실기
`기출문제`

30년간 기출문제 수록
9년간 과년도 및 복원문제 풀이 동영상 제공

답이보인다 30일 단기완성
전기기사 · 산업기사 실기
`이론` `기출문제`

38년간 출제된 과년도 및 복원문제를 완전분석하여 이론과 함께 수록
15년간 과년도 및 복원문제를 연도별로 수록
9년간 과년도 및 복원문제 풀이 동영상 제공

답이보인다 30일 단기완성
전기공사기사 · 산업기사 실기
`이론` `기출문제`

38년간 출제된 과년도 및 복원문제를 완전분석하여 이론과 함께 수록
15년간 과년도 및 복원문제를 연도별로 수록

전기기능사 필기

CBT 완벽대비 전기기능사 필기

[이론] [기출문제]

시험에 반복적으로 나오는내용을 과목별로 정리
출제되었던 과년도 및 복원문제를 완전분석하여 내용별로 수록
과년도 및 복원문제 풀이 동영상 제공[전기이론, 전기기기]

무료동영상의 전기기능사 필기

[이론] [기출문제]

본문내용 전체를 무료 동영상 강의로 완벽 제공
(핵심요점정리 + 핵심예제 +출제예상문제)
8년간 과년도 및 복원문제 수록
과년도 및 복원문제 풀이 동영상 제공[전기이론, 전기기기]

새로운 출제기준에 따른 전기기능사 필기

[이론] [기출문제]

상세한 이론, 기능사 필기의 바이블
10년간 과년도 및 복원문제 수록
출제기준에 따른 과목별 내용과 출제예상문제 수록
과년도 및 복원문제 풀이 동영상 제공[전기이론, 전기기기]

합격을 위한 지름길

동일출판사의 베스트셀러 수험서

기능장

   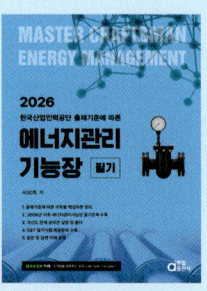  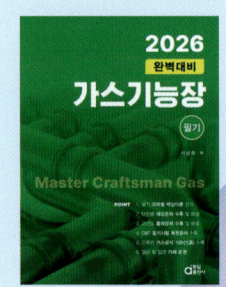

신재생

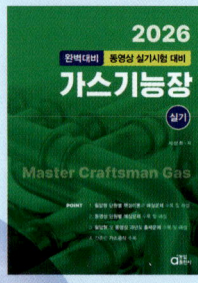  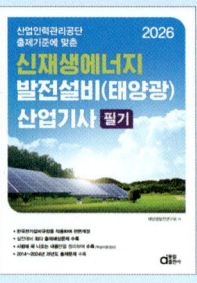  

에너지관리

소방

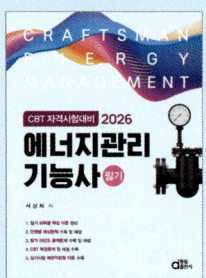  

전기공사기사 · 산업기사

전기직 공무원 군무원 공사 공단 시험대비

전기기사시리즈

06

전기응용 공사재료

동일출판사 홈페이지 ▶ FREE 무료 강의제공

동일
출판사

모든 산업의 기초가 되는 전기는 그 중요성에 의해 전문화된 기술을 필요로 하며 그에 따라 전기 설비의 유지 보수, 설계 및 시공 분야에서의 책임은 일정 자격을 취득한 사람에게 한정되는 추세이며 출제문제 또한 지금까지의 기 출제된 문제와 동일한 문제가 계속 반복 출제되고 있는 추세입니다.

따라서 최단 시간 내에 효과적으로 전기 분야 자격 취득을 위해서는 지금까지 출제된 문제를 집중 분석하고 출제 범위 및 난이도를 분석하여 공부하는 것이 바람직합니다.

본서는 이러한 출제 방향에 발맞추어 국가 기술 자격법이 처음으로 제정되고 시행된 1975년 이후 지금까지 출제된 문제를 총 망라하여 자격취득에 가장 효과적인 도서가 되도록 준비 하였습니다.

수험생 여러분들이 본 문제집을 조금 공부하다 보면 출제 방향 및 난이도를 용이하게 파악할 수 있으며, 또한 여러분 스스로 최단 시간 내에 자격증 취득을 위한 방향 설정 및 공부하는 방법을 습득할 수 있다고 생각하며 수험생 여러분들이 본 도서를 통하여 합격의 영광을 누리기 바랍니다.

編者 씀

이 책의 특징

과거 출제된 문제를 분야 및 유형별로 정리하여 알기 쉽고 완벽하게 풀이.

초보자도 쉽게 알 수 있도록 이론을 대폭 보강하여 시험에 나오는 내용만 공부할 수 있도록 각 내용마다 시험에 기출제 된 횟수 표기.

문제마다 출제된 빈도 표기 및 난이도 ★표시하여 출제 경향 및 출제 빈도가 높은 문제와 각 항목의 중요도를 쉽게 알 수 있게 정리. 단시간 내에 총정리 가능

유사 기출 문제를 별도로 구성하여 학습효과를 극대화.

무료 동영상 강의를 제한 없이 이용. (본문만 무료 동영상 강의 제공. 과년도 문제의 동영상은 미지원)

Contents

전기응용 공사재료

▶ FREE 무료 강의 제공

2016~2025 과년도문제 및 CBT 복원문제

전기응용 공사재료 출제기준

구 분	출 제 기 준	검정 종목
기 사	전문적인 지식이 요구되는 사항	전기공사
	1. 광원, 조명 이론과 계산 및 조명 설계	
	2. 전열방식의 원리, 특성 및 전열설계	
	3. 전동력 응용	
	4. 전력용 반도체소자의 응용	
	5. 전지 및 전기화학	
	6. 전기철도	
	7. 공사재료(전선 및 케이블, 애자 및 애관, 전선관 및 덕트 류, 배전, 분전함, 배선기구, 접속재료, 조명기구, 전기기기, 전지, 축전지, 피뢰기, 피뢰침, 접지재료, 지지물, 장주재료)	
산업기사	일반적인 지식이 요구되는 사항	전기공사
	1. 광원, 조명 이론과 계산 및 조명 설계	
	2. 전열방식의 원리, 특성 및 전열설계	
	3. 전동력 응용	
	4. 전력용 반도체소자의 응용	
	5. 전지 및 전기화학	
	6. 전기철도	
	7. 자동제어의 기본개념	

전기기사시리즈
06

전기응용
공사재료

1부 전기응용

동일출판사 홈페이지에서 무료 동영상 강의를 보실 수 있습니다.

01 - 빛

에너지는 전자파 형태로 전달된다. 이 에너지는 파장에 따라 각각의 고유한 성질을 가지고 있으며, 이를 구별하여 감마선, X선, 자외선, 가시광선, 적외선, 마이크로파 등으로 부른다. 이중 가시광선을 빛이라 하며, 빛은 이러한 방사 에너지의 일부이다. 즉, 빛은 시신경에 자극을 주어 시각을 일으키는 것으로 파장은 380[nm]에서 760[nm] 사이의 극히 적은 범위의 파장에 해당된다.

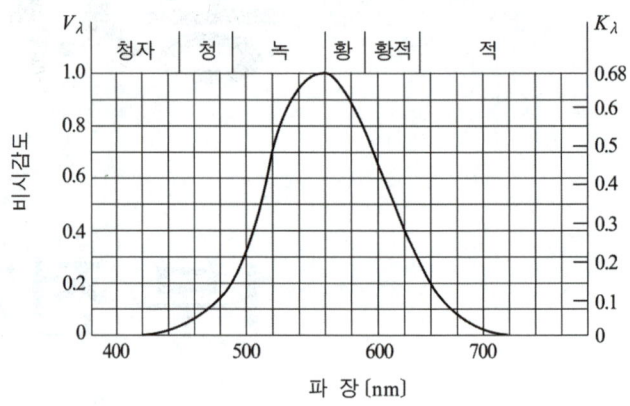

빛의 파장에 따른 비시감도 곡선

1) 파장

빛은 전자파의 일부로서 눈으로 느낄 수 있는 파장은 약 380~760[nm]로 파장 555[nm]의 빛이 가장 밝게 느껴지며, 이보다 파장이 길수록 혹은 짧을수록 차츰 밝기의 감각은 줄어든다. 자색은 짧은 파장이며, 적색은 긴파장에 해당된다.   출제 산업 1번

빛의 파장 길이의 단위는 마이크로미터(μm : 1백만분의 1미터)와 나노미터(nm : 마이크로미터의 1천분의 1) 그리고 옹스트롬(Å : 나노미터의 1십분의 1)으로 나타낸다.

$$1[\text{m}] = 1,000,000[\mu\text{m}] = 1,000,000,000[\text{nm}] = 10,000,000,000[\text{Å}]$$

- $1[\text{nm}]$(나노미터) $= 10^{-9}[\text{m}]$
- $1[\text{Å}]$(옹스트롬) $= 10^{-10}[\text{m}]$
- $1[\text{nm}] = 10[\text{Å}]$

2) 가시광선의 파장

색	보라	파랑	초록	노랑	주황	빨강
파장[nm]	380~430	430~452	452~550	550~590	590~640	640~760

3) 시감도(luminous efficiency)

(1) 시감도란 어느 파장의 에너지가 빛으로 느껴지는 정도를 시감도라 한다.

(2) 최대 시감도는 파장 555[nm](5,550[Å])의 황록색에서 발생하며 출제 산업 2번, 기사 2번
그때의 시감도는 680[lm/W]이다. 출제 기사 1번

(3) 시감도 = $\dfrac{\text{광속}}{\text{복사속}} = \dfrac{F}{\Phi}$

4) 비 시감도

(1) 최대 시감도에 대한 다른 파장의 시감도의 비를 비시감도(relative luminous efficiency)라 한다.

(2) 비 시감도 = $\dfrac{\text{임의의 파장의 시감도}}{\text{최대 시감도 } (680[\text{lm/W}])}$

5) 명시의 조건

물체가 보이는 것을 결정하는 가장 중요한 조건으로는
① 밝음 ② 색 ③ 대비 ④ 크기 ⑤ 움직임(시간)
의 다섯 가지 조건이 있으며 이를 명시의 조건이라 한다.

6) 연색성

물체는 분광분포가 다른 광원을 비추면 각각 다른 색으로 보인다. 이와 같이 조명에 의한 물체의 색깔을 결정하는 광원의 성질을 연색성이라 하며, 연색성의 평가방법에는 CIE(국제조명위원회) 등의 방법이 있다. 예컨대 100[W] 백색전구의 평균연색평가수는 100인데 비하여 백색형광등은 63이고, 수은등(투명형)은 22이며, 고압 나트륨 등도 이 정도이다.
크세논등 > 백색형광등 > 형광 수은등 > 나트륨등 순으로 연색성이 우수하다.

02 － 조명 공학의 기초량

1) 방사속 Φ

단위시간에 어떤 면을 통과하는 방사 에너지의 양을 방사속(radiant flux : [watt. W])이라 한다. 출제 산업 2번

2) 광속 F[lm]

가시범위(380~760[nm])의 방사속을 시감에 기초를 두어 측정한 것을 광속이라 하며 광속의
단위는 루멘(lumen : lm)을 사용한다. 출제 산업 2번

3) 입체각 ω[sr]

(1) 입체각 : 점광원 둘레의 전 입체각

$$\omega = \frac{S[\text{m}^2]}{r^2[\text{m}]} = \frac{\text{구면상의 단면적}}{\text{구 반지름의 제곱}} = \frac{4\pi r^2}{r^2} = 4\pi[\text{sr}]$$

(2) 평면각과의 관계

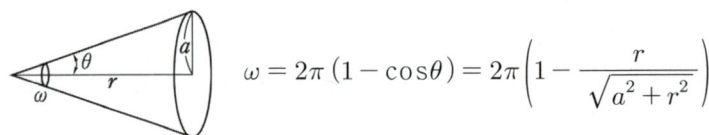

$$\omega = 2\pi(1-\cos\theta) = 2\pi\left(1 - \frac{r}{\sqrt{a^2+r^2}}\right)$$

4) 균등 점광원

(1) 모든 방향의 광도가 균등한 F[lm]의 점광원을 균등 점광원이라 한다.
(2) 광원 크기의 10배 이상의 거리에서는 이 광원을 점광원으로 보아도 무방하다.
(3) 균등 점광원에서의 광속 $F = \omega I = 4\pi I$[lm]

5) 광도 I[cd]

단위시간당 단위 입체각으로부터 나오는 가시광선의 양을 광도라 한다.

$$I = \frac{F}{\omega}[\text{cd}]$$

단, ω : 입체각, F : ω 내의 광속

6) 휘도 B

(1) 단위 면적당 광도로서 눈부심 정도를 나타낸다.

$$B = \frac{I}{S}[\text{cd/m}^2](\text{니트 nit : nt}) \text{ 혹은}$$

$$B = \frac{I}{S}[\text{cd/cm}^2] \text{ (스틸브 stilb : sb)} \quad \text{출제 산업 3번, 기사 2번}$$

$1[\text{nt}]=1[\text{cd/m}^2]$, $1[\text{sb}]=1[\text{cd/cm}^2]$, $1[\text{sb}]=10^4[\text{nt}]$
단, I : 어느 방향의 광도
   S : 어느 방향에서 본 겉보기 면적

(2) 사람이 눈부심을 느끼는 한계 : $0.5[\text{cd/cm}^2] = 0.5 \times 10^4[\text{cd/m}^2]$ 출제 산업 1번, 기사 1번

각종 광원의 최대 휘도(sb)

광 원	최대 휘도	광 원	최대 휘도
태양	165,000	전광 전구	2~3
달	0.26	유백색 글로브	0.1~0.3
창공	0.8	형광등	0.6~1
양초	1	수은등	14
불투명 전구 100[W]	28	나트륨등	5~10

(3) **구형광원의 휘도** $B = \dfrac{I}{S} = \dfrac{I}{\pi r^2} = \dfrac{F}{4\pi \times \pi r^2}$[nt] `출제` 기사 2번

7) 완전 확산면

어떠한 방향에서 바라보아도 휘도가 동일한 면을 완전 확산면, `출제` 산업 3번, 기사 1번
광원의 경우에는 완전 확산성 광원이라 한다.

(1) 법선 방향에서의 광도 $I_0 = B_0 \pi a^2$

   여기서, B_0 : 법선방향의 휘도

(2) 광원의 전광속 $F_0 = \pi I_0$[lm]

(3) 광속 발산도

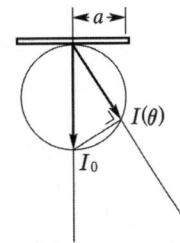

$$R = \dfrac{F_0}{S_0} = \dfrac{\pi I_0}{\pi a^2} = \dfrac{\pi B_0 \pi a^2}{\pi a^2} = \pi B_0 [\text{rlx}]$$

`출제` 산업 13번, 기사 3번

여기서, $S_0 = \pi a^2$: 광속 발산면적

(4) 조도

$$E = \dfrac{I}{r^2} \text{ : 거리 역제곱의 법칙}$$

$$E = \dfrac{\pi r^2 B}{r^2} = \pi B [\text{lx}] \quad \text{출제 산업 4번}$$

(5) 광속 발산도와 조도의 관계

   $R = \pi B = \rho E$(반사면) `출제` 산업 5번, 기사 3번

   $R = \pi B = \tau E$(투과면)

   여기서, ρ : 반사율, τ : 투과율

8) 광도와 광속

완전 확산(어떠한 방향에서 보아도 휘도가 동일한 면)으로 휘도가 일정한 광원의 경우는 다음
과 같은 관계식이 성립된다.

(1) 구광원 : 태양이나 백열등

$F = 4\pi I \fallingdotseq 12.57 I [\text{lm}]$ **출제** 산업 6번, 기사 3번

(2) 반구 광원

$F = 2\pi I [\text{lm}]$

(3) 평면판 : 확산형 유리창이나 매입형 확산 조명 기구, EL 등

$F = \pi I_0 [\text{lm}]$

출제 산업 5번, 기사 1번

(4) 원통 광원 : 형광등

$F = \pi^2 I_0 \fallingdotseq 9.87 I_0 [\text{lm}]$ **출제** 산업 4번, 기사 2번

9) 조도 E

단위면적에 입사되는 빛의 양을 조도라 한다.

$$E = \frac{F}{S} [\text{lx}]$$ **출제** 산업 2번, 기사 4번

단, S : 단위 면적$[\text{m}^2]$, F : 입사하는 광속$[\text{lm}]$

(1) 직사조도 : 광원으로부터 직접 온 광속에 의한 조도

(2) 확산조도 : 반사광속에 의한 조도

$$E_0 = \frac{1}{4\pi r^2}\left(\frac{\rho F}{1 - \rho}\right)$$

여기서, E_0 : 확산조도, ρ : 반사율, r : 반지름

(3) $1[\text{lx}] = 1[\text{lm/m}^2]$, $1[\text{ph}] = 1[\text{lm/cm}^2]$, $1[\text{ph}] = 10^4[\text{lx}]$ **출제** 산업 2번, 기사 1번

10) 반사율, 투과율 및 흡수율

그림과 같은 유백색 유리면 S에 입사하는 광속을 F, 반사하는 광속을 F_ρ, 투과하는 광속을 F_τ 그리고 흡수되는 광속을 F_α라고 하면

(1) 반사율 $\rho = \dfrac{\text{반사광속}}{\text{입사광속}} \times 100 = \dfrac{F_\rho}{F} \times 100[\%]$

(2) 투과율 $\tau = \dfrac{\text{투과광속}}{\text{입사광속}} \times 100 = \dfrac{F_\tau}{F} \times 100[\%]$ **출제** 산업 6번 , 기사 2번

(3) 흡수율 $\alpha = \dfrac{\text{흡수광속}}{\text{입사광속}} \times 100 = \dfrac{F_\alpha}{F} \times 100[\%]$ **출제** 산업 2번

(4) $F_\rho + F_\tau + F_\alpha = F$

(5) 반사율 + 투과율 + 흡수율 = 1 **출제** 산업 2번, 기사 2번

(6) 글로브 효율 $\eta = \dfrac{\tau}{1 - \rho}$ **출제** 산업 5번, 기사 13번

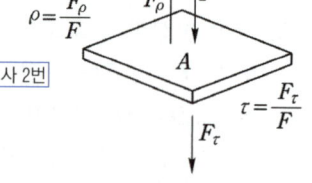

11) 광속 발산도 R[rlx]

(1) 단위 면적에서 나가는 빛의 양을 광속발산도라 하며 단위는[rlx]로 표시한다.

$$R = \frac{F}{S}[\text{rlx}]$$ 출제 산업 1번

여기서, S : 발산면적, F : S에서 발산하는 광속

(2) 1[rlx]=1[lm/m^2]

   1[rph]=1[lm/cm^2]=10^4[rlx]

12) 광속 발산도와 조도와의 관계

(1) 반사면에서의 광속 발산도 : $R = \rho E$ 출제 산업 4번, 기사 1번

(2) 투과면에서의 광속 발산도 : $R = \tau E$

(3) 글로브에서의 광속 발산도 : $R = \eta E$

(4) $R = \pi B = \rho E = \tau E = \eta E$ 출제 산업 5번, 기사 3번

$$R = \eta E = \frac{I}{r^2}\eta = \frac{I \cdot \tau}{r^2(1-\rho)}[\text{rlx}]$$ 출제 산업 9번, 기사 5번

여기서, 글로브 효율 $\eta = \frac{\tau}{1-\rho}$

13) 전등효율

전력소비 P[W]에 대한 전발산광속 F[lm]의 비율을 전등효율 η라 한다.

$$\eta = \frac{F}{P}[\text{lm/W}]$$ 출제 산업 3번, 기사 8번

14) 발광효율

광원으로부터 어떤 방향의 방사속 Φ[W]가 발산되면, 이 중에서 광속 F[lm]만이 육안으로 느끼게 된다. 이 방사속에 대한 광속의 비율을 그 광원의 발광효율 ϵ이라 한다.

$$\epsilon = \frac{F}{\Phi}[\text{lm/W}]$$

03 ─ 조도 계산의 기초 법칙

1) 조도에 관한 거리 역제곱의 법칙

광도 I[cd]인 균등점광원으로부터 r[m] 떨어진 구면위의 조도는 모두 동일하므로

조도 $E = \dfrac{F}{S} = \dfrac{4\pi I}{4\pi r^2} = \dfrac{I}{r^2}$ [lx] 출제 산업 5번, 기사 2번

여기서, 광속 $F = 4\pi I$[lm], 면적 $S = 4\pi r^2$[m^2]
즉, 조도는 거리 r의 제곱에 반비례한다.

2) Lambert의 코사인 법칙

그림과 같이 광선과 θ의 각을 이룬 평면 S_2에서의 조도 E_2

$$E_2 = E_1 \cos\theta = \dfrac{I}{r^2}\cos\theta\,[\text{lx}]$$ 출제 산업 8번, 기사 1번

즉, 임의의 면에서 한 점의 조도는 광원의 광도 및 입사각 θ의 cos에 비례하고 거리의 제곱에 반비례 한다.

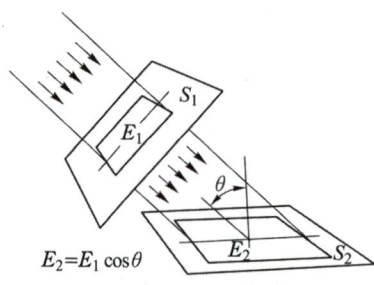

$E_2 = E_1 \cos\theta$

3) 입사각 여현의 법칙

그림에서 P 점의 각 조도는

(1) 법선 조도 $E_n = \dfrac{I_0}{r^2}$ 출제 산업 3번

(2) 수평면 조도 $E_h = E_n \cos\theta = \dfrac{I_0}{r^2}\cos\theta\,[\text{lx}]$ 출제 산업 3번

(3) 수직면 조도 $E_v = E_n \sin\theta = \dfrac{I_0}{r^2}\sin\theta\,[\text{lx}]$

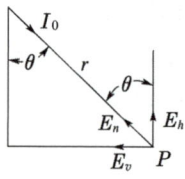

4) 점광원으로부터 h만큼 떨어진 반지름 a의 원형면의 평균조도

(1) 입체각 $\omega = 2\pi(1 - \cos\theta)$

(2) 광 도 $I = \dfrac{F}{\omega} = \dfrac{F}{2\pi(1 - \cos\theta)}$

(3) 조 도 $E = \dfrac{F}{S} = \dfrac{2\pi(1 - \cos\theta)I}{\pi r^2}$ 출제 산업 6번

여기서, 면적 $S = \pi r^2$

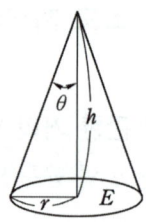

5) 점광원이 아닌 크기를 가진 광원에 의한 조도

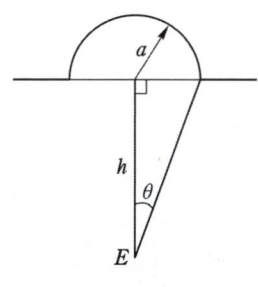

반구형 천장 광원

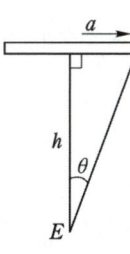

원평판 광원

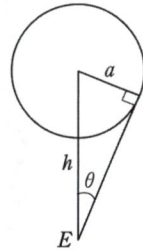

구광원

(1) 단위구법

$E = \pi B \sin^2\theta$

(2) 반구형 천장, 원평판 광원에 의한 조도

$E = \pi B \sin^2\theta = \pi B \dfrac{a^2}{a^2 + h^2}$ 　출제 산업 10번

(3) 구광원에 의한 조도

$E = \pi B \sin^2\theta = \pi B \dfrac{a^2}{h^2}$ 　출제 산업 1번, 기사 1번

04 - 광속계산

1) 배광곡선(Distribution Curve of Light)

광원의 중심을 지나는 평면상의 광속분포를 극좌표로 나타낸 것을 배광곡선이라 하며 일반적으로 수직배광곡선을 말한다.

2) 루소선도에 의한 광속계산

루소 도법은 연직 배광 곡선으로부터 도형을 써서 전 광속을 구하는 방법이다.

배광 곡선의 광원을 중심으로 반지름 r 의 반원을 그리고 따로 배광 곡선의 광축에 평행되게 수직선을 그어 기준선으로 한다.

(1) 종축 : $r(1 - \cos\theta)$: 구대의 높이

(2) 횡축 : $I(\theta) = r$: 각 연직면의 광도

(3) 총 광속 $F = \dfrac{2\pi}{r} \times$ (루소 그림의 면적)[lm]　출제 기사 1번

① 하반구 광속 $F_1 = \dfrac{2\pi}{r} \times$ (루소 그림의 0°~90° 사이의 면적)[lm]　출제 기사 1번

② 상반구 광속 $F_2 = \dfrac{2\pi}{r} \times$ (루소 그림의 90°~180° 사이의 면적)[lm]

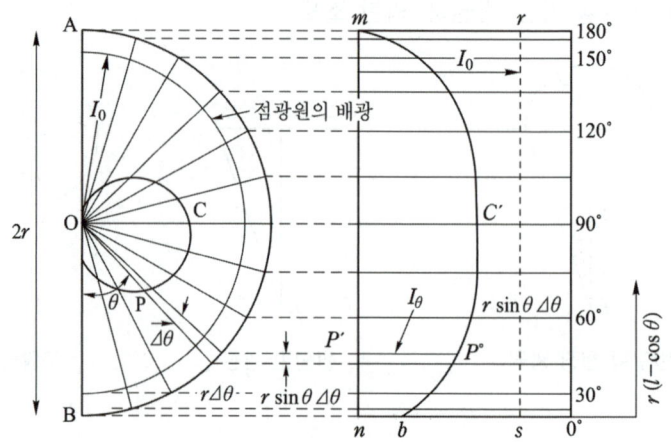

05 - 발광현상

빛을 내는 현상에는 온도방사와 루미네선스가 있다.

1) 온도방사

물질을 구성하는 입자(원자, 분자, 이온 등)는 그 온도에 대응한 열진동을 하고, 그 진동의 결과, 외부에 에너지를 빛으로서 방출하고 있으며, 이것을 열방사라고 한다.

(1) 흑체(black body)

흡수율이 100[%]인 가상적인 물체를 흑체라 한다.
즉, 흑체는 이것에 투사되는 복사를 전부 흡수하여 반사와 투과를 하지 않는 물체를 말한다.

(2) 온도

일반적으로 온도가 낮은 물체에서 방사하는 빛은 붉고, 온도가 높아질수록 흰색을 띠며, 더욱 온도가 높아질수록 푸른색을 띠게 된다.

① 색온도 : 어떤 광원의 광색이 어느 온도의 흑체의 광색과 같을 때, 그 흑체의 온도를 이 광원의 색온도라 한다.　**출제** 산업 2번, 기사 1번

② 휘도 온도 : 휘도가 같을 때의 흑체의 온도

③ 진온도 : 온도 복사체의 실제 온도

④ 복사 온도 : 전체 복사속이 같을 때의 흑체의 온도
온도의 크기는 색온도 > 진온도 > 휘도온도 > 복사온도 의 순이다.

대표적인 광원의 색온도

광원	색온도(K)	광원	색온도(K)
태양	5,450	할로겐 전구(500[W])	3,000
푸른 하늘(오전 9시)	12,000	백열전구(60[W])	2,850
구름 낀 하늘	6,500	촛불	2,000
주광색 형광램프	6,500	형광수은 램프	4,600
백색 형광램프	4,200	고압수은 램프	5,600

(3) 스테판–볼츠만(Stefan–Blotzmann)의 법칙

흑체의 복사발산량 W는 절대온도 $T[°\mathrm{K}]$의 4제곱에 비례한다. 출제 기사 4번

$$W = \sigma \, T^4$$

여기서, $\sigma = 2\pi^5 k^4/(15h^3 c^2) = 5.683 \times 10^{-8}[\mathrm{W/m^2 \cdot °K^4}]$으로 스테판–볼츠만의 상수이다.

(4) 빈(Wien)의 변위법칙 출제 산업 10번, 기사 2번

흑체의 분광 방사휘도 또는 분광 방사발산도가 최대가 되는 파장 λ_m은 그 흑체의 절대온도 $T[°\mathrm{K}]$에 반비례한다. 즉 온도가 높아질수록 λ_m은 짧아진다.

$$\lambda_m \, T = 2.896 \times 10^{-3}[\mathrm{m \cdot °K}]$$

(5) 스토크스의 법칙

형광체나 인광체에 빛을 조사했을 때 발생하는 형광이나 인광의 파장은 원래 빛의 파장과 같거나 그보다 길어진다는 법칙 출제 기사 2번

2) 루미네선스

(1) 루미네선스는 자극을 받은 원자·분자 또는 이온이 그 에너지를 방출함에 따라 발광하는 현상을 말하며, 냉광(cold light)이라고도 한다.

즉, 백열전구와 같이 물체의 온도를 높여서 빛을 발생시키는 온도복사 이 외의 모든 발광을 루미네선스(luminescence)라고 한다. 출제 산업 1번, 기사 1번

(2) 발광의 지속시간에 따라 형광(fluorescence)과 인광(phosphore- scence)으로 분류된다.

① 형광 : 자극이 작용하는 동안만 발광을 계속하고 자극이 사라지면 곧 발광을 멈추는 것
출제 산업 3번, 기사 1번

② 인광 : 자극이 없어진 후에도 수분, 수일 또는 그 이상 에너지를 축적하여 발광을 지속하는 것

(3) 루미네선스의 분류

이 름	작 용 원 인	실제 예시
복사 루미네선스	자외선, X선 등의 조사	형광판, 야광 도료, 형광 방전등
전기 루미네선스	기체 중의 방전	방전등, 극광
파이로 루미네선스	불꽃 속의 기체의 발광	발염 방전등, 불꽃 반응
열 루미네선스	고온에 의한 흑체보다 강한 선택 복사	네롬스트등
음극선 루미네선스	음극선	브라운관, 텔레비전 영상
화학 루미네선스	화학 변화, 특히 산화	황인의 완만한 산화
생물 루미네선스	특수 산화	반딧불, 야광 벌레, 오징어

출제 산업 1번 (복사 루미네선스)
출제 산업 2번 (파이로 루미네선스)

3) 대기 중의 방전

(1) 불꽃 방전

① 대기 중에 전극을 놓고 고압을 가하면 공기의 절연이 파괴되어 전극 사이에 불꽃이 발생하며 소리를 수반하는 방전을 한다. 이것을 불꽃 방전이라 한다.

② 파센의 법칙

여러 가지 기체에 평등 전기장을 가한 경우, 온도가 일정하다면 불꽃 전압은 기압 p [Pa]와 전극 사이의 거리 d[mm]의 곱으로 결정된다. 이것을 파센법칙이라 한다.

출제 산업 1번, 기사 2번

즉, $V \propto p \times d$

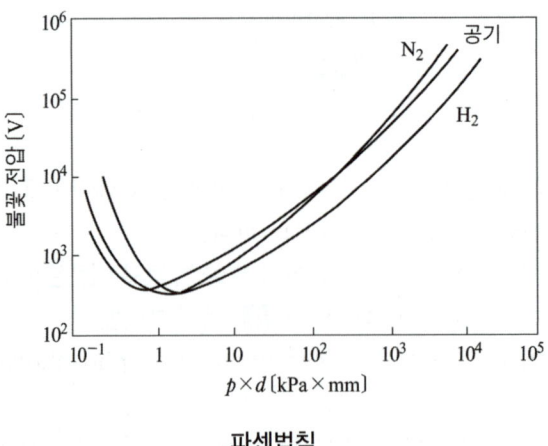

파센법칙

(2) 코로나 방전

전극을 뾰족하게 침전 극으로 한 후 인가전압을 어느 일정값 이상이 되도록 하면 뾰족한 부분에서 국부적인 방전이 발생하여 절연이 파괴되어 방전이 발생하며 이와 같은 방전을 코로나 방전이라고 한다.

(3) 아크 방전

전극 사이의 이온에 의한 전류를 아크라 하고, 이 아크가 일어나는 방전을 아크 방전이라고 한다. 아크 방전은 조명과 전기로, 용접 등에 이용되고 있다.

4) 글로우 방전

(1) 가늘고 긴 유리관을 진공으로 한 다음에 수[mmHg]의 압력으로 어떠한 기체를 봉입한 후 양단에 전극을 설치하고 전극 간에 고전압을 가하면 방전이 이루어져 전류가 흘러 발광한다. 이것을 글로우 방전이라 한다.

(2) 전극 간을 좁게 하면 음극 부근의 상태는 변함이 없으나 양광주가 짧게 되고 더욱 전극 간을 단축하면 양광주가 없어진다. 따라서 이러한 경우에는 음극에서 부 글로 만이 빛나게 된다.
- 네온관등·수은등 및 형광등 : 관을 길게 하여 양광주를 이용
- 네온전구 : 전극간을 짧게 하여 부글로우를 이용

06 – 광원

1) 발광원리에 따른 광원의 분류
- 주광
- 온도복사에 의한 백열발광 ┬ 백열전구
  ├ 특수 전구
  └ 할로겐 전구

- 온도복사(화학반응)에 의한 연소발광 – 섬광전구

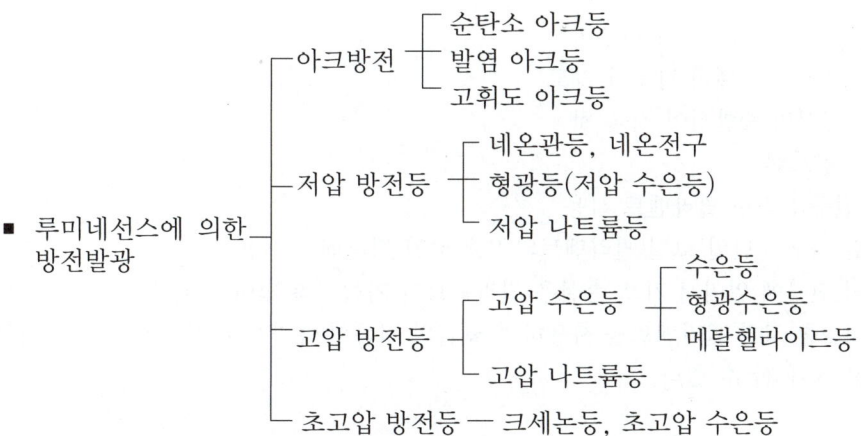

- 일렉트로 루미네선스에 의한 전계발광 – EL등, 발광다이오드
- 유도방사에 의한 레이저 발광 – 레이저

2) 백열전구

(1) 백열전구의 구조

백열전구는 필라멘트에 전류를 통전시켜 고온 가열하며 이때의 열방사에 의한 광을 이용한 광원으로 필라멘트는 텅스텐선을 코일형태로 사용하는 2중 코일이 많다.

- 저출력용 전구 : 진공 전구
- 고출력용 전구 : 가스입 전구(아르곤과 질소 및 크립톤 등의 불활성 가스 봉입)

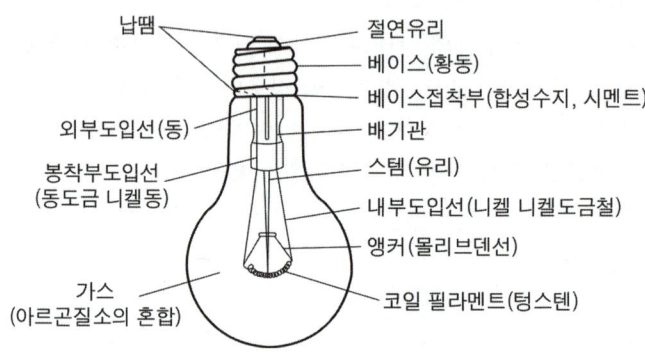

백열전구의 구조 및 각부의 명칭

(2) 필라멘트

① 필라멘트의 구비요건
- 융해점이 높고
- 고유저항이 크며 　출제　산업 1번, 기사 5번
- 선팽창 계수가 적고
- 가는 선으로 가공하기 쉬우며
- 고온에서의 기계적 강도가 크고
- 고온에서의 증발성이 적을 것

② 재질 : 텅스텐
③ 진공 전구 : 직선 필라멘트 사용
④ 가스입 전구 : 단일 코일 필라멘트와 2중 코일 필라멘트 사용

가스입 전구에 있어서 가스 손실은 필라멘트가 가늘수록 많아진다.

따라서 2중 코일 필라멘트를 사용하면 코일의 지름이 증가하기 때문에 가스에 의한 열손실을 적게 할 수 있다.

(3) 도입선

도입선에는 내부 도입선, 봉착부 도입선 및 외부 도입선이 있다.

전구의 종류	외부 도입선	봉착부 도입선	내부 도입선
진공전구	동 선	듀밋선(dumet wire)	동 선
가스봉입 전 구	동 선	듀밋선(dumet wire)	순철·순동선 (니켈·도금)

* 듀밋선 : 42[%] 정도의 니켈을 함유한 철−니켈 합금선에 동피복을 한 것
출제 산업 5번, 기사 3번

(4) 지지선

지지선을 앵커라고도 하며, 몰리브덴이 사용된다. 출제 기사 5번

(5) 봉입 가스

백열전구에 불활성 가스를 봉입하면 텅스텐의 증발을 억제할 수 있으므로 필라멘트의 온도를 높일 수 있어 효율이 상승된다. 봉입 가스는 질소와 아르곤의 혼합 가스가 사용된다.

① 아르곤 : 무겁기 때문에 증발 억제 효과가 크고, 열손실은 적으나 방전을 일으키기 쉽다.
출제 산업 3번, 기사 3번
② 질 소 : 산화방지 및 아크를 억제하여 수명을 연장 출제 산업 1번
③ 봉입가스의 압력
   • 상온 : 570[mmHg]
   • 점등 시 : 760[mmHg] 정도

(6) 게터

전구 내에 남아 있는 미량의 공기와 결합하여 필라멘트의 산화 및 유리구의 흑화를 방지하고 전구의 수명을 보존하는 것으로서 게터의 종류는 다음과 같다. 출제 산업 3번, 기사 3번
① 진공 전구용 : 적린과 플루오르화소다
② 가스 주입 전구 : 질화바륨과 카올린

(7) 에이징(aging)

제작을 마친 새 전구를 처음으로 점등하면 필라멘트의 결정구조가 안정될 때까지 처음 수십 분 동안은 광속, 전류 등의 변화가 심하다.
따라서 제작을 마친 다음 약간 높은 전압으로 1시간 정도 점등하여 특성을 안정시키는데 이러한 특성의 안정 조작을 에이징(aging)이라고 한다.

3) 할로겐 전구 출제 산업 1번, 기사 3번

할로겐 전구(halogen lamp)는 미량의 할로겐 물질을 포함한 불활성 가스를 봉입하여 할로겐 물질의 화학반응을 응용한 가스입 텅스텐 전구로서 동일 정격의 백열전구에 비하여 효율, 수명을 개선할 수 있고 소형, 경량화할 수 있다.

(1) 할로겐 전구의 용도

① 옥외의 투광 조명, 고천장 조명, 광학용, 비행장 활주로용, 자동차용, 복사기용, 히터용

② 백화점 상점의 스포트라이트, 후드 light
③ 색온도를 중요시하는 컬러 TV 스튜디오의 스포트라이트, back light에 사용

(2) 할로겐전구의 특징

① 초소형, 경량의 전구(백열전구의 1/10 이상 소형화 가능)
② 단위 광속이 크다.
③ 수명이 백열전구에 비하여 2배로 길다.
④ 별도의 점등 장치가 필요하지 않다.
⑤ 열충격에 강하다.
⑥ 배광제어가 용이하다.
⑦ 연색성이 좋다.
⑧ 온도가 높다(할로겐 전구의 베이스로 세라믹 사용).
⑨ 휘도가 높다.
⑩ 흑화가 거의 발생하지 않는다. **출제** 산업 1번

(3) 적외선반사막 응용 할로겐전구

텅스텐 필라멘트로부터 방사된 가시광을 투과시키고 적외선을 반사하여 필라멘트로 되돌려 주어, 필라멘트의 가열 에너지로서 재이용하여 할로겐전구의 효율을 15~30[%] 향상시키고 열선도 1/2로 감소시킨 전구이다.

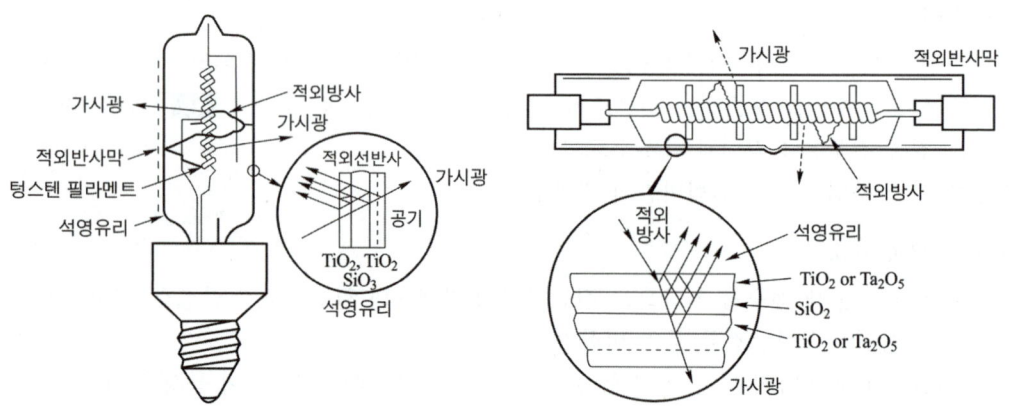

적외반사막 응용 할로겐 전구

(4) 다이크로익 미러부 할로겐 전구

가시광을 전면으로 반사하고, 불필요한 열선(적외선)을 후방으로 80[%] 투과시킴으로써 전면으로의 열선을 1/10로 감소시켜서 방사열에 의한 상품의 손상을 대폭 경감시키는 전시 조명이 가능하게 한 전구이다.

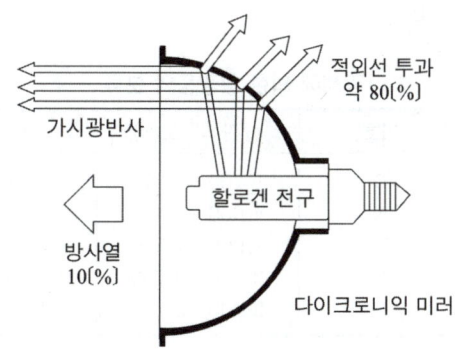

다이크로익 미러부 할로겐 전구

4) 형광등

(1) 개요

형광등은 기체방전을 이용하여 수은원자로부터 파장 2,537[Å]의 자외선을 발생시켜 이를 유리관내에 도포되어 있는 형광체에 조사하면 형광체로부터 가시광이 발광된다. 유리관 내에는 수은과 아르곤 등의 불활성 기체가 봉입되어 있다.

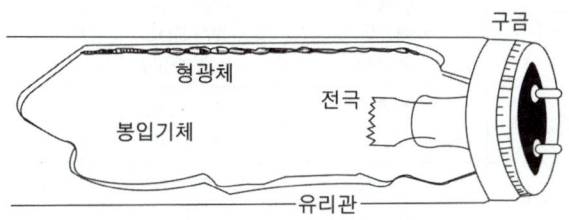

형광등의 기본 구조

① 최대 복사효율은 수은 증기압이 6×10^{-3}[mmHg] 부근
② 주위 온도는 25[℃]일 때의 관벽 온도는 약 40[℃]~45[℃]이다.　출제 산업 1번
③ 수은 : 직접 여기 및 전리되어 방전에 참여
④ 불활성 기체(아르곤) : 완충기체로서 방전개시를 용이하게 하고, 전극의 수명을 증가시키며 등의 발광효율을 향상　출제 기사 1번
⑤ 형광등은 일반 방전등과 같이 부 특성을 가지므로 전류 제한 장치가 필요하며, 이러한 기능을 가진 것이 안정기이다.

(2) 광색에 의한 형광등의 분류

광색에 의한 형광등의 분류

광색의 종류	기호	상관색온도(K)	비고(IEC 분류)
주광색	D	5,700~7,100	D : Daylight
주백색	N	4,600~5,400	
백 색	W	3,900~4,500	CW : Cool White
온백색	WW	3,200~3,700	W : White
전구색	L	2,600~3,150	WW : Warm White

출제 기사 1번

연색성에 의한 형광등의 분류

연색성의 구분		광색의 종류	기호	Ra 최저값
보통형		주광색	D	70
		주백색	N	65
		백 색	W	60
		온백색	WW	55
		전구색	L	50
고연색형	연색 A	주백색	N-DL	75
		전구색	L-DL	65
	연색 AA	주광색	D-SDL	88
		주백색	N-SDL	86
		백 색	W-SDL	84
		온백색	WW-SDL	82
	연색 AAA	주백색	N-EDL	95
		전구색	L-EDL	90
삼파장역 발광형		주백색	EX-N	80
		전구색	EX-L	78

〈주〉 DL은 고연색형을, EX는 삼파장형을 의미함
　　　 Ra : 표준연색성 평가계수(백열전구를 표준으로 한다)

(3) 형광체의 광색

형광체	텅스텐산 칼슘	텅스텐산 마그네슘	규산아연 출제 산업 4번	규산카드뮴	붕산카드뮴 출제 기사 2번
광 색	청색	청백색	녹색	등색	핑크색

형광체의 색별 중 녹색이 효율이 가장 높으며, 적색이 효율이 가장 낮다.
출제 산업 3번　　　　　　　　　　　　출제 기사 1번

(4) 형광등의 특징

　① 형광체의 혼합에 의하여 주광색, 백색 등 필요로 하는 광색을 얻을 수 있다.

　② 휘도가 낮다.

　③ 효율이 높다.

④ 열방사가 적다. 백열전구의 약 1/4이다.

⑤ 수명이 길다.

⑥ 점등에 시간이 걸린다.

⑦ 부속장치가 필요하여 값이 비싸다.

⑧ 깜박거림이 생기기 쉽다.

⑨ 역률이 나쁘다.

⑪ 온도 영향을 받는다.

(5) 수명과 동정

① 동정곡선(performance curve)

점등시간에 따라 전류·전압·전력 및 효율 등의 관계를 광속으로 나타내는 곡선

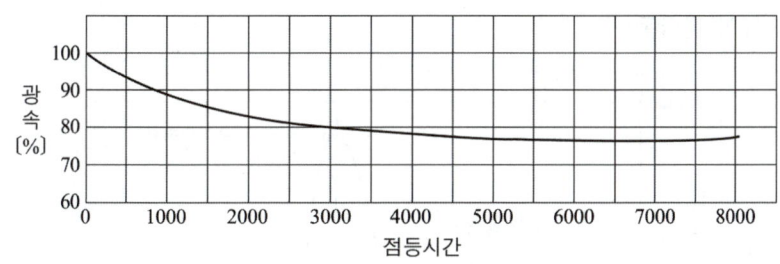

형광등의 동정곡선

② 형광등의 수명

점등 개시 후 전광속이 초기 광속의 80[%]로 되었을 때의 시간과 형광등이 방전 불능으로 되었을 때까지의 시간 중 짧은 것으로 정한다.

③ 한국공업규격

* 전광속 : 100시간 점등 후의 광속(초특성) 출제 산업 2번
* 동정 특성의 광속 : 500시간 점등 후의 광속 출제 산업 3번

(6) 안정기

방전등의 전압 전류 특성은 부특성(마이너스 특성)이므로 방전등을 일정 전압의 전원에 접속하면 전류가 급속히 증대되어 방전등을 파괴한다. 이를 방지하기 위해 저항 또는 초크 코일을 연결하는데 이것을 안정기라 한다. 출제 산업 3번

① 전자식 안정기와 재래식의 비교

비교항목	전자식 안정기	재래식 안정기
소 음	없음	발생
주파수	20~50[kHz]	60[Hz]
Flicker	없음	발생
점등방식	순간점등, Soft Start	필라멘트 예열방식
전력손실	재래식보다 20~30[%] 절감	

② 전자식 안정기의 문제점
  - 전압변동 및 surge 전압에 약하다.
  - 고조파 함유율이 높다.
  - 고조파 장해로 가전제품, 통신기기, OA기기, FA기기에 영향을 준다.
  - 순간점등으로 높은 Peak 전압에 의한 등 흑화 현상이 발생한다.

(7) 삼파장 형광등

삼파장 형광등은 파장 폭이 좁은 청색·녹색 및 적색 빛을 조합하여 효율이 높은 백색 빛을 얻는 등으로서 특징은 다음과 같다.
  - 가장 밝은 형광등이다.
  - 색상이 보다 자연적이며, 아름답고 선명하게 보인다.
  - 산뜻하고 싱싱한 분위기를 만든다.
  - 전기요금이 절약된다.

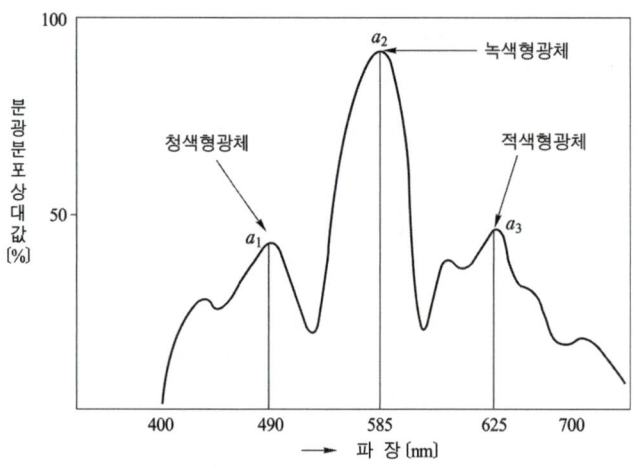

삼파장 형광등의 분광분포곡선

(8) 오파장 형광체

오파장(Mellow) 형광등은 청색 · 녹색 · 적색 · 심적(deep red) 및 청록(bluish green) 빛을 조합한 것으로 평균 연색평가지수가 우수하나 형광체의 가격 면에서 상당히 고가이다.

5) 수은등

수은 증기 중의 방전을 이용한 전등이다.

(1) 저압 수은등

출제 │ 산업4번, 기사 2번

① 수은 증기의 압력이 0.01[mmHg] 정도
② 자외선이 많기 때문에 의료용, 살균용, 물질 감별용 등에 사용된다.
③ 2,537[Å] (자외선) 발생

(2) 고압수은등

① 수은 증기의 압력이 100~760[mmHg] 정도이며 증기압을 높이기 위하여 2중관 구조로
되어 있다.　출제 산업 1번　출제 기사 1번

② 효율 : 20~50[lm/W] 정도

③ 가로 조명이나 광장 조명에 사용

(3) 초고압 수은등

① 수은 증기의 압력이 7,600[mmHg] 정도이며 증기압을 높이기 위하여 2중관 구조로 되
어 있다.　출제 기사 1번

② 효율 : 40~70[lm/W] 정도

③ 영화촬영, 영사 등의 응용에 이용되며 가로조명이나 공장조명에도 사용되고 있다.

(4) 형광 수은등

고압 수은등의 외관 내벽에 형광 물질을 도포한 것으로 발광관에서 복사된 자외선을 가시
선으로 변환 이용한 것이다. 수은등보다 광색이 좋고, 밝기는 10[%] 정도 향상되고 있다.

6) 메탈 핼라이드등

수은등의 발광관 내에 수은 증기 이외에 Na, I 등 금속 할로겐화물을 봉입한 것으로 밝기와 연
색성이 향상되고 있다. 효율은 75[lm/W] 정도이다.

7) 나트륨등

① 나트륨등은 나트륨 증기 중의 방전을 이용한 것으로 분광 분포는 D선이라 불리는 5,890~
5,896[Å]의 황색선이 대부분(76[%])을 차지한다.　출제 기사 1번

② 인공 광원 중 최대 발광 효율을 나타낸다.　출제 기사 1번
(80~150[lm/W])　출제 산업 1번

③ 단색광으로 연색성이 대단히 나빠 실내조명으로는 부족하다.　출제 산업 2번

④ 투과력이 양호하여 강변 도로등, 안개지역 가로등, 광학시험에 사용된다.　출제 기사 4번

8) 크세논등

① 크세논(Xenon)등은 크세논가스 중의 방전을 이용

② 크세논등의 분광분포는 자외선 영역으로부터 가시광선 영역에 걸쳐서 균등한 연속 스펙트
럼과 근적외부에 강력한 스펙트럼으로 되어 있다.

③ 자연주광과 비슷하고 동정 중 색온도는 거의 일정(약 6,000[K])하고 휘도도 매우 높다.
출제 기사 1번

④ 크세논등은 광장 조명등에 사용되지만 영사용 광원, 광학기기용 광원등으로도 사용된다.

9) 네온관등(네온사인)

(1) 구조

지름 10~20[mm](12, 15[mm]의 것이 많다)의 긴 유리관을 진공으로 한 후에 20[mmHg] 정도의 압력으로 불활성 가스 또는 수은을 봉입하고, 양단에 원통형의 음극관 금속 전극을 장치하여 이것에 고압의 교류를 가하면 양광주가 뚜렷이 빛난다.　출제 산업 2번, 기사 1번

이것을 네온관등(neon tube lamp)이라 하며, 광고용으로 많이 사용되므로 네온사인 (neon sign)이라고도 한다.

(2) 가스와 광색

봉입가스	유리관색	관등의 색
네 온	투 명	등적색
	청 색	등 색
아르곤과 수은	투 명	청 색
	황록색	녹 색
헬 륨	투 명	백 색
	황갈색	황갈색
아르곤	투 명	고동색

출제 기사 1번

(3) 안정기

방전개시 전압은 점등 중의 전압의 1.5~3배가 필요하므로 누설변압기를 사용하여 필요 한 전압을 얻는다.

10) 네온전구

네온전구는 음극 글로를 이용하게 되며 교류 전원을 접속하면 반 사이클마다 양쪽 극에서 발광 한다. 소비 전력이 적으므로 배전반의 파일럿등과 같이 종야등으로 사용된다.

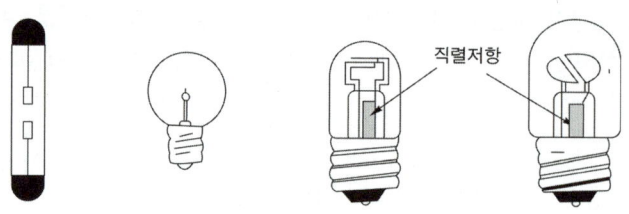

네온 전구

① 소비전력이 적으므로 배전반의 파이롯트 등에 적합하다.　출제 산업 1번
② 부(-)글로를 이용하므로 직류의 극성 판별용에 이용된다.　출제 기사 1번
③ 일정 전압에서 점등되므로 검전기, 교류 파고치의 측정에 사용된다.　출제 산업 1번, 기사 3번
④ 어느 범위에서는 광도와 전류가 비례하므로 오실로그래프용·스트로보스코프용에 이용된 다.

11) EL등

① 전계 루미네선스에 의하여 발광

② EL 램프는 효율이 10[lm/W] 정도이므로 일반조명용에는 적당하지 못하고 표시용, 장식용 등에 사용되고 있다.

12) 각종 램프의 효율

① 나트륨 램프 : 80～150[lm/W]

② 메탈 핼라이드 램프 : 75～105[lm/W] ----┐

③ 형광 램프 : 48～80[lm/W] ---------┘ 출제 │ 산업 2번, 기사 1번

④ 수은 램프 : 35～55[lm/W]

⑤ 할로겐 램프 : 20～22[lm/W]

⑥ 백열전구 : 7～22[lm/W]

07 - 조명설계

1) 기구 배광에 의한 분류

조명 방식	하향 광속[%]	상향 광속[%]	조명률[%]
직접조명	100～90 출제 산업 2번	0～10	약 75
반직접조명	90～60 출제 산업 1번	10～40	약 60
전반확산조명	60～40	40～60	약 50
반간접조명	40～10	60～90	약 40
간접조명	10～0	90～100	약 30

2) 기구 배치에 의한 분류

(1) 전반조명

① 작업의 위치가 변동하여도 기구 배치를 변경할 필요가 없다. 출제 산업 1번, 기사 2번

② 기구나 전등의 종류를 적게하여 큰 용량의 전등을 사용할 수 있는 편의성이 있다.

③ 그림자가 부드럽다.

(2) 국부조명

① 희망하는 곳에 희망하는 방향으로부터 충분한 조도를 얻을 수 있다.

② 불필요한 개소는 소등하여 둘 수 있다.

③ 적당한 전반국부병용조명을 채택(사무실, 공장 등에서 채택)하면 필요한 조도를 경제적으로 얻을 수 있다. 출제 기사 1번

3) 건축화 조명 출제 산업 1번

건축화 조명이란 건축물의 천정, 벽 등의 일부가 조명기구로 이용되거나 광원화 되어 건축물의 마감재료의 일부로서 간주되는 조명설비이다. 이에 대한 종류는 천정면 이용방법과 벽면 이용 방법으로 대별된다.

(1) 천정 매입방법

① 매입 형광등 : 하면 개방형, 하면 확산판 설치형, 반매입형등이 있다.

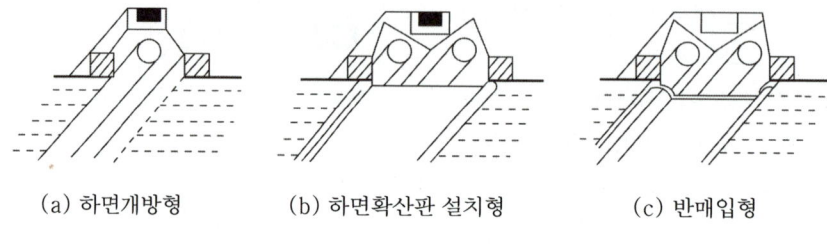

| (a) 하면개방형 | (b) 하면확산판 설치형 | (c) 반매입형 |

매입형광등 조명

② down light : 천정에 작은 구멍을 뚫고 조명기구를 매입하여 빛의 빔방향을 아래로 유효하게 조명 하는 방법

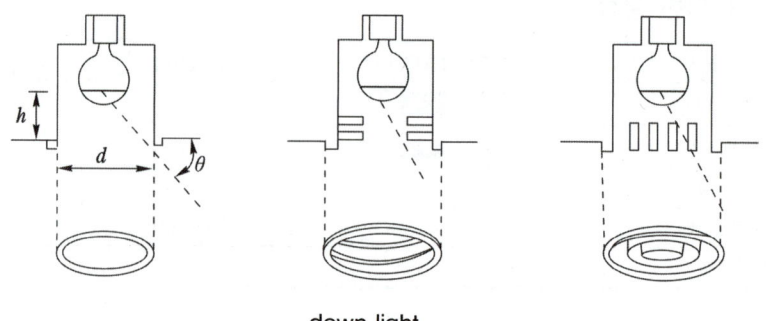

down light

③ pin hole light : down-light의 일종으로 아래로 조사되는 구멍을 적게 하거나 렌즈를 달아 복도에 집중 조사되도록 한다.

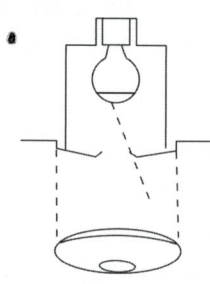

pin hole light

④ coffer light : 대형의 down light라고도 볼 수 있으며 천정면을 둥글게 또는 사각으로 파내어 내부에 조명기구를 배치하여 조명하는 방법

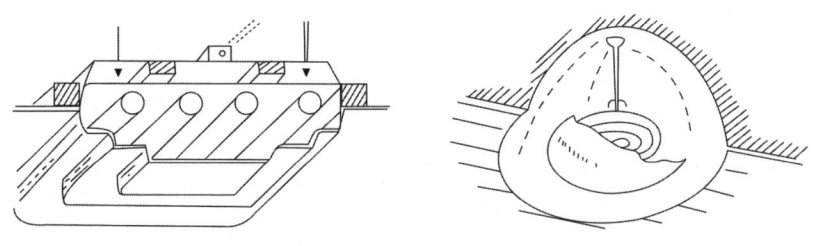

coffer light

⑤ line light : 매입 형광등방식의 일종으로 형광등을 연속으로 배치하는 조명방식

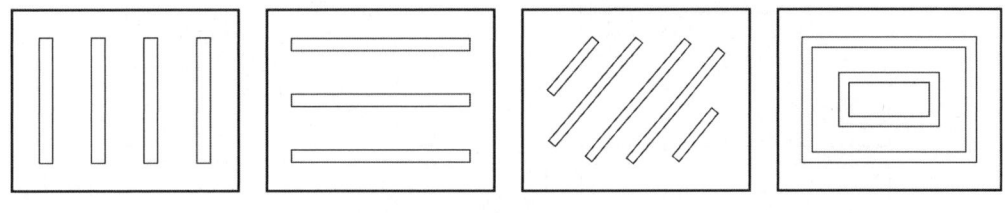

line light

(2) 천정면 이용방법

① 광천정 조명 : 실의 천정 전체를 조명기구화 하는 방식으로 천정 조명 확산 판넬로서 유백색의 플라스틱판이 사용된다.

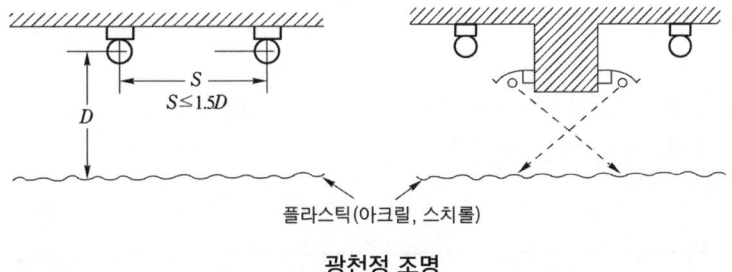

광천정 조명

② 루버 조명 : 실의 천정면을 조명기구화하는 방식으로 천정면 재료로 루버를 사용하여 보호각을 증가시킨다.

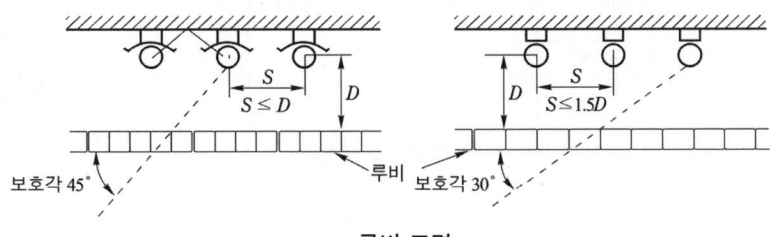

루버 조명

③ cove 조명 : 광원으로 천정이나 벽면상부를 조명함으로서 천정면이나 벽에서 반사되는 반사광을 이용하는 간접 조명방식으로 효율은 대단히 나쁘지만 부드럽고 안정된 조명을 시행할 수 있다.

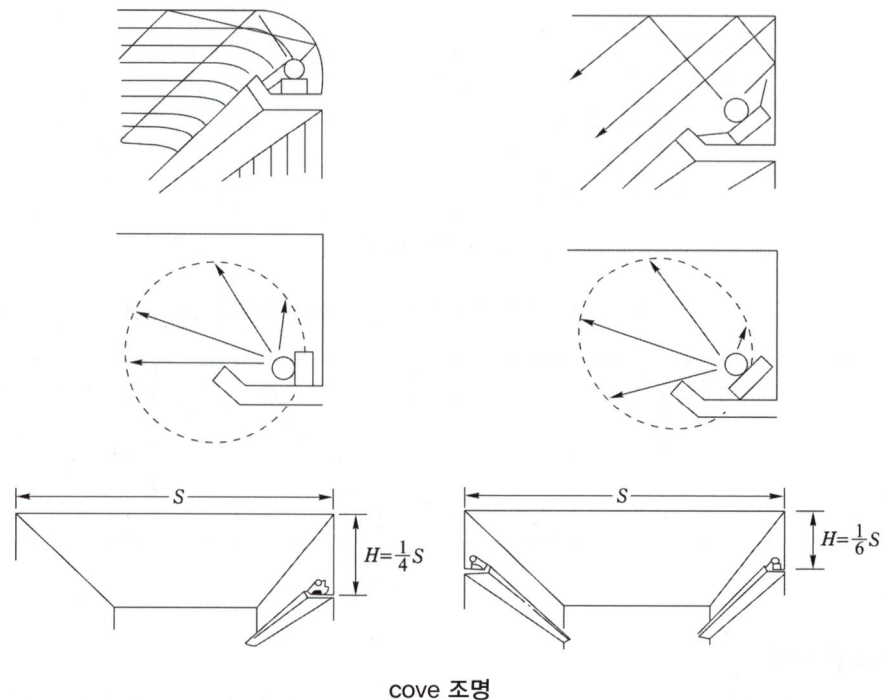

cove 조명

(3) 벽면 이용방법

① coner 조명 : 천정과 벽면 사이에 조명기구를 배치하여 천정과 벽면에 동시에 조명하는 방법

② conice 조명 : 코너를 이용하여 코오니스를 15~20[cm] 정도 내려서 아래쪽의 벽 또는 커튼을 조명하도록 하는 방법

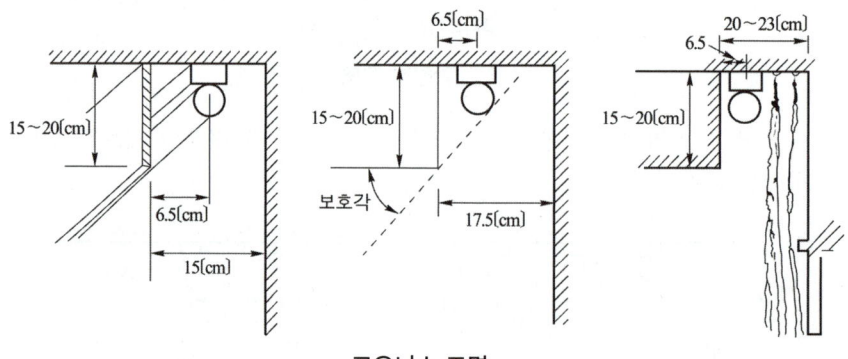

코오니스 조명

③ valance 조명 : 광원의 전면에 밸런스판을 설치하여 천정면이나 벽면으로 반사시켜 조명하는 방법

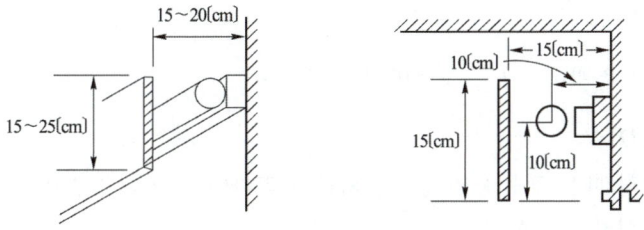

밸런스 조명

④ 광창 조명 : 지하실이나 무창실에 창문이 있는 효과를 내는 방법으로 인공창의 뒷면에 형광등을 배치하는 방법

3) 실내 조명설계

피조면의 조도를 산출하기 위해서는 추점법(point by point method)과 광속법(lumen method)이 이용되고 있다.

(1) 추점법

피조면 임의의 점에서 거리 역제곱의 법칙에 따라 조도를 계산하고 각 점에서의 조도를 비교하면서 설계하는 방법으로 국부조명에 주로 사용된다.

(2) 광속법

설계하고자 하는 방의 형태, 등의 광속, 조명률 및 감광보상률 등을 고려하여 기준 조도에 따라 사용등수를 결정하는 방법으로 사무실·학교 등 전반조명을 요구하는 장소에 주로 사용된다.

4) 실내의 전반조명 방식에서의 조도계산

(1) 실지수 $R \cdot I$ (Room Index)

$$R \cdot I = \frac{XY}{H(X+Y)}$$ 출제 산업 6번

단, X, Y : 방의 폭과 길이[m]
  H : 광원의 작업면상의 높이[m]

• 직접 조명 : 조명 기구부터 피조면까지의 높이
• 간접 조명 : 천장으로부터 피조면까지의 높이

(2) 조명률(U)

광원의 전광속과 작업면에 도달하는 유효광속 사이의 비이며 반사율, 배광, 효율에 비례된다.

조명률은 실지수, 조명기구의 종류, 실내면의 반사율에 따라 달라진다. 출제 기사 4번

$$U = \frac{F}{F_0} \times 100[\%]$$

여기서, F_0 : 전광속, F : 작업면의 입사광속

(3) 감광보상률(D)

조명설계를 할 때는 점등중의 광속감퇴를 고려하여 소요광속에 여유를 두어야 하며 그 정도를 감광보상률이라 한다.

$$\text{감광보상률 } D = \frac{1}{\text{보수율}} = \frac{1}{M}$$

(4) 조도계산

$$E = \frac{F \times U \times N}{A \times D} = \frac{F \times U \times N \times M}{A}[\text{lx}]$$ 출제 산업 15번, 기사 13번

E : 평균조도[lx], F : 등기구 1개의 총 광속[lm]
N : 조명기구 개수, M : 보수율, A : 면적, D : 감광보상률

(5) 조명기구 간격 및 배치

① 기구의 최대 간격 $S \leq 1.5H$ 출제 산업 1번
② 광원과 벽면 거리
  • $S_0 \leq \dfrac{H}{2}$ (벽측을 사용하지 않을 경우)
  • $S_0 \leq \dfrac{H}{3}$ (벽측을 사용할 경우)
  단, H : 작업면부터 광원까지의 높이[m]
  (매입형인 경우 피조면에서 천장까지의 높이를 말한다.) 출제 산업 2번

5) 교통도로 조명

(1) 도로 조명의 일반적 고려 사항

① 조도(수평면) ② 노면휘도의 균일도
③ 글레어 ④ 유도성
⑤ 조명방법

(2) 광원

① 속도가 높은 고속도로, 간선도로, 교량, 안개지역에는 광속이 많고, 유도성이 강한 나트륨등을 사용
② 주위에 상가가 많거나 번화가, 관청가일 경우에는 연색성을 고려한 기구로서 메탈핼라이드등이 많이 사용된다.

(3) 조명기구

① 직선도로일 경우 대칭식, 지그재그식, 중앙열식, 편측식 등으로 배치

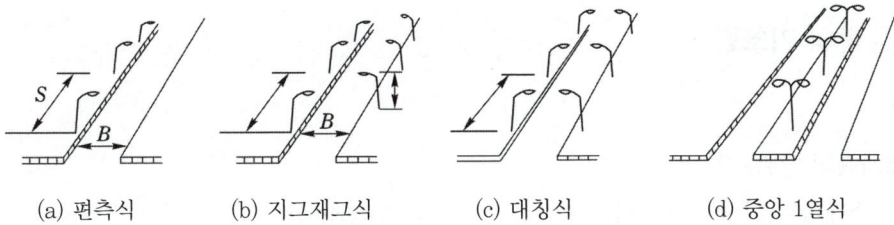

(a) 편측식   (b) 지그재그식   (c) 대칭식   (d) 중앙 1열식

② 곡선도로일 경우에는 멀리서도 곡선 굴곡부의 모양을 알 수 있도록 직선부보다 배치를 조밀하게 한다.

(4) 곡선 도로 조명 배치 방법

① 양쪽 배치시는 대칭식, 한쪽 배치 시는 커브 바깥쪽에 배치한다.   출제 산업 2번

② 안전상 직선 도로보다 높은 조도(등간격을 좁게)를 유지한다.

③ 곡률 반경이 클수록 (완만한 커브길) 등간격은 길게 해도 된다.

(5) 조도 및 소요등수 계산

$$FUN = AED = BSED$$ 출제 산업 6번, 기사 3번

단, F : 등주 1개당의 광원 광속[lm], B : 도로의 폭[m], S : 등주 간격[m],
E : 도로면 위의 평균 조도[lx], N : 등주의 나열수

① 1열 배치의 피조 면적 $A = SB[\text{m}^2]$

② 2열 양측배치의 피조 면적 $A = \dfrac{1}{2}SB[\text{m}^2]$

조명공학의 기초량

01 ★ 【86. 92. 10. 산업기사】
복사속의 단위는?

① 스테라디안[Sr]   ② 와트[W]   ③ 루멘[lm]   ④ 칸델라[cd]

해설 , 단위 시간에 어느 면을 통과하는 복사 에너지의 양으로 그 단위는 와트[W]이다.

02 ★★☆ 【93. 기사, 75. 산업기사, ⊕ : 00. 기사】
시감도가 가장 좋은 광색은?

① 적색   ② 등색   ③ 청색   ④ 황록색

해설 , 어느 파장의 에너지가 빛으로 느껴지는 정도를 시감도라 하며, 시감도는 파장 5,550[Å]인 황록색이 최대 시감도이다.

03 ☆ 【97. 24. 산업기사】
파장이 가장 긴 빛은?

① 적색   ② 노랑   ③ 파랑   ④ 보라색

해설 , 가시광선 중에서 적색이 파장 길고 보라색이 짧다.

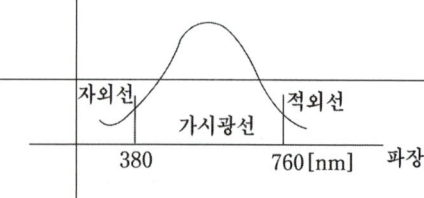

04 ☆ 【02. 기사】
최대 시감도에서의 발광 효율[lm/W]은?

① 555   ② 680   ③ 5,550   ④ 6,800

해설 , 최대 시감도 : 5,550[Å], 효율 : 680[lm/W]

05 ☆ 【00. 24. 산업기사】
빛의 파장이 몇 [nm]인 때 가장 밝게 느껴지는가?

① 300   ② 400   ③ 500   ④ 555

답 1. ② 2. ④ 3. ① 4. ② 5. ④

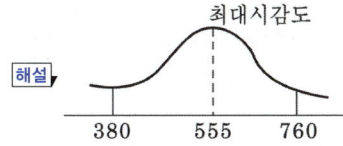

• 555[nm] : 680[lm/W]

해설

★【91. 99. 산업기사】

06 광속이란 무엇인가?

① 복사 에너지를 눈으로 보아 빛으로 느끼는 크기를 나타낸 것

② 단위 시간에 복사되는 에너지의 양

③ 전자파 에너지를 얼마만큼의 밝기로 느끼게 하는가를 나타낸 것

④ 복사속에 대한 광속의 비

해설 광속이란 빛의 느끼는 크기를 말한다.

① 광속 F[lm] ② 복사속 ϕ[W] ③ 조도 E[lx] ④ 시감도 $= \dfrac{광속}{복사속}$ [lm/W]

★【91. 00. 산업기사】

07 다음 중 휘도의 단위는 어느 것인가?

① [lx] ② [rlx] ③ [cd] ④ [sb]

해설 휘도 $B \Rightarrow 1[\mathrm{nt}] = 1[\mathrm{cd/m^2}]$

$1[\mathrm{sb}] = 1[\mathrm{cd/cm^2}]$

조도 $E \Rightarrow 1[\mathrm{lx}] = 1[\mathrm{lm/m^2}]$

광속 발산도 $R \Rightarrow 1[\mathrm{rlx}] = 1[\mathrm{lm/m^2}]$

☆【99. 03. 산업기사】

08 다음 중 잘못된 것은?

① $1[\mathrm{lx}] = 1[\mathrm{lm/m^2}]$ ② $1[\mathrm{ph}] = 1[\mathrm{lm/cm^2}]$

③ $1[\mathrm{ph}] = 10^5[\mathrm{lx}]$ ④ $1[\mathrm{rlx}] = 1[\mathrm{lm/m^2}]$

해설 $1[\mathrm{lx}] = 1[\mathrm{lm/m^2}]$, $[\mathrm{ph}] = [\mathrm{lm/cm^2}]$ ∴ $1[\mathrm{ph}] = 10^4[\mathrm{lx}]$

★【93. 기사】

09 다음 설명 중 잘못된 것은?

① 조도의 단위는 [lx]=[lm/m²]이다.

② 광속 발산도 단위[lm/m]를 [radiant lux]라 하여 [lx]로 표시한다.

③ 광도의 단위는 [lm/sterad]로 [candela]라 하며 [cd]로 표시한다.

④ 휘도 보조 단위로는 [cd/cm²]를 사용하고 [stilb]라 하여 [sb]로 표시한다.

해설 광속 발산도 R은 $1[\mathrm{rlx}] = 1[\mathrm{lm/m^2}]$, $1[\mathrm{rph}] = 1[\mathrm{lm/cm^2}]$, $1[\mathrm{rph}] = 10^4[\mathrm{rlx}]$이다.

답 6. ① 7. ④ 8. ③ 9. ②

유사문제

‖ 유사문제 원문 및 해설 : 동일출판사 홈페이지≫고객센터≫자료실

01. 조명 공학에서 사용되는 칸델라[cd]는 다음 어느 것의 단위인가?

답 광도

02 가시 광선의 파장 범위[Å]는?

답 $3,800 \sim 7,600[\text{Å}]$

03 진공에서 파장이 555[nm]인 빛의 진동수는?

답 $0.54 \times 10^{15}[\text{Hz}]$

완전확산면

★ 【12. 기사, 75. 91. 산업기사】

10 완전 확산면의 휘도 B와 광속 발산도 R과의 관계는?

① $R = 4\pi B$ ② $R = B/\pi$

③ $R = \pi B$ ④ $R = \pi^2 B$

해설 1차 광원 또는 광을 반사하는 면, 즉 2차 광원에 있어서 발산 광속의 면적 밀도를 광속 발산도(luminous radiance)라 한다.

구광원에서 $R = \dfrac{F}{S} = \dfrac{4\pi I}{4\pi r^2} = \dfrac{I}{r^2}$, $B = \dfrac{I}{\pi r^2}$

$\therefore R = \pi B[\text{rlx}]$

★★ 【95. 기사, 86. 93. 05. 23. 산업기사】

11 완전 확산면은 어느 방향에서 보아도 무엇이 같은가?

① 광속   ② 조도   ③ 광도   ④ 휘도

해설 휘도는 보는 방향에 따라 변화하지만 어느 방향에서 보아도 휘도가 같은 면을 완전 확산면이라 한다.

★★☆ 【95. 기사, 78. 88. 96. 24. 산업기사】

12 휘도 B[sb], 반지름 r[m]인 등휘도 완전 확산성 구 광원의 전광속 F[lm]는 얼마인가?

① $4r^2 B$ ② $\pi r^2 B$ ③ $\pi^2 r^2 B$ ④ $4\pi^2 r^2 B$

해설 $B = \dfrac{I}{\pi r^2} = \dfrac{1}{\pi r^2} \cdot \dfrac{F}{4\pi}[\text{nt}]$

$\therefore F = 4\pi^2 r^2 B[\text{lm}]$

답 10. ③ 11. ④ 12. ④

★ 【96. 00. 04. 05. 산업기사】
13 휘도가 B인 무한히 넓은 등휘도 완전 확산성 천장 바로 아래 h인 거리에 있는 점의 수평조도는?

① $\dfrac{B}{h^2}$　　　　② $\dfrac{B}{h}$　　　　③ πB　　　　④ $\dfrac{\pi B}{h}$

해설 글로브 광원은 그 뚜껑이 평원판 광원으로 대체되어 그 중심 바로 아래의 조도는 거리의 역제곱 법칙이 성립한다.

$$E = \frac{\pi r^2 B}{r^2} = \pi B[\text{lx}]$$

★ 【91. 기사】
14 전반 완전 확산 반사면으로 되어 있는 밀폐구 내에 광원을 두었을 때 그 면의 확산 조도는 어떻게 되는가?

① 광원의 형태에 의하여 변한다.　　　② 광원의 위치에 의하여 변한다.
③ 광원의 배광에 의하여 변한다.　　　④ 구의 지름에 의하여 변한다.

해설 반사율 ρ, 지름 D인 완전 확산 구면 내의 중심에 전광속 F의 광원을 놓을 때, 구면 내면상의 한점에서의 확산 조도는

$$E = \frac{\rho}{1-\rho} \cdot \frac{F}{\pi D^2} \propto \frac{1}{D^2}$$

즉, 구의 지름 D에 따라 변한다.

☆ 【00. 산업기사】
15 반사율 50[%]의 완전 확산성의 종이를 100[lx]의 조도로 비추었을 때 종이의 광속 발산도[rlx]는?

① 50　　　　② 64　　　　③ 70　　　　④ 81

해설 $R = \rho E = 0.5 \times 100 = 50[\text{rlx}]$

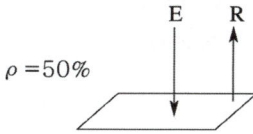

$\rho = 50\%$

★★★★★ 【85. 90. 93. 기사, 82. 85. 93. 94. 95. 98. 11. 산업기사】
16 완전 확산면의 광속 발산도가 2,000[rlx]일 때, 휘도는 약 몇 [cd/cm²]인가?

① 0.2　　　　② 0.064　　　　③ 0.682　　　　④ 637

해설 $R = \pi B$

$$\therefore B = \frac{R}{\pi} = \frac{2,000}{\pi}[\text{cd/m}^2] = \frac{2,000}{\pi} \times 10^{-4} \fallingdotseq 0.064[\text{cd/cm}^2]$$

※ $R = \pi B[\text{rlx}]$, $B = \dfrac{R}{\pi}[\text{nt}]$이므로

휘도 문제를 다룰 때에는 $1[\text{sb}] = 10^4[\text{nt}]$의 관계를 잊으면 안 된다.

17 ★★ 【89. 98. 기사】

완전 확산성인 지름 20[cm]의 외구 속에 광도 100[cd]의 전구를 넣었을 때, 외구 표면의 휘도를 구하시오. 단, 외구의 흡수율은 10[%]이고 외구 내면의 반사는 이를 무시한다.

① 약 0.9[lm/cm²] ② 약 0.9[cd/cm²]

③ 약 0.3[lm/cm²] ④ 약 0.3[cd/cm²]

해설
$$B = \frac{I}{S}\eta = \frac{I}{\pi r^2} \cdot 0.9$$

$$= \frac{100}{\pi \cdot 10^2} \cdot 0.9 ≒ 0.3[\text{sb}]$$

$$1[\text{sb}] = 1[\text{cd/cm}^2]$$

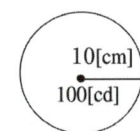

18 ★★★☆ 【95. 97. 기사, 95. 97. 99. 23. 산업기사】

반사율 80[%]의 완전 확산성의 종이를 100[lx]의 조도로 비쳤을 때 종이의 휘도[cd/m²]를 구하면?

① 25 ② 30 ③ 37 ④ 45

해설
$$R = \pi B = \rho E$$

$$\therefore B = \frac{\rho E}{\pi} = \frac{0.8 \times 100}{3.14} = 25.47[\text{cd/m}^2]$$

$$R = \pi B \text{이므로} \quad B = \frac{80}{\pi}[\text{nt}] = 25.47[\text{cd/m}^2]$$

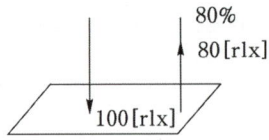

19 ★★ 【86. 95. 산업기사, ⊕ : 95. 기사】

반사율 70[%]의 완전 확산성 종이를 100[lx]의 조도로 비추었을 때 종이의 휘도[cd/m²]는?

① 약 22 ② 약 32 ③ 약 45 ④ 약 50

해설
완전 확산면의 조도를 E, 광속 발산도를 R, 반사율을 ρ, 휘도를 B라 하면

$$R = \pi B = \rho E \text{의 관계가 있으므로}$$

$$\therefore B = \frac{\rho E}{\pi} = \frac{0.7 \times 100}{3.14} = 22.3[\text{cd/m}^2]$$

20 ★★ 【83. 91. 97. 00. 11. 산업기사】

반사율이 50[%], 면적이 50[cm]×40[cm]인 완전 확산면에 100[lm]의 광속을 투사하면 그 면의 휘도는 얼마인가?

① 약 60 ② 약 80 ③ 약 100 ④ 약 120

해설
$$R = \frac{F}{S} = \frac{50}{0.5 \times 0.4} = 250[\text{rlx}]$$

완전 확산면에서 $R = \pi B$이므로

$$\therefore B = \frac{R}{\pi} = \frac{250}{\pi} = 79.6[\text{nt}]$$

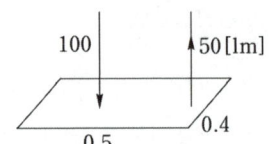

21 ★☆【85. 98. 00. 산업기사】
광속 5,500[lm]의 광원에서 4[m²]의 투명 유리를 일정 방향으로 조사하는 경우, 그 유리 뒷면의 광속 발산도 R[rlx] 및 휘도 B[nt]는 얼마인가? 단, 투명 유리의 투과율은 80[%]이다.

① $R = 1,100$, $B = 350$
② $R = 4,400$, $B = 1,400$
③ $R = 550$, $B = 175$
④ $R = 2,200$, $B = 700$

해설 투명 유리의 투과율은 $\tau = 0.8$이므로 이면에서 발산하는 광속은
$$F' = \tau F = 0.8 \times 5,500 = 4,400[\text{lm}]$$
이면의 광속 발산도 R은
$$\therefore R = \frac{\tau F}{S} = \frac{4,400}{4} = 1,100[\text{lm/m}^2] = 1,100[\text{rlx}]$$
또한 $R = \pi B$이므로
$$\therefore B = \frac{R}{\pi} = \frac{1,100}{3.14} = 350[\text{cd/m}^2] = 350[\text{nt}]$$

🔀 유사문제

‖유사문제 원문 및 해설 : 동일출판사 홈페이지≫고객센터≫자료실

01. 완전 확산성의 휘도가 1[stilb]인 때의 광속 발산도[rlx]은?
답 $10^4 \pi$[rlx]

02. 완전 확산 평판 광원의 최대 광도가 I[cd]일 때의 전광속[lm]은?
답 πI[lm]

03. 투과율이 40[%]인 완전 확산성의 우유빛 유리판을 천장 위에서 비추고 그 유리면의 조도를 측정하니 15,700[lx]이었다. 유리의 아래 바닥에서 본 유리면의 휘도값[cd/cm²]은 얼마인가?
답 0.2[cd/cm²]

04. 직경 50[cm]의 완전 확산성의 글로브의 중심에 각 방향으로 100[cd]의 광도를 갖는 전구를 넣으면 글로브의 표면의 휘도는 약 몇 [sb]인가? 단, 글로브의 투과율은 95[%]이다.
답 0.0484[sb]

05. 면적이 80×80[cm²]인 완전 확산성 유리판의 바로 아래에서 본 광도가 320[cd]이다. 휘도[sb]를 구하면?
답 0.05[sb]

거리 역제곱의 법칙

22 ★【70. 93. 산업기사】
조도는 광원으로부터의 거리와 어떠한 관계가 있는가?
① 거리에 비례한다.
② 거리에 반비례한다.
③ 거리의 제곱에 반비례한다.
④ 거리의 제곱에 비례한다.

답 21. ① 22. ③

해설 ▸ 조도에 관한 거리의 역제곱의 법칙에서

$$E = \frac{F_0}{S_0} = \frac{4\pi I_0}{4\pi R^2} = \frac{I_0}{R^2} \, [\text{lx}] \quad E \propto \frac{1}{R^2}$$

★ 【79. 기사】
23 60[W] 전구를 책상 위 2[m]인 곳에서 점등하였을 때 전구의 바로 밑의 조도가 18[lx]가 되었다. 이 전구를 50[cm]만큼 책상 쪽으로 가까이 할 때의 조도[lx]는?

① 약 13.5　　　　② 약 18　　　　③ 약 24　　　　④ 약 32

해설 ▸ 조도는 거리의 제곱에 반비례하므로 최초의 조도를 E, 50[cm] 가까이 할 때의 조도를 E' 라 하면

$$18 : \frac{1}{2^2} = E' : \frac{1}{1.5^2}, \quad E \propto \frac{1}{R^2}$$

$$\therefore E' = 18 \times \left(\frac{2}{1.5}\right)^2 = 32[\text{lx}]$$

★ 【96. 10. 산업기사】
24 3[m] 떨어진 점의 조도가 200[lx]이었다면 이 방향의 광도[cd]는?

① 1,800　　　　② 2,000　　　　③ 2,500　　　　④ 3,000

해설 ▸ $E = \dfrac{I}{r^2}$ 에서 $I = E \cdot r^2 = 200 \times 3^2 = 1,800[\text{cd}]$

★ 【87. 23. 산업기사】
25 반사갓을 붙인 60[W] 전구를 책상 위 2[m]의 높이에서 점등하면 바로 밑 책상면의 조도가 17.5[lx]였다. 이 전구를 50[cm]만큼 책상 쪽으로 내린다면 책상면의 조도[lx]는?

① 약 31　　　　② 약 41　　　　③ 약 51　　　　④ 약 61

해설 ▸ 조도는 거리의 제곱에 비례하므로 최초의 조도를 E, 50[cm]만큼 책상쪽에 가까이 할 때의 조도를 E' 라 하면

$$\frac{E'}{E} = \left(\frac{2}{1.5}\right)^2$$

$$E' = E \times \left(\frac{2}{1.5}\right)^2 = 17.5 \times \left(\frac{2}{1.5}\right)^2 = 31.1[\text{lx}]$$

입사각 여현의 법칙

★★ 【91. 99. 03. 산업기사, ⊕ : 97. 99. 산업기사】
26 점광원 150[cd]에서 5[m] 떨어진 거리에서 그 방향과 직각인 면과 기울기 60°로 설치된 간판의 조도[lx]는?

① 1　　　　② 2　　　　③ 3　　　　④ 4

🔲 23. ④　24. ①　25. ①　26. ③

해설 ▸ 광도 I[cd]의 광원에서 r[m] 떨어져서 θ만큼 기울어진 면의 조도 E[lx]는 다음과 같다.

$$E = \frac{I\cos\theta}{r^2}[\text{lx}] = \frac{150 \times \cos 60°}{5^2} = 3[\text{lx}]$$

★★☆【97. 기사, 85. 87. 93. 23. 산업기사, ⊕ : 12. 16. 산업기사】
27 그림과 같은 간판을 비추는 광원이 있다. 간판 면상 P점의 조도를 200[lx]로 하려면 광원의 광도[cd]는? 단, P점은 광원 L을 포함하고 간판의 직각인 면상에 있으며, 또 간판의 기울기는 직선 LP와 30°이고, LP 간은 1[m]이다.

① 400

② 200

③ 100

④ 50

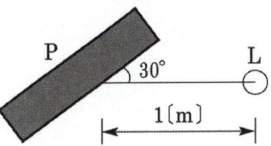

해설 ▸ 조도 E와 광도 I 사이에는 $E = \frac{I}{r^2}\cos\theta$[lx]

θ는 수직면에서 부터의 각이므로 60°임을 알 수 있다.

$\cos 60° = \frac{1}{2}$ 이므로 $E = \frac{I}{1^2} \cdot \frac{1}{2} = 200[\text{lx}]$

($\theta = 90° - 30° = 60°$, $E = 200[\text{lx}]$, $r = 1[\text{m}]$, $\cos 60° = \frac{1}{2}$ 이므로)

$I = 200 \times 1^2 \times \frac{1}{\cos 60°}$ [cd]

$\therefore I = 400[\text{cd}]$

입체각 투사의 법칙

★★☆【80. 84. 86. 92. 00. 09. 산업기사】
28 그림과 같이 반구형 천장이 있다. 반지름 r이 30[cm], 반구 내의 휘도 B는 4487[cd/m²]로 균일하다. 이때 $a = 2.5$[m] 거리에 있는 바닥의 P점의 조도는 몇 [lx]인가?

① 100

② 200

③ 300

④ 400

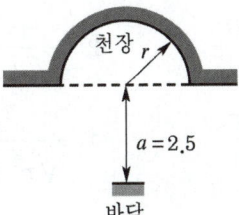

해설 ▸ 그림에서 구하는 조도 E 는 $E = \pi B \sin^2\theta$

그림에서 $\sin\theta = \frac{r}{\sqrt{r^2 + a^2}}$ 을 대입하면

$\therefore E = \frac{\pi r^2 B}{r^2 + a^2} = \frac{3.14 \times 0.3^2 \times 4487}{0.3^2 + 2.5^2} = 200[\text{lx}]$

29 【83. 93. 산업기사】

지름 2[m]의 유리로 된 완전 확산면의 천장이 있다. 이것을 1,000[lx]의 조도로 위에서 균일하게 비추었을 때 천장에 평행된 마룻바닥의 원형 천장 바로 밑의 수평면 조도[lx]는? 단, 여기서 유리의 투과율은 80[%], 바닥과 천장의 높이는 3[m], 천장과 방바닥의 상호 반사는 무시한다.

① 1,000　　　　② 800　　　　③ 80　　　　④ 50

해설 광원의 휘도 B는 $B = \dfrac{\tau E}{\pi} = \dfrac{0.8 \times 1,000}{\pi}$ [cd/m²]가 되고,

P점의 수평면 조도 E_p는 $E_p = B\pi \sin^2\theta$[lx]이다.

광원의 반지름 a, 광원의 높이를 h라 하면

$$\therefore E_p = B\pi \cdot \frac{a^2}{a^2 + h^2} = \frac{0.8 \times 1000}{\pi} \times \pi \times \frac{1^2}{1^2 + 3^2} = 80[\text{lx}]$$

30 ★☆ 【77. 17. 기사, 96. 산업기사】

반지름 a, 휘도 B인 완전 확산성 구면 광원의 중심에서 h되는 거리의 점에서 이 광원의 중심으로 향하는 조도는 얼마인가?

① πB　　　　② $\dfrac{\pi B a^2}{h^2}$　　　　③ $\pi B a^2 h$　　　　④ $\dfrac{\pi B a}{h}$

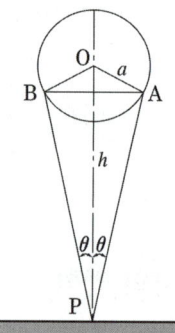

해설 그림에서 점 P의 조도 E_h는

$E_h = \pi B \sin^2\theta$

$\sin\theta = \dfrac{a}{h}$

$\therefore E_h = \pi B \dfrac{a^2}{h^2}$

31 ★☆ 【87. 90. 98. 12. 산업기사】

그림과 같은 반구형 천장이 있다. 그 반지름은 r, 휘도는 B이고 균일하다. 이때 h의 거리에 있는 바닥의 중앙점의 조도는 얼마나 되는가?

① $\dfrac{\pi r^2 B}{r^2 + h^2}$　　　　② $\dfrac{\pi r^2 B}{\sqrt{r^2 + h^2}}$

③ $\dfrac{\pi r^2 B}{r + h}$　　　　④ $\dfrac{r^2 B}{\sqrt{r^2 + h^2}}$

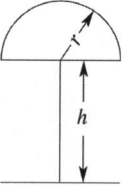

해설 그림에서 구하는 조도 E는 $E = \pi B \sin^2\theta$

그림에서 $\sin\theta = \dfrac{r}{\sqrt{r^2 + h^2}}$을 대입하면　$\therefore E = \dfrac{\pi r^2 B}{r^2 + h^2}$[lx]

⚡ 유사문제

▌유사문제 원문 및 해설 : 동일출판사 홈페이지≫고객센터≫자료실

01. 그림과 같은 반구형 천장이 있다. 그 반지름은 2[m], 휘도는 80[cd/m²]이고 균일하다. 이때, 4[m] 거리에 있는 바닥의 중앙점의 조도[lx]는 얼마인가?

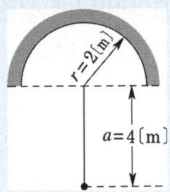

📝 약 50.24[lx]

▌조도 계산

★ 【97. 11. 기사, 11. 산업기사】
32 지름 1[m]의 원형 탁자의 중심에서의 조도가 500[lx]이고, 중심에서 멀어짐에 따라 조도는 직선으로 감소하여 주변에서의 조도는 100[lx]가 되었다. 평균 조도[lx]는?

① 283   ② 233   ③ 123   ④ 332

해설 $E_{av} = \dfrac{100 + 500 + 100}{3} = 233[\text{lx}]$

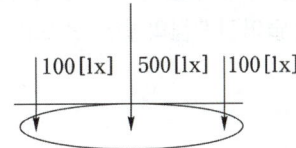

☆ 【98. 산업기사】
33 20[cm²]의 면적에 0.5[lm]의 광속이 조사하고 있다. 이 면의 조도[lx]는?

① 200   ② 250   ③ 300   ④ 350

해설 $E = \dfrac{F}{S} = \dfrac{0.5}{20 \times 10^{-4}} = 250[\text{lx}]$

★ 【96. 기사】
34 중심광도 360,000[cd]의 투광기에서 60[m]의 거리에 있는 간판을 비치고 있다. 간판의 광중심의 조도[lx]는?

① 6,000   ② 600   ③ 360   ④ 100

해설 $E = \dfrac{I}{r^2} = \dfrac{360,000}{60^2} = 100[\text{lx}]$

📝 32. ② 33. ② 34. ④

35 ★【14. 기사, 83. 93. 산업기사】

그림과 같이 바닥 BC에서 높이 3[m], 벽 AB에서 거리 4[m] 되는 곳에 있는 광원 L에 의하여 모서리 B의 바닥에 생긴 조도가 20[lx]일 때, B로 향하는 방향의 광도[cd]는 약 얼마인가?

① 780
② 833
③ 900
④ 950

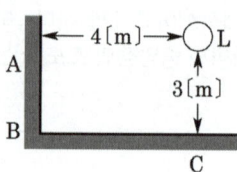

해설 ▸ 바닥 위의 20[lx]는 수평면 조도 E_h로

$$E_h = \frac{I}{r^2}\cos\theta \quad \therefore I = \frac{E_h \cdot r^2}{\cos\theta}$$

그리고 $\cos\theta$는 그림에서

$$\cos\theta = \frac{h}{r} = \frac{3}{\sqrt{4^2 + 3^2}} = 0.6$$

$$\therefore I = \frac{E_h \cdot r^2}{\cos\theta} = \frac{20 \times 5^2}{0.6} \fallingdotseq 833.3[\text{cd}]$$

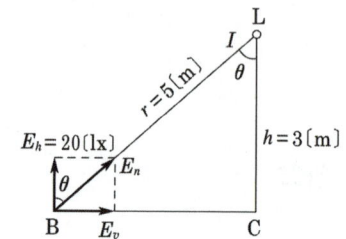

36 ★☆【85. 91. 98. 산업기사】

지표상 6[m]의 높이에 백열 전등을 장치하여 가로 조명을 하는 경우에 전등 바로 아래로부터 8[m] 떨어진 P점의 법선 조도[lx]는? 단, 전등의 P점을 향하는 방향의 광도는 50[cd]이다.

① 0.2
② 0.3
③ 0.4
④ 0.5

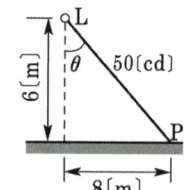

해설 ▸ P점에서의 법선 조도

$$E = \frac{50}{h^2} = \frac{50}{10^2} = 0.5[\text{lx}]$$

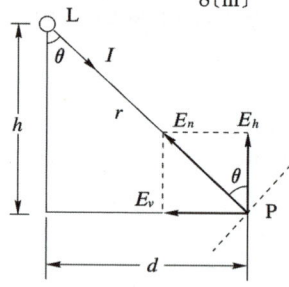

37 ★【85. 96. 산업기사】

각 방향의 배광이 균일한 광도 I인 광원을 그림과 같이 배치하였을 때, 수평 거리 2[m]가 일정할 경우 점 P에서 수평면 조도가 최대가 되는 광원의 높이는 몇 [m]인가?

① $1/\sqrt{2}$
② $\sqrt{2}$
③ $2\sqrt{2}$
④ $\sqrt{3}$

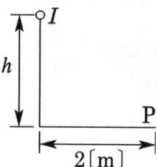

해설▸ 점 P의 수평면 조도 E_h는 $E_h = \dfrac{Ih}{(h^2 + a^2)^{3/2}}$

E_h가 최대가 되는 h의 값은 $\dfrac{dE_h}{dh} = 0$이 되는 곳이다.

$$\frac{d}{dh} E_h = \frac{d}{dh} \left\{ \frac{Ih}{(h^2 + a^2)^{3/2}} \right\} = 0$$

$$I \left\{ (h^2 + a^2)^{-3/2} - h \cdot \frac{3}{2} (h^2 + a^2)^{-3/2} \cdot 2h \right\} = 0$$

$$h^2 + a^2 - 3h^2 = 0 \quad \therefore h = \frac{a}{\sqrt{2}}$$

따라서 $a = 2$이므로 $\quad \therefore h = \dfrac{a}{\sqrt{2}} = \dfrac{2}{\sqrt{2}} = \sqrt{2}$

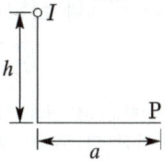

★【92. 99. 05. 산업기사】

38 h[m]의 높이에 있는 점광원에 의한 직사 조도에서 수평면 조도와 수직면 조도가 같게 되는 조건은? 단, 광원의 직하점에서 구하는 조도점까지의 거리를 d[m]라 한다.

① $h = 0.5d$　　　② $h = d$　　　③ $h = 1.5d$　　　④ $h = 2d$

해설▸ $E_h = \dfrac{I}{r^2} \cos\theta$, $E_v = \dfrac{I}{r^2} \sin\theta$

$\therefore E_h = E_v$가 되기 위해서는 $\cos\theta = \sin\theta$

$\therefore \theta = 45°$, $h = d$

★【94. 11. 산업기사】

39 그림과 같이 광원 L에서 P점 방향의 광도가 50[cd]일 때 P점의 수평면 조도는?

① 0.6[lx]
② 0.8[lx]
③ 1.2[lx]
④ 1.6[lx]

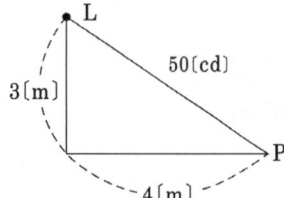

해설▸ 수평면 조도 E는 $E = \dfrac{I}{r^2} \cos\theta = \dfrac{50}{\left(\sqrt{4^2 + 3^2} \right)^2} \times \dfrac{3}{\sqrt{4^2 + 3^2}} = \dfrac{50}{25} \times \dfrac{3}{5} = 1.2$[lx]

★【83. 92. 산업기사】

40 2,000[cd]의 점광원으로부터 4[m] 떨어진 점에서 광원에 수직한 평면상으로 1/50초 간 빛을 비추었을 때의 노출[lx · s]은?

① 2.5　　　② 3.7　　　③ 5.7　　　④ 6.3

해설▸ 노출 E_x는 E를 조도[lx], t를 조사 시간[s]이라 하면 $E_x = Et$[lx · s]

$\therefore E_x = \dfrac{I}{R^2} \times t = \dfrac{2,000}{4^2} \times \dfrac{1}{50} = 2.5$[lx · s]

정답 38. ② 39. ③ 40. ①

★ 【97. 04. 기사】
41 넓이 20[m]×30[m]의 실내 높이 3[m]인 천장에 완전 확산성 유리를 끼고 그 내부에 전등을 다수 설치하여 천장에 균일한 휘도, 0.004[cd/cm²]를 얻었다. 이때 중앙의 조도는?

① 14[lx]　　　　② 40[lx]　　　　③ 125.6[lx]　　　　④ 0.0126[lx]

해설 $B = 0.004[\text{sb}] = 40[\text{nt}]$ $R = \pi B = \pi \times 40 = 125.6[\text{rlx}]$
완전 확산이므로 $R = E$
∴ $E = 125.6[\text{lx}]$

★★★★★ 【82. 91. 93. 96. 99. 기사, 94. 산업기사】
42 지름 40[cm]인 완전 확산성 구형 글로브의 중심에 모든 방향의 광도가 균일하게 120[cd] 되는 전구를 넣고 탁상 2[m]의 높이에서 점등하였다. 탁상 위의 조도[lx]는? 단, 글로브 내면의 반사율은 40[%], 투과율은 50[%]이다.

① 약 30　　　　② 약 25　　　　③ 약 20　　　　④ 약 15

해설 글로브의 효율 η는
$$\eta = \frac{\tau}{1-\rho} = \frac{0.5}{1-0.4} = 0.833$$
구하는 조도 E는
$$\therefore E = \frac{\eta I}{R^2} = \frac{0.833 \times 120}{2^2} = 25[\text{lx}]$$

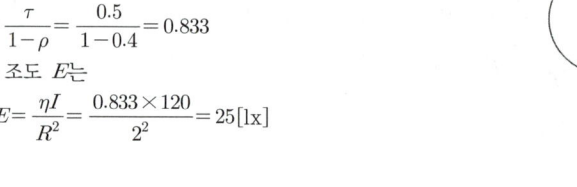

☆ 【99. 산업기사】
43 모든 방향으로 860[cd]의 광도를 갖는 전등을 직경 4[m]의 원형 탁자 중심에서 수직으로 3[m] 위에 점등하였다. 이 원형 탁자의 평균 조도는 얼마인가?

① 72[lx]
② 126[lx]
③ 144[lx]
④ 180[lx]

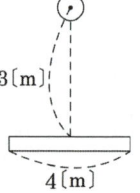

해설 $$E = \frac{F}{S} = \frac{2\pi(1-\cos\theta)I}{\pi r^2} = \frac{2}{2^2}\left(1 - \frac{3}{\sqrt{2^2+3^2}}\right) \times 860 = 72[\text{lx}]$$

☆ 【00. 산업기사】
44 그림과 같은 광원 S에 의하여 단면의 중심이 0인 원통형 연돌을 비추었을 때 원통의 표면상의 한 점 P에서의 조도를 구하면? (단, SP의 거리는 10[m], ∠OSP=10°, ∠SOP=20° 광원의 SP 방향의 광도를 1,000[cd]라고 한다.)

① 약 4.3
② 약 6.7
③ 약 8.6
④ 약 10

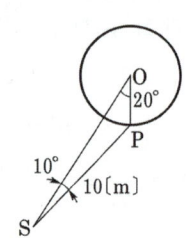

해설 $E = \dfrac{I}{r^2}\cos\theta$에서 $I = 1,000[\text{cd}]$, $r = 10[\text{m}]$이므로

$$\therefore E = \frac{1,000}{10^2}\cos 30° = 8.66$$

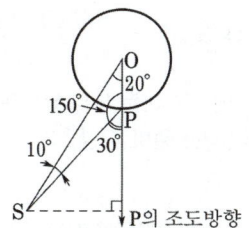

P의 조도방향

☆ 【93. 24. 산업기사】

45 모든 방향의 광도 360[cd]되는 전등을 지름 3[m]의 책상중심 바로 위 2[m] 되는 곳에 놓았다. 책상 위의 최소 수평 조도[lx]는?

① 23   ② 46   ③ 62   ④ 90

해설 그림에서와 같이 책상위 최대 수평 조도의 점은 제일 가까운 점 O가 되고 최소 수평 조도의 점은 책상끝 C 혹은 B점이 된다.
B점에서 수평면 조도

$$\frac{360}{2.5^2}\cos\theta = \frac{360}{2.5^2}\times\frac{2}{2.5} = \frac{720}{2.5^3} \fallingdotseq 46.1[\text{lx}]$$

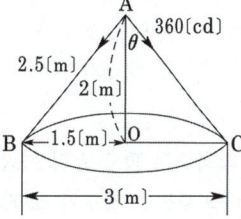

☆ 【94. 산업기사】

46 책상 위 2[m] 되는 곳에 광원이 있다. 이 광원을 반투명 아크릴로 에워싸고 0.7[m] 하향 배치시켰더니 책상위 조도가 전과 같아졌다. 이 아크릴의 투과율은 약 얼마인가?

① 0.65   ② 0.54   ③ 0.42   ④ 0.34

해설 책상 위 2[m] 되는 광속과 1.3[m] 되는 광도의 조도가 같으므로 $E = \dfrac{I}{r^2}[\text{lx}]$

$$\frac{I}{2^2} = \frac{\tau I}{(2-0.7)^2}$$ 가 성립하므로 $\tau = \dfrac{1.3^2}{2^2} = 0.4225$

★ 【03. 산업기사】

47 투과율 50[%]의 아크릴판(백색)을 천장 이면에서 비치고, 바닥에서 본 천정의 휘도가 0.25[sb]로 되기 위한 천장 이면의 유리의 조도를 구하면?

① 1,256[lx]   ② 1,570[lx]
③ 12,560[lx]   ④ 15,700[lx]

해설 천장 뒤의 유리면의 조도를 E, 유리 밑면의 광속 발산도를 R, 투과율은 τ, 휘도를 B라고 하면
$R = \tau E$ 또는 $R = \pi B$ $\tau E = \pi B$

$$\therefore E = \frac{\pi B}{\tau} = \frac{3.14\times 0.25}{0.5}[\text{lm/cm}^2] = \frac{3.14\times 0.25\times 10^4}{0.5}[\text{lm/m}^2] = 15,707.9[\text{lx}]$$

유사문제

║유사문제 원문 및 해설 : 동일출판사 홈페이지≫고객센터≫자료실

01. 계단에 시설하는 통로 유도등은 법선 조도 또는 수평면 조도가 계단등의 중심선상에서 측정하여 조도[lx]는 얼마 이상인가?

📖 1[lx]

02. 바다 속에 집어등을 점등하였다. 그 광도가 500[cd]일 때 광원에서 10[m] 되는 곳의 법선 조도[lx]는? 단, 바닷물 1[m]당의 투과율은 45[%]라 한다.

📖 5×0.45^{10}[lx]

03. 그림과 같은 높이 3[m]의 가로등, A, B가 8[m]의 간격으로 배치되어 있고, 그 중앙에 P점에서 조도계를 A로 향하여 측정한 법선 조도가 1[lx], B를 향하여 측정한 법선 조도가 0.8[lx]라 한다. P점의 수평면 조도는 몇 [lx]인가?

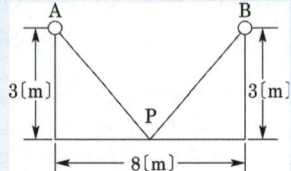

📖 1.08[lx]

04. 수평 방향으로 광도 I_h의 형광등을 바닥에서 h[m]인 높이에 점등하였을 때 그 직하점 A로부터 몇 [m]의 수평면 조도가 최대가 되는가? 단, 형광등은 완전 확산 광원이라 한다.

📖 $\dfrac{h}{\sqrt{3}}$[m]

광속 계산

★★ 【85. 90. 93. 98. 03. 15. 산업기사】
48 평균 구면 광도가 120[cd]인 전구로부터의 총 발산 광속은 얼마인가?

① 380[lm] ② 1,200[lm] ③ 1,507[lm] ④ 1,600[lm]

해설, $F = 4\pi I = 4 \times 3.14 \times 120 = 1,507.2$[lm]

★★☆ 【97. 02. 기사, 97. 02. 산업기사, ⊕ : 94. 98. 산업기사】
49 휘도가 균일한 긴 원통 광원의 축 중앙 수직 방향의 광도가 100[cd]이다. 이 원통 광원의 구면 광도는?

① 약 157[cd] ② 약 78.5[cd] ③ 약 100[cd] ④ 약 92.5[cd]

해설, 원통 광원 수직 방향의 광도 I_0와 전광속 F 사이에는

∴ $F = \pi^2 I_0 = 3.14^2 \times 100 = 985$[lm]

평균 구면 광도 I는 $I = \dfrac{F}{4\pi} = \dfrac{985}{4\pi} = 78.5$[cd]

📖 48. ③ 49. ②

50 ☆【98. 산업기사】
광속 계산의 일반식 중에서 직선 광원(원통)에서의 광속을 구하는 식은 어느 것인가?
단, I_0는 최대 광도, I_{90}은 $\theta = 90°$ 방향의 광도이다.

① πI_0 ② $\pi^2 I_{90}$ ③ $4\pi I_0$ ④ $4\pi I_{90}$

51 ★★★☆【95. 산업기사, ㉠ : 79. 96. 90. 기사】
평균구면 광도는 200[cd], 주변 확산율이 0.8일 때 백열전구의 전광속[lm]은?

① 2,260   ② 2,009   ③ 2,060   ④ 3,060

해설 평균구면 광도 I와 평균수평 광도 I_h 사이에는 주변 확산율이 0.8일 때
$$I = 0.8 I_h = 0.8 \times 200 = 160 [\text{cd}]$$
전광속 F는 ∴ $F = 4\pi I = 4\pi \times 160 = 2,009 [\text{lm}]$

52 ★★☆【98. 23. 기사, 77. 90. 17. 산업기사】
60[m²]의 정원에 평균 조도 20[lx]를 얻으려면 몇 [lm]의 광속이 필요한가?
단, 유효한 광속은 전광속의 40[%]이다.

① 3,000   ② 4,000   ③ 4,500   ④ 5,000

해설 유효 광속은 전광속의 40[%]이므로 정원의 평균 조도 E는
$$E = \frac{0.4F}{S}$$
$$\therefore F = \frac{ES}{0.4} = \frac{20 \times 60}{0.4} = 3,000 [\text{lm}]$$

53 ★★【78. 96. 기사】
폭 10[m], 길이 15[m], 높이 4[m]의 사무실이 있다. 같은 백열전구 12개를 설비하였을 때 천장, 벽, 바닥의 평균 조도는 각각 30, 40, 70[lx]가 되었다. 지금 천장, 벽, 바닥의 반사율을 각각 60, 40, 10[%]라고 하고 조명 기구의 효율은 60[%]라고 하면, 전구 1개의 전광속[lm]은 얼마나 되는가?

① 1,200   ② 1,338   ③ 2,230   ④ 2,500

해설 전구 1개의 광속을 F, 조명 기구의 효율을 η, 개수를 N개라고 하면
광원이 복사하는 전광속은 $N\eta F$
천장, 벽, 바닥의 넓이를 각각 A_1, A_2, A_3, 반사율을 각각 ρ_1, ρ_2, ρ_3 조도를 각각 E_1, E_2, E_3라고 하면
각 면의 흡수 광속은 $(1-\rho_1)A_1 E_1 + (1-\rho_2)A_2 E_2 + (1-\rho_3)A_3 E_3$
광원의 복사 광속과 실내의 흡수 광속이 같으므로
$$N\eta F = (1-\rho_1)A_1 E_1 + (1-\rho_2)A_2 E_2 + (1-\rho_3)A_3 E_3$$
$$12 \times 0.6 F = (1-0.6) \times 150 \times 30 + (1-0.4) \times 200 \times 40 + (1-0.1) \times 150 \times 70$$
$$\therefore F = \frac{16,050}{12 \times 0.6} = 2,229.17 [\text{lm}]$$

★★★【90. 98. 00. 기사】
54 그림과 같이 반지름 3[m]의 작업면을 평균 조도 80[lx]로 하기 위해 3[m] 위에 광원을 두었을 때 이 광원의 전광속은 얼마로 하면 되는가? 단, 조명률은 40[%], 한 개의 광원으로 한다.

① 약 7,202[lm]

② 약 5,652[lm]

③ 약 2,800[lm]

④ 약 950[lm]

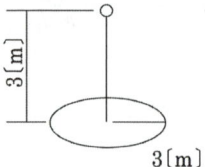

해설 $F = ES = 80 \times 3^2 \times \pi = 720\pi[\text{lm}]$

$F_0 = \dfrac{720\pi}{0.4}[\text{lm}] = 5,652[\text{lm}]$

★【79. 23. 기사】
55 반사율, 투과율, 흡수율이 각각 ρ, τ, α인 완전 확산성 재료로 된 구형 글로브가 있다. 이 속에 어떤 광원을 넣어 외면의 휘도가 b[stilb]로 되었다면 이 광원의[lm]으로 표시된 전광속의 표현식은? 단, 글로브의 반지름은 a[cm]이다.

① $\pi ab(1-\rho)$

② $\dfrac{\pi^2 ab(1-\rho)}{\tau\alpha}$

③ $\dfrac{\pi^2 a^2 b(1-\rho)}{\tau}$

④ $\dfrac{4\pi^2 a^2(1-\rho)b}{\tau}$

해설 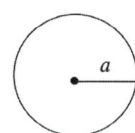 $\therefore\ B = \dfrac{I\eta}{S} = \dfrac{1}{\pi a^2} \cdot \dfrac{F}{4\pi} \cdot \dfrac{\tau}{1-\rho}[\text{sb}]$

$\therefore\ F = \dfrac{4\pi^2 a^2 b(1-\rho)}{\tau}$

★【82. 92. 산업기사】
56 반지름 20[cm]인 완전 확산성 반구를 사용하여 평균 휘도가 0.4[cd/cm²]인 천장등을 가설하려고 한다. 기구 효율을 0.8이라 하면 약 몇 [lm]의 광속이 나오는 전등을 사용하면 되는가?

① 약 1,980

② 약 3,950

③ 약 7,900

④ 약 10,530

해설 완전 확산성 면에서 휘도 B와 광속 발산도 R 사이에는

$B = \dfrac{I}{S} = \dfrac{1}{\pi\gamma^2} \cdot \dfrac{F}{4\pi} \cdot 2 \times 0.8$

$0.4 = \dfrac{1}{\pi \cdot 20^2} \cdot \dfrac{F}{4\pi} \cdot 2 \times 0.8$

$\therefore\ F = 3,950[\text{lm}]$ *주의 : 완전 확산성 반구

유사문제

‖유사문제 원문 및 해설 : 동일출판사 홈페이지≫고객센터≫자료실

01. 평면 구면 광도 I[cd]의 전등으로부터 방사되는 전광속 F[lm]는?

답 $4\pi I$[lm]

02. 구면 광도의 평균치가 150[cd]인 광원으로부터 발산되는 총 광속[lm]은 얼마인가?

답 $F = 4\pi I = 4\pi \times 150 = 1,884.9$[lm]

광도 계산

★ 【83. 91. 산업기사】

57 균일한 휘도를 가진 긴 원주 광원을 구형 글로브에 넣어 점등하고 그 구면 광도를 측정해보니 200[cd]였다. 이 글로브의 투과율을 80[%]라 하면, 내부 원주 광원 축 중앙 수직 방향의 광도는 약 몇 [cd]인가?

① 318　　　　② 255　　　　③ 628　　　　④ 503

해설 원통 광원의 수직 방향의 광도 I_0와 전광속 F 사이에는 $F = \pi^2 I_0$[lm]

글로브에서 나오는 광속 F_0는 $F_0 = \tau F$[lm]

평균 구면 광도 $I = \dfrac{F_0}{4\pi} = \dfrac{\tau F}{4\pi} = \dfrac{\tau \pi^2 I_0}{4\pi} = \dfrac{\tau \pi I_0}{4}$[cd]

$\therefore I_0 = \dfrac{4I}{\tau\pi} = \dfrac{4 \times 200}{0.8 \times 3.14} = 318.47$[cd]

★★★☆ 【83. 10. 기사, ㉮ : 82. 88. 89. 90. 95. 산업기사】

58 휘도가 균일한 긴 원통 광원의 축 중앙 수직 방향의 광도가 200[cd]이다. 전광속 F[lm]과 평균 구면 광도 I[cd]를 각각 구하면?

① 약 $F = 1971$, 약 $I = 200$　　　② 약 $F = 1971$, 약 $I = 157$
③ 약 $F = 628$, 약 $I = 200$　　　　④ 약 $F = 628$, 약 $I = 100$

해설 원통 광원 수직 방향의 광도 I_0와 전광속 F 사이에는

$F = \pi^2 I_0 = 3.14^2 \times 200 = 1,971$[lm]

따라서 평균 구면 광도 $I = \dfrac{F}{4\pi} = \dfrac{1971}{4\pi} = 157$[cd]

★ 【77. 기사, 04 산업기사】

59 전광속 F, 양단면에 빛이 없는 등휘도 완전 확산 원주 광원의 원주축과 θ의 각도를 이루는 방향의 광도는?

① $\dfrac{F\sin\theta}{\pi}$　　　② $\dfrac{F\sin\theta}{\pi^2}$　　　③ $\dfrac{F\sin\theta}{4\pi}$　　　④ $\dfrac{F\sin\theta}{2\pi^2}$

답 57. ①　58. ②　59. ②

해설▶ 원주 광원의 지름을 D, 길이를 l이라 하면 광속 발산도 R은 $\dfrac{F}{\pi Dl}$ 이다.

따라서 휘도 B는 $\dfrac{R}{\pi} = \dfrac{F}{\pi^2 Dl}$ 로 된다.

그러므로 수직 방향의 광도 I_0는 수직 투영 면적이 Dl이므로

$$I_0 = BDl = \dfrac{F}{\pi^2 Dl} Dl = \dfrac{F}{\pi^2}$$

이고, 각 방향의 배광은 그림과 같이 구상된다. 따라서

$$\therefore I_\theta = I_0 \cos(90° - \theta) = I_0 \sin\theta = \dfrac{F}{\pi^2} \sin\theta$$

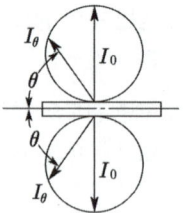

별해▶ 원주 광원에서 $F = \pi^2 I \text{[lm]}$, $I = \dfrac{F}{\pi^2} \sin\theta \text{[cd]}$

($\theta = 0°$에서 최소, $\theta = 90°$에서 최대이므로)

★★☆ 【80. 89. 90. 98. 00. 산업기사】
60 그림과 같은 점광원으로부터 원뿔 밑면까지의 거리가 4[m]이고, 밑면의 반지름이 3[m]인 원형 면의 평균 조도가 100[lx]라면 이 점광원의 평균 광도[cd]는?

① 225
② 250
③ 2,250
④ 2,500

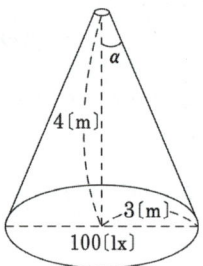

해설▶ $E = \dfrac{F}{S} = \dfrac{\omega I}{\pi r^2} = \dfrac{2\pi(1-\cos\theta)I}{\pi r^2}$, $E = \dfrac{2I(1-\cos\alpha)}{r^2}$

$$100 = \dfrac{2I\left(1 - \dfrac{4}{5}\right)}{3^2}, \quad 900 = 2I \times 0.2 \quad \therefore I = \dfrac{900}{0.4} = 2,250\text{[cd]}$$

⤲ 유사문제

‖유사문제 원문 및 해설 : 동일출판사 홈페이지≫고객센터≫자료실

01. 한 변이 50[cm]인 정사각형 완전 확산성 평판 광원이 있다. 총 광속이 157[lm]이라면 중심점에서의 수직 방향 최대 광도[cd]의 값은?

답 $I = \dfrac{F}{\pi} = \dfrac{157}{\pi} = 50\text{[cd]}$

02. 각 방향의 동일 광도를 가지고 있는 광원을 지름 3[m]의 원탁 중심 바로 위 2[m]에 놓고 탁상 평균 조도를 200[lx]로 하려면 광원의 광도[cd]는 얼마로 하면 되겠는가?

답 1,125[cd]

휘도 계산

★☆ 【97. 기사, 82. 15. 산업기사】
61 눈부심을 일으키는 램프의 휘도의 한계는 얼마인가?

① $0.5[\text{cd/cm}^2]$ 이하 ② $1.0[\text{cd/cm}^2]$ 이하

③ $3.0[\text{cd/cm}^2]$ 이하 ④ $5.0[\text{cd/cm}^2]$ 이하

해설, 사람이 눈부심을 느끼는 한계는 대체적으로 $0.5[\text{cd/cm}^2] = 0.5 \times 10^4 [\text{cd/m}^2]$로 되어 있다.

★☆ 【93. 03. 기사, 14. 산업기사】
62 150[W] 가스입 전구를 반지름 20[cm], 투과율 80[%]인 구의 내부에서 점등시켰을 때 구의 평균 휘도를 구하면? 여기서, 구의 반사는 무시하고 전구의 광속은 2,450[lm]이라 한다.

① 약 $0.124[\text{cd/cm}^2]$ ② 약 $0.390[\text{cd/cm}^2]$

③ 약 $0.487[\text{cd/cm}^2]$ ④ 약 $0.496[\text{sb}]$

해설, 외구에서 나오는 광속은 $F_0 =$ 전구의 광속을 F라고 하면

$F_0 = \tau F = 0.8 \times 2,450 = 1,960$

광도를 I라고 하면 평균 휘도 B는

$B = \dfrac{I}{\pi r^2} = \dfrac{F_0}{4\pi \times \pi r^2} = \dfrac{1,960}{4 \times 3.14^2 \times 20^2} = 0.124[\text{cd/cm}^2]$

★★☆ 【88. 99. 기사, 97. 산업기사】
63 지름 3[cm], 길이 1.2[m]인 관형 광원의 직각 방향의 광도를 504[cd]라고 하면 이 광원 표면 위의 휘도[sb]는?

① 5.6 ② 4.4 ③ 2.6 ④ 1.4

해설, 광원의 투영 면적 S는
길이 1.2[m], 폭 3[cm]의 면적이므로
$S = 3 \times 120 = 360[\text{cm}^2]$
$\therefore B = \dfrac{I}{S} = \dfrac{504}{360}$
$= 1.4[\text{cd/cm}^2] = 1.4[\text{sb}]$

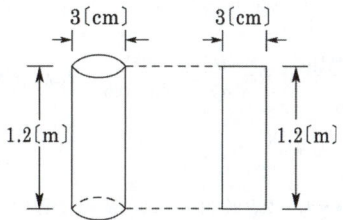

유사문제

‖ 유사문제 원문 및 해설 : 동일출판사 홈페이지≫고객센터≫자료실

01. 150[W] 가스입 전구를 반지름 20[cm], 투과율 80[%]인 구의 내부에서 점등시켰을 때 구의 평균 휘도는? 여기서, 구의 반사는 무시하고 전구의 광속은 2,450[lm]이라 한다.

답 $0.124[\text{cd/cm}^2]$

02. 모든 방향의 광도가 균일하게 1,000[cd]인 광원이 있다. 이것을 지름 40[cm]의 완전 확산성 구형 글로브의 중심에 두었을 때 그 휘도가 1[cm²]당 0.56[cd]가 되었다. 이 글로브의 투과율을 구하여라. 단, 글로브의 내면 반사는 무시한다.

답 70[%]

광속발산도 계산

★★★★ 【92. 10. 기사, 86. 90. 98. 10. 11. 산업기사, ⊕ : 96. 10. 산업기사】
64 100[cd]의 점광원의 하방 1[m] 되는 곳에 있는 반사율 70[%]인 백색판의 광속 발산도[rlx]는?

① 70　　　　　　② 20　　　　　　③ 0.7　　　　　　④ 220

해설 피조면의 조도를 E라 하면

$$E = \frac{I}{r^2} = \frac{100}{1^2} = 100[\text{lx}]$$

피조면의 반사율을 ρ라 하면 광속 발산도 R은

$$\therefore R = \rho E = 0.7 \times 100 = 70[\text{rlx}]$$

· 조도 = $\dfrac{\text{입사 광속}}{\text{면적}}[\text{lx}]$

· 광속 발산도 = $\dfrac{\text{발산 광속}}{\text{면적}}[\text{rlx}]$

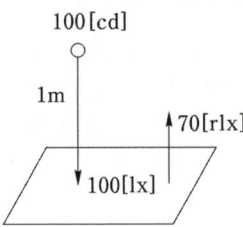

☆ 【96. 산업기사】
65 천장에 장치한 가로 20[cm], 세로 60[cm]의 우유빛 유리판이 300[lm]의 광속을 발산하고 있다. 유리면의 광속 발산도는 얼마인가?

① 5,500[rlx]　　　② 2,500[rlx]　　　③ 3,500[rlx]　　　④ 1,500[rlx]

해설 $R = \dfrac{dF}{dS} = \dfrac{300}{0.2 \times 0.6} = 2,500[\text{rlx}]$

★★★☆ 【83. 94. 기사, 91. 93. 98. 05. 산업기사 ⊕ 05. 기사】
66 반사율 10[%], 흡수율 20[%]인 5.6[m²]의 유리면에 광속 1,000[lm]인 광원을 균일하게 비추었을 때, 그 이면의 광속 발산도[rlx]는? 단, 전등 기구 효율은 80[%]이다.

① 100　　　　　　② 114　　　　　　③ 129　　　　　　④ 142

해설 $\rho + \tau + \delta = 1$

$$\therefore \tau = 1 - \rho - \delta = 1 - 0.1 - 0.2 = 0.7$$

이면의 광속 발산도 R은

$$\therefore R = \frac{\tau F}{S} \cdot \eta = \frac{0.7 \times 1,000}{5.6} \times 0.8 = 100[\text{rlx}]$$

답 64. ①　65. ②　66. ①

67 ★★★★★ 【77. 02. 기사, 91. 94. 98. 00. 04. 10. 산업기사】
반사율 ρ, 투과율 τ, 반지름 r인 완전 확산성 구형 글로브의 중심의 광도 I의 점광원을 켰을 때, 광속 발산도는?

① $\dfrac{\rho I}{r^2(1-\rho)}$　　　② $\dfrac{4\pi\rho I}{r^2(1-\tau)}$　　　③ $\dfrac{\tau I}{r^2(1-\rho)}$　　　④ $\dfrac{\rho\pi I}{r^2(1-\rho)}$

해설 $R = \dfrac{F\eta}{S} = \dfrac{4\pi I}{4\pi r^2} \cdot \dfrac{\tau}{1-\rho} = \dfrac{\tau I}{r^2(1-\rho)}[\mathrm{rlx}]$

68 ★ 【02. 산업기사】
반사율 70[%], 투과율 25[%], 지름 50[cm]의 완전 확산성 구형 글로브의 중심에 광속 1,000[lm]되는 점광원을 넣었다. 광속 발산도[rlx]는?

① 318　　　　　　② 1,061　　　　　　③ 2,334　　　　　　④ 3,733

해설 $R = \dfrac{F\eta}{S} = \dfrac{F}{4\pi r^2} \cdot \dfrac{\tau}{1-\rho} = \dfrac{1,000}{4\pi\times(25\times10^{-2})^2} \cdot \dfrac{0.25}{1-0.7} = 1,061[\mathrm{rlx}]$

효율

69 ★ 【00. 11. 기사】
40[W] 2중 코일 텅스텐 전구의 표준 광속이 500[lm]이다. 이때 전등 효율[lm/W]은?

① 12.5　　　　　　② 11　　　　　　③ 14　　　　　　④ 15.5

해설 $\eta = \dfrac{F}{P} = \dfrac{500}{40} = 12.5[\mathrm{lm/W}]$

70 ★★★★★ 【90. 96. 기사, 82. 90. 산업기사, ㊀ : 88. 93. 90. 94. 98. 기사, 92. 산업기사】
전등 효율이 14[lm/W]인 100[W] 백열전구의 구면 광도는 몇 [cd]인가?

① 약 119　　　　　② 약 111　　　　　③ 약 109　　　　　④ 약 101

해설 $F = P\eta = 100\times14 = 1,400[\mathrm{lm}]$
$\therefore I = \dfrac{F}{4\pi} = \dfrac{1,400}{4\times3.14} = 111.5[\mathrm{cd}]$

유사문제

‖유사문제 원문 및 해설 : 동일출판사 홈페이지≫고객센터≫자료실

01. 40[W] 백색 형광 방전등의 광속이 2,400[lm]인 때의 안정기의 손실이 8[W]이면 효율[lm/W]은?

답 효율 $\eta = \dfrac{F}{P} = \dfrac{2,400}{40+8} = 50[\mathrm{lm/W}]$

답 67. ③ 68. ② 69. ① 70. ②

루소선도

★★【83. 87. 03. 기사】

71 루소 선도가 그림과 같이 표시되는 광원의 하반구 광속은 약 얼마인가?

① 471

② 940

③ 1,880

④ 7,500

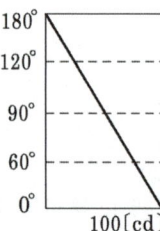

해설 루소 선도에서 광원의 광속 F[lm]와 면적 S 사이에는

$$F = \frac{2\pi}{r}S, \quad r = 100$$

하반구 광속이므로 $S = \frac{100}{2}(100+50) = \frac{100 \times 150}{2} = 7,500$

$$\therefore F = \frac{2\pi}{100} \times 7,500 = 150\pi = 471[\text{lm}]$$

☆【93. 23. 산업기사】

72 그림과 같은 배광 곡선과 루소 선도에서 반사갓이 없는 형광등의 루소 선도는 어느 것인가?

① A

② B

③ C

④ D

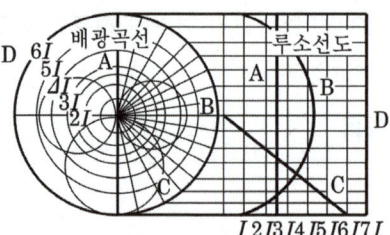

해설 광원의 배광이 축대칭이라면 그 연직 배광을 수직으로 나타낼 경우에 전광속을 구하면 루소 선도에 의한다.

★【98. 기사】

73 루소 선도에 의하여 광원의 광속을 구할 경우 광원을 중심으로 한 원의 반경을 R, 루소 선도의 면적을 S라 하면 광원의 전광속 F는?

① $\dfrac{2\pi S}{R}$ ② $\dfrac{S}{2R}$ ③ $\dfrac{4\pi S}{R}$ ④ $\dfrac{4\pi R^2}{S}$

74 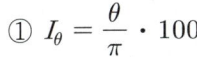 루소 선도가 그림과 같은 광원의 배광 곡선의 식을 구하면?

① $I_\theta = \dfrac{\theta}{\pi} \cdot 100$

② $I_\theta = \dfrac{\pi - \theta}{\pi} \cdot 100$

③ $I_\theta = 100\cos\theta$

④ $I_\theta = 50(1 + \cos\theta)$

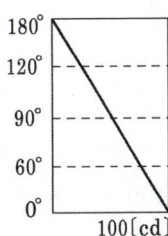

해설 $I_\theta = a\cos\theta + b$에서

$a = 50[\text{cd}]$ $\left(\because a = \dfrac{\Delta I_\theta}{\Delta 90°}\right)$이므로 $I_\theta = 50\cos\theta + b$

루소 선도에서 $\theta = 90°$일 때 $I_\theta = 50[\text{cd}]$이므로 $b = 50$ $(\because 50 = 50\cos 90° + b)$

$\therefore I_\theta = 50\cos\theta + 50 = 50(\cos\theta + 1)$

75 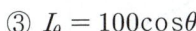 루소 선도가 그림과 같이 표시되는 광원의 하반구 광속[lm]을 구하면? 단, 이 그림에서 곡선 BC는 4분원이다.

① 245

② 490

③ 628

④ 1,120

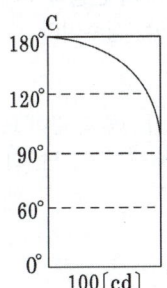

해설 루소 선도에서 전광속 F와 루소 선도의 면적 S 사이에는

$F = \dfrac{2\pi}{r}S$, $r = 100$

하반구 광속이므로 $S = 100 \times 100$

$\therefore F = \dfrac{2\pi}{100}(100 \times 100) = 628[\text{lm}]$

76 어떤 전구의 상반구 광속은 2,000[lm], 하반구 광속은 3,000[lm]이다. 평균 구면 광도는 약 몇 [cd]인가?

① 200　　　　② 400　　　　③ 600　　　　④ 800

해설 총 광속 $F = 2,000 + 3,000 = 5,000[\text{lm}]$, $I = \dfrac{F}{4\pi} = \dfrac{5,000}{4\pi} ≒ 400[\text{cd}]$

답 74. ④　75. ③　76. ②

★★★ 【88. 99. 기사, 87. 99. 03. 산업기사】

77 루소 선도가 다음 그림과 같은 광원의 배광 곡선의 식을 구하여라.

① $I_\theta = 100\cos\theta$

② $I_\theta = 50(1 - \cos\theta)$

③ $I_\theta = \dfrac{2\theta}{\pi}100$

④ $I_\theta = \dfrac{\pi - 2\theta}{\pi}100$

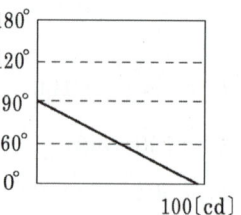

|해설| $I_\theta = a\cos\theta + b$에서

$a = 100[\text{cd}](\because a = \dfrac{\Delta I_\theta}{\Delta 90°})$이므로 $I_\theta = 100\cos\theta + b$

루소 선도에서 $\theta = 90°$일 때 $I_\theta = 0[\text{cd}]$이므로 $b = 0(\because 0 = 100\cos 90° + b)$

$\therefore I_\theta = 100\cos\theta$

⋛— 유사문제

‖유사문제 원문 및 해설 : 동일출판사 홈페이지≫고객센터≫자료실

01. 루소 선도에서 전광속 F와 루소 선도의 면적 S 사이에는 어떠한 관계가 성립하는가?
단, a 및 b는 상수이다.

답 $F = aS$

02. 루소 선도가 그림과 같이 표시되는 광원의 상반구
광속[lm]을 구하면? 단, 이 그림에서 곡선 BC는
4분원이다.

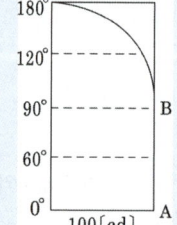

답 약 493[lm]

반사율, 투과율, 흡수율

★★ 【04. 기사 76. 93. 12. 산업기사】

78 반사율 ρ, 투과율 τ, 흡수율 δ일 때 이들의 관계식은?

① $\rho + \tau - \delta = 1$ ② $\rho - \tau + \delta = 1$

③ $\rho + \tau + \delta = 1$ ④ $\rho - \tau - \delta = 1$

|해설| 반사율 $\rho = \dfrac{\text{반사 광속}}{\text{입사 광속}} \times 100[\%]$

답 77. ① 78. ③

투과율 $\tau = \dfrac{\text{투과 광속}}{\text{입사 광속}} \times 100[\%]$

흡수율 $\delta = \dfrac{\text{흡수 광속}}{\text{입사 광속}} \times 100[\%]$의 식으로부터 $\rho + \tau + \delta = 1$이 된다.

★ 【00. 기사】

79 어떤 유리판에 1,000[lm]을 조사하여 700[lm]이 반사되고 250[lm]이 투과하였다. 이 유리의 흡수율[%]은?

① 5   ② 10   ③ 15   ④ 20

[해설] 반사율 + 투과율 + 흡수율 = 1

흡수율 $= \dfrac{\text{흡수된 광속}}{\text{총발생광속}} = \dfrac{50}{1000} = 0.05$ $\therefore 5[\%]$

★★★★★ 【80. 87. 90. 95. 05. 기사, 91. 15. 산업기사, ⊕ : 83. 93. 기사, 92. 93. 97. 산업기사】

80 200[W] 전구를 우유색 구형 글로브에 넣었을 경우 우유색 유리 반사율을 30[%], 투과율은 50[%]라고 할 때 글로브의 효율[%]을 구하면?

① 약 88   ② 약 83   ③ 약 76   ④ 약 71

[해설] 글로브의 효율 η는

$\eta = \dfrac{\tau}{1 - \rho} = \dfrac{0.5}{1 - 0.3} = 0.71$ $\therefore \eta = 71[\%]$

★★ 【03. 05. 11. 산업기사】

81 반사율 40[%], 투과율 10[%]인 종이에 1,000[lm]의 빛을 비추었을 때 흡수되는 광속[lm]은?

① 250   ② 400   ③ 500   ④ 650

[해설] $\rho + \tau + \alpha = 1$ $\therefore \alpha = 1 - \rho - \tau = 1 - 0.4 - 0.1 = 0.5$

흡수 광속 F_α는 $\therefore F_\alpha = \alpha F = 0.5 \times 1000 = 500[\text{lm}]$

★★★★★ 【97. 기사, 91. 96. 98. 99. 00. 05. 산업기사, ⊕ : 95. 기사, 96. 97. 산업기사】

82 반사율 40[%], 흡수율 10[%]를 가지고 있는 켄트지에 1,500[lm]의 광을 비쳤을 때 투과광속 [lm]은?

① 500   ② 750   ③ 850   ④ 900

[해설] 반사율 $\rho = \dfrac{\text{반사 광속}}{\text{입사 광속}} \times 100[\%]$, 투과율 $\tau = \dfrac{\text{투과 광속}}{\text{입사 광속}} \times 100[\%]$, 흡수율 $\delta = \dfrac{\text{흡수 광속}}{\text{입사 광속}} \times 100[\%]$의

식으로부터 $\rho + \tau + \delta = 1$이 된다.

$\tau = 1 - \rho - \delta = 1 - 0.4 - 0.1 = 0.5$

투과 광속 $F = 0.5 \times 1,500 = 750[\text{lm}]$

[답] 79. ①   80. ④   81. ③   82. ②

유사문제

‖유사문제 원문 및 해설 : 동일출판사 홈페이지≫고객센터≫자료실

01. 반사율 41[%], 흡수율 13[%]의 종이의 투과율은?

답 46[%]

02. 어떤 종이가 반사율 50[%], 흡수율 20[%]이다. 여기에 1,200[lm]의 광속을 비추었을 때 투과 광속 [lm]은?

답 360[lm]

상호반사의 계산

★ 【83. 기사】

83 반사율 ρ, 반지름 r인 완전 확산 구면 내의 중심에 전광속 F의 광원을 놓을 때 구면 내 면상의 한 점에서 확산 조도는?

① $\dfrac{F}{\pi r^2} \cdot \dfrac{\rho}{1-\rho}$

② $\dfrac{F}{4\pi r^2} \cdot \dfrac{\rho}{1-\rho}$

③ $\dfrac{F}{\pi r^2} \cdot \dfrac{1}{1-\rho}$

④ $\dfrac{F}{4\pi r^2} \cdot \dfrac{1}{1-\rho}$

해설 광원으로부터 직접 피조면에 도달하는 광속에 의한 조도를 직사 조도라 하고, 광원으로부터의 광속이 천장벽 등에서 반사되거나 투과되어 생기는 조도를 확산 조도라 한다.

내면상 조도이므로 $\eta = \dfrac{\rho}{1-\rho}$ 가 되어 $E = \dfrac{F}{S}\eta = \dfrac{F}{4\pi r^2} \cdot \dfrac{\rho}{1-\rho}$ [lx]

★★★ 【92. 05. 기사, 77. 98. 산업기사, ⊕ : 99. 기사】

84 투과율이 50[%]인 완전 확산성의 유리를 천장 뒤에서 비추었을 때 마루에서 본 휘도가 0.2[sb]인 경우 천장 뒤의 유리면의 조도[lx]는?

① 12.56

② 125.6

③ 1,256

④ 12,560

해설 천장 뒤의 유리면의 조도를 E, 유리 밑면의 광속 발산도를 R, 투과율은 τ, 휘도를 B라고 하면

$R = \tau E$ 또는 $R = \pi B$ $\tau E = \pi B$

$\therefore E = \dfrac{\pi B}{\tau} = \dfrac{3.14 \times 0.2}{0.5}$ [lm/cm²]

$= \dfrac{3.14 \times 0.2 \times 10^4}{0.5}$ [lm/m²] $= 12,560$[lx]

열복사 법칙

85 ★☆【80. 88. 96. 산업기사】
3,300[°K]에서 흑체의 최대 파장[μ]은?

① 0.517   ② 0.628

③ 0.724   ④ 0.876

해설   최대 스펙트럼 방사 발산도를 발생하는 파장은 빈의 변위 법칙에 의하여

$$\lambda_m T = 2,896[\mu°\text{K}]$$

$$\therefore \lambda_m = \frac{2,896}{3,300} = 0.876[\mu]$$

86 ★★【92. 기사, 85. 91. 산업기사】
광원의 광색 온도란?

① 백색을 낼 때의 온도   ② 같은 색을 낼 때의 백금의 온도

③ 같은 색을 내는 흑체의 온도   ④ 같은 색을 내는 열 루미네선스의 온도

해설   일반의 광원색이 흑체의 어느 온도일 때의 색과 동일한 경우, 그 흑체의 온도를 광원의 색온도(color temperature)라고 한다.

87 ☆【98. 산업기사】
어떤 온도 복사체의 온도를 같은 시간에 측정하여 그 크기를 비교하고 큰 순서로 배열한 것은?

① 색온도-진온도-휘도온도-복사온도

② 진온도-색온도-복사온도-휘도온도

③ 휘도온도-복사온도-색온도-진온도

④ 복사온도-휘도온도-진온도-색온도

해설
• 색온도 : 광원의 광색에 거의 가까운 흑체의 온도
• 휘도 온도 : 휘도가 같을 때의 흑체의 온도
• 진온도 : 온도 복사체의 실제 온도
• 복사 온도 : 전체 복사속이 같을 때의 흑체의 온도

88 ★【88. 11. 산업기사】
발광 현상에서 복사에 관한 법칙이 아닌 것은?

① 스테판-볼츠만의 법칙   ② 빈의 변위 법칙

③ 입사각의 코사인 법칙   ④ 플랑크의 법칙

해설   어떤 면 위의 임의의 한 점 조도는 광원의 광도 및 $\cos\theta$에 비례하고 거리의 제곱에 반비례한다. 이와 같이 입사각 θ의 여현에 비례하는 것을 입사각의 코사인 법칙(cosine law of incident angle)이라 한다.

답 85. ④   86. ③   87. ①   88. ③

89 ★★【91. 기사, 90. 산업기사, ㉯ : 99. 산업기사】
흑체 복사의 최대 에너지의 파장은 그의 온도를 절대 온도 $T[°\text{K}]$로 표시할 때 어느 것이 맞는가?

① T에 비례   ② $\dfrac{1}{T}$에 비례   ③ $\dfrac{1}{T^2}$에 비례   ④ 무관계

> **해설**   빈의 변위 법칙 $\lambda \propto \dfrac{1}{T}$

90 ★★★★【79. 기사, 84. 88. 97. 03. 05. 10. 12. 산업기사】
완전 흑체의 온도가 4,000[°K]일 때 단색 방사 발산도가 최대가 되는 파장은 730[μm]이다. 최대의 단색 복사 발산도가 555[μm]인 흑체의 온도[°K]는?

① 약 5,000   ② 약 5,260   ③ 약 5,380   ④ 약 5,730

> **해설**   최대 스펙트럼 방사 발산도를 생기게 하는 파장 λ_m은 빈의 변위 법칙에 의하여
>
> $$\lambda \propto \frac{1}{T} \text{이며} \quad 4,000 \; : \; \frac{1}{730} = x \; : \; \frac{1}{555}$$
> $$\therefore x = \frac{730}{555} \times 4,000 = 5,261 [°\text{K}]$$

91 ★★【86. 92. 기사】
온도가 2,000[°K]되는 흑체의 전방사 에너지는 1,000[°K]일 때의 값의 몇 배가 되는가?

① 2배   ② 4배   ③ 8배   ④ 16배

> **해설**   흑체의 온도 T[°K]에서의 복사 발산도 S[W・m^{-2}]는 $S = \sigma T^4$이므로
> 온도가 2배인 경우의 복사 에너지는 $\therefore S' = \sigma (2T)^4 = 16\sigma T^4 = 16S$
> 즉, 16배가 된다.

92 ★【93. 기사】
온도 $T[°\text{K}]$의 흑체의 단위 표면적으로부터 단위 시간에 복사되는 전복사 에너지[W]는?

① 그 절대온도에 비례한다.   ② 그 절대온도에 반비례한다.
③ 그 절대온도의 4승에 비례한다.   ④ 그 절대온도의 4승에 반비례한다.

> **해설**   스테판-볼츠만의 법칙 : $W = \alpha T^4 [\text{W/cm}^2]$

93 ★【02. 기사】
흑체의 온도 복사에 관한 표현 중 옳지 않은 것은?

① 전복사 에너지는 절대 온도의 4승에 비례한다.
② 최대 에너지는 절대 온도의 2승에 비례한다.
③ 최대 복사 에너지의 파장은 절대 온도에 반비례한다.
④ 일정한 온도에서 임의의 물체의복사 발산도와 흡수율의 비는 모든 물체에 대하여 동일하다.

유사문제

∥유사문제 원문 및 해설 : 동일출판사 홈페이지≫고객센터≫자료실

01. 지름 0.5[cm]인 금속구를 2,000[°K]로 가열하였을 때의 전 방사속[W]을 구하면? 단, 금속구의 전 발산율을 0.3, 스테판-볼츠만의 정수를 5.68×10^{-8}[W · m^{-2} · deg^{-4}]라 한다.

답 21[W]

02. 온도 방사에 관한 플랑크의 식 $E(\lambda,\ T) = \dfrac{C_1}{\lambda^5} \cdot \dfrac{1}{e^{C_2/\lambda T} - 1}$[W · cm^2 · μ]는 무엇을 나타내는가?

답 분광 방사속 발산도

열복사 광원

★☆ 【87. 88. 11. 산업기사】
94 백열전구의 동정 곡선은 다음 중 어느 것을 결정하는 중요한 요소가 되는가?

① 전류, 광속, 효율, 시간　　　　② 전류, 광속과 전압
③ 광속, 휘도와 전류　　　　　　④ 전류, 광도 및 전압

해설 에이징(aging)이 끝난 전구는 사용함에 따라 필라멘트가 승화하여 가늘어지며, 저항은 증가하고 전류 나 광속은 감소하는데 이 변화 과정을 동정이라 하고, 이 변화를 곡선으로 그린 것을 동정 곡선이라 한 다.

★★★★★ 【94. 기사, 76. 84. 87. 99. 05. 23. 산업기사, ⊕ : 96. 99. 기사】
95 전구의 봉함부 도입선으로 쓰이는 재료는?

① 구리선　　　　　　　　　　② 몰리브덴
③ 구리에 니켈강을 피복한 것　　④ 니켈강에 구리를 피복한 것

해설 봉함부 도입선은 유리를 관통하므로 공기가 새지 않도록 유리와 거의 일치하는 팽창 계수를 갖는 듀밋선 (dumet wire)이 사용된다. 듀밋선은 42[%]의 니켈을 포함한 철강선에 구리를 두껍게 피복한 것으로 팽 창 계수는 6×10^{-6} 정도이다.

★★★★★ 【88. 98. 99. 00. 기사, ⊕ : 94. 기사】
96 백열전구의 앵커에 사용되는 재료는?

① 철　　　　　② 크롬　　　　　③ 망간　　　　　④ 몰리브덴

해설 앵커(anchor)는 필라멘트를 점화시에 움직이지 않도록 지지하는 것으로서 그 지지점의 온도를 낮추지 않고 높은 온도에서도 인장 강도가 변화되지 않고 또한 유리와 잘 밀착되는 몰리브덴 선을 사용한다.

답 94. ① 95. ④ 96. ④

97 ☆【97. 산업기사】
가스입 전구에 아르곤 가스를 넣을 때 질소를 봉입하는 이유는?

① 대류 작용 촉진   ② 아크 방지

③ 대류 작용 억제   ④ 흑화 방지

> 해설   아르곤에 질소를 섞는 것은 순 아르곤의 아크 전압이 낮아서 아크가 일어나기 쉬우므로 이것에 질소를 섞어서 아크를 억제하기 위함이다.

98 ★★☆【93. 04. 05. 기사, 75. 92. 93. 산업기사】
가스를 넣은 전구에서 질소 대신 아르곤을 쓰는 이유는?

① 값이 싸다.   ② 열의 전도율이 크다.

③ 열의 전도율이 작다.   ④ 비열이 작다.

> 해설   가스손을 적게 하려면 필라멘트의 열이 가스에 전달되지 않는 것이 가장 좋다.

99 ★★★★★【88. 90. 95. 98. 00. 기사, 00. 11. 산업기사】
백열전구에서 필라멘트의 재료로서 필요조건 중 틀린 것은?

① 고유 저항이 적어야 한다.

② 선팽창률이 적어야 한다.

③ 가는 선으로 가공하기 쉬워야 한다.

④ 기계적 강도가 커야 한다.

> 해설   필라멘트 재료로서의 필요조건은 다음과 같다.
> ① 융해점이 높을 것   ② 고유 저항이 클 것   ③ 높은 온도에서의 증발(승화)이 적을 것
> ④ 점화 온도에서 주위의 것과 화합하지 않을 것   ⑤ 가는 선으로의 가공이 쉬울 것
> ⑥ 고온으로 되어도 기계적 강도가 감소하지 않을 것   ⑦ 선팽창 계수가 적을 것
> ⑧ 전기 저항의 온도 계수가 플러스로 될 것   ⑨ 재료가 풍부하고 가격이 염가로 될 것

100 ☆【94. 산업기사】
200[W] 가스입 전구의 효율[lm/W]은?

① 13   ② 14   ③ 15   ④ 16

> 해설   50[%] 수명에서 15.3[lm/W] 정도이다.

101 ★★★☆【90. 99. 기사, ㊉ : 87. 기사, 89. 산업기사】
백열전구의 일종이며, 백열전구에 비하여 소형이며 발생 광속이 크고 배광의 제어가 쉽다. 광학계 조명 기구와 조합하여 원거리 대상물 조명에 좋다. 점등 시 전구의 외피 온도는 250[℃] 정도로 주의를 요하며 사용 중 이동을 삼가야 하는 선구는?

① 사진용 전구   ② 할로겐 전구   ③ 적외선 전구   ④ 영사용 전구

답 97. ②   98. ③   99. ①   100. ③   101. ②

해설 할로겐 전구는 석영관의 중앙에 텅스텐 코일을 직선상으로 펴고 불활성 가스와 함께 미량의 옥소 등을 봉입한 전등으로 소형이며, 발생 광속이 크고, 점등 시 전구의 외피 온도는 250[℃] 정도로 사용 중 이동을 삼가야 한다.

★ 【03. 17. 산업기사】

102 광질과 특색이 고휘도이고 광색은 적색 부분이 비교적 많은 편이고 발생 광속이 많고 흑화가 거의 일어나지 않는 전등은?

① 할로겐 전구   ② 백열전구
③ 형광등   ④ 수은등

★★★★☆ 【67. 90. 24. 기사, 84. 92. 산업기사, ㉺ : 84. 기사, 95. 산업기사】

103 진공 전구에 적린 게터(getter)를 사용하는 이유는?

① 광속을 많게 한다.   ② 전력을 적게 한다.
③ 효율을 좋게 한다.   ④ 수명을 길게 한다.

해설 백열전구에는 필라멘트를 사용하므로 배기를 한 후에도 미량의 수소나 산소가 존재하며 필라멘트가 높은 온도에서 산화되지 않도록 게터를 필라멘트에 칠해 두면 처음 점화할 경우에, 우선 유리구에 남아 있는 이들 수소나 산소와 화합하여 제거시킨다. 30[W] 이하의 진공 전구에는 붉은 인을 게터로 쓰고, 40[W] 이상의 큰 용량의 전구에는 질화바륨을 게터로 사용한다. 따라서 게터는 필라멘트의 증발을 감소시키고 진공을 좋게 하여 유리구의 흑화를 방지하고 수명을 길게 한다.

☆ 【93. 산업기사】

104 정격 전압 100[V], 60[W] 전구의 수명이 1,000[h]이다. 96[V] 이하에서 점등할 때의 수명을 구하면? 단, 수명은 전압의 14승에 반비례한다.

① 1,000[h]   ② 1,040[h]
③ 1,080[h]   ④ 1,770[h]

해설 $\dfrac{L}{L_0} = \left(\dfrac{V}{V_0}\right)^{-14}$, $V_0 = 100[\text{V}]$, $V = 96[\text{V}]$

$L_0 = 1,000[\text{h}]$이므로

$L = 1,000\left(\dfrac{96}{100}\right)^{-14} = 1,000(1 - 0.04)^{-14} \fallingdotseq 1,770.94[\text{h}]$

★★★ 【80. 81. 99. 기사】

105 100[V], 20[W] 전구와 100[V], 25[W] 전구를 직렬로 하여 200[V]의 전원에 접속하여 두 전구 모두 정격 전압으로 점등하기 위해서는 몇 [Ω]의 저항을 어느 전구에 병렬로 연결하여야 하는가?

① 25[W]에 1,000[Ω]   ② 20[W]에 1,000[Ω]
③ 25[W]에 2,000[Ω]   ④ 20[W]에 2,000[Ω]

답 102. ① 103. ④ 104. ④ 105. ④

해설 $P = \dfrac{V^2}{R}$, $R = \dfrac{V^2}{P}$ [Ω]이므로 100[V]에서의 각 전구의 저항은

20[W] : $\dfrac{100^2}{20}$ [Ω] = 500[Ω]

25[W] : $\dfrac{100^2}{25}$ [Ω] = 400[Ω]

따라서 20[W]에 저항 r[Ω]을 병렬로 하여 400[Ω]과 같게 한다.

$\dfrac{1}{r} + \dfrac{1}{500} = \dfrac{1}{400}$

∴ $r = 2,000$[Ω]

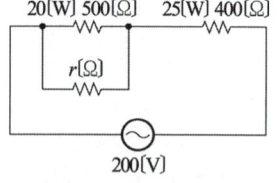

유사문제

∥ 유사문제 원문 및 해설 : 동일출판사 홈페이지≫고객센터≫자료실

01. 백열전구의 전압이 10[%] 저하하면 광속의 대략 감소율[%]은?

답 30[%]

02. 전구에 가스를 봉입하는 이유에 적합하지 않은 사항은?

답 광색의 개선

03. 백열전구에 가스를 봉입하는 이유와 관계가 없는 것은?

답 휘도가 낮아진다.

04. 가스입 텅스텐 전구에 봉입하는 가스는?

답 아르곤

05. 텅스텐 필라멘트 전구에서 2중 코일의 주목적은?

답 수명을 길게 한다.

06. 백열전구의 베이스(base)에는 다음 어떠한 것이 사용되는가?

답 황동판

07. 100[V], 100[W]인 백열전구의 광속은?

답 1,500[lm] 정도

08. 적외선 전구는 다음의 어떤 목적에 사용되는가?

답 건조용

09. 정격 전압 100[V], 100[W] 가스입 전구의 직하 1.2[m] 되는 곳의 조도가 60[lx]이고, 이때의 전압을 측정하니 98[V]가 되었다. 정격 전압하의 조도를 구하면? 여기서 광속의 전압 지수는 3.6으로 취한다.

답 64[lx]

10. 정격 전압 100[V]의 전구를 점등한 방의 조도를 측정하여 110[lx]를 얻었다. 이때 전구의 전압을 측정하니 101[V]가 되었다. 정격 전압하인 이 방의 조도[lx]를 구하면? 단, 여기서 광속의 전압 지수를 3.6으로 한다.

답 약 106[lx]

루미네선스

106 복사 루미네선스 중 자극을 주는 조사가 계속되는 동안만 발광현상을 일으키는 것은?

① 형광　　　　　② 마찰　　　　　③ 인광　　　　　④ 파이로

해설　복사 루미네선스 중 자극을 주는 조사가 계속되는 동안만 발광현상을 일으키는 것을 형광이라 하며, 자극을 주는 조사 현상이 멈춘 후까지도 계속하여 발광하는 것을 인광이라 한다.

107 방전 발광(루미네선스)에서 고압 수은 램프에 속하지 않는 것은?

① 수은 램프　　　　　　　② 할로겐 전구
③ 형광 수은 램프　　　　　④ 메탈 핼라이드 램프

해설　루미네선스-물체의 온도를 높여서 발광시키는 온도 복사 이외의 모든 발광을 루미네선스라 한다. 백열전구나 할로겐 전구는 온도 복사를 이용한 광원이다.

108 다음 광원 중 루미네선스에 의한 발광현상을 이용하지 않는 것은?

① 형광등　　　　　② 수은등　　　　　③ 백열전구　　　　　④ 네온 전구

해설　루미네선스-물체의 온도를 높여서 발광시키는 온도복사 이외의 모든 발광을 루미네선스라 한다. 백열전구나 할로겐 전구는 온도 복사를 이용한 광원이다.

109 서클라인(환형) 형광등은 다음 중 어떤 루미네선스(luminescence)를 이용한 것인가?

① 전계 루미네선스　　　　　② 복사 루미네선스
③ 열 루미네선스　　　　　　④ 음극선 루미네선스

해설　어떤 물질에 광선, 자외선, X선 등의 단파장의 복사 에너지를 조사하면 이 물질 중의 분자 또는 원자가 그 중 어떤 파장의 복사 에너지를 흡수하여 일부 또는 전부를 장파장의 빛으로 발산하는 것을 복사 루미네선스라 하며 형광등의 발광은 형광을 이용한 것이다.

110 특수 형광 물질과 유전체가 혼합된 형광체에 교류 전압을 가하여 발광시킨 면광원 램프는?

① 나트륨 램프　　　② EL 램프　　　③ 크세논 램프　　　④ 형광 램프

해설　EL(electro luminescent) 램프는 유리면에 투명한 도전성의 피막을 입히고 그 위에 전기 루미네선스용의 특수 형광체를 유전 물질 중에 넣은 것을 $100[\mu]$ 정도 이하의 얇은 층으로 바르고, 그 위에 금속 피막

을 증착시킨 것이다. 금속 전극 사이에 교류 전압을 공급하면 형광체에 강한 교번 자계가 가해지게 되어 형광체가 발광한다.

★ 【80. 95. 12. 산업기사】

111 파이로 루미네선스를 이용한 것은?

① 텔레비전 영상 ② 수은등
③ 형광등 ④ 발염 아크등

해설 파이로 루미네선스(pyro luminescence)는 알칼리 금속, 알칼리 토금속 등의 증발하기 쉬운 원소 또는 염류를 알코올 램프의 불꽃 속에 넣을 때 발광하는 현상을 말하며, 이것은 화합물의 분석과 발염 아크등에 이용된다.

유사문제

‖ 유사문제 원문 및 해설 : 동일출판사 홈페이지≫고객센터≫자료실

01. 상온에서 가스입 백열전구의 점등 시 가스 압력[mmHg]은?

답 $700 \sim 800$[mmHg]

방전등에 관한 법칙

★ 【96. 04. 기사】

112 일반적으로 발광되는 파장은 발광시키기 위하여 가한 원복사의 파장보다 길다는 법칙은?

① 프랑크의 법칙 ② 스테판–볼츠만의 법칙
③ 스토크스의 법칙 ④ 빈의 변위 법칙

해설 스토크스의 법칙으로서 형광등 내에서 발생 파장을 길게 하여(2,537[Å]) 관벽에 칠해둔 형광 물질을 자극하여 발광하도록 한다.

★★★ 【98. 03. 기사, 03. 산업기사】

113 다음의 법칙은 어느 법칙에 해당되는지 문자를 잘 읽고 골라라. 평등 전계하에서 방전 개시 전압은 기체의 압력과 전극거리와의 곱의 함수가 된다.

① 스토크스의 법칙 ② 스테판–볼츠만의 밥칙
③ 파센의 법칙 ④ 플랑크의 법칙

해설 방전 개시 전압 $V \propto$ 압력 × 전극 간의 간격

답 111. ④ 112. ③ 113. ③

⧓ 유사문제

‖ 유사문제 원문 및 해설 : 동일출판사 홈페이지≫고객센터≫자료실

01. 방전 개시 전압을 나타내는 법칙은?

📖 파셴의 법칙

▌형광등

★☆ 【94. 98. 99. 산업기사】
114 형광등에서 가장 효율이 높은 색깔은?

① 백색 　　　　② 적색 　　　　③ 주광색 　　　　④ 녹색

해설 효율이 높은 순으로 적으면 녹색, 백색, 주광색, 적색으로 된다.

★★ 【82. 00. 기사】
115 다음에서 정육점 육류 진열장에 조명할 형광등의 형광체는 어느 것이 가장 효과적인가?

① 텅스텐산칼슘($CaWO_4$-Sb) 　　　　② 텅스텐산마그네슘($MgWO_4$)
③ 붕산카드뮴(CdB_2O_5) 　　　　④ 규산아연($ZnSiO_3$-Mn)

해설 형광체	분자식	광 색	형광체	분자식	광 색
텅스텐산칼슘	$CaWO_4$-Sb	청 색	규산카드뮴	$CdSiO_2$-Mn	등 색
텅스텐산마그네슘	$MgWO_4$	청백색	붕산카드뮴	CdB_2O_5	핑크색
규산아연	$ZnSiO_3$-Mn	녹 색	할로린산칼슘	$3Ca_3(PO_4) \cdot Ca_2(Cl_2F_2)$ -Sb, Mn	황백색

★ 【03. 기사】
116 형광 방전등에서 효율이 가장 낮은 것은?

① 녹색 　　　　② 적색 　　　　③ 백색 　　　　④ 주황색

해설 효율이 높은 순으로 적으면 녹색, 백색, 주광색, 적색으로 된다.

★ 【02. 기사】
117 형광 방전등의 주광색의 전리 전압[V]은?

① 약 10.4 　　　　② 약 12.1 　　　　③ 약 13.9 　　　　④ 약 15.7

📖 114. ④ 115. ③ 116. ② 117. ④

★★ 【95. 15. 산업기사, ㉿ : 94. 97. 00. 산업기사】
118 녹색 형광 램프의 형광체는?

① 규산아연 ② 텅스텐 칼슘
③ 규소 카드뮴 ④ 붕산 카드뮴

> **해설** 규산아연(녹색), 텅스텐 칼슘(청색), 규소 카드뮴(동색), 붕산 카드뮴(핑크색)

☆ 【70. 04. 산업기사】
119 형광 램프의 초광속은 다음 어느 때 측정한 값을 말하는가?

① 제조 직후 ② 점등 50시간 후
③ 점등 100시간 후 ④ 점등 500시간 후

> **해설** 한국 공업 규격에서는 초특성의 전광속이라는 것은 100시간 점등 후의 값으로 하고, 동정 특성의 광속은 500시간 점등 후의 광속으로 정하였다.

★ 【02. 14. 기사】
120 형광등을 사용함에 따라 광속이 감속하는 원인이 아닌 것은?

① 전극의 전자 복사가 적어진다 ② 방전관의 양단의 흑화 현상
③ 형광체의 열화 ④ 형광등의 부특성

★ 【92. 기사】
121 형광등에서 아르곤을 봉입하는 이유는?

① 연색성을 개선한다. ② 효율을 개선한다.
③ 역률을 개선한다. ④ 방전을 용이하게 한다.

> **해설** 형광등의 방전개시를 용이하게 하기 위하여 수[mmHg]의 아르곤을 봉입한다.

★☆ 【82. 92. 99. 산업기사】
122 형광 램프의 동정 특성에서 광속은 어느 때 측정한 값을 말하는가?

① 제조 직후 ② 점등 100시간 후
③ 점등 500시간 후 ④ 점등 1,000시간 후

> **해설** 한국 공업 규격에서 형광 램프는 초특성의 전광속이라는 것을 100시간 점등 후의 값으로 하고, 동정 특성의 광속은 500시간 점등 후의 광속으로 정하였다.

★ 【84. 12. 산업기사】
123 FL-20D 형광등의 전압이 100[V], 전류가 0.35[A], 안정기의 손실이 5[W]일 때 역률은 몇 [%]인가?

① 약 57 ② 약 65 ③ 약 71 ④ 약 85

답 118. ① 119. ③ 120. ④ 121. ④ 122. ③ 123. ③

해설, $V = 100[V]$, $I_L = 0.35[A]$, 안정기 손실 5[W]이고 FL-20D에서 20[W] 형광등임을 알 수 있다.

$$P = 20 + 5 = 25[W]$$
$$\cos\theta = \frac{P}{VI_L} = \frac{25}{100 \times 0.35} = 0.715 = 71.5[\%]$$

124 ★ 【95. 기사】

주광색 형광등의 색온도[°K]는?

① 3,500   ② 4,500   ③ 6,500   ④ 7,500

해설, 한국 공업 규격(KS)에서는 주광색(daylight 기호 : D)과 백색(white 기호 : W)으로 구별하고 있으며, 주광색은 색온도 6,500[°K]의 광색이고, 백색은 색온도 4,500[°K]이다.

125 ★ 【03. 산업기사】

형광 방전등의 효율이 가장 좋으려면 주위 온도[℃]와 관벽 온도[℃]는 각각 어느 것이 적당한가?

① 주위 온도 : 40[℃], 관벽 온도 : 40~45[℃]
② 주위 온도 : 25[℃], 관벽 온도 : 40~45[℃]
③ 주위 온도 : 40[℃], 관벽 온도 : 20~30[℃]
④ 주위 온도 : 25[℃], 관벽 온도 : 20~30[℃]

해설, 형광등은 관벽 온도가 낮으면 수은 증기압이 떨어져 전자가 수은보다 아르곤 편에 많이 충돌해서 에너지를 아르곤에 빼앗겨 약해지고, 또 8[℃] 이하에서는 수은이 증발하기 어렵게 되므로 효율은 저하한다. 반대로 관벽 온도가 높아지면 수은 증기압이 증가해서 복사는 파장이 긴 편으로 이동하므로 발광 효율은 저하된다. 일반적으로 주위 온도가 20~27[℃]일 때의 관벽 온도는 40~45[℃]이므로 이때 온도에서 최고 효율이 되도록 설계되어 있다.

✂ 유사문제

‖ 유사문제 원문 및 해설 : 동일출판사 홈페이지≫고객센터≫자료실

01. 청색 형광 램프의 형광체는?
답 텅스텐칼슘

02. 고역률형 형광등의 역률의 규격값은?
답 85[%] 이상

03. 형광 방전등의 형광 물질의 자극 파장[Å]은?
답 2,537[Å]

04. 형광등은 주위 온도가 몇 [℃]일 때 가장 효율이 높은가?
답 20~25[℃]

05. 형광 램프의 관벽 온도[℃]는?
답 40~45[℃]

06. 형광등 안정기의 역률[%]은?

답 50~60[%]

방전등

★ 【94. 00. 04. 산업기사】

126 방전등의 전압 전류 특성은 마이너스(負特性)이므로 이것을 일정 전압의 전원에 연결하면 전류가 급속히 증대되어 방전등을 파괴한다. 이것을 방지하기 위하여 필요한 장치는?

① 점등관 ② 콘덴서 ③ 안정기 ④ 초크 코일

해설 방전등에 전류의 안정을 얻기 위하여 접속하는 저항 또는 초크 코일을 안정기라 한다.

★ 【87. 기사】

127 다음 램프 중에서 분광 에너지 분포가 주광 에너지 분포와 가장 가까운 것은?

① 형광등 ② 나트륨등
③ 크세논 램프 ④ 고압 수은 램프

해설 크세논 램프(xenon lamp)는 점광원이고 휘도가 높으며 분광 분포가 천연 주광에 가깝기 때문에 표준 백색 광원, 영사용 광원에 사용된다.

★ 【70. 기사】

128 나트륨등의 D선의 에너지는 전 복사 에너지의 몇 [%]인가?

① 56 ② 66 ③ 76 ④ 86

해설 거의 순수한 주황(76[%])을 이용한 전등이 나트륨등이다.

★☆ 【87. 기사, 90. 산업기사】

129 네온관등의 발광에 이용하는 것은?

① 음극 글로우 ② 부 글로우 ③ 양극 광막 ④ 양광주

해설 네온관등(neon tube lamp)은 양광주(positive column) 부분의 발광을 이용한 것이다.

☆ 【93. 산업기사, 70. 3급】

130 발광 현상이 없는 것은?

① 온도 방사 ② X선 ③ 전기 불꽃 ④ 인광

해설 X선(X-ray) : 파장 범위가 100[Å]으로부터 0.01[Å]까지를 X선이라 부르는데, 물질을 잘 투과하여 투과 능력에 의하여 강도가 정해진다(형광 작용, 전리 작용 등으로 검출할 수 있으며, 강도도 측정된다).

답 126. ③ 127. ③ 128. ③ 129. ④ 130. ②

★ 【96. 11. 산업기사】
131 고압 수은등의 증기압은?

① 100[mmHg] ② 1기압 ③ 10기압 ④ 100기압

해설, 저압 수은등은 10^{-2}[mmHg] 정도, 고압 수은등은 100~760[mmHg] 정도로 약 1기압이고, 초고압 수은등은 10~200기압 정도이다.

★ 【84. 기사】
132 고압 수은등은 발광관과 외관의 2중관으로 되어 있다. 외관이 필요한 이유는?

① 발광관의 온도를 고온으로 유지하기 위하여
② 발광관을 기계적으로 보호하기 위하여
③ 배광을 개선하기 위하여
④ 점등 전압을 저하시키기 위하여

해설, 발광관의 수은 증기압, 즉 온도를 높이기 위하여 2중관으로 되어 있다.

★★☆ 【89. 04. 기사, 96. 03. 산업기사, ㊜ : 77. 89. 산업기사, 68. 3급】
133 수은 증기압 10^{-2}[mmHg]에서 방전할 경우 발생하는 스펙트럼의 최대 에너지 파장[Å]은?

① 5,791 ② 4,358
③ 3,663 ④ 2,537

해설, 저압 수은등 0.01[mmHg]의 경우에는 2,537[Å]의 자외선이 발생한다.

★★ 【85. 93. 기사】
134 고휘도 램프는?

① 전구 ② 탄소 아크등
③ 고압 수은등 ④ 형광등

해설, 탄소 아크등의 용도는 휘도가 큰 점광원이 얻어지므로, 영사기, 투광기 등의 광원으로 사용된다.

★ 【94. 03. 산업기사】
135 나트륨등의 효율은 어떤 범위가 가장 적당한가?

① 20~25[lm/W] ② 25~55[lm/W]
③ 80~150[lm/W] ④ 50~75[lm/W]

해설, ① 나트륨 램프 : 80~150[lm/W] ② 메탈 할라이드 램프 : 75~105[lm/W]
③ 형광 램프 : 48~80[lm/W] ④ 수은 램프 : 35~55[lm/W]
⑤ 할로겐 램프 : 20~22[lm/W] ⑥ 백열전구 : 7~22[lm/W]

답 131. ② 132. ① 133. ④ 134. ② 135. ③

★★★★★【94. 23. 24. 기사, ⊕ : 95. 96. 기사】
136 방전등의 일종으로서 효율이 대단히 좋으며, 광색은 순황색이고 연기나 안개 속을 잘 투과하며 대비성이 좋은 램프는?

① 수은등   ② 형광등
③ 나트륨등   ④ 옥소전구

> **해설** 나트륨등의 발광은 나트륨 증기의 방전에 의하여 공명선인 5,890~1,586[Å]의 D선(황색선) 대부분 (76[%])을 차지한다. 나트륨등의 효율은 이론상 395[lm/W] 실용상 150~80[lm/W] 정도로 대단히 높다.

★【87. 기사】
137 수은 증기압이 10기압 이상으로 광색은 일반적으로 녹색이 강하고 압력과 전력이 높으면 백색에 가까워진다. 휘도가 높은 것이 특징이고 증기압의 증가에 따라 휘도가 증대되고 150기압에서는 100,000[cd/cm] 이상이 되는 등은?

① 초고압 수은등   ② 메탈 핼라이드등
③ 형광 수은등   ④ 고압 수은등

> **해설**
> • 초고압 수은등 : 옥외 경기용·투광기·영화 촬영·영사용에 적당하고 외구가 백열전구와 같으므로 조합하여 일반 사무실·공장용으로도 사용된다.
> • 고압수은등 : 1기압, 초고압 수은등 : 10~200기압

★【03. 기사】
138 효율이 우수하고 안개지역에서 많이 사용되는 조명등은?

① 백열등   ② 나트륨등
③ 수은등   ④ 클리어 전구

> **해설** 나트륨등의 발광은 나트륨 증기의 방전에 의하여 공명선인 5,890~1,586[Å]의 D선(황색선) 대부분 (76[%])을 차지한다. 나트륨등의 효율은 이론상 395[lm/W] 실용상 150~80[lm/W] 정도로 대단히 높다. 따라서 빛의 직선성이 좋아 안개가 잘 발생하는 강변이나, 먼지가 많은 터널 등에 사용된다.

★【96. 기사】
139 다음의 광원 중 조명효율이 제일 높은 것은?

① 수은 램프   ② 메탈 핼라이드 램프
③ 나트륨 램프   ④ 옥소 전구

> **해설**
> ① 나트륨 램프 : 80~150[lm/W]   ② 메탈 핼라이드 램프 : 75~105[lm/W]
> ③ 형광 램프 : 48~80[lm/W]   ④ 수은 램프 : 35~55[lm/W]
> ⑤ 할로겐 램프 : 20~22[lm/W]   ⑥ 백열전구 : 7~22[lm/W]

140 ★【94. 99. 12. 산업기사】
나트륨등의 이론 효율[lm/W]은 약 얼마인가?

① 255 　　　　② 300 　　　　③ 395 　　　　④ 500

해설 ▶　나트륨의 분광 분포에서 D선의 에너지는 전방사 에너지의 76[%], 그의 비시감도는 0.765이고 최대시
감도는 680[lm/W]이므로 이론 효율은 $680 \times 0.765 \times 0.76 ≒ 395[lm/W]$

141 ★★【97. 06. 09. 기사】
직류 극성을 판별하는 데 이용되는 것은?

① 형광등 　　　　② 수은등 　　　　③ 네온 전구 　　　　④ 나트륨등

해설 ▶　네온 전구는 음극에서 발광하므로 직류 극성의 판단이 가능

142 ☆【80. 17. 산업기사】
다음은 휘도가 낮고 효율이 좋아 가로 조명, 도로 조명 등에 사용되는 나트륨등의 설명이다. 적
당하지 않은 것은?

① 실용적인 유일한 단색 광원으로 589[nm]의 파장을 낸다.
② 냉음극이 설치된 발광관과 외관으로 되어 있다.
③ 효율이 높아 실용상의 효율이 40~70[lm/W]이다.
④ 점화 후 10분 정도에서 방전이 안정된다.

해설 ▶　나트륨등은 증기압 2×10^{-3}[mmHg]의 나트륨 증기 중의 방전에 의하여 방사하는 D선(589[nm])으로
거의 순수한 주황(76[%])을 이용한 전등이며, 광학 실험(유리 굴절률 측정, 평면 검사 등), 주사액의 불
순물 검사에 응용한다. 열음극이 설치된 2중관 구조이다.

143 ☆【93. 산업기사】
네온관등의 발광에 이용하는 것은?

① 양광주 　　　　　　　　② 부글로우
③ 음극 글로우 　　　　　　④ 양극광막등

해설 ▶　지름 10~20[mm]의 긴 유리관을 진공으로 한 후에 불활성 가스 또는 수은을 봉입하고 양단에 원통형의
냉·음극 금속전극을 장치하고 고압·교류를 가하면 양광주가 뚜렷이 빛난다.

144 ☆【95. 산업기사】
네온 전구의 특징이 아닌 것은?

① 소비 전력이 크다. 　　　　② 잔광성이 없다.
③ 광도와 전류가 비례한다. 　④ 역률이 좋다.

답 140. ③ 141. ③ 142. ② 143. ① 144. ①

해설 ▶ 네온 전구의 특징
① 소비 전력이 적어 종야등, 파일럿 등에 사용
② 일정 전압 이상에서 발광하므로 검전기나 파고치 측정에 사용
③ 음극에서 발광하므로 직류 극성 판별에 사용
④ 광도가 전류에 비례
⑤ 빛의 관성이 없다.

★ 【84. 기사】
145 네온 사인(neon sign)용으로 사용되는 네온관등(neon tube lamp)에 봉입하는 기체 중 청색을 내는 기체는?

① Ne(네온)　　　　　　　　　　② Ar(아르곤)
③ Ar+Hg(아르곤+수은)　　　　④ He(헬륨)

해설 ▶ 가스와 광색은 다음과 같다.

봉입가스	유리관색	관등의 색
네온	투명	등적색
〃	청색	등색
아르곤과 수은	투명	청색
〃	황록색	녹색
헬륨	투명	백색
〃	황갈색	황갈색
아르곤	투명	고동색

★★★☆ 【89. 90. 00. 16. 기사, 93. 산업기사】
146 네온 전구의 용도에서 잘못된 것은?

① 소비 전력이 적으므로 배전반의 파일럿, 종야등에 적합하다.
② 일정 전압에서 점화하므로 검전기, 교류 파고값 측정에 필요없다.
③ 음극만 빛나므로 직류의 극성 판별용에 사용된다.
④ 빛의 관성이 없고 어느 범위 내에서는 광도의 전류가 비례하므로 오실로스코프용 스트로보스코프 등에 이용된다.

해설 ▶ 네온 전구의 특징
① 소비 전력이 적어 종야등, 파일럿등에 사용
② 일정 전압 이상에서 발광하므로 검전기나 파고치 측정에 사용
③ 음극에서 발광하므로 직류 극성 판별에 사용
④ 광도가 전류에 비례
⑤ 빛의 관성이 없다.

☆ 【98. 16. 산업기사】
147 투명 네온관등에 네온 가스를 봉입하였을 때 가장 적당한 방전의 색은?

① 등색　　　　　　② 황색　　　　　　③ 등적색　　　　　　④ 백색

답 145. ③　146. ②　147. ③

148 ★★★★ 【77. 91. 93. 04. 기사, ⊕ : 98. 기사】

다음 등 중에서 방전등이 아닌 것은?

① 나트륨등　　　② 크세논등　　　③ 형광등　　　④ EL등

[해설] 형광등, 수은등, 나트륨등, 크세논등은 방전등이고, EL등은 고체등이다.

149 ☆ 【90. 03. 산업기사】

광원의 연색성이 좋은 순으로 바르게 배열한 것으로 어느 것인가?

① 크세논등, 백색형광등, 형광수은등, 나트륨등
② 백색형광등, 형광수은등, 나트륨등, 크세논등
③ 형광수은등, 나트륨등, 크세논등, 백색형광등
④ 나트륨등, 크세논등, 백색형광등, 형광수은등

[해설] 나트륨등은 단색광으로 연색성이 가장 나쁘다.

유사문제

‖유사문제 원문 및 해설 : 동일출판사 홈페이지≫고객센터≫자료실

01. 탄소 아크등의 순탄소 양극의 소모율[mm/분]은?
[답] 1[mm/분]

02. 고압 수은등의 점등에 소요되는 시간은?
[답] 10분 정도

03. 고압 수은등의 효율[lm/W] 중 가장 적합한 것은?
[답] 40[lm/W]

04. 나트륨등의 색파장[nm]은?
[답] 황(590[nm])

05. 네온 전구의 전극에는 다음의 어떠한 것이 사용되는가?
[답] 철

06. 광원 중 램프 효율이 가장 좋지 않은 것은?
[답] 백열전구

07. 다음 광원 중 효율이 가장 좋은 것은?
[답] 나트륨등

08. 네온 전구의 가스 봉입 압력은?
[답] 수 10[mmHg]

09. 청색 네온관등의 관내 봉입 가스는?
[답] 수은

[답] 148. ④ 149. ①

▎조명 방식

☆【95. 04. 산업기사】
150 직접 조명 기구의 하향 광속 비율은?

① 10~40[%] ② 40~60[%]

③ 60~90[%] ④ 90~100[%]

> **해설** · 직접 조명 : 90~100[%] · 반직접 조명 : 60~90[%]
> · 전반 확산 조명 : 40~60[%] · 반간접 조명 : 10~40[%] · 간접 조명 : 0~10[%]

★【92. 기사】
151 사무소, 공장에 적당한 조명 방식은?

① 전반 조명 ② 국부 조명

③ 전반 국부 병용 조명 ④ 중점 배열 조명

> **해설** 전반 국부 병용 조명 방식을 사용한다.

★【88. 99. 산업기사】
152 무영등(無影燈)의 사용이 절실히 요구되는 곳은?

① 수술실 ② 초정밀 가공실

③ 축구 경기장 ④ 천연색 촬영실

> **해설** 병원의 수술실 등은 그림자로 인한 장해를 해소하기 위하여 특별한 조명 시설에 따른 무영등을 필요로
> 한다.

★【97. 04. 기사, 05. 산업기사】
153 다음 중 전반 조명의 특색을 나타낸 것은?

① 효율이 좋다. ② 휘도가 낮다.

③ 충분한 조도가 얻어진다. ④ 작업 시 등의 위치를 옮기지 않아도 된다.

> **해설** 전반 조명은 모든 곳을 균일하게 조명하므로 등의 위치를 변경할 필요가 없다.

★【00. 기사】
154 천장 높이가 15[m] 이상의 공장 조명에 적합한 조명 기구는?

① 배조형 ② 강조형 ③ 집조형 ④ 투광형

> **해설** ① 배조형 : 5[m] 이하 ② 강조형 : 5~10[m]
> ③ 집조형 : 10~15[m] ④ 투광형 : 15[m] 이상

> **답** 150. ④ 151. ③ 152. ① 153. ④ 154. ④

155 ☆【96. 산업기사】
반직접 조명에서 하향광속의 배광은 몇 [%]인가?

① 0~30 ② 30~60
③ 60~90 ④ 90~100

해설 · 직접 조명 : 90~100[%] · 반직접 조명 : 60~90[%] · 전반 확산 조명 : 40~60[%]
· 반간접 조명 : 10~40[%] · 간접 조명 : 0~10[%]

156 ★【94. 00. 산업기사】
반간접조명의 설계에서 등(燈)의 높이란?

① 바닥에서 천장 ② 피조면에서 천장
③ 피조면에서 등기 ④ 방바닥에서 등기

해설 등기구의 높이(H)

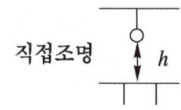 직접조명
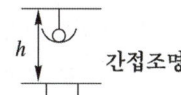 간접조명

157 ★【94. 기사】
다음 장소 중에서 실리적 명시 조명에 적합하지 않은 곳은?

① 사무실 ② 교실
③ 음식점 ④ 공장

해설

	실리적인 명시 조명	분위기적인 장식 조명
개요	동작과 물체를 명확하게 보이게 하고 눈의 피로를 최소화한 조명	따뜻하고, 깨끗하고, 위생적인 느낌을 요구한 조명으로 미적이고 심리적인 요소가 중요한 요인이다.
적용	사무실, 교실, 공장, 병원	음식점, 다방, 바, 극장

⤻ 유사문제

‖유사문제 원문 및 해설 : 동일출판사 홈페이지≫고객센터≫자료실

01. 전반 확산 조명 방식에 적당한 조명 기구는?
답 유백색 외구

02. 정밀 작업의 공장에 적당한 조명방식은?
답 전반국부병용 조명

옥내 조명 설계

★【87. 90. 05. 산업기사】

158 방의 폭이 X[m], 길이가 Y[m], 작업면으로부터 광원까지의 높이가 H[m]일 때 실지수 K는?

① $K = \dfrac{H(X+Y)}{XY}$ ② $K = \dfrac{Y(X+Y)}{XH}$

③ $K = \dfrac{XY}{H(X+Y)}$ ④ $K = \dfrac{X(X+Y)}{YH}$

해설 실지수(room index)는 빛의 이용에 대한 방 크기의 척도로 이용된다.

★★★【88. 89. 02. 기사, ㉺ : 99. 기사】

159 조명률의 결정에 관계가 없는 것은?

① 실지수   ② 조명 기구의 종류

③ 감광 보상률   ④ 실내의 반사면의 반사율

해설 조명률은 방지수, 조명 기구의 종류, 실내면(천장, 벽, 바닥 등)의 반사율에 따라서 달라진다.

★★【11. 기사, 89. 96. 04. 산업기사】

160 방의 가로 6[m], 세로가 9[m], 광원의 높이가 3[m]인 방의 실지수는?

① 162   ② 18

③ 1.8   ④ 1.2

해설 실지수 $RI = \dfrac{X \cdot Y}{H(X+Y)}$ 이다.

단, X : 가로, Y : 세로, H : 작업면으로부터 광원까지의 거리

$RI = \dfrac{6 \times 9}{3(6+9)} = \dfrac{54}{45} = 1.2$

★【89. 95. 산업기사】

161 면적을 A, 총광속을 F, 조명률을 U라 할 때 평균 조도의 계산식은?

① $F \times A \times U$ ② $\dfrac{F \times A}{U}$

③ $\dfrac{A \times U}{F}$ ④ $\dfrac{F \times U}{A}$

해설 $FUN = AED$ 이므로 ∴ $E = \dfrac{FUN}{AD}$

답 158. ③ 159. ③ 160. ④ 161. ④

162 ★☆【82. 기사, ㉴ : 98. 산업기사】
가로 10[m], 세로 20[m]인 사무실에 평균 조도 200[lx]를 얻고자 40[W], 전광속 2,500[lm]인 형광등을 사용하였을 때 필요한 등수는 얼마인가? 단, 조명률은 0.5, 감광 보상률은 1.25이다.

① 250　　　② 40　　　③ 200　　　④ 100

해설 ▸ 사무실의 평균 수평면 조도를 200[lx]로 하기 위한 전소요 광속은

$$FUN = EAD에서 \quad N = \frac{EAD}{FU} = \frac{200 \times 10 \times 20 \times 1.25}{2,500 \times 0.5} = 40개$$

163 ★★★★【98. 02. 기사, 85. 87. 92. 99. 산업기사, ㉴ : 97. 기사】
가로 20[m], 세로 30[m]되는 실내 작업장에 광속이 2,800[lm]인 형광등 20개를 점등하였을 때, 이 작업장의 평균 조도[lx]는 약 얼마인가? 단, 조명률은 0.4이고 감광 보상률은 1.5이다.

① 350　　　② 156　　　③ 65　　　④ 25

해설 ▸ $FUN = EAD에서 \quad E = \frac{FUN}{AD} = \frac{2,800 \times 0.4 \times 20}{(20 \times 30) \times 1.5} ≒ 25[lx]$

164 ★☆【96. 04. 23. 산업기사】
옥내 전반 조명에서 바닥면의 조도를 균일하게 하기 위하여 등간격은 등높이의 얼마가 적당한가? 단, 등간격 S, 등높이 H이다.

① $S \leq 0.5H$　　② $S \leq H$　　③ $S \leq 1.5H$　　④ $S \leq 2H$

해설 ▸ 광원의 상호 간격을 S라 하면 $S \leq 1.5H$

165 ★【03. 기사】
가로 10[m], 세로 20[m]되는 실내 작업장에 광속이 2,500[lm]인 40W 형광등 20개를 점등하였을 때, 이 작업장의 평균 조도[lx]는? (단, 조명률은 0.5이고 유지율은 1.6이다.)

① 15　　　② 25　　　③ 125　　　④ 200

해설 ▸ $FUN = EAD에서$

$$E = \frac{FUN}{AD} = \frac{2500 \times 0.5 \times 20}{(10 \times 20) \times \frac{1}{1.6}} ≒ 200[lx]$$

$(D = \frac{1}{M}, \ M : 유지율, \ D : 감광보상률)$

166 ★【02. 기사, ㉴ : 99. 산업기사】
500[lm]인 광속을 발산하는 전등 10개를 500[m²] 방에 점등하였다. 평균 조도[lx]는? 단, 조명률을 0.5, 감광 보상률은 1.5이다.

① 2[lx]　　② 2.5[lx]　　③ 3.33[lx]　　④ 4[lx]

해설▶ $FUN = AED$에서

$$F = \frac{AED}{UN} = \frac{500 \times E \times 1.5}{0.5 \times 10} = 500[\text{lm}] \quad E = \frac{500 \times 0.5 \times 10}{500 \times 1.5} = 3.33[\text{lx}]$$

★★★★★【76. 93. 95. 기사, 82. 84. 89. 98. 03. 산업기사, ⊕ : 93. 96. 00. 기사, 94. 산업기사】

167 평균 구면 광도 100[cd]의 전구 5개를 지름 10[m]인 원형의 방에 점등할 때 조명률 0.5, 감광 보상률 1.5라 하면, 방의 평균 조도[lx]는?

① 약 35　　　　② 약 26　　　　③ 약 48　　　　④ 약 59

해설▶ $FUN = EAD$에서

$F = 4\pi I = 4\pi \times 100[\text{lm}]$, $N=5$, $U=0.5$, $D=1.5$, $A=\pi \times 5^2$이므로

$$\therefore E = \frac{FUN}{AD} = \frac{400\pi \times 5 \times 0.5}{25\pi \times 1.5} \fallingdotseq 26.7[\text{lx}]$$

★【96. 기사】

168 폭 6[m], 길이 10[m], 높이 3.6[m] 되는 학교 교실이 있다. 100[W] 가스입 전구를 사용하여 조도 100[lx]를 얻고자 한다. 전구의 수를 구하시오. 단, 조명률은 45[%], 감광 보상률은 1.3, 100[W] 가스입 전구의 광속은 1,500[lm]이라 한다.

① 약 60개　　　② 약 40개　　　③ 약 24개　　　④ 약 12개

해설▶ $N = \dfrac{AED}{FU} = \dfrac{6 \times 10 \times 100 \times 1.3}{1,500 \times 0.45} = 11.55$등 → 12등

☆【80. 03. 산업기사】

169 20[W] 형광등(안정기 손실 5[W])과 60[W] 백열전구를 사용하는 수용가에 대하여 항목별 조사 내용에 따른 계산 결과는 다음과 같다. 이때 경제성을 비교하면 형광등은 백열전구에 비해서 약 몇 [%]의 비용이 드는가? 단, 1년간 점등 시간을 2,000시간으로 하였다.

〈계산 결과〉

항 목 ＼ 등 구별	형광등	백열전등
1. 설비 상각비(원)	160	80
2. 연간 전구 대금(원)	200	320
3. 연간 전력비(원)	1,250	3,000
4. 연간 광량[klm · h]	2,160	1494

① 33　　　　② 47　　　　③ 52　　　　④ 69

해설▶ 형광등의 1[klm · h]당 경비(원)는 $\dfrac{160 + 200 + 1,250}{2,160} = 0.75$

백열전등의 1[klm · h]당 경비(원)는 $\dfrac{80 + 320 + 3,000}{1,494} = 2.28$

따라서 형광등이 백열전구에 비하여 $\dfrac{0.75}{2.28} = 0.33$　$\therefore$ 33[%]

즉, 33[%]의 비용으로 경제적이다.

★ 【03. 24. 산업기사】

170 폭 10[m], 길이 20[m], 천정의 높이 4[m]의 식당에 1,000[lm]의 백열전구를 설치하여 평균조도 100[lx]로 하려면 필요한 전구의 수는? (단, 조명률 0.5, 감광보상률은 1.5이다.)

① 30개　　　　② 60개　　　　③ 40개　　　　④ 80개

해설 $N = \dfrac{AED}{FU} = \dfrac{10 \times 20 \times 100 \times 1.5}{1,000 \times 0.5} = 60$등

★★★★ 【86. 88. 93. 99. 기사】

171 폭 10[m], 길이 15[m], 높이 4[m]의 사무실이 있다. 백열전구 12개를 설치하였을 때 천장, 벽, 바닥의 평균 조도가 각각 30, 50, 80[lx]가 되었다. 지금 천장, 벽, 바닥의 반사율을 각각 70, 50, 10[%]라 하고 기구 효율을 70[%]라고 하면 조명률[%]은 약 얼마가 되는가?

① 10　　　　② 20　　　　③ 50　　　　④ 80

해설 천장, 벽, 바닥의 면적을 각각 A_1, A_2, A_3, 평균 조도를 E_1, E_2, E_3, 반사율을 ρ_1, ρ_2, ρ_3라 하면 각 면의 흡수 광속은

$E_1 A_1 (1-\rho_1) + E_2 A_2 (1-\rho_2) + E_3 A_3 (1-\rho_3)$

이 광속을 광원이 공급하므로 전구의 총광속 F_0, 기구 효율 η 사이에는

$\eta F_0 = E_1 A_1 (1-\rho_1) + E_2 A_2 (1-\rho_2) + E_3 A_3 (1-\rho_3)$

$F_0 = \dfrac{30 \times 150 (1-0.7) + 50 \times 200 (1-0.5) + 80 \times 150 (1-0.1)}{0.7} = \dfrac{17,150}{0.7} = 24,500 [\text{lm}]$

바닥의 입사 광속 F는 $F = E_3 A_3 = 80 \times 150 = 12,000 [\text{lm}]$

조명률 U는 $\therefore U = \dfrac{F}{F_0} = \dfrac{12,000}{24,500} \fallingdotseq 0.5 = 50 [\%]$

★★ 【92. 00. 18. 기사】

172 지름 2[m]인 작업면의 중심 직상 1[m]의 높이에서 각 방향의 광도가 100[cd]되는 광원 1개로 조명할 때의 조명률[%]을 구하면?

① 약 50　　　　② 약 30　　　　③ 약 20　　　　④ 약 15

해설 $U = \dfrac{F}{F_0} = \dfrac{2\pi(1-\cos\theta)I}{4\pi I}$

$= \dfrac{200\pi\left(1 - \dfrac{1}{\sqrt{2}}\right)}{400\pi} \fallingdotseq 0.147$

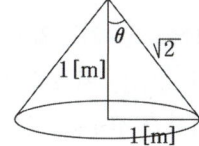

⟨⟩ 유사문제

‖유사문제 원문 및 해설 : 동일출판사 홈페이지≫고객센터≫자료실

01. 조명률에 관계없는 사항은?

　답 보수 상태

---

02. 면적이 200[m²]인 강의실에 2,000[lm]의 광속을 발산하는 40[W] 형광구 30개를 점등하였다. 조명률은 0.5이고 감광 보상률은 1.5라면 이 강의실의 평균 조도[lx]는?

답 100[lx]

03. 1,000[lm]의 광속을 방사하는 전등 10개를 100[m²]의 실에 설치하였다. 조명률을 0.5, 감광 보상률을 1.5라고 하면 실의 평균 조도는?

답 약 33[lx]

04. 폭 10[m], 길이 20[m]의 교실에 총광속 3,000[lm]의 40[W] 형광등 24개를 점등하였다. 조명률 50[%], 감광 보상률 1.5라 할 때 이 교실의 공사 후 초기 조도는?

답 180[lx]

05. 방의 가로가 10[m], 세로가 20[m]일 때 조명률은 0.5라 한다. 방의 평균 수평면 조도를 200[lx]로 하기 위해서는 형광등(2등용 40[W])을 몇 등 사용하여야 하는가? 단, 40[W] 형광등 한 등당의 전광속은 3,000[lm], 감광 보상률은 1.8로 한다.

답 24등

06. 1,000[lm]을 복사하는 전등 10개를 100[m²]의 실에 설치하였다. 조명률을 0.5, 감광 보상률을 1.5라고 하면 실의 평균 조도는 약 얼마인가?

답 $E = \dfrac{1000 \times 0.5 \times 10}{100 \times 1.5} = 33.3[lx]$

07. 바닥 면적 200[m²]의 교실에 전광속 2,500[lm]의 40[W] 형광등을 시설하여 평균 조도를 150[lx]로 하자면 설치할 전등수는 얼마인가? 단, 조명률 50[%], 감광 보상률 1.25로 한다.

답 30등

도로조명설계

☆【85. 04. 산업기사】
173 곡선 도로 조명상 조명 기구의 배치 조건이 가장 적당한 사항은?

① 양측 배치의 경우는 지그재그식으로 한다.
② 한쪽만 배치하는 경우는 커브 바깥쪽에 배치한다.
③ 직선 도로에서보다 등간격을 조금 더 넓게 한다.
④ 곡선 도로의 곡률 반지름이 클수록 등간격을 짧게 한다.

해설 곡선 도로 조명 배치 방법
① 양쪽 배치 시는 대칭식, 한쪽 배치 시는 커브 바깥쪽에 배치한다.
② 안전상 직선 도로보다 높은 조도(등간격을 좁게)를 유지한다.
③ 곡률 반경이 클수록(완만한 커브길) 등간격은 길게 해도 된다.

174 ☆【02. 기사】
도로 조명 계산이 광속법에 의해 다음과 같다.

$$F = \frac{E \times B \times S \times D}{N \times U}$$ 여기에서 U는 무엇을 의미하는가?

① 도로의 평균 조도　　　　　　② 감광 보상률
③ 광원의 수　　　　　　　　　④ 조명률

해설　F : 등주 1개당의 광원 광속[lm], B : 도로의 폭[m], S : 등주 간격[m]
　　　E : 도로면 위의 평균 조도[lx], U : 조명률, D : 감광 보상률, N : 광원의 수

175 ★★☆【82. 99. 기사, 93. 산업기사】
폭 20[m]의 도로 중앙에 6[m]의 높이로 간격 24[m]마다 400[W]의 수은 전구를 가설할 때 조명률 0.25, 감광 보상률을 1.3이라 하면 도로면의 평균 조도[lx]는 얼마인가? 단, 400[W] 수은 전구의 전광속은 23,000[lm]이다.

① 약 18.4　　　② 약 9.2　　　③ 약 4.6　　　④ 약 46

해설　도로 조명에서 1수은 전구당 면적은
　　　$BS = 20 \times 24 [\text{m}^2]$, $FU = EBSD$
　　　$\therefore E = \frac{FU}{BSD} = \frac{23,000 \times 0.25}{20 \times 24 \times 1.3} = 9.2[\text{lx}]$

176 ★★【80. 기사, 92. 97. 산업기사】
폭 24[m]인 가로의 양쪽에 20[m] 간격으로 지그재그식으로 등주를 배치하여 가로상의 평균 조도를 5[lx]로 하려고 한다. 각 등주상에 몇 [lm]의 전구가 필요한가? 단, 가로면에서의 광속 이용률은 25[%]이다.

① 3,600

② 4,200

③ 4,800

④ 5,400

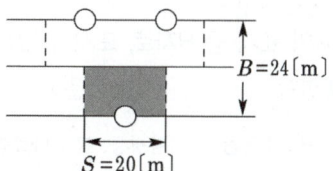

해설　지그재그식 가로등 한 등당 피조면 면적 A는　$A = \frac{SB}{2} = \frac{24 \times 20}{2} = 240[\text{m}^2]$

　　　따라서 필요 광속 F_0는　$\therefore F_0 = \frac{EA}{U} = \frac{5 \times 240}{0.25} = 4,800[\text{lm}]$

177 ★【96. 97. 05. 산업기사】
폭이 15[m]이고, 무한히 긴 도로의 양쪽에 간격 20[m]를 두고 무수한 가로등을 점등할 때 한 등의 전광속이 3,000[lm]이고, 그 45[%]가 도로 전면에 투사된다면 도로면의 평균조도[lx]는?

① 20　　　　　② 18　　　　　③ 9　　　　　④ 4.5

해설 대칭 배열된 가로등 한 등당의 피조 면적은

$$A = S \times \frac{B}{2} = 20 \times \frac{15}{2} = 150[\text{m}^2]$$

따라서 평균 조도 E는

$$E = \frac{FU}{A} = \frac{3,000 \times 0.45}{150} = 9[\text{lx}]$$

유사문제

‖ 유사문제 원문 및 해설 : 동일출판사 홈페이지≫고객센터≫자료실

01. 폭 16[m]의 도로의 중앙에 8[m]의 높이에 간격 24[m]마다 200[W] 전구를 가설할 때 조명률 0.25, 감광 보상률 1.3이라 하면, 도로면의 평균 조도[lx]는 약 얼마인가? 단, 200[W] 전구의 전광속은 3,450[lm]이다.

답 1.7[lx]

02. 폭이 25[m]인 고속 자동차 도로의 양쪽에 지그재그식으로 300[W] 고압 수은등을 배치하여 도로의 평균 조도를 5[lx]로 하려면, 각 등의 간격을 약 몇 [m]로 하면 되는가? 단, 조명률은 0.2이고, 감광 보상률은 1.4, 수은등의 광속은 5,500[lm]이다.

답 12.6[m]

조명기구

☆【02. 15. 24. 기사】

178 등기구의 표시 중 H자로 표시가 있는 것은 어느 등인가?

① 백열등   ② 수은등   ③ 형광등   ④ 나트륨등

해설 H : **수은등**, F : 형광등, N : 나트륨등, M : 메탈 헬라이드등

★★☆【92. 기사, 91. 96. 99. 10. 산업기사】

179 빛을 아래쪽에 확산, 복사시키며 또 눈부심을 적게 하는 조명 기구는?

① 루버   ② 반사볼   ③ 투광기   ④ 글로브

☆【02. 기사】

180 반사형 투광 기구의 반사면에 사용되는 물질은?

① 알루미늄   ② 은분   ③ 금분   ④ 초산은

답 178. ② 179. ① 180. ④

181 ★【98. 기사】
조명 기구 중 트로파(Troffer) Type의 특징을 올바르게 나타낸 것은?

① 실내 장식용으로 국부 조명의 효과를 높이기 위한 조명 기구

② 경기장의 야간 조명을 위한 특수한 조명 기구

③ 실내의 급기 및 배기를 위한 디퓨셔의 기능을 첨부시킨 조명 기구

④ 천연색에 가까운 연색성을 얻기 위한 가로등용 조명 기구

182 ★☆【02. 기사, 00. 05. 산업기사】
조명 기구 중 효율이 가장 높은 것은?

① 자동차 전구　　　　　　　② 백열전구

③ 탄소 아크등　　　　　　　④ 형광등

해설 조명 효율이 좋은 순서
① 나트륨 램프 : 80~150[lm/W]
② 메탈 핼라이드 램프 : 75~105[lm/W]
③ 형광 램프 : 48~80[lm/W]
④ 수은 램프 : 35~55[lm/W]
⑤ 할로겐 램프 : 20~22[lm/W]
⑥ 백열전구 : 7~22[lm/W]

⋛ 유사문제

‖유사문제 원문 및 해설 : 동일출판사 홈페이지≫고객센터≫자료실

01. 밀폐형 조명 기구의 용도가 아닌 것은?

답 국부 조명용 스탠드

건축화 조명

183 ☆【99. 산업기사】
확산되는 빛만을 이용하므로 그림자가 없고 눈부심이 적은 균일성이 높은 조명으로 조명률이 가장 나쁘고 천장이나 벽의 영향이 가장 많으며 특별한 목적에만 사용되는 조명은?

① 반직접 조명　　　　　　　② 전반 확산 조명

③ 간접 조명　　　　　　　　④ 직접 조명

해설 간접 조명은 대부분의 빛이 천장에 직사된 후 천장에서의 반사광을 이용한 조명 방식

답 181. ③ 182. ④ 183. ③

광도계

★★☆ 【80, 92, 기사, 91, 산업기사】

184 길이 2[m]인 장형 광도계로 10[cd]의 표준등에서 90[cm]인 곳에 광도계 두부가 있을 때 측광 평형이 얻어졌다면 피측 전구의 광도[cd]는?

① 약 7   ② 약 8   ③ 약 12   ④ 약 15

해설 양광원의 광도를 I_A, I_B라 하면 $I_A = 10$[cd]에서 90[cm]인 곳에서 평형되었으므로

$$\frac{I_A}{90^2} = \frac{I_B}{(200-90)^2}, \quad \frac{10}{90^2} = \frac{I_B}{110^2}$$

$$\therefore I_B = \left(\frac{110}{90}\right)^2 \times 10 = 1.22^2 \times 10 = 14.9[\text{cd}] ≒ 15[\text{cd}]$$

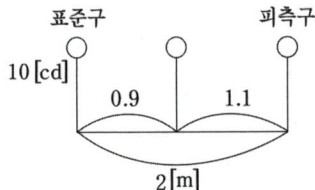

표준구   피측구

10[cd]   0.9   1.1

2[m]

CHAPTER 02

전열

01 - 전열

전기 에너지를 열 에너지로 변환하는 전열은 공업용·가정용으로 널리 이용되고 있으며 이용방법에 따라 아래와 같이 분류한다.

- 줄열을 이용하는 저항가열
- 전자유도에 의한 와전류 열을 이용하는 유도가열
- 고주파 자계에 의한 분자의 마찰열을 이용하는 유전가열
- 적외선의 방사에 의한 적외선 가열
- 전자빔에 의한 전자빔 가열
- 레이저 광선에 의한 레이저 가열이 있다.

02 - 전기가열의 특징

열원으로서 전력을 사용하는 경우 다른 열원에 비하여 유리한 점은 다음과 같다.

① 매우 높은 온도를 얻을 수 있다. ② 내부가열이 가능하다.
③ 열효율이 높다. ④ 노기제어가 쉽다.
⑤ 방사열의 이용이 유효하다. ⑥ 온도 및 가열시간의 제어가 쉽다.
⑦ 제품의 품질이 향상된다. ⑧ 환경을 오염시키지 않는다.

03 - 전열의 계산

1) 용어

(1) 열량

m[kg]의 물질을 θ[℃]로 온도를 상승시키는 경우 물질의 비열을 c[J/kg·℃]로 하면, 이에 소요되는 열량 Q[J]은

$$Q = mc\theta \, [\text{J}]$$

(2) 열량환산

- $1[kW \cdot h] = 3600[kW \cdot s] = 3600[kJ] = 860[kcal]$ 출제 산업 2번, 기사 1번
- $1[J] = 0.2389[cal]$ 출제 산업 4번, 기사 1번
- $1[kcal] = 4186.05[J]$ 출제 산업 2번
- $1[cal] = 4.186[J] \fallingdotseq 4.2[J]$
- $1[BTU] = 0.252[kcal]$ 출제 산업 2번

(3) 비열 $c[kcal/kg \cdot \text{℃}]$

물체 1[kg]을 1[℃]만큼 온도 상승시키는 데 필요한 열량[kcal]으로 표시된다.

(4) 열용량

물체의 온도를 1[℃] 상승시키는 데 요하는 열량으로, 그 물체의 열용량이라 부른다.

(5) 물체의 온도상승

$$\theta = \frac{Q}{C} = \frac{\text{열량}}{\text{열용량}}[\text{℃}]$$

즉, 물체의 온도상승은 가해진 열량에 비례하고 열용량에 반비례한다.

(6) 융해

① 고체가 액체로 되는 현상을 융해라 한다.
② 융해 중에는 열을 가해도 온도상승은 일어나지 않는다. 즉, 공급된 열 은 고체에서 액체로 변화하기 위해서 소비된다.
③ 물의 융해열 : 80[kcal/kg]

(7) 기화

① 액체가 기체로 되는 현상을 기화라 한다.
② 일정 압력 하에서 1[kg]의 액체를 동일 온도의 증기로 변화하는 데 요하는 열량을 기화열 또는 증발열이라 한다.
③ 물의 기화열 : 539[kcal/kg]

2) 열의 전달

열의 전달방법에는 전도, 대류, 복사의 3가지 경우가 있다.

(1) 전도(conduction) : 고체 내에서 열의 전달 방식
(2) 대류(convection) : 액체나 기체 중에서 분자가 열의 운반자로 되는 방식
(3) 복사(radiation) : 고온도의 물체로부터 저온도의 물체로 전자파로써 열을 전달하는 방식으로 스테판-볼츠만의 법칙이 적용된다.

① 열전도율

$$q = -kA\frac{d\theta}{dx}$$

단, q : 열류[W], k : 열전도율[W/m℃], A : 단면적[m^2], θ : 온도차[℃],

x : 두께[m]

② 열전달률

$$q = \alpha S(\theta_s - \theta_\infty)$$

단, q : 열류[W], α : 열전달률[W/m^2℃], S : 표면적[m^2]

θ_s : 고체 물체의 표면 온도[℃]

θ_∞ : 표면에서 떨어진 점의 유체 온도[℃]

3) 열회로와 옴의 법칙

열류는 양단의 온도차가 클수록, 단면적이 넓을수록 크며 길이가 길수록 작다. 이 관계를 식으로 나타내면 $I = \lambda \times \dfrac{S}{l} \times \theta$으로 된다. 따라서, 열 회로에서 옴의 법칙은 다음과 같이 표현된다.

$$I = \frac{\theta}{R} \quad (단, \ 열\ 저항\ R = \frac{1}{\lambda} \times \frac{l}{S}[℃ \cdot /kcal]) \quad \boxed{\text{출제}}\ \text{기사 1번}$$

$$(단위\ ℃/W = ℃ \cdot /kcal = \frac{온도차}{열류}) \quad \boxed{\text{출제}}\ \text{산업 3번}$$

여기서, I : 열류[W], S : 단면적[m^2], l : 길이[m]

θ : 온도차[℃], λ : 열전도율[W/m · ℃] $\boxed{\text{출제}}\ \text{산업 5번}$

R : 열저항 (thermal resistance)[℃ · h/kcal]

4) 열 회로와 전기회로의 대응관계

열회로	전기회로	
온도차 θ[℃]	전위차 V[V]	⟵ 출제 산업 2번
열류 I[W]	전류 I[A]	
열 저 항 R[℃/W]	전기저항 R[Ω]	
열전도율 λ[W/m · ℃]	도전율 σ[℧/m]	
열저항률 ρ[m · ℃/W]	저항률 ρ[Ω · m]	
열량 Q[J]	전기량 Q[C]	⟵ 출제 산업 1번, 기사 2번
열용량 C[J / ℃]	정전용량 C[F]	

출제 산업 3번, 기사 1번

5) 소요열량 및 소요전력량 계산

$m[l]$의 물을 H시간에 온도 $T_1[\text{℃}]$에서 $T_2[\text{℃}]$까지 상승시키는 데 요하는 열량 $Q[\text{kcal}]$는 다음 식으로 계산된다. 여기서, c는 비열이다.

(1) 소요 열량

$$Q = mc(T_2 - T_1)[\text{kcal}] = 0.24Pt = 0.24I^2Rt[\text{kcal}]$$ 출제 산업 3번, 기사 1번

(2) 소요 전력량

$$P \times t = mc(T_2 - T_1)/860\eta[\text{kWh}]$$

단, η : 전열기의 효율

(3) 전열기의 소요 용량

$$P = \frac{P \times t}{t} = \frac{mc(T_2 - T_1)}{860\eta t}[\text{kW}]$$ 출제 산업 23번, 기사 16번

(4) 난방기의 용량

$$P = \frac{0.24 \times 1.23 \times mc(T_2 - T_1)}{860\eta t}[\text{kW}]$$

단, 공기 1[m³]의 중량 = 1.23[kg]

공기의 비열 = 0.24

6) 전열선의 설계 계산

전력 : $P = EI = \dfrac{E^2}{R} = I^2R[\text{W}]$ 출제 산업 5번, 기사 2번

저항 : $R = \rho\dfrac{l}{\dfrac{\pi d^2}{4}}[\Omega]$, $S = \pi dl[\text{m}^2]$ 출제 산업 4번, 기사 1번

출제 산업 2번, 기사 1번

표면 전력 밀도 : $W_d = \dfrac{P}{S} = \dfrac{I^2R}{\pi dl} = \dfrac{4\rho I^2}{\pi^2 d^3}[\text{W/cm}^2]$

출제 산업 5번

$W_d \propto \dfrac{1}{d^3}$ 출제 산업 1번, 기사 3번

선지름 : $d = \sqrt[3]{\dfrac{4\rho I^2}{\pi^2 W_d}}\,[\text{cm}]$

04 - 전기 가열의 방식

1) 저항 가열

도체내의 저항손을 이용하여 가열하는 방식으로 직접저항 가열방식과 간접저항 가열방식이 있다.

(1) 직접저항 가열 　출제 산업 2번, 기사 4번

피열물 자체에 직접 상용 주파수 또는 직류 전류를 흐르게 하여 줄열(옴손)에 의해 발열시키는 방법으로 그 종류는 다음과 같다. 　출제 산업 3번, 기사 2번

- 흑연화로
- 카보런덤로
- 카바이드로(CaC_2 제조) 　출제 산업 5번, 기사 1번

(2) 간접저항 가열 　출제 산업 1번

다른 발열체(저항체)가 발생하는 열을 피열물에 전달(방사, 전도, 대류)하여 가열하는 방식으로 그 종류는 다음과 같다.

① 발열체로 : 발열체를 노벽에 설치하고 열의 전도, 복사, 대류에 의해 피열물을 가열하는 노로서 발열체로 탄화규소를 사용하면 1,500[℃]까지 가열 할 수 있다.

② 크립톨로 : 전극간에 설치된 탄소입자를 발열체로 하는 노로서 1,800[℃]까지 가열 할 수 있다.

③ 염욕로 : 전극간에 설치된 용융염을 발열체로 하는 노로서 1,300[℃]까지 가열 할 수 있다.

출제 기사 2번

(3) 전류의 발열작용

저항 가열에서 저항 $R[\Omega]$에 전류 $I[A]$가 흐를 때, t초 사이에 발생하는 열량 $Q[kcal]$

$$Q = 0.24I^2Rt \times 10^{-3}[kcal]$$ 　출제 산업 1번, 기사 3번

2) 아크 가열

아크열을 가열에 이용한 것이고 직접식과 간접식이 있다. 아크 가열에서 아크 전극간의 전위차 $E[V]$, 아크의 전류 $I[A]$, 매초 발생하는 열량 Q라고 하면

$$Q = 0.24I^2Rt \times 10^{-3}[kcal]$$

가 된다. 아크 가열의 전극으로는 인조흑연전극 또는 천연흑연전극을 사용한다.

3) 유도 가열

(1) 교번 자계 중에 놓여진 유도성 물체에 와전류와 히스테리시스손이 발생하여 가열이 이루어지는 방식이다. 　출제 산업 2번

(2) 전원 : 교류(직류는 사용할 수 없다.)

　① 저주파 유도로 : 상용주파 교류 (60[Hz])

　② 고주파 유도로 : 5~20[kHz]의 교류

(3) 특징

　① 피 가열물 내에서 직접 열을 발생시킬 수 있으며 열원이 필요 없다.

　② 표면층만의 가열이 가능하다.

　③ 피 가열물의 필요한 부분만 선택하여 가열할 수 있다.

　④ 온도제어가 정확하고 용이하다.

　⑤ 용해로의 자동 교반 작용으로 양질의 제품을 얻을 수 있다.

(4) 유도 가열의 응용

　① 반도체 정련(단결정 제조)　출제 산업 1번, 기사 2번

　② 금속의 표면가열(표면 담금질, 금속의 표면처리, 국부가열)　출제 산업 7번, 기사 4번

(5) 유도 가열용 전원　출제 산업 1번

　① 고주파 전동 발전기

　② 불꽃 간극식 고주파 발생 장치

　③ 진공관 발진기

4) 유전 가열

(1) 교번 전계 중에서 절연성 피열물에 생기는 유전체 손실에 의한 가열이고 직접식 뿐이다.

(2) 전원 : 교류(직류는 사용할 수 없다.)　출제 산업 8번, 기사 1번

　① 저주파 유도로 : 상용주파 교류 (60[Hz])

　② 고주파 유도로 : 5~20[kHz]의 교류

(3) 유전체손 P

$$P = VI_R = VI_C \tan\delta [\text{W}]$$

$$I_C = 2\pi f CV$$

$$\therefore P = 2\pi f CV^2 \tan\delta$$

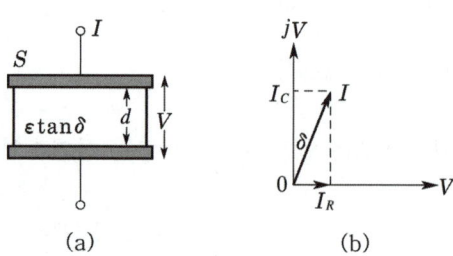

(a)　　　　　　(b)

(4) 평판 전극의 정전 용량 C

$$C = \frac{\epsilon_0 \epsilon_s S}{d}$$

$$\therefore \; P = 2\pi f \, \frac{\epsilon_0 \epsilon_s S}{d} \, V^2 \tan\delta$$

(5) 단위 체적당 유전체손 P_0

전계 강도 $E = \dfrac{V}{d}$ 라고 하면

$$P_0 = \frac{P}{Sd} = 2\pi f \epsilon_0 \epsilon_s \left(\frac{V}{d}\right)^2 \tan\delta = \frac{1}{2 \times 9 \times 10^9} f \epsilon_s E^2 \tan\delta$$

$$P_0 = \frac{5}{9} f \epsilon_s E^2 \tan\delta \cdot 10^{-12} [\text{W/cm}^3] \quad \boxed{\text{출제}} \; \text{산업 3번, 기사 2번}$$

(6) 유전가열의 특징

  ① 열이 유전체손에 의하여 피열물 자신에 발생한다.

  ② 온도 상승 속도가 빠르고, 속도가 임의 제어된다.

  ③ 전원이 끊어지면, 가열은 즉시 멈추고, 주위 물체에 저축된 열에 의한 과열이 없다.

  ④ 표면의 소손, 균열이 없다.

  ⑤ 전 효율이 고주파 발진기의 효율(50~60[%])에 의하여 억제되고, 회로 손실도 가해지 므로 양호하지 못하다.

  ⑥ 설비비가 고가이다.

  ⑦ 피열물의 기하학적 형상에 따라, 내부 전체가 균일하게 될 수 없고, 따라서 균일 가열이 곤란하다.

  ⑧ 장치를 적당히 차폐하지 않으면 전파의 누설에 의하여 통신에 장애를 준다.

(7) 유전 가열의 응용 $\boxed{\text{출제}}$ 산업 3번, 기사 5번

  ① 목재의 접착 : 5~10[MHz]

  ② 목재의 건조 : 2~5[MHz] $\boxed{\text{출제}}$ 산업 2번

  ③ 기타 : 고무의 유화, 약품, 농어산물의 건조, 비닐막 접착 $\boxed{\text{출제}}$ 산업 6번, 기사 1번

(8) 유전가열과 유도가열의 비교

항 목	유전가열	유도가열
원 리	유전체손 이용	와류손 및 히스테리시스 손실 이용
적 용	절연체(유전체)	금속(도체), 반도체
전 원	교류(직류 사용 불가) 1~200[MHz] $\boxed{\text{출제}}$ 산업 2번	교류(직류 사용 불가) 저주파 유도가열 : 60[Hz] 고주파 유도가열 : 5~20[kHz]

5) 전기로

저항로	직접식 저항로 피열물에 직접 통전하여 가열시키는 방식	카바이드로 : $CaO+3C=CaC_2+CO$
		카보런덤로
		흑연화로
		유리 용융로
		알루미늄 전해로
	간접식 저항로	염욕로 : NaCl, KCl 등의 용융염에 직접 통전하여 가열하고 피열물을 그 속에 넣어 가열한다. 강, 경합금 등의 균열, 항온, 급열, 급냉 등의 열처리에 사용된다.
		크리프톨로
		발열체로
아크로 공중 질소 고정, 제철, 제강에 사용		센헬로
		포오링로
		비란게란드 아이데로
유도로		저주파 유도로 : 상용주파 교류 (60[Hz])
		고주파 유도로 : 5∼20[kHz]의 교류

① 전기로의 분류

    ㉠ 저항로 : 저항로에는 니크롬선 등 금속 발열체 또는 탄화규소 등 비금속 발열체에 통전 가열하여, 간접적으로 피열물을 가열하는 간접 가열식과 피열물에 직접 통전하는 직접 가열식이 있다. 일반적으로 간접 가열식 저항로를 저항로라 부르고, 직접 가열식으로는 흑연화로·카바이드로와 같이 용도별로 부를 때가 많다.

    ㉡ 아크로 : 아크로에는 직접식과 간접식이 있다. 직접식은 피열물을 아크의 한 쪽의 전극으로 하여 통전하는 것이고, 간접식은 아크의 열을 복사에 의하여 피열물에 주는 가열이다.

        센헬로, 포오링로, 비란게란드 아이데로가 아크로에 해당된다. 출제 산업 3번

    ㉢ 유도로 : 유도로에도 직접식과 간접식이 있다. 직접식은 도전성 피열물에 직접 전류를 유기시켜서 이것을 가열하는 방식이고, 간접식은 피열물을 흑연 도가니에 넣어서, 흑연 도가니를 유도식에 의하여 가열하여, 그 열을 피열물에 주는 방식이다.

② 직접식 저항로 : 피열물에 직접 통전하여 발열시키는 방식이고, 출제 산업 2번 통상 카바이드로, 흑연화로, 알루미늄 전해로, 카보런덤로, 유리 용융로와 같이 노의 제품명으로 불린다. 출제 산업 1번

③ 간접식 저항로 : 간접식 저항로에는 니크롬선, 철크롬선 등의 금속 발열체 또는 탄화규소, 흑연관 등 비금속 발열체와 같이 제품으로 되어 있는 발열체로와 용융염, 탄소입 등을 발열 매체로 한 것이 있다.

후자는 염욕로, 탄소입 전기로라고 부른다. 염욕로는 NaCl, KCl 등의 용융염에 직접 통전하여 가열하고, 피열물(형체가 복잡하게 생긴 제품)을 그 속에 넣어 가열한다. 강, 경합금 등의 균열, 항온, 급열, 급랭 등의 열처리에 사용된다. 출제 산업 3번, 기사 5번

④ 아크로 : 아크로에는 저압 아크로와 고압 아크로가 있다.

저압 아크로에는 직접식과 간접식이 있고, 직접식 아크로는 아크의 전극의 한 쪽이 피열물 자신으로 된 것이 특징이고, 에루식 전기 제강로는 그 대표적인 것이다.

간접식 아크로는 전극간의 아크에 의하여 피열물이 가열되고, 그 대표적인 것에는 로킹 아웨로가 있고, 노체는 수평축을 중심으로 요동할 수 있는 구조로서 황동·알루미늄 등의 용융에 사용된다. 고압 아크로에는 공중 질소를 고정하여, 질산을 제조하는 세엔에르로 등이 있다. 출제 산업 1번

⑤ 유도로

㉠ 저주파 유도로 : 50[Hz] 또는 60[Hz]의 상용 주파수를 사용하고, 유구형과 무철심형이 있다.

㉡ 고주파 유도로 : 공업적으로 전동 발전기에 의한 $1 \sim 10$[kHz]의 것이 표준이다. 구조상으로는 무철심형이다.

6) 적외선 가열

(1) 적외선전구에 의하여 피건조물을 가열하고 건조하는 것

(2) 적외선 가열의 특징

① 도장 등의 표면 건조에 적당하다.

② 건조기 구조가 간단하다.

③ 조작간단 연료 손실 적고, 작업 시간이 단축된다.

④ 설비비 및 유지비가 염가, 설치 장소 절약된다.

⑤ 건조 재료의 감시가 용이하고 청결 안전하다.

⑥ 적외선 건조는 적외선 전구에 의한 복사열을 이용한다.

05 - 전열 재료

1) 발열체로서의 구비 조건 출제 산업 3번, 기사 7번

① 내열성이 클 것

② 내식성이 클 것

③ 알맞은 고유 저항값을 가지고, 저항의 온도 계수가 양(+)수로서 작을 것

④ 연전성이 풍부하고, 가공이 용이할 것

⑤ 선팽창 계수는 작아야 한다.

2) 발열체의 종류

(1) 금속 발열체

니켈−크롬 합금선과 철−크롬 합금선이 있고, 그 특성과 용도는 다음과 같다.

품 종	고유 저항 (20[℃ $\mu\Omega\cdot$cm])	최고 사용 온도[℃]	특성과 용도
니크롬 제1종	104 ± 5	1,100 출제 산업 2번	고온에서도 내열성, 내가스성이 강하고, 가공 용이하고, 고온 전기로용
니크롬 제2종	110 ± 6	900 출제 산업 3번	가공성 양호 800~900[℃] 부근에 사용하는 전기로, 전열기에 적합
철−크롬 제1종	140 ± 7	1,200	특히, 고온 사용에 적합하나 가공성이 다소 어렵고, 고온 강도는 떨어진다.
철−크롬 제2종 출제 산업 2번	120 ± 5	1,100	철−크롬 제1종에 비하여 가공 용이

(2) 비금속 발열체

비금속 발열체의 대표적인 것으로 탄화규소(SiC)를 주성분으로 한 탄화규소질 발열체를 들 수 있다. 1,400[℃] 정도에서 장시간 사용할 수 있다.

3) 전극

(1) 전극의 구비조건 출제 산업 2번

전기로가 고온으로 된 경우 전류를 공급하는 데는 내열성이 좋은 전극이 필요하며 일반적으로 탄소질의 전극이 많이 사용되며 구비 조건은 다음과 같다.

① 전기의 전도율이 클 것

② 열의 전도율이 적을 것

③ 고온에 견디고 고온에서의 기계적 강도가 클 것

④ 피열물과 화학작용을 일으키지 않을 것

(2) 전기로에 사용하는 전극의 고유저항
출제 기사 1번   출제 산업 3번

① 인조 흑연 전극 : 0.0005~0.0012[Ω·cm]

② 고급 천연 전극 : 0.0009~0.0033[Ω·cm]

③ 천연 흑연 전극 : 0.0030~0.0076[Ω·cm]

④ 무정형 탄소 전극 : 0.005~0.008[Ω·cm]

06 - 온도의 측정

온도의 측정방법에는 접촉식과 비 접촉식이 있다.

1) 접촉식

온도의 검출단을 측정대상 물체의 내부 또는 표면에 붙여서 검출단의 온도가 측정대상이 되는 물체의 온도와 동일하게 하여 측정하는 방법으로 그 종류는

- 액체봉입 유리 온도계
- 압력 온도계
- 저항 온도계
- 열전 온도계

2) 비접촉식

검출단을 측정대상에 직접 접촉시키지 않고 측정 대상의 물체로부터 나오는 방사 에너지로서 온도를 측정하는 방법으로 그 종류는

- 광고온도계
- 방사온도계

3) 온도계의 동작원리 및 특징

(1) 온도계의 동작원리

온도계의 종류	동 작 원 리
저항 온도계	측온체의 저항값 변화
열전 온도계	제벡 효과
방사 온도계	스테판–볼츠만의 법칙
광고온계	플랑크의 방사 법칙

(2) 저항 온도계

① 동작원리 : 온도 변화에 따라서 그 고유 저항이 직선적으로 변화하는 것을 이용.

② 종류 : 백금선, 니켈선, 니켈선 등의 금속선이나, 출제 산업 2번, 기사 1번

서미스터 등 반도체(단, 텅스텐은 저항이 온도변화에 따라 비선형적으로 변동하고 내식성이 좋지 않아 저항 온도계에 사용이 곤란하다.) 출제 산업 2번, 기사 1번

(3) 열전 온도계

① 동작원리 : 서로 다른 두 종류의 금속 또는 반도체의 접합점의 온도차에 의하여 열전대 중에 발생하는 기전력을 이용(제벡 효과) 출제 산업 1번

② 열전대의 종류와 측정 범위

열전대	사용 범위[℃]	사용한도[℃]	
		연속	1회 사용
백금–백금 로듐	$0 \sim 1,400$	1,400	1,600
크로멜–알루멜	$-200 \sim 1,000$	1,000	1,100
철–콘스탄탄	$-200 \sim 700$	700	900
구리–콘스탄탄	$-200 \sim 400$	400	600

출제 산업 11번, 기사 4번

(4) 방사(복사) 고온계 출제 산업 2번

① 동작원리 : 온도 복사에 관한 스테판–볼츠만의 법칙을 이용한 것이다.

$$W = \sigma T^4$$

단, $\sigma = 5.68 \times 10^{-8} [\text{W} \cdot \text{m}^{-2} \text{deg}^{-4}]$

② 측정대상의 방사율에 의해 온도 지시값이 다르고, 온도보정이 필요

③ 온도를 직독할 수 있다.

④ 피측온물에서 떨어진 위치에서 온도를 기록할 수 있다.

(5) 광고온계

온도 복사에 관한 플랑크의 복사 법칙을 이용한 것이다. 복사체의 절대 온도를 $T[°\text{K}]$, 단위 표면적에서 단위 시간, 단위 파장폭 $[\mu]$당 파장 $\lambda[\mu]$의 복사 에너지 $W_\lambda[\text{W} \cdot \text{m}^{-2} \mu^{-1}]$는

$$W_\lambda = C_1 \lambda^{-5} (e^{C_2/\lambda T} - 1)^{-1}$$

단, $C_1 = 2\pi hc^2 = 3.740 \times 10^8 [\text{W} \cdot \text{m}^{-2} \mu^4]$

　　$C_2 = 14380 [\mu \cdot \text{deg}]$

특정의 파장 λ의 W_λ를 측정하여 T를 구할 수 있다.

① 동작원리 : 온도 복사에 관한 플랑크의 복사 법칙을 이용 출제 산업 2번

② 복사 고온계에 비하여 정도가 높다.

③ 피측온물의 크기가 지름 0.1[mm] 정도의 작은 경우에도 측정할 수 있다.

07 - 전기용접

전기용접은 전열을 이용하여 금속을 녹여 접합하는 것으로, 가열방법에 따라 방전가열에 의한 방전 용접과 저항 가열에 의한 저항용접의 두 가지로 크게 나눈다.

1) 방전용접

용접하려는 금속 모재와 용접용 전극과의 사이에서 발생하는 방전 열에 의해 금속을 가열하여 용융, 접합시키는 방법으로 다음과 같은 종류가 있다.

(1) 탄소방전 용접
① 주로 같은 종류의 철 합금의 용접에 사용
② 전원은 직류를 사용(교류는 방전이 불안정하다)
③ 용접물을 직류 전원의 양(+)극에, 탄소전극을 음(−)극에 설치
④ 가스 용접에 비해 용접이 빠르고 경제적이다.

(2) 원자 수소 용접
경금속이나 구리 및 구리합금, 스테인리스강의 용접에 이용

(3) 불활성 가스 용접
① 텅스텐 전극과 모재와의 사이에 방전을 발생시켜 그 방전의 주위에 아르곤, 헬륨 등과 같은 불활성 가스를 부어 대어, 용접부의 산화를 방지하도록 한 용접방법 출제 산업 2번, 기사 1번
② 용재가 불 필요
③ 알루미늄, 마그네슘, 스테인리스 강, 기타 특수강 등의 방전 용접에 사용 출제 산업 3번

(4) 방전 용접기
방전을 안정하게 지속시키기 위하여 방전 용접에 사용되는 전원은 직류, 교류를 막론하고 전압이 수하 특성을 가지고 있어야 한다. 출제 산업 1번
① 방전 용접의 작업전압 : 20~35[V]
② 용접용 전원의 최고전압
• 직류 : 50~70[V]
• 교류 : 70~100[V] 출제 산업 2번

2) 저항 용접

용접하고자 하는 두 금속 모재의 접촉부에 대 전류를 통하게 하여, 용접 모재 간의 접촉저항에 의해 발생하는 열을 이용하는 용접방법으로 그 종류는 다음과 같다.

(1) 겹치기 저항 용접
① 점 용접(spot welding) : 전구의 필라멘트용접, 열전대의 용접에 사용 출제 기사 1번
② 돌기용접(projection welding) 출제 산업 2번
③ 심 용접(seam welding)

(2) 맞대기 저항 용접
① 업셋 맞대기 용접
② 플래시 맞대기 용접
③ 충격용접

3) 용접후 검사

(1) 비파괴 검사　출제 기사 3번
　① 자기(磁氣)검사
　② X선 또는 γ선 투과 시험
　③ 초음파 탐상기에 의한 시험
　④ 육안에 의한 외관검사

(2) 파괴검사
　① 충격시험
　② 부식시험

08 - 열 펌프

저온 물체가 갖는 열에너지를 외부에서 기계적 일에너지를 공급하여 고온의 열에너지로 변환하는 장치를 열 펌프라고 하고, 전기 냉동기도 열 펌프의 일종이다.

전기 냉동기의 냉동실에서 기화열로써 빼앗은 열을 Q_1, 압축기가 행한 일을 W라고 하면, 냉각수에 유입된 열 Q_2는

$$Q_2 = Q_1 + \frac{W}{J}$$

여기서 대부분의 입력은 압축할 때 소비되는 전력뿐이므로, 열 펌프의 열의 운반량 Q_2와 입력의 비는 일반의 열기관과는 다르고 1 이상이 된다. 이것을 C.O.P라 부른다.

$$\mathrm{COP} = \frac{Q_2}{W/J} = \frac{JQ_2}{W}$$　출제 산업 1번, 기사 1번

09 - 각종 효과

1) 표피 효과　출제 산업 2번, 기사 4번

도체에 고주파 전류를 통하면 전류가 표면에 집중하는 현상이고 금속의 표면 열처리에 이용한다.

2) 제베크 효과(Seebeck effect)　출제 산업 6번, 기사 3번

서로 다른 두 종류의 금속선을 접합하여 폐회로를 만든 후 두 접합점의 온도를 달리하였을때,

폐회로에 열기전력이 발생하여 열전류가 흐르게 된다.

이러한 현상을 제베크 효과라 하며 이때 연결한 금속 루프를 열전대라 한다.

3) 톰슨 효과(Thomson effect)　출제 | 산업 2번

동일한 금속 도선의 두 점간에 온도차를 주고 고온쪽에서 저온쪽으로 전류를 흘리면 도선 속에서 열이 발생되거나 흡수가 일어나는 이러한 현상을 톰슨 효과라 한다.

이때, 발열 및 흡수 현상은 전류의 방향을 반대로 흘려주면 바뀌게 된다.

4) 펠티에 효과(Peltier effect)　출제 | 산업 4번, 기사 1번

서로 다른 두 종류의 금속선으로 폐회로를 만들고 온도를 일정하게 유지하면서 전류를 흘리면 금속선의 접속점에서 열의 흡수(온도 강하) 또는 발생(온도 상승)이 일어나는 현상을 펠티에 효과라 한다.

5) 핀치 효과　출제 | 산업 1번, 기사 2번

용융체에 강한 전류를 통하면 전자력에 의한 인력이 커지므로 용융체가 도중에서 끊어져 전류가 끊어지는 현상을 말한다.

전열계산

☆【90. 04. 산업기사, 67. 3급】

01 1[BTU]는 약 몇 [cal]인가?

① 860   ② 420   ③ 250   ④ 100

해설ㆍ 물 1[lb]를 1[°F] 높이는 데 요하는 열량을 1[BTU]라 한다.
$1[\text{kcal}] = 3.968[\text{BTU}]$
$1[\text{BTU}] = 0.252[\text{kcal}] = 252[\text{cal}]$

★★【02. 기사, 93. 98. 산업기사】

02 1[kWh]는 몇 [kcal]인가?

① 4.186   ② 41.86   ③ 86   ④ 860

해설ㆍ $1[\text{kWh}] = 1,000[\text{W}] \times 3,600[\text{s}] = 3.6 \times 10^6[\text{J}] \fallingdotseq \dfrac{1}{4.186} \times 3.6 \times 10^6 \fallingdotseq 860[\text{kcal}]$

★★★【95. 기사, 98. 산업기사, ⊕ : 84. 91. 98. 산업기사】

03 200[W]는 약 몇 [cal/s]인가?

① 0.8621   ② 47.78   ③ 0.2389   ④ 71.67

해설ㆍ $1[\text{J}] = 0.24[\text{cal}]$
$1[\text{W}] = 1[\text{J/s}] = 0.24[\text{cal/s}]$
$200[\text{W}] = 47.78[\text{cal/s}] = 172[\text{kcal/h}]$

★【89. 96. 산업기사】

04 다음 중 틀리게 표현된 것은?

① $1[\text{J}] = 0.2389 \times 10^{-3}[\text{kcal}]$ ② $1[\text{kWh}] = 860[\text{kcal}]$
③ $1[\text{BTU}] = 0.252[\text{kcal}]$ ④ $1[\text{kcal}] = 3.968[\text{J}]$

해설ㆍ $1[\text{kcal}] = 4186.05[\text{J}]$

★☆【89. 96. 00. 산업기사】

05 공업 단위에서 열저항 단위는?

①[℃]   ②[kcal/h]   ③[℃ · h/kcal]   ④[kcal/℃]

답 1.③ 2.④ 3.② 4.④ 5.③

해설 열옴의 법칙 $R = \dfrac{V}{I}$ [열 Ω]에서 열저항 $R = \dfrac{\text{온도차}}{\text{열류}} = \dfrac{℃ \cdot \text{h}}{\text{kcal}}$

★★ 【00. 기사, 96. 산업기사, ㉭ : 10. 16. 산업기사】
06 열회로의 열량은 전기 회로의 무엇에 상당하는가?

① 전류　　　　　　② 전압　　　　　　③ 전기량　　　　　　④ 열저항

해설 열량이란 엄밀하게 말해서 1[kg]의 물을 14.5[℃]에서 15.5[℃]까지 1[℃] 가열하는 데 필요한 열량을 말하며, 전류와 열류의 대응표는 다음과 같다.

전기	전압	전기량	전류	도전율	저항	정전 용량
열	온도차	열량	열류	열전도율	열저항	열용량

☆ 【97. 05. 산업기사】
07 열회로의 온도차는 전기 회로의 무엇에 상당하는가?

① 정전 용량　　　② 저항　　　　　　③ 전류　　　　　　④ 전압

해설 전류와 열류의 대응표는 다음과 같다.

전기	전압	전기량	전류	도전율	저항	정전 용량
열	온도차	열량	열류	열전도율	열저항	열용량

★★ 【77. 92. 98. 00. 05. 23. 산업기사】
08 열전도율을 표시하는 단위는?

① $[\text{J/kg} \cdot \text{deg}]$　　　　　　　　　② $[\text{W/m}^2 \cdot \text{deg}]$
③ $[\text{W/m} \cdot \text{deg}]$　　　　　　　　　④ $[\text{J/m}^3 \cdot \text{deg}]$

해설 비열 $[\text{J/kg} \cdot \text{deg}]$, 열전달률 $[\text{W/m}^2 \cdot \text{deg}]$, 열전도율 $[\text{W/m} \cdot \text{deg}]$, 체적 비열 $[\text{J/m}^3 \cdot \text{deg}]$

★ 【94. 기사】
09 열저항의 단위 1[℃/W]는 몇 [℃ · h/kcal]인가?

① 1.163　　　　② 11.63　　　　③ 860　　　　④ 540

해설
$$\left[\dfrac{℃}{\text{W}}\right] = \dfrac{℃}{\text{J/sec}} = \dfrac{℃ \cdot \text{sec}}{\text{J}} = \dfrac{℃ \cdot \frac{1}{3600}\text{h}}{0.24 \times 10^{-3}\,[\text{kcal}]} = 1.157\left[\dfrac{℃\text{h}}{\text{kcal}}\right]$$

★ 【93. 09. 기사】
10 1[kW]는 몇 [kg · m/s]에 해당하는가?

① 550　　　　② 102　　　　③ 75　　　　④ 50

답 6. ③　7. ④　8. ③　9. ①　10. ②

해설 $1[\mathrm{kW}]=1{,}000[\mathrm{W}]=1{,}000[\mathrm{J/s}]=1{,}000[\mathrm{N \cdot m/s}]$

$$=\frac{1{,}000}{9.8}[\mathrm{kg \cdot m/s}]=102[\mathrm{kg \cdot m/s}]$$

★☆ 【80. 기사, 96. 산업기사】

11 안지름 r_1, 바깥지름 r_2인 중공 원통의 내외간의 온도차가 θ라고 하면 이 사이를 통하는 길이 l인 원통의 열류 I를 나타내는 식을 구하면? 단, 고유 열저항을 ρ라 한다.

① $I=\dfrac{2\pi\theta}{\rho l}$ 　　② $I=\dfrac{2\pi\theta l}{\rho}$ 　　③ $I=\dfrac{2\pi\theta}{\rho l\log\dfrac{r_2}{r_1}}$ 　　④ $\dfrac{2\pi l\theta}{\rho\log\dfrac{r_2}{r_1}}$

해설 열 옴의 법칙에 의하여 열류 I는

$$I=\frac{\theta}{R}=\frac{\theta}{\rho\displaystyle\int_{r_1}^{r_2}\frac{dr}{2\pi rl}}=\frac{\theta}{\dfrac{\rho}{2\pi l}\displaystyle\int_{r_1}^{r_2}\frac{1}{r}dr}=\frac{2\pi l\theta}{\rho[\log r]_{r_1}^{r_2}}=\frac{2\pi l\theta}{\rho\log\dfrac{r_2}{r_1}}$$

★★ 【92. 기사, 80. 00. 03. 24. 산업기사】

12 다음 중 열 용량의 단위를 나타내는 것은?

① $[\mathrm{J/\text{℃}\,kg}]$ 　　② $[\mathrm{J/\text{℃}}]$ 　　③ $[\mathrm{J/cm^2\text{℃}}]$ 　　④ $[\mathrm{J/cm^3\text{℃}}]$

해설 전기에서 정전 용량 $C=\dfrac{Q}{V}\left[\dfrac{C}{V}=F\right]$이고, 열에서는 Q(전기량) → Q열량(kcal)으로

전위차 $V[\mathrm{V}]$가 온도차 $V[\text{℃}]$로 되므로 $\dfrac{C}{V}\Rightarrow\dfrac{\mathrm{kcal}}{\text{℃}}\Rightarrow\mathrm{J/\text{℃}}$로 되어진다.

★★★☆ 【79. 기사, 67. 산업기사, ⊕ : 93. 97. 18. 기사】

13 일정 전류가 통하는 도체의 온도 상승 θ와 반지름 r과의 관계식은?

① $\theta\propto\dfrac{1}{r^{2/3}}$ 　　② $\theta\propto\dfrac{1}{r^2}$ 　　③ $\theta\propto\dfrac{1}{r^4}$ 　　④ $\theta\propto\dfrac{1}{r^3}$

해설 ① 가열한 전력(입력) : $P=I^2R=I^2\cdot\rho\dfrac{l}{A}=\rho\dfrac{lI^2}{\pi r^2}$

② 열방산 면적(원통 도선 표면적) : $S=2\pi r\cdot l$

③ 물체의 온도 상승값 : $\theta=\dfrac{P}{hS}\left(1-e^{-\frac{hS}{mC}t}\right)$ (여기서 C : 열용량, h : 열방산 계수)

이므로 정상상태($t\to\infty$)에서 θ는

$$\theta=\lim_{t\to\infty}\frac{P}{hS}\left(1-e^{-\frac{hS}{mC}t}\right)=\frac{P}{hS}$$

$$\therefore\ \theta=\frac{P}{hS}=\frac{\rho\dfrac{lI^2}{\pi r^2}}{h\cdot2\pi rl}=\frac{I^2\rho}{h\cdot2\pi r\cdot\pi r^2}=\frac{I^2\rho}{2h\pi^2 r^3}=k\frac{1}{r^3}=kr^{-3}$$

14 ★☆ 【91. 97. 산업기사, ㉦ : 00. 산업기사】
10[Ω]의 저항에 10[A]를 10분간 흘렸을 때의 발열량은 얼마인가?

① 125[kcal]　　　② 130[kcal]　　　③ 144[kcal]　　　④ 165[kcal]

해설　$H = 0.24 I^2 Rt = 0.24 \times 10^2 \times 10 \times 10 \times 60 \times 10^{-3} = 144 [kcal]$

15 ★☆ 【95. 기사, 11. 산업기사, ㉦ : 98. 산업기사】
지름 30[cm], 길이가 1.5[m]인 탄소 전극의 열저항값[열Ω]은 약 얼마인가? 단, 전극의 고유
저항은 2.5[열Ω·cm]이다.

① 0.73　　　② 0.43　　　③ 0.53　　　④ 0.63

해설　$R = \rho \dfrac{l}{A} = \rho \dfrac{l}{\pi r^2} = 2.5 \times \dfrac{150}{\pi \left(\dfrac{30}{2}\right)^2} = 0.53 [열Ω]$

16 ★ 【97. 기사】
고유 저항 $\rho = 200[\mu\Omega \cdot cm]$, 지름 $d = 2[mm]$, 길이 $l = 314[cm]$의 니크롬선에 일정 전류
$I = 10[A]$가 흐를 때 매초당의 발열량은 몇 [kcal]인가?

① 0.0048　　　② 0.048　　　③ 0.48　　　④ 4.8

해설　니크롬선의 저항 R은 $R = 200 \times 10^{-6} \times \dfrac{314}{\pi \left(\dfrac{0.2}{2}\right)^2} = 2 [\Omega]$

매초당 발열량 Q_0는
$\therefore Q_0 = 0.24 I^2 Rt \times 10^{-3} = 0.24 \times 10^2 \times 2 \times 10^{-3} = 0.048 [kcal]$

17 ★★★★ 【94. 95. 기사, 94. 95. 96. 99. 04. 산업기사】
100[V], 500[W]의 전열기를 90[V]에서 사용할 때의 전력[W]은?

① 405　　　② 425　　　③ 450　　　④ 500

해설　전열선의 저항을 일정하다고 하면 전력 $P = E^2/R$이므로 전력 P'는
$P' = P \left(\dfrac{E'}{E}\right)^2 = 500 \times \left(\dfrac{90}{100}\right)^2 = 405 [W]$

18 ★★★ 【94. 03. 05. 10. 14. 23. 산업기사】
전열기에서 발열선의 지름이 1[%] 감소하면 저항 및 발열량은 몇 [%] 증감되는가?

① 저항 2[%] 증가, 발열량 2[%] 감소
② 저항 2[%] 증가, 발열량 2[%] 증가
③ 저항 2[%] 증가, 발열량 4[%] 감소
④ 저항 4[%] 증가, 발열량 4[%] 감소

해설 $R = \rho \dfrac{l}{s} = \rho \dfrac{l}{\dfrac{\pi}{4}d^2} [\Omega]$

$R \propto \dfrac{1}{d^2}$ 이므로 $R' = \dfrac{R}{(1-0.01)^2} = \dfrac{R}{0.99^2} = \dfrac{R}{0.9801} ≒ 1.02R(2[\%]$ 증가)

또한 발열량 Q는 $Q \propto \dfrac{1}{R}$ 이므로 $Q' = \dfrac{R}{R'} Q = \dfrac{R}{1.02R} Q = 0.989Q(2[\%]$ 감소)

---

19 ★☆ 【88. 산업기사, ⊕ : 88. 96. 03. 산업기사】

용량 750[W]의 전열기에서 전열선의 길이를 5[%] 적게 하면 소비 전력[W]은?

① 580　　　　　② 790　　　　　③ 830　　　　　④ 750

해설 최초의 전력을 W, 전열선의 길이를 l, 5[%] 적을 때의 전열선의 길이를 l', 전력을 W'라 하면

$W \propto \dfrac{1}{l}$ 이므로 $\dfrac{W'}{W} = \dfrac{\dfrac{1}{l'}}{\dfrac{1}{l}} = \dfrac{l}{l'}$

$\therefore W' = \left(\dfrac{l}{l'}\right) W = \left(\dfrac{l}{0.95l}\right) W = \dfrac{1}{0.95} \times 750 = 790[W]$

---

20 ★ 【03. 11. 산업기사】

용량 600[W]의 전기 풍로의 전열선의 길이를 5[%] 적게하면 소비전력[W]은 대략 얼마인가?

① 540　　　　　② 570　　　　　③ 630　　　　　④ 660

해설 최초의 전력을 W, 전열선의 길이를 l, 5[%] 적을 때의 전열선의 길이를 l', 전력을 W'라 하면

$W \propto \dfrac{1}{l}$ 이므로 $\dfrac{W'}{W} = \dfrac{\dfrac{1}{l'}}{\dfrac{1}{l}} = \dfrac{l}{l'}$

$\therefore W' = \left(\dfrac{l}{l'}\right) W = \left(\dfrac{l}{0.95l}\right) W = \dfrac{1}{0.95} \times 600 = 631[W]$

---

21 ☆ 【96. 산업기사】

니크롬선의 저항은 같은 굵기와 길이의 동선의 몇 배 정도 되는가?

① 10　　　　　② 20　　　　　③ 30　　　　　④ 58

해설 길이 1[m], 단면적 1[mm²] 저항값의 동선은 $\dfrac{1}{58}[\Omega]$, 니크롬선은 1[Ω]이므로 니크롬선의 저항은 동선에 비해 58배이다.

---

22 ★☆ 【94. 02. 기사, ⊕ : 00. 산업기사】

전열기 열판의 표면 전력 밀도는 3[W/cm²]이다. 600[W] 전열기의 열판 면적[cm²]은?

① 200　　　　　② 100　　　　　③ 30　　　　　④ 20

답 19. ② 20. ③ 21. ④ 22. ①

해설 전력을 P[W], 열판 면적을 S[cm^2]라고 하면

전열기 열판의 표면 전력 밀도 $\delta = \dfrac{P}{S}$[W/cm^2]이므로

$\therefore S = \dfrac{P}{\delta} = \dfrac{600}{3} = 200$[W/cm^2]

★★ 【93. 99. 06. 12. 산업기사】

23 어떤 전열기에서 5분 동안에 900,000[J]의 일을 했다고 한다. 이 전열기에서 소비한 전력은 몇 [W]인가?

① 500 　　　　　 ② 1,500 　　　　　 ③ 2,000 　　　　　 ④ 3,000

해설 1[W]=1[J/s]이므로

$P = \dfrac{W}{t} = \dfrac{900,000}{5 \times 60} = 3,000$[J/s]$= 3,000$[W]

유사문제

‖유사문제 원문 및 해설 : 동일출판사 홈페이지≫고객센터≫자료실

01. 다음 단위 중 공업단위가 아닌 것은?

답 [kW]

02. 다음의 용어 중에서 열류의 공업 단위는?

답 [kcal/h]

03. 물체의 온도 상승값 θ의 식은 다음 어느 것인가? 단, S : 열방산 면적, C : 열용량, h : 물체 표면에서 열방산 계수, P : 가열한 입력이다.

답 $\theta \propto \dfrac{P}{hS}\left(1 - e^{-\frac{hS}{C}t}\right)$

04. 직경 20[cm], 길이 1[m]의 탄소전극의 열저항[열Ω]값은? 단, 전극의 고유저항은 3.14[열$\Omega \cdot$ cm]이다.

답 $R = \rho\dfrac{l}{A} = 3.14 \times \dfrac{100}{\pi 10^2} = 1$[열$\Omega$]

05. 니크롬선의 고유 저항[$\mu\Omega \cdot$ cm]은 대략?

답 $100[\mu\Omega \cdot$ cm]

06. 500[W]의 전열기를 정격 상태에서 1시간 사용 시 발생 열량[kcal]은?

답 $H = 860Pt = 860 \times 500 \times 10^{-3} \times 1 = 430$[kcal]

07. 500[W] 전열기가 있다. 장시간 사용에 의하여 전열선의 직경이 균일하게 5[%] 감소하고, 수리에 의하여 그 길이가 10[%] 감소하였을 때의 수는[W] 약 얼마로 되는가?

답 $P = \dfrac{V^2}{R} = \dfrac{\pi D^2 V^2}{4\rho l} \rightarrow P \propto \dfrac{D^2}{l} = \dfrac{\left(\frac{0.95}{1}\right)^2}{\frac{0.9}{1}} \times 500 = 501.38$[W]

답 23. ④

08. 단면적 0.3[m²], 길이 5[m]인 원형 봉상 도체의 일단을 300[℃]라 하고, 이로부터 온도 100[℃]의 다른 단자로 열이 매시간 전도하는 열량은 얼마인가? 단, 재질의 열전도율은 6.25[kcal/mh℃]이고, 열방산은 없는 것으로 한다.

답 열류 $= \dfrac{\text{온도차}}{\text{열저항}} = \dfrac{kS\theta}{l} = \dfrac{6.25 \times 0.3 \times (300-100)}{5} = 75[\text{kcal/h}]$

09. 발열체의 표면 온도 800[℃]의 전열기가 있다. 발열체의 지름이 100시간마다 1.5[%]씩 감소한다면 발열체의 표면 온도가 750[℃]로 낮아질 때까지의 시간은 얼마인가? 단, 발열체의 표면 온도는 단위 길이가 전력 소비량에 비례하고 표면적에 반비례하며, 일정 전압에 사용된다고 한다.

답 416.7시간

10. 탄화규소를 주체로 한 200[V], 2[kW]의 유효 길이가 L[cm], 정격 시의 표면 온도 상승이 1,200[℃]이다. 장시간 사용하기 때문에 지름이 10[%] 감소되었을 경우 동일 발열량을 유지하기 위해서 공급 전압[V]을 얼마로 변화시키면 좋은가? 단, 저항률 ρ[Ω・cm]는 불변이고 단자 효과는 없다.

답 약 222[V]

전기 가열의 특징

24 ★【95. 기사】
전기 가열의 특징에서 잘못된 것은?

① 조작이 어렵다. 　　② 내부 가열이 가능하다.
③ 온도 조절이 용이하다. ④ 열효율이 높다.

해설　전기 가열의 특징
① 높은 온도를 얻을 수 있다. ② 내부 가열, 급속 가열, 국부가열 가능
③ 열효율이 높다. ④ 온도 조절 용이
⑤ 조작이 용이함 ⑥ 제품 품질 균일

전열재료

25 ★☆【92. 기사, 00. 05. 산업기사】
발열체의 필요 조건에 해당되지 않는 것은?

① 압연성이 풍부할 것 ② 내식성이 클 것
③ 온도 조정이 용이할 것 ④ 내열성이 클 것

해설　발열체는 내열성이 크고, 내식성이 크며, 적당한 고유 저항을 가지며, 압연성이 풍부하며 가공이 쉽고, 가격이 저렴해야 한다. 발열체의 온도 조정이 용이한 것은 전기 가열의 특징이다.

답 24. ① 25. ③

26 ☆ 【89. 04. 산업기사】
발열체로서의 구비 조건 중 틀린 것은?

① 내열성이 클 것
② 저항의 온도 계수가 양(+)수로서 작을 것
③ 열전성이 풍부하고 가공이 용이할 것
④ 내식성이 작을 것

해설, 발열체의 구비 조건
① 내열, 내식성이 클 것　　② 선팽창이 작을 것
③ 저항의 온도 계수는 (+)일 것　④ 압연성이 풍부할 것

27 ★★☆ 【02. 기사, 91. 98. 00. 16. 산업기사】
저항 발열체의 구비 조건이 아닌 것은?

① 팽창 계수가 클 것　　　　② 적당한 저항값을 가질 것
③ 내식성이 클 것　　　　　④ 내열성이 클 것

해설, 발열체의 구비 조건
① 내열성이 클 것　　② 내식성이 클 것
③ 알맞은 고유 저항값을 가지고, 저항의 온도 계수가 양(+)수로서 작을 것
④ 연전성이 풍부하고, 가공이 용이할 것　⑤ 선팽창 계수는 작아야 한다.

28 ★ 【03. 기사】
발열체의 구비조건 중 잘못된 것은?

① 내열성이 클 것
② 내식성이 클것
③ 가공이 용이할 것
④ 저항률이 비교적 작고 온도계수가 높을 것

해설, 발열체의 구비 조건
① 내열, 내식성이 클 것　　② 선팽창이 작을 것
③ 저항의 온도 계수는 (+)일 것　④ 압연성이 풍부할 것

29 ★★ 【05. 23.기사, 95. 98. 산업기사】
다음 발열체 중 최고 사용 온도가 가장 높은 것은?

① 니크롬 제1종　　　　　② 니크롬 제2종
③ 철-크롬 제1종　　　　　④ 탄화규소 발열체

해설, 니크롬 제1종 : 1,100[℃], 철-크롬 제1종 : 1,200[℃]
니크롬 제2종 : 900[℃], 탄화규소 발열체 : 1,500[℃]

30 ★ 【82. 98. 산업기사】
니크롬 전열선에서 제1종의 최고 사용 온도[℃]는?

① 700   ② 1,100   ③ 900   ④ 1,300

해설 ▶ 니크롬 제1종은 고온에서 연화되지 않고 강도가 크고 냉각 가공이 쉬우며, 고온 가열 후에도 강도 변화
가 없으며, 고온용 발열체(1,100[℃])로 널리 사용된다.

31 ☆ 【94. 04. 산업기사】
**최고 사용온도가 1,100[℃]이고 고온강도가 크고 냉간가공이 용이하며 고온용 발열체에 적합
한 것은?**

① 니크롬 제2종   ② 니크롬 제1종   ③ 철크롬 제2종   ④ 철크롬 제1종

해설 ▶ 니크롬 제1종 : 고온에서 강하고, 냉간가공이 쉽고 고온가열 후에 강도가 변화되지 않고, 유화성 가스를
제외한 어떤 가스에 대해서도 거의 침해받지 않으며 고온용 발열체로 널리 이용된다.

32 ★★★ 【83. 97. 98. 기사】
니크롬 제2종의 최고 사용 온도[℃]는?

① 700   ② 900   ③ 1,100   ④ 1,400

해설 ▶ ① 니크롬 제1종 : 1,100[℃]   ② 니크롬 제2종 : 900[℃]
③ 철−크롬 제1종 : 1,200[℃]   ④ 철−크롬 제2종 : 1,100[℃]

33 ☆ 【68. 산업기사】
비금속 발열체의 최고 온도[℃]는?

① 1,400   ② 1,200   ③ 800   ④ 1,500

해설 ▶ 규화 몰리브덴($MoSi_2$)을 주성분으로 한 발열체로서 탄화규소 발열체보다 고온의 대기 중에서 이용이 가
능하다.

⤲ 유사문제

‖유사문제 원문 및 해설 : 동일출판사 홈페이지≫고객센터≫자료실

01. 발열체로서의 구비 조건과 관계가 없는 것은?
답 저항이 비교적 작고 온도 계수가 크고 (−)이어야 한다.

02. 발열체에 사용하는 카보런덤의 분자식은?
답 SiC

03. 철─크롬 제2종의 최고 사용온도[℃]는?
답 1,100[℃]

답 30. ② 31. ② 32. ② 33. ④

04. 니크롬선에 크롬의 함유율[%]은?

🔑 10~20[%]

05. 다음 금속 발열체 중에서 사용 온도가 높은 것은?

🔑 철-Cr 제1종

06. 6 전열선을 전열기에 사용할 때 온도[℃]는?

🔑 1,100[℃]

온도의 측정

★【84. 기사, 24. 산업기사】

34 저항 온도계의 저항 요소로 사용되지 않는 것은?

① 백금   ② 니켈   ③ 구리   ④ 텅스텐

해설 ▸ 저항 온도계는 순수 금속의 저항률이 온도 변화에 비례하는 것을 이용하여 측온점에 놓은 측온 저항의 변화량을 측정해서 온도를 알려고 하는 것이다.

★【91. 98. 산업기사】

35 플랑크의 방사 법칙을 이용하여 온도를 측정하는 것은?

① 광고온계   ② 방사 온도계   ③ 열전 온도계   ④ 저항 온도계

해설 ▸ ·광고온계 : 플랑크의 방사 법칙   ·방사 온도계 : 스테판-볼츠만의 법칙
·열전 온도계 : 제벡 효과   ·저항 온도계 : 측온체의 저항값 변화

☆【98. 17. 산업기사】

36 열전도율이 가장 좋은 것은?

① 은   ② 철   ③ 니크롬   ④ 알루미늄

해설 ▸ 은은 금속 중에서 전기, 열의 전도율이 가장 크고 연성, 전성은 금 다음으로 크다.

★★★★☆【94. 99. 기사, 70. 76. 88. 89. 92. 09. 11. 산업기사】

37 보통 사용되는 열전대의 조합은?

① 구리-콘스탄탄   ② 크롬-콘스탄탄
③ 비스무스-백금   ④ 백금-스테인리스강

🔑 34. ④ 35. ① 36. ① 37. ①

해설, 보통으로 쓰이는 열전대의 조합에는 구리-콘스탄탄, 철-콘스탄탄, 크로멜-알루멜, 백금-백금 로듐 등이 있다.

★★【90. 96. 09. 산업기사, ⊕ : 75. 90. 산업기사】
38 보통 쓰이는 열전대의 조합이 아닌 것은?

① 크롬-콘스탄탄　　　　　　　　② 구리-콘스탄탄
③ 철-콘스탄탄　　　　　　　　　④ 크로멜-알루멜

해설, 열전대의 조합에 따라서 열기전력은 다르게 되므로 필요에 따라서 선택한다.

열전대 조합	열기전력[mV/100℃]
백금-백금로듐	1.48
콘스탄탄-망가닌	4.8
알루멜-크로멜	4.0
콘스탄탄-철	5.5
콘스탄탄-동	5.1

☆【95. 산업기사】
39 셀신 온도계와 가장 관계 깊은 것은?

① 제벡 효과(Seebeck)　　　　　　② 톰슨 효과(Thomson)
③ 핀치 효과(Pinch)　　　　　　　④ 홀 효과(Hall)

해설, 두 종류의 금속선으로 하나의 폐회로를 만들고, 그 두 개의 접속부를 서로 다른 온도로 유지하면 이 회로 내에 기전력이 발생하여 전류가 흐른다. 이 기전력을 열기전력, 전류를 열전류라고, 그와 같은 두 종류의 금속조합을 열전대라 한다. 이와 같은 열전류 현상을 제벡 효과(Seebeck effect)라 하고, 이를 열전 온도계에 사용한다.

★☆【00. 기사, 92. 03. 산업기사】
40 공업용 온도계로서 가장 높은 온도를 측정할 수 있는 것은?

① 백금-백금 로듐　　　　　　　② 크로멜-알루멜
③ 철-콘스탄탄　　　　　　　　　④ 동-콘스탄탄

해설, 열전대의 종류와 측정 범위는 다음과 같다.

열전대	사용 범위[℃]	사용한도[℃]	
		연속	1회 사용
백금-백금로듐	0~1,400	1,400	1,600
크로멜-알루멜	-200~1,000	1,000	1,100
철-콘스탄탄	-200~700	700	900
구리-콘스탄탄	-200~400	400	600

41 ★【02. 기사】
최고 사용 온도가 가장 낮은 열전대는?

① 철-콘스탄탄　　　　　　　② 구리-콘스탄탄
③ 크로멜-알루멜　　　　　　④ 백금-백금로듐

42 ★【91. 98. 산업기사】
수은의 팽창을 이용한 것으로 보통은 360[℃] 이하에서 사용되는데, 가스를 높은 기압에서 봉입하여 비등을 낮추고 내열 유리를 이용하면 500[℃] 정도까지 측정할 수 있는 온도계는?

① 주상 수은 온도계　　　　　② 열전 온도계
③ 광고온계　　　　　　　　　④ 복사 온도계

43 ★【92. 기사】
인청동, 놋쇠 또는 강철로 만들었고 부르동관을 이용한 온도계는?

① 복사 온도계　　　　　　　　② 압력형 온도계
③ 열전 온도계　　　　　　　　④ 저항 온도계

해설) 압력형 온도계는 온도 변화에 따른 부르동관 내의 압력의 변화를 이용하여 온도를 측정하는 온도계

44 ★【92. 00. 산업기사】
방사 고온계의 특징 중 잘못된 것은?

① 온도를 직독할 수 있다.
② 피측온물의 크기가 매우 작은(지름 0.1[mm] 정도까지) 경우에도 측정할 수 있다.
③ 피측온물로부터 떨어진 위치에서 온도를 기록할 수 있다.
④ 온도의 측정 범위(약 900~4,000[℃] 정도)가 넓다.

해설) 방사 고온계는 피측온체로부터 나오는 전방사 에너지를 렌즈 또는 반사경으로 모아 수열판으로 받아서 수열판의 방사에 의하여 측정하는 것이다. ②의 경우는 광고온계의 경우이다.

⤰ 유사문제

∥유사문제 원문 및 해설 : 동일출판사 홈페이지≫고객센터≫자료실

01. 약 2,000[℃]의 온도를 측정할 수 있고 취급 간편한 온도계는?
답 복사 고온도계

02. 열전대로서 쓰이지 않는 것은?
답 은-콘스탄탄

03. 온도차 200[℃]일 때 구리-콘스탄탄 열전대의 열기전력[mV]은 대략?
답 10[mV]

---

04. 열전대(thermocouple)를 사용하여 고온을 측정할 때 사용 온도가 가장 높은 것은?

🔁 백금−백금로듐

05. 복사 고온도계의 온도를 측정하는 계기는?

🔁 밀리볼트미터

전기로

☆ 【93. 03. 산업기사】
45 피열물에 직접 통전하여 발생시키는 방식은 어떤 노인가?

① 직접식 저항로 ② 간접식 저항로
③ 아크로 ④ 유도로

해설 ┃ 가열 방식에 따라 분류하면 직접식 저항로는 ① 카바이드로 ② 카보런덤로 ③ 제철로 ④ 글라스 용해로 등이 있다.

★ 【97. 04. 기사, 09. 산업기사】
46 간접식 저항로에 속하지 않는 것은 어느 것인가?

① 흑연화로 ② 발열체로
③ 탄소립로(클리프톨로) ④ 염욕로

해설 ┃ 흑연화 전기로는 성형 건조한 소재를 나란히 하고 여기에 직접 강전류를 통해서 약 2,000[℃]로 가열 소성하므로 직접적인 가열방식이다.

☆ 【97. 산업기사】
47 직접 가열식 저항로에 쓰이는 전극은?

① 텅스텐 전극 ② 니켈 전극
③ 탄소 전극 ④ 철 전극

☆ 【99. 산업기사】
48 피열물에 직접 통전하여 발열시키는 직접식 저항로가 아닌 것은?

① 카바이드로 ② 염욕로
③ 흑연화로 ④ 알루미늄로

해설 ┃ 직접 저항로 : 흑연화로, 카바이드로, 카보런덤로, 알루미늄 전해로
간접 저항로 : 염욕로, 크리프톨로, 발열체로

🔁 45. ① 46. ① 47. ③ 48. ②

★★★★【02. 기사, 80. 83. 98. 94. 04. 16. 23. 산업기사】
49 제품 제조 과정에서의 화학 반응식이 다음과 같은 전기로는 다음 중 어떤 가열 방식인가?

$$CaO + 3C = CaC_2 + CO$$
제품

① 유전 가열   ② 유도 가열
③ 간접 저항 가열   ④ 직접 저항 가열

해설, 석회(CaO)와 탄소(C)와의 혼합 재료에 전류를 통하여 2,200[℃] 정도로 하여
　　 $CaO+3C = CaC_2+CO$라는 화학 변화로 카바이드(CaC_2)를 만드는 노를 카바이드로라 한다.
　　 이 노는 직접 가열식 저항로이다

★【03. 기사】
50 전극 재료의 재료로 사용되지 않는 것은?

① 비결정질 탄소   ② 천연 흑연
③ 인조 흑연   ④ 인조 다이아몬드

★【93. 10. 산업기사】
51 다음 전기로 중 열효율이 가장 좋은 것은?

① 요동식 아크로   ② 카보런덤로
③ 크리프톨로   ④ 저주파 유도로

해설, 직접식이 간접식보다는 열효율이 높고 저항로, 아크로, 유도로 중에서 저항로가 가장 효율이 높다.

☆【94. 05. 산업기사】
52 전극재료의 구비조건이 잘못된 것은?

① 불순물이 적고 산화 및 소모가 적을 것
② 고온에서도 기계적 강도가 크고 열팽창률이 작을 것
③ 열전도율이 많고 도전율이 작아서 전류밀도가 작을 것
④ 피열물에 의한 화학작용이 일어나지 않고 침식되지 않을 것

해설, 전극재료는 고온에서도 기계적 강도가 크고 열 팽창률이 적어야 한다.

★★【70. 기사, 82. 97. 산업기사】
53 전기로에서 얻어지지 않는 것은?

① 초산   ② 카보런덤   ③ 카바이드   ④ 동

해설, 전기로 { 저항가열로 : 카보런덤, 카바이드
　　　　　　　　 아크가열로 : 초산(고압 아크로)

답 49. ④ 50. ④ 51. ② 52. ③ 53. ④

☆【96. 산업기사】
54 다음 그림은 일반적으로 15~30[V], 1,000[A] 정도의 탭 변압기를 사용하며 사용 온도는 1,000~2,000[℃] 정도를 쉽게 얻을 수 있는 노이다. 이것은 무슨 노인가?

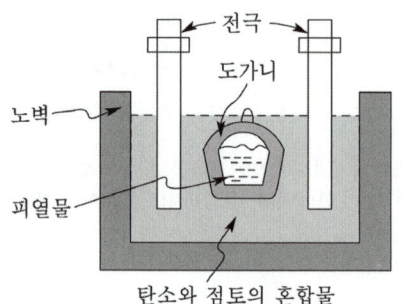

① 염욕로(Saltbath furnace)   ② 카보런덤로(Carborumdum furnace)
③ 크리프톨로(Cryptole furnace)   ④ 탐만로(Tamman furnace)

해설, 실험실용 고온로에는 그림과 같은 탄소 입자를 발열체로 하는 크리프톨로가 사용된다. 탄소 입자 중에 묻혀 있는 도가니 속의 피열물을 가열 용해하는 것으로 1,000~2,000[℃] 범위의 온도를 쉽게 얻을 수 있다.

★★★★【93. 03. 기사, ⊕ : 80. 99. 기사, 88. 98. 산업기사, 70. 3급】
55 흑연화로, 카보런덤로, 카바이드로의 가열 방식은?

① 아크로   ② 유전 가열
③ 간접 가열 저항로   ④ 직접 가열 저항로

해설, 피열물에 직접 가열(직접 통전)시켜 발열시키는 방식으로 통상 카바이드로, 카보런덤로, 흑연화로, 유리 용융로, 알루미늄 전해로 등은 직접 가열 저항로이다.

★☆【80. 90. 00. 09. 산업기사】
56 전기로에 사용하는 전극 중 주로 제강, 제선용 전기로에 사용되며 고유 저항이 가장 작은 것은?

① 인조 흑연 전극   ② 고급 천연 흑연 전극
③ 천연 흑연 전극   ④ 무정형 탄소 전극

해설, 인조 흑연 전극 : 0.0005~0.0012[Ω · cm], 고급 천연 전극 : 0.0009~0.0033[Ω · cm]
천연 흑연 전극 : 0.0030~0.0076[Ω · cm], 무정형 탄소 전극 : 0.005~0.008[Ω · cm]

★★【80. 86. 92. 11. 17. 산업기사】
57 아크로와 관계없는 것은?

① 센헬로   ② 포오링로
③ 페로알로이로   ④ 비란게란드 아이데로

해설, ③는 직접 저항 가열로이고, ①, ②, ④는 고압 아크로이다.

답 54. ③   55. ④   56. ①   57. ③

☆【91. 산업기사】

58 고온 발생에 적당하며 효율, 역률 등이 저항로, 유도로의 중간 정도로서 전극 성분이 제품에 혼입되기 쉽고, 제철, 제강, 공중 질소 고정, 합금의 용해에 쓰이는 노는?

① 저항로   ② 아크로

③ 유도로   ④ 고주파 유도로

해설 ▶ 전극을 사용하는 노는 저항로, 아크로가 있으며 아크로는 공중 질소 고정, 제철, 제강에 사용

★★★★★【88. 91. 92. 96. 11. 23. 기사, 91. 96. 05. 산업기사, ㊢ : 98. 기사】

59 형태가 복잡하게 생긴 금속 제품을 균일하게 가열하는 데 가장 적합한 가열 방식은?

① 적외선 가열   ② 염욕로

③ 직접 저항 가열   ④ 유도 가열

해설 ▶ 염욕로는 NaCl, KCl 등의 용융염에 직접 통전하여 가열하고 피열물을 그 속에 넣어 가열한다. 강, 경합금 등의 균열, 항온, 급열, 급냉 등의 열처리에 사용된다.

⟨ – 유사문제

‖ 유사문제 원문 및 해설 : 동일출판사 홈페이지≫고객센터≫자료실

01. 흑연화 전기로에 쓰이는 전원은?
　　🔖 상용 주파 단상 교류

02. 카보런덤, 탄화 붕소, 인조 흑연, 석회질소 등의 제조는 어떤 노인가?
　　🔖 저항로

03. 저압 아크로로 이루어지지 않은 것은?
　　🔖 공중 질소 고정

04. Ti, Zr 및 Mo 등의 활성 금속이나 내열 금속의 용해에 이용되고 로켓, 터빈 및 항공기 등 고도의 기계 공업 분야의 재료 제조에 적합한 전기로는?
　　🔖 진공 아크로

05. 초산 석회를 제조할 수 있는 전열 방식은?
　　🔖 아크로

06. 아크 전기로에 대한 유도 전기로의 특성으로서 적합치 못한 항은 어느 것인가?
　　🔖 건설비가 싸고 사용 장소도 적게 든다.

전기 용접

60 ★ 【87. 기사】
전구의 필라멘트 용접, 열전대 접점의 용접에 적합한 용접 방법은?

① 아크 용접　　　② 점 용접　　　③ 씸(Seam) 용접　　④ 산소 용접

해설, 점 용접(spot welding)은 전구 도입선의 용접, 열전대 접점의 용접 등 선이나 막대기 등의 작은 것의 용접이나 철판 등의 용접에 널리 이용되는 용접이다.

61 ★★★ 【96. 03. 05. 산업기사】
알루미늄, 마그네슘의 용접에 가장 적당한 용접 방법은?

① 저항 용접　　　　　　　　② 유니온 멜트 용접
③ 원자 수소 용접　　　　　　④ 불활성 가스 용접

해설, 불활성 가스 용접은 용접용 전극의 주위에서 아르곤이나 헬륨을 분출시켜서 아크 부분을 공기로부터 차단하고 용제(flux)를 전혀 사용하지 않고 용접하는 방법이다. 알루미늄이나 마그네슘의 용접뿐만 아니라 스테인리스강, 동, 동합금 기타 이종 금속의 용접에도 적당하다.

62 ★☆ 【97. 기사, 00. 산업기사】
다음은 유니온 멜트(UNION MELT) 용접의 장점을 표시한 것이다. 적당하지 않은 것은?

① 용접부의 성질이 좋다.　　　② 용접 속도가 빠르다.
③ 비철금속의 용접에 적당하다.　④ 용접부 외관이 깨끗하다.

해설, 유니온 멜트 용접은 유니온 카바이드사가 개발한 방식으로 탄소강, 합금강, 비철 합금 등의 용접에 적용가능하나 비철 금속의 용접에는 적당하지 않다.

63 ★ 【03. 15. 산업기사】
아크용접은 어떤 원리를 이용한 것인가?

① 줄열　　　　② 수하 특성　　　③ 유전체손　　　④ 히스테리시스손

해설, 아크 용접은 아크의 열에 의하여 금속을 가열하여, 용융 접합시키는 방법이다.
아크는 용접하고자 하는 모재(母材)와 금속 전극봉 사이에서 발생시키는 것이 보통이다. 아크 용접용 전원은 아크의 전압 전류 특성은 수하 특성이므로 정전압 전원에서는 안정된 지속성의 아크를 얻을 수 없으므로 직류에서는 정전류형 로젠베르그 발전기 등을, 교류에서는 누설 변압기 등을 사용하여 아크의 안정을 얻을 수 있다.

64 ★★ 【93. 기사, 88. 96. 16. 산업기사】
아크 용접에 쓰이는 가스는?

① 산소　　　　② 질소　　　　③ 수소　　　　④ 아르곤

해설, 아크 용접에는 불활성 가스인 아르곤이나 헬륨 가스가 사용된다.

답 60. ② 61. ④ 62. ③ 63. ② 64. ④

65 ★ 【94. 99. 산업기사】
용접 변압기의 무부하 2차 전압[V]이 가장 적당한 범위는?

① 50[V] 이하
② 50[V]~100[V]
③ 100[V]~150[V]
④ 150[V]~200[V]

해설, 정격 전압 : 28~40[V], 최고 무부하 전압 : 95[V] 이하

66 ★ 【96. 99. 산업기사】
다음 용접 방식 중 저항 용접에 속하는 것은?

① 프로젝션(projection welding)
② 금속 아크 용접
③ 가스 용접
④ 단 접

해설, ・저항 용접 : 점 용접, 맞대기 용접, 돌기 용접, 시임, 오프셋 맞대기, 플래시 맞대기, 전기 충격 등이 있다.
・프로젝션 : 돌기 용접(봉합 용접)

67 ★ 【85. 00. 산업기사, 67. 3급】
용접 발전기의 특성은 부하가 급히 증가하였을 때?

① 전압을 불변하게 한다.
② 급히 전압을 상승한다.
③ 급히 전압을 강하한다.
④ 서서히 전압을 강하한다.

해설, 용접 발전기에 필요한 특성은 수하 특성이다. 수하 특성은 전류와 전압이 반비례한다.

68 ★★★ 【96. 18. 23. 기사, ⊕ : 70. 89. 기사】
용접부의 비파괴 검사에 필요없는 것은?

① 고주파 검사
② X선 검사
③ 자기 검사
④ 초음파 검사

해설, 현재 실시되고 있는 비파괴 시험은 ① 용접부 외관 검사 ② 자기 검사 ③ X선 또는 γ선 투과 시험 ④ 초음파 시험 등이 있다.

⟨ᢣ 유사문제

∥유사문제 원문 및 해설 : 동일출판사 홈페이지≫고객센터≫자료실

01. 저항 용접에 속하지 않는 것은?
답 아크 용접

02. 불활성 가스 아크 용접에 사용되지 않는 가스는?
답 산소

03. 보통 적당한 아크 길이로 용접 작업을 할 때의 아크 전압은?
답 20~35[V]

답 65. ② 66. ① 67. ③ 68. ①

전기 가열

☆【93. 산업기사】
69 저항체(발열체)로부터의 열의 방사, 전도, 대류에 의하여 가열물에 전달하여 가열하는 방식은?

① 간접 저항 가열   ② 직접 저항 가열

③ 아크 가열   ④ 직접 아크 가열

★★★【96. 98. 00. 기사】
70 흑연 전극을 사용한 전기로의 가열 방식은?

① 아크 가열   ② 저주파 유도 가열

③ 유전 가열   ④ 고주파 유도 가열

해설 3상 교류를 공급하여, 전극으로부터 피열물을 향해서 아크를 발생토록 한 것으로, 전극에는 인조 흑연 또는 천연 흑연이 사용된다.

★★★☆【94. 00. 산업기사, ⊕ : 85. 96. 11. 기사, 95. 산업기사】
71 전류에 의한 옴손을 이용하여 가열하는 것은?

① 복사 가열   ② 유전 가열

③ 유도 가열   ④ 저항 가열

해설 ① 복사 가열 : 적외선 가열이라고도 하며, 적외선 전구 또는 비금속 발열체 등에서 복사된 적외선을 피열물의 표면에 조사하는 가열
② 유전 가열 : 고주파 전계 중에 절연성 피열물을 놓고 여기에 생기는 유전체손을 이용하는 가열
③ 유도 가열 : 교류자계 중에 있어서 도전성 물체 중에 생기는 와전류에 의한 전류손 또는 히스테리시스손을 이용하는 가열
④ 저항 가열 : 전류에 의한 옴손을 이용한 가열

☆【95. 산업기사】
72 다음 유전 가열의 특징을 나타낸 것 중 맞지 않는 것은?

① 열이 유전체손에 의하여 피열물 자신에 발생하므로 가열이 균일하다.

② 표면의 소손, 균열이 없다.

③ 온도상승 속도가 빠르고 속도가 임의 제어된다.

④ 반도체의 정련, 단결정의 제조 등 특수 열처리가 가능하다.

해설 유전 가열의 장ㆍ단점
【장점】 ① 각 부를 균일하게 가열   ② 가열 시간 단축
③ 주파수에 의하여 선택적 가열 가능
【단점】 ① 고주파 전원이 필요   ② 설비의 고가
③ 효율의 저하   ④ 통신ㆍ기타에 장애를 줌
⑤ 피열물 구조에 따라 균일 가열 곤란

📄 69. ① 70. ① 71. ④ 72. ④

73 ★★ 【91. 00. 10. 산업기사】
목재 건조에 적합한 가열 방식은?

① 저항 가열   ② 적외선 가열   ③ 유전 가열   ④ 유도 가열

해설 목재의 건조, 목재의 접착, 비닐막의 접착 등은 유전 가열이고, 금속의 표면 처리는 유도 가열이다.

74 ★★★★★ 【70. 85. 88. 95. 04. 기사, 95. 96. 99. 산업기사】
다음 중 고주파 유전 가열에 부적당한 것은?

① 목재의 건조   ② 목재의 접착
③ 비닐막의 접착   ④ 금속 표면 처리

해설
적용 범위 $\begin{cases} \text{유전 가열 : 절연체 (유전체)} \\ \text{유도 가열 : 도체 (금속), 반도체} \end{cases}$

75 ★★★☆ 【00. 기사, 88. 93. 97. 98. 04. 산업기사, ⊕ : 84. 산업기사】
비닐막의 접착에 주로 사용되는 가열 방법은?

① 저항 가열   ② 적외선 가열   ③ 유도 가열   ④ 유전 가열

해설 유전가열은 고주파 자계에 의한 분자의 마찰열을 이용하는 것으로 목재의 건조, 목재의 접착, 비닐막의 접착 등에 사용된다. 비닐막은 절연물로서 저항가열, 아크가열, 유도가열은 쓰지 못한다.

76 ★ 【80. 03. 기사】
유전 가열의 특징을 나타낸 것 중 옳지 않은 것은?

① 온도 상승 속도가 빠르고 제어가 용이하다.
② 반도체의 정련, 단결정의 제조 등 특수 열처리가 가능하다.
③ 표면의 소손, 균열이 없다.
④ 효율이 좋지 못하여 50~60[%] 정도이다.

해설 유전 가열의 장·단점
【장점】 ① 각 부를 균일하게 가열   ② 가열 시간 단축
         ③ 주파수에 의하여 선택적 가열 가능
【단점】 ① 고주파 전원이 필요   ② 설비의 고가
         ③ 효율의 저하   ④ 통신·기타에 장애를 줌
         ⑤ 피열물 구조에 따라 균일 가열 곤란
         ② 반도체의 정련 등은 유도 가열의 특징이다.

77 ★ 【03. 24. 산업기사】
유전 가열에 관한 사항으로 관계되지 않는 것은?

① 급속 가열 가능   ② 균일 가열 가능
③ 온도 제어 용이   ④ 열전 효과의 이용

답 73. ③ 74. ④ 75. ④ 76. ② 77. ④

해설 유전 가열의 장·단점
【장점】 ① 각 부를 균일하게 가열 ② 가열 시간 단축
③ 주파수에 의하여 선택적 가열 가능
【단점】 ① 고주파 전원이 필요 ② 설비의 고가
③ 효율의 저하 ④ 통신·기타에 장애를 줌
⑤ 피열물 구조에 따라 균일 가열 곤란

★★☆ 【75. 02. 기사, 77. 90. 96. 12. 산업기사】

78 유전 가열에서 피열물 내의 소비 전력은 어느 것에 비례하는가?

① $\epsilon \cdot \tan\delta \cdot E^2$ ② $\epsilon \cdot \tan\delta \cdot E$ ③ $\dfrac{\tan\delta}{\epsilon} E^2$ ④ $\dfrac{\tan\delta}{\epsilon} E$

해설 정전 용량 $C = \epsilon_s \cdot \epsilon_0 \times \dfrac{S}{d}$

단, S : 전극의 면적$[m^2]$, d : 전극의 간격$[m]$

$\epsilon_0 = \dfrac{1}{4\pi} \times \dfrac{1}{9} \times 10^{-9} [F/m]$

ϵ_0 : 진공의 유전율, $\epsilon_0 = 8.855 \times 10^{-12} [F/m]$

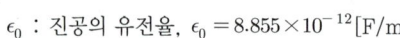

$\dfrac{I_R}{I_C} = \tan\delta$, $I_R = I_C \tan\delta$

그런데 $I_C = V \cdot \omega C = V \cdot 2\pi f \cdot \left(\epsilon_s \times \dfrac{1}{4\pi} \times \dfrac{1}{9} \times 10^{-9}\right) \times \dfrac{S}{d}$

$W = V \times I_R = V \times I_c \tan\delta = V^2 \times 2\pi f\left(\epsilon_s \times \dfrac{1}{4\pi} \times \dfrac{1}{9} \times 10^{-9}\right) \times \dfrac{S}{d} \times \tan\delta$

단위 체적당 전력 P는

$P = \dfrac{W}{S \cdot d} = \dfrac{V^2}{d^2} \times f \times \epsilon_s \tan\delta \times \dfrac{0.5}{9} \times 10^{-9} [W/m^3]$

$= \dfrac{5}{9} E^2 \times f \epsilon_s \tan\delta \times 10^{-12} [W/cm^3]$

★ 【97. 99. 산업기사】

79 불꽃 간극식 고주파 발생 장치가 수은을 20~80[kHz], 30~40[kW] 정도로 가열하는 장치는?

① 유전 가열 ② 유도 가열 ③ 적외선 가열 ④ 자외선 가열

해설 수은은 액체 상태이지만 금속이므로 유도 가열이 사용된다.

☆ 【97. 산업기사】

80 고주파 유도 가열에서 사용되는 전원이 아닌 것은?

① 불꽃갭식 발진기 ② 진공관 발진기
③ 동기 발전기 ④ 전동 발전기

해설 유도 가열용 전원 ① 고주파 전동 발전기
② 불꽃 간극식 고주파 발생 장치
③ 진공관 발진기

81 ☆ 【93. 03. 산업기사】
유도 가열은 다음 중 어떤 원리를 이용한 것인가?

① 줄열 ② 히스테리시스손
③ 유전체손 ④ 아크손

해설 ▸ 유도가열은 교번자계 중에 있는 도전성 물질에서 발생하는 와류손과 히스테리시스손에 의한 발열을 이용하는 것으로
• 표면가열(표면담금질, 금속의 표면처리, 국부가열)
• 반도체 정련(단결정 제조)에 이용된다.

82 ★★☆ 【02. 기사, 01. 02. 08. 12. 산업기사】
고주파 가열 방식에서 유도 가열의 용도는?

① 금속의 열처리 ② 목재의 건조
③ 목재의 접착 ④ 비닐막의 접착

해설 ▸ 유도 가열은 금속의 열처리, 실리콘·게르마늄의 정련, 단결정의 제조 등 그 응용 범위가 넓다.

83 ★★★★★ 【80. 88. 90. 기사, 93. 96. 97. 산업기사, ⊕ : 87. 92. 99. 00. 산업기사】
강철의 표면 열처리에 가장 적합한 가열 방법은?

① 간접 저항 가열 ② 직접 아크 가열
③ 고주파 유도 가열 ④ 유전 가열

해설 ▸ 주파수가 높으면 표피 효과에 의해 전류가 표면에만 존재하므로 고주파 유도 가열은 표면 열처리가 가능하게 된다.

84 ★★★★☆ 【02. 기사, 85. 86. 93. 94. 00. 05. 23. 산업기사, ⊕ : 87. 98. 산업기사】
유도 가열과 유전 가열의 성질이 같은 것은?

① 도체만을 가열한다. ② 선택 가열이 가능하다.
③ 직류를 사용할 수 없다. ④ 절연체만을 가열한다.

해설 ▸ 유도 가열은 유도자라고 하는 코일에 교류를 통하면 그 자계 내에 담겨진 도전성 피열물에 과전류가 발생되어 가열이 이루어지는 것이고, 유전 가열은 교번 자계 중에 있는 절연성 피열물 중에 생기는 유전체손으로 가열하는 것이다.

85 ★ 【94. 산업기사, ⊕ : 99. 산업기사】
고주파 유전 가열에 쓰이는 주파수가 가장 적당한 것은?

① 0.5[kHz]～1.0[MHz] ② 1[kHz]～1.5[MHz]
③ 1[MHz]～200[MHz] ④ 200[MHz]～1,000[MHz]

해설 ▸ 목재의 건조, 합판의 접착, 고주파 사용주파수 5～30[MHz]
섬유, 종이, 비닐포의 건조, 사용주파수 30～80[MHz]
의료용 기기(라디오, 나이프) 등 사용주파수 10～150[MHz]

답 81. ② 82. ① 83. ③ 84. ③ 85. ③

86 ★【02. 기사】

전자 빔 가열의 특징이 아닌 것은?

① 고융점 재료 및 금속박 재료의 용접이 쉽다.

② 진공 중에서 가열이 가능하다.

③ 에너지의 밀도나 분포를 자유로이 조절할 수 있다.

④ 신속하고 효율이 좋으며 표면 가열이 가능하다.

유사문제

‖유사문제 원문 및 해설 : 동일출판사 홈페이지≫고객센터≫자료실

01. 베니어의 접착에 적당한 가열 방식은?

답 고주파 유전 가열

02. 고주파 유전 가열에서 피열물 단위 체적당의 소비되는 전력[W/cm³]은?

단, K : 피열물의 등가 도전율, δ : 유전체 손실각, f : 주파수, E[V/cm] 고주파 전계이다.

답 $\frac{5}{9}E^2 \times f\epsilon_s \tan\delta \times 10^{-12}$[W/cm³]

03. 고주파 유도 가열의 가열 방식은?

답 와류손

04. 고주파 유도 가열에 쓰이는 주파수는?

답 $5 \sim 20$[kHz]

전기 건조

87 ★★★【98. 03. 기사, 83. 93. 98. 00. 산업기사】

내부 가열에 적당한 전기 건조 방식은?

① 전열 건조　　② 고주파 건조　　③ 적외선 건조　　④ 자외선 건조

해설 온도를 너무 높게 하면 제품 품질에 영향을 미치거나 발화의 위험 또는 내부로부터 표면으로의 수분 이동이 따르지 못하여 오히려 불리하므로 온도를 일시에 아주 높게 할 수 없다. 그러므로 고주파 건조는 내부 가열에 적당한 방식으로서 목재의 건조, 접착, 비닐막 가공에 이용된다.

88 ★【03. 09. 기사】

적외선 건조의 용도가 아닌 것은?

① 도장 건조　　　　　　　　② 비닐막의 접착

③ 섬유 공업에서 응용　　　　④ 인쇄 잉크의 건조

해설 적외선 건조의 용도로는 방직·염색, 도장, 수지 가공이며 비닐막 접착은 유전가열로 가능하다.

답 86. ④　87. ②　88. ②

89 ★【93. 04. 23. 산업기사】
적외선 건조에 대한 설명으로 틀린 것은?

① 표면건조 시 효율이 좋다.

② 대류열을 이용한다.

③ 건조재료의 감시가 용이하고 청결 안전하다.

④ 유지비가 적고 많은 장소가 필요하지 않다.

해설 적외선 건조의 특징
① 도장 등의 표면 건조에 적당하다.
② 건조기 구조가 간단하다.
③ 조작간단 연료 손실 적고, 작업 시간이 단축된다.
④ 설비비 유지비가 염가, 설치 장소 절약된다.
⑤ 건조 재료의 감시가 용이하고 청결 안전하다.
⑥ 적외선 건조는 적외선 전구에 의한 복사열을 이용한다.

90 ★【00. 23. 기사】
적외선 가열의 특징이 아닌 것은?

① 신속하고 효율이 좋다.

② 표면 가열이 가능하다.

③ 구조는 적외선 전구를 배열하는 것으로 매우 간단하다.

④ 조작이 복잡하여 온도 조절이 어렵다.

해설 적외선 전구의 특징
① 표면이 균일하게 건조할 수 있다.
② 구조가 간단하다.
③ 열손실이 적으며 시간 단축 가능하다.
④ 감시 제어가 용이하고 청결하며 안전하다.

91 ☆【94. 03. 산업기사】
방직, 염색의 건조에 적합한 가열 방식은?

① 적외선 가열　　② 전열 가열　　③ 고주파 유전 가열　　④ 고주파 유도 가열

해설 적외선 건조는 두께가 얇은 재료에 적합하고, 주로 섬유, 도장 관계에 많이 사용된다.

92 ★【03. 16. 산업기사】
자동차 기타 차량 공업, 기계 및 전기 기계 기구, 기타의 금속 제품의 도장을 건조하는데 이용되는 가열은?

① 저항가열　　　　② 고주파가열　　　③ 유도가열　　　④ 적외선 가열

해설 적외선 건조는 두께가 얇은 재료에 적합하고, 주로 섬유, 도장 관계에 많이 사용된다.

답 89. ② 90. ④ 91. ① 92. ④

유사문제

‖유사문제 원문 및 해설 : 동일출판사 홈페이지≫고객센터≫자료실

01. 초음파의 응용에 적합하지 않은 것은?

답 건조

02. 적외선 건조를 시킬 때의 특징이 아닌 것은?

답 고온으로 할 수 있다.

03. 적외선 전구의 필라멘트의 온도[°K]는?

답 2500[°K]

04. 다음 사항 중 적외선 건조와 관계없는 사항은 어느 것인가?

답 두꺼운 목재의 건조에 적당하다.

전열 법칙

★★★☆ 【95. 96. 00. 05. 기사, 98. 03. 산업기사】

93 도체에 고주파 전류를 통하면 전류가 표면에 집중하는 현상이고, 금속의 표면열처리에 이용하는 효과는?

① 표피 효과   ② 톰슨 효과   ③ 핀치 효과   ④ 제벡 효과

해설 주파수가 높으면 표피 효과에 의해 전류가 표면에만 존재하므로 고주파 유도 가열은 표면 열처리가 가능하게 된다.

★★☆ 【67. 80. 기사, ⊕ : 99. 산업기사】

94 가열 방식에서 핀치 효과는 다음 어느 것과 관계가 있는가?

① 반도체와 전압   ② 압전기와 전압
③ 용융체와 강전류   ④ 열전대와 기전력

해설 용융체에 강한 전류를 통하면 전자력에 의하여 인력이 커지므로 용융체가 도중에서 끊어져 전류가 끊어지는 현상을 핀치 효과(pinch effect)라 한다.

★ 【84. 89. 산업기사】

95 다음은 관계 깊은 것들끼리 짝지은 것이다. 서로가 옳지 않은 것은?

① 핀치효과, 유도로   ② 형광등, 스토크스 정리
③ 표면가열, 표피효과   ④ 열전 온도계, 톰슨 효과

해설 열전온도계는 제벡 효과를 이용한다.

답 93. ①   94. ③   95. ④

★★★★★ 【82. 89. 99. 기사, 70. 82. 85. 91. 98. 03. 10. 11. 산업기사】
96 열전 온도계의 원리는?

① 핀치 효과　　　② 제에만 효과　　　③ 제벡 효과　　　④ 홀 효과

해설 ▸ 제벡 효과 : 두 금속 접속점 간에 온도차가 있으면 열기전력(전류)이 발생하는 현상으로 열전 온도계 및 열전대에 사용된다.

★★★ 【05. 08. 11. 기사, 93. 04. 산업기사, ⊕ : 94. 98. 산업기사】
97 반도체의 발달로 2종의 금속이나 반도체를 이용하여 열전대를 만들고 이때 생기는 열의 흡수, 발생을 이용한 전자냉동이 실용화되고 있다. 다음 중 어떤 현상을 이용한 것인가?

① 제벡 효과　　　② 펠티에 효과　　　③ 톰슨 효과　　　④ 핀치 효과

해설 ▸ 펠티에 효과의 원리를 이용하여 냉동방법이 실용화되고 있으며, 이를 전자냉동 혹은 열전냉동이라 하며, 열펌프의 일종이라 할 수 있다.
- 표피 효과 : 도체에 고주파 전류를 통하면 전류가 표면에 집중하는 현상이고 금속의 표면 열처리에 이용한다.
- 제벡 효과 : 열전온도계, 즉 두 금속을 두 접점으로 폐회로를 만들고 두 접점의 온도를 달리하면 기전력이 발생한다. 이 열기전력은 두 접점간의 온도차에 비례한다. 이 두 금속을 열전대라 하고 이것을 이용한 것이 열전 온도계이다.
- 톰슨 효과 : 제벡 효과의 역현상의 일종으로 동종의 금속의 접점에 전류를 통하면 전류방향에 따라 열을 발생 또는 흡수하는 현상이다.
- 핀치 효과 : 용융체에 강한 전류를 통하면 전자력에 의한 인력이 커지므로 용융체가 도중에서 끊어져 전류가 끊어지는 현상을 말한다.

★☆ 【97. 기사, 83. 산업기사】
98 열원의 발열체 온도를 T_1[K], 피열체의 온도를 T_2[K], 물체의 크기, 거리, 형태, 복사율 등에 따라서 결정되는 상수를 ϕ, 스테판–볼츠만(Stefan–Boltzmann)의 상수를 σ라 할 때 발열체의 표면 전력 밀도 W_d의 공식은 다음 중 어느 것인가?

① $W_d = \dfrac{\phi}{\sigma}(T_1^4 - T_2^4)[\text{W/cm}^2]$ 　　　② $W_d = \dfrac{\sigma}{\phi}(T_1^4 - T_2^4)[\text{W/cm}^2]$

③ $W_d = \phi\sigma(T_1^4 - T_2^4)[\text{W/cm}^2]$ 　　　④ $W_d = \dfrac{1}{\phi\sigma}(T_1^4 - T_2^4)[\text{W/cm}^2]$

해설 ▸ $W_d = \phi\sigma(T_1^4 - T_2^4)[\text{W/cm}^2]$, $\sigma = 5.667 \times 10^{-12}[\text{W/cm}^{-12}\text{T}^{-4}]$

⋛– 유사문제
‖유사문제 원문 및 해설 : 동일출판사 홈페이지≫고객센터≫자료실

01. 두 도체 또는 반도체의 폐회로에서 두 접합점의 온도의 차로서 전류가 생기는 현상은?
답 제벡 효과

02. 반도체 x방향에 전류를 흘리고 직각인 y방향에 자속 밀도 B인 자계를 작용시키면 z방향 시료 양 끝에 전위차 V_H가 나타나는 효과는?
답 Hall 효과

답 96. ③ 97. ② 98. ③

전열기 용량계산

99 ★★★【80. 88. 99. 23. 기사】

철 20[kg]을 60분간에 800[℃] 가열하는 전기로를 설계하고자 한다. 전원을 3상 220[V], 전열선의 접속을 △접속, 노의 효율을 75[%]로 하는 경우 전열선을 흐르는 전류를 몇 [A]로 하면 되겠는가? 단, 철 1[kg]을 800[℃] 가열하는 데 요하는 열량은 135[kcal]이다.

① 3.66 ② 6.3 ③ 9.52 ④ 10.98

해설 3상 전원의 선간 전압 V, 선전류 I_l, 노의 효율은 η, 사용 시간을 H, 온도 상승에 필요한 열량을 Q[kcal]라 하면

$$\frac{\sqrt{3}\,VI_l}{1,000}\times H\times 860 = Q, \quad Q = 20\times 135 = 2,700[\text{kcal}]$$

$$\therefore I_l = \frac{1,000\times Q}{860\times\sqrt{3}\times V\times\eta\times H} = \frac{1,000\times 2,700}{860\times\sqrt{3}\times 220\times 0.75\times 1} = 10.98[\text{A}]$$

전열선에 흐르는 전류는 상전류이므로 $I_p = \dfrac{I_l}{\sqrt{3}} = \dfrac{10.98}{\sqrt{3}} = 6.3[\text{A}]$

100 ★★★☆【82. 83. 00. 기사, 90. 09. 산업기사】

아크 용접에서 전극간 전압 30[V], 전류 200[A]이면 매초 발생하는 열량[kcal/s]은?

① 1.44 ② 24.4 ③ 14.4 ④ 2.40

해설 매시간당의 발열량 Q는

$$Q = 0.24I^2Rt\times 10^{-3} = 0.24VIt\times 10^{-3}$$
$$= 0.24\times 30\times 200\times 1\times 10^{-3} = 1.44[\text{kcal/s}]$$

101 ★【83. 99. 04. 산업기사】

유도로에서 주강 500[kg]을 통전 30분 만에 158,700[kcal]의 열량을 가하여 용해시켰다. 이때 소요 전력은 몇 [kW]인가? 단, 유도로의 효율은 75[%]로 한다.

① 119 ② 158 ③ 317 ④ 492

해설 $\eta = \dfrac{\text{가열에 이용된 열량}}{\text{발생 열량}}$에서 $1[\text{kWh}] = 860[\text{kcal}]$이므로 $\eta = \dfrac{158,700}{P[\text{kW}]\times t[\text{h}]\times 860}$

$$P = \frac{158,700}{\eta\times t[h]\times 860} = \frac{158,700}{0.75\times\frac{30}{60}\times 860} = 492.1\,[\text{kW}]$$

102 ★☆【68. 기사, 90. 03. 산업기사】

5[kg]의 강재를 20[℃]에서 85[℃]까지 35초 사이에 가열하면 몇 [kW]의 전력이 필요한가? 단, 강재의 평균 비열은 0.15[kcal/℃kg]이고 강재에서 온도의 방사는 생각하지 않는다.

① 약 4 ② 약 3.5 ③ 약 70 ④ 약 5.8

답 99. ② 100. ① 101. ④ 102. ④

해설▶ $\therefore P = \dfrac{Mc(T_2 - T_1)}{860t} = \dfrac{0.15 \times 5 \times (85 - 20)}{860 \times \dfrac{35}{3,600}} \fallingdotseq 5.83[\text{kW}]$

★★★☆ 【98. 02. 기사, 83. 90. 93. 02. 23. 산업기사】

103 1기압 하에서 20[℃]의 물 6[*l*]를 4시간 동안에 증발시키려면 몇 [kW]의 전열기가 필요한가? 단, 전열기의 효율은 80[%]이다.

① 약 1.34   ② 약 15.4   ③ 약 154   ④ 약 134

해설▶ $PH = \dfrac{McT}{860\eta}$ 이므로 $P \times 4 = \dfrac{6\{(100 - 20) + 539\}}{860 \times 0.8}$

증발에는 기타 잠열 539[kcal]가 필요하다.

$\therefore P = 1.34[\text{kW}]$

★★★★ 【79. 98. 99. 00. 기사】

104 5기압, 150[℃]의 증기를 매시간 1[t]를 내는 데 소요되는 전기 보일러의 전력[kW]을 계산하면? 단, 보일러의 효율은 95[%], 5기압에서의 물의 비등점은 150[℃], 기화 잠열은 500[kcal/kg]이고, 보일러 공급수의 온도는 20[℃]이다.

① 720   ② 732   ③ 771   ④ 820

해설▶ 보일러의 소요 전력을 $P[\text{kW}]$라고 하면

$P[\text{kW}] \times H[\text{h}] \times \eta = \dfrac{M\{c(T_2 - T_1) + q_l\}[\text{kcal}]}{860[\text{kcal/kWh}]}$

$H = 1[\text{h}],\ \eta = 0.95,\ M = 1{,}000[\text{kg}],\ c = 1,$

$T_2 = 150[℃],\ T_1 = 20[℃],\ q_l = 500[\text{kcal/kg}]$이므로

$\therefore P = \dfrac{1000\{(150 - 20) + 500\}}{860 \times 0.95} = 771.11[\text{kW}]$

★ 【89. 기사】

105 10[t]의 철재를 50[℃]에서 800[℃]까지 2시간 사이에 상승시키려면 몇 [kW]의 전기로가 필요한가? 단, 철재의 비열은 0.16[kcal/kg · ℃], 효율은 20[%]로 본다.

① 0.697[kW]   ② 3.48[kW]   ③ 697[kW]   ④ 3,488[kW]

해설▶ $H = Mc(T_2 - T_1) = 860Pt$

$\therefore P = \dfrac{Mc(T_2 - T_1)}{860t\eta} = \dfrac{10 \times 10^3 \times 0.16 \times (800 - 50)}{860 \times 2 \times 0.2} = 3{,}488[\text{kW}]$

★ 【96. 기사】

106 단위 발열량 5,000[kcal/kg]의 석탄 5[kg]의 발열량은 용량 10[kW]의 전열기를 몇 시간 사용하는 것과 같은가?

① 2.9   ② 29   ③ 10   ④ 100

📖 103. ① 104. ③ 105. ④ 106. ①

해설 $H = 0.24Pt$ 에서 $t = \dfrac{H}{0.24P} = \dfrac{5,000 \times 5}{0.24 \times 10 \times 3,600} = 2.89$시간

★ 【99. 기사】

107 열효율 75[%], 1[kW]의 온수기로 20[℃]의 물 1[kg]을 5분간 가열할 때, 물의 최종 온도는 약 몇 [℃]인가?

① 30 　　　　② 45 　　　　③ 63 　　　　④ 74

해설 $Q = McT = 860PH\eta$

$\therefore \theta = \dfrac{860PH\eta}{Mc} = \dfrac{860 \times 1 \times \frac{5}{60} \times 0.75}{1 \times 1} = 53.75[℃]$

$\therefore \theta' = 53.75 + 20 = 73.75[℃]$

★★★ 【95. 산업기사, ⊕ : 93. 기사, 84. 97. 98. 산업기사】

108 1.2[l]의 물을 15[℃]로부터 75[℃]까지 10분간 가열시키고자 한다면 전열기의 용량[W]은? 단, 효율은 70[%]이다.

① 약 520 　　　　② 약 620 　　　　③ 약 720 　　　　④ 약 1028

해설 $P = \dfrac{Mc(T_2 - T_1)}{860t\eta} = \dfrac{1.2 \times 1(75 - 15)}{860 \times \frac{1}{6} \times 0.7} = 0.72[kW] = 720[W]$

★★☆ 【02. 14. 기사, 86. 92. 95. 산업기사】

109 효율 80[%]의 전열기로 1[kWh]의 전력을 소비하였을 때 10[l]의 물의 온도를 약 몇 [℃] 상승시킬 수 있는가?

① 30[℃] 　　　　② 50[℃] 　　　　③ 70[℃] 　　　　④ 90[℃]

해설 $Pt\eta \times 860 = McT$ 식에서 $1 \times 860 \times 0.8 = 10 \times T$

$\therefore T = \dfrac{860 \times 0.8}{10} = 68.8 ≒ 70[℃]$

★ 【87. 99. 산업기사】

110 1[kWh]에 대해 25원의 심야 전력을 사용하여 2[kW] 전열기로 40[℃]의 물 100[l]를 90[℃]로 데우는 데 전기 요금은 약 얼마인가? 단, 가열 장치의 효율은 90[%]이다.

① 81원 　　　　② 124원 　　　　③ 153원 　　　　④ 161원

해설 $Ph = \dfrac{Mc(T_2 - T_1)}{860\eta} = \dfrac{100 \times 1(90 - 40)}{860 \times 0.9} = 6.46[kWh]$

1[kWh]당 25원이므로 전기 요금 $= 6.46 \times 25 = 161.5$[원]

111 ★★★★★ 【83. 91. 08. 11. 기사, 89. 96. 09. 12. 산업기사, ⊕ : 92. 00. 산업기사】

1[kW]의 전열기를 이용하여 20[℃]의 물 5[l]를 70[℃]까지 올리는 데 요하는 시간[min]은 약 얼마나 되겠는가?

① 14.6 ② 12.1

③ 17.4 ④ 25.6

해설 $860Pt = Mc(T_2 - T_1)$

$$\therefore t = \frac{Mc(T_2 - T_1)}{860P}[\text{h}] = \frac{Mc(T_2 - T_1) \times 60}{860P}[\text{min}]$$

$$= \frac{5 \times 1(70° - 20°) \times 60}{860 \times 1} = 17.4[\text{min}]$$

✂ 유사문제

‖ 유사문제 원문 및 해설 : 동일출판사 홈페이지≫고객센터≫자료실

01. 60[Hz]를 사용하는 유도 전기로에 의해 상온 상태 15[℃]에 있는 1톤의 주강을 송전후 40분에 완전 용해하기 위하여 소모되는 전력[kW]을 구하면? 단, 주강의 용해 잠열은 75[kcal/kg], 비열은 0.15, 융점은 1,535[℃]라 하며 유도 전기로의 효율은 0.7이라 하고 1[kWh]=860[kcal]로 한다.

답 755[kW]

02. 0[℃]의 얼음 2.5[kg]을 용해시켜 40[℃]의 물로 하려고 한다. 용량 2[kW]의 전열기를 사용하였다면 약 얼마의 시간이 소비되겠는가? 단, 전열기의 효율은 80[%]라 한다.

답 13분

03. 물 1[l]를 온도 1[℃] 올리는 데 전력 0.00116[kWh]가 필요하다. 온도 20[℃]의 물 10[l]를 30분간에 45[℃]로 상승시키는 데 필요한 전력을 구하여라. 단, 전열 기구의 능률은 90[%]로 한다.

답 0.64[kW]

04. 20[℃]에서 수분 10[%]인 목재 500[kg]을 수분 2[%]로 건조시키는 데 필요한 전력량[kWh]은? 단, 건조기의 효율은 50[%]이다.

답 약 59[kWh]

05. 1.5[kW]의 전동기를 정격 상태에서 30분간 사용했을 때 발생 열량[kcal]은?

답 약 645[kcal]

06. 반지름 3[cm], 두께 1[cm]의 강판을 유도 가열에 의하여 3초 동안에 20[℃]에서 700[℃]로 가열하기 위한 강판에 소요 순전력[kW]을 구하여라. 단, 강의 비중은 7.85, 비열은 0.16[kcal/kg · ℃]이다.

답 33[kW]

07. 4,500[kcal/kg]의 석탄 5[kg]에서 발생하는 열량은 용량 10[kW]의 전열기를 몇 시간 사용한 것과 같은가? 단, 전열기의 효율은 100[%]로 한다.

답 약 2.6시간

답 111. ③

효율

112 발열량 5,700[kcal/kg]의 석탄을 150[t] 소비하여 200,000[kWh]를 발전하였을 때의 발전소의 효율은 약 몇 [%]인가?

① 10　　　　　　② 20　　　　　　③ 30　　　　　　④ 40

해설　발전소 효율 $\eta = \dfrac{전기}{열} = \dfrac{200,000}{\dfrac{5,700 \times 150 \times 10^3}{860}} = 0.2$　∴ 20[%]

113 20[℃]의 물 6[*l*]를 용기에 넣고, 1[kW]의 전기 풍로로 이것을 가열하여 물의 온도를 95[℃]로 올리는 데 45[분]이 소요되었다. 이때의 가열 장치의 효율은 몇 [%]인가?

① 50　　　　　　② 60　　　　　　③ 70　　　　　　④ 80

해설　20[℃]의 물 6[*l*]를 95[℃]로 하는 열량 Q는
$Q = 6 \times (95 - 20) = 450$[kcal]
1[kW]의 전열기를 45분간 사용했을 때의 소비 전력량 W는

$W = 1[\text{kW}] \times \dfrac{45}{60}[\text{h}] = 0.75[\text{kWh}]$

따라서 1[kWh]는 860[kcal]에 상당하므로 이 가열 장치의 효율 η는

∴ $\eta = \dfrac{\text{유효 열량}}{\text{공급 열량}} = \dfrac{450}{860 \times 0.75} = 0.698$

즉, 69.8[%]이다.

114 15[℃]의 물 4[*l*]를 용기에 넣고 1[kW]의 전열기로 90[℃]로 가열하는 데 30분이 소요되었다. 이 장치의 효율[%]은? 단, 증발이 없는 경우 $q = 0$이다.

① 70　　　　　　② 50　　　　　　③ 40　　　　　　④ 30

해설　$860 P \eta t = M(T_2 - T_1)$에서

$\eta = \dfrac{M(T_2 - T_1)}{860 Pt} = \dfrac{4(90 - 15)}{860 \times 1 \times 0.5} \fallingdotseq 0.698$

115 어떤 트랜지스터의 정합(junction) 온도 T_j의 최대 정격값을 75[℃], 주위 온도 $T_a = 25$[℃]일 때의 컬렉터 손실 P_c의 최대 정격값을 10[W]라고 할 때의 열저항[℃/W]은?

① 5　　　　　　② 50　　　　　　③ 7.5　　　　　　④ 0.2

해설　$R = \dfrac{T_j - T_a}{P_c} = \dfrac{75 - 25}{10} = 5$[℃/W]

116 ★☆【97. 기사, ㉮ : 99. 산업기사】

전력 4[kW]를 사용하여 1시간에 20,000[kcal]의 가열을 할 때 이 열펌프의 효율(C.O.P)은 얼마나 되는가?

① 0.17　　　　　② 1.7　　　　　③ 0.58　　　　　④ 5.8

해설, 열펌프의 효율 η는 고온측에 보내지는 열량 Q_2와 열펌프의 행하는 일 [W]/[J]과의 비 C.O.P를 취하므로

$$\eta = \text{C.O.P} = \frac{Q_2}{\text{W/J}} = \frac{20,000}{860 \times 4} = 5.8$$

CHAPTER 03

전동기

01 ─ 직선운동과 회전운동의 비교

직선운동		회전운동	
거 리	$x[\text{m}]$	각도	$\theta[\text{rad}]$
속 도	$v=\dfrac{dx}{dt}[\text{m/s}]$	회전속도	$N[\text{rpm}]$
		각속도	$\omega=\dfrac{d\theta}{dt}=\dfrac{2\pi N}{60}[\text{rad/s}]$
		선속도	$v=r\dfrac{d\theta}{dt}=r\omega[\text{m/s}]$
가속도	$a=\dfrac{dv}{dt}=\dfrac{d^2x}{dt^2}[\text{m/s}^2]$	각가속도	$a_\theta=\dfrac{d\omega}{dt}=\dfrac{d^2\theta}{dt^2}[\text{rad/s}^2]$
		선가속도	$a=r\dfrac{d\omega}{dt}=r\dfrac{d^2\theta}{dt^2}[\text{m/s}^2]$
질 량	$m[\text{kg}]$	관성모멘트	$J=mr^2=\dfrac{GD^2}{4}[\text{kg}\cdot\text{m}^2]$
힘	$F=ma[\text{N}]$	토크	$T=Fr=mr^2\dfrac{d\omega}{dt}=J\dfrac{d\omega}{dt}[\text{N}\cdot\text{m}]$
에너지	$W=Fx=\dfrac{1}{2}mv^2[\text{J}]$	에너지	$W=\dfrac{1}{2}J\omega^2=\dfrac{1}{8}GD^2\omega^2=\dfrac{GD^2}{730}N^2[\text{J}]$
일 률	$P=\dfrac{dW}{dt}=Fv[\text{W}]$	일률	$P=\dfrac{dW}{dt}=TW=0.1047\,TN[\text{W}]$

1) 회전 운동의 기본식

토크는 뉴턴의 제2법칙에 의하여

$$T=Ja_0=J\frac{d\omega}{dt}[\text{N}\cdot\text{m}] \quad\cdots\cdots\cdots\cdots \text{①}$$

이 되고, 동력 P는

$$P=T\omega[\text{W}] \quad\cdots\cdots\cdots\cdots \text{②}$$

운동 에너지 W는

$$W=\frac{1}{2}mv^2=\frac{1}{2}mr^2\omega^2 \qquad \text{출제 산업 3번}$$

$$=\frac{1}{2}J\omega^2[\text{J}] \quad\cdots\cdots\cdots\cdots \text{③} \qquad \text{출제 산업 2번, 기사 1번}$$

실제 회전기에서는 각속도 ω 대신에 1분간의 회전수 N[rpm]을 사용하고 관성 모멘트는 J 대신에 플라이휠 효과 GD^2을 사용한다. 여기서, G는 휠의 전질량[kg]이며, D는 그 회전 지름[m]이다.

$$\omega = \frac{2\pi N}{60}[\text{rad/s}] \qquad \cdots\cdots\cdots ④$$

$$J = G\left(\frac{D}{2}\right)^2 = \frac{GD^2}{4}[\text{kg} \cdot \text{m}^2] \qquad \cdots\cdots\cdots ⑤ \quad \boxed{\text{출제}}\ \boxed{\text{산업 4번}}$$

가 된다. 또 식 ①은

$$T = \frac{GD^2}{4}\frac{d}{dt}\left(\frac{2\pi N}{60}\right) = \frac{GD^2}{38.2}\frac{dN}{dt}[\text{N} \cdot \text{m}]$$

식 ②는

$$P = T\frac{2\pi N}{60} = 0.1047 NT[\text{W}]$$

식 ③은

$$W = \frac{1}{2}\left(\frac{GD^2}{4}\right)\left(\frac{2\pi N}{60}\right)^2 \quad \boxed{\text{출제}}\ \boxed{\text{기사 1번}}$$

$$= \frac{GD^2 N^2}{730}[\text{J}] \quad \boxed{\text{출제}}\ \boxed{\text{산업 7번, 기사 3번}}$$

로 각각 표시된다. 그러나, 토크를 동력 단위[kg · m]로 표시하는 경우에는 1[kg · m]=9.8[N · m]이므로 토크와 출력의 식은 다음과 같이 된다.

$$T = \frac{1}{9.8}\left(\frac{GD^2}{38.2}\frac{dN}{dt}\right) = \frac{GD^2}{375}\frac{dN}{dt}[\text{kg} \cdot \text{m}]$$

$$P = 0.1047(9.8\,TN) = 1.026\,TN[\text{W}]$$

02 – 속도–토크 특성

1) 전동기 안정 운전 조건

그림에서 T_M은 전동기 토크, T_L은 부하 토크, 교점 C는 운전점이다.

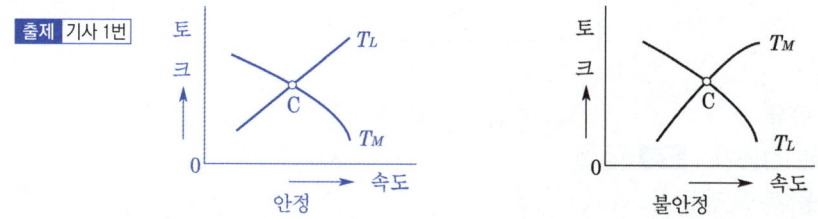

(1) 안정 운전　`출제` `산업 1번`

① 속도가 C점보다 커지게 되는 경우 : $T_L > T_M$이 되므로 감속되어 C점으로 이동

② 속도가 C점보다 적어지게 되는 경우 : $T_L < T_M$이 되므로 가속되어 C점으로 이동

(2) 불안정 운전

① 속도가 C점보다 커지게 되는 경우 : $T_L < T_M$이 되므로 점점 가속 현상을 일으켜 결국 에는 전동기의 파괴점까지 속도는 상승

② 속도가 C점보다 적어지게 되는 경우 : $T_L > T_M$이 되므로 점점 감속 현상을 일으켜 정 지 상태에 달하게 된다.

2) 전동기의 속도-토크 특성의 구분

(1) 정속도 특성(또는 분권 특성)

① 특성 : 토크가 변하여도 속도가 별로 크게 변하지 않는 특성

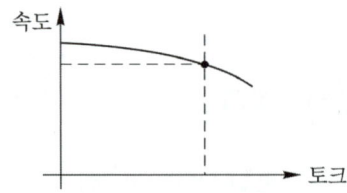

② 전동기의 종류
- 유도 전동기
- 직류 분권 전동기
- 교류 분권 정류자 전동기
- 동기 전동기

③ 용도(정속도가 요구되는 부하)
- 팬
- 송풍기
- 펌프
- 컴프레서 등

(2) 변속도 특성(또는 직권 특성)

① 특성 : 토크가 증가하면 속도가 저하되는 특성

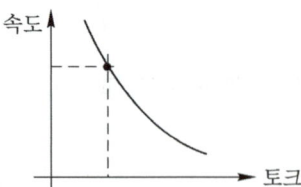

② 전동기의 종류
- 직류 직권 전동기　`출제` `산업 4번`
- 직류 가동 복권 전동기

• 교류 직권 정류자 전동기　출제 산업 5번
• 2차 저항이 큰 유도 전동기 등
③ 용도　출제 산업 3번, 기사 2번

기동 토크가 크며(직류직권 전동기), 또 부하가 커지면 속도는 떨어지고 부하가 작아지면 속도는 상승되어 전원에 대하여 비교적 정출력 특성

• 전차　　　　　　　• 하역용의 크레인 등

3) 유도전동기의 특성

(1) 회전자 주파수 $f_{2S} = s f_1$

(2) 슬립 $S = \dfrac{N_S - N}{N_S} \times 100 [\%]$

(3) 전동기의 용량 $P = \omega T = 2\pi n T = 2\pi \dfrac{2f(1-s)}{P} T = \dfrac{4\pi f}{P}(1-s) T [\text{W}]$

여기서, P : 출력[W], n : 회전수[rps], T : 토크[N·m], s : 슬립

4) 부하의 속도 토크 특성

부하 기계의 특성에는 정토크 부하와 제곱 토크 부하가 가장 많다.

(1) 정토크 부하

① 속도 변화에 따라 토크가 거의 변하지 않는 부하

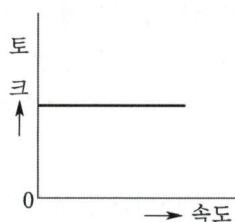

② 동력 $P = Fv = T\omega$

여기서, F : 힘, T : 토크, v : 속도, ω : 각속도

여기서, v 혹은 ω가 변화하더라도 F 혹은 T가 변하지 않는 부하를 뜻하므로 출력은 대체로 속도나 각속도에 비례한다고 볼 수 있다.

③ 부하의 종류 : 권상기, 크레인, 압연기, 각종 롤러, 컴프레서 등　출제 산업 1번, 기사 1번

(2) 제곱 토크부하

① 토크가 속도의 제곱에 비례하여 변하는 것으로 유체를 이송하는 기계들이 해당된다.

② 동력 $P = K_1 Q H = K_2 N^3$

③ 토크 $T = K_3 N^2$

출제 산업 4번

여기서, H : 압력, Q : 유량, N : 회전

④ 부하의 종류 : 펌프, 송풍기, 배의 스크류

03 ─ 전동기의 기동

1) 직류 전동기의 기동

① 전 전압 기동법 : 소용량의 전동기에 적용
② 저항 기동법 : 기동저항기를 전기자권선과 직렬로 접속하여 기동전류를 정격전류의 100∼150[%] 정도로 제한하여 기동하는 방법

2) 농형 유도 전동기의 기동법 출제 기사 2번
출제 기사 1번

농형 유도 전동기의 기동 토크 T_s는 전압의 제곱에 비례한다.
따라서, 단자전압을 감소시키면 전류는 감소하고 기동 토크도 감소하게 된다.

(1) 전 전압 기동법

전동기에 별도의 기동장치를 사용하지 않고 직접 정격전압을 인가하여 기동하는 방법
① 5[kW] 이하의 소용량 농형 유도 전동기에 적용
② 기동 전류가 정격 전류의 4∼6배 정도이다.

(2) Y−△ 기동 방법

기동시 고정자권선을 Y로 접속하여 기동함으로써 기동전류를 감소시키고 운전속도에 가까워지면 권선을 △로 변경하여 운전하는 방식
① 5∼15[kW] 정도의 농형 유도전동기 기동에 적용
② Y로 기동 시 전기자 권선에 가하여 지는 전압은 정격전압의 $1/\sqrt{3}$ 이므로 △기동 시에 비해 기동 전류는 1/3, 기동 토크도 1/3로 감소한다.

(3) 리액터 기동 방법

전동기의 1차측에 직렬로 철심이 든 리액터를 설치하고 그 리액턴스의 값을 조정하여 전동기에 인가되는 전압을 제어함으로써 기동전류 및 토크를 제어하는 방식

(4) 기동보상기법

3상 단권변압기를 이용하여 전동기에 인가되는 기동전압을 감소시킴으로써 기동전류를 감소시키는 기동방식
① 15[kW] 이상의 농형 유도전동기 기동에 적용
② 기동 보상기 2차측 전류 = 기동 전류×기동 보상기 탭
③ 기동 보상기 1차측 전류 = 기동 보상기 2차측 전류/권수비
　　　　　　　　　　 = 기동 보상기 2차측 전류×기동 보상기 탭

(5) 콘도로퍼법

이 방법은 기동보상기법과 리액터기동 방식을 혼합한 방식으로 원활한 기동이 가능하지만 가격이 비싸다는 단점이 있다.

3) 권선형 유도 전동기의 기동법

2차측의 슬립링을 통하여 기동 저항을 삽입하고 비례 추이의 특성을 이용하여 속도-토크 특성을 변화시켜 가면서 기동하는 방식을 택한다.

2차저항 기동법 : 비례추이 특성을 이용

4) 동기전동기의 기동법

(1) 자기동법

난조방지용인 제동권선을 기동권선으로 하여 시동토크를 얻는 방법으로 이때 정격의 전전압을 인가하면 큰 기동전류가 흐르게 된다.

자기동 방법의 종류는 다음과 같다.

① 전전압 기동   ② 리액터 또는 저항 기동
③ 보상기 기동   ④ 분할 권선 기동
⑤ 2차 저항 기동   ⑥ 특수 기동

(2) 기동전동기법

① 동기조상기와 같은 대용량기에 사용하는 기동방식으로 기동용 전동기에 의해 기동
② 기동용전동기의 종류
  • 동기 전동기
  • 유도 전동기
  • 유도 동기 전동기
③ 기동전동기의 극수는 주전동기의 극수보다 2극만큼 적은 것이 바람직하다.

5) 단상 유도 전동기의 기동

(1) 단상 유도 전동기의 기동방법

① 반발 기동형   ② 콘덴서 기동형
③ 분상 기동형   ④ 셰이딩 코일형

(2) 기동토크가 큰 순서   `출제` 산업 1번, 기사 1번

반발 기동형 > 콘덴서 기동형 > 분상 기동형 > 셰이딩 코일형

(3) 단상 유도 전동기의 종류 및 용도

종 류	기동 토크[%]	용 도
분상 기동형	125 이상	복사기, 계산기
콘덴서 기동형	250 이상	냉장고
콘덴서 전동기	140~160	세탁기, 선풍기
반발 기동형	300 이상	펌프
셰이딩 코일형	40~100	플레이어, 테이프 레코더

04 - 전동기의 속도제어

1) 직류 전동기의 속도 제어 출제 산업 1번, 기사 1번

(1) 저항 제어 출제 기사 1번

전기자에 가변 직렬 저항을 넣어서 전기자 회로의 저항을 변화시킴으로써 제어하는 방법
이며 저항 중의 전력 손실 때문에 효율이 좋지 못하다. 출제 산업 2번, 기사 2번

(2) 계자 제어

계자 회로에 저항을 넣어 계자 전류를 제어하는 방법이며 널리 사용된다.

(3) 전압 제어

전동기의 단자 전압을 조정하는 방법으로 저속부터 고속까지 광범위 하고 원활하게 속도
조정이 가능하며 조작도 간단하고 효율도 좋은 방법이다. 그림은 워드레오너드 방식을 나
타낸 것이다.

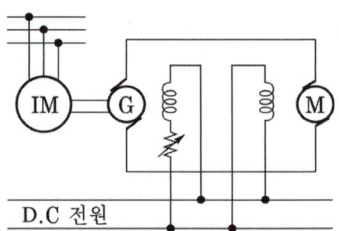

① 워드레오나드 방식 : 권상기, 엘리베이터, 기중기, 인쇄기 등
② 일그너 방식 : 워드레오나드 방식에 플라이휠을 장치하여 출제 산업 3번, 기사 2번
첨두부하의 반복이 교류 전원측에 미치는 악영향을 적게 한 것으로 대용량 부하에서
가변 속도의 경우에 사용한다.
제철, 제관 작업 등에 적합하며 특징은 다음과 같다. 출제 산업 9번, 기사 4번
• 첨두 부하값이 감소
• 최대 토크 감소
• 전류의 동요가 감소 출제 기사 3번

(4) 직류 전동기의 속도 제어법

구 분	제어 특성	특 징
계자 제어법	• 정출력 제어	• 속도제어 범위가 좁다.
전압 제어법	• 정토크 제어 　– 워드 레오나드 방식 　– 일그너 방식	• 제어범위가 넓다. • 손실이 매우 적다. • 정역운전이 가능 • 설비비가 많이 든다.
직렬 저항법		• 효율이 나쁘다.

2) 유도 전동기의 속도 제어

(1) 주파수 제어

유도 전동기에서 주파수 f를 제어하여 속도를 제어하는 방법

① 동기속도 $N_s = \dfrac{120f}{P}$[rpm]

② 회전자의 회전속도 $N = (1-s)N_s$[rpm]

③ 한 공장에서 수천 개의 전동기 회전수를 동시에 바꾸어야 하는 인견 방사기의 포트 모터에 사용하며, 선박의 전기 추진에 많이 사용된다. 출제 산업 2번, 기사 3번 출제 산업 1번

(2) 극수 제어

극수 P를 바꾸어 속도를 제어하는 방법

① 속도제어가 단계적이다.

② 2~3단의 속도 제어의 것이 많으며 목공 기계, 공작 기계, 엘리베이터, 송풍기, 펌프 등에 이용

(3) 공급 단자 전압 제어

전압을 제어하여 속도 토크 특성을 바꿈으로써 부하의 속도를 제어하는 방식

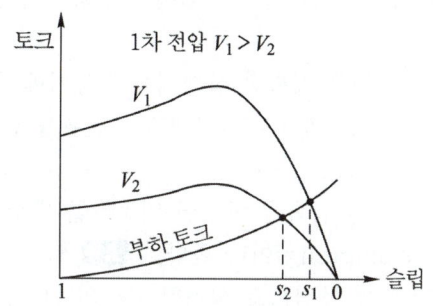

(4) 2차 저항 제어 출제 산업 1번

비례추이를 이용하는 방법으로 권선형 유도전동기에 사용한다(가감 변속도 특성).

(5) 2차 여자 방식

① 크레이머 방식 : 2차 출력을 기계 동력으로 변환하여 유도 전동기의 축으로 반환하는 방식을 말한다.

② 셰르비우스 방식 : 2차 출력을 전원 주파수와 같은 전력으로 변환하여 전원으로 반환하는 방식을 말한다. 출제 기사 1번

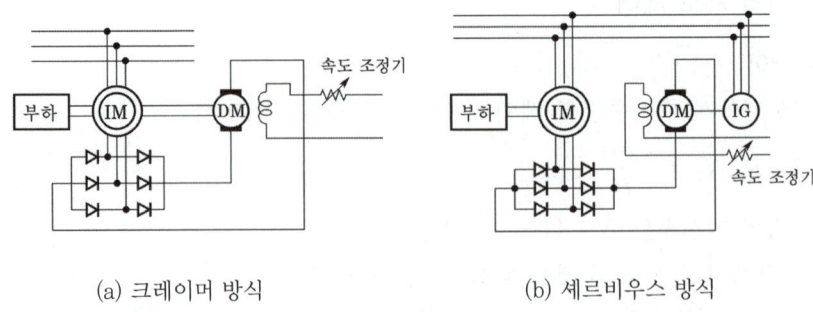

(a) 크레이머 방식　　　　　　　(b) 세르비우스 방식

05 ― 전동기의 제동

1) 제동법

(1) 기계적 제동 : 마찰제동

(2) 전기적 제동　출제 기사 1번

① 발전 제동 : 전동기의 전기자를 전원에서 끊고 전동기를 발전기로 동작시켜 회전 운동 에너지로서 발생하는 전력을 그 단자에 접속한 저항에서 열로 소비시키는 제동 방법이 다.　출제 산업 2번

② 회생 제동 : 전동기에 전원을 접속한 상태에서 전동기에 유기되는 역기전력을 전원 전 압보다 높게 하여 회전 운동 에너지로 발생되는 전력을 전원측에 반환하면서 제동하는 방법이다.　출제 산업 3번, 기사 2번

③ 역상 제동 : 전동기의 전원 접속을 바꾸어 역토크를 발생시켜 급정지시키는 방법으로 역전제동 또는 플러깅(plugging)이라 한다.　출제 산업 6번, 기사 7번

④ 와전류 제동 : 전동기 축에 동심으로 설치한 구리의 원판을 자계 내에서 회전시켜 동판 에 생긴 와전류에 의해서 제동력을 얻는 방법이다.

⑤ 단상 제동 : 단상 유도 전동기로 회전을 하게 하는 방식으로 2차 저항을 크게 함으로써 정상토크보다 역상 토크를 크게 하여 제동

06 ― 용도에 따른 전동기 선정

1) 크레인용 전동기

플라이휠 효과가 작고 최대 토크가 커야 한다.　출제 기사 1번

① 교류 방식 : 권선형 유도 전동기를 많이 사용한다.

② 직류 방식 : 워드 레오나드 방식

2) 권상기용 전동기

① 교류 방식 : 권선형 유도 전동기를 많이 사용한다.

② 직류 방식 : 워드 레오나드 또는 사이리스터에 의한 정지 레오나드 방식을 채용

3) 엘리베이터용 전동기

엘리베이터에 사용되는 전동기에 요구되는 특성으로는

• 회전부분의 관성 모멘트는 적어야 한다(기동정지가 빈번).

• 가속도의 변화비율이 일정값이 되도록 선택(가속, 감속 시)한다.

• 기동 토크가 커야 한다. 출제 기사 1번

• 소음이 적어야 한다.

① 교류 방식 : 개방형의 권선형이나 고저항 농형 유도 전동기 사용 출제 산업 1번, 기사 3번

② 직류 방식 : 레오나드 방식

4) 펌프용 전동기

일반적으로 일정 속도를 요구하며, 기동 토크가 작은 경우는 농형 유도 전동기를 사용하나 전원의 용량에 여유가 적으며 원거리까지 물을 보내는 펌프장(농경 용수, 배수 펌프)에는 소용량의 권선형 유도 전동기를 사용한다. 특히 대용량 저속인 경우에는 동기 전동기를 사용함이 유리하다.

5) 압축기용 전동기

① 회전형 : 유도 전동기

② 대용량 저속의 왕복 압축기 : 동기 전동기

③ 회전형의 부하에서 기동 토크가 전부하 토크의 30[%] 미만인 경우나, 또 왕복형에서도 저부하 기동을 하는 경우 :특수 농형 유도 전동기

④ 냉동기의 경우 전원 용량이 300[kW]급 이상일 때 : 권선형 유도 전동기

6) 압연 전동기

① 직류 방식 : 압연 작업상 역전 및 속도 제어가 필요할 때는 직류 전동기 사용

② 교류 방식 : 대형기인 동기 전동기가 사용

7) 포트 모터

• 회전수 : 6,000~10,000[rpm] 출제 산업 1번, 기사 1번

• 전동기의 종류 : 종축의 농형 유도 전동기 출제 기사 2번

• 속도제어 방법 : 인버터에 의한 주파수 제어 출제 기사 1번

07 - 전동기 용량

1) 펌프용(양수펌프) 전동기

$$P = \frac{9.8KqH}{\eta} = \frac{KQH}{6.12\eta}[\text{kW}]$$ 출제 산업 16번, 기사 14번

여기서, K : 손실계수 (여유계수), H : 총 양정[m]
q : 양수량[m³/sec], Q : 양수량[m³/min], η : 효율

2) 기중기 및 권상기용 전동기

$$P = \frac{9.8KWv}{\eta} = \frac{KWV}{6.12\eta}[\text{kW}]$$ 출제 산업 7번, 기사 5번

$$P = \frac{KWV}{4.5\eta}[\text{HP}]$$

여기서, K : 손실계수 (여유계수), W : 중량(하중)[ton]
v : 권상속도[m/sec], V : 권상속도[m/min], η : 효율

3) 엘리베이터용 전동기

$$P = \frac{9.8Wv}{\eta}F = \frac{WV}{6.12\eta}F[\text{kW}]$$

$$P = \frac{WV}{4.5\eta}F[\text{HP}]$$

여기서, K : 손실계수 (여유계수) W : 중량(하중)[ton]
v : 권상속도[m/sec] V : 권상속도[m/min]
F : 평형추의 평형률(0.4~0.6) η : 효율

4) 송풍기용 전동기

$$P = \frac{KQH}{6120\eta}[\text{kW}]$$

여기서, K : 여유계수 (1.1~1.3) Q : 송풍기의 풍량[m³/min]
H : 풍압[mmAq] η : 효율

08 ㅡ 전동기의 형식

① 방수형 : 지정된 조건에서 1~3분 동안 주수 하여도 물이 침입 할 수 없는 구조
② 수중형 : 수중에서 지정 압력에서 지정시간 동안 연속 사용하여도 지장 없는 구조
③ 방식형(방부형) : 부식성의 산·알카리 또는 유해가스가 존재하는 장소에서 실용상 지장 없이 사용할 수 있는 구조   출제 기사 1번
④ 방폭형 : 폭발성 가스가 존재하는 곳에 사용할 수 있는 구조
⑤ 방적형 : 낙하하는 물방울, 또는 이물체가 직접 전동기 내부로 침입 할 수 없는 구조
⑥ 내산형 : 바닷바람이나 염분이 많은 지역   출제 산업 1번, 기사 1번

09 ㅡ 전동기 절연물의 허용온도   출제 기사 4번

절연의 종류	Y	A	E	B	F	H	C
허용 최고 온도	90	105	120	130	155	180	180 초과

전동기 응용의 기초

☆【96. 산업기사】
01 전동기가 동력으로 우수한 점을 설명한 것 중 해당하지 않는 것은?

① 취급이 용이하고, 제어가 간단, 정밀하게 된다.
② 외관만으로는 고장난 곳을 찾기 어렵다.
③ 전동기의 종류가 많다.
④ 진동, 소음이 적고 청결하다.

★★【83. 기사, 82. 93. 14. 산업기사】
02 유도 전동기를 기동하여 각속도 ω_s에 이르기까지 회전자에서의 발열 손실 $Q[\mathrm{J}]$을 나타낸 식은? 단, J는 관성 모멘트이다.

① $\dfrac{1}{2}J\omega_s t$ ② $\dfrac{1}{2}J\omega_s^2$ ③ $\dfrac{1}{2}J\omega_s$ ④ $\dfrac{1}{2}J\omega_s^2 t$

해설 기동 시의 경우 슬립은 $s_1 = 1$, $s_2 = 0$이므로

$$Q = \int_{t_1}^{t_2} P_c dt = -\omega_s^2 J \int_{s_1}^{s_2} s\, d_s = -\frac{1}{2}J\omega_s^2 \left[s^2 \right]_{s_1}^{s_2}$$

$$= -\frac{1}{2}J(2\pi n_s)^2 \left[s^2 \right]_{s_1=1}^{s_2=0} = \frac{1}{2}J\omega_s^2 [\mathrm{J}]$$

회전수 n_s에 있어서 회전자에 축적된 운동 에너지와 같다.

★☆【93. 02. 기사, 11. 산업기사】
03 회전체의 축세 효과가 GD^2일 때의 이 회전체에서 갖는 에너지는 다음과 같은 식으로 주어진다. 단, ω는 회전 각속도이다.

① $\dfrac{1}{2}GD^2\omega^2$ ② $\dfrac{1}{4}GD^2\omega^2$

③ $\dfrac{1}{8}GD^2\omega^2$ ④ $\dfrac{1}{12}GD^2\omega^2$

해설 운동 에너지 W는 $W = \dfrac{1}{2}mv^2 = \dfrac{1}{2}mr^2\omega^2 = \dfrac{1}{2}J\omega^2 [\mathrm{J}]$이므로

여기에 $J = \dfrac{1}{4}GD^2$를 대입하면

$$\therefore W = \frac{1}{2}\left(\frac{1}{4}GD^2 \right)\omega^2 = \frac{1}{8}GD^2\omega^2 [\mathrm{J}]$$

★☆【82. 84. 87. 산업기사】

04 질량 m[kg·mass]의 질점이 한 회전축에서 r[m] 떨어져서 각속도 ω[rad/s]로 이 축 둘레를 회전할 때 갖는 운동 에너지 W[J]는?

① $\frac{1}{2}mr\omega^2$ ② $\frac{1}{2}mr^2\omega^2$

③ $\frac{1}{2}mr\omega$ ④ $2m\omega^2$

해설 $W=\frac{1}{2}mv^2=\frac{1}{2}mr^2\omega^2=\frac{1}{2}J\omega^2$ [J]

★☆【89. 00. 14. 산업기사】

05 플라이휠 효과가 GD^2[kg·m²]인 전동기의 회전자가 n_2[rpm]에서 n_1[rpm]으로 감속할 때 방출한 에너지[J]는?

① $\frac{GD^2(n_2-n_1)^2}{730}$ ② $\frac{GD^2(n_2^2-n_1^2)}{730}$

③ $\frac{GD^2(n_2-n_1)^2}{373}$ ④ $\frac{GD^2(n_2^2-n_1^2)}{373}$

해설 $W=\frac{1}{2}\left(\frac{GD^2}{4}\right)\left(\frac{2\pi N}{60}\right)^2=\frac{GD^2\cdot N^2}{730}$ [J]

방출 에너지 $=W_2-W_1=\frac{GD^2}{730}N_2^2-\frac{GD^2}{730}N_1^2=\frac{GD^2}{730}(N_2^2-N_1^2)$

★【91. 99. 산업기사】

06 관성 모멘트가 150[kg·m²]인 회전체의 GD^2은?

① 450 ② 600 ③ 900 ④ 1,000

해설 $J=\frac{1}{4}GD^2$[kg·m²]

∴ $GD^2=4\times J=4\times150=600$[kg·m²]

★【83. 산업기사, ⊕ : 99. 산업기사】

07 플라이휠 효과 $GD^2=100$[kg·m²/rad²]의 자동차용 플라이휠이 있다. 이 플라이휠의 관성 모멘트 J[kg·m²]를 구하면?

① 25 ② 20 ③ 15 ④ 10

해설 $J=G\left(\frac{D}{2}\right)^2=\frac{GD^2}{4}$[kg·m²]$=\frac{100}{4}=25$[kg·m²]

★★★★★ 【82. 96. 기사, 80. 84. 85. 91. 23. 산업기사, ⊕ : 99. 기사, 93. 산업기사】

08 $GD^2 = 150[\mathrm{kg \cdot m^2}]$의 플라이휠이 1,200[rpm]으로 회전하고 있을 때 축적 에너지는 약 몇 [J]인가?

① 296,000 ② 148,000 ③ 79,000 ④ 39,000

해설 ▸ $W = \dfrac{1}{2}\left(\dfrac{1}{4}GD^2\right)\left(\dfrac{2\pi N}{60}\right)^2 = \dfrac{GD^2 N^2}{730} = \dfrac{150 \times 1,200^2}{730} = 296,000[\mathrm{J}]$

기동법

★ 【83. 05. 24. 기사】

09 유도 전동기의 기동법이 아닌 것은?

① Y-△ 기동법 ② 기동 보상 기법
③ 기동 권선법 ④ 저항 기동법

해설 ▸ 유도 전동기의 기동법
· 농형 : 직입 기동, Y-△ 기동, 감압 기동(단권 변압기, 1차 저항 리액터)
· 권선형 : 2차 저항 기동

★★ 【96. 09. 11. 기사, 95. 산업기사】

10 다음 단상 유도 전동기에서 기동 토크가 가장 큰 것은?

① 분상 기동 전동기 ② 콘덴서 기동 전동기
③ 콘덴서 전동기 ④ 반발 기동 전동기

해설 ▸ 단상 유도 전동기의 종류와 기동 전류, 기동 토크, 정동 토크 및 용도는 다음 표와 같다.

종류	기동 전류[%]	기동 토크[%]	정동 토크[%]	용도
분상 기동형	500~700	125 이상	175~300	복사기, 계산기
콘덴서 기동형	500~700	250 이상	175~300	냉장고
콘덴서 전동기	350~400	140~160	200~300	세탁기, 선풍기
반발 기동형	300~400	300 이상	175~300	펌프
셰이딩 코일형		40~100	130~200	플레이어, 테이프 레코더

★★ 【95. 07. 11. 기사, 10. 산업기사】

11 농형 유도 전동기의 기동에 있어 다음 중 옳지 않은 방법은?

① 전전압 기동 ② 단권 변압기에 의한 기동
③ Y-△ 기동 ④ 2차 저항에 의한 기동

해설 ▸ ① 농형 유도 전동기
· 전·전압 기동법 : 직접 전압을 전전압으로 가하여 기동하는 방법. 5[kW] 이하에서 사용

- Y−△ 기동법 : 기동 시는 Y결선으로 정격 전압의 $\frac{1}{\sqrt{3}}$ 배에서 기동하여 기동후 △결선으로 절환하는 방법으로 기동전류가 전전류의 1/3로 된다. 15[kW] 이하에서 사용
- 기동 보상기법 : 기동 보상기를 사용하여 정격 전압의 50~80[%]의 전압으로 기동하며 기동 후에는 정격 전압을 인가. 15[kW] 이상에서 사용

② 권선형 유도 전동기
- 2차 저항 기동법 : 2차측 저항 조절에 의한 비례 추이를 이용하여 기동하는 방법. 기동 토크가 크기 때문에 적은 기동 전류로 기동이 가능하다.

유사문제

‖유사문제 원문 및 해설 : 동일출판사 홈페이지≫고객센터≫자료실

01. 토크가 가장 적은 전동기는?
답 분상 기동형

02. 유도 전동기에 기동 보상기법을 사용하는 데 적당한 전동기의 용량[kW]은?
답 15[kW]

03. 직류 전동기의 저항 기동을 하는 이유는?
답 전류를 제한하기 위하여

속도제어법

★【87. 기사, 05. 24. 산업기사】
12 직류 전동기의 속도 제어에 쓰이지 않는 것은?
① 전류 제어 ② 전압 제어 ③ 저항 제어 ④ 계자 제어

해설, 전동기의 속도 특성을 변화시켜서 부하의 속도−토크 특성과의 평형점을 제어하여 속도를 조정하는 방법을 속도 제어라고 하며, 계자 제어법, 저항 제어법, 전압 제어법 등이 있다.

★【03. 산업기사】
13 플라이휠을 이용한 전동기의 운전 방식은?
① 크래머 방식 ② 세르비어스 방식 ③ 부스터 방식 ④ 일그너 방식

★★★【91. 96. 23. 기사, ⊕ : 98. 00. 산업기사】
14 플라이휠을 이용하여 변동이 심한 부하에 사용되고 가역 운전에 알맞은 속도 제어 방식은?
① 워드 레오나드 방식 ② 전원 주파수를 바꾸는 방식
③ 일그너 방식 ④ 극수를 바꾸는 방식

답 12. ① 13. ④ 14. ③

해설, 일그너 방식은 워드 레오나드 방식에 플라이휠을 부착한 것을 말하며 이 방식은 변동이 심한 부하에 사용된다.

★ 【03. 기사】
15 계자 자속을 일정히 하고 전기자 회로에 직렬로 가변저항을 접속하여 전기자에 걸리는 전압을 변화시켜 속도를 제어하는 방법으로 속도를 정격 속도보다 낮은 범위에서 제어하는 데에 사용하는 제어법은?

① 저항 제어법   ② 계자 제어법   ③ 전압 제어법   ④ 기동 제어법

해설, 저항 제어법 : 외부에 직렬로 저항을 넣고 이 저항을 가감하여 단자 전압 V를 변화시켜 속도를 제어하는 것이다.

★★★ 【85. 88. 기사, 82. 87. 산업기사】
16 직류 전동기의 속도 제어에서 가장 효율이 낮은 것은?

① 워드 레오나드 제어   ② 전압 제어   ③ 저항 제어   ④ 계자 제어

해설, 전기자 회로에 저항을 삽입하는 방법은 간편하지만, 부하가 커지면 저항손 I^2R이 커져 전효율이 저하된다.

★★ 【88. 00. 23. 산업기사】
17 제철용 압연기에 쓰이는 전동기의 속도 제어 방식은?

① 일그너 방식   ② 극수 변환 방식
③ 여자 제어 방식   ④ 워드 레오나드 방식

해설, 대용량의 부하에서 가변 속도의 경우에 일그너 방식을 사용하며, 제철·제관 작업에 응용된다.

★★★ 【85. 94. 95. 03. 24. 기사】
18 일그너(Ilgner) 장치의 속도 특성과 사용처는?

① 정속도 소용량 탈곡기   ② 고속도 소용량 압연기
③ 가변 속도 중용량 크레인   ④ 가변 속도 대용량 제관기

해설, 일그너 장치는 대용량 부하에서 가변 속도의 경우에 사용한다. 제철, 제관 작업 등에 적합하다.

★★★ 【83. 91. 98. 03. 산업기사, 70. 3급, ⊕ : 85. 92. 98. 산업기사】
19 전원으로 일그너 방식을 사용하는 것은?

① 냉동용 가스 압축기   ② 제철용 압연기
③ 제지용 초지기   ④ 시멘트 공장용 분쇄기

해설, 일그너 방식은 플라이휠이 붙어 있는 축세력식이므로 제철용의 압연기와 같은 토크가 크게 변동하는 부하에 적당하다.

📖 15. ① 16. ③ 17. ① 18. ④ 19. ②

20 ★★★【79. 91. 00. 기사】
플라이휠의 사용에 무관계인 것은?

① 첨두 부하값이 감소한다.　　　　② 최대 토크가 작아진다.
③ 전류의 동요가 감소된다.　　　　④ 효율이 좋아진다.

> **해설**　플라이휠은 회전 에너지를 축적하였다가 부하 변동에 대응하는 것이므로 ①~③에는 적합하나 ④의 효율에는 무관계하다.

21 ★【94. 기사】
전동 발전기 혹은 정지형 인버터에서 2차 전력을 전원에 변환하는 방식의 전동기 속도 제어 방식은?

① 일그너 방식　　　　　　　　　② 세르비스 방식
③ 크래머 방식　　　　　　　　　④ 워드 레오나드 방식

> **해설**　세르비스 방식 : 2차 전력을 전원에 반환하는 방식
> 크래머 방식 : 2차 전력을 기계적 동력으로 바꾸어 이용하는 방식

22 ★★★★【84. 99. 00. 16. 기사, 91. 99. 산업기사】
선박의 전기 추진에 많이 사용되는 속도 제어 방식은?

① 극수 변환 제어 방식　　　　　② 전원 주파수 제어 방식
③ 2차 저항 제어 방식　　　　　　④ 크래머 제어 방식

> **해설**　발전기 구동용 원동기의 속도를 바꾸어 전원용 발전기의 주파수를 바꾸고 그에 따라 전동기의 속도를 제어한다.

23 ☆【91. 15. 산업기사】
2차 저항 제어를 하는 권선형 유도 전동기의 속도 특성은?

① 가감 정속도 특성　　　　　　　② 가감 변속도 특성
③ 다단 변속도 특성　　　　　　　④ 다단 정속도 특성

> **해설**　2차 저항 제어 : 비례추이를 이용하는 방법으로 권선형 유도전동기에 사용한다.(가감 변속도 특성)

24 ☆【94. 산업기사】
인견 공업에 쓰이는 포트 모터의 속도 제어에는 어느 것이 가장 좋은가?

① 주파수 변환에 의한 제어　　　② 극수 변환에 의한 제어
③ 일차의 회전에 의한 제어　　　④ 저항에 의한 제어

> **해설**　실을 감는 공정에서 포트를 구동하는 전동기로서는 6,000~10,000[rpm]의 고속 운전을 필요로 하므로 전동기로서 중축의 농형 유도 전동기를 사용하며 속도 제어에는 주파수 변환에 의한 제어가 주로 사용된다.

답 20. ④　21. ②　22. ②　23. ②　24. ①

★【02. 기사】
25 유도 전동기의 속도 제어법 중에서 인버터를 사용하면 가장 효과적인 것은?

① 극수 변환법   ② 슬립 변환법
③ 주파수 변환법   ④ 인가 전압 변화법

유사문제

‖유사문제 원문 및 해설 : 동일출판사 홈페이지≫고객센터≫자료실

01. 직류 전동기를 속도 조정에 사용하는 이유는?
     🔖 속도 조정이 간편하기 때문에

02. 속도를 10 : 1 정도로 제어하려고 할 때 적당한 속도 제어 방식은?
     🔖 레오나드 제어

03. 워드 레오나드 방식과 일그너 방식의 차이점은?
     🔖 플라이휠을 이용하는 점이다.

04. 워드 레오나드 방식은 다음의 어느 것에 쓰이는가?
     🔖 직류 전동기의 속도 제어

05. 인견 공장에 쓰이는 전동기의 속도 제어에는 다음의 어느 것이 가장 좋은가?
     🔖 1차 주파수 변환에 의한 제어

06. 유도 전동기의 속도 제어가 아닌 것은?
     🔖 계자 제어

용도

★【98. 기사】
26 크레인(crance)용 전동기에 필요한 특성으로 다음 중 옳은 것은?

① 플라이 휠 효과가 크고 최대 토크가 클 것
② 플라이 휠 효과가 크고 최대 토크가 작을 것
③ 플라이 휠 효과가 작고 최대 토크가 작을 것
④ 플라이 휠 효과가 작고 최대 토크가 클 것

해설 크레인용 전동기 특성 : 기동, 정지, 역전이 빈번, 정확한 위치에 정지해야 하므로 플라이휠 효과(관성 효과)가 작아야 하며 기동 토크가 클 것

27 ★ 【93. 기사】
( )에 맞는 것이 순서대로 된 것은? 송풍기의 운전에 요하는 동력은 ( )과 ( )과의 적에 의하여 결정되는 것이며 ( )은 회전수에 비례하고 ( )은 ( )의 제곱에 비례한다.

① 풍량, 풍압, 풍압, 풍량, 회전수   ② 풍량, 풍압, 풍량, 풍압, 회전수
③ 풍압, 풍압, 풍량, 회전수, 풍량   ④ 풍압, 풍량, 풍량, 회전수, 풍압

28 ★☆ 【95. 기사, 95. 산업기사】
다음 중 정토크 부하에 해당되는 것은?

① 인쇄기   ② 펌프   ③ 기중기   ④ 송풍기

> 해설｜ 속도에 관계없이 일정한 토크가 필요한 부하를 정토크 부하라 하며 송풍기, 펌프 등과 같은 유체 부하는 제곱 토크 부하에 해당한다.
> ②, ④는 제곱 토크 부하, ③은 정출력 부하이다.

29 ★☆ 【94. 기사, 90. 산업기사】
가장 속도가 빠른 전동기를 필요로 하는 것은?

① 엘리베이터   ② 제지 권취기   ③ 침목기   ④ 포트 모터

> 해설｜ 포트 모터는 6,000~10,000[rpm]의 고속 회전을 한다.

30 ★ 【95. 00. 산업기사】
펌프 또는 송풍기용 전동기의 특성으로 적당한 것은 다음 그림 중 어느 것인가?

① A
② B
③ C
④ D

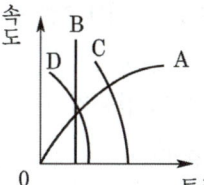

> 해설｜ 송풍기-펌프는 제곱 토크 부하($T \propto \omega^2$) 특성을 가지므로 속도의 제곱에 비례한다(포물선이 된다).

31 ★ 【96. 97. 산업기사】
다음 곡선은 전동기의 부하로서의 기계적 특성을 표시한 것이다. 이 중 송풍기, 펌프의 속도-토크 곡선은?

① 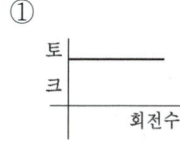   ② 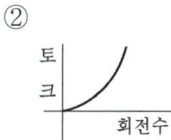   ③ 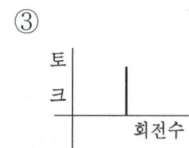   ④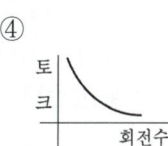

> 해설｜ 송풍기, 펌프는 속도의 제곱에 비례하므로 포물선이 된다.

32 ★★【88. 98. 기사】
섬유 공장에서 실을 감는 데 사용하는 포트 모터는?

① 동기 전동기   ② 농형 유도 전동기
③ 정류자 전동기   ④ 권선형 유도 전동기

> **해설**   부하의 특징
> ① 6,000~10,000[rpm]의 고속으로 운전된다.
> ② 전동기의 부하는 대부분이 풍손이다.
> ③ 전동기는 내산, 내수성이 우수해야 한다.
> ④ 기동정지가 빈번하다.
> 따라서 섬유 공장에서 사용되는 포트 모터는 1/8[HP] 전후의 3상 농형 2극 유도 전동기가 사용된다.

33 ★★★☆【89. 93. 00. 기사, 94. 산업기사】
엘리베이터에 사용되는 전동기의 종류는?

① 직류 직권 전동기   ② 동기 전동기
③ 단상 유도 전동기   ④ 3상 유도 전동기

> **해설**   엘리베이터에 사용되는 전동기의 특성
> ① 회전부분의 관성 모멘트는 적어야 한다(기동정지가 빈번).
> ② 가속도의 변화비율이 일정값이 되도록 선택(가속감속시)한다.
> ③ 기동 토크가 커야 한다.
> ④ 소음이 적어야 한다.
> 제어의 발달에 따라 3상 유도 전동기가 주로 사용된다.

34 ☆【94. 산업기사】
수위의 원격지시 장치에 적합한 전동기는?

① 단상 정류자 전동기   ② 셀신 모터
③ 농형 3상 유도 전동기   ④ 권선형 3상 유도 전동기

> **해설**   셀신 발신기와 셀신 수신기의 조합에 의해 회전력(또는 각도)의 전달을 얻을 수 있으므로 원격제어에 이용되며, 셀신 발신기와 셀신 제어 변압기의 조합에 의해 위치편차에 비례하는 전압을 얻을 수 있으므로 편차 전압 검출용에 사용된다.

35 ★【03. 기사】
엘리베이터에 사용되는 전동기의 특징이 아닌 것은?

① 가속도의 변화비율이 일정 값이 되도록 선택한다.
② 회전부분의 관성 모멘트는 적어야 한다.
③ 소음이 적어야 한다.
④ 기동 토크가 적어야 한다.

> **해설**   엘리베이터에 사용되는 전동기의 특성
> ① 회전부분의 관성 모멘트는 적어야 한다(기동정지가 빈번).

답   32. ②   33. ④   34. ②   35. ④

② 가속도의 변화비율이 일정값이 되도록 선택(가속감속시)한다.
③ 기동 토크가 커야 한다.
④ 소음이 적어야 한다.
제어의 발달에 따라 3상 유도 전동기가 주로 사용된다.

★☆【97. 12. 기사, 90. 산업기사】
36 가정용 전기기기에 가장 많이 사용되는 전동기는?

① 단상 유도 전동기   ② 분권 직류 전동기

③ 3상 유도 전동기   ④ 3상 정류자 전동기

⤳ 유사문제

‖ 유사문제 원문 및 해설 : 동일출판사 홈페이지≫고객센터≫자료실

01. 가정용 냉장고에 많이 사용되는 냉매는?
   ▣ 프레온

02. 펌프 운전용 전동기가 특수 전동기를 사용하는 이유는?
   ▣ 기동 전력이 작으므로

03. 직류 직권 전동기의 용도는?
   ▣ 전기 철도용

04. 직류 직권 전동기는 다음의 어느 부하에 적당한가?
   ▣ 정출력 부하

05. 동기 전동기가 시멘트 공장의 원료 및 분쇄용 전동기로 사용되는 가장 큰 이유는?
   ▣ 효율 및 역률이 좋다.

06. 엘리베이터용 전동기로서 필요한 특성은?
   ▣ 관성 모멘트가 작을 것

▌전동기의 용량

★【97. 기사】
37 전동기의 설비 용량은 실효 용량의 몇 배인가?

① 1   ② 1.5   ③ 3   ④ 2.5

해설, 단락 사고 및 부하 변동 등을 고려하여 설비 용량을 실효 용량의 1.5배 정도로 증가시킨다.

▣ 36. ①   37. ②

★★★☆【82. 91. 97. 11. 기사, 91. 03. 산업기사】

38 양수량 40[m³/min], 총 양정 13[m]의 양수 펌프용 전동기의 소요 출력[kW]은 약 얼마인가? 단, 펌프의 효율은 80[%]이다.

① 106　　　　　　② 283　　　　　　③ 422　　　　　　④ 637

해설

$$P = \frac{9.8QH}{\eta} = \frac{9.8 \times \left(\frac{40}{60}\right) \times 13}{0.8} \fallingdotseq 106.17[\text{kW}]$$

★★★【03. 기사, 88. 06. 11. 산업기사, ⊕ : 83. 기사, 90. 산업기사】

39 양수량 $Q = 6[\text{m}^3/\text{min}]$, 총 양정 $H = 7.5[\text{m}]$를 양수하는 데 필요한 구동용 전동기의 출력 P [kW]는 대략 얼마인가? (단, 펌프 효율 $\eta = 75[\%]$, 여유 계수 $\alpha = 1.1$이다.)

① 8　　　　　　② 11　　　　　　③ 6　　　　　　④ 13

해설

$$P = \frac{9.8QHK}{\eta} = \frac{9.8 \times (6/60) \times 7.5 \times 1.1}{0.75} = 10.78 \fallingdotseq 11[\text{kW}]$$

★【03. 기사】

40 양수량 매분 5[m³/min], 총 양정 6[m]를 양수하는 데 필요한 구동용 전동기의 출력 P[kW]은 약 얼마인가? (단, 펌프 효율 70[%], 여유 계수 K는 1.1이다.)

① 5.4　　　　　　② 7.7　　　　　　③ 47　　　　　　④ 52

해설

$$P = \frac{9.8QHK}{\eta} = \frac{9.8 \times (5/60) \times 6 \times 1.1}{0.7} = 7.7[\text{kW}]$$

★★☆【82. 95. 기사, 82. 산업기사】

41 양수량 $Q[\text{m}^2/\text{min}]$, 총 양정 $H[\text{m}]$, 펌프 효율 η의 경우 양수 펌프용 전동기의 출력[kW]은? 단, K는 비례 상수이다.

① $K\dfrac{Q^2 H}{\eta}$　　　② $K\dfrac{QH}{\eta}$　　　③ $K\dfrac{QH^2}{\eta}$　　　④ $K\dfrac{Q^2 H^2}{\eta}$

해설 수력의 이론상 출력은 $9.8 \times Q_1 \times H[\text{kW}]$에서 $Q_A = \dfrac{Q}{60}[\text{m}^3/\text{s}]$이고 전동기의 효율은 η이므로 출력은

$$P = \frac{9.8\left(\dfrac{Q}{60}\right)H}{\eta} = \frac{9.8QH}{60\eta} = \frac{KQH}{\eta} \left(\because K = \frac{9.8}{60} \right)$$

★★★★★【98. 00. 16. 기사, 82. 84. 05. 23. 산업기사, ⊕ : 84. 98. 산업기사】

42 높이 10[m]인 곳에 있는 용량 100[m³]의 수조를 만수시키는 데 필요한 전력량은 몇 [kWh]인가? 단, 전동기 및 펌프의 종합 효율은 80[%], 전 손실 수두는 2[m]로 한다.

① 1.5　　　　　　② 2.4　　　　　　③ 3.2　　　　　　④ 4.1

해설 ▸ 총 양정 H는 $H = 10 + 2 = 12[\text{m}]$이고 필요한 일의 양은 $9.8QH[\text{kJ}]$이다.
$1[\text{kWh}] = 3,600[\text{kJ}], \quad \eta_t = \eta_p + \eta_m = 0.8$
이므로 소요 전력량 W는
$$\therefore W = \frac{9.8QH}{3600\eta_t} = \frac{9.8 \times 100 \times 12}{3600 \times 0.8} = 4.1[\text{kWh}]$$

★★★★ 【02. 기사】
43 높이 10[m]인 곳에 있는 용량 200[m³]의 수조를 만수시키는 데 필요한 전력량은 몇 [kWh]인가? 단, 전동기 및 펌프의 종합 효율은 80[%], 전 손실 수두는 2[m]로 한다.

① 약 8.2   ② 약 4.1   ③ 약 3.2   ④ 약 2.5

해설 ▸ 총 양정 H는 $H = 10 + 2 = 12[\text{m}]$이고 필요한 일의 양은 $9.8QH[\text{kJ}]$이다.
$1[\text{kWh}] = 3,600[\text{kJ}], \quad \eta_t = \eta_p + \eta_m = 0.8$
이므로 소요 전력량 W는
$$\therefore W = \frac{9.8QH}{3,600\eta_t} = \frac{9.8 \times 200 \times 12}{3,600 \times 0.8} = 8.2[\text{kWh}]$$

★★ 【78. 산업기사, ⊕ : 80. 92. 94. 산업기사】
44 풍량 $Q = 170[\text{m}^3/\text{min}]$, 전풍압 $H = 50[\text{mmAq}]$의 축류 팬(fan)을 구동하는 전동기의 소요 동력[kW]은? 단, 팬의 효율=75[%], 여유 계수 $K = 1.35$이다.

① 2   ② 2.5   ③ 3.5   ④ 4.5

해설 ▸ 송풍기의 송풍량이 $Q[\text{m}^3/\text{min}]$, 소요 풍압이 $H[\text{mmAq}]$, 송풍 효율 η, 여유 계수 K인 경우 전동기 소요 출력은
$$P = \frac{QHK}{6120\eta} = \frac{170 \times 50 \times 1.35}{6120 \times 0.75} = 2.5[\text{kW}]$$

★★★★ 【11. 기사, 89. 91. 산업기사, ⊕ : 79. 82. 83. 기사】
45 지하수 개발을 위해 시추한 결과 시추공 1개당 1시간에 12[m³]의 지하수가 솟아나왔다. 이것을 높이 5[m]의 지상 탱크로 퍼올리려고 한다면 5[kW]의 전동기로 시간당 몇 분씩 운전하면 되는가? 단, 펌프의 효율은 75[%]이고 손실 계수는 1.10이다.

① 1   ② 3   ③ 4   ④ 6

해설 ▸ 매시간당 $t[\text{min}]$씩 운전하려고 하면 매초당의 양수량 Q는
$$Q = \frac{12}{60t} = \frac{0.2}{t}[\text{m}^3/\text{s}]$$
$H = 5[\text{m}], \ \eta = 0.75, \ K = 1.1, \ P = 5[\text{kW}]$이므로
$$P = \frac{9.8HK}{\eta} \cdot \frac{0.2}{t}$$
$$\therefore t = \frac{9.8HK \times 0.2}{P\eta} = \frac{9.8 \times 5 \times 1.1 \times 0.2}{5 \times 0.75} = 2.88[분]$$

답 43. ① 44. ② 45. ②

유사문제

▌유사문제 원문 및 해설 : 동일출판사 홈페이지≫고객센터≫자료실

01. 양수량 40[m³/min], 총 양정 13[m]의 양수 전동기의 소요 출력[kW]은? 단, 펌프의 효율은 75[%]로 한다.

$$P = \frac{9.8QH}{\eta} = \frac{9.8 \times \left(\frac{40}{60}\right) \times 13}{0.75} \fallingdotseq 113.24[\text{kW}]$$

02. 1시간에 18[m³] 솟아나는 지하수를 10[m]의 높이로 양수하고자 한다. 여기에 5[kW]의 전동기를 사용한다면 매시간당 몇 분씩 운전하면 되는가? 단, 여유 계수=1.1, 효율은 65[%]로 한다.

답 약 10분

03. 공기를 2.4[kg/cm²]로 압축하는 터보(turbo) 통풍기로 토기량 3[m³/min]을 통풍하는 데 소요되는 전동기의 마력[HP]수는? 단, 여유 계수=1.2, 효율은 75[%]로 한다.

답 25[HP]

권상기의 용량

★ 【93. 기사】

46 어느 엘리베이터의 정원은 8명이다. 한 사람의 무게를 62[kg], 운전속도 100[m/min]라고 할 때 필요한 동력은 몇 [ps]인가? 단, 엘리베이터의 자중은 무시한다.

① 14.02 ② 15

③ 11.02 ④ 15.4

해설 $P = W \times 1000 \times 9.8(v/60) \times (1/\eta) = (Wv/6.1\eta)[\text{kW}]$,
혹은 $HP = Wv/4500\eta$에서
$P = 62 \times 8 \times 100/4500\eta = 11.022[\text{ps}]$

★★★★ 【96. 기사, 97. 11. 산업기사, ⊕ : 82. 85. 기사, 92. 산업기사】

47 권상 하중 5[t], 12[m/min]의 속도로 물체를 들어올리는 권상기용 전동기의 용량은 몇 [kW]인가? 단, 전동기를 포함한 기중기의 효율은 70[%]이다.

① 약 7 ② 약 14

③ 약 19 ④ 약 25

해설 $P = \frac{KWV}{6.12\eta} = \frac{5 \times 12}{6.12 \times 0.7} \fallingdotseq 14[\text{kW}]$

여기서, K : 손실계수 (여유계수), W : 중량(하중)[ton], V : 권상속도[m/min], η : 효율

48 ★ 【03. 23. 산업기사】
권상하중 40[t], 권상 속도 매분 3[m]의 기중기용 전동기로써 적당한 용량[HP]은?(권상기의 기계적 효율은 60[%]이다.)

① 약 15   ② 약 30   ③ 약 45   ④ 약 60

해설 $P = \dfrac{KWV}{4.5\eta} = \dfrac{40 \times 3}{4.5 \times 0.6} = 45[\text{HP}]$

49 ★★ 【85. 91. 93. 98. 산업기사】
5층 빌딩에 설치된 적재 중량 1,000[kg]의 엘리베이터를 승강 속도 50[m/min]으로 운전하기 위한 전동기의 출력[kW]은? 단, 평형률은 0.5이다.

① 4   ② 6   ③ 8   ④ 10

해설 엘리베이터의 소요 출력 $P[\text{kW}]$는 $P = \dfrac{WVC}{4,500\eta}[\text{HP}] = \dfrac{WVC}{6,120\eta}[\text{kW}]$
단, W : 정격 하중[kg], V : 정격 속도[m/min], C : 평형률이다.
$\therefore P = \dfrac{WVC}{6,120\eta} = \dfrac{1,000 \times 50 \times 0.5}{6,120 \times 1} = 4[\text{kW}]$

50 ★ 【82. 기사】
5층 건물인 백화점에 설치된 적재 중량 1[t]의 엘리베이터의 승강 속도를 30[m/min]으로 할 때 전동기의 이론 출력은 약 몇 [HP]이 되겠는가?

① 약 1   ② 약 3   ③ 약 5   ④ 약 7

해설 $P = \dfrac{KWV}{4.5\eta} = \dfrac{1 \times 30}{4.5} = 7[\text{HP}]$

유사문제

‖유사문제 원문 및 해설 : 동일출판사 홈페이지≫고객센터≫자료실

01. 중량 2톤의 물체를 매초 0.5[m]의 속도로서 감아 올리려 하는 권상용 전동기의 용량[kW]은? 단, 권상기의 효율은 60[%]로 한다.

답 전동기의 용량 $= \dfrac{KWV}{6.12\eta}[\text{kW}] = \dfrac{2 \times 30}{6.12 \times 0.6} = 16.34[\text{kW}]$

02. 중량 100[kg]의 물체를 매분 50[m]의 속도로 감아 올리는 데 요하는 권상기용 전동기의 정격 출력은? (단, 권상기의 효율은 60[%]이다.)

답 $p = \dfrac{KWV}{6120\eta} = \dfrac{100 \times 50}{6120 \times 0.6} = 1.36[\text{kW}]$

답 48. ③   49. ①   50. ④

03. 5[ton]의 하중을 매분 30[m]의 속도로 권상할 때 권상전동기의 용량[kW]를 구하면? 단, 장치의 효율을 70[%], 전동기 출력의 여유를 20[%]로 계산한다.

답 $P = \dfrac{KWV}{6.12\eta} = \dfrac{5 \times 30}{6.12 \times 0.7} \times 1.2 = 42[kW]$

04. 12층 건물에 엘리베이터 적재 무게 800[kg], 승강 속도 50[m/min]을 설치할 때 전동기의 용량 [kW]은? 단, 효율은 80[%]이다.

답 $P = \dfrac{KWV}{6.12\eta} = \dfrac{0.8 \times 50}{6.12 \times 0.8} = 8.16[kW]$

05. 기중기가 70[t]의 하중을 수직 상승으로 3.5[m/min]의 속도로 끌어올리고 있다. 이때 기중기의 전동기가 소모하는 동력[kW]을 구하면 얼마인가? 단, 효율은 0.75이다.

답 전동기의 동력 $= \dfrac{KWV}{6.12\eta} = \dfrac{70 \times 3.5}{6.12 \times 0.75} = 53.38[kW]$

토크

☆【87. 14. 산업기사】
51 전동기의 토크 단위는?

① [kg]   ② $[kg \cdot m^2]$ ③ $[kg \cdot m]$ ④ $[kg \cdot m/s]$

해설 힘[kg], 관성 모멘트$[kg \cdot m^2]$, 토크$[kg \cdot m]$, 동력$[kg \cdot m/s]$

★★☆【97. 98. 기사, 97. 16. 산업기사】
52 전동기의 출력이 8,200[W], 900[rpm]으로 회전하고 있는 전동기의 토크$[kg \cdot m]$는? 단, 효율은 90[%]로 한다.

① 6.2   ② 7.1   ③ 9.5   ④ 8.9

해설 $T = 0.975 \dfrac{P}{N} = 0.975 \times \dfrac{8,200}{900} = 8.88[kg \cdot m]$

★★【82. 기사, 91. 산업기사, ⊕ : 99. 산업기사】
53 전동기의 출력 P[kW], 속도 N[rpm]인 전동기의 토크$[kg \cdot m]$는?

① $9.8 \dfrac{P}{N}$ ② $975 \dfrac{P}{N}$ ③ $980 NP$ ④ $980 \dfrac{N}{P}$

해설 $P = 9.8 \omega T \times 10^{-3}$, $\omega = \dfrac{2\pi N}{60}$ 이므로

$T = \dfrac{60 \times 10^3}{2\pi \times 9.8} \cdot \dfrac{P}{N} = 975 \dfrac{P}{N} [kg \cdot m]$

답 51. ③ 52. ④ 53. ②

★☆ 【24. 기사, 93. 97. 98. 산업기사】

54 극수 p의 3상 유도 전동기가 주파수 f[Hz], 슬립 s, 토크 T[N·m]로 회전하고 있을 때의 기계적 출력[W]은?

① $T\dfrac{2\pi f}{p}(1-s)$ 　　② $T\dfrac{4\pi f}{p}s$ 　　③ $T\dfrac{4\pi f}{p}(1-s)$ 　　④ $T\dfrac{\pi f}{2p}(1-s)$

해설 $P=T\omega$[W], $n=\dfrac{2f}{p}(1-s)$[rps], $\omega=2\pi n=\dfrac{4\pi f}{p}(1-s)$[rad/s]

　　$\therefore P=T\omega=T\dfrac{4\pi f}{p}(1-s)$[W]

★ 【77. 23. 기사】

55 4극 전동기로 토크 15[kg·m]의 부하를 회전시키는 경우 필요한 전동기 용량[kW]은? 단, 전원 주파수는 60[Hz], 전동기의 효율은 92[%]이다.

① 15 　　　　② 20 　　　　③ 30 　　　　④ 40

해설 $P=T\cdot\dfrac{2\pi N}{60}=1.026NT$[W]

　　　$=1.026\times\dfrac{120f}{p}\times T=1.026\times\dfrac{120\times60}{4}\times15=27{,}702$[W]

효율 $\eta=0.92$이므로 $\therefore P'=\dfrac{P}{\eta}=\dfrac{27{,}702}{0.92}=30{,}111$[W] ≒ 30[kW]

☆ 【83. 산업기사】

56 전동기 축의 벨트 풀리의 지름이 28[cm], 매분 1,140 회전하여 20[kW]를 전달하고 있다. 이 벨트에 작용하는 힘[kg]은?

① 약 98 　　② 약 122 　　③ 약 168 　　④ 약 212

해설 전동기의 발생 토크 $T=0.975\times\dfrac{P}{N}=0.975\times\dfrac{20\times10^3}{1{,}140}=17.11$[kg·m]

벨트에 작용하는 힘은 풀리의 반지름에 반비례하므로 $\therefore F=\dfrac{T}{r}=\dfrac{17.11}{0.14}=122$[kg]

제동법

★☆ 【86. 92. 산업기사, ⊕ : 97. 산업기사】

57 3상 유도 전동기의 회전 방향을 반대로 하기 위한 방법으로 옳은 것은?

① A, B, C상의 기동 권선의 접속을 바꾸어준다.
② A, B, C상 중에서 어느 두 상의 접속을 바꾸어준다.
③ 기동 권선은 그대로 둔다.
④ 내부 결선을 다시 해야 한다.

답 54. ③　55. ③　56. ②　57. ②

> 해설, 유도 전동기를 역전시킬 경우에는 1차측의 2선만을 전원에 대하여 반대로 연결하면 된다.

★【94. 14. 24. 기사】
58 전동기 제동 방법에 쓰이지 않는 것은?

① 마찰 제동　　② 계자 제동　　③ 와전류 제동　　④ 발전 제동

> 해설, 전동기 제동 방법 : 마찰 제동, 발전 제동, 회생 제동, 역상 제동, 와전류 제동, 단상 제동

★【96. 98. 산업기사】
59 전동기의 전기자를 전원에서 끊고 전동기를 발전기로 동작시켜 회전 운동 에너지로 발생하는 전력을 그 단자에 접속한 저항에서 열로 소비시키는 제동방법은?

① 역전 제동　　② 회생 제동　　③ 발전 제동　　④ 와전류 제동

★★☆【02. 기사, 93. 05. 09. 23. 산업기사】
60 3상 유도 전동기의 플러깅(plugging)이란?

① 플러그를 사용하여 전원에 연결하는 방법
② 운전 중 2선의 접속을 바꾸어 상회전을 바꾸어 제동하는 법
③ 단상 상태로 기동할 때 일어나는 현상
④ 고정자와 회전자의 상수가 일치하지 않을 때 일어나는 현상

> 해설, 전동기의 전원 접속을 바꾸어 역토크를 발생시켜 급정지시키는 방법을 역전 제동 또는 플러깅이라 한다.

★【03. 16. 24. 기사】
61 3상 유도 전동기를 급속히 정지 또는 감속시킬 경우, 또는 과속을 급히 막을 수 있는 가장 손쉽고 효과적인 제동법은?

① 발전 제동　　② 와전류 제동　　③ 회생제동　　④ 역상 제동

> 해설, 3상의 2단자를 교환시킴으로써 회전 방향이 역인 토크를 발생시켜 급속히 정지, 역전시키는 방법을 역상 제동(플러깅)이라고 한다. 그러나 교환 시에 막대한 과도 전류가 흐르는 결점이 있다.

★★★★☆【82. 91. 03. 04. 기사, 83. 산업기사, ⊕ : 96. 97. 기사】
62 3상 유도 전동기를 급속히 정지 또는 감속시킬 경우, 가장 손쉽고 효과적인 제동법은?

① 발전 제동　　② 와전류 제동　　③ 회생 제동　　④ 역상 제동

> 해설, 3상의 2단자를 교환시킴으로써 회전 방향이 역인 토크를 발생시켜 급속히 정지, 역전시키는 방법을 역상 제동(플러깅)이라고 한다. 그러나 교환 시에 막대한 과도 전류가 흐르는 결점이 있다.

★★★【88. 90. 기사, 89. 93. 03. 산업기사】
63 전동기를 발전기로 운전시키고 유도 전압을 전원 전압보다 높게 하여 발생 전력을 전원에 반환하는 방식의 제동은?

① 발전 제동
② 와전류 제동
③ 역상 제동
④ 회생 제동

해설 전기적 제동
① 발전 제동 : 전동기의 전기자를 전원에서 끊고 전동기를 발전기로 동작시켜 회전 운동 에너지로서 발생하는 전력을 그 단자에 접속한 저항에서 열로 소비시키는 제동 방법이다.
② 회생 제동 : 전동기에 전원을 접속한 상태에서 전동기에 유기되는 역기전력을 전원 전압보다 높게 하여 회전 운동 에너지로 발생되는 전력을 전원측에 반환하면서 제동하는 방식
③ 역상 제동 : 전동기의 전원 접속을 바꾸어 역토크를 발생시켜 급정지시키는 방법으로 역상 제동 또는 플러깅(plugging)이라 한다.
④ 와전류 제동 : 전동기 축에 동심으로 설치한 구리의 원판을 자계 내에서 회전시켜 동판에 생긴 와전류에 의해서 제동력을 얻는 방법이다.
⑤ 단상 제동 : 단상 유도 전동기로 회전을 하게 하는 방식으로 2차 저항을 크게 함으로써 정상 토크보다 역상 토크를 하여 제동

★【90. 24. 기사】
64 전동기의 기계 제동이란?

① 전동기에 붙인 제동화에 전자력으로 가압하는 방법
② 와전류손으로 회전체의 에너지를 소비시키는 방법
③ 전동기를 발전 제동하여 발생된 전력을 선로에 되돌려 보내는 방법
④ 전동기의 기동력을 저항으로서 소비시키는 방법

해설 기계적 제동은 마찰에 의한 제동 방식이다.

유사문제
∥유사문제 원문 및 해설 : 동일출판사 홈페이지≫고객센터≫자료실

01. 권상기는 다음에 분류하는 동력 중의 어느 것에 속하는가?
답 축적된 에너지 동력

02. 회생제동의 결점은 무엇인가?
답 열차의 평균속도 감소

03. 전동기의 회생 제동이란?
답 전동기를 발전 제동으로 하여 발생 전력을 선로에 보내는 방법이다.

04. 다음 ( )에 맞는 것이 순서대로 된 것은? 3상 유도 전동기의 회전자를 고정자의 회전 자계와 역방향으로 회전시키면 ( )로서 작용한다. 이 경우 외부에서 공급된 ( )와 ( )는 ( ) 및 회전자 중에서 열로 소비된다.
답 유도 제동기, 전기적 에너지, 기계적 에너지, 고정자

답 63. ④ 64. ①

05. 다음 유도기의 동작 곡선에서 유도 제동기로서의 동작 구간은?

답 ①

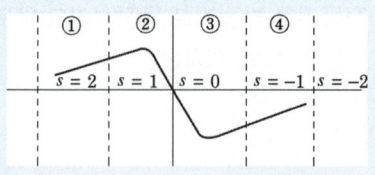

유도전동기의 특성

★ 【95. 기사】

65 유도 전동기의 단자 전압이 정격 전압보다 낮아졌을 경우 전동기의 특성은 다음과 같이 된다. 옳지 않은 것은?

① 전부하 시의 온도 상승이 낮아진다.   ② 전부하 시의 효율이 떨어진다.

③ 슬립이 증가한다.   ④ 최대 토크가 감소한다.

해설 전부하 시 단자 전압이 낮아지면 효율 감소, 토크 감소, 슬립 증가가 발생된다.

★ 【99. 기사, 11. 산업기사, 69. 3급】

66 안정한 정상 운전의 조건은? 단, 부하 토크 L, 전동기 토크 M 이다.

①   ②

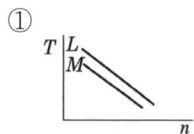   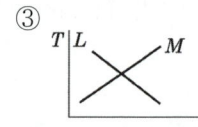   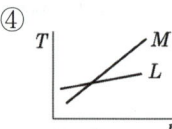

해설 안정한 정상 운전이 이루어지려면 속도가 상승함에 따라 전동기 토크보다 부하 토크가 크게 되는 특성이 라야 안정 운전이 가능하다.

☆ 【97. 산업기사】

67 전동기 부하를 운전할 때 운전이 안정하기 위해서는 전동기 및 부하의 각속도(ω)−토크(T) 특성에 만족해야 할 조건은? 단, M, L은 각각 전동기, 부하를 표시한다.

① $\left(\dfrac{dT}{d\omega}\right)_M > \left(\dfrac{dT}{d\omega}\right)_L$ ② $\left(\dfrac{dT}{d\omega}\right)_M = \left(\dfrac{dT}{d\omega}\right)_L$

③ $\left(T\dfrac{dT}{d\omega}\right)_M > \left(T\dfrac{dT}{d\omega}\right)_L$ ④ $\left(\dfrac{dT}{d\omega}\right)_L > \left(\dfrac{dT}{d\omega}\right)_M$

해설 안정 운전 $\left(\dfrac{dT}{d\omega}\right)_L > \left(\dfrac{dT}{d\omega}\right)_M$, 불안정 운전 $\left(\dfrac{dT}{d\omega}\right)_L < \left(\dfrac{dT}{d\omega}\right)_M$

답 65. ①   66. ②   67. ④

★★【95. 00. 05. 기사】
68 전동기 축으로 환산한 합성 관성 모멘트를 J, 각속도를 ω, 전동기의 발생 토크를 T, 부하 토크를 T_L, 마찰 및 기타에 소요되는 토크를 T_B라고 할 때 전동기의 감속 상태를 표시하는 식은?

① $J\dfrac{d\omega}{dt} < T-(T_L+T_B)$ 　　　　② $J\dfrac{d\omega}{dt} = T-(T_L+T_B)$

③ $J\dfrac{d\omega}{dt} > T-(T_L+T_B)$ 　　　　④ $J\dfrac{d\omega}{dt} = \alpha T-(T_L+T_B)$

해설　$T-\left(T_L+T_B+J\dfrac{d\omega}{dt}\right)>0$이면 가속 상태이고,

　　　　$T-\left(T_L+T_B+J\dfrac{d\omega}{dt}\right)<0$이면 감속 상태로 되며,

　　　　$T-\left(T_L+T_B+J\dfrac{d\omega}{dt}\right)=0$일 때는 일정 속도의 조건이 된다.

★【83. 기사】
69 $\theta = (\theta_\infty-\theta_0)(1-\epsilon^{-t/\tau})+\theta_0$는 전동기로 부하를 운전할 때 전동기 온도의 시간적 변화를 표시한 것이며 θ_0 : 최초 온도, θ_∞ : 최종 온도, θ : 임의의 시간 t에서의 온도이다. 지금 θ_∞까지 상승한 후 운전을 중지하였을 때의 각 곡선을 표시하는 식은?

① $\theta = \theta_\infty(1-\epsilon^{-t/\tau})$ 　　　　② $\theta = (\theta_\infty-\theta_0)(1-\epsilon^{-t/\tau})$

③ $\theta = \theta_0(1-\epsilon^{-t/\tau})$ 　　　　④ $\theta = (\theta_\infty-\theta_0)\epsilon^{-t/\tau}+\theta_0$

해설　기기에 발생하는 열량이 없고 이것을 θ_∞에서 냉각시키는 경우는 $\theta-\theta_0 = (\theta_\infty-\theta_0)\epsilon^{-t/\tau}$이므로 ④가 된다.

★★【97. 기사, 12. 15. 23. 산업기사】
70 다음 전동기 중에서 속도 변동률이 가장 큰 것은?

① 3상 농형 유도 전동기 　　　　② 3상 권선형 유도 전동기

③ 3상 동기 전동기 　　　　④ 단상 교류 유도 전동기

해설　동기 전동기는 동기속도로 회전하며, 3상 유도전동기는 부하의 변화에 대하여 속도변화가 적다.

★☆【90. 97. 99. 05. 산업기사】
71 기동, 정지가 빈번한 경우에 적당한 전동기는 어느 것인가?

① 권선형 유도 전동기 　　　　② 특수 농형 유도 전동기

③ 보통 농형 유도 전동기 　　　　④ 동기 전동기

답 68. ③ 69. ④ 70. ④ 71. ②

유사문제

‖유사문제 원문 및 해설 : 동일출판사 홈페이지≫고객센터≫자료실

01. 무부하로 회전하고 있는 3상 유도 전동기의 전원 개폐기에서 1선의 퓨즈가 단선되면?

탑 속도가 저하한다.

02. 3상 유도기에서 출력의 변환식이 맞는 것은?

탑 $P_0 = P_2 - P_{2c} = P_2 - sP_2 = \dfrac{N}{N_s}P_2 = (1-s)P_2$

03. 3상 4극 유도 전동기를 입력 주파수 80[Hz], 슬립 3[%]로 운전할 경우 회전자 주파수[Hz]는?

탑 $f_2 = sf_1 = 0.03 \times 80 = 2.4[\text{Hz}]$

04. 200[V], 60[Hz], 8극, 15[kW], 864[rpm]인 3상 유도 전동기의 2차측 효율[%]은?

탑 96[%]

05. 60[Hz], 6극의 컨베이어용 농형 전동기가 1200[rpm]으로 운전하고 있을 때 급정지시키기 위하여 전원측의 2단자를 바꾸어 역상 제동을 가했을 경우 이 순간의 슬립은?

탑 200[%]

직류전동기

72 ★★【82. 92. 기사】

다음 중 분권 전동기의 특성은?

① 출력 P는 토크 τ에 비례한다.　② 출력 P는 속도 n에 비례한다.

③ 출력 P는 토크 τ에 역비례한다.　④ 출력 P는 속도 n에 역비례한다.

해설 전동기의 출력 $P \propto n\tau$이고, 분권 전동기는 정속도 특성이므로 출력 P는 토크 τ에 비례한다.

73 ☆【95. 04. 산업기사】

부하에 관계없이 회전수가 일정하며, 몇 단계로 회전수를 바꾸는 전동기로서 직류 분권 및 타여자 전동기, 농형 유도 전동기는 어떤 속도 전동기에 속하는가?

① 정속도 전동기　　　　　② 변속도 전동기

③ 다단속도 전동기　　　　④ 가감속도 전동기

74 ★★【92. 94. 99. 03. 산업기사, ⊕ : 93. 산업기사】

직권 정류자 전동기는 다음에 분류하는 전동기 중 어디에 속하는가?

① 변속도 전동기　　　　　② 다속도 전동기

③ 가감속도 전동기　　　　④ 정속도 전동기

탑 72. ① 73. ③ 74. ①

해설 교류에 있어 직권 정류자 전동기는 직류에 있어서의 직권 전동기와 그 특성이 유사하다. 토크가 증가하면 속도가 저하되는 특성을 변속도 특성이라 하며, 직류 직권 전동기, 직류 파권 전동기, 교류 직권 정류자 전동기, 2차 저항이 큰 유도 전동기 등이 이 특성을 가진다.

★【84. 97. 산업기사】
75 기중기에 쓰이는 직류 직권 전동기의 특징은?

① 부하 전류로서 여자되며 일정 단자 전압에서 부하 전류에 따라 토크가 급증한다.
② 중부하에서 자속이 격감하여 회전 속도가 높다.
③ 부하 전류와 토크는 반비례한다.
④ 중부하에서는 자속이 격감하여 회전 속도가 낮다.

해설 기중기용 직류 직권 전동기는 자기 포화를 무시하면 토크는 전류 제곱에 비례하므로 부하에 관한 토크의 증가율이 매우 크다($T \propto I^2$).

★★★【98. 기사, ⊕ : 83. 기사, 83. 92. 05. 산업기사】
76 전동기의 정격 회전수에서 기동 토크가 가장 큰 것은?

① 직류 분권 전동기   ② 직류 복권 전동기
③ 직류 직권 전동기   ④ 교류 동기 전동기

해설 직류 직권 전동기의 자기 포화를 무시하면 토크는 전류의 제곱에 비례하므로($T \propto I^2$) 부하에 대한 토크의 증가율이 가장 크다.
※ 직권 전동기
① 직·교류 양용   ② 기동 토크가 커서 전차용으로 적합   ③ 정출력 변속도 전동기

★☆【88. 98. 04. 10. 산업기사, ⊕ : 96. 산업기사】
77 부하 전류가 증가하면 가장 급격히 속도가 감소하는 전동기는?

① 직류 분권 전동기   ② 직류 복권 전동기
③ 3상 유도 전동기   ④ 직류 직권 전동기

해설 부하의 변화에 따라 직류 직권 전동기는 속도가 현저히 변화하는 특성이 있다.

동기전동기

☆【83. 24. 산업기사】
78 다음 전동기 중 역률이 가장 좋은 전동기는?

① 3상 동기 전동기   ② 농형 유도 전동기
③ 교류 정류자 전동기   ④ 반발 기동 단상 유도 전동기

답 75. ① 76. ③ 77. ④ 78. ①

해설	동기 전동기 장점	동기 전동기 단점
	• 고역률(항상 역률 1로 운전 가능) • 일정 속도로 운전 • 대출력에서는 유도 전동기보다 경제적이다. • 진상 및 지상 전류 조정 가능	• 자기 기동 능력이 없다. (빈번한 기동, 정지에는 부적합) • 난조의 염려가 있다.

교류정류자기

★【03. 산업기사】

79 직권 정류자 전동기는 다음에 분류하는 전동기 중 어디에 속하는가?

① 변속도 전동기　　　　　　　② 다속도 전동기

③ 가감속도 전동기　　　　　　④ 정속도 전동기

> 해설 | 교류에 있어 직권 정류자 전동기는 직류에 있어서의 직권 전동기와 그 특성이 유사하다. 토크가 증가하면 속도가 저하되는 특성을 변속도 특성이라 하며, 직류 직권 전동기, 직류 파권 전동기, 교류 직권 정류자 전동기, 2차 저항이 큰 유도 전동기 등이 이 특성을 가진다.

★【93. 96. 3급】

80 반발 전동기의 속도 조정에 편리한 방법은?

① 2차 저항을 이용한다.　　　　② 전압을 조정한다.

③ 권선 방법을 변경한다.　　　　④ 브러시를 이동한다.

> 해설 | 반발 전동기는 정류자와 브러시가 있어 주축에 대한 브러시의 위치각을 이동함으로써 발생 토크가 가변되며 따라서 속도도 변화한다.

★【93. 기사】

81 다음 전동기(직류) 중에서 브러시가 없는 전동기는?

① 분권 전동기　　　　　　　　② 직권 전동기

③ 타여자 전동기　　　　　　　④ 무정류자 전동기

★【93. 96. 산업기사】

82 교류, 직류를 모두 사용할 수 있는 전동기는?

① 동기 전동기　　　　　　　　② 직권 전동기

③ 콘덴서 기동 전동기　　　　　④ 히스테리시스 전동기

> 해설 | 직권 전동기는 교류와 직류 사용이 가능하지만, 동기 전동기 · 콘덴서 기동 전동기 · 히스테리시스 전동기는 교류 전용이다.

보호기기 등

83 ★★★ 【90. 98. 99. 기사】

전동기를 보호하기 위하여 사용하는 것으로서 시동 전류에 의하여 녹아 끊어지지 않게 한 퓨즈는?

① 미니 퓨즈   ② 플러그 퓨즈   ③ 통형 퓨즈   ④ 시간 지연 퓨즈

> [해설] 시간 지연 퓨즈(time lag)는 전동기의 보호에 사용되는 것으로서 시동 전류에 의하여 녹아 끊어지지 않도록 된 것으로 규정된 과전류 영역에 대해 용단 시간을 특별히 증대시킨 퓨즈이다.

84 ★ 【03. 산업기사】

전동기의 운전 시에 생기는 진동은 기계적인 원인 및 전자력의 불평형의 원인이 있으며 다음 중 기계적인 원인은?

① 회전자의 편심
② 회전 시 공극의 변동
③ 회전자의 정적, 동적 불평형
④ 고조파자계에 의한 자기력의 불평형

85 ★★ 【84. 91. 03. 기사】

전동기의 절연 종별에서 일반적으로 저압 전동기는 E종, 고압 전동기는 B종을 채택하는 데 B종 절연의 허용 최고 온도[℃]는?

① 90   ② 130   ③ 120   ④ 155

> [해설]
>
> | 절연의 종류 | Y | A | E | B | F | H | C |
> |---|---|---|---|---|---|---|---|
> | 허용 최고 온도 | 90 | 105 | 120 | 130 | 155 | 180 | 180 초과 |

86 ★ 【96. 24. 기사】

전기기기에서 E종 절연물을 사용한 전동기의 허용 최고 온도[℃]는?

① 90   ② 105   ③ 120   ④ 130

> [해설]
>
> | 절연의 종류 | Y | A | E | B | F | H | C |
> |---|---|---|---|---|---|---|---|
> | 허용 최고 온도 | 90 | 105 | 120 | 130 | 155 | 180 | 180 초과 |

87 ★ 【96. 기사】

산 · 알칼리 또는 유해 가스가 존재하는 장소에 사용하는 전동기는?

① 방적형 전동기   ② 방수형 전동기
③ 방부형 전동기   ④ 방폭형 전동기

[답] 83. ④   84. ③   85. ②   86. ③   87. ③

해설 ▸ 습기나 수분이 많은 곳은 방적형, 방수형이 적합하고, 화학 공장 등의 부식성 가스가 많은 곳은 방부형이 적합하다.

☆【91. 산업기사】
88 전동기의 진동이 생기는 원인에 해당되지 않는 것은?

① 회전기의 정격 및 동력 불평형
② 베어링의 불평등
③ 회전자 철심의 자기의 상실의 불평등
④ 고조파 자계에 의한 동력의 평형

해설 ▸ 고조파 자계에 의한 것은 자기적 불평형이다.

★☆【98. 기사, 84. 산업기사】
89 조풍에 견디는 전동기의 형식은?

① 내수형　　　② 내산형　　　③ 방수형　　　④ 내습형

해설 ▸ 바다 바람은 염분이 많으므로 내산형이 적합하다.

☆【87. 산업기사】
90 자동제어용 전동기에서 토크 이너샤(torque inertia)비가 클수록 기동 시간은?

① 길어진다.　　② 짧아진다.　　③ 불변한다.　　④ 알 수 없다.

해설 ▸ 이너샤비 $= \dfrac{\text{전동기의 토크}}{\text{전동기의 관성모멘트}}$ 로써 이너샤비가 크면 토크가 관성모멘트 보다 커서 기동시간이 짧아진다.

★【89. 97. 산업기사】
91 다음 전동기의 손실 중 부하에 관계없는 손실은?

① 브러시에서의 전력손　　　　　② 베어링 마찰손
③ 여자 회로에 있어서의 저항손　　④ 표유 부하손

해설 ▸ 베어링 마찰손은 회전에 의한 손실이므로 부하와는 관계없는 손실이다. 표유 부하손은 부하 전류에 의한 와류손이며 부하 전류에 의한 직접적 손실인 브러시의 전력손과 여자 회로에 있어서의 저항손도 부하와 관계 있는 손실이다.

CHAPTER 04

전기 철도

01 - 철도의 특징

전기 철도(electric railway)란 전기를 주동력으로 하는 전기차를 운행하여 여객 및 화물수송을 하는 철도를 말한다. 전기철도는 내연기관철도(internal combustion railway)에 비교하여 다음과 같은 특징이 있다.

1) 안전성
2) 신속성
3) 정확성
4) 대량 수송성
5) 장거리성
6) 경제성
7) 편리성
8) 쾌적성
9) 저공해성

02 - 전기철도의 분류

1) 전기방식에 의한 분류

① 직류식   ② 단상 교류식   ③ 3상 교류식

(1) 직류 전기철도

전압으로 구분하며, 600[V], 750[V], 1500[V], 3000[V]의 4종류가 있다. 우리나라의 경우 1,500[V]를 사용한다.

직류 방식은 다음과 같은 특징이 있다.

- 전압이 낮아 절연 계급을 낮출수 있다.
- 통신 유도 장해가 없다.
- 경량 단거리 수송에 유리하다.
- 운전전류가 커서 누설전류에 의한 전식대책이 필요하다.

(2) 교류 전기철도

교류 전기철도는 상별, 주파수별, 전압별로 구분한다.

직류식과 교류식의 비교

항 목	직류식	교류식
전 압	600, 750, 1500, 3000[V]	60[HZ], 25[kV]
전 류	교류식에 비해 전압이 낮으므로 전류는 크다.	직류식에 비해 전압이 높으므로 전류는 적다.
전압강하	크다	낮다

교류 전기철도는 다음과 같은 특징이 있다.

– 대용량 중·장거리 수송에 유리하다.

– 에너지 이용률이 높다.

– 사고 시 선택차단이 용이하다.

– 전식의 우려가 없으나 통신선 유도장해의 대책이 필요하다.

2) 궤간에 의한 구분

(1) 표준궤간철도 : 궤간이 1,435[mm]인 철도   출제 산업 1번

(2) 광궤철도 : 궤간이 1,435[mm]보다 넓은 철도(1,675[mm], 1,500[mm])

(3) 협궤철도 : 궤간이 1,435[mm]보다 좁은 철도

(1,067[mm], 1,000[mm], 871[mm], 762[mm])

3) 수송목적에 의한 분류

(1) 시내철도(urban rail way) : 시내 노면철도나 트롤리 버스를 가리키는 것으로 도시의 교통 기관이다.

(2) 도시고속철도(city rapid transit rail way) : 지하 또는 고가철도

(3) 근교철도(suburban rail way) : 도시를 중심으로 위성도시와 연결하는 순환철도이다.

(4) 도시간철도(interurban rail way) : 도시 간을 연결하는 철도이다.

(5) 간선철도(main line rail way) : 국내 및 국제적인 주요철도를 말한다.

(6) 지선철도(branch line rail way) : 간선에서 분기한 철도이다.

(7) 특수철도(special rail way) : 등산철도, 삼림철도, 케이블카(cable car), 모노레일 (monorail), 광산용철도 등 특수한 것을 말한다.

03 ▸ 차량의 종류

(1) 전기 기관차 : 전동기를 구비하고 있으며, 부수차로 된 열차를 견인하는 것이다.

(2) 전동차 : 차체에 전동기를 구비하고 있으며, 승객 또는 화물을 실을 수도 있다.

(3) 제어차 : 전동기는 없으나 제어기와 운전실이 구비되어 있어 동일 열차 중의 전동차를 제어 한다.

(4) 부수차 : 객차나 화차같이 전동기도 제어기도 구비되어 있지 않은 차량을 말한다.

04 – 선로

선로란 열차를 운행하기 위한 수송로로서 궤도와 궤도를 지지하는 노반 및 각종 선로 구조물의 총칭을 말한다.

1) 궤도

궤도는 레일과 그 부속품, 침목 밑 도상으로 구분되며 이것을 견고한 노반 위에 자갈 등으로 도상을 정해진 두께만큼 깔고 그 위에 침목을 일정한 간격으로 부설하여 두 개의 레일(궤조)을 평행하게 고정시킨 구조를 말한다. 궤도는 레일, 침목, 도상으로 구성된다.
궤조(레일)는 탄소 함유량이 1.3~3[%]인 고 탄소강 사용한다.

2) 유간　출제　산업 1번

온도 변화에 대한 궤조의 신축에 대응하기 위하여 이음 장소에 적당한 간격을 두는데 이것을 유간이라 한다.

3) 캔트(cant) (고도) - - - - -　출제　산업 2번, 기사 2번

차량이 곡선부를 달릴 때에 발생하는 원심력에 대비하여 곡선 바깥쪽의 레일을 안쪽 레일보다 높게 하여 차량전체를 곡선의 중간쪽으로 기울이게 하여 원심력과 평행시키는데 이 기울임 (운전의 안전확보를 위하여)의 고도를 캔트(cant)라 한다.

출제　산업 1번

$$C = \frac{GV^2}{127R}[\text{mm}] \quad \text{출제　산업 5번, 기사 1번}$$

여기서, C : 캔트[mm], G : 궤간[mm], R : 곡선 반지름[m], V : 열차속도[km/h]

또한, 곡선부에서 저속으로 통과 또는 정지 시 안쪽으로 차량이 기울어져 발생할 수 있는 사고를 방지하기 위하여 고도에 최대한도를 규정하고 있다.

4) 확도(slack : 슬랙)

확도는 곡선 궤도를 운행할 때 차륜 연부와 궤조 두부의 측면 사이의 마찰을 피하기 위하여 내측 궤조의 궤간을 넓히는 정도를 말한다.

$$s = \frac{l^2}{8R} \quad \text{출제　산업 1번, 기사 4번}$$

단, R : 곡선 반지름[m], l : 고정 차축 거리[m] , s : 확도

5) 구배(grade 또는 gradient)

선로의 구배는 2점 사이의 고저차를 수평거리로 나눈 값으로 다음과 같이 표현한다.

(1) 분수법

그림과 같이 $\tan\theta = y/x$ 로 나타낼 수 있다. 즉, 1/40의 구배 등과 같이 분수로 표시하며, 이 구배가 작을 때는 $\tan\theta \fallingdotseq \sin\theta$ 로 고려해도 된다.

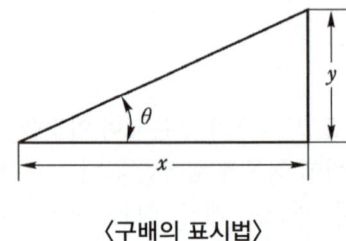

〈구배의 표시법〉

(2) 백분율법(persentage method)

1/40의 구배인 경우에는 $1/40 \times 100 = 2.5[\%]$라고 표시한다.

(3) 천분율법(permillage method)

1/40의 구배인 경우에는 $1/40 \times 1000 = 25[\permil]$(퍼밀)로 표시하며 허용 구배는 다음과 같다.

- 중요한 선로 : $10[\permil]$
- 보통 선로 : $25[\permil]$
- 간이선 또는 전차전용선로 : $35[\permil]$

6) 선로의 분기

(1) 전철기

전철기란 차륜을 하나의 궤도에서 다른 궤도로 유도하는 장치이며, 차륜의 유도를 원활하게 하기 위하여는 도입 궤조, 철차, 호륜 궤조 등의 설비가 필요하다.

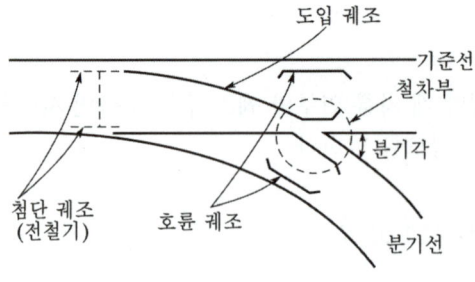

(2) 도입궤조(lead rail) 출제 산업 1번

선단레일(첨단레일)과 철차 사이 원곡선으로 된 부분을 말한다.

(3) 호륜궤조(guard rail)

차륜의 탈선을 막기 위해 분기 반대쪽 레일에 설치한 레일을 호륜궤조라 한다. 출제 기사 4번

(4) 철차각과 철차 번호

철차각은 철차부에서 기준선과 분기선이 교차하는 각도를 말한다. 철차 번호 N은 철차각 (분기각) θ에 따라 다음의 관계식으로부터 정의된다.

$$N = \frac{1}{2}\cot\frac{\theta}{2} = \cot\theta$$

따라서, N의 번호가 작을수록 교차 또는 분기하는 각도는 커진다.

6) 복진지(anti-creeping)

궤도가 열차의 진행 방향으로 이동하게 되는 것을 막는 것

7) 완화곡선(transition curve)

직선궤도에서 곡선궤도로 변화하는 부분에서의 곡선

8) 종 곡선(vertical curve)

수평궤도에서 경사궤도로 변화하는 부분

05 - 전동차의 동력방식

동력차의 동력원을 집중 배치하거나 분산 배치하는 것에 따라 동력 집중방식과 동력분산 방식으로 나눌 수 있다.

1) 동력 집중방식

전기기관차 1대 또는 2대로 객차를 견인하는 방식으로 그 특징은
① 구동전동기 수가 적어 고장 발생률이 적다.
② 진동, 소음이 적고 승차감이 양호
③ 동력차의 운용 효율이 향상
④ 차량 보수비가 적게 소요
⑤ 장거리 여객열차나 화물 수송 전용 열차에 사용

2) 동력분산 방식

구동 전동기를 분산 배치하여 탑재한 방식으로 그 특징은
① 속도 급상승 및 급제동이 용이

② 축중이 가벼워 선로의 제한 속도를 높일 수 있다.

③ 운전이 용이하며, 편성량 수를 가감하여도 성능을 동일하게 할 수 있다.

④ 초기 투자비가 많이 소요.

⑤ 정차, 출발이 반복되는 여객수송 전용의 도시 전동 열차에 사용되고 있는 방식

06 - 유도 장해

1) 유도장해의 종류

(1) 정전 유도

가선 전압에 의하여 통신선에 유도되며 가선 전압의 크기, 트롤리선과 통신선과의 거리에 따라 결정되며 연피 케이블을 사용하면 완전히 차폐할 수 있다.

(2) 전자 유도

트롤리선의 전류에 의하여 통신선에 종방향으로 유도된다.

(3) 잡음 전압

고조파에 의하여 통신선에 잡음을 발생하는 전압

2) 유도 장해 방지 대책

① 통신선의 케이블화

② 유도 경감 기기 채택

③ 흡상 변압기 사용하여 누설전류 감소

④ 여파기를 삽입하여 전선로에 흐르는 고조파 감소

07 - 급전설비

고속으로 주행하는 전기차에 전원으로부터의 안정된 전기를 공급하기 위한 설비를 급전설비(feeding facility)라 하며 직류 급전 방식과 교류 급전 방식으로 대별된다.

• 직류 급전 방식 : 가공 단선식, 가공 복선식, 제3궤조식

• 교류 급전 방식 : 직접 급전 방식, 흡상 변압기 방식, 단권 변압기 방식 　출제　기사 1번

1) 직접급전 방식

전차선로 구성은 전차선과 레일만으로 된 것과 레일과 병렬로 별도의 귀선을 설치한 것으로 2가지 방식이 있으며 그 특징은 다음과 같다.

① 가장 간단한 급전방식
② 직류전기 방식에서 사용
③ 보수가 용이하고 경제적이다.
④ 전기차 귀선 전류가 레일에 흐르므로 레일에서 대지 누설 전류에 의한 통신 유도 장해가 크고 레일 전위가 다른 방식에 비해 큰 결점이 있다.

2) 흡상변압기(BT) 급전방식

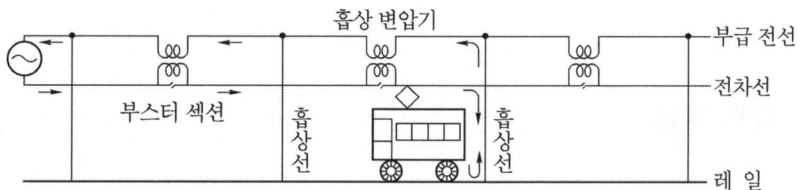

대지에 누설되는 귀전류를 BT 작용에 의해 강제적으로 부급 전선에 흡상시켜 통신 선로의 유도 장해를 경감 　출제　산업 4번, 기사 2번
① 교류전기 방식에 적용
② 흡상변압기(BT : Booster-Transformer) : 권선비 1 : 1인 변압기로 1차 단자는 전차선에 2차 단자는 부급 전선에 각각 직렬로 접속한다. 설치간격은 약 4[km] 정도 된다.
　출제　산업 2번

3) 단권변압기 방식(AT) 급전방식

(1) 레일에 흐르는 전류를 차량을 중심으로 각각 반대방향의 AT쪽으로 흐르게 하여 근접통신선에 대한 유도장해를 경감하고 전압변동 및 전압 불평형을 억제

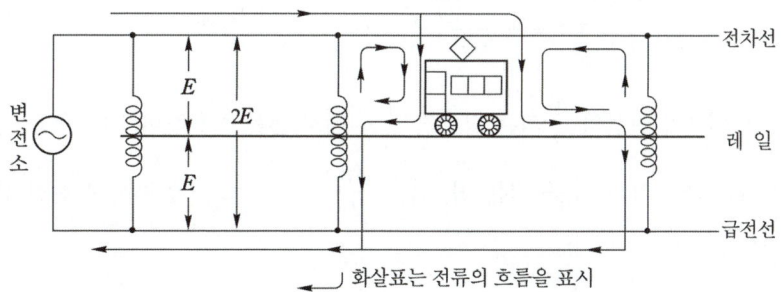

화살표는 전류의 흐름을 표시

① 교류전기 방식에 적용
② 단권 변압기(AT : Auto Transformer) : 권선비 1 : 1인 변압기를 급전선과 전차선 사이에 병렬로 설치 접속하고 변압기 권선의 중성점을 레일에 접속한다. 설치간격은 약 10[km] 정도 된다.

(2) AT 급전 방식의 특징

① 급전전압이 차량 공급전압의 2배로서 전압강하율이 적다.

따라서 대 전력 공급측면에서 유리하며 중성점이 접지되어 있어 실제 절연 레벨은 급전 전압의 1/2이 된다.

② 전압강하가 적으므로 변전소 이격거리가 길다.

③ 부하전류는 인접한 양쪽의 AT로 흡상되므로 통신 유도 장해가 적다.

④ BT 급전방식과 같은 섹션이 불필요하다.

08 － 스코트 결선

단상 교류식 전기 철도에서 전압 불평형을 경감시키기 위해서 변압기의 결선은 스코트 결선을 사용한다. 출제 산업 8번, 기사 1번

1) 결선

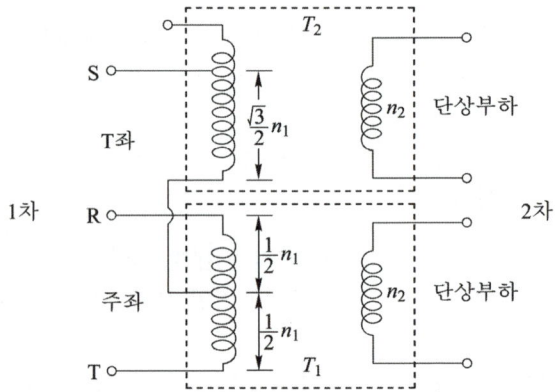

주좌변압기 T_1의 1차 권선의 $\frac{1}{2}$ 되는 점. 즉, $\frac{1}{2}n_1$ 에서 탭을 인출하여 T좌 변압기 T_2의 한 단자에 접속하고 T좌 변압기의 $\frac{\sqrt{3}}{2}$ 되는 점. 즉, $\frac{\sqrt{3}}{2}n_1$ 에서 탭을 인출하여 전원 전압을 공급

2) 권선비

① 주좌변압기 $\alpha_M = \dfrac{n_1}{n_2}$

② T좌변압기 $\alpha_T = \dfrac{\dfrac{\sqrt{3}}{2}n_1}{n_2} = \dfrac{\sqrt{3}}{2}\alpha_M$

3) 이용률

$$이용률 = \frac{\sqrt{3}\,VI}{2\,VI} = 0.866 = 86.6[\%]$$

09 ― 전차선로

전기차의 집전장치와 접촉하여 전력을 공급하기 위한 전차선 등의 가선설비와 이에 부속하는 설비를 총칭하여 전차선로라 한다.

전기체에 전력을 직접적으로 공급하는 전차선 등의 가선설비와 이것을 전기적, 기계적으로 구분하거나 보호, 조정하는 전차선장치 및 지지구조물 등으로 구성되어 있다.

이러한 전차선로의 설치목적은 전기차에 양질의 전력을 공급하고 전기차 집전장치에 전력공급이 원활히 되기 위한 집전 성능을 갖도록 하는 것이다.

전차선로의 구비조건은 다음과 같다.

① 전기차 부하의 급변동에 대하여 충분한 용량을 가져야 한다.

② 집전의 원활을 위하여 등고성, 등강성과 적정한 압상량을 갖도록 하고 전기차의 진동과 강풍시에도 지장이 없도록 충분한 기계적 이격을 유지하고 동시에 진동과 동요가 작아야 한다.

③ 가선 금구류는 진동, 부식, 열 등에 대하여 충분한 신뢰도를 가져야 한다.

1) 전차선의 종류

(1) 단선식 : 트롤리선 1본 + 귀선(레일)

(2) 복선식 : 트롤리선 2본

(3) 제3궤조식 : 제3레일로 전력공급 + 귀선(레일)

　제3궤조방식의 특징으로는

　① 제3궤조 방식에서는 팬터그래프가 불필요하다.

　② 터널 등의 높이가 낮아져 경제적

　③ 지하철 및 터널이 많고 저압을 이용하는 단거리 구간에 많이 적용하고 있다.

　④ 궤도 측면에 가압 궤조가 설치되어 있으므로 감전의 위험이 있고 시설에 제한이 있다.

　⑤ 보선작업이 불편하고 궤도의 교차, 분기점 등에서 전력이 중단되는 등의 단점이 있다.

　⑥ 제3궤조의 저항은 구리의 저항의 7배 정도이다.

2) 집전장치

전기 차량이 가공선 또는 제3궤조에서 전기를 취하기 위한 장치를 집전장치라 한다.

(1) 팬터그래프

　① 현재 우리나라에서 사용 중인 집전장치 　출제 산업 3번

② 고전압, 대용량

③ 습동판 압력 : 5~11[kg] 출제 기사 4번

(2) 뷔겔

① 저속도, 저전압, 저용량

② 전차선과의 접촉압력 5.5[kg]

(3) 트롤리 봉(trolley pole)

전차선과의 접촉압력 7~11[kg]

3) 전차선의 전기적 마모방지 방법 출제 산업 2번

① 동합금선을 사용한다.

② 그래파이트를 전차선에 바른다.

③ 집전 전류를 일정하게 유지한다.

4) 이선율

전기차의 주행중에 집전장치와 트롤리선의 접촉이 떨어지는 것을 이선이라 한다.

$$이선율 = \frac{이선시간}{실제\ 운전시간} \times 100[\%]$$

일반적으로 이선율은 3[%] 이내가 좋다.

(1) 소이선

① 발생원인 : 전차선 또는 팬터그래프 습판의 미세한 진동

② 이선 시간 : 수십분의 일초

(2) 중이선

① 팬터그래프가 경점 등의 충격에 따라 불연속으로 발생 출제 기사 1번

② 이선 시간 : 수분의 일초

(3) 대이선

① 발생원인 : 전차선의 경성점 또는 연성점에 의하여 발생

② 이선 시간 : 수분의 일초로부터 1~2초 정도이다.

5) 귀선

전기차에 공급된 전력을 변전소에 되돌리기 위한 전기회로를 귀선이라 하고, 일반적으로 레일을 귀선으로 사용하며 또한 감전사고를 방지하기 위하여 귀선을 부극성으로 한다.

(1) 귀선의 전기저항이 높은 경우

① 전압강하 증가

② 전력손실 증가

③ 대지로의 누설 전류가 커지고, 전식이나 통신 유도장해를 발생

(2) 전기저항을 낮추기 위한 방법

　① 레일본드를 설치하여 전기적인 접속을 양호하게 한다.

　② 보조 귀선이나 보조 급전선을 설치

6) 전차선의 조가방식

(1) 직접 조가식(direct suspension)

　가장 단순한 구조의 방식으로 전차선만 1조로 구성되며 전차선을 스팬선 또는 짐 등에 직접 고정하는 구조와 전차선의 지지점에 짧은 로드나 와이어로 3각형(역Y선)을 구성하는 구조가 있다.

　① 트롤리선을 직접 이어(ear : 트롤리선을 잡는 금속)로 가선하는 방식

　② 이도가 크며, 고속에서 이선이 발생하여 전기적 마모가 생기기 쉬우며, 최근에는 노면 전차에도 별로 사용되지 않는다.

　③ 스팬선을 사용　　`출제` `산업 2번`

(2) 커티너리 조가식

　전기차의 속도 향상을 위한 전차선의 이도에 의한 이선율을 작게 하고 동시에 지지 경간을 크게 하기 위하여 조가선을 전차선 위에 기계적으로 가선하고 일정한 간격으로 행거나 드로퍼로 매달아 전차선(trolly wire)을 두 지지점 사이에서 궤도면에 대하여 일정한 높이를 유지하도록 하는 방식이다.

　① 단식 커티너리 식(simple catenary)　　`출제` `산업 4번`

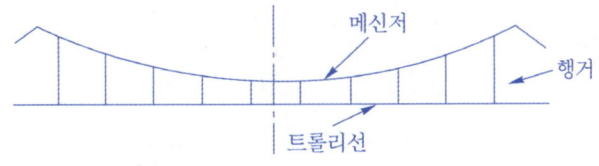

　　• 메신저(messenger)라고 하는 아연도강연선을 커티너리 곡선으로 가선하고, 여기에 행거(hanger)를 매어 달은 것

　　• 경간거리는 40~60[m]이고 약 10개의 행거를 사용한다.

　　• 속도 100[km/h] 정도 이하에 적당

② 복식 커티너리 식(compound catenary)

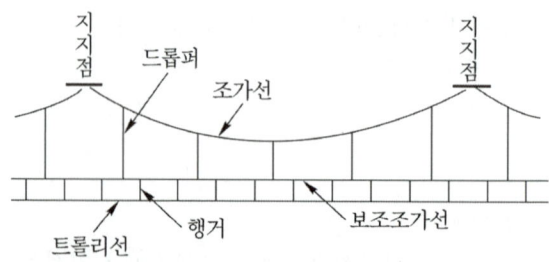

- 드롭퍼(dropper)에 의해서 보조 메신저를 조가
- 단식 커티너리 방식보다 수평으로 가선할 수 있으므로 160[km/h] 정도의 고속도에 적당
- 경간거리는 80~90[m] 정도이다.

③ 변Y형 커티너리 식(stitched catenary)

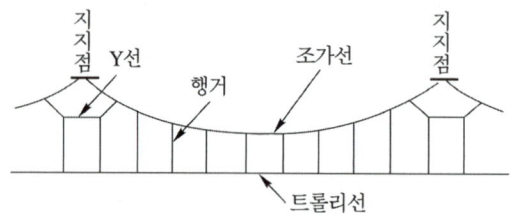

- 현수선의지지점 전후에 Y선이라는 보조적인 현가용 전선을 설치한 구조
- 130[km/h]정도의 속도에 적당

④ 합성 컴파운드 커티너리 식(composite type catenary)

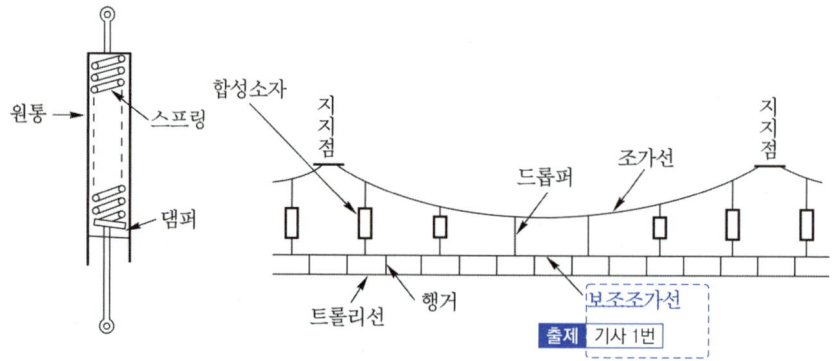

드롭퍼의 중간에 합성소자(스프링과 댐퍼를 조합한 것)를 삽입하여 이도를 좋게 한 방식

(3) 강체 조가식

터널 등의 천장에 알루미늄 합금, 도전강 등의 도체성 형재를 애자로 지지하고 그 도체하면에 이어(ear) 등을 사용하여 트롤리선을 일체화하여 고정시키고 전기차의 집전장치로 집전하는 방식을 말한다.

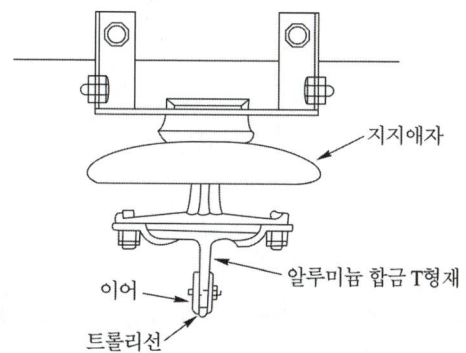

특징으로는
① 단선의 위험이 없고
② 터널의 높이도 낮게 할 수 있으며
③ 가공선과의 연결운행도 가능하여 교외철도와 연결 운행되는 지하철에 많이 사용되고 있다.

7) 구분장치

유사시 또는 부수 작업시에 전차선을 국부적으로 구분해서 정전시키기 위한 절연장치
① 전기적 구분장치 : 에어 섹션, 섹션 인슈레이터, 사구간
② 기계적 구분장치 : 에어 조인트

10 – 전식(Electrolytic Corrosion)

1) 전식의 발생

레일의 접속부분 저항이 높으면 레일을 흐르는 전류 일부가 누설되어 지중에 매설되어 있는 수도관, 가스관, 전력 케이블 등 지중금속 매설물을 통하여 흐르다가 변전소 부근 지중 금속체로부터 대지로 전류가 유출하는 부분에서 전기분해를 일으켜 부식을 일으키게 되는 현상을 전식(electrolytic corrosion)이라고 한다. 출제 기사 1번

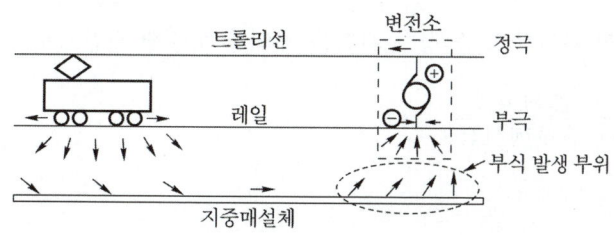

2) 전식량 M

$$M = Zit \, [\text{g}]$$

여기서, Z : 화학당량, i : 전류, t : 통전시간

3) 전식의 방지 　출제 산업 3번

(1) 전철측

① 귀선저항을 작게 하기 위하여 레일에 본드(bond)를 시설 　출제 산업 2번
② 레일을 따라 보조귀선 설치
③ 변전소 간의 간격을 짧게 한다(전압강하 감소). 　출제 산업 1번
④ 귀선의 극성을 정기적으로 바꾼다.
⑤ 대지에 대한 레일의 절연저항을 크게 한다.
⑥ 절연음극 궤전선을 설치하여 레일과 접속한다.

(2) 지중매설관 측

① 배류법 : 매설관의 배류점과 레일을 전기적으로 접속해서 전식을 방지
② 매설관의 표면 또는 접속부를 절연
③ 도전체로 차폐하는 방법

4) 귀선궤조에서의 누설전류 경감 대책

① 레일을 따라 보조귀선 설치
② 귀선저항을 작게 하기 위하여 레일에 본드(bond)를 시설
  • 레일본드 : 레일의 접속부분을 연동선으로 연결
  • 크로스 본드 : 양 궤조 간 및 궤조 상호간을 전기적으로 접속하는 본드
③ 귀선을 부(−)극성 　출제 산업 3번

11 　운전 속도

1) 평균속도

주행한 운전 구간의 거리를 도중 정차 시간을 제외한 순주행 시간으로 나눈 속도

$$\text{평균속도} = \frac{\text{운전거리}}{\text{순주행시간}}$$

2) 표정속도

① 주행한 운전 구간의 거리를 도중 정차시간을 포함한 전 운전 시간으로 나눈 속도

$$\text{표정속도} = \frac{\text{운전거리}}{\text{순주행시간}+\text{정차시간}}$$ 출제 산업 3번

② 표정속도를 올리는 방법
- 주행 시간 또는 정차 시간을 짧게 한다. 출제 기사 2번
- 주행 시간은 최대 속도로 될 수 있는 대로 먼 거리를 달려야 짧아지므로 가속도, 감속도 모두 크게 하면 된다. 출제 산업 4번

3) 최고 속도

선로 상태 또는 차량의 성능에 의해 얻어진 속도의 최고값

12 - 주행저항의 종류

출제 산업 1번, 기사 1번

열차저항을 분류하면 출발저항, 주행저항, 곡선저항, 구배저항, 가속저항 등이 있다.
겨울철은 이 저항값이 증가(윤활유 경화)하므로 전차의 비전력 소비량이 증가한다.

출제 산업 1번, 기사 1번

1) 출발저항

열차가 정지상태에서 출발 할 경우 존재하는 저항으로 출발 후 속도가 대략 8[km/h]에 이르기까지는 직선적으로 감소

2) 주행저항

주행저항은 차륜의 구름마찰, 베어링 부분의 기계적 마찰, 공기저항이 중요한 요소이다.

3) 곡선저항

열차가 곡선구간을 달리면 곡선반지름에 반비례하는 저항을 받게 되며, 이것을 곡선저항이라고 한다. 출제 산업 3번

$$R_c = \frac{600 \sim 800}{R_m}[\text{kg/ton}]$$

여기서, R_m : 궤도의 곡선반지름[m]

4) 구배저항

경사 궤도를 운전 시 중력에 의해 발생되는 저항으로 내려가는 구배에서는 (−)의 저항을 받는다고 생각하면 된다.

$$R_g = \pm 1000\mu W[\text{kg}]$$

여기서, μ : 구배[‰](퍼밀), W : 차량의 중량[ton]

5) 가속저항

(1) 열차 가속 시 발생하는 저항

$$F_a = 28.35\,(1+x)\,a\,W\,[\text{kg}]$$

(2) 관성계수를 고려한 경우

- 전동차 $F_a = 31aW\,[\text{kg}]$ 출제 산업 5번, 기사 4번
- 객 차 $F_a = 30aW\,[\text{kg}]$

여기서, a : 가속도[km/h/sec], x : 관성계수(전동차 : 0.1, 객차 : 0.05)

13 - 견인력

차량의 주 전동기에 전력을 공급하여 그 전기자에서 발생하는 토크가 동륜에 전달되면 동륜답면 또는 연결기에 나타나는 힘을 견인력이라 한다.

1) 최대 견인력

① 동륜상의 중량과 점착계수로 견인력을 구하는 방식

$$F = 1000\mu\,W_0\,[\text{kg}]$$ 출제 산업 10번, 기사 7번

여기서, F : 견인력[kg], μ : 점착계수, W_0 : 동륜상 중량[ton] (자중이 아님)

② 전차의 중량과 경사(구배)로 견인력을 구하는 방법

$$F = W \cdot g\,[\text{kg}]$$ 출제 산업 7번, 기사 6번

여기서, W : 전차 중량[kg], g : 경사(구배)[‰]

2) 전동기 용량

전동차 주전동기의 출력 P는

$$P = F \times V \times \frac{1000}{3600}\,[\text{kg} \cdot \text{m/s}]$$

여기서, F : 열차의 견인력[kg], V : 열차의 운전속도[km/h]

1[HP]=75[kg · m/s] 이므로 P를[HP]로 환산하면

$$P = F \times V \times \frac{1000}{3600} \times \frac{1}{75} = \frac{FV}{270}\,[\text{HP}]$$

1[HP]= 0.735[kW] 를 적용하여 P를[kW]로 환산하면

$$P = \frac{FV}{367}[\text{kW}]$$ 출제 산업 1번

가 된다. 1대당 출력 P_o와 입력 P_i는

$$P_o = \frac{FV}{367} \times \frac{1}{N\eta}[\text{kW}]$$

$$P_i = \frac{FV}{367} \times \frac{1}{N\mu\eta}[\text{kW}]$$ 출제 산업 3번

여기서, N : 주전동기수, η : 전동기 효율, μ : 동력 전달효율, F : 견인력[kg]
V : 속도[km/h]

14 – 전철용 전동기

1) 주전동기의 구비 조건
① 열차 출발시에 기동 토크가 클 것
② 오름 구배에서 과부하가 되지 않고, 토크의 저하가 적을 것
③ 병렬 운전이 가능하고, 전동기 상호의 부하 불평형이 적을 것
④ 넓은 속도 범위에 걸쳐 고능률이어야 하고, 전원 전압의 변화에 대한 영향이 적어야 한다.
⑤ 소형, 경량이어야 하며, 방진·방수·방설형이어야 한다.

2) 주 전동기
① 전철용 주전동기 : 직류 직권 전동기의 토크는 전류의 제곱에 비례하므로 기동 시 토크가 커야 하는 전차용, 전기 철도용의 견인 전동기로 직류 직권 전동기가 많이 사용된다.
출제 산업 2번
② 정격 : 연속정격과 1시간 정격이 이용되고 있다.

3) 직권 전동기의 속도제어 방식 출제 산업 1번

$$N = K\frac{V - I_a(R_a + R_s)}{I_a}[\text{rpm}]$$

(1) 계자 제어법
계자전류의 크기를 제어하여 전동기의 속도제어

(2) 직렬 저항 제어법
전기자 회로에 저항을 넣어서 속도를 저하시키는 방법으로 효율이 나쁜 것이 결점이지만

직·병렬 제어법과 병용하여 많이 사용되는 방법이다.

(3) 직·병렬 제어법

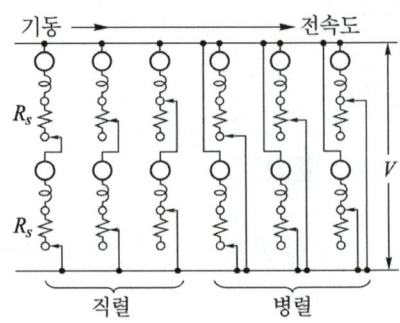

전압 제어법의 일종으로 정격이 같은 2배수의 전동기를 직·병렬 접속함으로써, 전동기에 인가되는 전압을 조정하여 속도를 제어하는 방법으로 제어 효율을 개선하고 소비 전력를 감소시킬 수 있는 제어방법이다. 출제 산업 1번

그러나 직·병렬 제어법만으로는 속도의 변화가 원활하지 못하므로 저항 제어법을 병용한다.

(4) 초퍼(chopper) 제어 출제 기사 1번

사이리스터를 이용하여 입력 전압을 제어하는 방식으로 근래에 많이 사용(고전압 대용량 차량)되는 방식이다.

(5) 메타다인 제어법 출제 산업 4번, 기사 2번

직류 정전류 제어법으로서 정류자가 있는 전기자를 구비한 회전기이다.

15 ─ 제동

(1) 수동제동

(2) 공기제동

(3) 전기제동

① 발전제동 : 구동용 전동기를 발전기로 사용하여 발생하는 전력을 차량에 탑재한 저항기에서 열로 변환하여 제동하는 제동방식 출제 산업 2번

② 회생제동 : 발전제동과 원리적으로는 같지만 발전기에서 발생된 전력을 전원 측으로 공급하는 제동방식(산악지대 전기철도에 유리) 출제 기사 1번

16 - 보안 설비

1) 폐색 장치   출제 산업 3번

선로의 각 구간에 두 열차 이상이 진입하지 못하도록 하기 위하여 설치한 장치를 폐색 장치라한다.

2) 전철 장치

하나의 선로로부터 다른 선로로 분기하는 개소에 사용되며 분기점인 선로는 전철기 부분, 리드부분, 크로싱 부분으로 되어있다.

3) 궤도 회로

궤조를 이용하여 전기회로를 구성하고 그 회로를 열차의 차축으로 단락하여 궤도 계전기를 여자 또는 소자시켜 열차의 유무를 검지할 수 있는 장치로 전원장치, 한류장치, 궤조 및 궤도 계전기등으로 구성되어 있다.

4) 임피던스 본드   출제 산업 3번, 기사 1번

자동 폐색식에서 사용되며 전차의 귀로 전류는 흐르게 하고 신호 전류는 흐르지 못하게 한 회로

5) 크로스 본드

귀선(레일)의 누설전류 감소를 위해 양 궤조간에 연결한 것으로서 자동신호 설비와는 무관하다.

전기철도의 종류

☆【98. 산업기사】
01 다음 중 유닛 쿨러(unit cooler)를 주로 사용하는 곳은?

① 중거리 전기차   ② 장거리 전기차
③ 시내 전차   ④ 시간 전차

궤도

☆【95. 산업기사】
02 우리 나라에서 운행되고 있는 전기 철도의 궤간[mm]은?

① 1,067   ② 1,372   ③ 1,435   ④ 1,524

> **해설**, 표준 궤간 : 1,435[mm]
> 광궤간 : 1,675[mm], 1,600[mm], 1,523[mm]
> 협궤간 : 1,067[mm], 1,000[mm]

★★【92. 산업기사, ㉠ : 97. 기사, 96. 산업기사】
03 곡선부에서 원심력 때문에 차체가 외측으로 넘어지려는 것을 막기 위하여 외측 궤조를 약간 높여 준다. 이 내외 궤조 높이의 차를 무엇이라고 하는가?

① 가이드 레일   ② 슬랙
③ 고도   ④ 확도

> **해설**, 차량이 원심력 때문에 외측으로 넘어지려고 하므로 고도를 주어 차량 중량의 일부를 구심력으로 하여 원만하게 곡선 운동을 이루게 한다.

☆【00. 산업기사】
04 곡선 궤도에 있어 고도의 최대한을 두는 이유는?

① 시설이 곤란하다.
② 운전 속도를 제한하기 위하여
③ 운전의 안전을 확보하기 위하여
④ 타고있는 사람의 기분을 좋게 하기 위하여

해설 곡선부를 저속으로 통과 시 또는 곡선부에서 정차시 차량이 내측으로 기울어짐에 따른 위험성을 방지하기 위하여 고도를 일정 범위 이하로 제한

☆ 【99. 산업기사】
05 궤간 G[mm], 반지름 R[m]의 곡선 궤도를 V[km/h] 속력으로 전차를 주행할 때의 고도(cant)[mm]는?

① $\dfrac{GV}{102R}$　　　② $\dfrac{GV^2}{102R}$　　　③ $\dfrac{GV}{127R}$　　　④ $\dfrac{GV^2}{127R}$

★★☆ 【82. 기사, 95. 96. 12. 산업기사, ㉯ : 00. 산업기사】
06 고도가 10[mm]이고 반지름이 1,000[m]인 곡선 궤도를 주행할 때 열차가 낼 수 있는 최대 속도는? 단, 궤간은 1,435[mm]로 한다.

① 약 29.75　　　② 약 38.46　　　③ 약 49.68　　　④ 약 196.0

해설 $V_m = \sqrt{\dfrac{127RC}{G}}$ [km/h]에서 $R=1,000$[m], $C=10$[mm], $G=1,435$[mm]이므로

$\therefore V_m = \sqrt{\dfrac{127 \times 1,000 \times 10}{1,435}} = 29.75$[km/h]

★ 【03. 11. 산업기사】
07 열차가 반지름 1,000[m]의 곡선 궤도를 시속 50[km/h]를 주행할 때 고도[mm]는 얼마인가? (단, 궤간은 1,000[mm]이다.)

① 17.5　　　② 19.7　　　③ 21.5　　　④ 32

해설 $C = \dfrac{GV^2}{127R} = \dfrac{1,000 \times 50^2}{127 \times 1,000} = 19.68$[mm]

☆ 【93. 산업기사】
08 궤도의 곡선부분에서 고도를 갖지 못하는 곳은?

① 철차가 있는 곳　　　　　② 교량의 부분
③ 건널목　　　　　　　　　④ 터널 내

해설 건널목도 차·마의 교통에 지장이 있어서 고도로 하기는 곤란하지만 정도의 문제이다.

★★★★☆ 【79. 82. 92. 99. 12. 기사, 69. 산업기사】
09 궤도의 확도(slack)는? 단, 곡선의 반지름 R[m], 고정 차축 거리 l[m]이다.

① $\dfrac{l^2}{5R}$　　　② $\dfrac{l^2}{R}$　　　③ $\dfrac{l^2}{8R}$　　　④ $\dfrac{l^2}{2.5R}$

답 5. ④ 6. ① 7. ② 8. ① 9. ③

해설 확도(slack 슬랙)는 곡선로 부분에서 후렌지가 레일 측면에 끼어서 탈선하는 것을 방지하기 위해서 궤간을 직선부보다 약간 넓게 하는 것을 말한다.
열차가 곡선 궤도를 주행할 때 차륜의 플런저와 레일의 머리 부분 측면 사이에 심한 마찰이 생기는데 이를 완화하기 위해 안쪽 궤도의 궤간을 넓혀 횡압을 줄인다. 이때 궤간을 넓히는 것을 확도라고 한다.

확도 $S = \dfrac{l^2}{8R}$ 여기서, l : 고정 차축간 거리[m], R : 곡선 반지름[m]

☆【94. 산업기사】
10 궤조의 파상 마모를 일으키기 쉬운 것은?

① 탄성 도상　　　　　　　　　② 비탄성 도상
③ 큰 궤조　　　　　　　　　　④ 작은 궤조

해설 도상에 콘크리트를 사용한 비탄성적인 딱딱한 도상 부분에서 파상 마모는 가장 일어나기 쉽다.

☆【02. 기사】
11 철도 선로의 곡선부에서 안쪽 레일과 바깥쪽 레일에 높이의 차를 둔다. 이것을 무엇이라 하는가?

① 슬랙　　　　　② 퍼밀리지　　　　　③ 캔트　　　　　④ 유간

해설 원심력 때문에 차량이 외측으로 넘어지려고 하므로 고도를 주어 차량 중량의 일부를 구심력으로 하여 원만하게 곡선 운동을 이루게 한다.

☆【94. 산업기사】
12 온도의 변화로 인한 궤조의 신축에 대응하기 위한 것은?

① 궤간　　　　　② 유간　　　　　③ 곡선　　　　　④ 확도

해설 온도의 변화에 대한 궤조의 신축에 대응하기 위하여 이음 장소에 적당한 간격을 두는데 이것을 유간이라한다.

☆【96. 14. 산업기사】
13 다음 설명 중 리드레일(lead rail)에 적당한 것은?

① 열차가 대피궤도로 도입되는 레일
② 전철기와 철차와의 사이를 연결하는 곡선 레일
③ 직선부에서 곡선부로 변화하는 부분의 레일
④ 직선부에서 경사부로 변화하는 부분의 레일

해설 도입 궤조(lead rail)는 선단 레일과 철차 사이의 원곡선으로 된 부분을 말한다. 전철기와 철차 사이를 연결하는 곡선 궤조

★★★ 【86. 88. 96. 04. 기사】

14 직선 궤도에서 호륜 궤조를 설치하지 않으면 안 되는 곳은?

① 교량의 위　　　　　　　　　② 고속도 운전 구간
③ 병용 궤도　　　　　　　　　④ 분기 개소

해설 궤도의 분기 개소에서 철차가 있는 곳은 궤조가 중단되므로 원활하게 차체를 분기 선로로 유도하기 위해서는 반대 궤조측에 호륜 궤조(guard rail)를 설치하여야 한다.

★★ 【83. 99. 기사】

15 50[kg]의 궤조 단선 궤조의 특성 저항, 누설 계수를 구하면? 단, 궤조 2개 병렬로 본드를 포함한 저항은 0.01839[Ω/km], 누설 저항은 1[Ω·km]로 한다.

① $\delta = 0.1356$, $\alpha = 0.1356$　　② $\delta = 0.0891$, $\alpha = 0.0489$
③ $\delta = 1.0415$, $\alpha = 2.0431$　　④ $\delta = 2.0819$, $\alpha = 2.4321$

해설 특성 저항 $S = \sqrt{r \cdot \rho} = \sqrt{0.01839 \times 1} = 0.1356$
누설 계수 $r = \sqrt{r/\rho} = \sqrt{0.01839} = 0.1356$

유사문제

‖유사문제 원문 및 해설 : 동일출판사 홈페이지≫고객센터≫자료실

01. 궤간 1[m]이고 반경이 1,270[m]의 곡선 궤도를 64[km/h]로 주행하는 데 적당한 고도[mm]는?
답 $C = \dfrac{1,000 \times 64^2}{127 \times 1,270} = \dfrac{4,096,000}{161,290} = 25.4[\text{mm}]$

02. 열차가 곡선 궤도부를 원활하게 통과하기 위한 조치는?
답 확도

03. 궤조의 탄소 함유량[%]은?
답 1.3~3.0[%]

04. 제3궤조의 저항은 구리의 저항보다?
답 7배

05. 차륜 답면의 경사는?
답 1/20

06. 차륜의 답면에 안지름과 바깥지름의 차이가 있는 이유는?
답 곡선 부분은 양궤조의 길이에 차이가 있으므로

07. 철차의 번호 N과 철차각 θ와의 관계는?
답 $N = \cot\theta$

08. 종곡선(vertical curve)은?
답 수평 궤도에서 경사 궤도로 변화하는 부분

09. 완화 곡선(transition curve)이라 함은?

답 직선 궤도에서 곡선 궤도로 이동하는 곳에 있다.

주 전동기

★★ 【14. 기사, 92. 11. 산업기사, ⊕ : 95. 산업기사, 67. 3급】

16 기동 토크가 크며 입력 변동이 적고 전차용 전동기로 적당한 전동기는?

① 직권형　　　　　　　　　　② 분권형
③ 화동 복권형　　　　　　　　④ 차동 복권형

해설 직류 직권 전동기의 토크는 전류의 제곱에 비례하므로 기동시 토크가 커야 하는 전차용, 전기 철도용의 견인 전동기로 사용된다.

★★★ 【93. 10. 기사, 90. 92. 95. 97. 산업기사】

17 전철 전동기에 감속 기어를 사용하는 이유는?

① 동력 전달을 위해　　　　　② 전동기의 소형화
③ 역률의 개선　　　　　　　　④ 가격 저하

해설 동일 출력이면 전동기의 속도가 높을수록 작은 회전력으로 족하며, 따라서 형태도 작아진다. 전동기를 제한된 용적을 가진 대차에 매달려면 소형일수록 유리하다.

★★★★☆ 【97. 기사, 85. 90. 91. 93. 96. 99. 00. 산업기사】

18 전차용 전동기에 보극을 설치하는 이유는?

① 역회전 방지　　　　　　　　② 정류 개선
③ 섬락 방지　　　　　　　　　④ 불꽃 방지

해설 ②의 정류 개선도 물론 중요하나, 전차용 전동기의 정류 개선 중 보극이 전동기의 회전 방향에도 불구하고 같은 효과가 있는 점을 주목하여야 한다.

★★ 【95. 04. 05. 산업기사】

19 총 중량이 30[t]이고 전동기 4대를 가진 전동차가 20[‰]의 직선궤도를 올라가고 있다. 지금 속도 30[km/h], 가속도 1[km/h/s]라면 각 전동기의 출력[kW]은 약 얼마인가? 단, 열차저항은 6[kg/t], 기어장치 효율은 0.95로 한다.

① 25　　　　　　② 37　　　　　　③ 43　　　　　　④ 51

답 16. ①　17. ②　18. ①　19. ②

해설▶ 견인력=총 중량×(주행 저항+경사 저항+가속 저항)

$r_1 = 6[\text{kg/t}]$, $r_2 = 20[\text{kg/t}]$, $f_a = 31 \times 1[\text{kg/t}]$

견인력 $F = (6+20+31) \times 30 = 1710[\text{kg}]$

$$P_1 = \frac{FV}{367N\eta} = \frac{1710 \times 30}{367 \times 4 \times 0.95} \fallingdotseq 37[\text{kW}]$$

☆ 【96. 산업기사】

20 전차를 시속 100[km]로 운전하려 할 때 전동기의 출력이 얼마나 필요한가? 단, 치차 요율 $\eta = 97[\%]$, 차륜상의 견인력은 400[kg]이다.

① 95

② 100

③ 110

④ 112

해설▶ $P = \dfrac{FV}{367\eta} = \dfrac{400 \times 100}{367 \times 0.97} = 112.36[\text{kW}]$

★ 【03. 24. 기사】

21 전기차량의 구동용 주전동기의 특성을 설명한 것이다. 틀린 것은?

① 직류 직권 전동기의 회전수 n은 단자 전압에 비례 하고 부하전류에 반비례한다.

② 직류 직권 전동기의 토크는 전류의 2승에 비례한다.

③ 유도 전동기는 VVVF 인버터 장치가 필요하다.

④ 유도 전동기 2차전류(I_R)은 자속 P와 주파수 f_s에 반비례한다.

해설▶

① $N = K_1 \dfrac{V}{\phi} = K_2 \dfrac{V}{I}$ ($\because I \propto \phi$)

② $T = K_1\phi I = K_2 I^2$ ($\because I \propto \phi$)

③ 3상 유도 전동기는 속도 제어 및 기동 특성 개선을 위하여 인버터(VVVF)가 필요하다.

④ 조건에 맞지 않는다.

〈 - 유사문제

‖ 유사문제 원문 및 해설 : 동일출판사 홈페이지》고객센터》자료실

01. 총 중량 30[t]의 전차가 20/1,000의 상승 구배로 곡선 반지름 1,600[m]의 궤도를 시속 36[km]의 등속도로 주행하고 있다. 이때 전동기의 출력[kW]은? 단, 주행 저항 : 6[kg/t], 동력 전달 효율 : 0.95, 곡선 저항 : $\dfrac{800}{r}$[kg/t], r : 곡선 반지름[m]

답 82.1[kW]

02. 전기 기관차가 2,000[kg]의 견인력으로 속도 80[km/h]로 달리고 있을 때 출력은?

답 457[kW]

속도와 제동

☆【94. 산업기사】
22 전차용 전동기의 사용 대수를 2의 배수로 하는 이유는?

① 균일한 중량의 증가 ② 제어 효율 개선

③ 고장에 대비해서 ④ 부착 중량의 증가

> **해설** 전차용 전동기의 사용 대수를 2배수로 하는 것은 직·병렬 제어법으로 전동기의 단자 전압을 바꾸어 속도제어를 하게 하기 위함으로서 제어 효율을 개선하고 소비 전력의 감소가 되도록 함이다.

★【99. 기사】
23 동력 방식으로 최근에 와서 복식 개별운전이 증가하고 있는데 그 이유가 되지 않는 것은?

① 기계의 구성이 간단하다. ② 동력전달 장치가 생략된다.

③ 정밀운전이 된다. ④ 총 설비용량이 적어진다.

> **해설** 복식 개별 운전 방식
> · 장점 : ① 기계의 구성이 간단하다. ② 동력 전달 장치가 생략된다. ③정밀 운전을 할 수 있다.
> · 단점 : 총 설비용량이 증가한다.

★【80. 기사】
24 전기 철도에서 전력 회생 제동법을 채용하는 것이 가장 유리한 것은?

① 시가지 전차 ② 지하철

③ 평지의 간선 전기 철도 ④ 산악 지대의 전기 철도

> **해설** 전력 소비량은 1/40의 구배에서 약 30[%] 정도 절약된다.

★【84. 95. 산업기사】
25 전기 철도의 전기 제동에서 주전동기를 발전기로 쓰고 차량의 운동 에너지를 전기 에너지로 변환하여 저항기에 의하여 열 에너지로 방사하는 제동을 무엇이라 하는가?

① 전력 회생 제동 ② 발전 제동

③ 전자 제동 ④ 저항 제동

> **해설** 발전 제동이란 전차용 전동기를 제동함에 있어서 전동기를 발전기로 작용시켜서 저항기를 통하여 열에너지로 소비시켜 제동하는 방식이며, 제륜자의 마모가 없고 차륜을 가열하지 않는다.

☆【94. 산업기사】
26 전기 철도의 속도 제어법으로 쓰이지 않는 방법은?

① 저항 제어법 ② 계자 분로법

③ 직·병렬법 ④ 브리지 변환법

📖 22. ② 23. ④ 24. ④ 25. ② 26. ④

해설 직류 전동기 속도 제어법
① 저항 제어 ② 직·병렬 제어 ③ 계자 제어 ④ 초퍼 제어 ⑤ 메타다인 제어

★【90. 기사】
27 대용량 고전압의 차량에 쓰이고 최근에는 고성능의 노면 전차에 이용하고 있는 방식은?

① 직접 제어 방식　　　　　　　　　② 간접 제어 방식
③ 직류 초퍼 제어　　　　　　　　　④ 탭 절환 제어

해설 초퍼 제어 방식
① 저항이 필요하지 않아서 손실(I^2R)이 없다.
② 무접점이므로 접점 소모에 따른 접촉 불량이 없다.
③ 평활 리액터가 필요하다.

★★★【92. 02. 기사, 84. 91. 98. 99. 산업기사】
28 메타다인(metadyne) 제어법이라 함은?

① 직류 정전류 제어법　　　　　　　② 직류 정전압 제어법
③ 정속도 제어법　　　　　　　　　④ 정출력 제어법

해설 메타다인은 정류자가 있는 전기자를 구비한 회전기로 정전류 특성이 있다.

★【89. 기사】
29 회생 제동 구간에 적당한 변전소의 직류 변환 장치는?

① 회전 변류기　　　　　　　　　② 수은 정류기
③ 전동 발전기　　　　　　　　　④ 인버터

해설 전동 발전기는 가역성이 있어 회생 제동에 적합하나 장치 자신의 효율이 좋지 않아 변전소에 부적당하여 제외되며, 인버터는 직류를 교류로 변환하나 교류를 직류로 변환할 수 없다. 따라서 직류 변환 장치가 못 된다.

★【91. 기사】
30 공기 제동 장치에서 제동 작용의 늦음이 없고, 또 강력하므로 2방 이상의 정열차 운전에 사용되는 장치는?

① 직류 공기 제동　　　　　　　　② 전자 공기 제동
③ 자동 공기 제동　　　　　　　　④ 발전 공기 제동

해설 자동 공기 제동은 열차 전장에 브레이크관을 관통시키고 각 차량에 제어 밸브와 보조 공기조를 설치, 브레이크관 내의 공기압을 감압함으로 제동을 하는 것으로 급속 감압을 할 수 있고 열차 분리 등의 경우에 자동적으로 브레이크가 걸리며 또한 브레이크관 압력의 증감에 따라 브레이크력을 조절 가능한 장점이 있다.

답 27. ③ 28. ① 29. ① 30. ③

31 ★ 【84. 98. 산업기사】
그림과 같은 회로는 전력 회생 제동의 여자 방식에서 다음 중 어느 방식에 해당되는가?

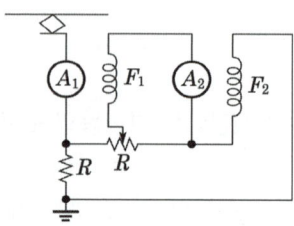

① 주전동기로 여자하는 방식 　　② 트롤리선으로 여자하는 방식
③ 전동 발전기로 여자하는 방식 　　④ 축전지로 여자하는 방식

유사문제

∥ 유사문제 원문 및 해설 : 동일출판사 홈페이지≫고객센터≫자료실

01. 전차용 전동기의 대수를 2배로 하는 이유는?
　　답 소비 전력 감소

02. 다음 중 전기 기관차의 속도 제어법으로 사용되지 않는 것은?
　　답 극수 조정법

03. 전동차가 일정한 구배로 발전 제동을 걸어 정속도로 내려갈 때 전압과 전류의 관계는 전동차의 속도가 빠를수록 어떻게 되는가?
　　답 전압만 커지고 전류는 별로 변하지 않는다.

04. 회전 변류기를 이용하는 변전소는?
　　답 회생 제동으로 전력이 절약된다.

열차 운전

32 ★★★ 【83. 87. 98. 08. 11. 23. 산업기사】
표정 속도의 정의는? 단, L : 정거장 간격, t ; 정차 시간, n : 정거장 수, T : 전 주행시간이다.

① $\dfrac{L}{(t+T)}$ 　　② $\dfrac{nL}{(nt+T)}$ 　　③ $\dfrac{(n-1)L}{(nt+T)}$ 　　④ $\dfrac{(n-1)L}{(n-2)t+T}$

해설
$$표정속도 = \dfrac{이동거리}{운전시간 + 정차시간}$$
정거장 수 n이면 정차시간은 출발역과 종착역을 제외한 역에서만의 정차시간이므로 $(n-2)t$, 이동거리는 $(n-1)l$이 된다.

답 31. ① 32. ④

☆ 【82. 산업기사】

33 일정한 가속도 2[km/h/s]로 가속될 때의 10[s] 후의 주행 거리[m]는?

① 28

② 180

③ 280

④ 580

해설 $a = 2[\mathrm{km/h/s}] = \dfrac{2,000}{3,600}[\mathrm{m/s^2}]$

$\therefore S = \dfrac{1}{2}at^2 = \dfrac{1}{2} \times \dfrac{2,000}{3,600} \times 10^2 ≒ 28[\mathrm{m}]$

★ 【95. 기사】

34 차륜과 제륜자와의 마찰 계수는?

① 제동 시간이 경과하면 증가한다.

② 제동 압력이 증가하면 감소한다.

③ 제륜자 접촉면의 온도에 관계 없다.

④ 열차의 중량에 관계가 있다.

해설 제륜자와의 마찰 계수는 속도나 제륜자의 재질, 접촉면의 온도, 제동시간, 온도의 영향과는 일정하지 않으며 제륜자를 누르는 압력이 증가하면 마찰 계수는 감소한다.

★☆ 【97. 기사, 89. 산업기사】

35 겨울에 전차의 비전력 소비량이 커지는 것은?

① 열차 운행의 무질서

② 전압 강하의 증대

③ 여객 중량의 증가

④ 열차 저항의 증가

해설 열차 운행의 무질서를 제외하고는 모두 비전력 소비량이 크게 되는 원인이 된다. 그러나 겨울에는 회전부의 윤활유 경화로 시발시는 특히 열차 저항이 증가된다.

★★ 【89. 99. 기사】

36 전동차가 동일 구역간을 운행할 때 운전 시간 t와 소비 전력량[Wh] 사이의 관계를 옳게 표시한 것은?

① 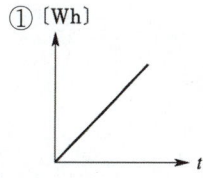 ② 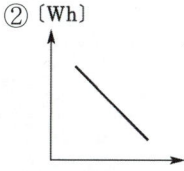 ③ 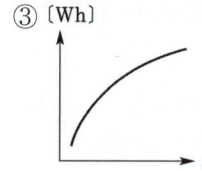 ④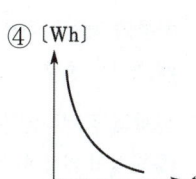

해설 정지 상태의 전동차가 출발하여 가속할 때에는 큰 전류(전력)가 소요되고 시간이 경과하면 타력에 의하여 운전되므로 전류(전력)가 점차 감소하게 된다. 그러나, 전력량은 시간의 경과에 따라서 누적되는 양이므로 시간 경과와 더불어 전력량은 증가되는데 증가율은 점차 감소하게 된다.

37 ★★ 【88. 99. 기사】

전차의 표정 속도를 높이기 위한 수단은?

① 최대 속도를 높게 한다.   ② 정차 시간을 짧게 한다.

③ 가속도를 크게 한다.   ④ 제동도를 높인다.

> **해설** 표정 속도란 운행거리를 주행시간(정차시간 포함)으로 나눈 값이므로 표정 속도를 크게 하기 위해서는 주행시간과 정차시간을 짧게 해야 한다.

38 ★ 【95. 99. 11. 산업기사】

열차의 자동제어 목적이 아닌 것은?

① 운전 조작의 단순화   ② 경제성 향상

③ 열차밀도의 감소   ④ 운전속도의 향상

39 ★★ 【09. 기사, 80. 87. 89. 99. 산업기사】

전차 운전에서 최고 속도를 변화시키지 않고 표정 속도를 크게 하려면 다음 중 어떤 방법이 좋은가?

① 가속도와 감속도를 크게 한다.

② 가속도를 크게 하고, 감속도를 작게 한다.

③ 가속도를 작게 하고, 감속도를 크게 한다.

④ 가속도와 감속도를 작게 한다.

> **해설**
> $$\text{표정 속도} = \frac{\text{시발역과 종착역의 거리}}{\text{주행 시간 + 정차시간}}$$
> 이므로 주행 시간 또는 정차 시간을 짧게 하면 표정 속도는 커진다. 주행 시간은 최대 속도로 될 수 있는 대로 먼거리를 달려야 짧아진다. 즉 가속도, 감속도 모두 크게 하면 된다.

⤷ 유사문제

‖ 유사문제 원문 및 해설 : 동일출판사 홈페이지≫고객센터≫자료실

01. 차륜과 제동자와의 마찰 계수에 관계 없는 것은?

     답 차량의 중량

02. 전차의 경제적인 운전 방법은?

     답 타성에 의하여 가는 것을 이용한다.

답 37. ②   38. ③   39. ①

견인력, 제동력

★★★★ 【87. 98. 02. 기사, 82. 90. 15. 산업기사, ㊉ : 10. 기사, 88. 93. 산업기사】
40 열차의 자중이 100[t]이고 동륜상의 70[t]인 기관차의 최대 견인력[kg]은? 단, 궤조의 점착 계수는 0.2이다.

① 14,000　　　　② 15,000　　　　③ 18,000　　　　④ 20,000

해설 최대 견인력 F_m[kg]은 다음과 같다.
$F_m = 1,000\mu W_a$[kg]
여기서, μ는 점착 계수, W_a는 차륜이 궤조(rail)면에 수직으로 누르는 중력[t], 즉 동륜상의 중량
∴ $F_m = 1,000 \times 0.2 \times 70 = 14,000$[kg]

★★★★ 【98. 기사, 96. 04. 산업기사, ㊉ : 94. 기사, 83. 91. 97. 05. 12. 산업기사】
41 자중 100[t]이고 바퀴 위의 무게가 75[t]인 기관차의 최대 견인력[kg]은 얼마인가? 단, 바퀴와 레일의 점착계수는 0.2라 한다.

① 7,500　　　　② 10,000　　　　③ 15,000　　　　④ 20,000

해설 $F_a = 1,000\mu W_a = 1,000 \times 0.2 \times 75 = 15,000$[kg]

★★★★★ 【00. 02. 04. 기사, 94. 96. 02. 03. 11. 산업기사, ㊉ : 90. 92. 기사, 85. 94. 03. 산업기사】
42 30[t]의 전차가 30/1,000의 구배를 올라가는 데 필요한 견인력[kg]은? 단, 열차 저항은 무시한다.

① 90　　　　② 100　　　　③ 900　　　　④ 9,000

해설 경사가 30/1,000이고 이 각의 $\tan\theta \simeq \sin\theta$로 생각되므로
∴ 견인력 $= W\sin\theta = 30 \times 10^3 \times \dfrac{30}{1,000} = 900$[kg]

★☆ 【72. 04. 기사, 96. 산업기사】
43 50[t]의 전차가 20[‰]의 경사를 올라가는 데 필요한 견인력[kg]은? 단, 열차 저항은 무시한다.

① 100　　　　② 150　　　　③ 1,000　　　　④ 1,500

해설 견인력 $= 50 \times 10^3 \times \dfrac{20}{1,000} = 1,000$[kg]

★★ 【69. 89. 기사】
44 전기 열차에서 전기 기관차의 중량 150[t], 부수차의 중량 550[t], 기관차 동륜상의 중량 100[t]이다. 우천 시 올라갈 수 있는 최대 구배[‰]는? 단, 열차 저항은 무시하고, 우천 시 정착 계수는 0.18이라 한다.

① 5　　　　② 2.5　　　　③ 4　　　　④ 6

정답 40. ①　41. ③　42. ③　43. ③　44. ②

해설 ▶ 우천 시의 부착 계수는 0.18이므로

$$g_{\max} = \frac{1,000\mu W_a}{W_g + W_c} = \frac{1,000 \times 0.18 \times 100}{150 + 550} = 25.5[\%] = 2.55[\text{‰}]$$

45 ★★★★★ 【83. 93. 98. 04. 11. 기사, 91. 92. 산업기사, ㉧ : 99. 00. 산업기사】

중량 50[t]의 전동차에 3[km/h/s]의 가속도를 주는 데 필요한 힘[kg]은?

① 150   ② 156   ③ 210   ④ 4,650

해설 ▶ $F_a = 31\,WA = 31 \times 50 \times 3 = 4,650[\text{kg}]$

46 ☆ 【00. 산업기사】

직선 평탄한 구간에 있어서 100[t]의 열차(편성 열차)가 가속도 2.1[km/h/s]로 견인하는 경우의 가속 저항값[kg]은?

① 약 4,000   ② 약 6,400   ③ 약 8,500   ④ 약 10,000

해설 ▶ $F = 31\,WA[\text{kg}] = 31 \times 100 \times 2.1 = 6,510[\text{kg}]$

47 ☆ 【82. 산업기사】

자중이 25[t]이고 승객 및 기타의 무게가 5[t]인 전차가 1/30의 구배를 가진 궤도상을 30[km/h]의 속도로 내려갈 때 등속도로 내려가기 위한 브레이크력은 몇 [kg]으로 하면 되는가? 단, 열차 저항은 7[kg/t]이라 한다.

① 210   ② 790   ③ 825   ④ 1,210

해설 ▶ 감속도 B를 주는 힘 F는

$$F = F_B + F_R - F_G$$

여기서, F_B는 제동력, F_R은 주행 저항에 의하여 생기는 힘, F_G는 경사로 인하여 생기는 힘이며 이 문제에서는 곡선 저항은 없다.

$$F_R = 7 \times 30 = 210[\text{kg}]$$

$$F_G = 30 \times 10^3 \times \sin\theta = 30 \times 10^3 \times \frac{1}{30} = 1,000[\text{kg}]$$

등속도이므로 $B = 0$이 되고 $F = 0$이다.

$$\therefore F_B = F_G - F_R = 1,000 - 210 = 790[\text{kg}]$$

⤧ 유사문제

‖ 유사문제 원문 및 해설 : 동일출판사 홈페이지≫고객센터≫자료실

01. 차륜의 답면에 나타나는 견인력 F의 식은? 단, 전동기의 회전력을 $T[\text{kg}\cdot\text{m}]$, 차륜의 지름을 D [m], 기어비를 r, 전달 효율을 η'라 한다.

답 $F = Tr\eta'\dfrac{2}{D}$

02. 전기차가 역에서 정차해서 출발할 때 기동 견인력이 많이 필요한 이유는?

🔑 축수(bearing)에 유막이 생기므로

03. 35[t]의 전차가 20[‰]의 경사 궤도를 45[km/h]의 속도로 올라갈 때 필요한 견인력은 몇 [kg]인가? 단 주행 저항은 5[kg/t]이라 한다.

🔑 875[kg]

04. 50[t]의 전차가 30/1,000의 구배를 올라가는 데 필요한 견인력[kg]은? 단, 열차 저항은 무시한다.

🔑 견인력 $= W\sin\theta = 50 \times 10^3 \times \dfrac{30}{1,000} = 1,500$[kg]

05. 30[t]의 전차가 30[‰]의 경사를 올라 가는데 요하는 견인력[kg]은 얼마인가? 단, 열차 저항은 무시한다.

🔑 견인력 $= W\sin\theta = 30 \times 10^3 \times \dfrac{30}{1,000} = 900$[kg]

06. 중량 W_g[t]인 전기 기관차의 부착 중량 W_0[t]이고, 이 기관차가 각 중량 W_c[t]의 부수차 m대를 운전하여 올라갈 수 있는 최대 구배는? 단, F_R은 주행 저항[kg/t]이고 C는 부착 계수이다.

🔑 $\dfrac{1,000\,C\,W_0}{W_g + m\,W_c} - F_R$

07. 중량 80[t]의 전동차에 2.5[km/h/s]의 가속도를 주는 데 필요한 힘은 얼마인가? 단, 1톤에 필요한 힘 f_a는 $31 \times A$[kg/h]이다.

🔑 $F = 31\,WA = 31 \times 80 \times 2.5 = 6,200$[kg]

전차선로

★★ 【97. 기사, 91. 99. 04. 산업기사】

48 궤조를 직류 전차선 전류의 귀로로 사용할 때에는 폐색 구간의 경계를 귀로 전류가 흐르게 하여야 될 터인데 이와 같은 목적을 이루기 위하여 각 구간의 경계는 무엇으로 연결하여야 하는가?

① 열차 단락 감도　　　　　　　② 궤도 회로
③ 임피던스 본드　　　　　　　④ 연동 장치

해설 ▸ 임피던스 본드는 궤조를 직류 전차선 전류의 귀로로 사용할 때에는 폐색 구간의 경계를 귀로 전류가 흐르게 하여야 될 터인데 이와 같은 목적을 이루기 위하여 각 구간의 경계는 임피던스 본드로 연결하고, 신호 회로의 전원으로는 교류를 사용한다.

🔑 48. ③

49 ★ 【87. 99. 산업기사】
전차를 원활하게 운전하기 위하여 사용하는 보안법 중 임피던스 본드를 사용하는 방법은?

① 시간표식   ② 표권식(ticket system)
③ 전기 통표식   ④ 자동 폐쇄식

해설 임피던스 본드는 궤도 회로의 레일 절연의 부분에 사용하고, 전기차 전류에 대해서는 매우 적은 임피던스로 하고, 궤도 회로에는 일정한 임피던스를 나타내는 리액터이며, 레일 절연에 의하여 저지되는 귀선 전류로 인접한 구간에 흐르게 하기 위하여 사용된다.

50 ★ 【03. 산업기사】
열차의 충돌을 방지하기 위하여 열차간의 일정한 간격을 확보하기 위한 설비는?

① 폐색장치   ② 연동장치
③ 전철장치   ④ 제동장치

51 ★ 【91. 98. 산업기사】
레일 본드와 관계가 없는 것은?

① 진동 방지   ② 동연선
③ 전기 저항 저하   ④ 전압 강하 저하

해설 레일 본드란 레일 사이를 전기적으로 접속시킨 연동선으로 진동 방지와는 무관하다.

52 ★ 【93. 97. 산업기사】
전철 전선로의 가선방식에서 스팬션이 사용되는 것은?

① 직접 가선식   ② 커티너리 가선식
③ 제3궤조   ④ 급전선

해설 직접 가선 방식에서 전차선만 1조로 구성. 전차선을 스팬션 또는 빔 등의 지지점에 직접 고정하는 구조에서 사용.

53 ★ 【00. 11. 15. 산업기사】
급전선의 급전 분기 장치의 설치 방식이 아닌 것은?

① 스팬선식   ② 암식
③ 커티너리식   ④ 브래킷식

해설 커티너리식은 조가 방식 중 하나이다.

📖 49. ④ 50. ① 51. ① 52. ① 53. ③

54 ★☆【70. 91. 00. 산업기사】
본드(bond)의 전기 저항 측정 방법은?

① 전류계와 밀리볼트계로 측정한다.
② 밀리볼트계로 궤도의 저항과 비교 측정한다.
③ 표준 저항과 비교 측정한다.
④ 궤도의 누설 전류와 비교 측정한다.

해설 레일은 그 접속점의 공극의 저항으로 전압 강하가 크며, 누설 전류로 인하여 매설된 금속체에 전식의 피해가 있으므로 이를 방지하기 위하여 레일과 레일 사이에는 레일 본드라는 도체로 접속하고 저항 측정은 궤도의 저항과 비교한다.

55 ★★★【88. 97. 04. 05. 23. 산업기사】
그림과 같은 전동차선의 조가법은 다음 중 어느 것인가?

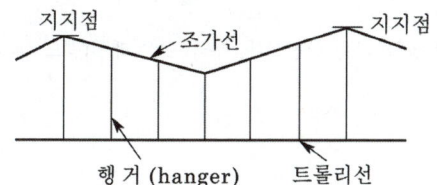

① 직접 조가식
② 단식 커티너리식
③ 변형 Y형 단식 커티너리식
④ 복식 커티너리식

해설 단식 커티너리(simple catenary) 조가 방식은 조가선과 전차선의 2조로 구성되고 조가선으로 전차선을 궤조면에 대하여 평행이 되도록 한 방식이다.
커티너리식은 고속도를 내기에 적합하다.(전차선의 높이가 균일하므로)

56 ★【03. 기사】
가공 전차선로에서 보조 조가선을 사용하는 가선방식은?

① 사조식
② 콤파운드 커티너리
③ 헤비 심플 커티너리
④ 심플 커티너리

57 ★【00. 기사】
교류 급전 방식이 아닌 것은?

① 직접 급전 방식
② 주변압기 방식
③ 흡상 변압기 방식
④ 단권 변압기 방식

해설 직류 급전 방식 : 가공 단선식, 가공 복선식, 제3궤조식
교류 급전 방식 : 직접 급전 방식, 흡상 변압기 방식, 단권 변압기 방식

답 54. ② 55. ② 56. ② 57. ②

★☆【84. 92. 98. 산업기사】
58 우리 나라 전기 철도에 주로 사용하는 집전 장치는?

① 트롤리봉　　　　　　　　② 집전화
③ 팬터그래프　　　　　　　④ 뷔겔

해설 ▶ 팬터그래프는 대형 고속 전차에 가장 많이 사용되며, 트롤리선과 접속한 부분에는 구리판이 펼쳐져서 붙어 있으며, 팬터그래프는 보통 5～10[kg]의 상승력으로 스프링 혹은 압축 공기에 의하여 상하로 움직일 수 있다.

★【00. 기사】
59 직류 급전 방식에서 정극(正極)을 접속하는 곳은?

① 부급전선　　　　　　　　② 귀선
③ 급전선　　　　　　　　　④ 조가선

해설 ▶ 직류 급전 방식에서 정극(+)은 급전선에, 부극(−)은 레일(궤도)에 접속한다.

☆【94. 산업기사】
60 집전장치에 대한 설명 중 틀린 것은?

① 트롤리봉은 트롤리선과 각도를 35°～45° 정도로 유지한다.
② 뷔겔은 가공단선식 트롤리선의 집전장치이다.
③ 뷔겔 집전장치는 곡선부의 전차선을 반드시 정연한 곡선모양으로 할 필요가 있다.
④ 팬터그래프를 사용할 때는 커터너리식 트롤리선을 가설해야 한다.

해설 ▶ 전기차량에 가공선 또는 제3 궤조에서 전기를 취하기 위한 장치를 집전장치라 하며 집전자에는 다음과 같은 종류가 있다.
① 트롤리 봉(trolley pole)
② 뷔겔(bow collector or Bugel collector)
③ 팬터그래프(pantagraph or pantograph)
팬터그래프 집전자 습동판의 압력은 5～10[kg] 정도로 하며, 트롤리 봉이 전차선을 떠받치는 압력은 시가지 노면 전차는 5～10[kg], 시가지 철도는 10～20[kg]이다.

★★★★【95. 98. 기사, ⊕ : 71. 72. 기사】
61 전기철도에서 집전장치인 팬터그래프(pantagraph)의 습동판의 압력은 대략 어느 정도인가?

① 1～5[kg]　　　　　　　② 5～11[kg]
③ 20～25[kg]　　　　　　④ 30～35[kg]

해설 ▶ 전차선과의 접촉압력은 트롤리봉 7～11[kg], 뷔겔 집전기는 5.5[kg], 팬터그래프는 5～11[kg] 정도이다.

62 ★【00. 기사】
팬터그래프가 경점 등의 충격에 따라 불연속으로 발생되는 것은?

① 소이선   ② 대이선
③ 중이선   ④ 이선율

해설 · 소이선 : 전차선 또는 팬터그래프 습판의 미세한 진동에 따른 것으로 이선시간이 수십분의 일초 정도
의 것을 말한다.
· 중이선 : 팬터그래프가 경점 등의 충격에 따라 불연속으로 발생되는 것으로 이선시간이 수분의 일초
정도 되는 것을 말한다.
· 대이선 : 전차선의 경성점 또는 연성점에 의하여 지지점 주기의 이선이 일어나는 것으로 보통 이선시
간이 분의 일초로부터 1~2초 정도이다.

63 ★【92. 98. 산업기사】
전차선(트롤리선)의 전기적 마모 방지의 방법이 아닌 것은?

① 동합금선을 사용한다.
② 집전자를 크게 한다.
③ 그래파이트를 전차선에 바른다.
④ 집전 전류를 일정하게 한다.

해설 전차선(트롤리 선)은 전기적인 마모가 많고 기계적인 마모는 적다.

64 ★【95. 기사】
집전장치 팬터그래프에 대한 설명 중 맞는 것은?

① 고전압 고속도 가공단선식 전차선에 쓰이며 최대 집진량은 5,000[A]
② 고전압 저속도 가공 전차선에 쓰이며 최대 집진량은 3,000[A]
③ 알루미늄 접촉판으로 접촉압 5.5[kg]의 습동 접촉자
④ 동 접촉판으로 접촉압 11[kg]의 습동 접촉자

⤲ 유사문제

‖ 유사문제 원문 및 해설 : 동일출판사 홈페이지≫고객센터≫자료실

01. 전차 선로에서 커티너리 조가식의 이점은?
답 고속도의 전기 철도에 적합하므로

02. 직류 가공 단선식 전철의 자동 신호 설비에 불필요한 것은?
답 크로스 본드

03. 트롤리 봉(trolly pole)이 전차선을 떠받치는 압력[kg]은?
답 0[kg]

답 62. ③ 63. ② 64. ④

전식 방지

☆ 【93. 산업기사】

65 변전소의 간격을 작게 하는 이유는?

① 건설비가 적게 든다.   ② 효율이 좋다.

③ 전압 강하가 적다.   ④ 전식이 적다.

> **해설**   변전소의 간격은 평균 전압 강하 및 최대 전압 강하가 허용 범위 내에 있도록 결정하며, 간격이 짧으면 전압 강하는 적고, 전력 손실도 적으므로 급전선은 가늘어져도 지장은 없으나 변전소 수는 증가한다. 즉, 간격을 길게 하면 귀선의 전압 강하가 크게 되어 전식의 피해가 증가하고 전압 강하로 속도 유지가 곤란하게 된다.

★ 【93. 15. 23. 산업기사】

66 전기 철도에서 귀선 궤조에서의 누설 전류를 경감하는 방법과 관련이 없는 항은 어느 것인가?

① 보조 귀선   ② 크로스본드

③ 귀선의 전압 강하 감소   ④ 귀선을 정(+) 극성으로 조절

> **해설**   필요에 따라서 크로스본드나 보조 귀선, 전압 강하 감소를 작게 한다. 귀선을 정(+) 극성으로 하면 전식이 넓게 이루어지므로 귀선은 반드시 부(−) 극성으로 해야 한다.

★ 【89. 98. 산업기사】

67 전철에서 전식 방지를 위한 시설로 적당치 않은 것은?

① 레일에 본드를 실시한다.   ② 변전소 간격을 좁힌다.

③ 도상의 배수가 잘 되게 한다.   ④ 귀선을 부극성으로 한다.

> **해설**   레일과 변전소간에 상당한 전위차가 생기면 누설 전류가 흐르고, 때문에 지중 매설물에 전해 작용이 일어나서 점점 얇아지게 된다. 이것을 전식이라고 한다.
> (1) 전철측 시설
>   ① 귀선 저항을 작게 하기 위하여 레일에 본드를 시설하고 그 시공, 보수에 충분히 주의한다.
>   ② 레일을 따라 보조 귀선을 설치한다.
>   ③ 변전소간의 간격을 짧게 한다.
>   ④ 귀선의 극성을 정기적으로 바꾼다.
>   ⑤ 대지에 대한 레일의 절연 저항을 크게 한다.
>   ⑥ 3선식 배전법을 사용한다.
>   ⑦ 절연 음극 궤전선을 설치하여 레일과 접속한다.
>   ⑧ 가장 먼 (−) 궤전선에 음극 승압기를 설치한다.
> (2) 매설관측 시설
>   ① 배류법
>   ② 매설관의 표면 또는 접속부를 절연하는 방법
>   ③ 도전체로 차폐하는 방법
>   ④ 전위 제어법

답 65. ③   66. ④   67. ③

68 ★ 【23. 기사, 03. 산업기사】 전식 방지법이 아닌 것은?

① 극성을 정기적으로 바꿔주어야 한다.

② 변전소 간격을 짧게 한다.

③ 대지에 대한 레일의 절연저항을 크게 한다.

④ 귀선 저항을 크게하기 위해 레일에 본드를 시설한다.

해설, 레일과 변전소 간에 상당한 전위차가 생기면 누설 전류가 흐르고, 때문에 지중 매설물에 전해 작용이 일어나서 점점 얇아지게 된다. 이것을 전식이라고 한다.
(1) 전철측 시설
　① 귀선 저항을 작게 하기 위하여 레일에 본드를 시설하고 그 시공, 보수에 충분히 주의한다.
　② 레일을 따라 보조 귀선을 설치한다.
　③ 변전소간의 간격을 짧게 한다.
　④ 귀선의 극성을 정기적으로 바꾼다.
　⑤ 대지에 대한 레일의 절연 저항을 크게 한다.
　⑥ 3선식 배전법을 사용한다.
　⑦ 절연 음극 궤전선을 설치하여 레일과 접속한다.
　⑧ 가장 먼 (−) 궤전선에 음극 승압기를 설치한다.
(2) 매설관측 시설
　① 배류법　② 매설관의 표면 또는 접속부를 절연하는 방법
　③ 도전체로 차폐하는 방법　④ 전위 제어법

69 ★ 【83. 기사】 귀선의 누설 전류에 의한 전식이 일어나는 곳은?

① 지중 관로에 전류가 들어가는 곳

② 궤조에서 전류가 나오는 곳

③ 지중 관로에서 전류가 유출하는 곳

④ 궤조에 전류가 유입하는 곳

해설, 귀선로의 전기 저항이 높고 대지로 누설되는 전류가 증가하면 직류 급전 방식에서는 전식의 원인이 되고 교류 급전 방식의 경우는 통신선 등에 전자 유도 장해를 일으키는 원인이 된다.
직류 급전 방식에서 레일에 근접하고 있는 지중 매설 금속체에 누설 전류가 흐르면 전류가 유출하는 부분에서 부식이 된다.

70 ☆ 【94. 산업기사】 전기철도에서 귀선궤조의 누설 전류를 경감하는 방법과 관련이 없는 것은?

① 보조귀선　　　　　　　　② 귀선의 전압강하 감소

③ 전자적 차폐　　　　　　　④ 귀선을 부극성으로 한다.

해설, 필요에 따라서 보조귀선, 전압강하 감소를 하며 귀선을 부극성으로 한다.

유사문제

▮유사문제 원문 및 해설 : 동일출판사 홈페이지≫고객센터≫자료실

01. 전차선의 귀선 누설 전류로 전식이 일어나는 곳은?

📖 지중 관로의 전위가 높은 곳

변전소

☆【67. 산업기사】

71 직류식 전기 철도의 최대 전압 강하율을 교류식 송배 전선보다 높게 취하는 이유는?

① 급전 거리가 길다.

② 전차용 동선이 가늘다.

③ 전동기의 용량이 크다.

④ 동일 출력의 전동기에서 급전 전압이 작다.

해설, 열차 출발 시마다 큰 첨두 부하가 걸리는 것과 전차선 전압 및 전류가 송배 전선의 전압에 비하여 낮은 전류의 2가지 이유이다.

★【92. 94. 산업기사】

72 변전소 급전선을 통하여 병렬로 접속하였을 때 전압이 높은 변전소의 부하는 전압이 낮은 변전소에 비하여 어떻게 되는가?

① 첨두 부하가 크다.　　　　　② 부하의 변동이 많다.

③ 부하율이 나쁘다.　　　　　④ 평균 부하가 크다.

해설, 부하율은 좋게 된다. 첨두 부하는 변전소의 모선 전압보다 부하와 변전소의 거리로 결정된다.

유사문제

▮유사문제 원문 및 해설 : 동일출판사 홈페이지≫고객센터≫자료실

01. 직류식 전기 철도의 최대 전압 강하율을 교류식 송배 전선보다 높게 취하는 이유는?

📖 동일 출력의 전동기에서 급전 전압이 작다.

📖 71. ④　72. ④

보안(유도장해)

☆【83. 산업기사, 66. 3급】

73 자동 신호에 사용하는 궤도 변압기에서 고저압 혼촉 방지 장치는?

① 금속성 이격판 ② 방전 간격
③ 피뢰기 ④ 저압측 1단 접지

해설 신호 회로에서는 1선이 접지되었을 때 궤도 전기가 오동작할 수 있으므로 선로 변압기(line transformer)는 1, 2차 코일 간에 혼촉 방지를 위한 격리용의 동판벽을 설치하고 외부 상자와 동시에 접지되는 구조이다.

★★★★【94. 14. 기사, 85. 86. 87. 92. 96. 99. 03. 04. 산업기사】

74 단상 교류식 전기 철도에서 전압 불평형을 경감하는 데 쓰이는 것은?

① 흡상 변압기 ② 단권 변압기
③ 크로스 결선 ④ 스코트 결선

해설 3상 전원에서 용량이 큰 단상 부하에만 전원을 공급하게 되면 3상 전원은 부하 불평형이 되며 이를 해소하기 위해 단상 변압기 2대를 사용해서 3상 전원을 2상으로 변환하여 3상 전원을 평형이 되도록 하는데 이 방식을 스코트 결선 방식이라고 한다.

★★★【85. 90. 96. 00. 산업기사, ㉠ : 83. 기사】

75 흡상 변압기는?

① 전원의 불평형을 조정하는 변압기이다.
② 궤도용 신호 변압기이다.
③ 전기 기관차의 보조 변압기이다.
④ 전자 유도 경감용 변압기이다.

해설 흡상 변압기(BT. Booster Transformer)는 권수비 1 : 1의 단권 변압기로서 귀전류를 BT 작용에 의하여 강제로 부급전선에 흡상시켜 통신 선로의 유도 장해를 경감하는 방식이다. 1차측은 전차선에 2차측은 부급전선에 직렬로 접속한다. 이때 흐르는 전류는 크기가 같고 방향도 반대가 된다.

★【96. 기사】

76 단상 전철에서 3상 전원의 평형을 위한 방법은?

① T결선으로 변압기를 접속한다.
② 각 구간의 열차를 균등하게 배치한다.
③ 발전기의 전압 변동률을 작게 한다.
④ 열차의 차량을 적게 접속한다.

해설 단상 교류식 전기 철도에서 3상 전원의 평형을 얻기 위해서는 스코트(T) 결선, Wood Bridge 결선, Meyer 결선 등을 한다.

답 73. ① 74. ④ 75. ④ 76. ①

77 ★ 【03. 12. 기사】
단상 교류식 전기철도에서 통신선에 미치는 유도 장해를 경감하기 위하여 쓰이는 것은?

① 흡상 변압기　　　　　　　　② 단권 변압기
③ 스콧트 결선　　　　　　　　④ 크로스 본드

> **해설**　흡상 변압기(BT. Booster Transformer)는 권수비 1 : 1의 단권 변압기로서 귀전류를 BT 작용에 의하여 강제로 부급전선에 흡상시켜 통신 선로의 유도 장해를 경감하는 방식이다. 1차측은 전차선에 2차측은 부급전선에 직렬로 접속한다. 이때 흐르는 전류는 크기가 같고 방향도 반대가 된다.

78 ★ 【03. 기사】
철도 통신에 있어서 유도 장해에 대한 대책을 위하여 사용되는 시설은?

① 선발 차단기　　　　　　　　② 피뢰기
③ 흡상 변압기　　　　　　　　④ 궤도 계전기

> **해설**　흡상 변압기(BT. Booster Transformer)는 권수비 1 : 1의 단권 변압기로서 귀전류를 BT 작용에 의하여 강제로 부급전선에 흡상시켜 통신 선로의 유도 장해를 경감하는 방식이다. 1차측은 전차선에 2차측은 부급전선에 직렬로 접속한다. 이때 흐르는 전류는 크기가 같고 방향은 반대가 된다.

79 ☆ 【00. 산업기사】
흡상 변압기에 대한 설명이 아닌 것은?

① 권수비가 1 : 1이다.
② 단권 변압기가 사용되기도 한다.
③ 전압 방식에 무관하게 사용한다.
④ 인근 통신선에 유도 장애 방지용이다.

80 ☆ 【98. 17. 산업기사】
교류 전철에서 유도 장해를 경감할 목적으로 하는 흡상 변압기의 약호는?

① PT　　　　　　② CT　　　　　　③ BT　　　　　　④ AT

⧓ 유사문제

▮유사문제 원문 및 해설 : 동일출판사 홈페이지》고객센터》자료실

01. 자동 신호에 사용하는 궤도 변압기에서 고저압 혼촉 방지 장치는?

> **답** 금속성 이격판

답 77. ①　78. ③　79. ③　80. ③

열차 저항

★☆ 【82. 98. 산업기사, ㉠ : 71. 산업기사】

81 열차의 곡선 저항에 대한 설명 중 옳은 것은?

① 열차의 중량에 반비례한다.

② 열차의 속도에 비례한다.

③ 궤간에 반비례한다.

④ 궤조 곡선의 반지름에 반비례한다.

> **해설**, 곡선 저항은 곡선의 반지름에 반비례한다.

★☆ 【02. 12. 기사, 97. 24. 산업기사】

82 열차 저항의 분류에 들어가지 않는 것은?

① 복선 저항   ② 주행 저항

③ 가속 저항   ④ 곡선 저항

> **해설**, 열차 저항은 열차가 주행중 또는 출발할 때에 이것에 대항하여 열차의 진행을 방해하도록 하는 힘의 총
> 칭을 열차 저항이라고 한다.
> ① 기동 저항(출발 저항) : 정지 중에 열차가 출발할 때 발생하는 저항
> ② 주행 저항 : 열차가 평탄한 직선로 위를 운전할 때 발생하는 저항
> ③ 구배 저항 : 열차가 구배를 올라갈 때 중력에 의해 발생하는 저항
> ④ 곡선 저항 : 열차가 곡선로를 통과할 때 차륜과 레일과의 마찰에 의해 발생하는 저항
> ⑤ 가속도 저항 : 열차가 주행 중 가속할 때에 발생하는 저항으로 열차를 가속하기 위해서 필요한 견인력
> 과 같다.

⤜⤏ 유사문제

‖유사문제 원문 및 해설 : 동일출판사 홈페이지≫고객센터≫자료실

01. 열차의 기동 시에 기동 저항과 관계 없는 것은?

🔲 열차의 속도에 관계된다.

01 전기 화학의 기초

1) 전해질과 비전해질

(1) 전해질 : 용액 속에서 양이온과 음이온으로 전리되는 물질

   ① +, − 이온 이동에 의해 전류가 흐를 수 있는 액체

   ② 도전율은 전해액의 농도에 비례한다.

(2) 비전해질 : 용액 속에서 양이온과 음이온으로 전리되지 않는 물질

2) 전기분해

전류에 의해 전해질 용액이 화학 반응을 일으키는 현상을 전기 분해라 한다.

3) 패러데이 법칙　[출제] 산업 3번, 기사 1번

전기분해에 의해 석출되는 물질의 양은 전해액을 통과하는 총 전기량에 비례하고 또 물질의 화학 당량에 비례한다.　[출제] 기사 2번

$$W = KQ = KIt[\text{g}]$$　[출제] 산업 2번, 기사 1번

여기서, W : 석출되는 물질의 양[g], K : 화학당량[g/C]

      Q : 통과한 전기량 $(Q = It)$[C], I : 전류[A], t : 시간[s]

4) 전기 화학당량 K

1[C]의 전기량으로 석출 시킬 수 있는 물질의 양

$$K = \frac{화학당량}{패러데이\ 상수} = \frac{화학당량}{96,500}[\text{g}]$$

$$화학당량 = \frac{원자량}{원자가}[\text{g}]$$

5) 이온화 경향

금속이 액체와 접촉 시 양이온으로 되는 경향으로 이온화 경향이 큰 순서로는 Li > K > Ba > Ca > Na > Mg > Al > Mn > Cr > Fe > Co > Ni > Sn > Cu > Hg > Ag > Pt > Au 순이다.　[출제] 산업 3번, 기사 3번

6) 이온

① + 이온 : 금속과 수소

② − 이온 : 산기와 수산기

7) 확산

종류가 다른 입자가 혼합되어 있을 때 농도가 같아질 때까지 입자가 농도가 높은 곳에서 낮은 곳으로 이동하는 현상

02 ─ 전기분해 공업

1) 물의 전기분해

물은 도전율이 극히 낮으므로 20[%] 정도의 수산화나트륨(NaOH)을 사용하여 도전율을 높이고 여기에 전류를 통하면 H^+은 음극으로 이동하여 수소가스가 되고 OH^-는 양극으로 이동하여 산소가 된다. 출제 산업 1번, 기사 1번

- 음극 : $2H^+ + 2e^- = H_2$

- 양극 : $2OH = \dfrac{1}{2}O_2 + H_2O + 2e^-$

2) 소금물의 전기분해

식염수를 전기 분해하면 양극에 염소, 음극에 수소와 수산화나트륨(NaOH)이 발생된다.

- 식염수 : $NaCl \rightarrow Na^+ + Cl^-$
- 양 극 : $Cl^- \rightarrow Cl$
- 음 극 : $Na^+ \rightarrow Na$, $Na + H_2O \rightarrow NaOH + H_2$

이 경우 NaOH를 그대로 두면 양극에서 발생한 Cl과 작용하여 하이포염소산나트륨이 생기므로 이것을 분리하기 위하여 양극과 음극 간에 격막을 삽입하는 격막법과 음극에 수은을 사용하는 수은법을 사용한다.

3) 전기도금 출제 산업 5번

전기도금은 도금하고자 하는 금속을 양극, 도금되는 금속을 음극으로 하고 도금하고자 하는 금속이온을 함유한 수용액 중에서 전기분해하여, 음극으로 금속을 석출시키는 것이다.

4) 전주 출제 산업 2번

전기도금을 계속하여 두꺼운 금속 층을 만든 후 원형을 떼어서 그대로 복제하는 방법을 전주라 한다.

5) 금속의 전해 정련 출제 산업 2번

전기분해를 이용하여 순수한 금속만을 음극에서 석출하여 정제하는 것을 전해정련이라 하며, 이 방법에 의해 정제하는 금속으로는 구리가 가장 많고 주석, 금, 은, 니켈, 안티몬 등을 제조할 수 있다.

6) 금속의 양극처리

(1) 전해연마

금속을 양극으로 한 후 적당한 전해액 중에서 단시간 전류를 통하면 금속표면의 돌기 부분만이 먼저 분해되어 거울과 같은 표면을 얻을 수 있다.

이 전해연마는 식기, 장신구, 펜촉, 터빈의 날개, 화학기계 등에 이 방법을 적용하면 내식성이 좋아진다.

(2) 전식

표면의 일부에 에나멜 또는 아스팔트를 도포하여 부분적으로 방식시킨 금속판을 양극으로 하여 분해하면 노출부가 선명하게 용해된다. 이것을 전식이라 한다.

(3) 알루미늄의 양극산화

알루미늄을 양극으로 하고 묽은 황산 또는 수산을 전해액으로 하여 직류에 교류를 중첩시킨 전해를 행하면 발생되는 산소에 의해 알루미늄 피막(알루마이트)이 생기고, 이것은 전해 알루미늄 콘덴서 극판으로 이용된다.

7) 전기영동 출제 기사 7번

기체 또는 액체 속에 고체의 입자가 분산되어 있을 경우, 이에 전압을 가하면 입자가 이동한다. 이 현상을 전기영동이라고 한다.

03 ─ 전지

1) 전지의 분류

(1) 화학전지

① **1차 전지** : 충전에 의하여 구성 물질의 재생이 불가능한 전지를 1차 전지라 부르고, 이것을 크게 나누면

- 망간 건전지
- 알칼리 · 망간 건전지
- 산화은 전지
- 리튬 1차 전지
- 수은 전지
- 공기 전지
- 연료 전지
- 고체 전해질 전지

등이 있다.

㉠ 망간 건전지

[구조]

양극 : 탄소봉, 전해액 : 염화암모늄(NH_4Cl), 주성분 : 젤라틴 출제 산업 9번

음극 : 아연판, 감극제 : 이산화망간(MnO_2)

[기전 반응]

음극 반응 $Zn \rightarrow Zn^{2+} + 2e$

양극 반응 $2MnO_2 + H_2O + 2e \rightarrow Mn_2O_3 + 2OH^-$

이 결과로 생성되는 $Zn(OH_2)$는 NH_4Cl과 반응하여 착이온을 형성해서 용해되는 것으로서 그 전지의 기본 반응은 2[F]의 전기량에 대하여 다음 식으로 나타난다.

$$\underset{\text{(아연)}}{Zn} + \underset{\text{(염화암모늄)}}{\overset{\text{(방전 전)}}{2NH_4Cl}} + \underset{\text{(2산화망간)}}{2MnO_2} \rightarrow \underset{\text{(염화아연암모늄)}}{\overset{\text{(방전 후)}}{Zn(NH_3)_2Cl_2}} + H_2O + \underset{\text{(3-2 산화망간)}}{Mn_2O_3}$$

[특징]

• 가격이 싸다.

• 연속적 사용에 적합하다.

• 급방전에 적합하지 않다.

[용도] 전등용, 전화용, 라디오용

㉡ 공기 전지

[구조]

양극 : (활성)탄소

전해액 : 가성소다($NaOH$), 염화암모늄(NH_4Cl)

음극 : 아말감화된 흑연, 감극제 : 공기 중의 산소

[기전 반응]

음극 반응 : $Zn \rightarrow Zn^{2+} + 3e$

양극 반응 : $O + H_2O + 2e \rightarrow 2OH^-$

이 반응에 의한 $Zn(OH_2)$이 생성되지만 이것은 전해액의 가성소다($NaOH$) 혹은 염화암모늄(NH_4Cl)에 용해되어 기본 화학 반응은 2[F]의 전기량에 대하여 다음 식으로 표시한다.

가성소다를 전해액으로 할 때,

$$\underset{\text{(아연)}}{Zn} + \underset{\text{(가성소다)}}{2NaOH} + \underset{\text{(산소)}}{\overset{\text{(공기)}}{O}} \rightarrow \underset{\text{(아연산소다)}}{Na_2ZnO_2} + \underset{\text{(물)}}{H_2O} \quad \text{출제 기사 4번}$$

염화암모늄을 전해액으로 할 때,

$$Zn + 2NH_4Cl + \overset{(공기)}{O} \rightarrow Zn(NH_3)_2Cl_2 + H_2O$$

$\quad\quad\quad$ (염화암모늄) $\quad\quad\quad\quad\quad\quad$ (염화아연암모니아) $\quad$ (물) $\quad$ 출제 산업 1번, 기사 2번

[특징]

- 방전 시에 전압 변동이 적다. 출제 산업 1번, 기사 2번
- 조립 주수 이전은 물론 사용 중의 자기 방전이 적고 오래 보존할 수 있다.
- 온도차에 의한 전압 변동이 적다.
- 내한, 내열, 내습성을 가지고 있다.
- 용량이 커서 경제적이다.

[결점]

- 중부하 방전이 안 된다.
- 습식은 이동 휴대하기가 불편하다.

ⓒ 수은 전지

[구조]

양극 : 산화수은, 전해액 : 가성칼륨

음극 : 아연 분말, 감극제 : 산화수은과 흑연을 혼합

[기전 반응]

음극 반응 $Zn + 2OH^- \rightarrow ZnO + H_2O + 2e^-$

양극 반응 $HgO + H_2O + 2e^- \rightarrow 2OH^-$

기본 화학 반응식은 $Zn + H_2O \rightarrow ZnO + Hg$

이 방전 특성은 위 식에서 분명한 것처럼 방전에 따라 도전성이 나쁜 감극제 HgO가 Hg로 환원되어서 저항이 감소하므로 방전 전압의 변화는 적다.

[특징]

- 소형이고 고성능으로 용량, 중량당의 전기 용량이 크다.
- 동작 전압은 매우 안정되어 변화가 적다.
- 보존 수명이 길다.
- 광범위한 온도에서 동작하고, 특히 고온에서 특성이 좋다.

[용도] 보청기, 휴대용 라디오, 측정용 기기, 노출계

ⓔ 마그네슘 전지(AgCl-Mg전지, CuCl₂-Mg전지)

[구조]

양극 : Ag판의 양면에 AgCl을 전해적으로 합성

$\quad\quad\quad$ Cu판에 CuCl₂를 도포한 것. 감극제 : AgCl, CuCl₂

음극 : Mg판

[기전 반응]

음극 반응 : $Mg \rightarrow Mg^{2+} + 2e^-$

양극 반응 : $H^+ + e^- \rightarrow H$, $AgCl + H \rightarrow Ag + H^+ + Cl^-$

또는 $2H^+ + 2e^- \rightarrow 2H$, $Cu_2Cl_2 + 2H \rightarrow 2Cu + 2H^+ + 2Cl^-$

[특징] 반응의 진행과 더불어 발열한다.

[용도] $-50[℃]$까지 사용되며, 내한 전지

ⓑ **연료 전지** : 이 연료 전지는 기전 반응을 하는 화학 에너지를 전지 밖에서 연속적으로 공급하면 연속 방전을 계속시킬 수 있는 전지이다. 예를 들면 $C + O_2 \rightarrow CO_2$의 반응에서는 $25[℃]$, 1기압에서 탄소 $1[kg]$당 $9.1[kWh]$의 유리 에너지가 얻어진다.

[연료]

석탄, 코크스, 아연, 목탄 ················ 고체 연료

CO, H_2, CH_4, 산소 ················ 기체 연료

알코올, 석탄계 탄화수소, 알데히드 ······ 액체 연료

[반응식]

수소 : $2H_2 + O_2 \rightarrow 2H_2O$, 산화제 : 산소, 기전력 : $1.23[V]$

탄소 : $C + O_2 \rightarrow CO_2$, 산화제 : 탄소, 기전력 : $1.02[V]$

아연 : $2Zn + O_2 \rightarrow 2ZnO$, 산화제 : 산소, 기전력 : $1.65[V]$

② **2차 전지** : 2차 전지라 하면 납 축전지를 일반적으로 말하며 종래는 납 축전지의 사용이 압도적이었으나 최근에는 알칼리 축전지가 개발되어 많이 사용된다. 2전지의 종류는

• 납축전지　　　• 니켈 - 카드뮴 전지　　• 니켈 - 수소 전지

• 리튬 2차 전지　• 공기 아연 전지

등이 있다.

㉠ **납 축전지**

[구　조] 납 축전지를 구성하는 주요 부분은 양극판, 음극판, 격리판 및 전해액 및 전해조로 되어 있다.

[양　극] 양극판은 기판에 납(Pb)을 입히고, 기전 반응을 일으키는 활성 물질, 이산화납(PbO_2)을 부착시킨 것이다.

[음　극] 음극판의 활성 물질은 회백색, 해초상의 납(Pb)으로 Pb 산화물을 전해적으로 환원시켜 만든다.

[격리판] 양극과 음극이 접촉되면 단락되는 현상을 방지하고 활성 물질을 보호하는 것으로, 나무, 고무, 플라스틱, 페놀 수지, 함침 섬유 등을 사용한다.

[전해액] 농도 $27 \sim 30[\%]$(비중 $1.20 \sim 1.30$)의 순수한 묽은 황산(H_2SO_4)정지용의 비중 1.215, 이동용의 비중 1.280

[특　성] 가역 반응이 일어난다.

음극 반응 :

$$Pb \ + \ SO_4^{2-} \ \underset{충전}{\overset{방전}{\rightleftharpoons}} \ PbSO_4 \ + \ 2e^-$$

양극 반응 :

$$PbO_2 \ + \ 4H^+ \ + \ SO_4^{2-} \ \underset{충전}{\overset{방전}{\rightleftharpoons}} \ PbSO_4 \ + \ 2H_2O$$

따라서, 기본 화학 반응은 2[F]의 전기량에 대하여

$$\underset{음극}{Pb} \ + \underset{전해액}{2H_2SO_4} + \underset{양극}{PbO_2} \ \underset{충전}{\overset{방전}{\rightleftharpoons}} \ \underset{양극}{PbSO_4} \ + \ \underset{전해액}{2H_2O} \ + \ \underset{음극}{PbSO_4}$$

또 방전 전류 I[A]와 방전 지속 시간 T[h]와의 사이에는 다음과 같은 실험식이 성립한다.

$I^n T = \text{const}$　단, n : 정수($1.3 \sim 1.7$)

ⓛ 알칼리 축전지 : 알칼리 축전지는 $Ni(OH)_3(Ni_2O_3) | KOH | Fe$ 또는 Cd과 같은 구성으로 각각 Edison형($\oplus Ni - \ominus Fe$)과 융그너형($\oplus Ni - \ominus Cd$)이 있다.

극판으로는 튜브식과 포켓식이 있다. 튜브식은 현재 수명이 길어 양극판으로 사용된다.

[양　극] 수산화니켈과 도전재의 흑연의 혼합물

[음　극] Fe과 전지 내에서 Hg로 환원시켜서 도전재로 하는 HgO(철전지의 경우) 혹은 Cd과 소량의 철분(카드뮴 전지)

[전해액] 비중 $1.20 \sim 1.245$의 수산화칼륨(KOH), 즉 가성칼륨을 사용하지만 여기에 소량의 수산화리튬(LiOH)을 첨가하여 용량 및 수명을 증가시키고 있다.

[기전 반응]

음극 반응 :

$$Fe \ + \ 2OH^- \ \underset{충전}{\overset{방전}{\rightleftharpoons}} \ Fe(OH)_2 \ + \ 2e^-$$

양극 반응 :

$$Ni(OH)_3 \ + \ 2e^- \ \underset{충전}{\overset{방전}{\rightleftharpoons}} \ Ni(OH)_2 \ + \ OH^-$$

따라서, 기본 화학 반응은 2[F]의 전기량에 대하여,

에디슨 축전지 :

$$Fe \ + \ 2Ni(OH)_3 \ \overset{\text{방전}}{\underset{\text{충전}}{\rightleftarrows}} \ Fe(OH)_2 \ + \ 2Ni(OH)_2$$

융그너 축전지 :

$$Cd \ + \ 2Ni(OH)_3 \ \overset{\text{방전}}{\underset{\text{충전}}{\rightleftarrows}} \ Cd(OH)_2 \ + \ 2Ni(OH)_2$$

[특징]
- 전지의 수명이 길다(납 축전지보다 3~4배 정도).
- 구조상 운반 진동에 견딜 수 있다.
- 급격한 충·방전, 높은 방전율에 견디며 다소 용량이 감소되어도 사용 불능이 되지 않는다.

[용도] 철도 차량 안전등, 선박 통신용

(2) 물리 전지 출제 산업 3번

반도체의 pn 접합면에 태양 광선이나 방사선을 조사해서 기전력을 얻는 전지를 말하며,
- 태양 전지   • 원자력 전지   • 열 전지   • 광 전지
등이 있다.

① 태양 전지 : 순도가 높은 규소(Si)에 미량의 비소(As)를 혼합한 n형 반도체(두께 1[mm] 정도)의 박막을 만들어 밑면의 일부를 제외한 표면에 $2[\mu]$ 정도의 붕소(B)를 증착 확산층으로 하는 p형 반도체를 피복하여 pn 접합을 형성하여, p형층에 부착된 전극이 양극, 바닥에 부착된 전극이 음극으로 된 전지를 말한다.

[용도] 무인 등대, 인공 위성, 트랜지스터 라디오, 트랜시버, 일조계, 화재 탐지기, 포트 카운터

② 원자력 전지 : 태양 전지와 같은 원리로 태양열 대신 방사선의 에너지로 여기된다. 방사선 물질로는 보통 Sr^{90} 또는 Y^{90} 등의 원자로에 의한 핵분열 생성물이 이용되며 방사선으로는 β선이 사용된다. 반도체는 태양 전지와 같이 Si의 pn 접합이 이용되며, 50[밀리퀴리]의 Sr^{90}, Y^{90}을 조사하면 최대 전압 0.25[V], 단락 전류 10-3[A], 효율은 0.4[%] 정도이다.

[용도] 미터, 전자 계산기, 경보 장치, 시계 등

2) 분극 및 감극제

(1) 분극

전지를 방전하면 전극에 석출된 물질이 다시 이온으로 용해되거나, 전해액 농도의 감소 등에 따라 반대 방향의 기전력이 생기는 현상으로 부하를 걸면 단자전압이 감소한다. 출제 기사 2번

(2) 감극제

분극현상에 의한 전압강하를 방지하기 위하여 사용하는 것

3) 1차 전지의 종류 및 용도

제작된 후 한 번밖에 쓰지 못하는 전지를 말하며 그 종류는

전지명	정극물질 (감극제)	전해질	부극물질 (부극)	용도
망간건전지(보통전지)	MnO_2	NH_4Cl	Zn	통신용, 전등용
알칼리 · 망간건전지	MnO_2	KOH	Zn	망간건전지 보다 중부하용
산화은 전지	Ag_2O	KOH 또는 NaOH	Zn	시계
공기전지	O_2	KOH	Zn	보청기
수은전지	HgO 출제 기사 1번	KOH 또는 NaOH	Zn	시계, 와이어레스마이크
2산화망간 · 리튬전지	MnO_2	유기전해질	Li	IC 카드, 전자수첩

출제 산업 1번, 기사 5번

4) 표준전지

표준전지는 전압 표준기(전압계 보정용)로서 **카드뮴 전지가 사용**된다. 출제 산업 3번, 기사 4번

카드뮴 전지는 양극에 수은, 음극에 Cd 아말감, 전해액에 황산 Cd 용액을 사용하고 20[℃]에서 1.01827[V]의 기전력을 갖는다.

표준전지의 요구특성은 장시간 동안 전류가 흘러도, 또한 기압, 온도의 변화에도 기전력의 크기가 변화 되지 않는 특성이 요구된다.

종 류	양극	전해액	음극	특징	비고
웨스턴 전지(카드뮴전지)	Hg	$CdSO_4$	Cd	온도계수가 작다.	현재 사용 중
클라크 전지	Hg	$ZnSO_4$	Zn	온도계수가 크다.	초기에 사용

5) 2차 전지

직류 전원으로 충전하여 반복 사용할 수 있는 전지로서 납축전지와 알칼리 축전지가 있다.

출제 산업 6번

(1) 연축전지

① 화학반응식

$$PbO_2 + 2H_2SO_4 + Pb \underset{\text{충전}}{\overset{\text{방전}}{\rightleftharpoons}} PbSO_4 + 2H_2O + PbSO_4$$

양극　　　전해액　　음극　　　　양극　　　전해액　　　음극

② 방전 시 출제 산업 6번

- 양극 : $PbO_2 \Rightarrow PbSO_4$ 출제 산업 3번, 기사 2번
- 음극 : $Pb \Rightarrow PbSO_4$

③ 충전시
- 양극 : $PbSO_4 \Rightarrow PbO_2$
- 음극 : $PbSO_4 \Rightarrow Pb$

④ 특성
- 공칭전압 : 2[V/cell]
- 공칭용량 : 10[Ah] 출제 기사 4번

⑤ 연축전지의 방전 전류 I[A]와 방전 지속 시간 T[h]와의 실험식

$I^n T = \mathrm{const}$ (단, n : 정수 (1.3~1.7)) 출제 산업 2번

(2) 알칼리 축전지

① 축전지별 양극 및 음극

항 목	에디슨 축전지	융그너 축전지	
양 극	수산화니켈	수산화니켈	출제 산업 2번, 기사 2번
음 극	철(Fe)	카드뮴(Cd)	출제 기사 1번
전해액	수산화칼륨(KOH)	수산화칼륨(KOH)	출제 산업 1번, 기사 1번

② 특성
- 공칭전압 : 1.2[V/cell]
- 공칭용량 : 5[Ah] 출제 기사 4번

③ 알칼리 축전지의 특성

장 점	단 점
• 수명이 길다(연축전지의 3~4배). • 진동과 충격에 강하다. • 충·방전 특성이 양호하다. • 방전 시 전압 변동이 작다. • 사용 온도 범위가 넓다. 출제 산업 1번	• 연축전지보다 공칭 전압이 낮다. • 가격이 비싸다.

④ 알칼리 축전지 종류
- AMH : 고율방전용 급방전형
- AHH : 초고율방전용 초초급방전형
- AL : 완방전형
- AH-S : 고율방전용 초급방전형 출제 기사 1번

(3) 축전지 용량

① 용량계산식 $C = \dfrac{I}{L} KI$

여기서, C : 축전지 용량[Ah] I : 방전전류[A]

L : 보수율 K : 용량환산 시간계수

② 축전지 용량[Ah] = 방전 전류[A]×방전 시간[h]

(4) 충전방식

① 보통 충전 : 필요할 때마다 표준 시간율로 소정의 충전을 하는 방식이다.

② 급속 충전 : 비교적 단시간에 보통 전류의 2~3배의 전류로 충전하는 방식이다.

③ 부동 충전 : 축전지의 자기 방전을 보충함과 동시에 상용 부하에 대한 전력 공급은 충전기가 부담하도록 하되 충전기가 부담하기 어려운 일시적인 대전류 부하는 축전지로 하여금 부담하게 하는 방식이다. 출제 기사 2번

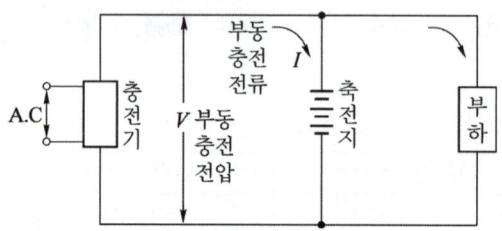

$$충전기\ 2차\ 충전\ 전류[A] = \frac{축전지\ 용량[Ah]}{정격\ 방전율[h]} + \frac{상시\ 부하\ 용량[VA]}{표준\ 전압[V]}$$

④ 세류 충전 : 자기 방전량만을 항시 충전하는 부동 충전 방식의 일종이다.

⑤ 균등 충전 : 부동 충전 방식에 의하여 사용할 때 각 전해조에서 일어나는 전위차를 보정하기 위하여 1~3개월마다 1회씩 정전압으로 10~12시간 충전하여 각 전해조의 용량을 균일화하기 위한 방식이다.

(5) 황산화

• 현상 : 납축전지를 방전상태에서 오랫동안 방치하면 극판에 백색의 황산납이 생기는 현상

• 원인 : 방전이 대단히 크든지 불충분한 충전을 반복 할 경우에 발생

• 결과 : 극판이 휘어지고 내부 저항이 대단히 커져서 용량이 감소 출제 산업 1번

1차 전지

★★★★★ 【85. 93. 99. 00. 기사, 90. 93. 산업기사】
01 표준 전지로서 현재에 사용되고 있는 것은?

① 다니엘 전지　　　② 클라크 전지　　　③ 카드뮴 전지　　　④ 태양열 전지

> **해설**　표준 전지의 구비조건으로는
> ① 장시간 경과, 전류가 흘러도 일정 기전력을 발생시킬 것
> ② 기압 또는 온도가 변화해도 기전력의 변동이 적고 정확할 것
>
> | 종　류 | 양극 | 전해액 | 음극 | 특징 | 비고 |
> |---|---|---|---|---|---|
> | 카드뮴 전지 (웨스턴 전지) | Hg | $CdSO_4$ | Cd | 온도 계수가 작다. 널리 사용되고 있다. | 현재 사용 중 |
> | 클라크 전지 | Hg | $ZnSO_4$ | Zn | 온도 계수가 크다. | 초기 개발품 |
> | 다니엘 전지 | | | | | |

★ 【93. 24. 기사】
02 표준전지에 쓰이는 것이 아닌 것은?

① $CdSO_4$　　　　② Cd　　　　③ Hg　　　　④ H_2SO_4

> **해설**　표준전지
> • 표준전지는 전압 표준기(전압계 보정용)로서 온도와 환경 변화에도 일정하고 안정적인 전위를 유지하여야 한다.
> • 카드뮴 전지(웨스턴 전지)는 대표적인 표준전지로 양극에 수은(Hg), 음극에 카드뮴 아말감(Cd-Hg), 전해액에 황산카드뮴($CdSO_4$) 용액을 사용하고 20[℃]에서 1.01827[V]의 기전력을 갖는다.

★★ 【83. 99. 기사】
03 일정한 전압을 가진 전지에 부하를 걸면 단자 전압이 저하한다. 그 원인은?

① 이온화 경향　　　② 분극 작용　　　③ 전해액의 변색　　　④ 주위 온도

> **해설**　전지에 부하를 연결하면(전류가 흐르면) 수소 가스가 발생하고 되고 이것이 전극에 부착되므로 전지의 내부 저항이 증가되고, 이때 발생된 수소 가스는 H^+로 환원하려고 역기전력을 발생하여 전기 기전력이 저하되는 현상을 분극 작용이라 한다.

★ 【86. 기사, 24. 산업기사】
04 건전지와 감극제가 서로 옳게 표현된 것은?

① 보통 건전지 – MnO_3 　　　② 공기 건전지 – NaOH
③ 표준 전지 – CuO 　　　　　　④ 수은 건전지 – HgO

해설▸ 1차 전지의 명칭과 감극제는 다음과 같다.
보통(망간) 건전지 – MnO_2, 공기 건전지 – O_2
표준(웨스턴) 건전지 – Hg_2SO_4, 수은 건전지 – HgO

☆ 【99. 산업기사】
05 다음 중 표준 전지는?

① 다니엘 전지   ② 공기 전지
③ 웨스턴 전지   ④ 르클랑세 전지

★★★★★ 【82. 83. 85. 87. 00. 기사, 90. 산업기사】
06 전지에서 분극 작용에 의한 전압 강하를 방지하기 위하여 사용되는 감극제는?

① H_2O ② H_2SO_4
③ $CdSO_4$ ④ MnO_2

해설▸ 분극 작용을 감소시키기 위하여 MnO_2, O_2, Hg_2SO_4 등의 감극제를 사용한다.

★★★☆ 【85. 86. 88. 92. 96. 98. 99. 03. 04 산업기사】
07 망간 건전지의 전해액은?

① NH_4Cl ② $NaOH$
③ MnO_2 ④ $CuSO_4$

해설▸ 망간(르클랑세) 건전지의 전해액은 NH_4Cl(염화암모늄) 이외에 Zn의 부식, 전분 페스트의 gel화, 건조 등의 방지 작용을 하는 $ZnCl_2$를 배합한다.

★★☆ 【05. 09. 11. 기사, 87. 97. 12. 산업기사】
08 전지의 국부 작용을 방지하는 방법은?

① 감극제   ② 완전 밀폐
③ 니켈 도금   ④ 수은 도금

해설▸ 아연 음극 또는 전해액 중 불순물(Cu, Ni, Fe, Sb 등)이 섞이면 국부 전류에 의한 전극의 부분 용해로서 자체 방전이 생기고 수명이 단축된다. 이것을 방지하기 위하여 아연 전극에 수은 도금을 하거나 순도가 높은 전극 재료를 사용한다.

★☆ 【96. 16. 기사, 00. 산업기사】
09 자체 방전이 작고 오래 저장할 수 있으며, 사용 중에 전압 변동률이 비교적 작은 것은?

① 보통 건전지   ② 공기 건전지
③ 내한 건전지   ④ 적층 건전지

해설▸ 공기 건전지의 특징
① 방전 시 전압 변동이 적다.

답 5. ③ 6. ④ 7. ① 8. ④ 9. ②

② 자기 방전이 적고 장시간 보존이 가능하다.
③ 온도차에 따른 전압 변동이 적다.
④ 내한, 내열, 내습성을 가진다.
⑤ 용량이 커서 경제적이다.

★ 【03. 기사】
10 공기 전지의 특징이 아닌 것은?

① 방전시에 전압 변동이 적다.
② 온도차에 의한 전압 변동이 적다.
③ 사용중의 자기 방전이 크고 오랫동안 보존할 수 없다.
④ 내열·내한·내습성을 가지고 있다.

해설 ▶ 공기 건전지의 특징
① 방전 시 전압 변동이 적다.
② 자기 방전이 적고 장시간 보존이 가능하다.
③ 온도차에 따른 전압 변동이 적다.
④ 내한, 내열, 내습성을 가진다.
⑤ 용량이 커서 경제적이다.

★★★★ 【82. 84. 89. 98. 기사】
11 공기 습전기의 내부 화학 반응식은?

① $Zn + 3NaOH + O \rightarrow Na_2ZnO_2 + H_2O$

② $2Zn + 2NaOH + H_2O \rightarrow Na_2ZnO_2 + O_2$

③ $Zn + 2NaOH + O \rightarrow Na_2ZnO_2 + H_2O$

④ $Zn + NaOH + O \rightarrow Na_2ZnO_2 + H_2O$

해설 ▶

Zn	$+$	$2NaOH$	$+$	O_2	$\rightarrow$	Na_2ZnO_2	$+$	H_2O
아연		가성소다		산소		아연소다		물

✂ 유사문제

‖유사문제 원문 및 해설 : 동일출판사 홈페이지≫고객센터≫자료실

01. 망간 건전지의 감극제로 사용되는 것은?
답 이산화망간

02. 공기 건전지 (A)와 이산화망간 건전지 (B)의 특성을 비교할 때 옳지 않은 것은?
답 처음의 전압은 (A)가 (B)보다 약간 높다.

2차 전지

12 ★★【90. 99. 기사】
연축전지의 공칭 전압 및 공칭 용량으로 알맞은 것은?

① 연축전지의 공칭 전압 및 공칭 용량은 2.0[V], 5시간율[Ah]
② 연축전지의 공칭 전압 및 공칭 용량은 2.0[V], 6시간율[Ah]
③ 연축전지의 공칭 전압 및 공칭 용량은 2.0[V], 10시간율[Ah]
④ 연축전지의 공칭 전압 및 공칭 용량은 1.32[V], 10시간율[Ah]

해설, 알칼리 축전지 1.2[V], 5시간율[Ah]
연축전지 2.0[V], 10시간율[Ah]

13 ★★★【87. 94. 00. 기사】
납 축전지의 양극 재료는?

① $Pb(OH)_2$　　　　② Pb　　　　　　③ $PbSO_4$　　　　④ PbO_2

해설, 납 축전지(lead storage battery)는 이산화납(양극)과 해면 모양으로 된 납(Pb)의 음극에 묽은 황산의 전해액 및 전극의 격리판과 이것을 수용한 용기로 되어 있다.

$$Pb + 2H_2SO_4 + PbO_2 \underset{충전}{\overset{방전}{\rightleftarrows}} 2PbSO_4 + 2H_2O$$

14 ★★【93. 기사, 91. 98. 산업기사】
납축전지가 충방전할 때의 화학 방정식은?

① $Pb + 2H_2SO_4 + Pb \rightleftarrows PbSO_4 + 2H_2 + PbSO_4$
② $2PbO + 3H_2SO_4 + Pb \rightleftarrows 2PbSO_4 + 2H_2O + H_2 + PbSO_4$
③ $PbO_2 + 2H_2SO_4 + Pb \rightleftarrows PbSO_4 + 2H_2O + PbSO_4$
④ $2PbO_2 + 4H_2SO_4 + 2PbO \rightleftarrows 3PbSO_4 + 4H_2O + O_2 + PbSO_4$

해설,
$$\underset{음극}{Pb} + \underset{전해액}{2H_2SO_4} + \underset{양극}{PbO_2} \underset{충전}{\overset{방전}{\rightleftarrows}} \underset{양극}{PbSO_4} + \underset{전해액}{2H_2O} + \underset{음극}{PbSO_4}$$

15 ★★★【93. 96. 99. 04. 11. 23. 산업기사】
2차 전지에 속하는 것은?

① 적층 전지　　　② 내한 전지　　　③ 공기 전지　　　④ 자동차용 전지

해설, 1차 전지는 한 번 사용 후 재충전이 불가능한 전지를 말하며, 2차 전지는 충전용 전지로서 납 축전지, 알칼리 축전지(니켈카드뮴 전지), 자동차용 전지 등이 있다.

☆ 【00. 05. 산업기사】

16 전지에는 1, 2차 전지가 있다. 2차 전지는?

① 알칼리 축전지   ② 망간 건전지
③ 수은 전지   ④ 리튬 전지

해설,   1차 전지 : 1회 사용 후 재충전이 불가능한 전지
         2차 전지 : 충전용 전지, 납축전지, 알칼리 축전지 등이 이에 속한다.

★★ 【92. 99. 기사】

17 페이스트식 연축전지의 설명 중 옳지 못한 것은?

① 고율 방전이 뛰어나다.
② 국내에서 생산 가능하며 가격이 저렴하여 경제적이다.
③ 수명이 약간 짧다.
④ 공칭 전압은 2[V]와 1.2[V] 두 종류가 있다.

해설,   ① 연축전지
          ·공칭 전압 : 2[V/cell]   ·공칭 용량 : 10[Ah]
       ② 알칼리 축전지
          ·공칭 전압 : 1.2[V/cell]   ·공칭 용량 : 5[Ah]

★★ 【86. 92. 95. 99. 16. 산업기사】

18 납 축전지가 충분히 방전했을 때 양극판의 빛깔은 무슨 색인가?

① 황색   ② 청색   ③ 적갈색   ④ 회백색

해설,   납 축전지가 충분히 충전되었을 때 양극판은 과산화납으로 변해 적갈색을 띠고, 음극판은 해면형 납으
       로 변해 회백색이 된다. 또한 충분히 방전했을 때에 양극판은 황산납으로 변해서 다 같이 회백색에 가까
       워진다.

★★★ 【88. 95. 98. 기사, 24. 산업기사】

19 납 축전지의 충전 후의 비중은?

① 1.18 이하   ② 1.2~1.3   ③ 1.4~1.5   ④ 1.5 이상

★★★☆ 【88. 94. 기사, 83. 93. 99. 산업기사】

20 연축전지의 방전이 끝나면 그 양극(+극)은 어느 물질로 되는지 다음에서 적당한 것을 고르면?

① Pb   ② PbO   ③ PbO_2 ④ $PbSO_4$

해설,   방전이 되면 두 극의 물질이 황산과 반응하여 황산납($PbSO_4$)이 되며, 이것을 다시 충전하면 처음 상태
       가 된다.

         ← 적갈색   회백색 →

$$PbO_2 + 2H_2SO_4 + Pb \rightarrow PbSO_4 + 2H_2O + PbSO_4$$

         양극   전해액   음극   양극   음극

답 16. ① 17. ④ 18. ④ 19. ② 20. ④

21 ★☆ 【89. 기사, 82. 산업기사】
다음 식은 납축전지의 기본 화학 반응식이다. 방전 후 생성되는 부산물을 ☐안에 채우면?

$$Pb + 2H_2SO_4 + PbO_2 \rightleftarrows 2PbSO_4 + \boxed{}$$

① $2H_2O$　　　② HO　　　③ $2H_2O_2$　　　④ $2HO_2$

해설
$$Pb + 2H_2SO_4 + PbO_2 \overset{방전}{\underset{충전}{\rightleftarrows}} PbSO_4 + 2H_2O + PbSO_4$$
음극　전해액　양극　　　　양극　전해액　음극

22 ★ 【90. 96. 산업기사】
연축전지의 방전 시 방전 전류 I[A]와 방전 시간 T[h]와의 관계 실험식은?

① $I^{1.5}T$=일정　　② IT^2=일정　　③ $T/I^{1.5}$=일정　　④ I^2/T=일정

해설 $I^n T = \text{const}$　단, n : 정수(1.3~1.7)

23 ★ 【03. 산업기사】
알칼리 축전지의 특징이 아닌 것은?

① 극판의 기계적 강도가 강하다.
② 과방전, 과전류에 대해 강하다.
③ 저온특성이 좋다.
④ 전해액의 비중에 의해 충방전 상태를 추정할 수 있다.

해설 알칼리 축전지의 특징은
① 전지의 수명이 길다(납 축전지보다 3~4배 정도).
② 급격한 충·방전, 높은 방전율에 견디며, 다소 용량이 감소되어도 사용 불능이 되지 않는다.
③ 구조상 운반 진동에 견딜 수 있다.

24 ★ 【03. 기사】
납 축전지에서 충전 중 비중이 낮고 전압은 높다. 방전 중 전압은 낮고 용량이 감퇴된다. 이와 같은 현상의 추정원인이 아닌 것은?

① 방전 상태에서 장기간 방치　　② 충전 부족의 상태에서 장기간 사용
③ 불순물의 혼입　　　　　　　　④ 과충전

25 ★ 【95. 기사】
최근 알칼리 축전지의 사용이 증가되고 있는데 그 중요 장점의 하나는?

① 효율이 좋다.　　　　　　② 수명이 길다.
③ 양극은 PbO_2를 쓴다.　　④ 무겁다.

해설 ➤ 알칼리 축전지의 특징
① 전지의 수명이 길다.
② 구조상 운반 진동에 견딜 수 있다.
③ 급격한 충·방전, 높은 방전율에 견디며 다소 용량이 감소되어도 사용 불능이 되지 않는다.

26 ★★★★【88. 94. 98. 99. 09. 11. 기사】
알칼리 축전지의 공칭 용량은 얼마인가?

① 2[Ah]　　　　② 4[Ah]　　　　③ 5[Ah]　　　　④ 10[Ah]

해설 ➤ 납축전지 : 공칭 전압 1셀당 2.0[V], 공칭 용량 10[Ah]
알칼리 축전지 : 공칭 전압 1셀당 1.2[V], 공칭 용량 5[Ah]

27 ★★【94. 00. 기사】
알칼리 축전지의 특징 중 잘못된 것은?

① 전지의 수명이 길다.
② 광범위한 온도에서 동작하고 특히 고온에서 특성이 좋다.
③ 구조상 운반진동에 견딜 수 있다.
④ 급격한 충·방전, 높은 방전율에 견디며 다소 용량이 감소되어도 사용불능이 되지 않는다.

해설 ➤ 알칼리 축전지의 특징은
① 전지의 수명이 길다(납 축전지보다 3~4배 정도 길다).
② 구조상 단단하여 운반진동에 견딜 수 있다.
③ 급벽한 충·방전, 높은 방전율에 견디며, 다소 용량이 감소되어도 사용 불능이 되지 않는다.

28 ★☆【02. 기사, 00. 17. 산업기사】
알칼리 축전지의 전해액은?

① KOH　　　　② PbO_2　　　　③ H_2SO_4　　　　④ NiOOH

해설 ➤ 알칼리 축전지는
· 양극 : 수산화 니켈, 흑연 혼합물
· 음극 : 카드뮴
· 전해액 : 비중 1.2~1.245의 수산화칼륨(KOH)

29 ★★☆【95. 03. 14. 기사, 93. 05. 09. 산업기사】
알칼리 축전지의 양극에 쓰이는 것은?

① 납　　　　② 철　　　　③ 카드뮴　　　　④ 산화니켈

해설 ➤ 양극은 산화니켈(NiOOH), 음극은 카드뮴(Cd)

답 26. ③　27. ②　28. ①　29. ④

★【80. 기사】
30 알칼리(융그너) 축전지의 음극으로 사용할 수 있는 것은?

① 카드뮴 　　　　② 아연 　　　　③ 마그네슘 　　　　④ 납

해설 양극은 산화니켈(Ni_2O_3)이며, 음극은 카드뮴(Cd)을 사용한다.
　　　$2NiO(OH)$(양극) $+ 2H_2O$(전해액) $+ Cd$(음극) $\leftrightarrow 2Ni(OH)_2 + Cd(OH)_2$(음극)
　　　양극 : 산화니켈 $2NiO(OH)$, 음극 : 카드뮴(Cd)

★【00. 기사】
31 초급 방전형(고율 방전용) 축전지는?

① AMH형 　　　　② AHH형 　　　　③ AL형 　　　　④ AH-S형

해설 알칼리 축전지 종류
　　• AMH : 고율방전용 급방전형
　　• AHH : 초고율방전용 초초급방전형
　　• AL : 완방전형
　　• AH-S : 고율방전용 초급방전형

★【93. 04. 기사】
32 축전지의 충전 방식 중 전지의 자기 방전을 보충함과 동시에 상용 부하에 대한 전력 공급은 충전지가 부담하도록 하되, 충전지가 부담하기 어려운 일시적인 대전류 부하는 축전지로 하여금 부담케 하는 충전 방식은?

① 보통 충전 　　　② 과부하 충전 　　　③ 세류 충전 　　　④ 부동 충전

★★★☆【94. 97. 98. 기사, 97. 산업기사】
33 전해액에서 도전율은 어느 것에 의하여 증가되는가?

① 전해액의 빛깔 　　　　　　② 전해액의 농도
③ 전해액의 유효단면적 　　　④ 전해액의 고유저항

해설 전해액도 하나의 도체로서 $R=\rho\dfrac{l}{S}[\Omega]$식이 성립되며 더욱이 그 농도에 따라 $k=\dfrac{1}{\rho}$인 도전율은 증가되므로 전해액의 농도에 따라 결정된다.

★★★【04. 기사 87. 89. 97. 98. 99. 00. 03. 05. 15. 산업기사】
34 전지에서 자체 방전 현상이 일어나는 것은 다음 중 어느 것과 가장 관련이 있는가?

① 전해액 농도 　　　　　② 전해액 온도
③ 이온화 경향 　　　　　④ 불순물 혼합

해설 국부 작용이라 하며 아연 음극 또는 전해액 중에 불순물이 섞이면 아연이 부분적으로 용해되어 국부 방전이 생기며 수명이 짧아진다.

답 30. ① 31. ④ 32. ④ 33. ② 34. ④

35 ★ 【98. 01. 15. 산업기사】
축전지를 사용할 때 극판이 휘고, 내부 저항이 대단히 커져서 용량이 감퇴되는 원인은?

① 전지의 황산화　　　　　　　② 과도방전
③ 전해액의 농도　　　　　　　④ 감극작용

해설 황산화
　　• 극판이 휘게 되고, 내부 저항이 증가하게 된다.
　　• 극판에 황산납이 생기는 현상

36 ★★ 【94. 98. 기사】
예비전원으로 시설하는 개방형 축전지의 시설에 있어서 단자 전압이 몇 [V]를 넘는 경우에 절연물질의 프레임대를 애자로 지지하여야 하는가?

① 16　　　　　② 18　　　　　③ 24　　　　　④ 48

해설 예비전원으로 시설하는 개방형 축전지는 전해액에 의하여 잘 침식하지 아니하는 절연물질의 프레임대에 자기제, 유리제 등의 애자로 지지하여야 한다. 다만 단자 전압이 16[V] 이하의 축전지를 시설하는 경우에는 고려하지 아니한다.

37 ☆ 【04. 기사】
축전지의 충전 방식중 전지의 자기 방전을 보충함과 동시에 상용 부하에 대한 전력 공급은 충전기가 부담하도록 하되, 충전기가 부담하기 어려운 일시적인 대전류 부하는 축전지로 하여금 부담케 하는 충전 방식은?

① 보통 충전　　　　　　　　　② 과부하 충전
③ 세류 충전　　　　　　　　　④ 부동 충전

해설 부동 충전 방식

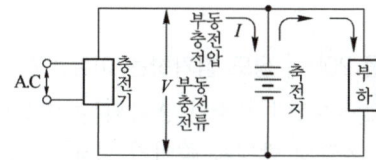

⚡ 유사문제

‖ 유사문제 원문 및 해설 : 동일출판사 홈페이지≫고객센터≫자료실

01. 다음 중 설명이 잘못된 것은?
　🔑 전지의 내부 저항은 클수록 좋다.

02. 기전력 2.0[V]인 2차 전지 56개를 직렬로 접속한 전원에서 20[A]의 방전 전류를 얻고자 한다. 부하의 단자 전압[V]은 얼마나 되는가? 단, 2차 전지의 내부 저항은 1개에 0.01[Ω]이다.
　🔑 100[V]

🔑 35. ① 36. ① 37. ④

03. 알칼리 축전지 1셀의 공칭 전압[V]은 얼마인가?

📖 1.2[V]

04. 알칼리 축전지가 납축전지보다 나쁜 점은?

📖 효율

05. 알칼리 축전지와 연축전지를 비교하여 연축전지의 우수한 특성으로서 가장 적합한 것은 다음 중 어느 것인가?

📖 장시간 일정 전류의 공급이 가능하다.

물리전지

★☆ 【85. 91. 00. 23. 산업기사】

38 태양 광선이나 방사선을 조사(照射)해서 기전력을 얻는 전지를 태양 전지, 원자력 전지라고 하는데, 이것은 다음 어느 부류의 전지에 속하는가?

① 1차 전지　　　② 2차 전지　　　③ 연료 전지　　　④ 물리 전지

해설 ▸ 반도체의 pn 접합면에 태양 광선이나 방사선을 조사해서 기전력을 얻는 전지를 물리 전지라 하며 현재 일부에서는 실용화되어 있다.

전기분해

★ 【02. 기사】

39 물을 전기 분해할 때 가성 소다와 가성 칼리를 20[%] 정도 첨가하는 이유는?

① 물의 도전율을 높이기 위해　　　② 수소와 산소가 혼합되는 것을 막기 위해
③ 전극의 손상을 막기 위해　　　④ 열의 발생을 줄이기 위해

★ 【03. 24. 산업기사】

40 물을 전기분해할 때 도전율을 높이기 위해 20[%] 정도 첨가하는 용액은?

① 가성소다와 황산　　　　　　② 가성소다와 가성칼리
③ 가성칼리와 황산　　　　　　④ 가성칼리와 인산나트륨

해설 ▸ 물을 전기 분해하면 음극에서 H^+가 방전하여 수소를, 양극에서는 방전하여 산소를 발생한다.
　· 전해액 : NaOH, KOH의 용액
　· 전해조 전압 : 2.2~2.5[V]
　보통 전해조 및 전극은 철로서 특히 양극은 니켈 도금을 하여 산화를 막고 과전압의 저하가 생긴다. 음극은 수소 발생의 과전압을 작게 하기 위하여 몰리브덴, 니켈 합금을 사용하는 것이 좋다.

📖 38. ④　39. ①　40. ②

41 ★【96. 기사】
다음의 산 및 염기 중에서 분해 전압이 가장 작은 것은?

① H_2SO_4 ② $ZnSO_4$ ③ $AgNO_3$ ④ NH_4OH

해설 H_2SO_4=1.67[V], $ZnSO_4$=2.55[V], $AgNO_3$=1.04[V], NH_4OH=1.74[V]이므로 분해 전압이 제일 작은 것은 $AgNO_3$이다.

42 ★★☆【02. 기사, 93. 96. 00. 17. 23. 산업기사】
전기분해에 의하여 전극에 석출되는 물질의 양은 전해액을 통과하는 총전기량에 비례하고 또 그 물질의 화학당량에 비례하는 법칙은?

① 암페어(Ampere)의 법칙   ② 패러데이(Faraday)의 법칙
③ 톰슨(Thomson)의 법칙   ④ 줄(Joule)의 법칙

해설 석출되는 물질의 양은 M, 전기량 Q, 1쿨롱의 전기량이 통과하는 양을 k라 하면 $M=kQ$[g]이다.

43 ★★【98. 기사, 88. 95. 15. 산업기사】
전기 분해로 제조되는 것은?

① 암모니아   ② 카바이드   ③ 알루미늄   ④ 철

해설 보크사이트(Al_2O_3가 60[%] 함유된 광석)를 용해하여 순수한 산화 알루미늄(알루미나)을 만든 후 빙정석을 넣고 약 1000[℃]로 전기 분해하여 순도 99.8[℃]로 제조한다.

44 ★【98. 기사】
"전기 분해에 의하여 전극에 석출되는 물질의 양은 전해액을 통과하는 총 ①에 비례하고 또 그 물질의 화학 당량에 ②한다. 이것을 ③의 법칙이라 한다." □에 적합한 용어는?

① ① 전류량, ② 비례, ③ 쿨롬
② ① 전기량, ② 비례, ③ 패러데이
③ ① 전류량, ② 반비례, ③ 패러데이
④ ① 전기량, ② 반비례, ③ 쿨롬

해설 패러데이(Faraday)의 법칙 : 석출되는 물질의 양을 M, 전기량을 Q, 1쿨롱의 전기량이 통과하는 양을 K라 하면 $M=KQ=Kit$[g]

45 ★★【99. 기사, 82. 91. 산업기사】
전기 분해에서 패러데이의 법칙은 어느 것이 적합한가? 단, Q[C] : 통과한 전기량, W[g] : 석출된 물질의 양, E[V] : 전압을 각각 나타낸다.

① $W=K\dfrac{Q}{E}$ ② $W=\dfrac{1}{R}Q=\dfrac{1}{R}It$

③ $W=KQ=KIt$ ④ $W=KEt$

답 41. ③ 42. ② 43. ③ 44. ② 45. ③

해설 물질의 석출량은 통과한 전기량에 비례하며, 같은 전기량에서 석출되는 물질의 양은 그 물질의 화학 당량$\left(=\dfrac{원자량}{원자가}\right)$에 비례한다. 따라서

$$\therefore\ W=KQ=KIt\,(\because\ Q=It\,[\text{C}]\text{이므로})$$

46 ★★ 【84. 00. 기사】

식염의 전기 분해에서 100[Ah]의 전기량을 발생하는 NaOH(가성소다)는 약 몇 [g]인가?
단, Na의 원자량 : 23, O의 원자량 : 16, H의 원자량 : 1, 또한 Na의 전기 화학당량 : 0.858[g/Ah], 전류 효율은 95[%]이다.

① 132 ② 142 ③ 152 ④ 158

해설 식염의 전기 분해 반응은 $NaCl+H_2O=NaOH+HCl$
100[Ah]의 전기량으로 생성되는 NaOH의 양은 23(Na)+16(O)+1(H)=40
100[Ah]로 생기는 Na의 양은 $0.858\times100=85.8$[g]
여기에 상당하는 NaOH의 양은
$85.8\times\left(\dfrac{40}{23}\right)=149$[g] $\therefore\ 149\times0.95\fallingdotseq142$[g]

47 ★ 【03. 기사】

전기 분해 시 전기량이 같을 때 전극에 석출되는 물질의 양은 어느 것에 비례하는가?

① 원자량 ② 전류 ③ 시간 ④ 화학 당량

해설 패러데이 법칙 : 물질의 석출량은 통과한 전기량에 비례하며, 같은 전기량에서 석출되는 물질의 양은 그 물질의 화학 당량$\left(=\dfrac{원자량}{원자가}\right)$에 비례한다.

$$\therefore\ W=KQ=KIt\ (\because\ Q=It\,[\text{C}]\text{이므로})$$

여기서, W : 석출된 물질의 양[g], Q : 통과한 전기량[C], k : 화학당량

⤜ 유사문제

∥유사문제 원문 및 해설 : 동일출판사 홈페이지≫고객센터≫자료실

01. 구리의 원자량은 63.54, 원자가 2일 때 전기 화학 당량은?
답 0.3292[mg/C]

02. 동의 원자량은 63.54이고 원자가가 2라면 화학당량은?
답 화학당량$=\dfrac{원자량}{원자가}=\dfrac{63.54}{2}=31.77$

03. 염화아연($ZnCl_2$)의 수용액을 전기 분해하였더니 전해 전류 15[A]에서 9[g]의 아연을 석출하는 데 33분을 요하였다. 아연의 원자량을 65.4라 하면 전류 효율은 몇 [%]인가? 단, 전류는 일정하다.
답 약 89.4[%]

답 46. ② 47. ④

전기 영동 등

★ 【93. 98. 10. 23. 산업기사】
48 전기분해를 이용하여 순수한 금속만을 음극에 석출하여 정제하는 것을 무엇이라 하는가?

① 전착　　　　　② 전해연마　　　　　③ 전해정련　　　　　④ 전식

해설 전해정련 : 순도가 높은 금속을 정련할 경우에 이용한다.

★ 【91. 97. 산업기사】
49 전해 정련 방법에 의하여 얻어지는 것은?

① 구리　　　　　② 철　　　　　③ 납　　　　　④ 망간

해설 전기 분해를 이용하여 순수한 금속만을 석출하여 정제하는 것을 전해 정련이라 하며, 정제하는 금속으로는 구리가 가장 많고 주석, 니켈, 안티몬 등이 있다.

★☆ 【83. 89. 11. 산업기사】
50 전기 도금을 계속하여 두꺼운 금속층을 만든 후, 원형을 떼어서 그대로 복제하는 방법을 무엇이라 하는가?

① 전기 도금　　　　　② 전주　　　　　③ 전해 정련　　　　　④ 전해 연마

해설 전기 주조라고 하며 공예품의 복제, 활자 인쇄용 원판, 레코드 원판 제조 등에 이용된다.

★★ 【82. 85. 92. 97. 03. 15. 산업기사】
51 황산 용액에 양극으로 구리 막대, 음극으로 은막대를 두고 전기를 통하면 은막대는 구리색이 난다. 이를 무엇이라고 하는가?

① 전기 도금　　　　　② 이온화 현상　　　　　③ 전기 분해　　　　　④ 분극 작용

해설 전기 분해를 이용한 것으로 전기 도금은 동(Cu)에 금을 도금하고자 할 때는 금을 +극에, 동을 −극으로 하고 직류 전원을 공급하면 동 표면에 금이 도금이 된다.

★★★★★ 【83. 86. 89. 99. 04. 기사, ⊕ : 92. 95. 기사】
52 기체 또는 액체에 고체의 입자가 분산되어 있을 경우 이에 전압을 가하면 입자가 이동한다. 이러한 현상을 무엇이라 하는가?

① 전기 집진　　　　　② 전기 투석　　　　　③ 전기 영동　　　　　④ 전기 방식

해설 전기 영동(electro phoresis)은 액체 속에 미립자를 넣고 전원을 공급하면 많은 입자가 양극을 향해 이동하는 현상으로 점토나 정제, 전착 도장 등에 사용된다.

答 48. ③　49. ①　50. ②　51. ①　52. ③

★ 【14. 기사, 03. 산업기사】
53 고온도에 의한 환원으로 얻어진 조금속 또는 정제금속을 주입한 것을 양극으로 하고 목적 금속과 동일한 금속염을 함유한 수용액을 전해액으로서 전해하여 순도가 높은 금속을 얻는 방법은?

① 전해정제   ② 전해채취   ③ 전기도금   ④ 전해연마

★ 【94. 03. 10. 산업기사】
54 전해 콘덴서의 제조나 재생고무의 제조 등에 주로 응용하는 현상은?

① 전기침투   ② 전기영동   ③ 비산현상   ④ 핀치 효과

해설 전기침투 : 액을 다공질의 격막으로 나누고 그 양측에 직류 전압을 걸면 격막을 통해서 액체는 한쪽으로 이동하여 수위는 높아진다. 전기 침투는 전해 콘덴서 제조용, 재생고무의 제조, 점토의 전기적 정제 등에 응용되고 있다.

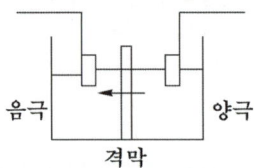

유사문제 ‖유사문제 원문 및 해설 : 동일출판사 홈페이지≫고객센터≫자료실

01. 전기도금에 관한 설명 중 틀린 것은?
답 전류밀도가 다르더라도 도금상태는 일정하다.

02. 다음은 가장 관계가 깊은 것끼리 짝지어 놓은 것이다. 잘못된 것은?
답 알루미늄 전해–알루미늄 양극의 작용

03. 다음 중 식염 전해와 가장 밀접한 관계가 있는 것은?
답 수은

이온화 경향

★★ 【93. 98. 04. 11. 산업기사】
55 전기 화학에서 양이온이 되는 것은?

① H_2 ② SO_4 ③ NO_3 ④ OH

해설 • 양이온(cation) : 금속이나 수소 등
• 음이온(antion) : 산기나 수산기

답 53. ①   54. ①   55. ①

★★☆【91. 03 기사, 89. 95. 99. 17. 산업기사, ㉯ : 23.】

56 금속 중 이온화 경향이 큰 물질은?

① Fe   ② Zn   ③ K   ④ Na

해설 ▸ 금속의 이온화 경향의 순위는 K, Ca, Na, Mg, Al, Zn, Fe, Ni, Sn, Pb, …이다.

01 - 전기 집진 및 기타의 정전기 응용

1) 전기 집진

출제 산업 3번, 기사 5번

전기 집진은 기체 중에 떠돌아 다니는 액체, 고체 등의 미립자에 정전기력을 작용시켜 이것을 분리하여 모으는 기술로서, 일반적으로 코로나 방전을 이용해서 전계를 가한 입자에 전계를 작용시켜 쿨롱력에 의해서 입자를 집진 전극쪽으로 움직이게 하는 것이다.

전기 집진의 응용으로서는

(1) 발전소

발전용 미분탄 연소 보일러의 배기 가스는 대기 오염의 근원이 되며, 공해 방지의 견지에서 그 정화가 큰 문제이고, 연진 중의 미세 분자는 시멘트 원료로서 이용할 수 있으므로 멀티 사이클론과 집진기를 직렬로 한 플라이 애시 회수용 집진기도 사용한다.

(2) 시멘트 공업

가장 중요한 응용 면으로서는 로터리 킬른의 배기 가스 집진이다.

(3) 철강 관계

용광로에서 배출되는 가스 연료로 이용할 수 있고, 이 탈진의 목적에 전기 집진기가 이용된다. 또 산소 제강법의 보급에 따라 산화철 휴움의 회수가 요망되고 있는데, 이것은 산화철의 미립자로 된 적갈색의 짙은 연기로 오염 방지 때문에 고도의 집진율이 필요하다.

(4) 기타

먼지 소각로, 카본, 고무, 금속 제련, 제지, 황산 제조, 도시 가스 청정 등의 분야에 널리 이용되고, 또 공기 정화의 목적으로 사무실, 병원, 의약품, 전기 제품, 정밀 광학, 방적 등의 각종 현장에서 사용되고 있다.

2) 정전 선별

정전 선별은 정전적인 현상을 이용해서 물질의 분리, 정제, 분급(입도에 의한 선별) 등을 하는 기술이다.

실용적 선별 장치에는 다음과 같은 것이 있다.

① 순정전형 원통식 선별 장치
② 코로나 방전형 원통식 선별 장치
③ 복합형 원통식 선별 장치
④ 마찰을 이용하는 것 등

3) 정전 도장

도료 입자를 대전시켜 전기력으로 도장 대상 쪽으로 구동하게 하는 원리인데 전기 집진의 한 응용이라 생각할 수 있다. 다른 도장법에 비하여 경제성과 위생상의 견지에서 큰 이점이 있다.

4) 정전 식모

전계 중에 놓여진 물체는 일반적으로 전기력에 의하여 구동되어지나 이것과 동시에 분극에 의해서 그 축이 전계 방향으로 받는 힘이 생긴다. 정전 식모는 이런 현상을 이용하여 모포나 시트에 단섬유를 심는 기술이다.

5) 전자 사진

전자 사진과 그 개념은 대상에서 정보를 뽑아 내어 이것을 가시적 화상으로 기록하는 전자 응용 기술로서 화상 공학의 한 분야이다.
그 응용으로서는,
① 복사기　② 컬러 사진　③ 프린트 등이 있다.

6) 의학에서의 전기 응용

(1) 생체 발전 현상의 계측
① 심전계
② 뇌파계
③ 근전계
④ 세포 전위 측정 장치

(2) 생체 물리 현상의 계측
① 심음계
② 전기 혈압계
③ 맥파계
④ 오디오미터

7) 방사선의 응용　출제 기사 2번

방사선은 물질에 대해서 투과 작용, 흡수 작용, 산란 작용, 사진 작용, 화학 작용 등 특이한 작용뿐만 아니라 각종 산업, 의학 등에 이용되고 있다.
그 응용 부문은 라디오 오토그래프, X선 장치 등이다.

★★★☆【83. 91. 기사, 87. 98. 99. 산업기사】
01 전기 집진기는 어떠한 것을 이용한 것인가?

① 정전기력　　　② 자기력　　　③ 만유 인력　　　④ 전자기력

해설 ▸ 일반적으로 기체 중에서 그 중에 부유하는 고체형 액상 미립자를 전기적 방법으로 제거하고, 혹은 채집하는 장치로서 정전력을 이용한 것이며, 코트렐(cottrell)식은 그 대표적인 것이다.

★★【96. 99. 기사】
02 정전현상(Electrostatic phenomena)을 응용한 기기는?

① 전자 클러치　　② 전자 진동기　　③ 전기 집진기　　④ 전자 펌프

해설 ▸ 전기 집진기는 대전체 간의 정전기력을 이용한 것으로서 발전소 · 시멘트 공업, 철강 관계 등에서 광범위하게 사용되고 있다.

★★【87. 00. 기사】
03 정전력을 이용하지 않는 장치는?

① 정전 도장 장치　　② 정전 선별기　　③ 전기 집진 장치　　④ X선 장치

해설 ▸ X선 발생 장치란 고전압 발생 장치, 고전압 정류 장치, X선관 선조 가열 장치 등에 의한 X선 발생에 사용되는 총칭이다.

★【97. 기사】
04 정전기 응용 설비가 아닌 것은?

① 집진기　　　② 도장 장치　　　③ 권상기　　　④ 점멸기

★【82. 기사】
05 전기 집진기는?

① 교류 고전압에 의한 부성 코로나를 이용한 것이다.
② 직류 고전압에 의해 방전 전극의 부성 코로나 방전에 따르는 공기 전리이다.
③ 직류 고전압 방전에 따르며 부극성 집진 전극에 의해 양이온을 흡수한다.
④ 교류 고전압 방전에 의해 충격 이온을 얻어 집진한다.

해설 ▸ 전기 집진기는 일반적으로 코로나 방전을 이용하여 전계를 가한 입자에 전계를 작용시켜 쿨롱력에 의하여 이 입자를 집진 전극 쪽으로 움직이게 하는 것이다.

☆【87. 산업기사】

06 공기 정화용 2단식 집진부의 전압은 대략 몇 [kV] 정도인가?

① 3   ② 5   ③ 10   ④ 40

해설 ▸ 공기 정화용 하전부의 전압은 10[kV] 전후이고 집진부의 전압은 5[kV] 정도이다. 또한 공업용 집진기
의 전압은 40~60[kV] 정도가 보통이다.

★★☆【02. 기사, 86. 93. 96. 산업기사】

07 확산(diffusion) 현상으로 틀린 것은?

① 기체 입자의 밀도에 차가 있으면 열운동에 의하여 밀도가 작은 쪽에서 큰 쪽으로 입자가
이동하는 현상이다.

② 온도가 높을수록 확산이 용이하다.

③ 입자 상호간의 충돌 빈도가 클수록 확산이 어렵다.

④ 열평형이란 드리프트와 확산 작용이 동시에 발생하는 경우이다.

해설 ▸ 2종의 액체(혹은 기체)가 접하고 있으면 서로가 혼합하여 경계가 불분명하게 되어 균일화하는 현상으로
서 금속인 경우에도 모두 높아지면 이러한 현상이 나타난다. 밀도는 큰 곳에서 작은 곳으로 이동한다.

01 제어계의 종류

제어계는 개회로 제어계(open loop control system)와 폐회로 제어계(closed loop control system)로 구분된다.

1) 개회로 제어계(open loop control system)

제어계는 미리 정해 놓은 순서에 따라서 제어의 각 단계가 순차적으로 진행되므로 시퀀스 제어 (sequential control)라고도 한다.

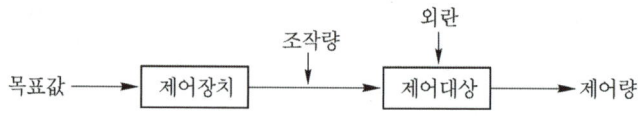

개루프 제어계의 구성도

(1) 특성 방정식

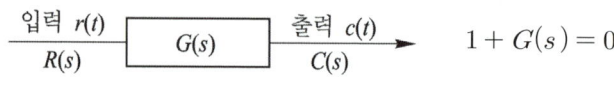

$$1 + G(s) = 0$$

〈제어 시스템의 전달함수〉

(2) 개회로 제어계의 특징
① 제어 시스템이 가장 간단하며, 설치비가 싸다.
② 제어동작이 출력과 관계가 없어 오차가 많이 생길 수 있으며 이 오차를 교정할 수가 없다.

2) 폐회로 제어계(closed loop control system)

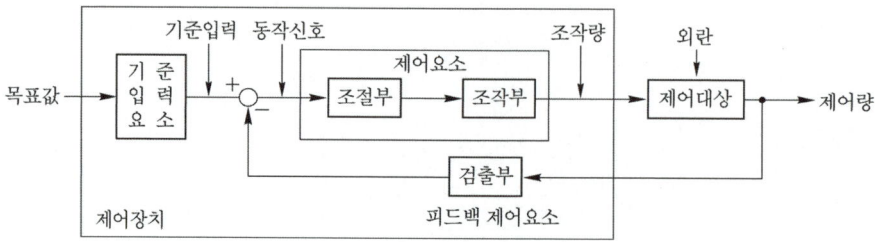

폐루프 제어계의 구성도

제어계의 출력이 목표값과 일치 하는가를 항상 비교하여, 일치하지 않을 때에는 그 차에 비례하는 동작 신호가 제어계로 다시 보내져서 그 오차를 수정 하도록 하는 궤환 경로(feedback path)를 가지고 있는 제어계로서 궤환 제어계라고도 한다. 출제 산업 3번

(1) 특성 방정식

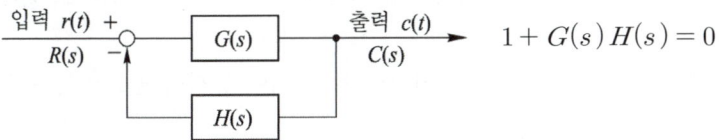

$$1 + G(s)H(s) = 0$$

〈제어 시스템의 전달함수〉

(2) 폐회로 제어계의 특징

① 정확성의 증가
② 계의 특성 변화에 대한 입력 대 출력비의 감도 감소
③ 비선형성과 왜형에 대한 효과의 감소
④ 감대폭의 증가
⑤ 생산품질향상이 현저하며 균일한 제품을 얻을 수 있다.
⑥ 원료, 연료 및 동력을 절약할 수 있으며 인건비를 줄일 수 있다.
⑦ 생산 속도를 상승시키고, 생산량을 크게 증대시킬 수 있다.
⑧ 노동조건의 향상 및 위험 환경의 안정화 기여
⑨ 자동제어의 설비에 많은 비용이 들고 고도화 된 기술이 필요하며
⑩ 제어장치의 운전, 수리 및 보관에 고도의 지식과 능숙한 기술이 있어야 하며
⑪ 설비의 일부에 고장이 있어도 전 생산 라인에 영향을 미치는 점도 있다.

02 ─ 자동제어계의 기본적 구성과 용어

1) 자동제어계의 구성

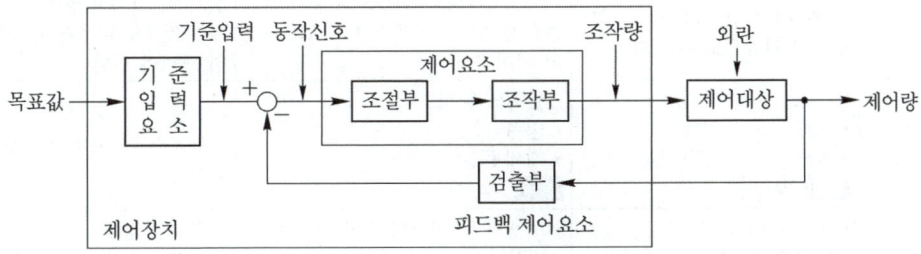

2) 용어

① 목표값 : 제어량이 그 값을 갖도록 목표로 하여 외부에서 주어지는 신호로서 궤환제어계에 속하지 않으며 설정값이라 한다.

② 기준입력 : 제어계를 동작시키는 기준으로서 목표값에 비례하는 신호입력이다.

③ 주궤환 신호 : 동작신호를 얻기 위하여 기준입력과 비교되는 신호로서 제어량의 함수 관계가 된다.

④ 동작신호 : 기준입력과 주궤환신호와의 편차인 신호로서 제어 동작을 일으키는 원인이 되는 신호이다.

⑤ 제어요소 : 제어동작 신호를 인가하면 조작량을 변화시키는 것으로서 조절부와 조작부로 구성된다.

⑥ 조절부 : 기준 입력 신호와 검출부의 출력 신호를 제어 시스템에 필요한 신호로 만들어 조작부에 보내는 것이다.

⑦ 조작부 : 조절부로부터 받은 신호를 조작량으로 변환하여 제어 대상에게 보내는 부분이다.

⑧ 조작량 : 제어요소에서 제어대상에 인가되는 양이다.　출제 산업 5번

⑨ 외란 : 제어량의 값을 변화시키려는 외부로부터의 바람직하지 않은 신호이다.

⑩ 제어량 : 제어를 받는 궤환계의 양이며 제어 대상이 속하는 양이다.

⑪ 검출부 : 주로 제어 대상으로부터 제어량을 검출하고 기준 입력 신호와 비교시키는 부분이다.

⑫ 제어장치 : 제어를 하기 위해서 제어 대상에 부가하는 장치이다.

⑬ 제어대상 : 제어 시스템에서 직접 제어를 받는 장치로서 장치의 전체 또는 그 일부분을 받는다.

⑭ 제어편차 : 목표값으로부터 제어량을 뺀 값으로 정의되며, 이 신호가 동작 신호와 일치되기도 한다.

⑮ 다변수 시스템 : 단일 입·출력이 아니고, 둘 이상의 입력과 둘 이상의 출력을 가진 시스템을 말한다.

03 – 자동제어 장치의 종류

1) 제어량의 종류에 의한 분류

항 목	프로세스 제어	서보 제어	자동 조정 제어
특 징	플랜트나 생산 공정 중의 상태량을 제어량으로 하는 제어	기계적 변위를 제어량으로 해서 목표값의 임의의 변화에 추종하도록 구성된 제어계	전기적, 기계적 양을 주로 제어하는 것으로서 응답 속도가 대단히 빨라야 한다.
제어량의 종 류	• 온도　• 유량 • 압력　• 액위 • 농도　• 밀도 등 출제 기사 1번	• 물체의 위치 • 방위 • 자세 등 출제 산업 7번	• 전압　• 전류 • 주파수　• 회전 속도 • 힘 등
적용 예	• 온도 제어 장치 • 압력 제어 장치 • 점도 제어 장치	• 비행기 및 선박의 방향 제어계 • 미사일 발사대의 자동 위치 제어계 • 추적용 레이더 • 자동 평형 기록계 등	• 정전압 장치 • 발전기의 조속기 제어 등

2) 목표값의 시간적 성질에 의한 분류

정치 제어와 추치 제어로 구분된다.

(1) 정치제어(constant value control) 출제 산업 3번, 기사 1번

목표값이 시간에 대하여 변화하지 않는 제어를 말하며 프로세스 제어, 자동조정이 이에 속한다.

(2) 추치제어

출력의 변동을 조정하는 동시에 목표값에 정확히 추종하도록 설계한 제어계로서 추종제어, 프로그램 제어 및 비율제어로 구분된다.

3) 제어 목적에 의한 분류

(1) 정치 제어 :

제어량을 어떤 일정한 목표값으로 유지하는 것을 목적으로 하는 제어법 출제 산업 4번
(연속식 압연기) 출제 산업 3번, 기사 1번

(2) 프로그램 제어

미리 정해진 프로그램에 따라 제어량을 변화시키는 것을 목적으로 하는 제어법 출제 산업 4번
(무인 엘리베이터, 산업로봇)
출제 산업 2번   출제 산업 3번, 기사 1번

(3) 추종 제어

미지의 임의 시간적 변화를 하는 목표값에 제어량을 추종시키는 것을 목적으로 하는 제어법
출제 산업 1번, 기사 1번

(4) 비율 제어

목표값이 다른 것과 일정 비율 관계를 가지고 변화하는 경우의 추종 제어

4) 조절부의 동작에 의한 분류

종 류		특 징
P	비례동작	• 정상오차를 수반 • 잔류편차 발생 출제 산업 2번
I	적분동작	• 잔류편차 제거
D	미분동작	• 오차가 커지는 것을 미리 방지
PI	비례적분동작	• 잔류편차 제거 • 제어결과가 진동적으로 될 수 있다.
PD	비례미분동작	• 응답 속응성의 개선
PID	비례적분미분동작	• 잔류편차 제거 • 응답의 오버슈트 감소 • 응답 속응성의 개선

04 ━ 라플라스 변환(Laplace transformation)

어떤 임의의 시간함수 $f(t)$에 e^{-st}를 곱한 $f(t)e^{-st}$를 시간 t에 대해서 0부터 ∞까지 적분하면 $f(t)$는 라플라스 연산자 s를 갖는 함수 $F(s)$로 변환된다. 즉, $0 \leq t \leq \infty$로 정의되는 $f(t)$의 라플라스 변환은 다음 식으로 표시한다.

$$F(s) = \mathcal{L}\left[f(t)\right] = \int_0^\infty f(t)\ e^{-st}\ dt$$

1) 상수(constant) a

$f(t) = a$이므로

$$\mathcal{L}\left[a\right] = \int_0^\infty a\ e^{-st}\ dt = a\left[-\frac{e^{-st}}{s}\right]_0^\infty = \frac{a}{s}$$

$$\therefore\ \mathcal{L}\left[a\right] = \frac{a}{s}$$

2) 단위 계단함수 $u(t)$

(1) 단위 계단함수(unit step function)

$$u(t) = \begin{cases} 0, & t < 0 \\ 1, & t > 0 \end{cases}$$

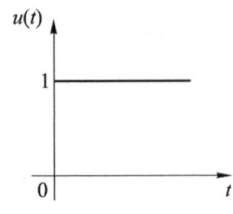

$u(t)$를 라플라스 변환하면, $s > 0$ 범위에서

$$\mathcal{L}\left[u(t)\right] = \int_0^\infty u(t)e^{-st}dt = \int_0^\infty 1\ e^{-st}\ dt$$

$$= -\frac{1}{s}\left[-\frac{e^{-st}}{s}\right]_0^\infty = \frac{1}{s}$$

(2) 단위 계단함수가 시간 이동하는 경우

$$u(t-a) = \begin{cases} 0, & t < a \\ 1, & t \geq a \end{cases}$$

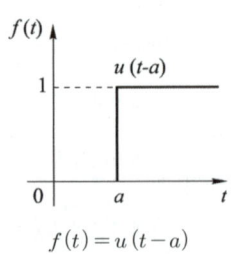

$f(t) = u(t-a)$

$u(t-a)$를 라플라스 변환하면

$$\mathcal{L}\left[u\left(t-a\right)\right]=\int_0^\infty u\left(t-a\right)e^{-st}\,dt$$

$$=\int_0^a 0\,e^{-st}\,dt+\int_a^\infty 1\,e^{-st}\,dt$$

$$=\left[-\frac{1}{s}e^{-st}\right]_a^\infty=-\frac{1}{s}(e^{-\infty}-e^{-as})=\frac{1}{s}e^{-as}$$ 출제 산업 1번

3) 단위 램프함수 t

(1) 단위 램프함수(unit ramp function)

$$f\left(t\right)=t\,u\left(t\right)=\begin{cases}0, & t<0 \\ t, & t>0\end{cases}$$

라플라스 변환하면

$$F(s)=\mathcal{L}\left[f\left(t\right)\right]=\int_0^\infty t\,u\left(t\right)e^{-st}\,dt$$

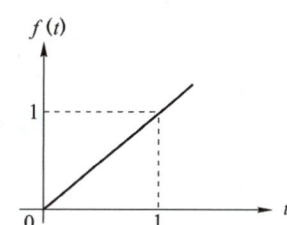

가 되며, 부분적분 공식을 이용하여

$$\int_0^\infty t\,e^{-st}\,dt=\left[t\,\frac{e^{-st}}{-s}\right]_0^\infty-\int_0^\infty\frac{e^{-st}}{-s}\,dt=\left[-\frac{1}{s^2}\,e^{-st}\right]_0^\infty=\frac{1}{s^2}$$

(2) 기울기가 a 인 경우의 라플라스 변환은

$$\mathcal{L}\left[a\,t\right]=\frac{a}{s^2}$$

4) 지수함수

$f\left(t\right)=e^{-at}$ 의 라플라스 변환

$$F(s)=\mathcal{L}\left[f\left(t\right)\right]=\int_0^\infty e^{-at}e^{-st}\,dt=\int_0^\infty e^{-(s+a)t}\,dt$$

$$=\left[-\frac{1}{s+a}\,e^{-(s+a)t}\right]_0^\infty=\frac{1}{s+a}$$

따라서

$$\mathcal{L}\left[e^{\pm at}\right]=\frac{1}{s\pm a}$$

로 된다.

5) 기본함수의 라플라스 변환

	$f(t)$	$F(s)$			$f(t)$	$F(s)$
1	$\delta(t)$	1		7	$\sin\omega t$	$\dfrac{\omega}{s^2+\omega^2}$ 출제 산업 1번
2	$u(t)$	$\dfrac{1}{s}$		8	$\cos\omega t$	$\dfrac{s}{s^2+\omega^2}$
3	t	$\dfrac{1}{s^2}$		9	$t\sin\omega t$	$\dfrac{2\omega s}{(s^2+\omega^2)^2}$
4	t^n	$\dfrac{n!}{s^{n+1}}$		10	$t\cos\omega t$	$\dfrac{s^2-\omega^2}{(s^2+\omega^2)^2}$
5	ϵ^{-at}	$\dfrac{1}{s+a}$ 출제 산업 1번		11	$\epsilon^{-at}\sin\omega t$	$\dfrac{\omega}{(s+a)^2+\omega^2}$
6	$t\,\epsilon^{-at}$	$\dfrac{1}{(s+a)^2}$		12	$\epsilon^{-at}\cos\omega t$	$\dfrac{s+a}{(s+a)^2+\omega^2}$

05 – 전달 함수

1) 전달 함수의 정의

전달 함수는 제어시스템에 가해지는 입력신호에 대하여 출력신호가 어떤 모양으로 나오는가 하는 신호전달 특성을 제어요소에 따라 개별적으로 취급한 것으로 선형미분방정식의 초기값을 0으로 했을 때 출력신호의 라플라스 변환과 입력 신호의 라플라스 변환의 값이다. 여기서, 입력신호 $r(t)$에 대하여 출력신호 $c(t)$를 발생하는 요소의 전달 함수 $G(s)$는 다음과 같다.

$$G(s) = \frac{C(s)}{R(s)} = \frac{\text{출력을 라플라스 변환한 값}}{\text{입력을 라플라스 변환한 값}}$$

$$G(s) = \frac{C(s)}{R(s)} = \frac{b_m s^m + b_{m-1} s^{m-1} + \cdots + b_1 s + b_0}{a_n s^n + a_{n-1} s^{n-1} + \cdots + a_1 s + a_0}$$

입력 $r(t)$ 제어시스템 $G(s)$ 출력 $c(t)$
$R(s)$ $C(s)$

제어시스템의 전달 함수

2) 전달 함수의 성질

① 전달 함수는 선형 시불변 시스템에서만 정의되고, 비선형 시스템에서는 정의되지 않는다.
② 시스템의 입력변수와 출력변수 사이의 전달 함수는 임펄스 응답의 라플라스 변환으로 정의된다.
③ 시스템의 초기 조건은 0으로 한다.
④ 전달 함수는 시스템의 입력과는 무관하다.
⑤ 제어시스템의 전달 함수는 s 만의 함수로 표시된다.

3) 궤환결합

다음의 블록 선도는 자동 제어에서 주로 사용하고 있는 부궤환 제어 시스템(negative feedback control system)의 기본 블록 선도이며, 궤환되는 신호가 가산점에 (+)로 들어갈 때는 정궤환이라고 하나 거의 사용되지 않는다.

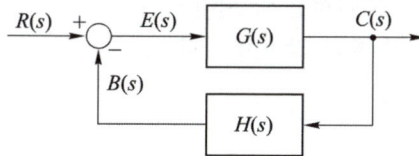

$$E(s) = R(s) - B(s) = R(s) - H(s)C(s)$$
$$C(s) = G(s)E(s)$$
$$B(s) = H(s)C(s)$$

식을 정리해 보면

$$C(s) = G(s)R(s) - G(s)H(s)C(s)$$

따라서 전달함수 및 등가변환 회로는 다음과 같다.

전달함수 $\dfrac{C(s)}{R(s)} = \dfrac{G(s)}{1 + G(s)H(s)}$ 출제 산업 6번, 기사 2번

$$R(s) \longrightarrow \boxed{\dfrac{G(s)}{1 + G(s)H(s)}} \longrightarrow C(s)$$

4) 신호흐름 선도

신호흐름 선도는 일련의 선형방정식을 도식적으로 모델링 하는 방법의 하나이고, 몇 개의 방향성 가지를 연결하는 마디들로 구성되어 있다.

전달함수 $G(s) = \dfrac{\sum \text{전향경로이득}}{1 - \sum \text{루프이득}} = \dfrac{G(s)}{1 - G(s)H(s)}$ 출제 산업 1번, 기사 1번

06 - 루드-훌비쯔의 안정 판별법 　출제 산업 1번, 기사 3번

이 방법은 실제로 특성 방정식의 근을 구하지 않고 특성 방정식의 계수 수열에서 안정 판별을 하는 것이다.
일반적으로 선형 자동 제어계의 특성 방정식이 다음과 같은 n차의 s다항식으로 주어질 때

$$F(s) = 1 + G(s)H(s) \quad \text{출제 산업 3번}$$

$$= a_0 s^n + a_1 s^{n-1} + a_2 s^{n-2} + \cdots + a_{n-1}s + a_n = 0$$

위 식의 근이 모두 s 평면의 좌반부에 있어야만 제어계는 안정하다고 할 수 있다. 특성근이 s평면의 좌반부 즉, 부 (−)의 실수부를 갖는 조건은 다음과 같다.

- 특성 방정식의 모든 계수의 부호가 같아야 한다.
- 계수 중 어느 하나라도 0이 되어서는 안 된다.
- 루드 수열의 제1열의 원소 부호가 같아야 한다.

1) 루드의 표

s^6	a_0	a_2	a_4	a_6
s^5	a_1	a_3	a_5	0
s^4	$\dfrac{a_1 a_2 - a_3 a_0}{a_1} = A$	$\dfrac{a_1 a_4 - a_0 a_5}{a_1} = B$	$\dfrac{a_1 a_6 - a_0 \times 0}{a_1} = a_6$	0
s^3	$\dfrac{A a_3 - a_1 B}{A} = C$	$\dfrac{A a_5 - a_1 a_6}{A} = D$	$\dfrac{A \times 0 - a_1 \times 0}{A} = 0$	0
s^2	$\dfrac{CB - AD}{C} = E$	$\dfrac{C a_6 - A \times 0}{C} = a_6$	$\dfrac{C \times 0 - A \times 0}{C} = 0$	0
s^1	$\dfrac{ED - C a_6}{E} = F$	$\dfrac{E \times 0 - C \times 0}{E} = 0$	0	0
s^0	$\dfrac{F a_6 - E \times 0}{F} = a_6$	0	0	0

2) 안정성

특성 방정식의 모든 근이 부의 실수부를 가지려면 루드의 표에서 제1열의 원소 부호(a_0, a_1, A, C, E, F, a_6)가 같고 정(+)이라야 한다. 만일 제1열의 원소 중 부의 값이 존재하면 부호 변화의 개수만큼의 근이 우반 평면에 존재한다.

07 - 전력용 반도체 소자

1) 다이오드

한 쪽 방향으로만 전류가 흐를 수 있도록 만들어진 소자로서 양극(애노드)에서 음극(캐소드)으로는 전류가 쉽게 흐를 수 있지만 반대 방향으로는 전류가 흐르지 못하는 소자

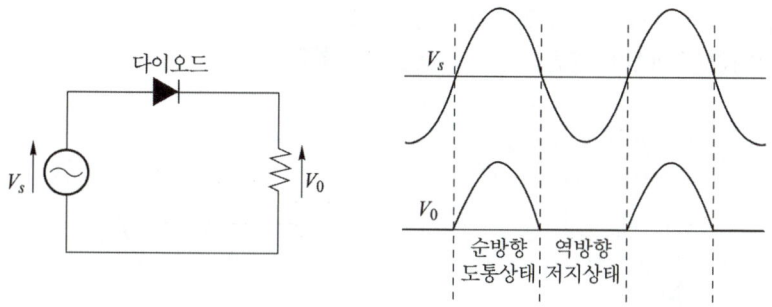

〈다이오드의 정류 동작〉

(1) 실리콘 정류기의 특성은

① 역내전압이 크다.

② 전류 밀도가 크다(게르마늄의 2~3배, 셀렌의 500~1,000배).

③ 온도에 의한 영향이 작다(최고 허용 온도 140~200[℃]).

④ 효율은 가장 좋다(99[%]).

⑤ 대용량 정류기에 적합하다(정류작용). 출제 기사 2번

(2) 기능

① 순방향 도통 상태 : 양극의 전압이 음극에 비하여 높을때는 전압을 약간만 증가시켜도 전류가 크게 증가한다. 즉, 다이오드의 저항이 매우 낮은 상태가 되며 이 상태를 순방향 도통상태라고 한다.

② 역방향 저지상태 : 양극의 전압이 음극에 비하여 낮을때에는 상당한 큰 전압이 걸려도 전류가 흐르지 않는다. 즉, 다이오드의 저항이 매우 큰 상태가 되며 이 상태를 역방향 저지상태라고 한다(공핍층에 전계가 강해져 전하의 확산이 차단된다). 출제 기사 1번

③ 누설전류 : 역방향 저지상태에서 역방향으로(음극에서 양극으로) 보통 수 십[mA] 정도의 전류가 흐르는 경우가 있으며 이 전류를 누설전류라고 한다.

④ 다이오드의 정격전류 : 다이오드가 파괴되지 않고 순방향으로 통과시킬 수 있는 전류의 최댓값

⑤ 다이오드의 정격전압 : 다이오드가 견딜 수 있는 최대 역전압

2) 사이리스터

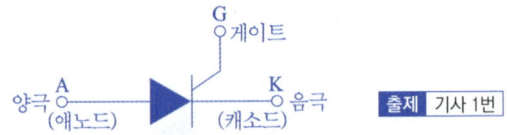

다이오드는 회로의 주변 상황에 따라 순방향으로 전압이 가해지면 도통하고 역방향으로 전압이 가해지면 도통하지 않는 수동적인 소자로 사용자가 임의로 ON, OFF 시킬 수 없다. 반면, 사이리스터는 사용자가 원하는 시점에 도통시킬 수 있는 소자이다.

사이리스터는 여러 가지 종류가 있으나 그중 SCR(silicon controlled rectifier)이 대표적이다. SCR은 소형이면서 대전력 정류용으로 사용된다. 출제 산업 4번

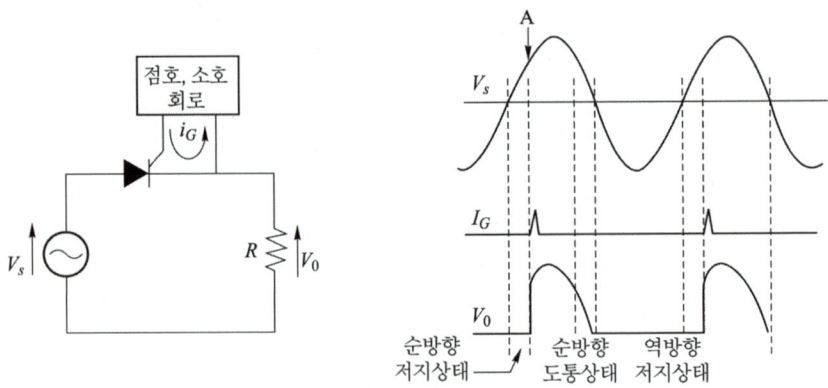

사이리스터의 동작

(1) 기능

① 순방향 저지상태 : 순방향 전압이 SCR에 인가되어도 SCR은 다이오드처럼 바로 도통하는 것이 아니고 SCR을 점호하기 전까지는 계속 불통상태에 머물러 있으며 이러한 상태를 순방향 저지 상태라 한다.

② SCR에 순방향 전압이 인가되어 있을 때 게이트 단자에 전류를 흘리면 SCR은 도통된다. 그러나 역전압이 걸려 있는 상태에서는 게이트 단자에 전류를 흘려도 SCR은 도통되지 않는다.

③ SCR은 일단 도통된 후
게이트 전류를 차단시켜도 계속 도통상태를 유지(전류불변)한다. 출제 산업 1번, 기사 1번
이때 저항값은 낮은 상태를 유지한다. 출제 산업 1번, 기사 2번

④ SCR의 소호 : 소자에 역전압이 걸려 흐르던 전류가 멈추면 소호된다. 출제 산업 3번
그리고 일단 소호가 되고나면 다시 순방향 전압이 가해져도 게이트를 통해 점호하기 전까지는 다시 도통하지 않는다.

⑤ 래칭전류 : SCR이 ON 되기 위하여 애노드에서 캐소드 쪽으로 흘러야 할 최소전류

⑥ 유지전류 : ON된 후에 ON 상태를 유지하기 위한 최소전류로서 래칭전류보다 작다.

(2) SCR의 특징

① 아크가 생기지 않으므로 열의 발생이 적다.

② 과전압에 약하다.

③ 열용량이 적어 고온에 약하다.

④ 게이트 신호를 인가할 때부터 도통할 때까지의 시간이 짧다. 출제 기사 3번

⑤ 전류가 흐르고 있을 때 양극의 전압강하가 작다.

⑥ 정류기능을 갖는 단일방향성 3단자 소자이다.(역저지 3단자 소자)

⑦ 역률각 이하에서는 제어가 되지 않는다.

⑧ 역저지 3극 다이리스터 출제 산업 3번, 기사 1번

⑨ 단일 방향성 3단자 소자 출제 산업 2번

⑩ PN형 반도체 출제 기사 3번

3) GTO(gate turn off thyristor)

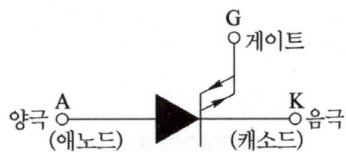

SCR은 도통 시점을 임의로 조절하는 것이 가능 하지만 소호시키는 시점은 제어 할 수 없다. 따라서, 이러한 단점을 보완한 것이 GTO로서 게이트에 흐르는 전류를 점호할 때의 전류와 반대 방향의 전류를 흐르게 함으로서 임의로 GTO를 소호시킬 수 있다(자기소호기능). 출제 기사 2번

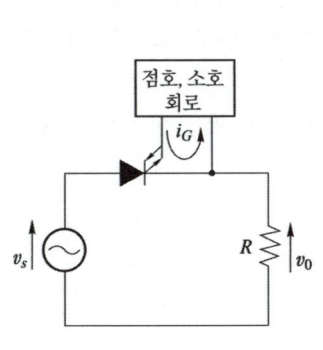
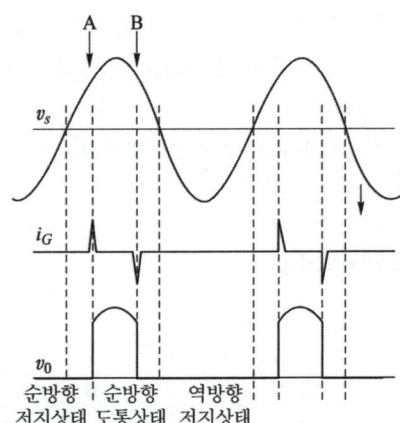

GTO의 동작

4) TRIAC(trielectrode AC switch)

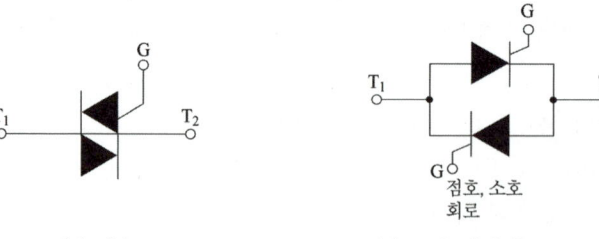

(a) 기호   (b) 등가 역병렬 SCR

TRIAC

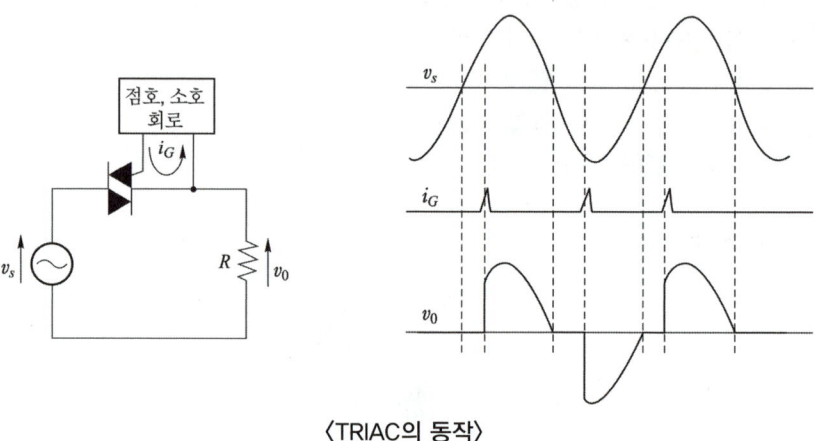

〈TRIAC의 동작〉

① SCR은 한 방향으로만 도통할 수 있는데 반하여 이 소자는 양방향으로 도통할 수 있다.

② TRIAC은 기능상으로 2개의 SCR을 역병렬 접속한 것과 같다.   출제 기사 3번

③ TRIAC의 게이트에 전류를 흘리면 그 상항에서 어느 방향이건 전압이 높은 쪽에서 낮은 쪽으로 도통한다.

④ 일단 도통하면 SCR과 같이 그 방향으로 전류가 더 이상 흐르지 않을때 까지 계속 도통한다. 따라서, 전류 방향이 바뀌려고 하면 소호되고 일단 소호되면 다시 점호시킬 때까지 차단 상태를 유지한다.

⑤ TRIAC은 오직 교류 전력의 제어용이며, 3단자 교류 반도체 스위치를 약칭하는 일반적인 술어이다.

5) 전력용 트랜지스터

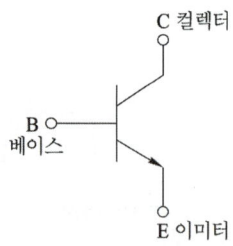

npn형 트랜지스터

① 트랜지스터는 그 구성에 따라 npn형과 pnp형 두 가지가 있다.

② 도통시 전류는 컬렉터에서 이미터 쪽으로만 흐를 수 있고 역방향으로는 흐를 수 없다.

③ 전압–전류 특성은 베이스 전류의 크기에 따라 달라진다.

④ 트랜지스터의 도통상태를 유지하기 위해서는 계속 베이스 전류를 흐르게 하고 있어야 한다.
즉, 이점이 트랜지스터가 SCR, GTO와 다른 점이다.

6) MOSFET(metal oxide silicon field effect transistor)

트랜지스터는 베이스에 주입되는 전류로 제어되는 반면 MOSFET은 게이트와 소스 사이에 걸리는 전압으로 제어된다.

MOSFET은 트랜지스터에 비해 스위칭 속도가 매우 빠른 이점이 있는 반면에 용량이 적어서 비교적 작은 전력 범위 내에서 적용된다는 한계가 있다.

7) IGBT(insulated gate bipolar transistor)

IGBT는 MOSFET와 트랜지스터의 장점을 취한 것으로서

① 소스에 대한 게이트의 전압으로 도통과 차단을 제어한다.

② 게이트 구동전력이 매우 낮다.

③ 스위칭 속도는 FET와 트랜지스터의 중간정도로 빠른편에 속한다.

④ 용량은 일반 트랜지스터와 동등한 수준이다.

8) 각종 반도체 소자의 비교

(1) 방향성

① 양방향성(쌍방향성) 소자 : DIAC, TRIAC, SSS

② 역저지(단방향성) 소자 : SCR, LASCR, GTO, SCS

(2) 극(단자)수

① 2극(단자) 소자 : DIAC, SSS, Diode

② 3극(단자) 소자 : SCR, LASCR, GTO, TRIAC

③ 4극(단자) 소자 : SCS   출제 산업 1번, 기사 2번

(3) 구조

① 3층 구조 : DIAC

② 4층 구조 : SCR, GTO, SCS

③ 5층 구조 : SSS

9) 각종 소자의 적용

(1) UJT, DIAC, PUT : 트리거 회로(펄스 발생회로)에 사용   출제 산업 2번. 기사 5번

(2) 바리스터 : 과도 전압, 이상 전압에 대한 회로 보호용으로 사용되는 소자

(3) 버랙터 다이오드 : 정전용량이 전압에 따라 변화하는 소자

(4) 제너 다이오드 : 정전압 회로용 소자

08 – 정류회로

1) 다이오드와 SCR의 비교

(1) 단상

	반파정류	전파정류
다이오드	$E_d = \dfrac{\sqrt{2}\,E}{\pi} = 0.45E$ **출제** 산업 4번, 기사 7번	$E_d = \dfrac{2\sqrt{2}\,E}{\pi} = 0.9E$ **출제** 산업 2번, 기사 2번
SCR	$E_d = \dfrac{\sqrt{2}\,E}{2\pi}(1+\cos\alpha)$	$E_d = \dfrac{\sqrt{2}\,E}{\pi}(1+\cos\alpha)$
효율	40.6[%]	81.2[%]
PIV	$PIV = E_d \times \pi$	

(2) 3상 실리콘 정류기의 정류전압

- 3상 반파 정류 : $E_d = \dfrac{3\sqrt{3}}{\sqrt{2}\,\pi}E = 1.17E$
- 3상 전파 정류 : $E_d = 1.35E$

(3) 다상 정류

$$E_d = \frac{\sqrt{2}\,\sin\dfrac{\pi}{m}}{\dfrac{\pi}{m}} \cdot E \quad \boxed{\text{출제 기사 1번}}$$

2) 증폭

① 사이클로 컨버터 : AC 전력을 증폭
② 쵸퍼 : DC 전력증폭

3) 맥동률

$$\text{맥동률} = \sqrt{\frac{\text{실효값}^2 - \text{평균값}^2}{\text{평균값}^2}} \times 100 = \frac{\text{교류분}}{\text{직류분}} \times 100[\%]$$

정류 종류	단상 반파	단상 전파	3상 반파	3상 전파
맥동률[%]	121	48	17.7	4.04 **출제** 산업 3번
정류 효율	40.5	81.1	96.7	99.8
맥동 주파수	f	$2f$	$3f$	$6f$

4) PIV(첨두 역전압)

    ① 단상 반파 정류 회로 : $\mathrm{PIV} = \sqrt{2}\,E = \pi\,E_d$

    ② 단상 전파 정류 회로 : $\mathrm{PIV} = 2\sqrt{2}\,E = \pi\,E_d$

      여기서, E : 교류전압(실효값)

              E_d : 직류전압

자동제어의 구성과 요소

01 ★★ 【83. 기사, 82. 87. 03. 산업기사】
연속식 압연기용의 전동기에 대한 자동 제어는?

① 정치 제어   ② 추종 제어
③ 프로그래밍 제어   ④ 비율 제어

[해설] 전동기의 회전 속도를 시간에 관계없이(주위 조건의 변화, 부하의 증감) 일정하게 유지하여야 하므로 정치 제어(constant value control)가 답이다.

02 ★ 【86. 92. 산업기사】
제어계의 각 부에 전달되는 모든 신호가 시간의 연속 함수인 궤환 제어계는?

① 연속 데이터 제어계   ② 릴레이형 제어계
③ 간헐형 제어계   ④ 개회로 제어계

[해설] 제어량의 연속적인 측정, 설정값과의 연속적·비교, 그 결과에 따른 정정 동작이 연속적으로 이루어지는 계를 연속 데이터 제어계라 한다. 릴레이형 제어계는 on-off 제어이다.

03 ★★☆ 【83. 93. 98. 23. 산업기사】
피드백 제어계에서 꼭 있어야 할 장치는?

① 응답 속도를 빠르게 하는 장치   ② 안정도를 좋게 하는 장치
③ 입력과 출력을 비교하는 장치   ④ 제어 대상

[해설] 입력과 출력을 비교하여 오차를 자동적으로 정정하게 하는 자동 제어 방식을 피드백 제어(feed back control)라 한다.

04 ★ 【97. 00. 15. 산업기사】
제어 대상을 제어하기 위하여 입력에 가하는 양을 무엇이라 하는가?

① 변환부   ② 목표값   ③ 외란   ④ 조작량

[해설] 제어 대상을 제어하기 위한 입력은 조작량이다.

05 ★☆ 【84. 89. 97. 산업기사】
무인 커피 판매기는 무슨 제어인가?

① 프로세스 제어   ② 서보 제어
③ 자동 조정   ④ 시퀀스 제어

[답] 1. ① 2. ① 3. ③ 4. ④ 5. ④

해설 음료수 자동 판매기는 동전을 투입하면 원하는 음료수가 나오는데, 이렇게 미리 정하여진 순서에 의하여 제어되는 것을 시퀀스 제어라 한다.

★【91. 96. 산업기사】
06 동작 신호를 만드는 부분을 무엇이라고 하는가?

① 조작부　　　　　② 검출부　　　　　③ 조절부　　　　　④ 제어부

해설 조절부는 기준 입력과 검출부 출력을 합하여 제어계가 소요의 작용을하는 데 필요한 신호를 만들어 조작부에 보내는 기능을 한다.

★☆【91. 96. 97. 산업기사】
07 제어 요소가 제어 대상에 주는 양은?

① 조작량　　　　　② 동작 신호　　　　　③ 기준 입력　　　　　④ 주 피드백 신호

★★★☆【82. 83. 89. 93. 96. 17. 24. 산업기사】
08 자동 제어 분류에서 제어량에 의한 분류가 아닌 것은?

① 서보 기구　　　　　② 프로세스 제어　　　　　③ 자동 조정　　　　　④ 정치 제어

해설 자동 제어계의 제어 형태에서 제어량의 종류에 의한 분류는 프로세스 제어·서보 기구·자동 조정으로 구분한다.

★【02. 기사】
09 프로세스 제어에 속하지 않는 것은?

① 위치　　　　　② 온도　　　　　③ 압력　　　　　④ 유량

해설 온도, 유량, 압력, 농도, 밀도, 효율 등의 공업 프로세스의 상태량을 제어량으로 하는 제어를 프로세스 제어라 하며, 간단한 온도에서부터 화학 플랜트나 동력 플랜트에 이르기까지 널리 사용된다. 전압, 주파수, 장력은 자동 조정이다.

★★★【82. 84. 기사, 91. 99. 산업기사】
10 자동 제어에서 검출 장치로 직류 발전기(소형)를 적용하였다. 이것은 다음 어느 검출인가?

① 유량의 검출　　　　　② 온도의 검출　　　　　③ 위치의 검출　　　　　④ 속도의 검출

해설 자동 제어(자동 조정용)에서 속도 검출기의 적용으로는 회전 발전기, 주파수 검출법, 스피더 등이 있다.

★★★【80. 85. 88. 91. 95. 99. 04. 10. 12. 산업기사】
11 피드백 제어 중 물체의 위치, 방위, 자세 등의 기계적 변위를 제어량으로 하는 것은?

① 서보 기구　　　　　② 프로세스 제어　　　　　③ 자동 조정　　　　　④ 프로그램 제어

답 6. ③　7. ①　8. ④　9. ①　10. ④　11. ①

해설 서보 기구는 공작 기계, 공업용 로봇, 비행기 및 선박의 방향 제어계, 미사일이나 레이더 안테나의 자동 위치 제어, 위험물을 먼 곳에서 제어하는 매니플레이터(manipulator) 등에 응용된다.

12 ★★【02. 기사, 94. 00. 산업기사】
서보 모터(servo motor)는 서보 기구에서 주로 어느 부의 기능을 맡는가?

① 검출부　　　　② 제어부　　　　③ 비교부　　　　④ 조작부

해설 서보 모터에서는 관성이 작도록 하기 위해 전기자의 지름이 작으며, 큰 회전력을 얻기 위해 축방향으로 전기자의 길이가 길어야 하며 서보 기구에서 주로 조작부의 역할을 한다.

13 ★☆【97. 기사, 99. 산업기사】
근래 전차용 제어에 많이 쓰이는 것은?

① 계자 제어　　　　② 저항 제어　　　　③ 초퍼 제어　　　　④ 회생 제어

해설 전동차의 시동, 제동 손실에 의한 발열을 저감시키는 사이리스터 초퍼(Chopper)가 사용되고 있다.

14 ★★【86. 91. 93. 98. 산업기사】
목표값이 일정하고 제어량을 그것과 같게 유지하기 위한 제어는?

① 정치 제어　　　　　　　　② 추종 제어
③ 프로그래밍 제어　　　　　④ 비율 제어

해설 제어량을 어떤 일정한 목표값으로 유지하는 것을 목적으로 하는 제어법을 정치 제어라 한다.

15 ★☆【82. 87. 98. 04. 산업기사】
목표값이 미리 정해진 시간적 변화를 하는 경우 제어량을 그것에 추종시키기 위한 제어는?

① 프로그래밍 제어　　　　　② 정치 제어
③ 추종 제어　　　　　　　　④ 비율 제어

해설 미리 정해진 프로그램에 따라 제어량을 변화시키는 것을 목적으로 하는 방식을 프로그래밍 제어라 한다.

16 ★☆【88. 04. 23. 산업기사】
무인 엘리베이터의 자동 제어는?

① 정치 제어　　　　　　　　② 추종 제어
③ 프로그래밍 제어　　　　　④ 비율 제어

해설 무인 엘리베이터는 미리 정해진 순서에 따라서 제어량을 변화시키게 되는데, 이러한 것을 프로그래밍 제어라 한다.

답 12. ④　13. ③　14. ①　15. ①　16. ③

17 ★☆ 【03. 기사, 84. 89. 93. 산업기사】
산업 로봇의 무인 운전을 하기 위한 제어는?

① 추종 제어　　　　　　　　　　② 비율 제어
③ 프로그램 제어　　　　　　　　④ 정치 제어

해설 ▸ 정해진 시간적 변화는 프로그램화하여 무인화 할 수 있다.

18 ★★ 【89. 기사, 92. 96. 03. 산업기사】
연속식 압연기의 자동 제어는 다음 중 어느 것인가?

① 정치 제어　　　　　　　　　　② 추종 제어
③ 프로그래밍 제어　　　　　　　④ 비례 제어

해설 ▸ 시간에 관계없이 전동기의 회전 속도를 일정하게 유지하여야 하므로 정치 제어이다.

19 ★ 【88. 96. 산업기사】
잔류 편차(off set)를 일으키는 제어는?

① 비례 제어　　　　　　　　　　② 적분 제어
③ 비례 적분 제어　　　　　　　　④ 비례 적분 미분 제어

해설 ▸ 비례 제어를 비적분성의 대상에 적용하는 경우 모든 설정값의 변경이나 외관에 대하여 항상 잔류 편차가 생기는 것은 원리상으로 피할 수 없다.

20 ★★ 【02. 기사, 90. 99. 05. 11. 산업기사】
rate 동작이라고도 하며 제어 오차가 검출될 때 오차가 변화하는 속도에 비례하여 조작량을 가감하도록 하는 동작은?

① 미분 동작　　　　　　　　　　② 비례 적분 동작
③ 적분 동작　　　　　　　　　　④ 비례 동작

해설 ▸ rate = 비율. 속도

21 ★★ 【84. 89. 98. 00. 12. 산업기사】
제어 오차가 검출될 때 오차가 변화하는 속도에 비례하여 조작량을 가감하는 동작으로서 오차가 커지는 것을 미연에 방지하는 동작은?

① PD 동작　　② PID 동작　　③ rate 동작　　④ P 동작

22 ★☆ 【91. 기사, ㉟ : 97. 산업기사】
임의의 시간적 변화를 하는 목표치에 제어량을 추치시키는 것을 목적으로 하는 제어는?

① 추종 제어　　② 비율 제어　　③ 프로그램 제어　　④ 정치 제어

답 17. ③　18. ①　19. ①　20. ①　21. ③　22. ①

해설 ① 추종 제어 : 미지의 임의 시간적 변화를 하는 목표값에 제어량을 추종시키는 것을 목적으로 하는 제어법
② 정치 제어 : 제어량을 어떤 일정한 목표값으로 유지하는 것을 목적으로 하는 제어법
③ 프로그램 제어 : 미리 정해진 프로그램에 따라 제어량을 변화시키는 것을 목적으로 하는 제어법
④ 비율 제어 : 목표값이 다른 것과 일정 비율 관계를 가지고 변화하는 경우의 추종 제어

유사문제

‖ 유사문제 원문 및 해설 : 동일출판사 홈페이지≫고객센터≫자료실

01. 무인 엘리베이터의 자동제어는?

📖 프로그래밍 제어

02. 프로세스 제어에 속하는 것은?

📖 압력

03. 전압, 속도, 주파수, 장력에 관계되는 제어는?

📖 자동 조정

04. 선반 제어의 경우 좋은 응답으로 가장 필요한 것은?

📖 정상편차

05. 목표값의 성질로부터 생각할 때 항온조의 온도는 어떠한 제어인가?

📖 정치 제어

06. 조절계의 조절요소에서 비례 미분에 관한 기호는?

📖 PD

07. 대공포의 포신 제어는?

📖 추종 제어

라플라스 변환

☆【82. 산업기사】
23 지연 시간 a를 갖는 단위 계단 함수 $u_a(t)$의 라플라스 변환은?

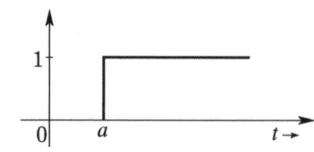

① e^{-as}　　② $\dfrac{e^{-as}}{s}$　　③ se^{-as}　　④ $\dfrac{1}{s}$

📖 23. ②

해설 $\mathcal{L}[u(t-a)] = \int_0^a 0 \cdot e^{-st}dt + \int_a^\infty 1 \cdot e^{-st}dt = \left[\dfrac{e^{-st}}{-s}\right]_a^\infty = \dfrac{e^{-as}}{s}$

★【89. 기사】

24 $F(s) = \dfrac{s^3 + 2s^2 + 3s + 2}{s^4 + 3s^3 + 2s^2 + s}$ 일 때 $f(t)$의 $t = 0$에서의 값은 얼마인가?

① 0   ② 1   ③ 2   ④ 3

해설 초기값 정리에 의해 $\lim\limits_{t \to 0} f(t) = \lim\limits_{s \to \infty} sF(s)$에서

$$\lim\limits_{s \to \infty} sF(s) = \lim\limits_{s \to \infty} s \cdot \dfrac{s^3 + 2s^2 + 3s + 2}{s(s^3 + 3s^2 + 2s + 1)} = 1$$

☆【88. 산업기사】

25 $\sin \omega t$의 라플라스 변환은?

① $\dfrac{s}{s^2 + \omega^2}$ ② $\dfrac{\omega}{s^2 + \omega^2}$ ③ $\dfrac{s}{s^2 - \omega^2}$ ④ $\dfrac{\omega}{s^2 - \omega^2}$

해설 오일러의 식

$$\cos \omega t + j \sin \omega t = e^{j\omega t}$$
$$-\underline{) \cos \omega t - j \sin \omega t = e^{-j\omega t}}$$
$$2j \sin \omega t = e^{j\omega t} - e^{-j\omega t}$$

$\therefore \sin \omega t = \dfrac{1}{2j}\left(e^{j\omega t} - e^{-j\omega t}\right) = \dfrac{1}{2j}\left(\dfrac{1}{s - j\omega} - \dfrac{1}{s + j\omega}\right) = \dfrac{\omega}{s^2 + \omega^2}$

※ $\mathcal{L}[\cos \omega t] = \dfrac{s}{s^2 + \omega^2}$

☆【92. 산업기사】

26 $f(t) = e^{ct}$의 Laplace Transform을 구하면?

① $\dfrac{1}{(s - C)^2}$ ② $\dfrac{1}{(s + C)^2}$ ③ $\dfrac{1}{s + C}$ ④ $\dfrac{1}{s - C}$

해설 $\mathcal{L}[e^{ct}] = \int_0^\infty e^{ct} \cdot e^{-st} \cdot dt = \int_0^\infty e^{-(s-C)t}at = [-\dfrac{1}{s-C}e^{-(s-C)t}]_0^\infty = \dfrac{1}{s-C}$

★☆【83. 95. 11. 산업기사】

27 적분 시간 1[s], 비례 감도 2인 비례 적분 동작을 하는 제어계가 있다. 이 제어계에 동작 신호 $Z(t) = t$를 주었을 때 조작량은? 단, $t = 0$일 때 조작량 $y(t)$의 값은 0으로 한다.

① $t^2 + 2t$ ② $t^2 + 4t$ ③ $t^2 + 5t$ ④ $t^2 + 6t$

답 24. ②   25. ②   26. ④   27. ①

해설 비례 적분 제어(PI 동작)의 조작량 $y(t)$는 $y(t) = K\left[Z(t) + \frac{1}{T_i}\int Z(t)\,dt\right]$

K : 비례 감도, T_i : 적분 시간이므로 ∴ $y(t) = 2\left[t + \frac{1}{1}\int t\,dt\right] = 2\left(t + \frac{1}{2}t^2\right) = 2t + t^2$

전달함수

★★☆ 【02. 기사, 90. 03. 17. 20. 산업기사】
28 적분 요소의 전달 함수는?

① K　　　　② $\dfrac{K}{1 + Ts}$　　　　③ $\dfrac{1}{Ts}$　　　　④ Ts

해설 K : 비례 요소, $\dfrac{K}{1+Ts}$: 1차 지연 요소, $\dfrac{1}{Ts}$: 적분 요소, Ts : 미분 요소

★ 【83. 92. 산업기사】
29 그림과 같은 회로에서 전달 함수 $\dfrac{E_o(s)}{I(s)}$는?

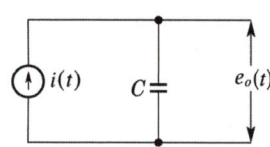

① Cs　　　　② $\dfrac{1}{Cs}$　　　　③ $\dfrac{C}{Cs + 1}$　　　　④ $\dfrac{s}{Cs + 1}$

해설 $i(t) = C\dfrac{d}{dt}e_o(t)$

초기값을 0으로 하고 라플라스 변환하면 $I(s) = CsE_o(s)$

∴ $\dfrac{E_o(s)}{I(s)} = \dfrac{1}{Cs}$

★ 【80. 96. 산업기사】
30 그림과 같은 회로에서 입력 전압 e_i[V]와 출력 전압 e_o[V] 사이의 전달 함수 G는?

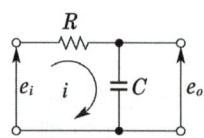

① $\dfrac{R}{1 + sC}$　　　　② $\dfrac{1}{1 + sR}$　　　　③ $\dfrac{1}{1 + sCR}$　　　　④ $\dfrac{1}{1 + s^2CR}$

답 28. ③　29. ②　30. ③

해설 $e_i(t) = Ri(t) + \dfrac{1}{C}\displaystyle\int i(t)\,dt$, $e_o(t) = \dfrac{1}{C}\displaystyle\int i(t)\,dt$

초기 조건을 0으로 하고 라플라스 변환하면

$E_i(s) = RI(s) + \dfrac{1}{Cs}I(s)$, $E_o(s) = \dfrac{1}{Cs}I(s)$

$\therefore G(s) = \dfrac{E_o(s)}{E_i(s)} = \dfrac{\dfrac{1}{Cs}}{R + \dfrac{1}{Cs}} = \dfrac{1}{RCs + 1}$

☆【00. 산업기사】

31 그림과 같은 회로의 전달 함수는?

① $C_1 + C_2$ ② $\dfrac{C_2}{C_1}$

③ $\dfrac{C_1}{C_1 + C_2}$ ④ $\dfrac{C_2}{C_1 + C_2}$

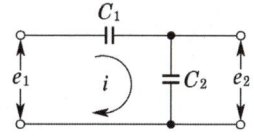

해설 $e_1(t) = \dfrac{1}{C_1}\displaystyle\int i(t)dt + \dfrac{1}{C_2}\displaystyle\int i(t)dt$, $e_2(t) = \dfrac{1}{C_2}\displaystyle\int i(t)dt$

$E_1(s) = \left(\dfrac{1}{C_1 s} + \dfrac{1}{C_2 s}\right)I(s) = \dfrac{C_1 + C_2}{C_1 C_2 s}\cdot I(s)$, $E_2(s) = \dfrac{I(s)}{C_2 s}$

$\therefore G(s) = \dfrac{E_2(s)}{E_1(s)} = \dfrac{\dfrac{1}{C_2 s}\cdot I(s)}{\dfrac{C_1 + C_2}{C_1 C_2 s}\cdot I(s)} = \dfrac{C_1}{C_1 + C_2}$

★☆【97. 기사, 99. 05. 산업기사】

32 전달 함수의 정의는?

① 출력 신호가 입력 신호의 곱이다.
② 모든 초기값을 0으로 한다.
③ 모든 초기값을 고려한다.
④ 모든 초기값이 ∞일 때의 입력과 출력의 비이다.

해설 전달 함수는 모든 초기값을 0으로 하였을 때 출력 신호의 라플라스 변환과 입력 신호의 라플라스 변환과의 비이다.

★☆【82. 90. 96. 산업기사】

33 전달 함수가 $G(s) = \dfrac{25}{s(s-10)}$인 요소의 주파수 전달 함수 $G(j\omega)$는?

① $\dfrac{25}{\omega^2 + j10\omega}$ ② $\dfrac{25}{\omega^2 - j10\omega}$ ③ $-\dfrac{25}{\omega^2 + j10\omega}$ ④ $-\dfrac{25}{\omega^2 - j10\omega}$

해설 $G(j\omega) = \dfrac{25}{j\omega(j\omega - 10)} = \dfrac{25}{-\omega^2 - j10\omega} = -\dfrac{25}{\omega^2 + j10\omega}$

⚡ 유사문제

‖유사문제 원문 및 해설 : 동일출판사 홈페이지≫고객센터≫자료실

01. 합의 가합점을 갖는 피드백 제어계에서 전향 전달 함수가 $G(s) = \dfrac{1}{s+5}$, 피드백 전달 함수

$H(s) = \dfrac{1}{s}$일 때 폐루프 전달 함수는?

답 $\dfrac{s}{s^2 + 5s - 1}$

02. 단위 피드백계에서 입력과 출력이 같으면 G(전향 전달 함수)의 값은 얼마인가?

답 $|G| = \infty$

■ 블록선도

★★☆ 【82. 86. 92. 95. 99. 산업기사】

34 그림과 같은 블록 선도에서 종합 전달 함수 C/R는?

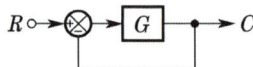

① $\dfrac{G}{1+G}$ ② $\dfrac{G}{1-G}$ ③ $1+G$ ④ $1-G$

해설 $C = (R - C)G \quad C(1+G) = RG$

$\therefore \dfrac{C}{R} = \dfrac{G}{1+G}$

★☆ 【00. 14. 23. 산업기사】

35 블록 선도에서 $\dfrac{C}{R}$는 얼마인가?

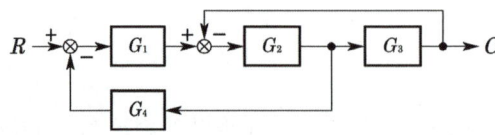

① $\dfrac{G_1 G_2 G_3}{1 + G_2 G_3 + G_1 G_2 G_4}$ ② $\dfrac{G_2 G_3 G_4}{1 + G_1 G_2 + G_1 G_2 G_3 G_4}$

③ $\dfrac{G_2 G_3}{1 + G_1 G_2 + G_3 G_4}$ ④ $\dfrac{G_4}{1 + G_1 + G_2 G_3 G_4}$

답 34. ① 35. ①

해설, 메이슨의 식에 의해서

$$G(s) = \frac{경로\ 이득}{1 - 폐로} = \frac{G_1 G_2 G_3}{1 - (-G_2 G_3 - G_1 G_2 G_4)} = \frac{G_1 G_2 G_3}{1 + G_2 G_3 + G_1 G_2 G_4}$$

★★【82. 85. 기사】

36 그림과 같은 계통의 전달 함수는?

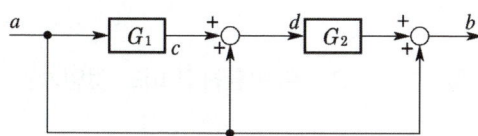

① $G_1 G_2 + G_2 + 1$ ② $G_1 G_2 + G_2$

③ $G_1 G_2 + G_1$ ④ $G_1 G_2 G_3 + 1$

해설, $b = (aG_1 + a)G_2 + a = a(G_1 G_2 + G_2 + 1)$

$\therefore \dfrac{b}{a} = G_1 G_2 + G_2 + 1$

신호흐름 선도

☆【94. 산업기사】

37 그림과 같은 신호 흐름 선도에서 전달 함수 $C(s)/R(s)$는?

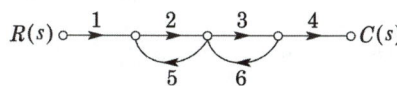

① $-8/9$ ② $4/5$ ③ 180   ④ 10

해설, $\dfrac{1 \times 2 \times 3 \times 4}{1 - \{(2 \times 5) + (3 \times 6)\}} = \dfrac{24}{-27} = -\dfrac{8}{9}$

★【99. 기사】

38 그림과 같은 신호흐름선도에서 $\dfrac{C}{R}$는 얼마인가?

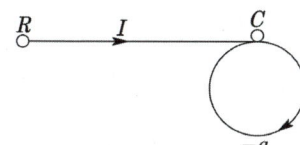

① $\dfrac{1}{1-a}$ ② $\dfrac{1}{1+a}$ ③ $-\dfrac{1}{a}$ ④ $\dfrac{1}{a}$

답 36. ① 37. ① 38. ②

해설 전달함수 $G = \dfrac{C}{R} = \dfrac{1}{1-(-a)} = \dfrac{1}{1+a}$

제어요소

★ 【80. 86. 산업기사】

39 회전 운동계의 각속도를 전기적 요소로 변환하면 어느 것인가?

① 전압   ② 전류
③ 정전 용량   ④ 인덕턴스

해설 회전 운동계 : 토크 ⇒ 전압, 각속도 ⇒ 전류, 관성 모멘트 ⇒ 인덕턴스

특성방정식

★ 【82. 00. 04. 산업기사】

40 $G(s) = \dfrac{s+3}{s^2+5s+4}$ 의 특성근은?

① 0   ② -3
③ 4, 1, 3   ④ $-1, -4$

해설 $s^2 + 5s + 4 = 0, \quad (s+1)(s+4) = 0$
$\therefore s = -1, -4$

과도응답

☆ 【93. 산업기사】

41 감쇠율(damping ratio) ζ 가 증가할 경우이다. 잘못된 것은?

① 상승 시간이 길어진다.
② 지연 시간이 길어진다.
③ 정정 시간이 길어진다.
④ 오버슈트가 감소한다.

해설 감쇠율이 적을수록 오버슈트가 크다. 감쇠율이 1보다 크면 오버슈트가 없다.

답 39. ② 40. ④ 41. ④

★【80. 기사】

42 전달 함수가 $\dfrac{1}{s+a}$로 주어지는 경우, 이의 시간 영역 동작을 나타내는 것은?

① 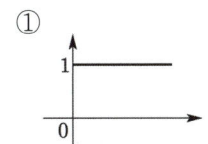   ② 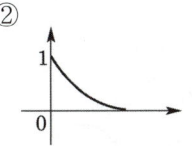   ③ 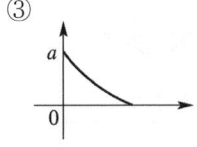   ④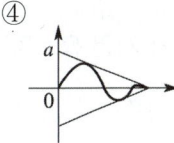

해설 $G(s) = \dfrac{1}{s+a}$, $\therefore g(t) = \mathcal{L}^{-1}\left[\dfrac{1}{s+a}\right] = e^{-at}$

$t=0$이면 $e^{-at} = e^0 = 1$

주파수 응답

★【85. 00. 11. 산업기사】

43 정현파 입력에 대한 응답을 무엇이라고 하는가?

① 인디셜 응답   ② 주파수 응답
③ 전동기 응답   ④ 발전기 응답

해설 전달 함수가 $G(s)$인 요소에 주파수가 ω인 정현파 신호 입력을 가하였을 때의 출력의 크기와 위상차는 $|G(j\omega)|$와 $\angle G(j\omega)$로 결정되며 $G(j\omega)$를 주파수 전달 함수 또는 주파수 응답이라고 한다.
단위 계단 입력에 대한 응답은 인디셜 응답이라고 한다.

편차와 감도

☆【92. 산업기사】

44 단위 궤환 제어계에서 개루프 전달 함수가 $G(s)$일 때, $\lim\limits_{s \to 0} G(s)$는?

① 정상 속도 편차   ② 정상 위도 편차
③ 위치 편차 상수   ④ 속도 편차 상수

해설 $e_{ss} = \lim\limits_{s \to 0}\dfrac{SR(s)}{1+G(s)} = \lim\limits_{s \to 0}\dfrac{S}{1+G(s)} \cdot \dfrac{1}{S} = \dfrac{1}{1+\lim\limits_{s \to 0}G(s)} = \dfrac{1}{1+K_p}$

$\therefore K_p = \lim\limits_{s \to 0}G(s)$를 위치 편차 상수라고 하고 $\dfrac{1}{1+K_p}$은 정상 위치 편차 상수라고 한다.

벡터 궤적

★【80. 기사】
45 1차 지연 요소의 벡터 궤적은?

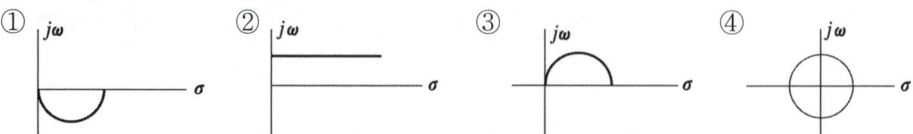

| 해설 | 1차 지연 요소의 전달 함수는 $G(s) = \dfrac{1}{1+Ts}$ 이므로

$s = j\omega$로 대치하면 $G(j\omega) = \dfrac{1}{1+j\omega T}$

로 된다. ω를 $0 \sim \infty$까지 변화시키면 중심 $\left(\dfrac{1}{2},\ 0\right)$이고 반지름 $\dfrac{1}{2}$인 반원이 된다.

③은 부동작 시간 요소(시간 지연 요소)의 벡터 궤적이다.

안정도 판별

★【90. 기사】
46 보드 선도에서 위상 선도가 −180°축과 교차하지 않을 경우에 옳은 것은?

① 폐회로계는 항상 안정하다.
② 폐회로계는 항상 불안정하다.
③ 폐회로계는 조건부 안정이다.
④ 폐회로계의 안정 여부는 알 수 없다.

| 해설 | 음의 실수축과 교차하지 않으므로 이들은 항상 안정한 회로이다.

★★★【02. 기사, 83. 85. 93. 산업기사】
47 자동 제어계의 안정도 해석에서 나이퀴스트 판별법에 해당되지 않는 것은?

① 계의 주파수 응답에 관한 정보를 준다.
② 계의 안정을 개선하는 방법에 대한 정보를 준다.
③ 절대 안정도에 대한 정보를 주며 상대 안정도에 대한 정보는 주지 않는다.
④ 안정성을 판정하는 동시에 안정도를 지시해 준다.

| 해설 | 절대 안정도(안정 여부)와 상대 안정도(안정한 정도 즉, 위상 여유, 이득 여유)도 알 수 있다.

48 ★★【83. 88. 기사】
그림과 같은 제어계가 안정하기 위한 K의 범위는?

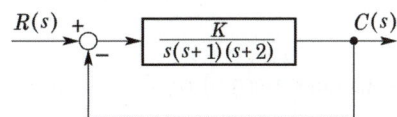

① $K > 0$

② $K < 6$

③ $0 < K < 6$

④ $K > 6,\ K < 0$

【해설】 특성 방정식은 $1 + G(s)H(s) = 1 + \dfrac{K}{s(s+1)(s+2)} = 0$

$s(s+1)(s+2) + K = s^3 + 3s^2 + 2s + K = 0$이므로 루드의 표는

$$\begin{array}{c|cc}
s^3 & 1 & 2 \\
s^2 & 3 & K \\
s^1 & \dfrac{6-K}{3} & 0 \\
s^0 & K &
\end{array}$$

제1열의 부호 변화가 없어야 안정하므로
$6 - K > 0,\ \ K > 0 \ \ \therefore 0 < K < 6$

49 ☆【99. 산업기사】
$s^4 + 7s^3 + 17s + 6 = 0$의 특성근은 정의 실수부를 갖는 근이 몇 개 있는가?

① 0 ② 1 ③ 3 ④ 2

50 ★【90. 기사】
그림과 같은 제어계가 안정하기 위한 K의 범위는?

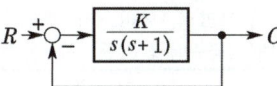

① $K > 1$ ② $K < 1$ ③ $K > 0$ ④ $K < 0$

【해설】 특성 방정식은 $1 + G(s)H(s) = 1 + \dfrac{K}{s(s+1)} = 0$ $s^2 + s + K = 0$

루드의 표는
$$\begin{array}{c|cc}
s^2 & 1 & K \\
s^1 & 1 & 0 \\
s^0 & K &
\end{array}$$
제1열의 부호 변화가 없으려면 $K > 0$이어야 한다.

위상여유, 이득여유

★ 【94. 99. 산업기사】

51 어떤 제어계에서 위상 여유(phase margin) ϕ_m이 $\phi_m > 0$의 관계를 만족할 때는 어떤 상태인가?

① 안정　　　　　② 저속 진동　　　　　③ 불안정　　　　　④ 불규칙 진동

해설, 위상여유를 $|G(j\omega)H(j\omega)|$의 크기가 1일 때 그 위상이 180°에 가까워지는 여유를 말하며 이들은 계의 상대 안정도를 나타내며 $\phi_m > 0$일 때 안정상태를 말한다. 안정한 제어계는 이득여유, 위상여유가 0보다 크다.

제어기기

★ 【03. 05. 산업기사】

52 다음 중에서 변위 → 전압 변환 장치는?

① 벨로즈　　　　　　　　　　② 노즐 플래퍼
③ 가변 저항 스프링　　　　　④ 차동 변압기

변환량	변환요소
압력 → 변위	벨로스, 다이어프램, 스프링
변위 → 압력	노즐 플래퍼, 유압 분사관, 스프링
변위 → 임피던스	가변 저항기, 용량형 변환기, 가변 저항 스프링
변위 → 전압	포텐셔미터, 차동 변압기, 전위차계
전압 → 변위	전자석, 전자 코일
광 ↗ 임피던스	광전관, 광전도 셀, 광전 트랜지스터
광 ↘ 전압	광전지, 광전 다이오드
방사선 → 임피던스	GM관, 전리함
온도 → 임피던스	측온 저항(열선, 서미스터, 백금, 니켈)
온도 → 전압	열전대(백금-백금 로듐, 철-콘스탄탄, 구리-콘스탄탄, 크로멜-알루멜)

전력전자소자(사이리스터)

★ 【98. 기사】

53 자유 전자와 정공을 갖는 반도체에 전계를 가하면 이들의 이동 방향은?

① 전자 및 정공이 다같이 (+) 전극쪽으로 끌린다.
② 전자는 (−) 전극쪽으로 정공은 (+) 전극쪽으로 끌린다.
③ 전자 및 정공이 다같이 (−)전극쪽으로 끌린다.
④ 전자는 (+)전극쪽으로 정공은 (−)전극쪽으로 끌린다.

답 51. ①　52. ④　53. ④

> **해설** 전자는 −전하이고, 정공(전자 1개가 적은 상태)은 +전하와 같다.
> 전기력 $F = QE$에서 전하 Q가 ⊕이면 힘은 E의 방향(+전극에서 −전극 쪽으로), 전하 Q가 ⊖이면 힘은 E의 반대 방향(−전극에서 +전극 쪽으로)으로 작용한다.

★★★ 【92. 기사, 84. 93. 98. 00. 15. 산업기사】
54 pn 접합 다이오드에서 cut−in voltage란?

① 순방향에서 전류가 현저히 증가하기 시작하는 전압이다.

② 순방향에서 전류가 현저히 감소하기 시작하는 전압이다.

③ 역방향에서 전류가 현저히 감소하기 시작하는 전압이다.

④ 역방향에서 전류가 현저히 증가하기 시작하는 전압이다.

> **해설** cut−in voltage란 순방향에서 전류가 현저히 증가하기 시작하는 전압으로서 실리콘의 경우 0.6[V]이다.

★ 【00. 기사】
55 순방향 바이어스에 대해 설명한 것이다. 적합한 것은?

① 다수 캐리어에 의한 전류가 0이 된다.　② 소수 캐리어에 의한 전류가 0이 된다.

③ 전위 장벽이 높아진다.　④ 전위 장벽이 낮아진다.

> **해설** 순바이어스를 가하면 공핍층이 좁아지고 전위 장벽이 낮아진다.

★★ 【90. 96. 기사】
56 pn 접합형 diode는 어떤 작용을 하는가?

① 발진 작용　② 증폭 작용

③ 정류 작용　④ 교류 작용

> **해설** pn 접합 다이오드는 순방향으로만 전류가 흐르는 특성(정류)이 있고, 이 pn 접합 반도체를 다이오드라 한다.

★ 【99. 기사】
57 pn 접합에 역바이어스를 충분히 걸었을 때에는 어떤 현상이 일어나는가?

① 정공만이 전류전도에 기여한다.

② 전자만이 전류전도에 기여한다.

③ 미소한 전류가 흐른다.

④ 확산전류가 차단된다.

> **해설** 공핍층에서의 전계가 강해져 전하의 확산이 차단된다.

★【98. 23. 기사】
58 pn 접합 다이오드의 열평형 상태에서 전기장이 가장 강한 곳은?

① 금속학적 경계면   ② 공핍층
③ n형 중성 영역   ④ p층 중성 영역

[해설] 반도체 내부에서 캐리어(전하의 운반 역할을 하는 전자 또는 홀)가 결핍되어 있는 매우 좁은 층을 공핍층이라 하며 공핍층에서 전기장이 가장 강하다.

★★【84. 86. 93. 98. 산업기사】
59 트랜지스터의 스위칭 시간에서 턴 오프 시간은?

① 하강 시간   ② 상승 시간+지연 시간
③ 축적 시간+하강 시간   ④ 축적 시간

[해설]
· 축적 시간 : 트랜지스터를 턴오프할 때 트랜지스터 내부(베이스 영역)에 축적된 많은 전하가 10[%] 감소되는 데 소요되는 시간
· 하강 시간 : 축적된 전하가 본격적으로 감소되는 데 소요되는 시간
· turn-off 시간 : 축적 시간+하강시간
· turn-on 시간 : 상승 시간+지연시간

★★【95. 기사, 84. 90. 산업기사】
60 그림과 같은 PUT를 사용한 이장 발진 회로가 있다. 이 회로에서 진성 스탠드 오프 비(stand off ratio)를 결정하는 소자는?

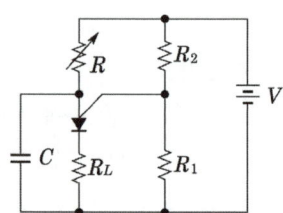

① C ② R_L ③ R_1, R_2 ④ R

[해설] 진성 스탠드 오프 비 $\eta = \dfrac{R_1}{R_1 + R_2}$

★★【82. 85. 91. 99. 16. 산업기사】
61 소형이면서 대전력용 정류기로 사용하는 것은?

① 게르마늄 정류기   ② SCR
③ 수은 정류기   ④ 셀렌 정류기

[해설] 수은 정류기, 다이너트론 등의 소자에 비해 효율이 높고 고속 동작이 용이하며, 소형 경량이고 수명이 길며 사용이 쉽다.

[답] 58. ②   59. ③   60. ③   61. ②

★★ 【87. 92. 05. 기사】
62 고전압 대전력 정류기로서 가장 적당한 것은?

① 회전 변류기   ② 수은 정류기

③ 전동 발전기   ④ 베르토로

[해설] 전동 발전기는 세밀하게 전압을 조정할 필요가 있을 때 이외는 고가, 저효율로 부적당, 회전 변류기와 베르토로는 저전압 대전류용에는 고효율이지만 고전압이면 모든 점에서 수은 정류기가 적당하다.

★★☆ 【91. 12. 기사, 83. 88. 00. 산업기사】
63 전력용 정류 장치로 우수한 정류기는?

① 아산화동 정류기   ② 셀렌 정류기

③ Ge 정류기   ④ Si 정류기

[해설] 실리콘(Si) 정류기의 특성
① 역내전압이 크다.   ② 전류 밀도가 크다.(게르마늄의 2~3배, 셀렌의 500~1,000배)
③ 온도에 의한 영향이 작다(최고 허용 온도 140~200[℃]).   ④ 효율은 가장 좋다.(99[%])
⑤ 대용량 정류기에 적합하다(정류작용).

★★★ 【81. 89. 98. 기사】
64 SCR의 설명 중 옳지 않은 것은?

① 전류 제어 장치이다.

② 이온이 소멸되는 시간이 길다.

③ 통과시키는 데 게이트가 큰 역할을 한다.

④ 다이너트론과 기능이 닮았다.

[해설] SCR은 실리콘 정류 소자로 불리워지고 역저지형의 3단자 실리콘 사이리스터로 분류되고 있다.

★★★ 【82. 84. 94. 기사】
65 다음 반도체 정류기 중 동작 최고 온도가 가장 큰 것은?

① 셀렌   ② 게르마늄

③ 아산화동   ④ 실리콘

[해설] 반도체 정류기

	아산화동	셀렌	게르마늄	실리콘
최고 온도[℃]	50	85	70	160
정류기 효율[%]	80	92	99	99

실리콘이나 게르마늄 정류기는 아산화동, 셀렌 정류기보다 가볍고 수명이 대단히 길다. 실리콘 정류기는 게르마늄 정류기보다 전류밀도가 높다.

★☆【14. 기사, 91. 95. 96. 산업기사】
66 도통 상태(on 상태)에 있는 SCR을 차단 상태(turn off)로 하기 위한 적당한 방법은?

① 게이트 전류를 차단시킨다.
② 게이트에 역방향 바이어스를 인가시킨다.
③ 양극 전압을 음으로 한다.
④ 양극 전압을 더 높게 가한다.

해설 SCR은 게이트에 (+)의 트리거 펄스가 인가되면 통전 상태로 되어 정류 작용이 개시되고, 일단 통전이 시작되면 게이트 전류를 차단해도 주전류(애노드 전류)는 차단되지 않는다. 이때에 이를 차단하려면 애노드 전압을 (0) 또는 (−)로 해야 한다. 그리고, 애노드 전압이 양극 전압이므로, 전압을 (0) 또는 (−)로 해야 한다.

★★★☆【82. 87. 기사, 92. 94. 98. 12. 산업기사】
67 SCR을 사용할 경우 올바른 전압 공급 방법은?

① 애노드 ⊕ 전압, 캐소드 ⊕ 전압, 게이트 ⊕ 전압
② 애노드 ⊖ 전압, 캐소드 ⊕ 전압, 게이트 ⊖ 전압
③ 애노드 ⊕ 전압, 캐소드 ⊖ 전압, 게이트 ⊕ 전압
④ 애노드 ⊕ 전압, 캐소드 ⊖ 전압, 게이트 ⊖ 전압

해설
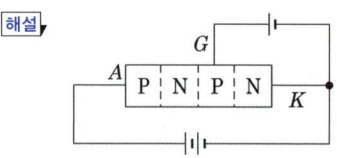

★★☆【92. 96. 기사, 99. 산업기사】
68 SCR(Silicon Controlled Rectifier)에서 잘못 표현된 것은?

① SCR은 순방향으로 부저항을 가지고 있다.
② off 상태의 저항은 매우 높다.
③ on 상태에서는 pn 접합의 순방향과 마찬가지로 높은 저항을 나타낸다.
④ SCR은 실리콘의 pnpn 4층으로 되어 있다.

해설 • SCR은 특성곡선에서 부저항(negative resistance) 부분이 있다. 정류다이오드는 부성저항이 없다.
• SCR은 pnpn 구조를 하고 있다.
• SCR은 off 상태에서 저항이 매우 높아 도통되지 않는다.
• SCR은 on 상태에서 pn 접합의 순방향과 마찬가지로 낮은 저항을 나타낸다.

★★☆【95. 97. 기사, 92. 05. 산업기사】
69 게이트(gate)에 신호를 가해야만 동작되는 소자는?

① DIAC ② UJT ③ SCR ④ MPS

해설 SCR은 게이트에 신호를 가해야만 동작한다.

답 66. ③ 67. ③ 68. ③ 69. ③

70 ★【93. 99. 산업기사】

위상제어용에 사용되는 것은?

① DIAC ② UJT ③ SCR ④ SBS

해설 파형이 작아지면 전력이 작아지며, 파형의 위치(위상)를 바꾸어 줌으로써 교류를 제어하는 것을 SCR 위상제어라 한다.

71 ★【94. 23. 기사 03. 산업기사.】

SCR의 턴온(turn on) 시 20[A]의 전류가 흐른다. 게이트 전류를 반으로 줄일 때 SCR의 전류 [A]는?

① 5 ② 10 ③ 20 ④ 40

해설 SCR이 일단 ON되면 전류 제어 기능은 없다.

72 ★【02. 기사】

다음 SCR 기호 중 옳은 것은?

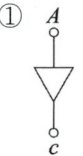 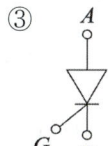 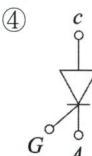

73 ★★【88. 95. 16. 23. 산업기사】

SCR을 두 개의 트랜지스터 등가 회로로 나타낼 때의 올바른 접속은?

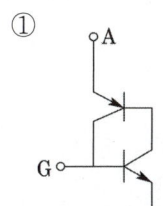 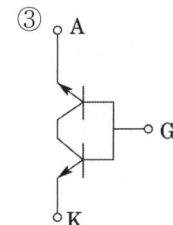 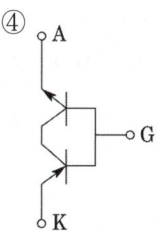

해설 A : Anode(양극), G : Gate, K : Cathode(음극)

74 ★★【95. 기사, 94. 97. 04. 산업기사】

역저지 3극 사이리스터의 통칭은?

① SSS ② SCS ③ LASCR ④ TRIAC

해설 SSC, DIAC, TRIAC, SBS는 쌍방향성 사이리스터이고, SCR은 단방향성 사이리스터이며, LASCR은 역저지 3극 사이리스터의 통칭이다.

답 70. ③ 71. ③ 72. ③ 73. ① 74. ③

★★ 【82. 기사, 83. 85. 산업기사】
75 SCR의 게이트의 작용은?

① 온–오프 작용　　　　　　　② 통과 전류의 제어 작용
③ 브레이크 다운 작용　　　　　④ 브레이크 오버 작용

해설　게이트에 전압을 인가하여 브레이크 오버 전압을 낮추어 도통 상태를 만든다.

★★ 【97. 기사, 89. 90. 11. 산업기사】
76 게이트에 부(–)의 신호를 줄 때 소호되는 소자는?

① SCR　　　　　　　　　　② GTO
③ TRIAC　　　　　　　　　④ UJT

해설　GTO는 자기소호기능이 있어 점호 때와 반대 방향의 전류를 흐르게 하면 소호시킬 수 있다.

★★ 【95. 99. 24. 기사】
77 자기 소호 기능이 가장 좋은 소자는?

① GTO　　　　　　　　　　② SCR
③ TRIAC　　　　　　　　　④ 역전용 사이리스터

해설　• 자기 소호 기능이란 on 상태에서 off
　　　• GTO(Gate turn off) 상태로 할 수 있는 능력

★ 【03. 산업기사】
78 자기소호 기능을 갖지 않는 반도체 소자는?

① 다이오드　　　　　　　　② GTO
③ 전력 MOS FET　　　　　④ 전력 SIT

해설　자기 소호 기능이란 on 상태에서 off로 되는 현상을 말함.

★ 【89. 00. 산업기사】
79 다음 중 틀리게 표현된 것은?

① TRIAC은 3극 교류 제어용 소자이다.
② DIAC은 3층 2단자 쌍방향성 부성 저항 소자이다.
③ SCR은 대전력 제어, 모터 속도 제어, 온도 조절 등에 사용된다.
④ SCR은 쌍방향성 소자이다.

해설　SCR은 단일 방향성 3단자 소자이다.

답　75. ④　76. ②　77. ①　78. ①　79. ④

80 ★【98. 03. 기사】

실리콘 제어 정류기(SCR)는 어떤 형태의 반도체인가?

① np형 반도체　　　　　　　② n형 반도체
③ pn형 반도체　　　　　　　④ p형 반도체

해설 ,　PUT : n형 반도체, SCR : pn형 반도체

81 ★★★【93. 00. 20. 21. 24. 산업기사】

다음 사이리스터 소자 중 게이트에 의한 턴·온을 이용하지 않는 소자는?

① SSS(silicon symmetrical switch)　② SCR(silicon controlled rectifier)
③ GTO(gate turn off)　　　　　④ SCS(silicon controlled switch)

해설 ,　SSS는 Bidirectional diode로서 T_1, T_2를 가지고 있으며 게이트가 없어 게이트에 의한 턴·온을 할 수 없다.

82 ★★★【83. 89. 98. 11. 기사】

사이리스터의 게이트의 트리거 회로로 적합하지 않은 것은?

① UJT 발진 회로　　　　　　② 다이액에 의한 트리거 회로
③ PUT 발진 회로　　　　　　④ SCR 발진 회로

해설 ,　UJT, DIAC, PUT는 트리거 회로로 사용되고, SCR은 위상 제어, 인버터, 초퍼 등에 사용된다.

83 ★★☆【93. 02. 기사, 96. 12. 산업기사】

어느 쪽 게이트에서도 게이트 신호를 인가할 수 있고, 역저지 4극 사이리스터로 구성된 것은?

① SCS　　　　　　　　　　② GTO
③ PUT　　　　　　　　　　④ DIAC

해설 ,　SCS(Silicon Controlled Switch)는 두 개의 게이트와 애노우드, 캐소우드의 4단자 구조. P층과 N층에서 게이트를 뽑아낸 PNPN 4층 구조이다.

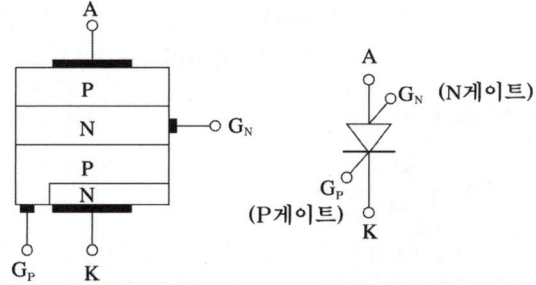

P게이트만 사용하면 일반 사이리스터(SCR)로 사용하고 N게이트만 사용하면 PUT로도 사용할 수 있다. 양쪽의 게이트를 사용하여 감도도 높이고 유리 전류를 광범위하게 조절할 수 있다.

★【94. 98. 산업기사】
84 반도체 트리거 소자로서 자기회복 능력이 있는 것은?

① SCR   ② SCS   ③ SSS   ④ GTO

[해설] ・SSS : 자기 회복 능력이 우수   ・GTO : 자기 소호 기능이 우수

★★【97. 00. 기사】
85 역병렬로 된 2개의 보통 SCR과 유사하므로 양방향성 3단자 사이리스터이다. AC 전력의 제어로 사용하는 것은?

① TRIAC   ② SCS   ③ GTO   ④ LASCR

[해설] 트라이액(TRIAC : Triode AC Switch)은 3단자 교류 스위치, npnpn의 5층 구조이고 직류, 교류에 모두 사용할 수 있는 3단자 스위칭 소자이며 교류 기기 제어에서 널리 사용된다.
트라이액은 두 개의 SCR을 역병렬한 것을 한 개의 소자로 만든 것으로서 무접점 스위치나 위상 제어 회로, 가정용 조광 장치 및 전기로의 온도 조절 또는 전동기의 속도 제어 등에 광범위하게 응용되고 있다.

☆【94. 04. 산업기사】
86 다이액(diac) 설명 중 잘못된 것은?

① npn 3층으로 되어 있다.
② 역저지 4극 사이리스터로 되어 있다.
③ 쌍방향으로 대칭적인 부성저항을 나타낸다.
④ 다이액의 항복전압을 넘을 때 갑자기 콘덴서가 방전하고 그 방전전류에 의하여 트라이액을 on시킬 수가 있다.

[해설] 다이액은 4층 다이오드의 쌍이 병렬로 연결된 2극 사이리스터로 되어 있다. 역저지 4극 사이리스터로는 SCS가 있다.

★【03. 11. 기사】
87 SCR을 역병렬로 접속한 것과 같은 특성의 소자는?

① TRIAC   ② GTO
③ 광사이리스터   ④ 역전통 사이리스터

[해설] 트라이액(TRIAC : Triode AC Switch)

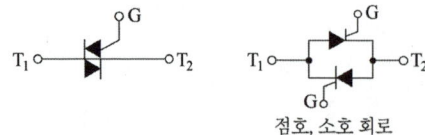

점호, 소호 회로

트라이액은 두 개의 SCR을 역병렬한 것을 한 개의 소자로 만든 것으로서 무접점 스위치나 위상 제어 회로, 가정용 조광 장치 및 전기로의 온도 조절 또는 전동기의 속도 제어 등에 광범위하게 응용되고 있다.

88 ★ 【03. 기사】

실리콘 제어 정류기(SCR)는 어떤 형태의 반도체인가?

① NP형 반도체
② N형 반도체
③ PN형반도체
④ P형 반도체

해설 SCR은 PNPN 구조로 된 PN형 반도체이다.

89 ★ 【92. 산업기사, ⊕ : 99. 산업기사】

다음 소자 중 쌍방향성 사이리스터가 아닌 것은?

① DIAC
② TRIAC
③ SSS
④ SCR

해설 쌍방향성 사이리스터는 DIAC, SSS, TRIAC, SBS 등이고 SCR은 단일방향성 사이리스터이다.

90 ★☆ 【84. 88. 95. 산업기사】

TRIAC에 대하여 옳지 않은 것은?

① 역병렬의 2개의 보통 SCR과 유사하다.
② 쌍방향성 3단자 사이리스터이다.
③ AC 전력의 제어용이다.
④ DC 전력의 제어용이다.

해설 TRIAC은 오직 교류 전력의 제어용이며, 3단자 교류 반도체 스위치를 약칭하는 일반적인 술어이다.

91 ☆ 【10. 기사, 97. 산업기사】

다음 설명 중 옳은 것은?

① 다이액은 npn 3층으로 되어 있고 쌍방향으로 대칭적인 부성 저항을 나타낸다.
② SCR은 pnpn이라는 2층의 구조로 되어 있다.
③ 트라이액은 2극 쌍방향 사이리스터로 되어 있다.
④ SSS는 3극 쌍방향 사이리스터로 되어 있다.

해설
2극(단자) 소자 : DIAC, SSS, Diode
4극(단자) 소자 : SCS
3극(단자) 소자 : 기타
양방향성(쌍방향성) 소자 : DIAC, TRIAC, SSS
단방향성 : 기타
3층 구조 : DIAC
4층 구조 : SCR, GTO, SCS
5층 구조 : SSS

92 ★★ 【91. 95. 97. 00. 산업기사】
교류 전력을 양극성에서 제어하는 데 적당한 소자는?

① S.C.R
② S.C.S
③ LASCR
④ TRIAC

해설 TRIAC(triode AC switch)은 역병렬로 된 2개의 보통 SCR과 유사하므로 쌍방향성 3단자 사이리스터이고, AC 전력의 제어에 사용된다.

93 ★★★ 【94. 98. 00. 06. 11. 24. 산업기사】
다음은 사이리스터를 이용하여 얻을 수 있는 결과들이다. 적당하지 않은 것은?

① 교류 전력 제어
② 주파수 변환
③ 직류 위상 변환
④ 직류 전압 변환

해설 사이리스터는 위상제어, 정지 스위치, 인버터 초퍼, 타이머 회로, 트리거 회로, 카운터, 과전압 보호 등에 쓰인다. 그러나 직류에서 위상이라는 개념은 없다.

94 ★★★ 【83. 93. 98. 기사】
포토 커플러(photo coupler)와 트라이액을 조합하여 사용할 수 있는 회로는?

① 교류 무접점 릴레이 회로
② 전파 위상 제어 회로
③ 반파 위상 제어 회로
④ 직류 컨버터 회로

해설 포토 커플러 : 빛과 전기 신호를 변환 결합시키는 소자
트라이액(TRIAC) : 스위치와 위상 제어에 사용된다.

95 ★ 【93. 기사】
반도체 사이리스터에 의한 속도제어에서 제어되지 않는 것은?

① 주파수
② 토크
③ 위상
④ 전압

96 ★★☆ 【85. 88. 92. 96. 98. 03. 산업기사】
SCS(silicon controlled switch)의 특징이 아닌 것은?

① 게이트 전극이 2개이다.
② 직류 제어 소자이다.
③ 쌍방향으로 대칭적인 부성 저항 영역을 갖는다.
④ AC의 ⊕⊖ 전파 기간 중 트리거용 펄스를 얻을 수 있다.

97 ★ 【97. 기사】
사이리스터에 관한 내용 중 잘못된 것은?

① SSS의 구조는 2층으로 되어 있다.

② 다이액은 npn 3층으로 되어 있다.

③ 트라이액은 T_1, T_2 양 전원 단자의 어느 쪽은 +해도, −해도, 그리고 게이트 G를 +로 해도, −로 해도 on시킬 수 있다.

④ SCR의 명칭은 역저지 3극 사이리스터이다.

[해설] SSS는 2단자 쌍방향성 사이리스터로서 npnpn 5층 구조이다.

98 ★★★ 【95. 05. 11. 기사, 83. 89. 산업기사】
사이리스터(thyristor)의 응용에 대한 설명으로 잘못된 것은?

① 위상 제어에 의해 AC 전력 제어를 할 수 있다.

② AC 전원에서 가변 주파수의 AC 변환이 가능하다.

③ DC 전력의 증폭인 컨버터가 가능하다.

④ 위상 제어에 의해 제어 정류, 즉 AC를 가변 DC로 변환할 수 있다.

[해설] 사이리스터는 위상 제어, 정지 스위치, 인버터 초퍼, 타이머 회로, 트리거 회로, 카운터, 과전압 보호 등에 쓰인다.

99 ★ 【00. 기사】
사이리스터의 응용에 대한 설명이 잘못된 것은?

① AC-DC 변환이 가능하다.

② 위상 제어에 의해 AC 전력 제어가 된다.

③ AC 전원에서 가변 주파수 AC 변환이 가능하다.

④ 가격이 비싸고 주파수 제어, 직류 제어가 되지 않는다.

[해설] 반도체 소자의 장점
　　　•대량 생산　•소형　•경량　•저렴한 가격

100 ☆ 【98. 산업기사】
다음 소자 중 온도 보상용으로 쓰일 수 있는 것은?

① 서미스터　　　　　　　　② 바리스터

③ 버랙터 다이오드　　　　　④ 제너 다이오드

[해설] •바리스터 : 과도 전압, 이상 전압에 대한 회로 보호용으로 사용되는 소자
　　　•버랙터 다이오드 : 정전용량이 전압에 따라 변화하는 소자
　　　•제너 다이오드 : 정전압 회로용 소자

★【92. 96. 산업기사】
101 서미스터(Thermister)의 설명으로 잘못된 것은 어느 것인가?

① 부(-)의 온도계수를 갖고 있다.

② 정(+)의 온도계수를 갖는다.

③ 다른 전자장치의 온도보상을 위하여 사용한다.

④ 열의 의존도가 큰 반도체를 서미스터의 재료로 사용한다.

> 해설 ▸ · 서미스터 : 부(-)의 온도 계수
> · 금속 : 정(+)의 온도 계수
> · 반도체 : 부(-)의 온도 계수
> · 레너 다이오드 : 정(+) 또는 부(-)의 온도 계수

★★【93. 98. 02. 12. 기사】
102 핀치 오프(pinch off) 전압을 설명한 것 중 옳은 것은?

① 드레인(drain) 전류가 0[A]일 때 게이트(gate)와 드레인 사이 전압

② 드레인 전류가 0[A]일 때 드레인과 소스(source) 사이의 전압

③ 드레인 전류가 0[A]일 때 게이트와 소스 사이의 전압

④ 드레인 전류가 흐르고 있을 때 드레인과 소스 사이의 전압

> 해설 ▸ FET(Field Effect Transister)에서 일어나는 현상으로서 gate와 소스 사이에 역전압을 증가시키면 드레인 전류가 0[A]가 되는데 이때의 전압을 핀치 오프 전압이라 한다.

★【03. 산업기사】
103 전압 증폭 소자로서 적합한 전계효과 트랜지스터(FET)를 맞게 설명한 것은?

① 기본 구조가 Gate, Drain, Collector로 구성된다.

② 기본 구조가 Gate, Drain, Source로 구성된다.

③ 기본 구조가 Emitter, Base, Collector로 구성된다.

④ 기본 구조가 Emitter, Drain, Source로 구성된다.

★【90. 95. 04. 산업기사】
104 반도체에 광이 조사되면 전기 저항이 감소되는 현상은?

① 열진동   ② 광전 효과

③ 제벡 효과   ④ 홀 효과

> 해설 ▸ 광전 효과는 반도체 결정에 빛을 조사하면 광에너지의 자극에 의해 광전 효과가 발생한다. 광전 현상은 광에너지를 흡수하여 변화하는 전기 저항의 광도전 효과와 전하 분포가 변화하는 광기전력 효과로 나눌 수 있는데 광도전 소자는 빛을 조사시키면 소자의 전기저항이 감소한다.

105 ★★【96. 98. 기사】
다음 중 틀린 것은?

① Se, Cds는 광전효과 소자이다.　　② Si, Ga는 광전자 소자이다.
③ SiC는 서미스터 재료이다.　　　　④ Ge, GaAs는 Photo TR 재료로 쓰인다.

해설
- 바리스터는 가해진 전압값에 의해서 저항값이 크게 변화하는 반도체 소자로서 주재료는 탄화규소(SiC) 주체이다.
- Si, Ge, Se, CdS는 광전셀, 광전자 재료, SiC(탄화 규소)는 바리스터 재료
- 바리스터(variable resistor) : 인가하는 전압의 크기에 따라 저항값이 변하는 비직선성 저항 소자

106 ★【98. 09. 산업기사, ⊕ : 00. 산업기사】
다음 소자 중 온도를 전압으로 변환시키는 요소는?

① 차동 변압기　　② 열전대　　　③ CdS　　　　④ 광전지

107 ★【94. 99. 04. 산업기사】
제너 다이오드에 관한 설명 중 틀린 것은?

① 정전압 소자이다.
② 인가되는 전압의 크기에 따라 전류방향이 달라진다.
③ 정·부의 온도계수를 가진다.
④ 과전류 보호용으로 사용된다.

해설
제너 다이오드는 정(+), 부(-)의 온도 계수를 갖는다.
즉, 전압의 크기가 변하면 전류 크기는 변화하지만 방향은 변하지 않는다.

108 ★【99. 기사】
npn 형 접합 트랜지스터를 사용할 때 컬렉터의 전위를 베이스를 기준하면 무슨 전위가 되는가?

① 영전위　　　　② 동전위　　　　③ 정전위　　　　④ 부전위

해설

	npn형	pnp형
회로, 구성		
E, B간 전류방향	트랜지스터의 화살표 방향 (p형에서의 N형 방향)	
	B → E	E → B
주전류 방향	E, B 전류 방향과 동일	
	C → B → E	E → B → C
B 기준으로 C 전위	정(+)전위	부(-)전위

☆ 【00. 03. 산업기사】

109 전원 전압을 안정하게 유지하기 위하여 사용되는 다이오드는?

① 보드형 다이오드　　　　　② 터널 다이오드
③ 제너 다이오드　　　　　　④ 버랙터 다이오드

해설 ▶ 제너 다이오드(Zener diode)는 정전압 소자로 만든 pn 접합 다이오드로서 정전압 다이오드라 하며, 전압 범위는 약 3[V] 정도에서 150[V] 정도까지의 다양한 종류가 있다.

★ 【02. 11. 산업기사】

110 제너 다이오드(Zener diode)의 용도로 가장 타당한 것은?

① 고압 정류용　　　　　　　② 검파용
③ 전압 안정 회로　　　　　　④ 전파 정류용

★ 【03. 기사】

111 트랜지스터의 기호에서 에미터의 화살표 방향이 나타내는 것은?

① 전압 인가의 방향　　　　　② 전류의 방향
③ 전계의 방향　　　　　　　④ 저항의 방향

★ 【99. 기사】

112 입력 임피던스가 가장 높은 트랜지스터는?

① JFET　　　　　　　　　　② MOS FET
③ UJT　　　　　　　　　　　④ Masa 트랜지스터

해설 ▶ MOS FET의 입력 저항은 $10^{10} \sim 10^{15}$[Ω] 정도이다.

⋊– 유사문제
‖유사문제 원문 및 해설 : 동일출판사 홈페이지≫고객센터≫자료실

01. 터널 다이오드의 응용 예가 아닌 것은?
　답 정전압 정류 작용

02. 실리콘 제어 정류기(SCR)의 전압 전류 특성과 비슷한 특성을 나타내는 것은?
　답 사이러트론(thyratron)

03. SCR의 설명으로 적당하지 않은 것은?
　답 주전류를 차단하려면 게이트 전압을 (0) 또는 (−)로 해야 한다.

04. 다음은 SCR에 대한 설명이다. 적당한 것은?
　답 정류 기능을 갖는 단일 방향성의 3단자 소자

답 109. ③　110. ③　111. ②　112. ②

05. 다음 그림의 통칭은?

답 SCR

06. N게이트 사이리스터의 통칭은?

답 PUT

07. 2극 쌍방향 사이리스터의 통칭은?

답 DIAC

08. 다음 사이리스터 중 3단자 형식이 아닌 것은?

답 DIAC

09. 다음 그림은 UJT를 사용한 기본 이상 발진회로이다. R_E의 역할을 설명한 내용 중 옳은 것은?

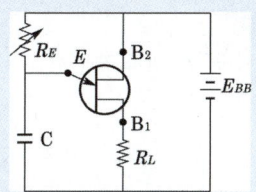

답 콘덴서(C)의 충전전류를 제어하여 펄스 주기를 조정한다.

10. SSS(Silicon Symmetrical Switch)의 특징으로 틀린 것은?

답 제어 게이트 전극을 갖는다.

11. 다음은 사이리스터 소자를 도통(turn on)시키는 방법이다. 이 중 실제의 회로에 이용되지 않는 방법은?

답 전압 변화율 $\left(\dfrac{dE}{dt}\right)$

12. 온도가 상승할수록 전기 저항이 감소하는 물질은?

답 Ni

13. 다음 기기는 AC→DC로 변환하는 기기이다. 이 중 역변환(DC→AC)하는 기기는?

답 회전 변류기

14. 바리스터(varistor)란?

답 비직선적인 전압−전류 특성을 갖는 2단자 반도체 장치이다.

15. 바리스터(varistor)의 용도는?

답 과도 전압에 대한 회로 보호

정류회로

113 ★★ 【83. 95. 03. 기사】
다음 그림은 일반적인 반파 정류 회로이다. 변압기 2차 전압의 실효값을 $E[V]$라 할 때 직류 전류 평균값은? 단, 정류기의 전압 강하는 무시한다.

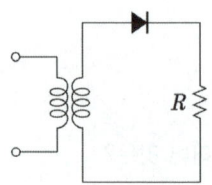

① E/R ② $\frac{1}{2}E/R$ ③ $\frac{2\sqrt{2}}{\pi}$ ④ $\frac{\sqrt{2}}{\pi}E/R$

해설 ▸ $E_d = \frac{1}{2\pi}\int_0^{\pi} \sqrt{2}E\sin\theta \cdot d\theta = \frac{\sqrt{2}}{\pi}E$ (반파 평균 전압)

$\therefore I_d = \frac{E_d}{R} = \frac{\frac{\sqrt{2}}{\pi}E}{R}$

114 ★ 【93. 98. 23. 산업기사】
같은 크기의 교류 전압을 실리콘, 정류기로 정류하여 직류 전압을 얻는 경우 가장 높은 직류 전압을 얻을 수 있는 정류 방식은? 단, 필터는 없는 것으로 하고 부하는 순저항 부하이다.

① 단상 반파   ② 3상 반파
③ 단상 전파   ④ 3상 전파

해설 ▸
• 단상 반파 정류 : $E_d = \frac{\sqrt{2}}{\pi}E = 0.45E$

• 3상 반파 정류 : $E_d = \frac{3\sqrt{3}}{\sqrt{2}\pi}E = 1.17E$

• 단상 전파 정류 : $\frac{2\sqrt{2}}{\pi}E = 0.9E$

• 3상 전파 정류 : $E_d = 2.34E$

115 ★ 【85. 99. 산업기사】
권선비가 1 : 3인 전원 변압기를 통하여 100[V]의 교류 입력이 전파 정류되었을 때 출력 전압의 평균값은?

① 약 300[V]   ② 약 637[V]
③ 약 270[V]   ④ 약 423[V]

해설 ▸ 권선비가 1 : 3이므로 입력이 100[V]이면, 출력이 300[V]이다.

$$\frac{V_1}{V_2} = \frac{N_1}{N_2}$$

전파정류이므로 $V = \frac{2}{\pi} V_m = \frac{2\sqrt{2}}{\pi} V = 0.9\,V = 0.9 \times 300 ≒ 270$

★ 【93. 99. 05. 산업기사】

116 다음 정류 방식 중 맥동률(ripple factor)이 가장 적은 것은?

① 단상 반파 방식 ② 단상 전파 방식
③ 3상 반파 방식 ④ 3상 전파 방식

해설 ▸

정류 종류	단상 반파	단상 전파	3상 반파	3상 전파
맥동률[%]	121	48	17.7	4.04
정류 효율	40.5	81.1	96.7	99.8
맥동 주파수	f	$2f$	$3f$	$6f$

★☆ 【94. 기사, 95. 산업기사】

117 단상 정류로 직류전압 100[V]를 얻으려면 반파정류의 경우에 변압기의 2차 권선 상전압(相電壓) V_s를 얼마로 하여야 하는가?

① 약 122[V] ② 약 200[V] ③ 약 80[V] ④ 약 222[V]

해설 ▸ 2차 권선 전압 V_s이고 직류전압 V_d라 할 때

$$V_d = \frac{1}{2\pi} \int_0^\pi \sqrt{2}\, V_s \sin\theta d\theta = \frac{\sqrt{2}}{\pi} V_s \text{이므로}$$

$$V_s = \frac{\pi}{\sqrt{2}} V_d = \frac{\pi}{\sqrt{2}} 100 ≒ 222[V]$$

★★ 【83. 96. 03. 기사, 03. 산업기사】

118 교류 200[V], 정류기 전압 강하 10[V]인 단상반파 정류 회로의 저항 부하의 직류 전압[V]은?

① 약 80 ② 약 155 ③ 약 200 ④ 약 210

해설 ▸ 반파 정류이므로 $E_d = 0.45\,V - e = 0.45 \times 200 - 10 = 80[V]$

★ 【83. 기사】

119 6상식 수은 정류기의 무부하시에 있어서의 직류측 전압은? 단, 교류측 전압은 E[V], 격자 제어 위상각 및 아크 전압 강하를 무시한다.

① $3\sqrt{6}\,E/\pi$ ② $\sqrt{2}\,\pi E/3$
③ $6(\sqrt{3}-1)E/\pi$ ④ $3\sqrt{2}\,E/\pi$

답 116. ④ 117. ④ 118. ① 119. ④

해설 일반적으로 상수 n, 각 상의 전압 E일 때의 직류측 전압 E_{d0}는 전류 무제어의 경우

$$E_{d0} = \sqrt{2}\, E\sin\frac{\pi}{n} \div \frac{\pi}{n} \text{ 로 표시된다} (n = 6\text{일 때}).$$

$$E_{d0} = \frac{\sqrt{2}\, E\sin\pi/6}{\pi/6} = \sqrt{2}\, E \times \frac{1}{2} \times \frac{6}{\pi} = \frac{3\sqrt{2}\, E}{\pi}$$

★☆ 【02. 기사, 97. 05. 산업기사】

120 220[V]의 교류 전압을 전파 정류하여 순저항 부하에 직류 전압을 공급하고 있다. 정류기의 전압 강하가 10[V]로 일정할 때 부하에 걸리는 직류 전압의 평균값은?

① 220[V] ② 198[V]
③ 188[V] ④ 98[V]

해설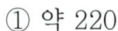
$E_d = \dfrac{2\sqrt{2}\, E}{\pi} = 0.9E$에서 $E_d = 0.9 \times 220 = 198[V]$

정류기의 전압 강하가 10[V]이므로 부하에 걸리는 전압 $E = 198 - 10 = 188[V]$

★★ 【87. 99. 기사】

121 그림과 같은 단상 전파 정류 회로에서 순저항 부하에 직류 전압 100[V]를 얻고자 할 때 변압기 2차 1상의 전압[V]을 구하면?

① 약 220
② 약 111
③ 약 105
④ 약 100

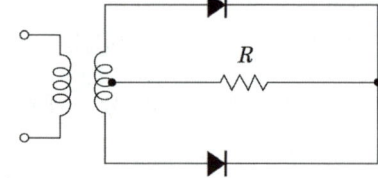

해설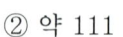
$E = \dfrac{\pi}{2\sqrt{2}} E_d = \dfrac{\pi}{2\sqrt{2}} \times 100 \fallingdotseq 111[V]$

⤭ 유사문제

‖ 유사문제 원문 및 해설 : 동일출판사 홈페이지≫고객센터≫자료실

01. 입력 100[V]의 단상 교류를 SCR 4개를 사용하여 브리지 제어 정류하려 한다. 이때 사용할 1개 SCR의 최대 역전압(내압)은 약 몇 [V] 이상이어야 하는가?

답 $E_{in} = \sqrt{2}\,E = 1.414 \times 100 = 141.4[V]$

전기응용
공사재료

2부 공사재료

동일출판사 홈페이지에서 무료 동영상 강의를 보실 수 있습니다.

CHAPTER 01

전선 및 케이블

01 - 전선 및 케이블의 구비조건

전선에는 나전선, 절연 전선, 코드, 저압 케이블, 고압 케이블, 특고압 케이블, 제어용 케이블 등 많은 종류가 있다. 이 전선 및 케이블의 구비조건은 다음과 같다.

① 도전율이 크고 고유 저항은 작을 것
② 기계적 강도 및 가요성(유연성)이 풍부할 것
③ 내구성이 클 것
④ 비중이 작을 것
⑤ 시공 및 보수의 취급이 용이할 것
⑥ 다량으로 값싸게 구입할 수 있을 것
⑦ 내식성이 클 것
⑧ 인장강도가 클 것 　출제 기사 4번

02 - 전선 및 케이블의 종류와 약호

약 호	명 칭
ACSR	강심 알루미늄 연선
ACSR-OC 전선	옥외용 강심 알루미늄도체 가교 폴리에틸렌 절연전선
ACSR-OE 전선	옥외용 강심 알루미늄도체 폴리에틸렌 절연전선
AL-OC 전선	옥외용 알루미늄도체 가교 폴리에틸렌 절연전선
AL-OE 전선	옥외용 알루미늄도체 폴리에틸렌 절연전선
AL-OW 전선	옥외용 알루미늄도체 비닐 절연전선
BL 케이블	300/500[V] 편조 리프트 케이블
BRC 코드	300/300[V] 편조 고무코드
CE1 케이블	0.6/1[kV] 가교 폴리에틸렌 절연 폴리에틸렌 시스케이블
CE10 케이블	6/10[kV] 가교 폴리에틸렌 절연 폴리에틸렌 시스케이블
CN-CV 케이블	동심중성선 차수형 전력케이블
CN-CV-W 케이블	동심중성선 수밀형 전력케이블
CV1 케이블	0.6/1[kV] 가교 폴리에틸렌 절연 비닐 시스 케이블
CV10 케이블	6/10[kV] 가교 폴리에틸렌 절연 비닐 시스 케이블
CVV 전선	0.6/1[kV] 비닐절연 비닐시스 제어케이블
DV 전선 　출제 기사 3번	인입용 비닐 절연 전선
EE 케이블 　출제 기사 2번	폴리에틸렌 절연 폴리에틸렌 시스 케이블

약호	명칭
EV 케이블	폴리에틸렌 절연 비닐 시스 케이블
FL 전선	형광 방전등용 비닐 전선
HR(0.5) 전선	500[V] 내열성 고무 절연전선(110[℃])
HR(0.75) 전선	750[V] 내열성 고무 절연전선(110[℃])
MI 케이블	미네랄 인슈레이션 케이블
NR 전선	450/750[V] 일반용 단심 비닐 절연 전선
NRI(70) 전선	300/500[V] 기기 배선용 단심 비닐절연전선(70[℃])
NRI(90) 전선	300/500[V] 기기 배선용 단심 비닐절연전선 (90[℃])
OC 전선	옥외용 가교 폴리에틸렌 절연전선
OE 전선	옥외용 폴리에틸렌 절연전선
OW 전선	옥외용 비닐 절연 전선
PDC 전선	0.6/1[kV] 고압 인하용 가교 폴리에틸렌 절연 전선
PNCT 케이블 출제 기사 2번	0.6/1[kV] EP 고무 절연 클로로프렌 캡타이어 케이블
VCT 케이블	0.6/1[kV] 비닐 절연 비닐캡타이어 케이블
VV 케이블	0.6/1[kV] 비닐 절연 비닐 시스 케이블

(2) 전선 및 케이블의 허용온도

절연물의 종류	허용온도(℃)
- 염화비닐(PVC)	70 (전선)
- 가교폴리에틸렌(XLPE)과 에틸렌프로필렌고무혼합물(EPR) 출제 기사 2번	90 (전선)
- 무기물(PVC 피복 또는 나전선으로 사람이 접촉할 우려가 있는 것)	70 (시스)
- 무기물(접촉에 노출되지 않고 가연성 물질과 접촉할 우려가 없는 나전선)	105(시스)

03 ─ 코드

코드는 이동·가요성으로 피복자체가 절연체인 전선이며, 전구선 또는 저압의 이동용 전선으로 사용된다. 코드를 크게 나누면 심선에 고무절연을 한 옥내 코드와 심선에 비닐절연을 한 기구용 비닐 코드가 있으며, 다음과 같은 종류가 있다.

1) 고무 코드

① 재질 : 공칭 단면적 0.5~5.5[mm²]의 심선에 고무 절연을 하고, 실로 겉을 편조한 코드를 말한다.

② 종류 : 단심 코드, 2개연 코드, 대편 코드, 원편코드, 평형 코드, 방습 코드 등이 있다.

2) 비닐 코드

① 재질 : 공칭 단면적 0.5~2.0[mm²]의 주석 도금한 연동 연선에 염화비닐수지를 주절연체로 만든 코드

② 사용 장소 : 방전등, 라디오, 선풍기, 전기 스탠드 등과 같이 전열을 이용하지 않는 소형 전기 기구에 사용한다.

③ 표준 길이 : 100[m]

3) 금사 코드

① 사용 기구 : 전기 이발기, 전기 면도기, 헤어 드라이어 등 이동용 기구에 사용된다.

② 재질 : 도금하지 않는 연동박을 2줄의 질긴 무명실에 감은 것을 18가닥 모아, 다시 그 위에 순고무 테이프를 감고, 밑 편조를 한 2조를 꼬아 종이 테이프를 감은 후 무명실로 대편형의 표면 편조를 한 구조를 가지고 있다.

4) 캡타이어 코드

① 사용 장소 : 옥내 교류 300[V] 이하의 소형 전기 기구에 사용한다.

② 재질 : 연동선 위에 테이프 또는 실을 감고, 고무 절연 또는 절연한 심선을 2~4가닥 꼬아 모으고, 그 위에 캡타이어 고무, 클로로프렌 또는 비닐로 심선 사이의 틈을 메워 피복한 코드를 말한다.

04 － 전선

1) 나전선

피복이 없는 전선으로 한국전기설비규정에 의해 옥내에서는 사용해서는 아니 되나, 다음의 장소에는 사용할 수 있다.

① 전기로용 전선
② 저압 접촉 전선
③ 전선의 피복 절연물이 부식하는 장소에 시설하는 전선
④ 취급자 이외의 자가 출입할 수 없도록 설비한 장소에 시설하는 전선
⑤ 버스 덕트 공사에 의하여 시설하는 경우
⑥ 라이팅 덕트 공사에 의하여 시설하는 경우

2) 평각 구리선

평각 구리선은 두께 0.5~10[mm], 너비 1.6~7.5[mm]의 것이 있고 크기의 표시 방법은 (두께×너비)로 표시한다. 다음 표는 평각구리선의 종류 및 기호를 나타낸 것이다.

평각동선의 종류 및 기호

종류	기호	비고
1호 평각동선	H	경질인 것
2호 평각동선	HA	반경질인 것
3호 평각동선	A	연질인 것
4호 평각동선	SA	에지 와이어(edge wire)로 구부려 사용하는 연질인 것

3) 단선과 연선

(1) 단선

단면이 원형인 1본의 도체로 크기는 지름[mm]으로 표시하고, 최소 0.1[mm], 최대 12[mm]까지 42종이 있다. 저압옥내배선에서는 IEC 60364 기준에 의해 사용되지 않으며 연선이 사용된다.

(2) 연선

① 1본의 중심선 위에 6배수의 층수 배수만큼 증가하는 구조로 되어 있고, 크기는 공칭 단면적[mm^2]로 표시하며, 최소 0.9[mm^2], 최대 1,000[mm^2]로 하여 26종류가 있다.

② 공칭 단면적은 전선의 실제 단면적과 반드시 같지 않으며 전선의 굵기를 나타내는 호칭이다.

  • 총 소선 수 $N = 3n(n+1)+1$

  • 바깥 지름 $D = (2n+1)d$ 　출제 기사 3번

  • 단면적 $S = sN = \dfrac{\pi d^2}{4} \times N = \dfrac{\pi D^2}{4}$

여기서, n : 층수(가운데 한 가닥은 층수에 포함하지 않는다.)

　　　　d : 소선의 지름[mm]

　　　　s : 소선의 단면적[mm^2]

③ 연선은 가요성이 커서 가선공사가 용이하다.

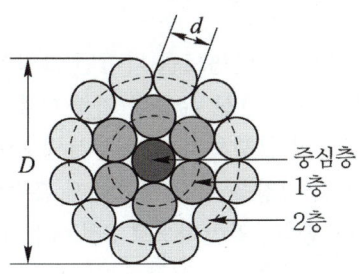

중심층
1층
2층

05 ─ 케이블의 종류와 용도

케이블은 도체 위에 절연 피복을 한 전선을 몇 가닥 모아서 보호 피복을 한 것으로 외부의 충격 등에 의한 절연 피복의 손상을 방지하고, 기계적·화학적 손상으로부터 방지할 보호 피복을 가지는 것으로서 저압용 케이블, 고압용 케이블, 특고압용 케이블이 있다.

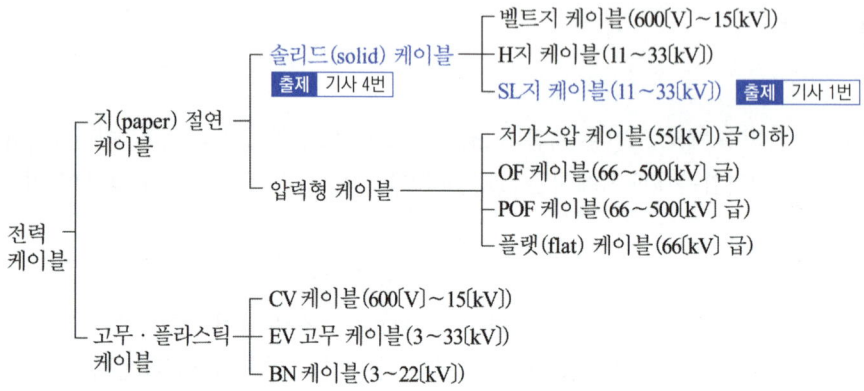

1) OF 케이블

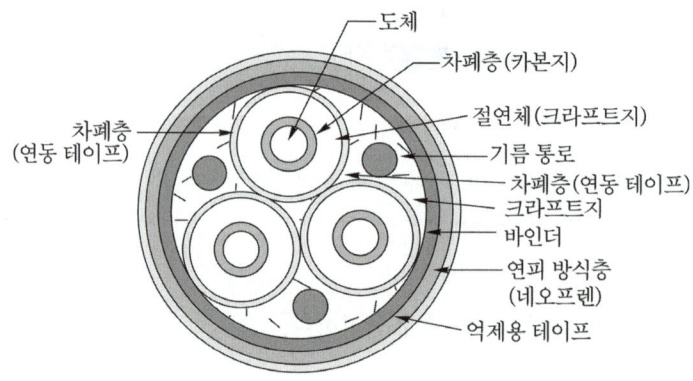

그림은 OF 케이블(oil filled cable)의 단면도를 나타낸 그림이다. 이 케이블은 케이블과 직각 방향에 기름이 출입해서 절연층 내에 항상 유압이 가해지게 되는 구조로 되어 있다.
OF 케이블은 절연유 충전후 공극이 발생하지 않아 부분방전이 적어 균일한 특성을 가지고 있으며, 온도의 변화에 대한 수축 및 팽창을 기름 탱크에서 흡수한다. 이러한 이유로 사용온도가 높고 송전용량이 큰 경우에 사용한다. 일반적으로 66[kV] 이상의 특고압 전선로에서 사용한다.

2) EV 케이블

폴리에틸렌 절연 비닐 시스 케이블(polyethylene insulated cable)은 전기적으로 특성이 우수한 케이블이다. 단점으로는 열에 비교적 약한 결점이 있다.

3) CV 케이블 `출제` `기사 2번`

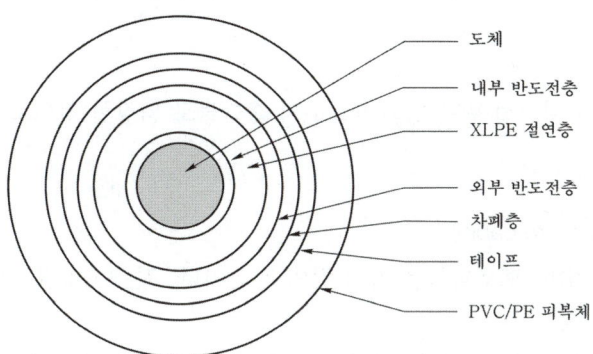

도체
내부 반도전층
XLPE 절연층
외부 반도전층
차폐층
테이프
PVC/PE 피복체

3,300[V] 1심 가교 폴리에틸렌 전력 케이블

저 · 고압 · 특고압 케이블의 종류

저압케이블	비닐시스케이블 · 폴리에틸렌 시스케이블 또는 클로로프렌 시스케이블	
	MI케이블(미네럴인슈레이션케이블)	
저압케이블 또는 고압케이블	연피케이블	
	알루미늄피케이블	
고압케이블	CD케이블 (콤바인덕트케이블)	평활 덕트
		파상 덕트
	비닐시스케이블 폴리에틸렌 시스케이블 또는 클로로프렌 시스케이블	트리폴렉스형 케이블
		기타의 것
특고압케이블	파이프형압력케이블, 연피케이블, 알루미늄피케이블 등	

`출제` `기사 1번`

그림은 가교 폴리에틸렌 절연 비닐 시스 케이블(CV : cross linked polyethylene : XLPE)의 단면이다. 이 케이블은 EV에 비하여 내열성, 내약품성, 기계적 특성 및 전기적 특성이 우수하다. 그러나 반복적인 임펄스 특성이 떨어지며, 내 코로나성도 떨어진다. 따라서 낙뢰 등의 임펄스가 가해지면 절연물이 쉽게 열화 되는 결함이 있다. OF 케이블과 비교하면 CV케이블은 설치 운용이 경제적이나 공급의 신뢰도가 낮아지는 단점이 있다. 적용 전압은 660[V]~15[kV]에 이르는 곳에 사용된다. 연속 최고 온도는 90℃이다.

4) 연피 케이블

연피가 외부로부터 손상을 받을 우려가 없는 곳, 부식의 우려가 없는 관로식 지중전선로 등에 사용한다.

5) 클로로프렌 시스 케이블

고압 옥내 배선용, 고압 가공 케이블용, 고압 인입용, 고압 지중 케이블로 사용한다.

6) 비닐 시스 케이블

2심 또는 3심의 비닐 절연선 위에 염화비닐수지 혼합물로 외장한 것으로 원형, 평형, 동심형의 3종류가 있다.

7) 캡타이어 케이블(captire cable)

이동·가요성을 가지며, 보호피복을 가진 절연 전선이다. 진동·마찰·굴곡·충격 등을 받는 공장 등에서 사용된다.

구조는 주석도금한 연동선의 연선을 심선으로 하고, 종이 또는 면사 등을 감고, 그 위를 30[%] 이상의 고무탄화수소(천연고무)를 포함하는 혼합물을 균일한 두께로 피복한 것이다. 출제 기사 3번

캡타이어케이블에는 1종, 2종, 3종, 4종이 있으며, 2종보다는 3종이, 3종보다는 4종이 충격 이나 압축에 대하여 내구성이 있는 구조로 되어 있다.

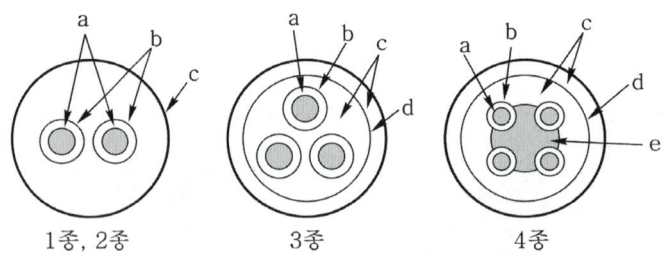

a:도체 b:고무 절연체 c:캡타이어 시드
d:범포 e:고무 시드

캡타이어 케이블

(1) 형식에 의한 분류

- 제1종 : 표면 피복에 캡타이어의 고무로 피복한 것으로 전기공사에는 사용하지 않는다.
- 제2종 : 캡타이어의 고무 피복이 제1종 보다 고무질이 우수하다.
- 제3종 : 캡타이어의 고무 피복 중간에 면포를 넣어서 강도를 보강하였다.
- 제4종 : 제3종과 같고, 각 심선 사이를 고무로 채워서 보강하였다.

(2) 심선의 색별(최대 5심) 출제 기사 1번

선심 수	색
2심	흑, 백
3심	흑, 백, 적 또는 흑, 백, 녹 출제 기사 1번
4심	흑, 백, 적, 녹
5심	흑, 백, 적, 녹, 황

※ 녹색은 접지선에 사용

(3) 사용 장소

전기적 성질보다 기계적 성질이 우수하여 광산, 공장, 농사, 의료, 수중, 무대 등에 사용한다.

8) 플렉시블 시스 케이블(flexible armored cable)

고무 절연 전선, 비닐 절연 전선을 2조 및 3조를 합친 것에 그래프트 지를 감고 시스 내면과 전기적 접촉을 하는 접지용 나 평각 동선을 전선에 넣어서 그 위에 아연도금 연강대를 나사모양으로 감은 케이블을 플렉시블 시스 케이블(flexible armored cable)

(1) 용도

저압 옥내 배선용이므로 고압에는 사용할 수 없다.

다음 표는 플렉시블 시스 케이블의 구조에 따른 사용 용도를 표시한 것이다.

플렉시블 시스 케이블의 구조와 용도

형 식	구 조	주요용도
AC	심선에 고무 절연선을 사용한 것	건조한 곳의 노출 및 은폐 배선용
ACT	심선에 비닐 절연 전선을 사용한 것	
ACV	주트를 감고 절연 컴파운드를 먹인 것	공장용, 상점용
ACL	외자 밑에 연피가 있는 것	습기, 물기, 또는 기름이 있는 곳 출제 기사 2번

★★★ 【91. 97. 98. 기사】
01 37/3.2[mm]인 경동 연선의 바깥지름[mm]은?

① 22.4　　　　② 20.4　　　　③ 14.4　　　　④ 12.4

해설 ▸ 소선 37가닥은 3층 소선이므로 $n=3$
연선의 지름 $D=(2n+1)d=(2\times3+1)\times3.2$
$=7\times3.2=22.4[mm]$

★★★★ 【90. 93. 98. 99. 11. 24. 기사】
02 전선 재료로서 구비하여야 할 조건 중 틀린 것은?

① 도전율이 클 것　　　　　　　② 접속이 쉬울 것
③ 가요성이 풍부할 것　　　　　④ 인장 강도가 비교적 적을 것

해설 ▸ 전선 재료의 구비 요건
・도전율이 클 것
・기계적 강도가 클 것(인장 강도가 클 것)
・가요성 및 내식성이 클 것
・내구성이 크고 비중이 작을 것

★★ 【94. 98. 기사】
03 소형 슬리브를 사용하여 2.5[mm²]의 전선을 종단접속하는 경우 적절한 심선의 수는 몇 본 정도인가?

① 2~4　　　　② 4~5　　　　③ 5~6　　　　④ 6~7

해설 ▸ 종단겹침용 슬리브의 최대 사용 전류 및 사용 가능한 전선 조합(예)

호칭	최대 사용 전류 [A]	전선의 조합		
		동일한 경우		
		2.5[mm²]	4.0[mm²]	6.0[mm²]
소	20	2가닥	–	–
		3~4가닥	2가닥	–
중	30	5~6가닥	3~4가닥	2가닥
대	30	7가닥	5가닥	3가닥

★ 【99. 기사】
04 Al선의 퍼센트 전도율은 약 몇 [%]인가?

① 35　　　　② 60　　　　③ 85　　　　④ 97

답 1. ①　2. ④　3. ①　4. ②

해설 퍼센트 도전율 = 연동선 도전율을 100[%]로 했을 때 임의 재질의 도전율

$$Al선 \%도전율 = \frac{알루미늄선 \ 도전율}{연동선 \ 도전율} = \frac{연동선 \ 저항}{알루미늄선 \ 저항}$$

$$= \frac{\frac{1}{58}}{\frac{1}{35}} = 0.6 = 60[\%]$$

★★★★【90. 93. 94. 99. 11. 기사】
05 지선으로 사용되는 전선의 종류는?

① 강심 알루미늄선　　　　　　② 아연 도금철선
③ 경동선　　　　　　　　　　④ 알루미늄선

해설 지선의 시설(KEC 331.11)
소선의 지름 2.6[mm] 이상인 금속선을 사용한 것일 것. 다만 소선의 지름이 2[mm] 이상인 아연도강연선으로서 소선의 인장 강도가 0.68[kN/mm²] 이상인 것을 사용하는 경우에는 그러하지 아니하다.

★【88. 기사】
06 저압 가공 전선에 사용되는 것으로서 경동선에 염화 비닐을 피복한 것으로 450/750[V] 일반용 단심 비닐절연전선에 비하여 피복이 얇고 손상하기 쉬우므로 취급하는 데 주의를 하여야 하는 전선은?

① NR 전선　　　　　　　　　② AL-OC 전선
③ OW 전선　　　　　　　　　④ HR 전선

해설 ① NR 전선 : 450/750〔V〕 일반용 단심 비닐 절연 전선
② AL-OC 전선 : 옥외용 알루미늄도체 가교 폴리에틸렌 절연 전선
③ OW 전선 : 옥외용 비닐 절연 전선
④ HR 전선 : 내열성 고무 절연 전선

★★【88. 00. 기사】
07 다음 각호의 전선의 표시 기호를 위에서부터 순서적으로 표시한 것은?

[보기]　　1) 옥외용 비닐 절연 전선
　　　　　2) 폴리에틸렌절연 비닐시스 케이블
　　　　　3) 450/750[V] 일반용 단심 비닐절연전선
　　　　　4) 0.6/1[kV] 비닐절연 비닐시스 케이블

① OW, EV, NR, VV　　　　　② NR, DV, OW, VV
③ OW, VV, NR, DV　　　　　④ NR, OW, EV, VV

해설 ① OW : 옥외용 비닐 절연전선
② EV : 폴리에틸렌절연 비닐시스 케이블
③ NR : 450/750[V] 일반용 단심 비닐절연전선
④ VV : 0.6/1[kV] 비닐절연 비닐시스 케이블

★★ 【93. 95. 03. 기사】
08 인입선용 자재 적용에서 옥외 전용선은 OW전선을 사용하는데, 인입선 전용에는 어떤 전선을 사용하는가?

① FL전선   ② PDC전선

③ NR전선   ④ DV전선

> **해설**   FL : 형광 방전등용 비닐 전선
> PDC : 6/10 [kV] 고압 인하용 가교 폴리에틸렌 절연전선
> NR : 450/750[V] 일반용 단심 비닐 절연 전선
> DV : 인입용 비닐 절연 전선

★ 【95. 기사】
09 전선의 기호 중 NR은 어떤 종류인가?

① 전기기기용 고무 절연 전선

② 1,000[V] 형광등 전선

③ 전기기기용 비닐 절연 전선

④ 450/750[V] 일반용 단심 비닐 절연 전선

> **해설**   NR은 450/750[V] 일반용 단심 비닐 절연 전선 이라 한다.

★ 【03. 기사】
10 NR은 전선의 종류이다. 어떤 절연체의 종류인가?

① 폴리에틸렌   ② 천연고무

③ 비닐 절연   ④ 부틸고무

> **해설**   NR : 450/750[V] 일반용 단심 비닐절연전선

★★ 【96. 99. 기사】
11 애자공사에 의한 6.6[kV] 고압 옥내 배선에 사용하는 절연 전선의 최소 굵기[mm²]는?

① 1.5   ② 2.5   ③ 4.0   ④ 6.0

> **해설**   애자공사에 의한 고압 옥내 배선에 사용되는 절연 전선은 공칭단면적 6[mm²] 이상의 연동선 또는 이와
> 동등 이상의 세기 및 굵기의 고압 절연 전선이나 특고압 절연전선을 사용할 것

★★ 【86. 90. 기사】
12 내열성 및 내수성이 우수하고 난연성인 관계로 연소성이 없어 열에 대한 강한 장점이 있는 대신에 기름이나 알칼리 등에 의하여 경화를 일으키는 점이 결점인 전력 케이블은?

① EV 케이블   ② CV 케이블

③ VV 케이블   ④ BL 케이블

해설 ① EV 케이블 : 폴리에틸렌 절연 비닐 시스 케이블
② CV 케이블 : 가교 폴리에틸렌 절연 비닐 시스 케이블
③ VV 케이블 : 비닐 절연 비닐 시스 케이블
④ BL 케이블 : 편조 리프트 케이블
* CV 케이블 : 가교 폴리 에틸렌은 내열성 및 내수성이 우수하여 상당히 높은 온도에서도 변형되는 일이 적고 케이블 피트 내에 침수가 있어도 안전하다. 비닐 시이즈는 난연성인 관계로 열에 대하여 강한 대신 기름이나 알칼리 등에 의하여 경화되기 쉬운 결점도 있다. 도체 최고 허용 온도는 연속 90[℃]이다.

★ 【87. 기사】
13 전선 및 케이블을 나타내는 기호 중 CVV는 다음 중 어느 것인가?

① 형광 방전등용 비닐 전선
② 고압 인하용 폴리에틸렌 전선
③ 비닐 절연 비닐 시스 제어케이블
④ 고무 절연 비닐 캡 타이어 케이블

해설 CVV전선 : 0.6/1 [kV]비닐 절연 비닐 시스 제어케이블

★ 【03. 기사】
14 전력 케이블의 종류에서 종이 절연 케이블이 아닌것은?

① CV 케이블
② 벨트지 케이블
③ H지 케이블
④ SL지 케이블

해설 CV : 가교폴리에틸렌 절연 비닐시스 케이블

★ 【03. 기사】
15 배전 선로용 AL-OC 전선의 설명이다. 옳은 것은?

① 옥외용 알루미늄 도체 가교 폴리에틸렌 절연 전선이다.
② 알루미늄 도체 폴리에틸렌 절연 전선이다.
③ 알루미늄 도체 고무 절연 전선이다.
④ 알루미늄 도체 크로로 프렌 절연 전선이다.

해설 AL-OC 옥외용 알루미늄 도체로서 가교 폴리에틸렌으로 절연되어 있다.

★★ 【89. 95. 기사】
16 케이블의 약호 표시 중 EE가 뜻하는 것은?

① 천연 고무 절연 비닐 시스 케이블
② 폴리에틸렌 절연 비닐 시스 케이블
③ 폴리비닐 절연 폴리에틸렌 시스 케이블
④ 폴리에틸렌 절연 폴리에틸렌 시스 케이블

해설 · EV : 폴리에틸렌 절연 비닐 시스 케이블
· EE : 폴리에틸렌 절연 폴리에틸렌 시스 케이블

17 ★★ 【98. 00. 기사】
가교 폴리에틸렌 절연 전선의 최고 허용 온도는?

① 약 60[℃]　　　　② 약 70[℃]　　　　③ 약 80[℃]　　　　④ 약 90[℃]

해설 전선 및 케이블의 허용 온도

절연물의 종류	허용온도(℃)
– 염화비닐(PVC)	70(전선)
– 가교폴리에틸렌(XLPE)과 에틸렌프로필렌 고무 혼합물(EPR)	90(전선)
– 무기물(PVC 피복 또는 나전선으로 사람이 접촉할 우려가 있는 것)	70(시스)
– 무기물(접촉에 노출되지 않고 가연성 물질과 접촉하 우려가 없는 나전선)	105(시스)

18 ★★★ 【85. 93. 96. 기사】
캡타이어 케이블의 외피 절연 재료로 많이 사용되고 있는 것은?

① GR–M(neoperene)　　　　　② 폴리에틸렌
③ PVC　　　　　　　　　　　　④ 천연 고무

해설 고무 절연 캡타이어 케이블은 주석 도금한 연동 연선을 종이 테이프로 감거나 또는 무명실로 감은 위에 순고무 30[%] 이상을 함유한 고무 혼합물로 피복하고 내수성, 내산성, 내알칼리성, 내유성을 가진 질긴 고무 혼합물로 다시 피복한 것이다.

19 ★ 【95. 기사】
캡타이어 케이블은 몇 심까지 있는가?

① 8　　　　　　　② 7　　　　　　　③ 6　　　　　　　④ 5

해설 캡타이어 케이블의 색
· 1심 : 흑　　· 2심 : 흑 백　　· 3심 : 흑 백 적
· 4심 : 흑 백 적 녹　　　　· 5심 : 흑 백 적 녹 황

20 ★ 【95. 18. 기사】
아크 용접기의 2차측 전선의 굵기에서 2차 전류가 100[A] 이하일 때 접속용 케이블 또는 기타의 케이블에는 몇 [mm²] 재료를 써야 하는가?

① 6　　　　　　　② 16　　　　　　　③ 25　　　　　　　④ 35

해설 내선 규정 3130–4, 2차 전류가 100[A] 이하일 때는 16[mm²], 150[A] 이하일 때는 25[mm²]의 것을 사용한다.

21 ★ 【90. 기사】
20~30[kV] 정도의 송배전선용으로 사용되는 케이블은?

① SL 케이블　　② H 케이블　　　③ OF 케이블　　　④ 벨트 케이블

해설 · 벨트 케이블 : 10[kV] 이하   · SL 케이블 : 20~30[kV] 이하
· OF 케이블 : 60[kV] 이상   · H 케이블 : 10~30[kV]

★★【87. 97. 기사】
22 플렉시블 시스 케이블에서 습기나 기름이 있는 곳에 사용되는 형식은?

① AC   ② ACT   ③ ACV   ④ ACL

해설 · AC : 심선에 고무 절연선을 사용한 것 ┐ 건조한 곳의 노출 및 은폐 배선용
· ACT : 심선에 비닐 절연 전선을 사용한 것 ┘
· ACV : 주우트를 감고 절연 컴파운드를 먹인 것. 공장용. 상점용
· ACL : 시스 밑에 연피가 있는 것 : 습기, 물기 또는 기름이 있는 곳에 사용

★【94. 기사】
23 동선에 염화비닐수지를 원료로 한 컴파운드를 균일하게 입혀 절연을 한 전선으로 600[V] 이하
의 전기설비에 사용되는 재료는?

① 캡타이어 케이블   ② 옥내 코드
③ PVC 선   ④ 면절연선

★【90. 기사】
24 CV 케이블과 EV 케이블에 대한 설명 중 잘못된 것은 다음 중 어느 것인가?

① CV 케이블의 도체 최고 허용 온도는 연속 90[℃]이고 단락 시(1초 이내)는 약 230[℃]이다.
② CV 케이블보다 EV 케이블의 허용 전류가 낮다(적음).
③ EV 케이블의 도체 최고 허용 온도는 연속 75[℃]이고 단락 시(1초 이내)는 약 140[℃]이다.
④ 내연성이 높은 EV 케이블의 약점을 보완한 것이 CV 케이블이다.

해설 EV 케이블의 약점은 내연성이 낮기 때문에 CV 케이블은 이 점을 개량한 것이다.

★★★★【96. 00. 기사, ⊕ : 95. 99. 기사】
25 22.9[kV-Y] 계통에서는 어떤 케이블을 사용하여야 하는가?

① N-EV 전선   ② CV 케이블
③ CNCV-W 케이블   ④ N-RC 전선

해설 22.9[kV-Y] 계통에서는 CNCV-W(수밀형) 케이블이 사용된다.

★【91. 기사】
26 ACSR선의 재료로만 된 것은?

① 주석, 구리   ② 강, 구리
③ 구리, Al   ④ 강, Al

답 22. ④ 23. ③ 24. ④ 25. ③ 26. ④

해설 ACSR(강심 알루미늄 연선)
- 기계적 강도 : 강선 또는 강연선
- 도전성 : Al선

★★★【91. 93. 98. 기사】
27 다음 중 솔리드 케이블이 아닌 것은?

① 벨트 케이블 ② SL 케이블
③ H 케이블 ④ OF 케이블

해설 솔리드 케이블(solid cable)
- 벨트 케이블 : 10〔kV〕이하 사용
- H 케이블 : 30〔kV〕정도 고압 송배전용
- SL 케이블 : 10~30〔kV〕급 도시 송배전용
- OF 케이블(oil filled cable)은 솔리드 케이블 단점을 보완. 케이블 중에 기름 통로를 만들어 $1[kg/cm^2]$의 유압으로 케이블 속의 압력이 항상 대기압 이상으로 유지되도록 하며 사용 온도가 높아 송전용량이 증대한다.

★★【92. 96. 기사】
28 초고압 송전선으로 가장 적합한 재료는?

① 중공 연선 ② 단선
③ 연선 ④ 쌍금속선

해설 초고압 송전에서는 코로나 방전을 방지하기 위해 복도체나 중공 연선을 사용한다.
중공 연선 : 내부를 비우고 외경을 키운 전선

★【00. 기사】
29 22.9[kV-Y] 3상 4선식 중성선 다중접지방식의 특고압 가공 전선로에 있어서 중성선이 ACSR 일 때 최소 굵기는 32[mm²] 이상으로 하여야 하며, 최대 굵기는 몇 [mm²]로 하여야 하는가?

① 95 ② 99 ③ 102 ④ 180

해설 ACSR 중성선의 굵기 • 최소 : 32[mm²] • 최대 : 95[mm²]

★★【92. 93. 기사】
30 22.9[kV-Y] 가공 전선로의 중성선에 ACSR을 사용하는 경우의 최소 굵기는 몇 [mm²] 이상의 재료를 사용하여야 하는가?

① 32 ② 42 ③ 47 ④ 51

해설 ACSR의 22.9[kV] 중성선의 최소 굵기 32[mm²] 이상, 최대 95[mm²]

31 ★【00. 10. 기사】
케이블의 종류 중 연피가 없는 케이블은?

① 연피 케이블   ② 강대 시스 케이블

③ 쥬트 시스 케이블   ④ MI 케이블

해설 ▶ MI cable(Mineral Insulation cable)은 무기 절연 cable이다.

32 ★【89. 기사】
$0.75[\text{mm}^2]$ 코드의 소선 구성은?

① 30/0.16   ② 30/0.18

③ 50/0.16   ④ 50/0.18

해설 ▶ 소선의 구성 표시는 소선수(본)/소선의 지름[mm]이며,

단면적 S = 소선수 × (반지름)^2 × 3.14 = $30 \times \left(\dfrac{0.18}{2}\right)^2 \times 3.14 = 0.76302[\text{mm}^2]$

33 ★★★【88. 94. 00. 기사】
테이블 탭을 사용할 경우의 코드의 단면적은 얼마 이상으로 되어야 하는가?

① $0.5[\text{mm}^2]$ ② $0.75[\text{mm}^2]$

③ $1.25[\text{mm}^2]$ ④ $20[\text{mm}^2]$

해설 ▶ 테이블 탭은 단면적 $1.25[\text{mm}^2]$ 이상의 코드를 사용하고 플러그를 부착시키며 길이는 3[m] 이하로 할 것

34 ★【94. 기사】
버스 덕트 배선에 의하여 시설하는 동대를 사용할 경우 그 단면적은 얼마 이상의 것을 써야 하는가?

① 40   ② 15   ③ 25   ④ 20

해설 ▶ 내선규정 2245-1
버스 덕트 배선에 의하여 시설하는 도체는 단면적 $20[\text{mm}^2]$ 이상의 띠모양, 지름 5[mm] 이상의 관 모양이나 둥근막대 모양의 등, 또는 단면적 $30[\text{mm}^2]$인 띠 모양의 알루미늄을 사용하여야 한다.

01 ─ 배선 재료

1) 개폐기의 종류

(1) 나이프 스위치(knife switch)

취급자만 출입하거나 출입하는데 배전반이나 분전반에 사용한다. 종류는 개폐기의 극수와 투입 방법에 따라 단극, 3극, 단투, 쌍투 등으로 표기 구분한다. 출제 기사 1번

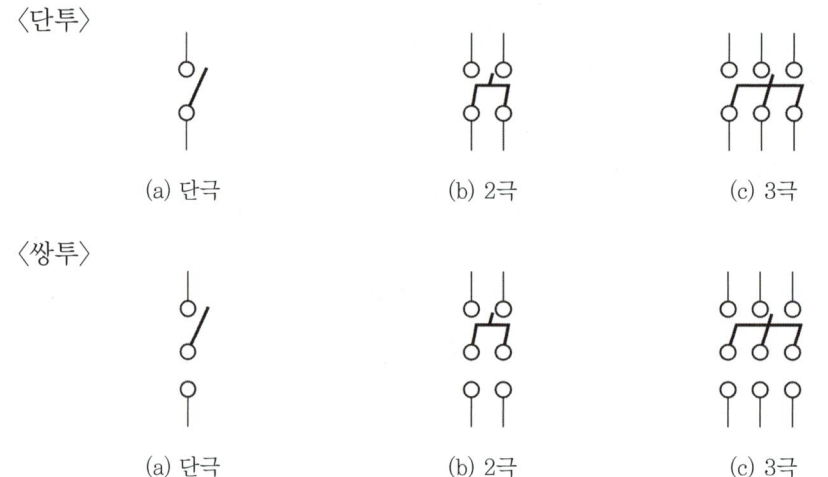

〈단투〉

(a) 단극　　　　　　　(b) 2극　　　　　　　(c) 3극

〈쌍투〉

(a) 단극　　　　　　　(b) 2극　　　　　　　(c) 3극

개폐기의 극수와 투입 방법

개폐기의 기호

	명 칭	기 호
(a)	단극 단투형	SPST
(b)	2극 단투형	DPST
(c)	3극 단투형	TPST
(d)	단극 쌍투형	SPDT
(e)	2극 쌍투형	DPDT
(f)	3극 쌍투형	TPDT

(2) 커버 나이프 스위치

나이프 스위치 앞면의 충전부를 커버로 덮은 것으로, 각 극 사이에 격벽을 설치하여 커버를 열지 않고 수동으로 개폐하는 것을 말한다. 주로 전등, 전열 및 동력용의 인입 개폐기 또는 분기 개폐기용으로 사용한다.

(3) **텀블러 스위치**(tumbler switch)

노브(knob)를 상하로 움직여 점멸하는 거나 좌우로 움직여 점멸한다. 노출형과 매입형, 단극형과 3로, 4로 등이 있다.

노출형　　　　　**매입형 단극**　　　　　**매입형 3로 램프형**

(4) **점멸 스위치**(snap switch)

전등 점멸과 전열기의 열 조절 등에 쓰인다.

스위치의 개방 상태의 표시

	개로의 경우	폐로의 경우
색별	녹색 또는 검은색	붉은색 또는 흰색
문자	개 또는 OFF	폐 또는 ON

(5) **로터리 스위치**(rotary switch) 　`출제` `기사 2번`

회전 스위치라고도 하며, 이것은 노출형으로 노브를 돌려가며 개로나 폐로 또는 강약으로 점멸한다.

(6) **누름 단추 스위치**(push button switch)

매입형만 사용하며 연결 스위치라고도 하며, 원격 조정 장치나 소세력 회로에 사용 2개의 단추가 있어서 단추 스위치라고도 하며 위의 것을 누르면 점등과 동시에 밑에 있는 빨간 단추가 튀어나오는 연동 장치(inter locking device)로 되어 있다.

(7) **풀 스위치**(pull switch)

손닿는 데까지 늘어져 있는 끈을 당기면 한 번은 개로 다음은 폐로로 되는 것을 말한다.

(8) **캐노피 스위치**(canopy switch)

풀 스위치의 한 종류로서, 조명 기구의 캐노피(플랜지) 안에 스위치가 시설되어 있는 것을 말한다.

(9) 코드 스위치(cord switch)

전기 기구의 코드 도중에 넣어 회로를 개폐하는 것으로, 중간 스위치라고 한다. 주로 선풍기나 전기스탠드 등에 사용한다.

(10) 팬던트 스위치(pendant switch)

전등을 하나씩 따로 점멸하는 곳에 사용하며 코드의 끝에 붙여 버튼식으로 점멸한다.

(11) 도어 스위치(door switch)

문에 달거나 문기둥에 매입하여 문을 열고 닫음에 따라 자동적으로 회로를 개폐하는 것으로 창문, 출입문, 금고문 등에 사용한다.

(12) 부동 스위치(Float switch) `출제` `기사 2번`

물 탱크의 물의 양에 따라 동작하는 스위치로서 학교, 공장, 빌딩 등의 옥상에 있는 물탱크의 급수 펌프에 설치된 전동기 운전용 마그넷 스위치와 조합하여 사용하면 매우 편리하다.

2) 소켓(socket)

전구를 끼우는 용도로 사용되는 것을 소켓이라 한다.
소켓의 종류는 다음과 같다.
- 키리스 소켓(keyless socket)
- 키 소켓(key socket)
- 누름 단추 소켓(push-button socket)
- 방수용 소켓(water proof socket)
- 분기 소켓, 풀 소켓(pull-socket)

① 300[W] 이상 전구에는 모걸 소켓 (Mogul socket : 대형 베이스)을 사용하며, 점멸 장치가 없으며, 자기로 만든 재질의 것이 많다.
② 200[W] 이하 전구에는 보통 베이스(Medium base)의 소켓을 사용한다.

키 소켓과 키리스 소켓 및 방수소켓

③ 리셉터클(receptacle) : 코드 없이 천장이나 벽에 붙이는 일종의 소켓으로 실링 라이트 속이나 문, 화장실 등의 글로브 안에 사용된다.

리셉터클

④ 로제트(rosette) : 코드 팬던트를 시설할 때 천장에 코드를 매기 위하여 사용하는 것으로 백 클라이트제와 자기제가 있으며, 규격은 300[V], 6[A]로 되어 있다.

3) 플러그와 콘센트

(1) 플러그

① 테이블 탭(table tap)

코드의 길이가 짧을 때 연장하여 사용하는 것으로, 익스텐션 코드(extension cord)라 한다.

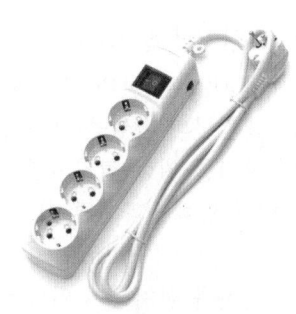

② 멀티 탭(multi tap)

하나의 콘센트에 둘 또는 세 가지의 기구를 사용할 때 끼우는 것을 말한다.

(2) 아이언 플러그(iron plug)

전기 다리미, 온탕기 등에 사용하는 것으로 코드의 한쪽은 꽂음 플러그로 되어 있어서 전원 콘센트에 연결하고, 한쪽은 아이언 플러그가 달려서 전기 기구용 콘센트에 끼우도록 되어 있다.

(3) 콘센트(consent 또는 outlet)

① 종류

㉠ 노출형 콘센트(surface consent) : 벽 또는 기둥의 표면에 붙여 시설한다.

㉡ 매입형 콘센트(flush consent) : 벽이나 기둥에 매입시켜 시설한다.

원형 노출 콘센트

(4) 방수용 콘센트(water proof outlet)

욕실 등에서 사용하는 것으로 사용하지 않을 때에는 물이 들어가지 않도록 마개로 덮어 둘 수 있는 구조가 되어 있다.

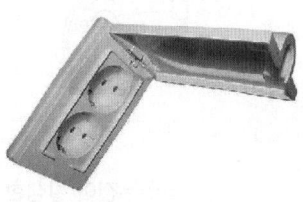

(5) 플로어 콘센트(floor outlet)

플로어 덕트 공사, 기타에 사용하는 방바닥용의 콘센트로 플로어 콘센트용 플러그에는 물이 들어가지 않도록 패킹 작용을 할 수 있는 마개가 붙어 있다.

(6) 턴 로크 콘센트(turn lock consent)

콘센트에 끼운 플러그가 빠지는 것을 방지하기 위하여 플러그를 끼우고 약 90°쯤 돌려두면 빠지지 않도록 되어 있다.

4) 누전 차단기

(1) 누전차단기의 설치목적

교류 600[V] 이하의 전로에서 인체에 대한 감전사고 및 누전에 의한 화재, 아크에 의한 전기기계기구의 손상을 방지하기 위하여 누전차단기를 설치한다.

감전방지를 위한 접지저항은 변압기의 중성점 접지저항 값에 따라 달라지나, 현실적으로는 허용 인체통과전류 이하로 저하시키기 어려운 일이며, 이에 대한 대책으로 누전 발생 시 신속(국내 : 30[mA] 이하, 0.03초)히 전로를 차단하여 전위상승을 방지할 수 있는 누전차단기를 설치하여 인명을 보호하고 있다.

(2) 누전차단기 시설장소　출제 기사 2번

① 60[V]를 초과하는 저압의 금속제 외함을 가지는 전기기계기구에 전기를 공급하는 전로에 지기가 발생하였을 때 전로를 자동으로 차단하는 장치를 시설하여야 한다(사람이 접촉하기 쉬운 장소).

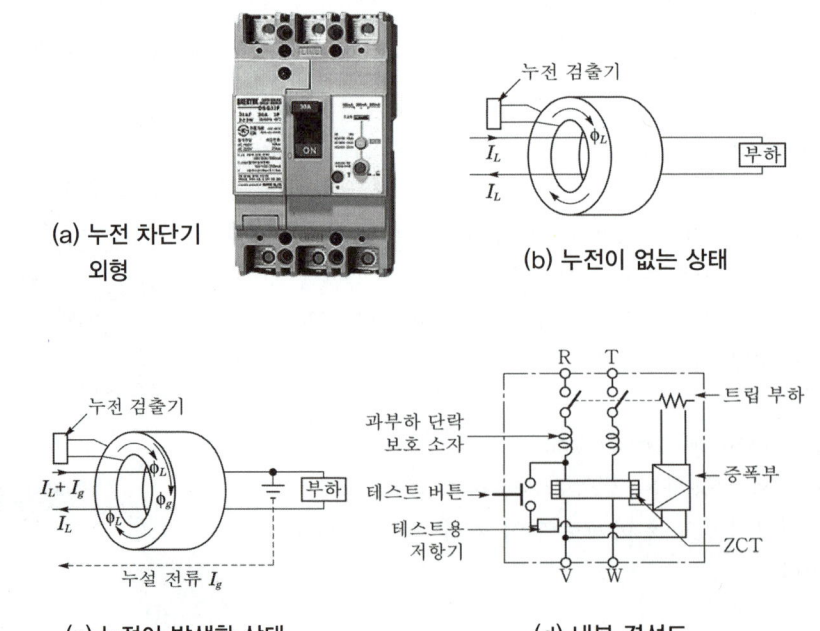

(a) 누전 차단기 외형

(b) 누전이 없는 상태

(c) 누전이 발생한 상태

(d) 내부 결선도

② 누전차단기 시설 대상(기술기준)

③ 특고압, 고압 전로의 변압기에 결합되는 대지전압 300[V]를 초과하는 저압전로

④ 주택의 옥내에 시설하는 전로의 대지전압이 150[V]를 넘고 300[V] 이하인 경우(저압 전로의 인입구에 설치)

⑤ 화약고 내의 전기공작물에 전기를 공급하는 전로 : 화약고 이외의 장소에 설치

⑥ 전기온상 등에 전기를 공급하는 경우

⑦ 풀용, 수중조명등, 기타 이에 준하는 시설에 절연변압기를 통하여 전기를 공급하는 경우(절연변압기 2차측 사용전압이 30[V]를 초과하는 것)

5) 과전류차단기(배선용 차단기)

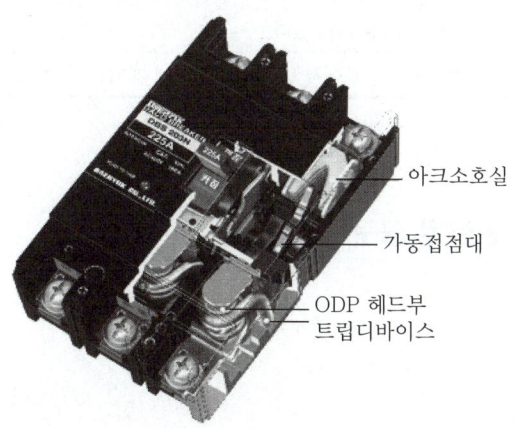

배선용 차단기는 교류 600[V] 이하, 직류 250[V] 이하의 전로보호에 사용하는 과전류 차단기이며, 개폐기 차단장치를 몰드함 내에 일체로 결합한 것이며, 전로를 수동 또는 외부 전기조작에 의해 개폐할 수 있는 동시에 과전류, 단락 시 자동으로 전로를 차단하는 기구로서 MCCB (Moulded Case Circuit Breake)라고 부른다.

(1) 동작 방식에 의한 분류

구분	특 징
열동식	바이메탈의 열에 대한 변화(변형)특성을 이용하여 동작하는 것. • 직렬식 : 소용량에 적용 • 병렬식 : 중, 대용량에 적용 • CT식 : 교류 대용량에 적용
열동전자식	열동식과 전자식 두가지 동작요소를 갖고 과부하 영역에서는 열동식 소자가 동작하고, 단락 대전류 영역에서는 전자식 소자에 의해 단시간에 동작.
전자(電磁)식	전자석에 의해 동작하는 것으로 동작시간이 길어진다.
전자(電子)식	CT를 설치하여 CT 2차 전류를 연산하고 연산결과에 의해 소 전류 영역에서는 장(長)시한, 대전류 영역에서는 단(短)시한, 단락전류 영역에서는 순시에 동작한다.

(2) 용도에 의한 분류

구 분		특 징
배선보호용		일반배선용 전압회로의 간선 및 분기회로에 일반적으로 사용된다. 2.5~200[kA]까지 제작되고 있다.
전동기보호 겸용		모터브레이커라고 하며, 분기회로의 과전류차단기로 사용되며, 전동기의 전부하전 류에 맞춘 것으로서 전동기의 과부하보호를 겸한다.
특수용	단한시 차단 MCCB	저압전로의 선택차단 협조를 도모하는 목적으로 몇 cycle 정도의 단시간지연의 과 전류 차단장치를 갖춘 것으로 선택차단방식의 주 회로차단기로 사용되고 있다.
	순시차단 MCCB	단락전류에 대한 보호만을 목적으로 하는 것이며, 전동기 분기회로에서 전자개폐기 의 과부하계전기와 동작협조를 유지시키고 컴비네이션, 콘트롤센타로 통합된 것 또 는 과전류 내량이 적은 반도체회로의 보호용으로 순시차단전류가 낮은 수치로 설정 된 것이 사용되고 있다.
	4극 MCCB	3상 4선식 전로에서 중성극을 동시에 개폐할 목적으로 중성선 전용극을 갖춘 차단기

02 – 전기 설비에 관련된 공구

1) 전기 공사용 공구

(1) 펜치(cutting plier)
① 용도 : 전선의 절단, 전선 접속, 전선 바인드 등에 사용
② 크기
  ㉠ 150[mm]는 소기구의 전선 접속
  ㉡ 175[mm]는 옥내 일반 공사
  ㉢ 200[mm]는 옥외 공사에 적합하다.

(2) 나이프(jack knife)와 와이어 스트리퍼(wire striper)
① 용도 : 전선의 피복 절연물을 벗길 때에 사용한다.
② 와이어 스트리퍼(wire striper) : 절연 전선의 피복 절연물을 벗기는 자동 공구

전공칼   와이어 스트립퍼

(3) 드라이버(screw driver)

　① 용도 : 애자, 배선 기구, 조명 기구 등을 시설할 때나 나사못을 박을 때 또는 로크너트를 죌 때에도 사용한다.

　② 형식 : 손잡이가 둥글고 큰 것과, 손으로 누르기만 하는 자동식 드라이버, 날을 바꾸어 끼우는 조립식 드라이버, 나사를 잡고 있는 정밀기용 드라이버, 네온 검정기가 붙은 드라이버 등이 있다.

(4) 토치램프(torch lamp)

　① 용도 : 전선 접속의 납땜과 합성수지관의 가공에 열을 가할 때 사용하는 것

　② 종류 : 가솔린용, 알코올용

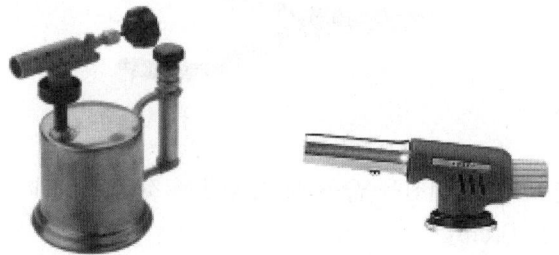

토치램프와 가스 토치

(5) 클리퍼(cliper 또는 cable cutter)

　① 용도 : 굵은 전선을 절단할 때 사용하는 가위로, 굵은 전선은 펜치로 절단하기가 힘들어 클리퍼를 사용하거나 쇠톱으로 절단한다.

(6) 도래 송곳(round gimlet)

　① 용도 : 벽, 목판, 전주, 완목 등에 구멍을 뚫을 때에 사용하는 나사 송곳

　② 머리구멍에 약 30[cm] 정도의 손잡이를 끼워서 사용한다.

　③ 돌보 송곳 : 비트를 끼워서 사용하며 리머를 끼워 금속관 끝을 다듬는 것에도 사용한다.

　④ 먼 곳에 구멍을 뚫을 때에는 돌보 송곳과 비트 익스텐션(bit extension)을 사용한다.

(7) 스패너(spanner)

① 용도 : 너트를 죄고 푸는 데 사용한다.

② 종류 : 잉글리시 스패너(english spanner), 멍키 스패너(monkey spanner)

(8) 플라이어(plier)

① 용도 : 로크 너트를 죌 때 사용되고, 때로는 전선의 슬리브 접속에 있어서 펜치와 같이 사용된다.

② 펌프 플라이어(pump plier) : 파이프 렌치의 대용으로도 사용된다.

③ 롱 노즈 플라이어(long nose plier) : 앞 부분이 악어 입모양으로 만들어져 있으며 소형 기구에 사용한다.

(9) 쇠 톱(hack saw)

① 용도 : 전선관 및 굵은 전선을 끊을 때 사용하는 것으로 날과 틀로 구성되어 있다.

② 종류 : 20, 25, 30[cm]

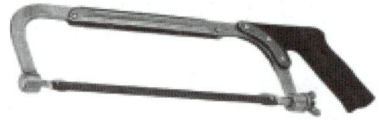

(10) 프레셔 툴(pressure tool)

① 용도 : 솔더리스(solderless) 커넥터 또는 솔더리스 터미널을 압착하는 것(압착 펜치)

② 종류 : 수동식, 유압식

 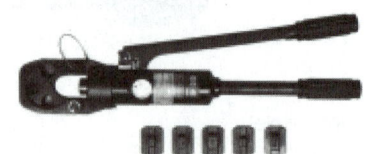

수동식 압착펜치   **유압식 압착펜치**

(11) 벤더(bender)

① 용도 : 금속관을 구부리는 공구로 여러 가지 치수가 있으며 무게가 무거워 현장에서는 히키(hickey)가 쓰인다.

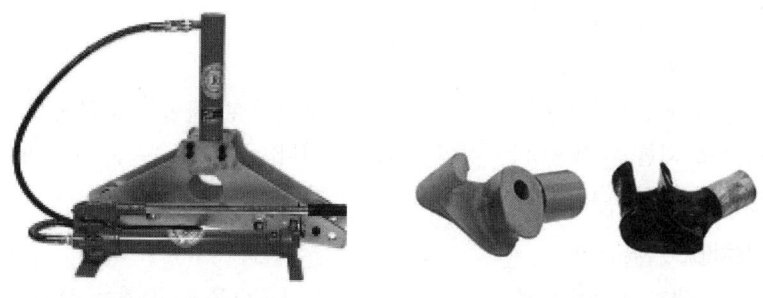

유입식 파이프 벤더   **파이프 벤더, 히키 벤더**

(12) 파이프 바이스(pipe vise)
   ① 용도 : 금속관을 절단할 때에나 금속관에 나사를 낼 때 파이프를 고정시키는 것
   ② 종류 : 이동식, 고정식

(13) 오스터(oster)
   ① 용도 : 금속관 끝에 나사를 내는 공구
   ② 구성 : 래칫(ratchet)과 다이스(dise)

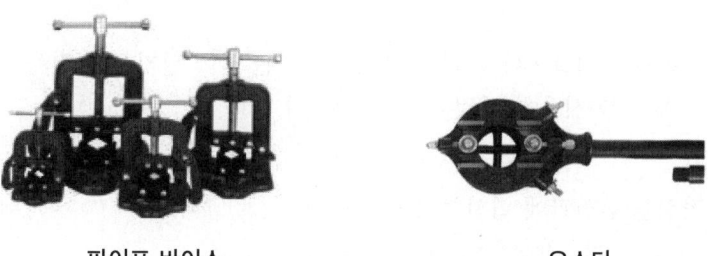

파이프 바이스   **오스터**

(14) 노크 아웃 펀치(knockout punch)
   ① 용도 : 배전반, 분전반 등의 배관을 변경하거나 이미 설치되어 있는 캐비닛에 구멍을 뚫을 때 필요한 공구
   ② 크기 : 15, 19, 25[mm]
   ③ 종류 : 수동식, 유압식

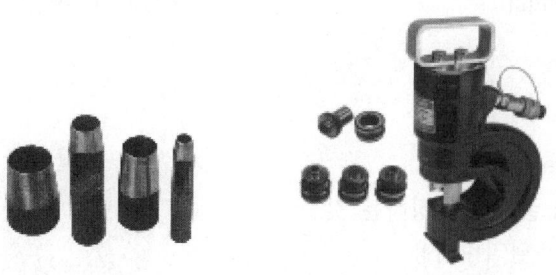

수동식 및 유압식 노크 아웃 펀치

(15) 파이프 커터(pipe cutter)

① 용도 : 금속관을 절단할 때에 사용

② 종류 : 금속관을 절단할 때 파이프 커터를 사용하면 관 안쪽이 볼록하게 되어 뒤처리가 곤란하므로 쇠톱을 사용하는 것이 좋다. 그러나 굵은 금속관은 파이프 커터로 70~ 80[%] 정도를 끊고 나머지는 쇠톱으로 자르면 시간이 단축된다.

(16) 파이프 렌치(pipe wrench)

① 용도 : 금속관을 커플링으로 접속할 때 금속관 커플링을 물고 죄는 것(이 작업에는 파이프 렌치 2개가 필요하다.)

② 종류 : 파이프 렌치, 체인 파이프 렌치

파이프 커터　　　　　　　　**파이프 렌치**

(17) 리머(reamer)

① 용도 : 금속관을 쇠톱이나 커터로 끊은 다음, 관 안에 날카로운 것을 다듬는 것

② 돌보 송곳에 끼워 사용하는 것을 리머 렌치라 한다.

(18) 피시 테이프

① 용도 : 전선을 전선관에 입선할 경우 사용한다.

② 잘 구부러지지 않는 강선으로 되어 있다.

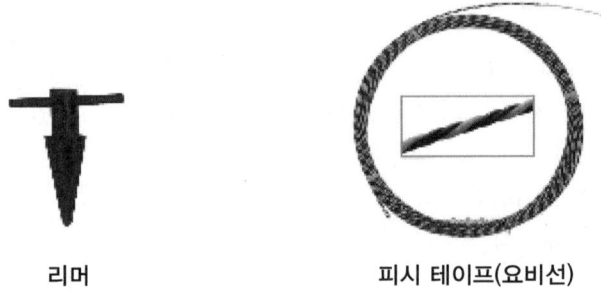

리머　　　　　　　　**피시 테이프(요비선)**

2) 각종 측정 기구

(1) 와이어 게이지(wire gauge)

① 용도 : 전선의 굵기를 측정하는 것

② 종류 : 선번용, 밀리미터용

(2) 마이크로미터(micro meter)

① 용도 : 전선의 굵기, 철판, 구리판 등의 두께를 측정하는 것으로 원형 눈금과 축 눈금을 합하여 읽는다.(정밀급 측정기이므로 보관 및 취급에 세심한 주의가 필요)

(3) 회로 시험기(멀티 테스터)

① 용도 : 전압, 저항, 전류 측정, 도통 시험

마이크로미터   회로 시험기(멀티 테스터)

(4) 접지 저항계(어스 테스터)

① 용도 : 접지 저항을 측정한다.

② 사용 방법 : E 단자를 측정하고자 하는 접지선, P 단자와 C 단자를 보조 접지극에 연결하고 측정한다.

(5) 절연 저항계(메거)

① 용도 : 절연 저항 측정

(6) 훅 온 미터

① 용도 : 통전 중의 전선 전류 측정, 전압 측정 등

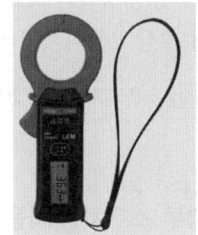

접지 저항계(어스 테스터)   절연 저항계(메거)   훅 온 미터

01 ★ 【03. 기사】

주상 변압기 1차측에 설치하여 변압기의 보호와 개폐에 사용하는 스위치를 말하며, 변압기 설치 시 필수적으로 설치해야 하는 것은?

① 피뢰기　　　　② COS　　　　③ 행거밴드　　　　④ 볼쇄클

해설, 컷아웃 스위치 (COS)는 주상 변압기 1차측에 설치하여 변압기의 보호와 개폐에 사용하는 스위치를 말하며, 변압기 설치 시 필수적으로 설치해야 한다.

02 ★ 【90. 04. 기사】

올 커버 스위치(all-cover switch)의 주된 용도는?

① 옥내에서 교류 300[V] 이하　　　　② 옥내에서 교류 3,300[V] 이하
③ 옥외에서 교류 600[V] 이하　　　　④ 옥외에서 교류 3,300[V] 이하

03 ★★ 【90. 98. 기사】

배선 기구라 함은 다음 중 어느 것인가?

① 전선을 접속하는 데 필요한 와이어 커넥터
② 스위치(텀블러) 및 콘센트류의 기구
③ 전선 및 케이블을 단말 처리할 때 필요한 압착 터미널류의 기구
④ 전선 및 케이블을 전선관에 입선할 때 필요한 공구

해설, 배선 기구는 개폐기류와 접속기류로 대별된다.

04 ★★ 【91. 99. 기사】

누전 차단기의 전기 방식 및 극수에 맞지 않는 것은?

① 단상 2선식 : 2극　　　　② 단상 3선식 : 3극
③ 2상 3선식 : 3극　　　　④ 3상 4선식 : 4극

해설, 2상 3선식은 없다.

05 ★ 【92. 기사】

쌍투 스위치란 다음 중 어느 것을 말하는가?

① 1개의 날과 2조의 클립이 있어 날을 어느 쪽 클립으로 젖히느냐에 따라 회로가 전환이 되는 것
② 텀블러 스위치로서 2개 연용 스위치를 말함
③ 3접촉용 Y-△ 스위치를 말함
④ 2P safety 스위치를 말함

답 1. ② 2. ① 3. ② 4. ③ 5. ①

06 ★★【86. 93. 기사】
ELB 설치 조건 중 틀린 것은?

① 대지 전압이 150[V] 초과인 곳
② 사용전압 60[V] 초과의 습한 장소
③ 사용 전압 40[V] 이상의 습한 장소
④ 습한 장소에서 전기 용품을 사용하는 곳

해설 내선 규정 1475-1절 참조. ELB는 누전 차단기를 말하며 사용 전압이 60[V] 초과인 곳에 사용

07 ★★【96. 99. 기사】
손잡이를 상반되는 두 방향에 조작함으로써 접촉자를 개폐하는 스위치는?

① 로터리 스위치　　　　　② 텀블러 스위치
③ 누름 버튼 스위치　　　　④ 코드 스위치

08 ★【93. 기사】
시동전류와 같이 단시간의 과전류에 동작하지 않고 사용 중 과전류에 의하여 회로를 차단하는 특성을 가진 퓨즈이며, 정격전류는 2~16[A]까지 있고, 전동기의 과전류 보호용으로 사용되는 것은?

① 전력 퓨즈　　　　　　② 전동기용 퓨즈
③ 서멀릴레이　　　　　　④ 관형 퓨즈

해설 시간 지연 퓨즈는 전동기의 보호에 사용되는 것으로서 시동 전류에 의하여 녹아 끊어지지 않도록 된 것으로 규정된 과전류 영역에 대해 용단 시간을 특별히 증대시킨 퓨즈이다.

09 ★★【85. 96. 기사】
퓨즈로 쓸 수 없는 금속 재료는?

① 철　　　　　　　　　　② 납과 주석
③ 알루미늄　　　　　　　④ 아연

해설 전선에 과전류가 흐르면 온도가 상승하여 녹아 버리는데, 이 원리를 이용하여 퓨즈를 만들면, 온도가 낮은 부분에서 녹을 수 있는 납(Pb)+주석(Sn)의 합금을 사용하며, 전원의 전류를 차단시켜 기기의 파손을 방지한다.

10 ★★【87. 98. 12. 기사】
전선 및 케이블의 중간 접속제로 사용되는 것은?

① 칼부럭　　　　　　　　② 볼트식 터미널
③ 압착 슬리브　　　　　　④ 압착 터미널

★★ 【89. 92. 11. 기사】
11 물 탱크의 물의 양에 따라 동작하는 스위치로서 학교, 공장, 빌딩 등의 옥상에 있는 물탱크의 급수 펌프에 설치된 전동기 운전용 마그넷 스위치와 조합하여 사용하면 매우 편리한 스위치는?

① 수은 스위치   ② 타임 스위치
③ 압력 스위치   ④ 부동 스위치

[해설] 부동 스위치는 Float 스위치를 말한다.

★★ 【87. 92. 기사】
12 지하실에 집수정 배수 펌프를 설치했다. magnet switch를 자동으로 연결하고자 한다. 어떤 스위치가 적합한가?

① 타이머 스위치   ② 후로트레스 전극 스위치
③ 디이머 스위치   ④ 자동 오일 스위치

★★★ 【87. 98. 00. 기사】
13 가공 전선로의 절연 전선 상호를 압축 슬리브 접속한 곳에 절연 커버를 쓰는 재료가 잘못 선정된 것은?

① 직선 슬리브 커버   ② 점퍼 슬리브 커버
③ 분기 슬리브 커버   ④ 클램프 커버

★ 【94. 기사】
14 배전반위 접지단자와 접속되는 케이블의 외피 절연체의 색깔은?

① 적색   ② 청색   ③ 녹색   ④ 흑색

[해설] 내선규정 제140조 15항에 의하면 접지선의 표시는 다음 경우를 제외하고는 녹색 표시를 하여야 한다.
① 접지선이 단독으로 배선되어 있는 경우
② 다심 케이블, 다심 캡타이어 케이블, 다심 코드의 한 심선을 접지선으로 사용하는 경우로서 그 심선이 나전선 또는 황록색의 얼룩무늬 모양으로 되어 있을 경우

★★ 【88. 96. 기사】
15 옥내배선용 공구 중 리이머의 사용 목적은 다음 중 어느 것인가?

① 금속관 절단구에 대한 절단면 다듬기
② 로크너트 또는 부싱을 견고히 조일 때
③ 소울더리스 커넥터 또는 소울더리스 터미널을 압착하는 공구
④ 금속관의 굽힘

[해설] ① 리이머, ③ 단자 압착기, ④ 벤더

16
2층 천장 내에서 옥내 배선으로부터 분기하여 조명 기구에 접속하는 배선 작업에 있어서 배선의 길이가 30[cm]를 넘고 또 점검할 수 없는 곳이라면 쓸 수 없는 재료는?

① 절연 전선
② 케이블
③ 1종 가요 전선관
④ 2종 가요 전선관

해설, 가요 전선관은 2종 금속제 가요 전선관을 사용하여야 하나 점검할 수 있는 은폐된 장소에 사용하는 경우에는 1종 가요 전선관을 사용할 수 있다.

17
아우트렛 박스에서 전등선로를 연결하고 있다. 어떤 재료를 써야 견고하고 절연이 좋은가?

① 비닐 테이프
② 압착 단자
③ 와이어 커넥터
④ 레이진

18
애자나 배선기구의 부착용 기구로써 좋은 것은?

① 파이라크용 클립
② 파이프 행거
③ 앵글라크
④ 파이라크

19
대용량의 변압기와 큐비클간의 저압 간선용으로 가장 적당한 재료는?

① 플로어 덕트
② 버스 덕트
③ VCT 케이블
④ NR 전선

해설, 대용량의 변압기와 큐비클간의 저압 간선용에는 대전류가 흐르므로 이에 적합한 재료는 Bus Duct이다.

20
방에 전기 온돌을 시공하고자 한다. 다음 재료 중 필요없는 것은?

① 서머 스타트
② 누전 차단기
③ 트라이액 스위치
④ 푸시 버튼 스위치

21
후강 전선관 배관 공사에 상용되는 공구들이다. 상호 연관 관계가 없는것은?

① 오스터
② 토치 램프
③ 오일 밴드
④ 쇠톱

해설, 토치 램프는 합성수지관을 가열하는 데 쓰인다.

01 - 애자공사

1) 노브애자

애자공사에 일반적으로 사용되는 애자는 노브 애자가 사용된다.

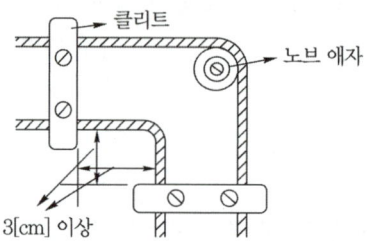

그림은 클리트와 노브애자의 사용 예를 나타낸 것이다.
다음 표는 애자에 사용할 수 있는 전선의 최대 굵기를 나타낸 것이다.

애자와 전선의 굵기

애자의 종류		전선의 최대 굵기[mm^2]
놉 애자 출제 기사 4번	소	16
	중	50
	대	95
	특대	240
인류 애자	특대	25
핀 애자	소	50
	중	95
	대	185

2) 애자 바인드법

① 일자 바인드법 : 3.2[mm] 또는 10[mm^2] 이하의 전선
② 십자 바인드법 : 4.0[mm] 또는 16[mm^2] 이상의 전선

바인드선의 굵기	사용 전선의 굵기
0.9[mm]	16[mm^2] 이하
1.2[mm](또는 0.9[mm]×2)	50[mm^2] 이하
1.6[mm](또는 1.2[mm]×2)	50[mm^2]를 넘는 것

02 ― 금속 몰드 배선

1) 1종 금속 몰드 공사

본체는 베이스와 커버로 구성되며, 일반적으로 길이가 1.9[m]로 되어 있다. 부속품에는 조인트용 커플링, 부싱, 엘보 등이 있다.

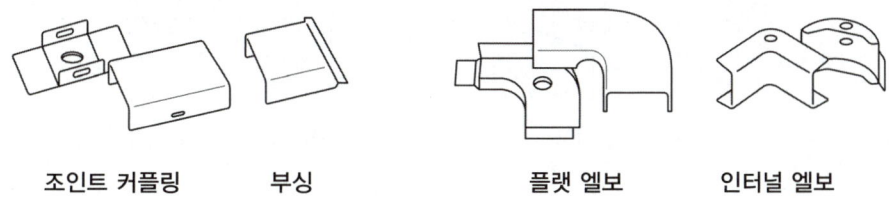

조인트 커플링   부싱   플랫 엘보   인터널 엘보

2) 2종 금속 몰드 공사

제2종 금속 몰드 공사는 레이스웨이 공사를 말한다. 아래 그림은 레이스웨이 공사의 시공예를 보인 것이다.

레이스웨이는 사무실, 기계실, 공장등의 전반 및 국부조명라인에 사용한다.

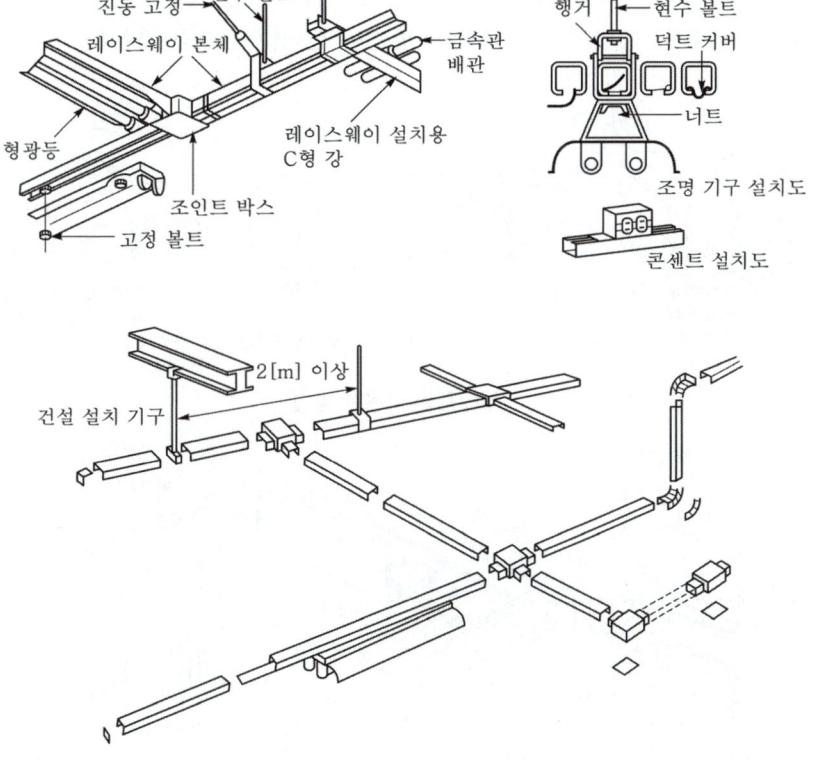

개구부를 하향으로 시공한 예

03 - 합성수지 몰드 배선

합성수지 몰드는 벽면 인하용, 반자틀용, 사방 돌림틀용, 폭목용이 있다.

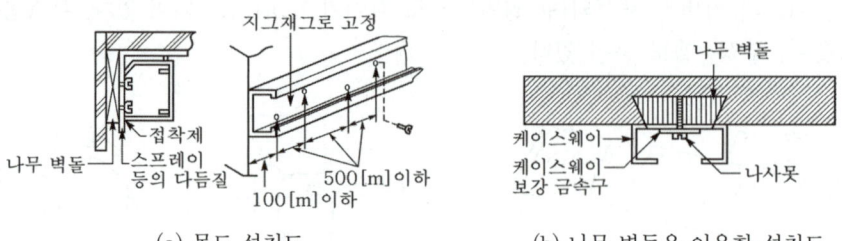

(a) 몰드 설치도　　　　　　　　　(b) 나무 벽돌을 이용한 설치도

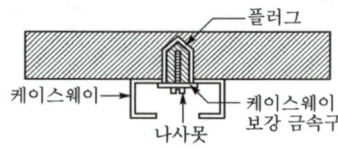

(c) 플러그를 이용한 설치도

합성수지 몰드의 사용 예

합성수지 몰드는 굴곡, 분기 개소 등의 치수를 맞추어서 다음 그림과 같이 부속품을 사용하는 방법과 사용하지 않는 방법 중에서 적절한 방법을 선택하여 가공한다.

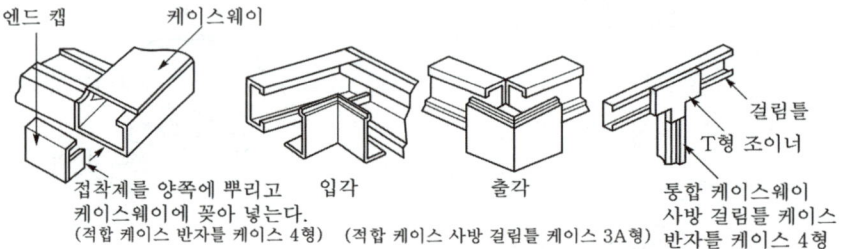

부속품을 사용한 방법

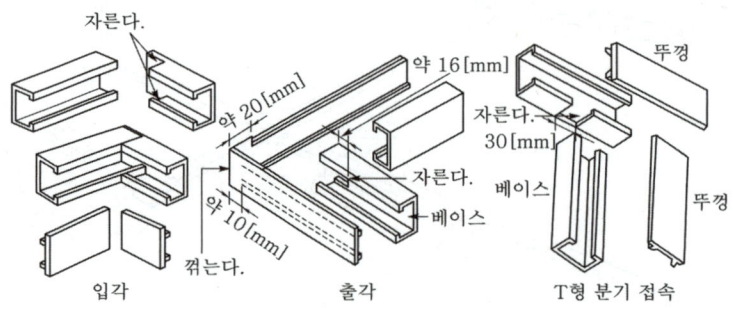

부속품을 사용하지 않은 방법

04 ─ 합성수지관 배선

1) 합성수지관의 특징

① 장점
- 관이 절연물로 구성되어 누전의 우려가 없다.
- 내식성이 커서 화학 공장 등의 부식성 가스나 용액이 있는 곳에 적당하다.
- 접지할 필요가 없고 피뢰기, 피뢰침이 접지선 보호에 적당하다.
- 무게가 가볍고 시공이 쉽다.

② 단점
- 외상을 받을 우려가 많다.
- 고온 및 저온의 곳에서는 사용할 수 없다.
- 파열될 우려가 있다.

③ 사용 장소 : 중량물의 압력 또는 기계적 충격이 없는 전개된 장소, 은폐된 장소의 어느 곳에서나 시공할 수 있다.

경질 비닐 전선관의 호칭 규격은 다음 표와 같으며, 1본의 길이는 4[m]가 표준이고, 굵기는 관 안지름의 크기에 가까운 짝수의[mm]로 나타낸다.

관의 호칭 [mm]	바깥 지름 [mm]	두 께 [mm]	안지름 [mm]	무 게 [kg/m]	관의 호칭 [mm]	바깥 지름 [mm]	두 께 [mm]	안지름 [mm]	무 게 [kg/m]
8	11	1.2	8.6	–	36	42	3.5	35	0.592
12	14	2.0	11.6	–	42	48	3.5	41	0.685
14	18	2.0	14	0.141	54	60	4.0	52	0.985
16	22	2.0	18	0.176	70	76	4.5	67	1.415
22	26	2.0	22	0.211	82	89	5.5	78	2.020
28	34	3.0	28	0.409	100	114	7.0	100	–

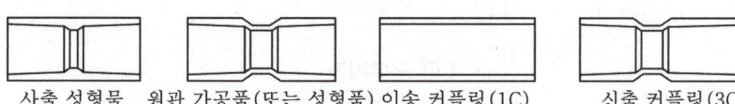

사출 성형물   원관 가공품(또는 성형품) 이송 커플링(1C)   신축 커플링(3C)

(a) 커플링

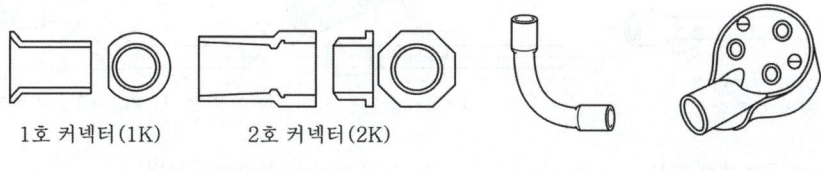

1호 커넥터(1K)   2호 커넥터(2K)

(b) 커넥터   (c) 노멀 밴드   (d) 엔트런스 캡

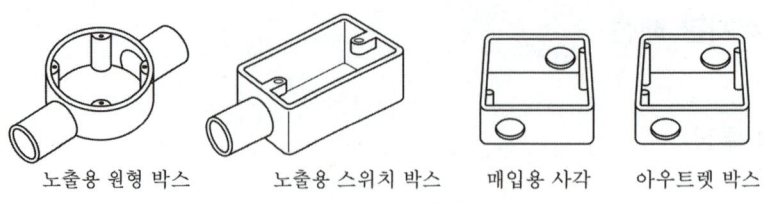

노출용 원형 박스   노출용 스위치 박스   매입용 사각   아우트렛 박스

(e) 박스류

관 공사 자재의 부속

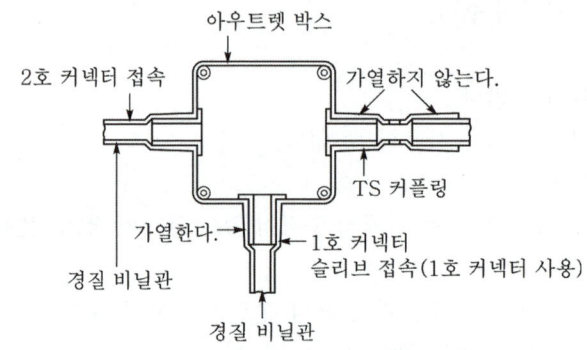

아우트렛 박스와 관의 접속

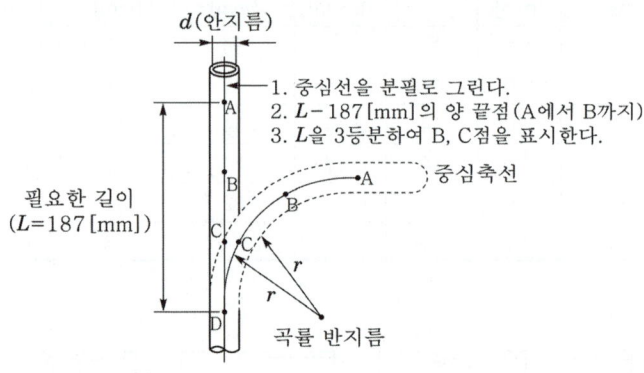

1. 중심선을 분필로 그린다.
2. $L-187$[mm]의 양 끝점(A에서 B까지)
3. L을 3등분하여 B, C점을 표시한다.

L형 구부리기

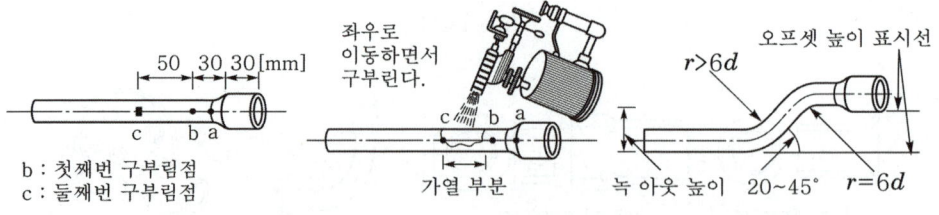

b : 첫째번 구부림점
c : 둘째번 구부림점

(a) 구부림점 표시   (b) 토치 램프로 가열하는 방법

S형 구부리기

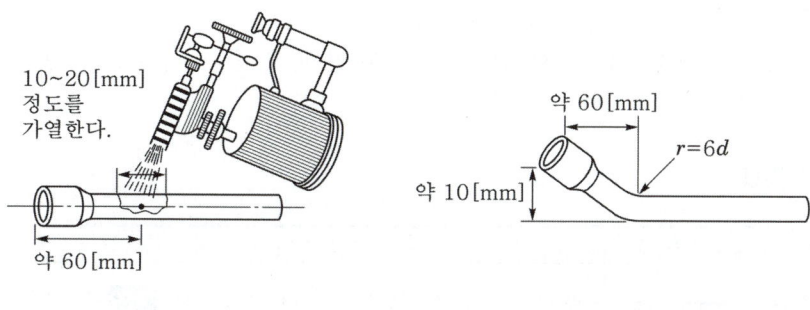

(a) 구부릴 부분의 가열   (b) 완성도

반L형 구부리기

2) 배관의 지지

① 배관의 지지점 사이의 거리는 다음 그림과 같이 1.5[m] 이하로 하고, 관과 관, 관과 박스의 접속점 및 관 끝은 각각 300[mm] 이내에 지지한다.

② 가는 전선관의 지지점 사이의 거리는 0.8~1.2[m]가 적당하다.

③ 옥외 등 온도차가 큰 장소에 노출 배관을 할 때에는 12~20[m]마다 신축 커플링(3C)을 사용한다. 신축되는 부분에는 접착제를 사용하지 않는다.

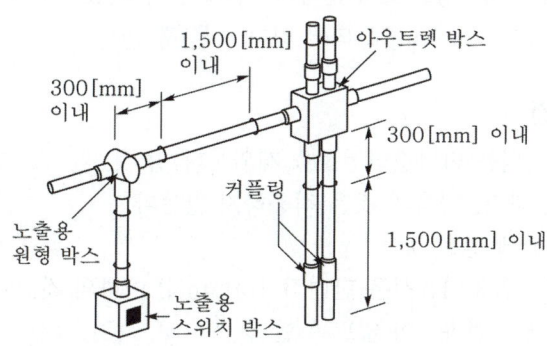

05 금속 전선관 배선(steel conduit wiring)

1) 금속관의 특징 [출제] [기사 1번]

① 기계적으로 튼튼하다.

② 금속관으로 누전이 발생할 수 있다.

③ 접지 공사를 완전히 하면 감전의 우려가 없다.

④ 배관과 배선을 따로 시공하므로, 건축 도중에 전선의 피복이 손상받을 우려가 적다.

⑤ 전선의 교환이 쉽다.

2) 사용 장소

전개된 장소, 은폐 장소, 어느 곳에서나 시설할 수 있고, 또 습기·물기 있는 곳, 먼지 있는 곳 등에 시설할 수 있다.

3) 전선관의 종류

종 류	약호			치 수	
박강 전선관	C 출제 기사 1번	홀수	외경	19, 25, 31, 39, 51, 63, 75	출제 기사 2번
후강 전선관	G 출제 기사 2번	짝수	내경	16, 22, 28, 36, 42, 54, 70, 82, 92, 104	출제 기사 2번
나사없는 전선관				박강전선관과 치수가 같다.	

후강 전선관(rigid conduit)과 박강 전선관(thin-wall conduit)으로 구분되며,
후강 전선관은 안지름의 크기에 가까운 짝수로 정하여 출제 기사 2번
16[mm]에서 104[mm]까지 10종류가 있으며, 관의 두께는 2.3[mm] 이상, 출제 기사 1번
1본의 길이는 3.6[m]이다.
박강 전선관은 바깥 지름의 크기에 가까운 홀수로 정하여 출제 기사 1번
19[mm]에서 75[mm]까지 7종으로 구분하며, 두께는 1.6[mm] 이상이다.
또, 금속관 한 본의 길이는 3.66[m]로 되어 있다. 출제 기사 5번

4) 금속관공사 시설조건

① 전선은 절연전선(옥외용 비닐절연전선을 제외한다)일 것.
② 전선은 연선일 것. 다만, 다음의 것은 적용하지 않는다.
   – 짧고 가는 금속관에 넣은 것.
   – 단면적 10[mm^2](알루미늄선은 단면적 16[mm^2]) 이하의 것.
③ 전선은 금속관 안에서 접속점이 없도록 할 것.
④ 금속관의 두께는 콘크리트에 매입할 경우에는 1.2[mm] 이상일 것. 출제 기사 2번
   기타는 1.0[mm] 이상이어야 하나 이음매가 없는 길이 4[m] 이하인 것을 건조하고 전개된 곳에 시설하는 경우에는 0.5[mm]까지로 감할 수 있다.

5) 굴곡반경

금속관을 구부릴 때 굴곡 바깥 지름은 관 안지름의 6배 이상이 되어야 한다.

6) 금속관 재료

명칭	사용 용도
로크 너트(lock nut)	관과 박스(Box)를 접속하는 경우 파이프 나사를 죄어 고정시키는 데 사용되며 6각형과 기어형이 있다.
[출제] [기사 3번] 부싱(bushing)	전선 관단에 끼우고 전선을 넣거나 빼는 데 있어서 전선의 피복을 보호하여 전선이 손상되지 않게 하는 것. 금속제와 합성수지제 2가지가 있다.
커플링(coupling)	금속관 상호 접속 또는 관과 노멀 밴드와의 접속에 사용되며 내면에 나사가 나있다.
유니온 커플링	관의 양측을 돌려서 접속할 수 없는 경우 유니온 커플링을 사용한다.
[출제] [기사 1번] 새들(saddle)	노출 배관에서 금속관을 조영재에 고정시키는 데 사용되며 합성수지관, 가요관, 케이블 공사에도 사용된다.
노멀 밴드(normal bend)	배관의 직각 굴곡에 사용하며 양단에 나사가 나 있어 관과의 접속에는 커플링을 사용한다.
[출제] [기사 2번] 링 리듀서	금속을 아우트렛 박스의 로크 아우트에 취부할 때 로크 아우트의 구멍이 관의 구멍보다 클 때 링 리듀서를 사용, 로크 너트로 조이면 된다.
스위치 박스 (switch box)	매입형의 스위치나 콘센트를 고정하는 데 사용되며 1개용, 2개용, 3개용 등이 있다.
아우트렛 박스 (outlet box)	전선관 공사에 있어 전등 기구나 점멸기 또는 콘센트의 고정, 접속함으로 사용되며 4각 및 8각이 있다.
콘크리트 박스 (concrete box)	콘크리트에 매입 배선용으로 아우트렛 박스와 같은 목적으로 사용하며 밑판을 분리할 수 있다.
플로어 박스	바닥 밑으로 매입 배선할 때 사용 및 바닥 밑에 콘센트를 접속할 때 사용한다.
노출 배관용 박스	노출 배관 박스는 허브가 있는 주철재의 박스가 사용되며 원형 노출 박스, 노출 스위치 박스 등이 있다.
[출제] [기사 3번] 유니버셜엘보	노출 배관 공사에서 관을 직각으로 굽히는 곳에 사용, 강제전선관 공사중 노출배관 공사에서 관을 직각으로 굽히는 곳에 사용한다. 3방향으로 분기할 수 있는 T형과 4방향으로 분기할 수 있는 크로스(cress)형이 있다.

명칭	사용 용도
출제 기사 1번 **터미널 캡(terminal cap)**	저압 가공 인입선에서 금속관 공사로 옮겨지는 곳 또는 금속관으로부터 전선을 뽑아 전동기 단자 부분에 접속할 때 사용 A형, B형이 있다.
출제 기사 6번 **엔트런스 캡(우에사 캡)** (entrance cap)	인입구, 인출구의 관단에 설치하여 금속관에 접속하여 옥외의 빗물을 막는 데 사용한다.
출제 기사 1번 **픽스쳐 스터드와 히키** (fixture stud & hickey)	아우트렛 박스에 조명기구를 부착시킬 때 기구 중량의 장력을 보강하기 위하여 사용한다.
접지 클램프 (grounding clamp)	금속관 공사시 관을 접지하는 데 사용한다.

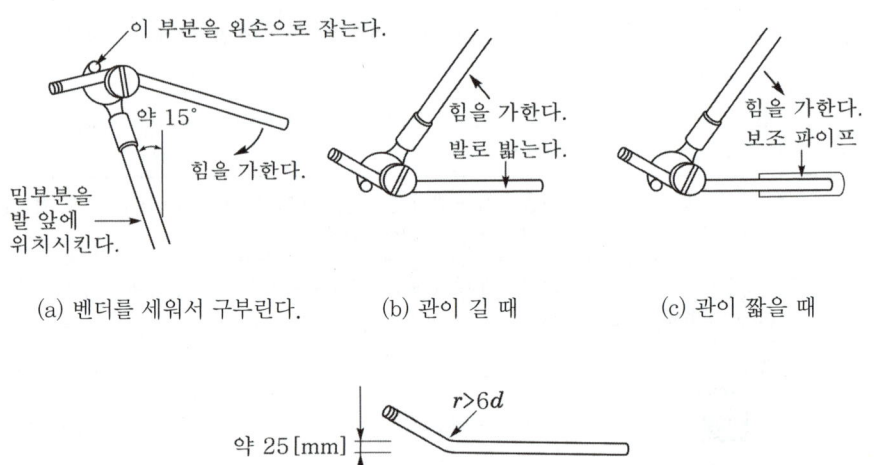

(a) 벤더를 세워서 구부린다.   (b) 관이 길 때   (c) 관이 짧을 때

(d) 완성도

반L형 구부리기

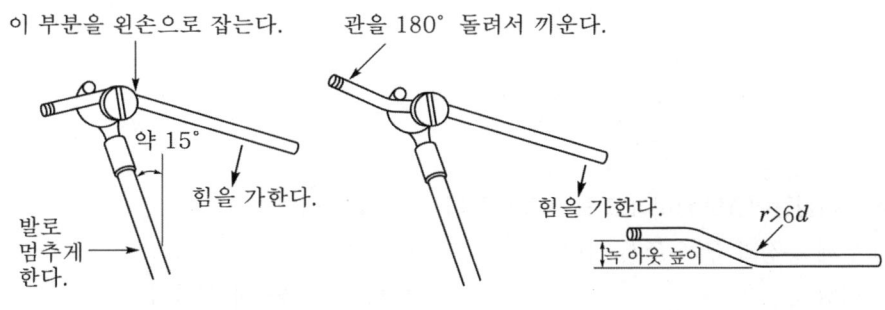

이 부분을 왼손으로 잡는다.

약 15°

힘을 가한다.

발로 멈추게 한다.

(a) 첫 번째 구부림

관을 180° 돌려서 끼운다.

힘을 가한다.

$r > 6d$

녹 아웃 높이

(b) 두 번째 구부림

(c) 완성도

S형 구부리기

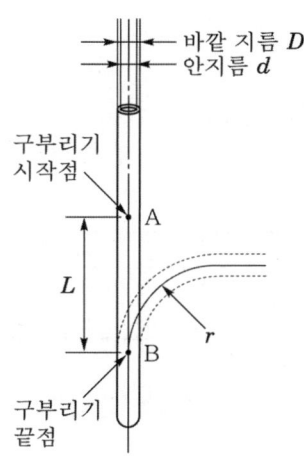

바깥 지름 D

안지름 d

구부리기 시작점

A

L

r

B

구부리기 끝점

L형 구부리기

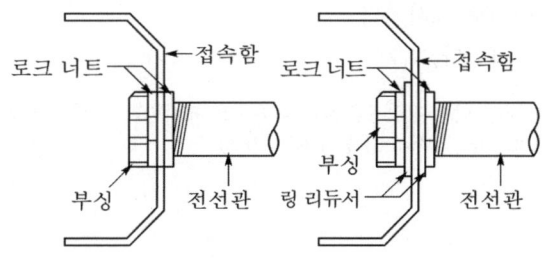

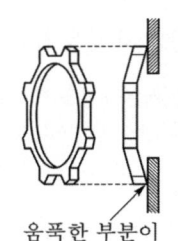

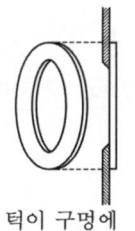

로크 너트

접속함

부싱

전선관

(a) 녹아웃의 크기가 적당할 때

로크너트

접속함

부싱

링 리듀서

전선관

(b) 녹아웃이 관의 굵기보다 지나치게 클 때

움푹한 부분이 접속함 쪽으로 오게 한다.

(c) 로크 너트

턱이 구멍에 걸리도록 한다.

(d) 링 리듀서

관과 박스의 접속

01 ★★【90. 96. 기사】
금속 전선관에 16[mm]라고 표기되어 있다. 무엇을 의미하는가?

① 두께 중심과 두께 중심 사이　　　② 외경
③ 내경　　　　　　　　　　　　　　④ 나사피치와 피치 사이

해설 후강 전선관은 내경을 짝수로 표시하며, 박강 전선관은 외경을 홀수로 표시한다. 후강 전선의 규격으로
는 16, 22, 28, 36, 42, 54, 70, 82, 92, 104[mm] 등 10종류가 있다.

02 ★★【94. 01. 기사】
박강 전선관의 기호는?

① C　　　　　　　　　　　　　　　② D
③ E　　　　　　　　　　　　　　　④ G

해설 KSC-8401(강제 전선관)

종　류	약호		치　　　　수
박강 전선관	C	홀수　외경	19, 25, 31, 39, 51, 63, 75
후강 전선관	G	짝수　내경	16, 22, 28, 36, 42, 54, 70, 82, 92, 104

03 ★【93. 기사】
강제 전선관의 굵기를 표시하는 방법 설명 중 옳은 것은 어느 것인가?

① 후강은 내경, 박강은 외경을 [mm]로 표시한다.
② 후강, 박강의 외경을 [mm]로 표시한다.
③ 후강은 외경, 박강은 내경을 [mm]로 표시한다.
④ 후강, 박강의 내경을 [mm]로 표시한다.

해설 후강 전선관은 내경을 짝수로 표시하며, 박강 전선관은 외경을 홀수로 표시한다. 후강 전선의 규격으로
는 16, 22, 28, 36, 42, 54, 70, 82, 92, 104[mm] 등 10종류가 있다.

04 ★★★★【92. 96. 97. 98. 04. 23. 기사】
금속관(규격용) 1본의 길이[m]는?

① 약 3.3　　　　　　　　　　　　　② 약 3.66
③ 약 3.56　　　　　　　　　　　　　④ 약 4.44

해설 금속관 규격품의 길이는 3660±5[mm]로 되어 있다. 합성수지관 1본의 길이는 4[m]이다.

05 ★【88. 05. 24. 기사】
후강 전선관의 규격이 아닌 것은?

① 22[mm]
② 42[mm]
③ 72[mm]
④ 82[mm]

해설 후강 전선관의 규격에는 16, 22, 28, 36, 42, 54, 70, 82, 92, 104[mm] 등 10종류이다.

06 ★【00. 03. 기사】
전선관(박강)의 굵기 가운데 공칭값[mm]이 아닌 것은?

① 39
② 19
③ 24
④ 31

해설 KSC-8401(강제 전선관)

종 류	약 호	치		수
박강 전선관	C	홀수	외경	19, 25, 31, 39, 51, 63, 75
후강 전선관	G	짝수	내경	16, 22, 28, 36, 42, 54, 70, 82, 92, 104

07 ★【92. 11. 기사】
후강 전선관은 근사 두께 몇 [mm] 이상으로 하고 있는가?

① 1.2
② 1.9
③ 2.0
④ 2.3

해설 후강 전선관의 두께는 2.3, 2.5, 2.8, 3.5[mm]가 있다.

08 ★★【93. 99. 10. 기사】
콘크리트 매입 금속관 공사에 이용하는 금속관의 두께는 최소 몇 [mm]인가?

① 1
② 1.2
③ 1.5
④ 2

해설 콘크리트 매입은 1.2[mm] 이상, 그 외의 것은 1.0[mm] 이상

09 ★【91. 14. 기사】
전선관의 산화 방지를 위해 하는 도금은?

① 페인트
② 니켈
③ 아연
④ 납

해설 설비 기준에 아연 도금이나 에나멜 등으로 피복하도록 되어 있다.

10 ★★【95. 99. 기사】
금속관 공사의 박스 내에 전선을 접속할 때 가장 좋은 재료는?

① 와이어 커넥터
② 코드 커넥터
③ S슬리브
④ 컬 플러그

답 5. ③ 6. ③ 7. ④ 8. ② 9. ③ 10. ①

해설 ▶ 커넥터 접속(박스형 커넥터 접속)
- 적용 : 전선과 전선의 접속
- 특징 : 납땜과 테이프가 불필요
- 종류 : 와이어 커넥터, 프레스 커넥터, 스코치 커넥터

★ 【96. 기사】
11 다음 중 전선관 접속재가 아닌 것은 어느 것인가?

① 곤쥬데타   ② 컴비네이션 커플링   ③ 새들   ④ 유니온 커플링

해설 ▶ 새들은 전선관을 조영재에 부착할 때 사용한다.

★ 【96. 기사】
12 옥외배선으로부터 금속관에 전선을 이끌어 넣을 때 또는 역으로 배선을 하게 될 때 관단에 대하여 전선을 보호할 목적으로 사용하는 재료는?

① 콘크리트 박스   ② 터미널 캡   ③ 히키   ④ 우에사 캡

해설 ▶

명칭	사용 용도
로크 너트 (lock nut)	관과 박스(Box)를 접속하는 경우 파이프 나사를 죄어 고정시키는 데 사용되며 6각형과 기어형이 있다.
부싱 (bushing)	전선 관단에 끼우고 전선을 넣거나 빼는 데 있어서 전선의 피복을 보호하여 전선이 손상되지 않게 하는 것. 금속제와 합성수지제 2가지가 있다.
커플링 (coupling)	금속관 상호 접속 또는 관과 노멀 밴드와의 접속에 사용되며 내면에 나사가 나있으며 관의 양측을 돌려서 접속할 수 없는 경우 유니온 커플링을 사용한다.
새들 (saddle)	노출 배관에서 금속관을 조영재에 고정시키는 데 사용되며 합성수지관, 가요관, 케이블 공사에도 사용된다.
노멀 밴드 (normal bend)	배관의 직각 굴곡에 사용하며 양단에 나사가 나 있어 관과의 접속에는 커플링을 사용한다.
링 리듀서	금속을 아우트렛 박스의 로크 아웃에 취부할 때 로크 아웃의 구멍이 관의 구멍보다 클 때 링 리듀서를 사용, 로크 너트로 조이면 된다.
스위치 박스 (switch box)	매입형의 스위치나 콘센트를 고정하는 데 사용되며 1개용, 2개용, 3개용 등이 있다.
아우트렛 박스 (outlet box)	전선관 공사에 있어 전등 기구나 점멸기 또는 콘센트의 고정, 접속함으로 사용되며 4각 및 8각이 있다.
콘크리트 박스 (concrete box)	콘크리트에 매입 배선용으로 아우트렛 박스와 같은 목적으로 사용하며 밑판을 분리할 수 있다.
노출 배관용 박스	노출 배관 박스는 허브가 있는 주철재의 박스가 사용되며 원형 노출 박스, 노출 스위치 박스 등이 있다.
엘보 (elbow)	노출 배관 공사에 관을 직각으로 구부려야 할 곳의 관상호 접속, 또는 관을 분기해야 할 곳에 사용하며 유니버설 엘보, 3방향으로 분기하는 T형 엘보, 4방향으로 분기하는 크로스 엘보 등이 있다.
터미널 캡 (terminal cap)	전동기에 접속하는 장소나 애자 사용 공사로 옮기는 장소의 관단에 사용한다.
엔트런스 캡(우에사 캡) (entrance cap)	인입구, 인출구의 관단에 설치하여 금속관에 접속하여 옥외의 빗물을 막는 데 사용한다.
픽스처 스터드와 히키 (fixture stud & hickey)	아우트렛 박스에 조명기구를 부착시킬 때 기구 중량의 장력을 보강하기 위하여 사용한다.
접지 클램프 (grounding clamp)	금속관 공사시 관을 접지하는 데 사용한다.

답 11. ③ 12. ④

13 ★【99. 기사】
무거운 조명 기구를 파이프로 매달 때 사용하는 것은?

① 노멀 밴드
② 엔트런스 캡
③ 픽스쳐스터드와 하키
④ 파이프 행거

14 ★【88. 기사】
새들(saddle)은 어떤 경우에 쓰이는 재료인가?

① box를 고정시킬 때
② conduit와 conduit를 연결시킬 때
③ box와 conduit를 연결시킬 때
④ conduit를 고정시킬 때

해설, 새들은 전선관을 조영재에 노출로 배관할 때 사용되며, 그 소요 수량은 전선관 1.5[m]마다 1개씩 설치할 경우에 전선관의 총수량을 구한 후 1.5로 나눈다.

15 ★【96. 09. 12. 기사】
금속관을 노출공사에 쓸 때에 관을 조영재에 부착하는 재료는?

① 터미널캡
② 새들
③ 히키
④ 엔트런스캡

해설, 새들은 금속관을 조영재에 부착하는 데 사용한다.

16 ★【92. 기사】
몰딩의 캡의 이음새를 덮는 데 사용하는 재료는?

① 베이스 커플링
② 서포트
③ 프레트 엘보우
④ 조인트 커플링

17 ★【85. 기사】
저압 옥내 배선에 있어서 습기가 많은 노출 장소에 시공할 수 없는 공사 재료는 무엇인가?

① 1종 금속제 가요 전선관
② 2종 금속제 가요 전선관
③ 합성수지관
④ 비닐 캡 타이어 케이블

해설, 1종 금속제 가요 전선관은 건조하고 전개된 장소와 점검할 수 있는 은폐된 장소에 한하여 시설되며, 무게의 압력 · 기계적 충격을 받을 우려가 있는 곳은 피한다.

18 ★★【88. 96. 기사】
P.V.C CAP(wire connector)은 무엇 대용(代用)으로 쓸 수 있는가?

① 터미널(terminal)
② 로크너트(locknut)
③ 부싱(bushing)
④ 절연 테이프

★ 【95. 기사】

19 2종 가요 전선관이란 다음 중 어느 것인가?

① 아연 도금한 연강띠 2매를 조합한 가요 전선관

② 테이프 모양의 납 도금을 한 띠강 1매와 파이버 1매, 계 2매를 조합한 가요 전선관

③ 아연 도금한 연강띠와 납 도금한 띠강계 2매를 조합한 가요 전선관

④ 테이프 모양의 납 도금을 한 띠강 2매와 파이버 1매, 계 3매를 조합한 가요 전선관

해설 납도금한 강대, 파이버를 3중으로 겹친 가요 전선관

★★★ 【85. 91. 98. 기사】

20 그림의 재료는 무엇인가?

① Clamp

② Expansion Joint

③ Nipples

④ Flexible connector

★★ 【86. 93. 기사】

21 PVC PIPE의 부속 자재 중 커넥터(또는 PIPE 커넥터)의 사용시 용도는 다음 중 어느 것인가?

① 관과 노멀 밴드의 접속에 사용된다.

② 관과 관 또는 관과 BOX와의 접속에 공히 사용된다.

③ 관과 BOX와의 접속에 사용된다.

④ 관과 관의 접속에 사용된다.

해설 · PVC 관과 관의 접속 : 커플링   · PVC 관과 BOX 접속 : 커넥터

★ 【94. 05. 기사】

22 유니버셜에는 다음과 같은 종류가 있다. 종류의 형이 아닌 것은?

① T형   ② G형

③ LL형   ④ LB형

★ 【95. 기사】

23 유니버셜 휘팅(전선관용)의 종류는 박강 전선관용 유니버셜, 후강 전선관용 유니버셜, 나사없는 전선관용 유니버셜이 있다. 이 중 박강 전선관용 유니버셜 형은 어떻게 표시하는가? 단, KSC 규정상

① LL형   ② LB형

③ T형   ④ C형

★ 【03. 기사】
24 강제 전선관 중 설명이 틀린 것은?

① 후강 전선관과 박강 전선관으로 나누어진다.
② 녹이 스는 것을 방지하기 위해 건식 아연도금법이 사용된다.
③ 폭발성 가스나 부식성 가스가 있는 장소에 적합하다
④ 주로 강으로 만들고 알루미늄이나, 황동, 스테인레스 등은 강제관에서 제외된다.

★ 【95. 기사】
25 다음에서 금속관 공사의 특징이 아닌 것은?

① 완전히 접지할 수 있으므로 누전화재의 우려가 적다.
② 방폭공사를 할 수 있다.
③ 거의 모든 시설장소에 사용할 수 있다.
④ 내산, 내알칼리성이 있으므로 화학공장 등에 적합하다.

해설 • 거의 모든 장소에 시설 가능
　　　 • 누전 화재의 우려가 작다.
　　　 • 방폭공사를 할 수 있다.
　　　 • 폭연성 분진 또는 화약류의 분말이 존재하는 곳에 사용.

★★ 【85. 94. 05. 기사】
26 강제 전선관공사 중 노출 배관공사에서 관을 직각으로 굽히는 곳에 사용한다. 3방향으로 분기할 수 있는 "T"형과 4방향으로 분기할 수 있는 크로스(cross)형이 있는 자재는?

① 새들　　　　　　　　　　② 유니온 커플링
③ 유니버설 엘보　　　　　　④ 노멀 밴드

해설 유니버설 엘보
　　　 노출 배관 공사에서 관을 직각으로 굽히는 곳에 사용. 강제전선관 공사중 노출배관 공사에서 관을 직각
　　　 으로 굽히는 곳에 사용한다. 3방향으로 분기할 수 있는 T형과 4방향으로 분기할 수 있는 크로스(cross)
　　　 형이 있다.

★★ 【91. 96. 기사】
27 금속관 공사의 인입구관 끝에 사용하는 재료는?

① 링 리듀서　　　　　　　② 서비스 엘보
③ 강제 부싱　　　　　　　④ 우에사 캡

해설 링 리듀서는 로크 아웃 구멍이 금속관 지름보다 클 때 사용한다.
　　　 우에사 캡 또는 엔트런스 캡은 금속관 공사에서 인입구관 끝에 사용하여 우수 침입을 방지한다.

★★★【90. 98. 00. 기사】
28 플로어 덕트 시공 중 엔드엘보의 사용처는 다음 중 어느 것인가?

① 덕트 끝에서 덕트를 수직으로 배관할 때 필요한 덕트와 덕트의 접속 금구
② 정션 BOX에 파이프를 인입시킬 때 BOX와 파이프의 접속 금구
③ 덕트 끝에서 파이프를 수직으로 배관할 때 필요한 덕트와 파이프의 접속 금구
④ 인서트 슈트에서 하이텐숀 및 로우텐숀을 취부하기 위한 접속 금구

★★【89. 97. 기사】
29 금속관 사용 시 케이블 피복 손상 방지용으로 사용되는 것은?

① 로크너트　　　　　　　② 부싱
③ 커플링　　　　　　　　④ 엘보

해설｜ ・로크너트 : 금속관과 BOX 연결 시
・커플링 : 금속관 상호간, 금속관과 노멀 밴드 간 접속
・엘보 : 노출 금속관을 직각으로 구부릴 때

★【93. 11. 기사】
30 서비스 캡이라고도 하며, 노출배관에서 금속관 배관으로 할 때 관단에 사용하는 재료는?

① 부싱　　　　　　　　　② 엔트런스 캡
③ 터미널 캡　　　　　　　④ 로크 너트

★【84. 24. 기사】
31 다음 그림은 무엇을 표시한 것인가?

① 케이블 헤드
② 엔드 캡
③ 엔트런스 캡
④ 터미널 캡

해설｜ 인입구, 인출구의 관단에 설치하여 금속관에 설치하며, 옥외의 빗물을 막는 데 사용한다.

★【03. 기사】
32 금속관에 물의 침입을 방지하려고 금속관단에 부착하는 것은?

① 링 리듀서　　　　　　　② 유니버설 엘보
③ 부싱캡　　　　　　　　④ 부싱

답 28. ③　29. ②　30. ③　31. ③　32. ③

33
엔트런스 캡의 주된 사용 장소는 다음 중 어느 것인가?

① 부스 덕트의 끝부분의 마감재
② 저압 인입선 공사 시 전선관 공사로 넘어갈 때 전선관의 끝부분
③ 케이블 트레이의 끝부분의 마감재
④ 케이블 헤드를 시공할 때 케이블 헤드의 끝부분

해설 엔트런스 캡 또는 우에사 캡은 금속관 공사에서 인입구관 끝에 사용한다.

34
다음 중 방폭배관의 부속품이 아닌 것은?

① 씨링 휘팅   ② 드리인 휘팅
③ 타워 휘팅   ④ 콘듀레이트 휘팅

해설 타워 휘팅(tower fitting)은 345[kV] 가공 송전선로의 애자 장치를 철탑에 고정시켜주는 역할을 하는 금구이다.

35
금속관과 박스 또는 캐비닛을 접속할 때 때때로 사용되는 재료는?

① 터미널 캡   ② 커플링
③ 서비스 캡   ④ 링 리듀서

해설 링 리듀서(ring reducer)는 금속관의 굵기보다 큰 로크 아웃에 금속관을 확실하게 접속하기 위해 사용된다.

36
HOT DEEP GALVANISM PIPE의 사용처로 가장 적합한 곳은 다음 중 어느 것인가?

① 염분이 많은 해변가 또는 방폭설비의 노출배관
② 아파트 또는 고층 빌딩의 전력간선 배관
③ 수전반 또는 배전반 내의 조작선 및 조작 케이블의 관로
④ 굴곡이 심하여 배관이 어려운 곳

37
특수 아우트렛 박스의 종류가 아닌 것은?

① 8각 특수 아우트렛 박스
② 중형 4각 특수 아우트렛 박스
③ 소형 8각 특수 아우트렛 박스
④ 대형 4각 특수 아우트렛 박스

★ 【95. 기사】

38 중형 링 슬리브를 사용하여 4.0[mm²]의 전선을 종단 접속하는 경우 적절한 심선의 수는 몇 본 정도인가?

① 2본 이하
② 3~4본
③ 5~6본
④ 7~8본

해설 링슬리브의 최대사용전류 및 사용가능한 전선조합(예시)

호칭	최대사용전류 [A]	전선의 조합		
		동일한 경우		
		2.5[mm²]	4.0[mm²]	6.0[mm²]
소	20	2 가닥	–	–
		3~4 가닥	2 가닥	–
중	30	5~6 가닥	3~4 가닥	2 가닥
대	30	7 가닥	5 가닥	3 가닥

★ 【00. 기사】

39 실내의 변압기와 배전반 사이나 분전반 사이의 간선에서 분기접점이 없는 전선로에 사용하는 덕트는?

① 피더 버스 덕트
② 트롤리 버스 덕트
③ 플러그인 버스 덕트
④ 와이어 덕트

해설 버스 덕트의 종류
① 피터 버스 덕트 : 분기점 없음
② 플러그인 버스 덕트 : 도중에 분기 가능함
③ 트롤리 버스 덕트 : 이동 부하에 적합

★★ 【84. 99. 기사】

40 플로어 덕트 설치 그림(약식) 중 블랭크 와셔가 사용되어야 할 부분은?

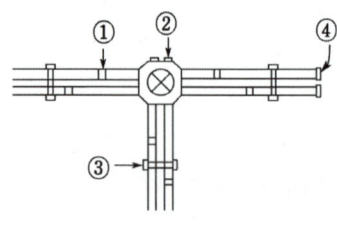

① ①
② ②
③ ③
④ ④

해설 블랭크 와셔는 플로어 덕트의 정선 박스에 덕트를 접속하지 않는 곳을 막기 위하여 사용되는 것이다.

41 ★ 【92. 기사】

복스에 덕트를 접속치 않는 곳을 막는 것에 사용하는 재료는?

① 앤드 플러그(end plug)

② 어댑터(adapter)

③ 블랭크 와셔(blank washer)

④ 드릴 와셔(drill washer)

42 ★★★★ 【85. 90. 94. 98. 기사】

$50[mm^2]$, 500[V] 내열성 고무절연 전선에 알맞는 애자는?

① 대노브 애자   ② 중노브 애자

③ 소노브 애자   ④ 2선용 클리이트

해설 ▶ 애자와 전선의 굵기와의 관계

애자의 종류	사용하는 전선의 최대 굵기[mm²]
소 놉(놉애자)	16
중 놉	50
대 놉	95
특대놉	240

CHAPTER 04

가공 인입선 및 배전선 공사

01 - 배전 선로용 재료와 기구

1) 지지물과 부속재

지지물에는 철주, 철근 콘크리트주, 철탑을 사용한다.

(1) 목주

방부제를 주입한 주입주를 사용하며 운반, 건주, 장주의 가공이 쉬워 편리하나 철근 콘크리트에 비하여 가격이 비싼 단점이 있다.

한국전기설비규정에는 말구 지름과 길이로 표시되며 말구의 지름 12[cm] 이상의 것을 사용하도록 규정하고 있다.

(2) 철근 콘크리트주

철근 콘크리트주는 무거워서 운반이나 건주에 힘이 들지만 겉모양이 좋고 수명이 반영구적이므로 많이 사용한다.

(3) 폴 스탭 `출제` `기사 2번`

전주에 오를 때 필요한 디딤 볼트

(4) 행거 밴드 `출제` `기사 1번`

전주 자체를 변압기에 고정시키기 위한 밴드

(5) U볼트 `출제` `기사 2번`

철근 콘크리트주에 완금을 취부할 때 사용하는 볼트류

(6) 앵글 베이스 `출제` `기사 2번`

완금 또는 앵글류의 지지물에 COS 또는 핀애자를 고정시키는 부속자재

(7) 턴버클 `출제` `기사 2번`

지선 설치시 지선에 장력을 주어 고정시킬 때 필요한 금구

2) 완금

지지물에 전선을 고정시키기 위하여 사용하는 금구로 아연 도금을 한 앵글을 많이 사용한다. 완금이 상하로 움직이는 것을 방지하기 위하여 암 타이(arm tie)를 사용한다. 암 타이를 고정시키려면 암 타이 밴드(arm tie band)를, 지선에 붙일 때에는 지선 밴드(stay band)를 사용한다.

전선 조수	완금의 크기 출제 기사 3번		
	특고압 (7[kV] 초과)	고압 600[V] 초과 7[kV] 이하	저압 600[V] 이하
2	1,800 출제 기사 4번	1,400	900
3	2,400 출제 기사 10번	1,800 출제 기사 3번	1,400

3) 애자

애자는 전선을 지지하고 전선과 지지물 간의 절연간격을 유지하기 위해 사용한다.

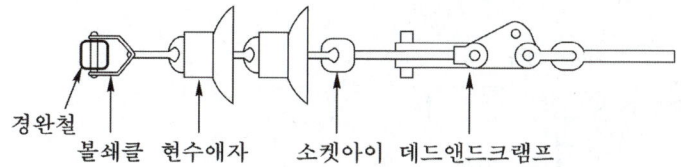

(a) 경완철

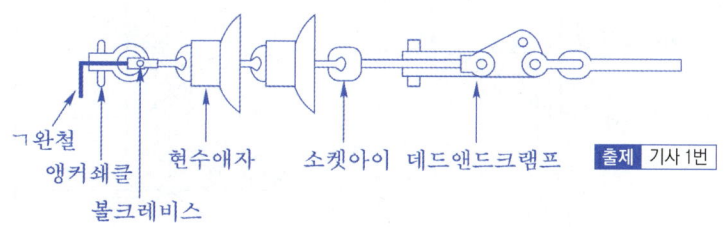

(b) ㄱ형 완철

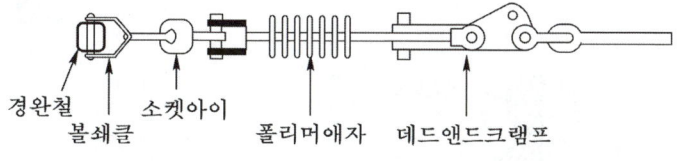

(c) 폴리머 애자

애자 설치 부속 자재

(1) 애자의 종류

① 사용전압에 따라 : 저압용과 고압용, 특고압용으로 분류

② 사용목적에 따라 : 핀 애자, 인류 애자, 내장 애자 등으로 분류되며

고압 인류 대애자의 내전압은 40[kV], 고압 인류 소애자의 내전압 35[kV]정도된다.

그외의 애자에는 가지 애자, 곡핀 애자, 지선 애자 등이 있다. 출제 기사 3번

- 고압 가지 애자 : 전선을 다른 방향으로 돌리는 부분에 사용
- 저압 곡핀 애자 : 인입선에 사용
- 지선 애자 : 지선의 중간에 사용 　출제 기사 5번

(2) 애자의 색별

애자의 종류	색별
특고압용 핀 애자	적색
저압용 애자(접지측 제외)	백색
접지측 애자	청색　출제 산업 1번, 기사 2번

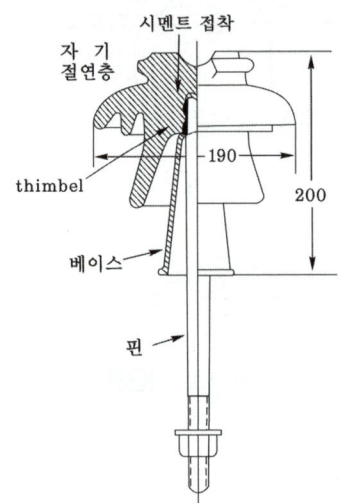

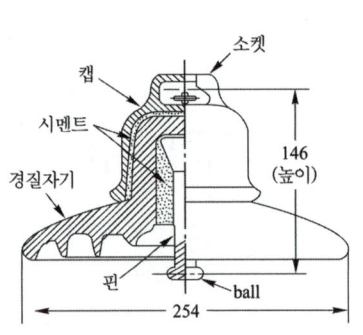

(a) 핀 애자(66[kV] 이하의 전선로에 사용)　(b) 현수 애자(송전선에 가장 많이 사용)

출제 기사 3번

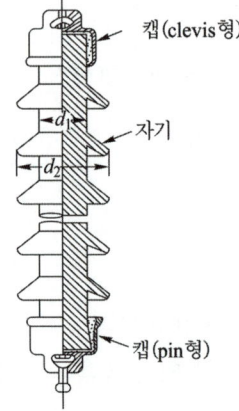

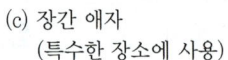

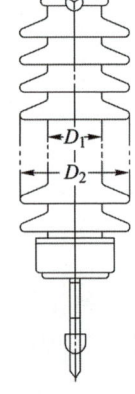

(c) 장간 애자　　　　　　　　(d) 라인 포스트 애자
　　(특수한 장소에 사용)　　　　　　(저전압 송전선로의 핀애자 대용)

애자의 종류

02 ─ 장주, 건주 및 가선

1) 장주

지지물에 전선, 그 밖의 기구를 고정시키기 위하여 완목, 완금, 애자 등을 장치하는 것을 말한다. 장주 작업시 고려사항은 다음과 같다.

① 작업이 간단할 것
② 전선, 기구 등이 튼튼하게 고정될 것
③ 혼촉, 누전의 우려가 없을 것
④ 경제적이고 미관이 좋을 것

2) 건주

지지물(전주)을 땅에 세우는 것을 말한다. 건주는 인력굴착에 의한 방법과 건주차(오가 크레인)의한 방법, 백호우 방법 등이 있다.
가공 전선로 지지물의 기초 안전율 2(이상 시 상정 하중에 대한 철탑의 경우는 1.33) 이상으로 하여야 한다. 다만, 다음과 같이 시설하는 경우는 예외로 한다.

설계 하중 전 장	6.8[kN] 이하	6.8[kN] 초과~ 9.8[kN] 이하	9.8[kN] 초과~ 14.72[kN] 이하
15[m] 이하	전장×1/6[m] 이상	전장×1/6+0.3[m] 이상	전장×1/6+0.5[m] 이상
15[m] 초과	2.5[m] 이상	2.5[m]+0.3[m] 이상	–
16[m] 초과~20[m] 이하	2.8[m] 이상	–	–
15[m] 초과~18[m] 이하	–	–	3[m] 이상
18[m] 초과	–	–	3.2[m] 이상

3) 배전선 가선

저압 및 고압 가공 전선의 높이는 다음과 같다.
① 도로 횡단의 경우 : 지표상 6[m] 이상
② 철도 횡단의 경우 : 레일면상 6.5[m] 이상
③ 기타의 장소 : 지표상 5[m] 이상
④ 동일 지지물에 고압과 저압을 병가하는 경우 고압 전선을 저압 전선의 위로 하고, 별개의 완금류를 사용하여 이격 거리를 50[cm] 이상으로 해야 한다.

★★ 【88. 95. 기사】
01 폴 스탭이라 불리는 자재는?

① 전주에 오를 때 필요한 디딤 볼트
② 주상용 개폐기의 조작 핸들 지지 볼트
③ 전주에 부착되는 pipe 또는 케이블을 전주에 고정시키기 위한 금구
④ 전주에 완금을 고정시키기 위한 금구

★ 【86. 기사】
02 장주 재료 중 근가의 시공 방법이 옳은 것은 다음 중 어느 것인가?

① 전주 근가 및 지선 근가는 공히 "U" BOLT로 조합하여 시공한다.
② 전주 근가 및 지선 근가는 "U" BOLT 또는 로트 중 현장 요건에 따라 선택하여 시공한다.
③ 전주 근가 및 지선 근가는 공히 로트로 조합하여 시공한다.
④ 전주 근가는 "U" BOLT로 지선 근가는 로트로 조합하여 시공한다.

★ 【89. 기사】
03 행가밴드라 함은?

① 전주에 C.O.S 또는 L.A를 고정시키기 위한 밴드
② 완금을 전주에 설치하는 데 필요한 밴드
③ 완금에 암타이를 고정시키기 위한 밴드
④ 전주 자체에 변압기를 고정시키기 위한 밴드

★ 【85. 기사】
04 22.9[kV] 배전선을 시가지에 시설하는 경우에 철근 콘크리트주의 최소 길이는?

① 8[m]   ② 9[m]   ③ 10[m]   ④ 12[m]

해설 ┃ 보통은 10[m] 이상이고, 기기를 장치하는 것은 12[m] 이상이어야 한다.

★★ 【96. 99. 기사】
05 전주의 길이가 10[m]이고 표준깊이가 1.7[m]일 때 근가의 표준길이[m]는?

① 1.0   ② 1.8   ③ 1.2   ④ 1.5

답 1. ① 2. ④ 3. ④ 4. ③ 5. ③

해설

전주의 길이	땅에 묻히는 깊이	근가의 길이
7	1.2	1.0
8	1.4	1.0
9	1.5	1.2
10	1.7	1.2
11	1.9	1.5
12	2.0	1.5
13	2.2	1.5
14	2.4	1.8
15	2.5	1.8
16	2.5	1.8

06 ★ 【03. 기사】
전주 길이가 12[m], 근가의 길이가 1.5[m]일 때 U−볼트(경×길이)의 표준은?

① 270×500[mm]
② 320×550[mm]
③ 360×590[mm]
④ 400×630[mm]

07 ★★ 【89. 96. 기사】
완목이나 완금을 목주에 붙이는 경우에는 볼트를 사용하고 철근 콘크리트주에 붙이는 경우에는 어떤 볼트를 사용하는가?

① 지선밴드 ② 암타이 ③ 암밴드 ④ U 볼트

08 ★ 【00. 기사】
지선과 지선용 근가를 연결하는 금구는?

① 지선밴드 ② 지선 롯트 ③ U볼트 ④ 볼쇄클

해설 ① 지선 밴드 : 지선을 지지물에 부착할 때 사용하는 금구류
② 지선 롯트 : 지선과 지선용 근가를 연결시키는 금구
③ U 볼트 : 전주 근가를 전주에 부착시키는 금구
④ 볼쇄클 : 현수 애자를 완금에 내장으로 시공할 때 사용하는 금구류

09 ★ 【94. 기사】
콘크리트주에 사용되는 U자형 볼트에서 암타이 부착에는 몇 [cm] 볼트를 사용하는가?

① 3 ② 4 ③ 5 ④ 6

10 ★ 【95. 기사】
국내 22.9[kV−Y] 선로 완금 표준규격(길이)이 아닌 것은?

① 1,500[mm] ② 1,800[mm] ③ 2,400[mm] ④ 3,200[mm]

해설 특고압용 완금 표준길이에는 1800, 2400, 2600, 3200, 3400, 5400[mm]가 있다.

★★★★ 【84. 90. 92. 98. 기사】
11 특고압 3조의 전선을 설치 시 크로스암(완금)의 표준 길이는?

① 900[mm]   ② 1,400[mm]
③ 1,800[mm]   ④ 2,400[mm]

해설, 가공 전선로의 장주에 사용되는 완금의 표준 길이는,

전선의 개수	특고압	고압	저압
2	1,800	1,400	900
3	2,400	1,800	1,400

★ 【03. 기사】
12 가선 금구 중 완금에 특고압 전선의 조수가 3일 때 완철의 길이는 몇 [mm]인가?

① 900[mm]   ② 1,400[mm]
③ 1,800[mm]   ④ 2,400[mm]

해설, 가공 전선로의 장주에 사용되는 완금의 표준 길이는

전선의 개수	특고압	고압	저압
2	1,800	1,400	900
3	2,400	1,800	1,400

★ 【93. 기사】
13 지주용 자재에서 ㄱ형 완금 규격[mm]이 아닌 것은?

① 900   ② 1,800
③ 1,600   ④ 2,400

★ 【03. 기사】
14 ㄱ 90×90×9×2400 규격의 자재명은?

① 저압가선용 랙크   ② 랙크 밴드
③ 경완금   ④ 완금

★★★★★ 【85. 90. 93. 99. 00. 기사】
15 22.9[kV] 가공 전선로에서 3상 4선식 선로의 직선주에 사용되는 크로스 완금의 길이는 얼마가 표준으로 되어 있는가?

① 900[mm]   ② 1,400[mm]
③ 1,800[mm]   ④ 2,400[mm]

해설, 전선의 개수가 2이면 1,800[mm]이고, 3이면 2,400[mm]이다.

16 ★★★★ 【87. 94. 98. 00. 기사】
저압 핀 애자의 종류가 아닌 것은?

① 저압 소형 핀 애자

② 저압 중형 핀 애자

③ 저압 대형 핀 애자

④ 저압 특대형 핀 애자

해설 저압 핀 애자의 종류에는 ① 저압 소형 핀 애자, ② 저압 중형 핀 애자, ③ 저압 대형 핀 애자이다.

17 ★★★★ 【87. 92. 93. 96. 24. 기사】
가공 전선로에서 22.9[kV−Y] 특고압 가공 전선 2조를 수평으로 배열하기 위한 완금의 표준 길이[mm]는?

① 2,400

② 2,000

③ 1,800

④ 1,400

해설 완금의 표준 길이   [mm]

전선 조수	특고압 (7[kV] 초과)	고압 600[V] 초과 7[kV] 이하	저압 600[V] 이하
2	1,800	1,400	900
3	2,400	1,800	1,400

18 ★★★ 【88. 96. 97. 13. 기사】
가공 전선로에서 6600[V] 고압선 3조를 수평으로 배열하기 위한 완금의 길이[mm]는?

① 2,400

② 1,800

③ 1,400

④ 900

해설 완금의 표준 길이   [mm]

전선 조수	특고압 (7[kV] 초과)	고압 600[V] 초과 7[kV] 이하	저압 600[V] 이하
2	1,800	1,400	900
3	2,400	1,800	1,400

19 ★ 【94. 04. 기사】
앵글 베이스(또는 U좌금)의 용도는?

① 옥외 변대에 설치되는 변압기를 고정시키기 위한 부속자재이다.

② 앵글을 절단 또는 가공할 때 필요한 앵글 가공용 공구이다.

③ 완금 또는 앵글류의 지지물에 COS 또는 핀 애자를 고정시키는 부속자재이다.

④ 큐비클에 부착되는 각종 계기를 고정시키는 데 사용되는 아연도금된 앵글이다.

답 16. ④ 17. ③ 18. ② 19. ③

20 ★★ 【89. 97. 기사】
장주에 필요한 자재 중 턴버클의 용도를 옳게 나타낸 것은?

① 전주에 지선을 설치 시 지선에 장력을 주어 고정시킬 때 필요한 금구
② 전주에 근가를 고정시킬 때 필요한 금구
③ 현수 애자를 고정시키기 위한 금구
④ 전주에 완금을 견고히 고정시키기 위한 금구

21 ★ 【00. 기사】
소형 핀 애자의 경우 사용하는 전선의 최대 굵기[mm²]는?

① 16   ② 25   ③ 50   ④ 95

해설
• 소형 핀 애자 50[mm²]
• 중형 핀 애자 95[mm²]
• 대형 핀 애자 185[mm²]

22 ★ 【14. 기사】
특고압 배전선로에 사용하는 애자로서 특히 염진해 오손이 심한 지역(바닷가 등)에서 사용되며 애자와 애자 핀이 별도 분리되어 있으며 사용 시에는 조립하여 사용하는 애자는?

① 지선용 구형애자   ② 내염용 라인 포스트애자
③ 고압핀애자   ④ T형 인류애자

해설
라인포스트 애자 : 특고압 가공 배전선로의 지지물에서 전선을 지지 및 고정하는데 사용되는 장주용 애자로 일반형과 내염형이 있으며, 내염형은 오손등급 C급 이상의 지역에 사용한다.

23 ★★ 【89. 97. 기사】
저압 애관의 구부림이 2.0[mm] 이하가 되어야 하는 애관은?

① 150[mm] 소애관   ② 200[mm] 소애관
③ 300[mm] 대애관   ④ 200[mm] 중애관

해설
• 150[mm] 소애관 : 2.0[mm] 이하   • 200[mm] 소애관 : 2.6[mm] 이하
• 200[mm] 중애관 : 2.6[mm] 이하   • 300[mm] 대애관 : 3.2[mm] 이하

24 ★★★★☆ 【91. 96. 99. 00. 12. 기사, 97. 산업기사】
저압의 가공 전선로에 있어서 중성선 또는 접지측 전선은 어떤 빛깔의 애자를 사용하는가?

① 청색   ② 백색
③ 황색   ④ 흑색

해설

애자의 종류	색별
특고압용 핀 애자	적색
저압용 애자(접지측 제외)	백색
접지측 애자	청색

답 20. ① 21. ③ 22. ② 23. ① 24. ①

25 ☆ 【89. 산업기사】
가공선을 지지하는 특고압 애자의 재료로 쓰이지 않는 것은?

① 자기   ② glass   ③ 에폭시   ④ PVC

26 ★★★ 【92. 94. 98. 03. 기사】
네온 전선을 조영재에 지지하는 애자는?

① 특캡 애자   ② 코드 서포트
③ 고압 핀 애자   ④ 노브 서포트

해설 ▸ 네온 전선을 지지하는 것은 코드 서포트, 네온관을 지지하는 것은 튜브 서포트가 있다.

27 ★★ 【87. 96. 기사】
전선을 다른 방향으로 돌리는 부분에 사용되는 애자는?

① 구형 애자   ② 저압곡핀 애자
③ 옥 애자   ④ 고압가지 애자

28 ★ 【03. 기사】
네온 전선을 조영재에 지지하고자 할 때 많이 사용하는 애자는?

① 코드 서포터   ② 노브 서포터
③ 튜브 서포터   ④ 특캡애자

해설 ▸ 네온 전선을 지지하는 것은 코드 서포트, 네온관을 지지하는 것은 튜브 서포트가 있다.

29 ★ 【95. 03. 기사】
애자의 형상에 의한 분류로서 내무 애자란 다음 중 어느 것인가?

① 노부애자의 일종으로서 저압옥내 애자이다.
② 분진 또는 염해에 의한 섬락 사고를 방지하기 위한 송전용 애자이다.
③ 선로용으로서 점퍼선의 지지용으로 사용되는 애자이다.
④ 현수애자의 일종으로서 크레비스형의 애자이다.

30 ★★★ 【93. 94. 기사, ㉿ : 95. 기사】
송배전용, 전기철도용의 전로 및 발변전소와 통신선용의 인류용으로 사용하며 송배전용 표준형 지름은 250[mm], 180[mm]가 있다. 어떤 애자인가?

① 장간 애자   ② 현수 애자
③ 지지 애자   ④ 인류 애자

답 25. ④ 26. ② 27. ④ 28. ① 29. ② 30. ②

★【03. 기사】

31 다음은 ㄱ형 완철에서의 현수애자를 설치하는 순서이다. 바르게 된 것은?

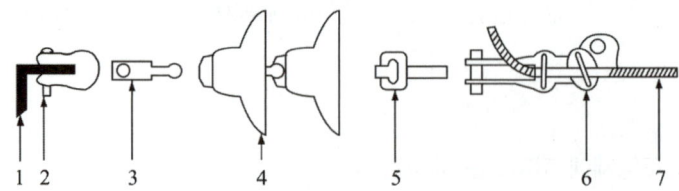

① ① ㄱ완철 ② 볼쇄클 ③ 볼크레비스 ④ 현수애자 ⑤ 소켓아이 ⑥ 데드앤드크램프 ⑦ 전선
② ① ㄱ완철 ② 앵커쇄클 ③ 소켓아이 ④ 현수애자 ⑤ 볼크레비스 ⑥ 데드앤드크램프 ⑦ 전선
③ ① ㄱ완철 ② 데드앤드크램프 ③ 볼크래비스 ④ 현수애자 ⑤ 소켓아이 ⑥ 앵커쇄클 ⑦ 전선
④ ① ㄱ완철 ② 앵커쇄클 ③ 볼크레비스 ④ 현수애자 ⑤ 소켓아이 ⑥ 데드앤드크램프 ⑦ 전선

★★★【93. 96. 99. 기사】

32 고압 인류애자(high voltage shackle type insulator) 중 대애자의 시험치 중 내전압은 최소 얼마 이상이어야 하는가?

① 27[kV]   ② 40[kV]
③ 45[kV]   ④ 85[kV]

해설, ・고압 인류 대애자의 내전압 : 40[kV]
・고압 인류 소애자의 내전압 : 35[kV]

★【00. 기사】

33 특고압 배전선로의 내장 또는 인류개소에 사용되는 내염형 현수 애자의 색깔은?

① 회색   ② 갈색
③ 적색   ④ 녹색

★★【86. 93. 기사】

34 고압 전선로에 사용되는 내장형 철탑에 사용되는 애자는?

① 고압 인류 애자   ② 고압 내장 애자
③ 191[mm] 현수 애자 1개   ④ 191[mm] 현수 애자 2개

★【85. 기사】

35 22.9[kV-Y] 가공 선로의 내장주에 사용하여야 되는 애자는?

① 고압 인류 애자   ② 고압 내장 애자
③ 191[mm] 현수 애자 1개   ④ 191[mm] 현수 애자 2개

36 ★★【92. 99. 기사】

66[kV] 송전선로에 쓰이는 현수 애자 일련의 개수는 대략 몇 개인가?

① 1~2   ② 2~3   ③ 4~5   ④ 10~11

해설 ▸ 전압에 따른 현수 애자의 연결 개수

전압[kV]	66	154	220	345	765
수 량	4~6	10~11	12~13	18~20	40~45

37 ★★【93. 98. 기사】

154[kV], 송전선로에 사용하는 현수 애자 일련의 개수는 몇 개인가?

① 4~5   ② 6~7   ③ 8~9   ④ 10~11

해설 ▸ ·22.9[kV] 2~3개, ·66[kV] 4~5개, ·154[kV] 10~11개

38 ★★★【88. 96. 00. 기사】

옥 애자(구슬 애자)의 용도를 옳게 나타낸 것은?

① 지선중간 부분에 취부하는 애자

② 저압 가공인입시 변압기 2차측의 리드선을 지지하는 애자

③ 옥외 변대 설치시 고압 또는 특고압의 모선 지지용 애자

④ 옥내 노출배선에 필요한 저압지지 애자

해설 ▸ 지선 애자라고도 하며 지선 중간에 취부하여 절연을 목적으로 한다.

39 ★【92. 14. 기사】

다음은 송전선로에 사용되는 애자의 불량 여부를 검출하는 검출기의 명칭이다. 이들 중 애자의 전압분포 측정용 기기가 아닌 것은?

① 네온관식   ② 스파이크 클립

③ 비즈스틱   ④ 고압 메거

해설 ▸ 고압 메거는 절연 저항 측정을 한다.

40 ★★【98. 00. 기사】

전선 연선 시 전선과 메신저 와이어의 접속 부분 사이에 사용하여 지지물에 설치한 블록의 통과를 돕고 전선의 회전을 방지하여 전선 연선을 원활하게 하기 위하여 사용되는 공구로서 Rurnnig board 또는 다이보라고 하는 공구의 명칭은?

① 브레이 결구   ② 카운터 웨이트

③ 스위블   ④ 연선 요크

해설 ▸ 연선 요크란 연선 작업 시 사용하는 이음쇠

답 36. ③ 37. ④ 38. ① 39. ④ 40. ④

41 ★ 【96. 기사】

가선 전압에 의하여 정해지고 대지와 통신선 사이에 유도되는 것은?

① 정전 유도
② 전자 유도
③ 자기 유도
④ 전해 유도

해설 ▶ 전자 유도 장해는 영상 전류에 의해, 정전 유도 장해는 영상 전압에 의해 발생한다.

42 ★★ 【88. 00. 기사】

지선용구형 애자(支線用球形碍子)는 어떤 곳에 사용하는가?

① 피뢰기 설치 장소
② 가공 전선의 90° 방향 전환 지점
③ C.O.S 설치 시
④ 가공 전선로의 지선

43 ★ 【98. 기사】

ACSR 전선을 선로 중간에 접속할 때 쓰이는 재료는?

① 터미널 러그
② 직선 조인 Al sleeve
③ S형 sleeve
④ 압축인류 크램프

44 ★ 【03. 기사】

배전 선로에서 사용하는 개폐기의 종류가 아닌 것은?

① COS
② Recloser
③ MBS
④ Sectionalizer

CHAPTER 05

고압 및 저압 배전선 공사

01 - 배전반 및 분전반

배전반이란 각종의 계기, 계전기, 제어 스위치 등을 집중 설치하고 이들에 의해 기기의 상태를 정확하게 파악하여 적당히 조작 보호를 하는 임무를 가진 것을 말하며, 분전반이란 간선에서 각 기계 기구로 배선하는 전선을 분기하는 곳에 주개폐기, 분기 개폐기 및 자동 차단장치를 설치하기 위해 시설하는 것을 말한다.

1) 배전반 및 분전반의 설치장소

① 전기회로를 쉽게 조작할 수 있는 장소
② 개폐기를 쉽게 개폐할 수 있는 장소
③ 노출된 장소
④ 안정된 장소

2) 배전반 및 분전반의 시설

① 배전반 및 분전반을 옥측 또는 옥외에 시설하는 경우는 방수형의 것을 사용하여야 한다.
② 배전반 및 분전반에 시설하는 기구 및 전선은 쉽게 점검할 수 있도록 시설하여야 한다.
③ 분전반은 적합한 함속에 내장하여야 한다.
④ 한 개의 분전반은 한 가지 전원(1회선의 간선)만 공급하여야 한다.

3) 반(盤)

(1) 노출하여 시설되는 배전반 및 분전반의 재료는 불연성의 것이어야 한다.

다만, 다음의 어느 하나에 해당하는 것에 대하여는 난연성의 합성수지 성형품 또는 목재의 것을 사용할 수 있다.
① 금속 또는 합성수지제의 함에 넣은 개폐기를 사용하는 경우
② 배선용 차단기를 사용하는 경우
③ 400[V] 이하의 전로에서 커버나이프스위치를 사용하는 경우

(2) 목재의 반(盤)은 충전부분을 직접 부착해서는 안 된다.

4) 함(函)

① 반(盤)의 뒤쪽은 배선 및 기구를 배치하지 말 것. 다만, 쉽게 점검할 수 있는 구조이거나 분배전반의 소형덕트 내의 배선은 적용하지 않는다.

② 배전반 및 분전반을 넣은 함으로서 난연성 합성수지로 된 것은 두께 1.5[mm] 이상으로 내 (耐)아크성인 것이어야 한다.

③ 강판제의 것은 두께 1.2[mm] 이상이어야 한다. 다만, 가로 또는 세로의 길이가 30[mm] 이 하인 것은 두께 1.0[mm] 이상으로 할 수 있다.

배전반과 분전반의 소형 덕트 폭

전선의 굵기[mm²]	분배전반의 소형 덕트의 폭[cm]
35 이하	8
95 이하	10
240 이하	15
400 이하	20
630 이하	25
1,000 이하	30

02 - 수 · 변전 설비의 구성

전력회사로부터 고압으로 수전하여 저압으로 변환하기 위한 설비를 고압수전설비라 하고 특고 압을 수전하여 고압이나 저압으로 변화하기 위한 설비를 특고압 수전설비라 한다.

1) 개방형 수전설비

개방형 수전설비는 건물 내에 철골을 조립하고 여기에 수전설비를 구성한 것으로 종래에 많이 쓰이던 방식이다. 이 방식은 기기나 배선 등을 직접 눈으로 볼 수가 있어 일상점검에 편리하나

① 비교적 넓은 부지를 요한다.
② 충전부가 노출되어 있기 때문에 위험하다.
③ 가스에 의한 부식이나 염진해를 받기 쉽다(옥외형).
④ 옥외형에 있어서 옥외에 사용하는 기기만을 써야 한다.
⑤ 철골 · 배선공사 등은 현지에서 시공되어야 하는 바 이에 대한 준비를 하여야 한다.

등의 문제가 있기 때문에 최근의 신설 수전설비로는 잘 쓰이지 않는 경향이 있다.

2) 폐쇄형 수전설비

수전설비를 구성하는 기기를 단위폐쇄 배전반이라 불리는 금속제외 함(函)에 넣어서 수전설비 를 구성하는 것으로 아래와 같은 종류가 있다.

- Metal Enclosed Switchgear
- Metal Clad Switchgear
- Cubicle

① 폐쇄형 수전설비의 특징 : 개방형 수전설비에 비하여 다음과 같은 특징을 가지고 있다.
　　㉠ 안정성이 높다. 충전부는 접지된 금속제함 내에 넣어져 있으므로 운전보수상 안전하다.
　　　또한 단위회로마다 구획되어 있으므로 만일의 사고가 발생될 경우에는 사고의 확대가
　　　방지된다.
　　㉡ 단위회로로 제작소에서 표준화할 수 있으므로 장치에 호환성이 있어 증설이나 보수에
　　　편리하다.
　　㉢ 현지공사의 단축을 꾀할 수 있다. 즉, 제작소에서 완전히 조립, 시험을 거쳐 수송할 수
　　　있으므로 신뢰도가 높고, 현지작업이 용이하고 공사기간의 단축을 기할 수 있어 공사비
　　　도 저렴해진다.
　　㉣ 전용면적을 줄일 수 있다. 일반적으로 폐쇄형으로 할 경우는 개방형에 비하여 약 30～
　　　40[%]의 전용면적을 줄일 수 있다고 한다.
　　㉤ 보수・점검이 용이하다. 특히 Metal—Clad Switchgear에서는 차단기를 반외로 간단
　　　히 빼낼 수 있기 때문에 기기의 보수・점검이 아주 용이하고 안전할 수 있다.
② Metal—Clad와 Cubicle의 차이점 : 메탈클래드와 큐비클은 외견상으로는 그 차이점을 확
　실하게 구분하여 설명하기 어렵다.

일반적으로 차단기, 단로기, 모선, 기타의 것들을 정지된 금속으로 둘러싼 한 개의 것으로 된 것
을 큐비클 폐쇄 배전반이라 한다. 출제 기사 1번
또 큐비클 내부를 모선실, 차단기실과 같이 접지금속으로 칸을 만들어 거기에다 차단기, 계기
용 변압기, 피뢰기 등은 볼트・너트류가 밖에 나타나지 않게 하고, 차단기는 차단기가 "열림"
상태가 아니면 인출할 수 없도록 인터로크(interlock)되어 있는 것을 메탈클래드라 부른다. 또
수전설비를 주차단장치(수전용 차단기)의 구성으로 분류하면 ㉠ CB형 ㉡ PF・CB형 ㉢ PF・
S형의 3가지 종류로 분류할 수 있다.

종류	수전 용량	주 차단기
CB형	500[kVA] 이하	차단기를 사용한 것
PF—CB형	500[kVA] 이하	한류형 전력 퓨즈와 차단기를 조합 사용한 것
PF—S형	300[kVA] 이하	PF와 고압 개폐기를 사용한 것

출제 기사 1번

3) 수・변전 설비 구성 기기

(1) 단로기(DS : Disconnecting Switch)

단로기는 기기의 점검, 수리를 할 때 기기를 활선으로부터 떼어 내어 확실하게 회로를 열
어 놓을 목적으로 사용된다. 또 모선의 구분, 변압기의 결선변경 또는 회로의 접속변경 등
의 목적으로 사용되는 개폐기로 정격전압으로 단순히 충전되어 있는 무부하상태의 전로를
개폐하기 위한 것이다.
전류의 개폐는 차단기, 개폐기 등으로 하고 단로기는 부하의 전류를 개폐하지 않는 것이
원칙이다.

(2) 차단기(CB : Circuit Breaker)

차단기는 통상적 부하전류를 개폐하여 전동기 등의 부하기기나 전력계통을 임의로 운전 또는 정지시키는 외에 보호계전기와의 조합에 의하여 기기 또는 전력계통에 고장이 발생한 경우에 자동적으로 고장전류를 차단하여 고장개소를 제거하는 목적으로 사용된다. 그렇기 때문에 차단기는 최소한 다음과 같은 기능을 가져야 한다.

- 부하전류의 개폐
- 고장전류, 특히 단락전류와 같은 대전류의 통전 또는 차단
- 단락전류의 안전하고 확실한 투입

① 소호원리에 따른 차단기의 종류　출제 기사 2번

종 류	약 어	소 호 원 리
유입차단기	OCB	소호실에서 아크에 의한 절연유 분해 가스의 흡부력을 이용해서 차단
기중차단기	ACB	대기 중에서 아크를 길게 하여 소호실에서 냉각 차단
자기차단기	MBB	대기 중에서 전자력을 이용하여 아크를 소호실내로 유도해서 냉각 차단
공기차단기	ABB	압축된 공기를 아크에 불어 넣어서 차단
진공차단기	VCB	고진공 중에서 전자의 고속도 확산에 의해 차단
가스차단기	GCB	고성능 절연특성을 가진 특수가스(SF_6)를 흡수해서 차단

자가용 변전소에는 종래에 OCB가 많이 사용되었으나 근래에 개발된 다른 차단기에 비해서 성능면, 보수면에서 뒤지고 화재에 대한 염려 때문에 차츰 MBB, VCB 등으로 바뀌어지고 있다. ABB는 대용량을 필요로 하는 대규모의 설비에 사용되고 있다.

② 차단기의 정격

　㉠ 정격 전압[kV] : 차단기의 정격전압은 공칭전압의 $\frac{1.2}{1.1}$ 배의 값으로 표시한다. 즉 3.3[kV]이면 3.6[kV], 6.6[kV]이면 7.2[kV]이다. 그리고 정격전류는 부하전류에 따라 결정되지만, 일반회로에서는 회로의 전류값에 120[%] 이상인 정격 전류를 가지는 차단기를 선정한다. 특히 콘덴서군에 사용하는 콘덴서군의 150[%] 이상인 정격전류를 가지는 차단기를 선정하는 것이 바람직하다.

　　도면에 차단기의 정격을 표시할 때는 정격전류, 정격전압, 정격차단용량을 표시하여야 하며, 차단용량(Rupturing capacity : RC)은 RC[MVA]를 병기한다.

　㉡ 정격차단전류[kA] : 차단기가 차단할 수 있는 단락전류(교류분 실효값)의 한도를 나타내는 데 차단기를 시설하는 회로의 단락전류 이상의 정격차단전류의 것을 사용한다.

　㉢ 정격투입전류[kA] : 고장(단락)난 회로를 개폐할 경우 단락전류가 흘러 단락전류에 의한 전자반발력으로 차단기가 완전히 투입되어도 차단기의 차단동작이 방해를 받아 차단불능이 되는 경우가 있다. 따라서 이와 같은 사태가 되지 않도록 규정된 것인데 이 차단기가 투입할 수 있는 단락전류(파고치 : 波高値)의 한도를 나타낸 것이다. 정격차단전류가 결정되면 이 값도 자동적으로 결정된다. 다만, 수동 직접투입 조작

방식의 차단기에서는 조작력이 각 개인마다 다르기 때문에 반드시 단락전류를 안전하고 확실하게 투입할 수 있도록 주의를 요한다.

ㄹ 정격차단시간[c/s] : 차단기가 트립(trip) 지령을 받고부터(보호계전기의 접점이 닫혀지고부터) 트립장치가 동작하여 전류차단이 완료할 때까지의 시간을 나타낸다.
- 트립코일 여자로부터 아크 소호까지의 시간
- 개극시간과 아크시간의 합을 말하며 3~8[Hz] 정도이다.

고압차단기에 있어서는 5사이클(cycle) 및 8사이클이 표준으로 되어 있는데 수전용 차단기로 사용하는 차단기는 전력회사와의 협조로 정격차단시간 5사이클의 것을 사용할 필요가 있다.

ㅁ 절연내력과 기준충격 절연강도 : BIL이란 Basic Impulse Insulation Level의 약자이며, 뇌임펄스 내전압 시험값으로서 절연 레벨의 기준을 정하는 데 적용된다.

③ 차단기 용량의 산정

차단기 용량 = $\sqrt{3}$ × 정격전압 × 정격차단전류[MVA]

(3) 부하개폐기(LBS : Load Breaking Switch)

① 부하개폐기의 기능

정상상태에서 소정의 전로를 개폐 및 통전, 그 전로의 단락상태에 있어서 이상전류를 소정의 시간 통전할 수 있는 성능을 갖는 개폐기로, 변압기 등의 운전·정지 또는 전력계통의 운전·정지 등 부하전류가 흐르고 있는 회로의 개폐를 목적으로 사용한다.
- 부하전류의 개폐 및 통전
- 루프(loop) 전류의 개폐 및 통전
- 여자전류의 개폐 및 통전
- 충전전류의 개폐 및 통전
- 콘덴서 전류의 개폐 및 통전

② 부하개폐기의 종류와 용도

ㄱ 용도 : 수전설비에는 다음과 같은 여러 가지 용도로 사용된다.
- 옥내
  주차단장치(한류형 전력 퓨즈 붙이)
  안전관리상의 책임분계점에 설치하는 구분 개폐기
  변압기 콘덴서의 개폐기
- 옥외
  안전관리상의 책임분계점에 설치하는 구분 개폐기
  고압 구내배전선의 선로 개폐기
  고압 구내배전선의 분기 개폐기

ⓛ 종류 : 소호매체에 의하여 분류하면

종 류	소호 매체
기중부하 개폐기	대기(大氣)
유(油)부하 개폐기	절연유
진공부하 개폐기	진공(10^{-4}[mmHg] 이하)
가스부하 개폐기	SF_6 가스
공기부하 개폐기	압축공기

(4) 변압기(Transformer, Tr)

변압기는 수변전 설비의 주체를 형성하는 기기이며, 그 신뢰성은 전체의 신뢰도를 결정한다. 1차 전압 6[kV], 22[kV], 154[kV] 급을 2차 전압 220[V], 고압 등으로 강압하는 데 사용된다.

① 변압기의 정격 : 변압기는 용도, 사용전압, 사용장소에 따라 여러 가지가 있으나 일반적으로 빌딩용 고압수전설비에 쓰이는 것은 다음과 같은 형식, 정격의 것이 있다.

ⓐ 형식 : 옥내용(옥외용), 유입자냉식, 건식
ⓑ 상수 : 단상 또는 3상
ⓒ 주파수 : 60[Hz]
ⓓ 용량 : 5~500[kVA]
ⓔ 정격전압 : 1차 6,600~22,900[V], 2차 220~440[V]
ⓕ 결선 : △─△, Y─Y, △─Y, V─V

(5) 계기용 변성기(Metering Out Fit : MOF) [출제] [기사 1번]

전력량계로서 고저압 전기회로의 전기 사용량을 적산하기 위하여 고압의 전압과 전류를 저압의 전압과 전류로 변성하는 장치이다.(CT와 PT를 한 탱크 내에 수용한 것이다.)

고압 계기용 변성기의 정격

종별		정 격
PT	1차 정격전압[V]	3300, 6000
	2차 정격전압[V]	110
	정격부담[VA]	50, 100, 200, 400
CT	1차 정격전류[A]	10, 15, 20, 30, 40, 50, 75, 100, 150, 200, 300, 400, 500, 600
	2차 정격전류[A]	5
	정격부담[VA]	15, 40, 100 일반적으로 고압회로는 40[VA] 이하, 저압회로는 15[VA] 이하

계기용 변성기의 등급

등급	호 칭	주된 용도
0.1급	표 준 용	계기용 변성기 시험용 표준기
0.2급		정밀 계측용
0.5급	일반계기용	정밀 계측용
1.0급		보통 계측용, 배전반용
3.0급		배전반용

(6) **계기용 변압기**(Potential Transformer : PT)

고압회로의 전압을 저압으로 변성하기 위해서 사용하는 것이며, 배전반의 전압계나 전력계, 주파수계, 역률계, 표시등 및 부족전압 트립코일의 전원으로 사용된다.

(7) **변류기**(Current Transformer : CT)

고압회로의 대전류를 소전류로 변성하기 위해서 사용하는 것이며, 배전반의 전류계 및 트립코일(TC)의 전원으로 사용된다. 일반 변류기는 2차측은 사용 중 코일에 전류가 흐르는 상태에서 2차 코일을 개방하면 2차 단자간에 고전압이 발생하여 코일의 손상(2차측 절연파괴)내지 감전사고를 유발한다.

(8) **전력용 콘덴서**(SC : Static Condenser)

역률개선을 목적으로 사용하며 부하와 병렬로 접속한다. 일명 병렬콘덴서라 불린다.

① 역률개선 : 부하에 병렬로 삽입하여 개선역률을 지상 90[%] 이상 유지하여야 한다.

② 방전코일(Discharging Coil : DC 또는 DSC) : 콘덴서를 회로로부터 분리했을 때 전하가 잔류 함으로 일어나는 위험의 방지와 재투입할 때 콘덴서에 걸리는 과전압의 방지를 위해서 방전코일을 설치한다. 방전코일은 개로 후 5초 이내 50[V] 이하로 저하시킬 능력이 있는 것을 설치하는 것이 바람직하다.

③ 직렬 리액터(Series Reactor : SR) : 대용량의 콘덴서를 설치하면 고주파 전류가 흘러 파형이 일그러지는 원인이 된다. 파형을 개선(제5고조파의 제거)하기 위해서 전력용 콘덴서와 직렬로 리액터를 설치한다. 직렬 리액터의 용량은 콘덴서의 용량에 6[%]가 표준정격으로 되어 있다(계산상은 4[%]).

(9) **영상변류기**(Zero phase Current Transformer : ZCT)

영상변류기는 고압모선이나 부하기기에 지락사고가 생겼을 때 흐르는 영상전류 (지락전류)를 검출하여 접지 계전기에 의하여 차단기를 동작시켜 사고범위를 작게 한다.

출제 기사 3번   출제 기사 1번

① 1차 정격 영상전류 200[mA]

② 2차 정격 영상전류 1.5[mA]

(10) **퓨즈**   출제 기사 4번

전력 퓨즈(PF : power fuse(방출형))는 고전압 회로 및 기기의 단락 보호용의 퓨즈로 소호방식에 따라 한류형과 비한류형으로 나누며,   출제 기사 4번

차단기에 비하여 다음과 같은 특징이 있다.

① 가격 저렴

② 소형이며 경량

③ 차단 용량이 크다

④ 고속 차단 가능

⑤ 보수 용이

01 ★★★★ 【84. 85. 92. 98. 24. 기사】
분전함에 내장되는 부품은?

① 나이프 S.W 또는 N.F.B
② MG S.W 또는 V.C.B류의 차단기
③ N.F.B 또는 V.C.B류의 차단기
④ O.C.R 또는 U.V.R류의 보호 계전기

해설 분전함에는 컷아웃 스위치와 같이 상시 충전부는 노출하지 아니하는 구조의 개폐기(예 : 커버나이프 스위치) 또는 과전류 차단기를 설치한다.

02 ★ 【00. 기사】
분전함에 내장되는 부품은?

① COS
② VCB
③ UVR
④ MCCB

해설 분전함에 내장되는 부품은 배전용차단기 누전차단기 등이 취부 된다. ① ② ③은 큐비클에 취부하는 기기이다.

03 ★ 【90. 기사】
다음 개폐기 중에서 옥내 배선의 분기 회로 보호용에 사용되는 배선용 차단기의 약호는?

① DS
② NFB
③ ACB
④ OCB

해설 · DS : 단로기   · NFB : 배선용 차단기
· ACB : 기중 차단기   · OCB : 유입 차단기

04 ★★★ 【92. 96. 99. 11. 기사】
저압 배전반의 main 차단기로 주로 사용되는 차단기는?

① VCB 또는 TCB
② COS 또는 PF
③ ACB 또는 NFB
④ DS 또는 OS

05 ★ 【93. 기사】
배전반의 CB 또는 퓨즈의 용량은 해당 배전반의 bus bar 용량과 어떤 관계로 하여야 되는가?

① bus bar 용량과 같게 한다.
② bus bar 용량보다 적게 한다.
③ bus bar 용량의 125[%]로 한다.
④ bus bar 용량의 150[%]로 한다.

해설 사고 발생 시 bus bar가 손상되기 전 CB 또는 Fuse가 동작하여 회로를 차단하여야 한다.

답 1. ① 2. ④ 3. ② 4. ③ 5. ②

06 ★【93. 기사】
분전함의 분기 개폐기로 쓰이지 않는 개폐기는?

① 컷아웃 스위치　　　　　　② 나이프 스위치
③ 풀 스위치　　　　　　　　④ 배선용 차단기

해설 풀 스위치는 끈을 당기면 개폐가 반복되는 단극 스위치로서 회로를 전원으로부터 완전히 분리할 수 없어 분기 개폐기로는 사용할 수 없다.

07 ★【90. 12. 기사】
다음 예문의 약호 중 전류계 전환 스위치를 표시한 것은?

① AS　　　　② PF　　　　③ PCT　　　　④ ZCT

해설 ・AS : 전류계용 절환 개폐기　・PF : 전력용 퓨즈
・PCT : MOF, CT, PT를 한 탱크에 넣은 계기용 변성기함　・ZCT : 영상 변류기

08 ★【00. 기사】
문자 기호 중 계기류에 속하지 않는 것은?

① ZCT　　　　② A　　　　③ PF　　　　④ WHM

해설 ZCT : 영상 변류기, A : 전류계, PF : 역률계, WHM : 전력량계
ZCT는 영상 변류기로 계전기류에 속한다.

09 ★★【84. 92. 기사】
캐치 홀더란?

① 저압 가공 인입 시 변압기 2차측에 설치하는 퓨즈이다.
② 가공 전선을 핀 애자에 고정시키기 위한 바인드 선의 일종이다.
③ 고압 또는 특고압의 변압기 1차측에 설치하는 컷 아웃 스위치이다.
④ 전주 보강을 위하여 지선을 설치할 때 필요한 지선용 부속 자재이다.

해설 저압 가공 전선을 보호하기 위하여 주상 변압기의 2차측에 자동 차단기를 넣는 것은 캐치 홀더(catch holder)를 이용하여 시설한다.

10 ★【93. 기사】
전기기기 중 MOF라는 것은 무엇인가?

① 계기용 변류기
② 계기용 변압기
③ 계기용 변압기, 변류기를 함께 조합한 것
④ 계기류의 총칭

해설 MOF(metering out fit)는 계기용 변성기(계기용 변압, 변류기)를 말한다.

★【00. 기사】
11 큐비클의 정식 호칭은?

① 라이브 프런트 배전반　　　　② 폐쇄 배전반
③ 데드 프런트 배전반　　　　　④ 포스트 배전반

해설▸ 폐쇄식 배전반은 데드 프런트식 배전반의 옆면 및 뒷면을 폐쇄하여 만든 것으로 모선, 계기용 변성기, 차단기 등을 하나의 함내에 장치한 cubicle type이다. 점유면적이 좁고 운전, 보수에 안정하다.

★【95. 기사】
12 변성기의 종류가 아닌 것은?

① PT　　　　　　　　　　　② PBS
③ GPT　　　　　　　　　　④ PCT

해설▸　· PT : 계기용 변압기　· GPT : 접지용 변압기
　　　· CT : 계기용 변류기　· PBS : 누름 버튼 스위치

★【96. 기사】
13 고압 수용가의 수전설비로서 사용되는 큐비클로써 그 종류가 잘못된 것은 어느 것인가?

① CB형　　　　　　　　　② PF·CB형
③ PF·S형　　　　　　　　④ PF형

해설▸ 큐비클의 종류

종류	수전 용량	주 차단기
CB형	500[kVA] 이하	차단기를 사용한 것
PF-CB형	500[kVA] 이하	한류형 전력 퓨즈와 차단기를 조합 사용한 것
PF-S형	300[kVA] 이하	PF와 고압 개폐기를 사용한 것

★【84. 기사】
14 고압 교류 차단기(3.3[kV] 혹은 6.6[kV]급)에 사용되는 것이 아닌 것은?

① 유입 차단기　　　　　　② 공기 차단기
③ 진공 차단기　　　　　　④ 디스커넥트 스위치

해설▸ 디스커넥트 스위치(DS : disconnecting switch)는 단로기라고도 하며, 개폐기의 일종으로 점검 및 수리·기기의 개방·모선 접속 변경시 사용하며, 부하 전류의 개폐는 하지 아니한다.

★【95. 기사】
15 고리 퓨즈에서 정격 전압은 300[V], 기호는 A45라고 표시한다. 이때 정격 전류[A]는?

① 5　　　　　② 15　　　　　③ 30　　　　　④ 40

★ 【00. 기사】

16 저압 차단기가 아닌 것은?

① OCB
② ACB
③ MCCB
④ ELB

해설 · OCB : 유입차단기 · ACB : 기중차단기 · MCCB : 배선용 차단기 · ELB : 누전차단기

★ 【87. 기사】

17 아래 재료 중 차단기의 종류가 아닌 것은?

① Lightning Arrestor
② Air Circuit Breaker
③ Oil Circuit Breaker
④ Gas Circuit Breaker

해설 피뢰기(LA : lightning arrestor), 기중 차단기(ACB : air circuit breaker), 유입 차단기(OCB : oil circuit breaker), 가스 차단기(GCB : gas circuit breaker)

★ 【93. 기사】

18 자가용 수전설비에 주로 많이 사용되며 부하전류의 개폐 및 고장전류의 차단을 행하는 재료는?

① ACB
② MBB
③ OCB
④ 애자용 차단기

해설 OCB(oil circuit breaker)는 유입차단기이다.

★★ 【92. 기사, ⊕ : 97. 기사】

19 다음은 고압차단기의 특성으로 아크와 차단전류에 의해서 만들어지는 자계와의 사이의 전자력에 의해서 아크실을 소호실로 끌어넣어 차단하는 구조로 2단직 설치가 가능한 차단기는?

① VCB
② ACB
③ MOCB
④ MBB

해설 자기차단기, 즉 Magnetic Blow out Circuit Breaker이다.

★★★★ 【88. 93. 96. 99. 04. 11. 기사】

20 특고압 또는 고압 회로 및 기기의 단락 보호 능력을 갖는 것은?

① 플러그 퓨즈
② 통형 퓨즈
③ 고리 퓨즈
④ 전력 퓨즈

해설 전력 퓨즈(PF : power fuse)는 고전압 회로 및 기기의 단락 보호용의 퓨즈로 소호 방식에 따라 한류형과 비한류형으로 나누며, 차단기에 비하여 다음과 같은 특징이 있다.
① 가격 저렴   ② 소형이며 경량   ③ 차단 용량이 크다.
④ 고속 차단 가능   ⑤ 보수 용이

답 16. ① 17. ① 18. ③ 19. ④ 20. ④

★★【94. 기사, ⊕ : 00. 기사】
21 전력 퓨즈(power fuse) 중 고압에서 사용되는 퓨즈는?

① 방출형   ② 통형
③ 관형   ④ 한류형

> 보통의 저압 퓨즈가 아닌 고압 회로에 사용하는 것을 전력 퓨즈라 하며 방출형이다. 전력 퓨즈는 고전압 회로 및 기기의 단락 보호용의 퓨즈로 소호방식에 따라 한류형과 비한류형으로 나눈다.

★★【89. 92. 기사】
22 고압 회로에 쓰이는 퓨즈로서 실퓨즈 단자를 공기식 밑바닥에서부터 통 윗부분까지 장치하게 되는 퓨즈는?

① 온도 퓨즈   ② 텅스텐 퓨즈
③ 관형 퓨즈   ④ 방출형 퓨즈

> 해설 ①은 전열 기구등의 보완용으로 사용
> ②는 전압계, 전류계 등의 소손 방지형
> ③은 라디오 정격 제어용에 사용
> ④는 정격 최대 100[A] 정도이고, 현재 주상 변압기는 1차측 컷 아웃 스위치에 사용된다.

★★【85. 95. 기사】
23 고압 전류 제한 퓨즈(6.6[kV]용)에서의 정격 전류가 아닌 것은?

① 5[A]   ② 10[A]   ③ 15[A]   ④ 20[A]

★【95. 기사】
24 개폐기부의 재료가 아닌 것은?

① GPT   ② LBS   ③ OS   ④ DS

> 해설 GPT : 접지용 변압기, LSB : 부하 개폐기, OS : 유입 개폐기, DS : 단로기

★【96. 기사】
25 고압 콘덴서의 용량을 가감하기 위해서 그 회로를 개방 또는 투입하는 제어기기는?

① 스텝 컨트롤러   ② 과부하 트립코일
③ 퓨즈가 있는 유입개폐기   ④ 과전류 트립코일

> 해설 유입 개폐기(OS)가 사용된다.

★★【88. 95. 기사】
26 C.V.C.F의 용도는 다음 중 어느 것인가?

① 자동전압 조정기   ② 정전압 및 정주파수 장치
③ 콘덴서 트립 장치   ④ 실리콘형의 정류기

답 21. ① 22. ④ 23. ① 24. ① 25. ③ 26. ②

> 해설 ▸ CVCF(Constant Voltage Constant Frequency)로서 정전압 정주파수 장치이며, UPS라고도 한다.

★★ 【94. 96. 기사】
27 발전기나 주변압기의 내부고장에 대한 보호용으로 가장 적당한 계전기는?

① 차동 전류 계전기   ② 과전류 계전기
③ 비율 차동 계전기   ④ 온도 계전기

> 해설 ▸ 비율 차동 계전기는 비율 차동 계전기의 1차 전류와 2차 전류의 차로 동작하며 발전기나 변압기의 내부 고장 보호용으로 사용된다.

★★ 【89. 95. 기사】
28 다음 변전소 시설 중 지락고장 검출용으로 적당치 않은 것은 어떤 것인가?

① ZCT   ② CT
③ GPT   ④ OCR

> 해설 ▸ OCR(과전류 계전기)는 과전류 검출용으로 사용된다.

★ 【91. 기사】
29 영상 변류기와 조합하여 사용하는 것은?

① 지락 계전기   ② 무효 전력계
③ 차동 계전기   ④ 과전류 계전기

> 해설 ▸ 지락 전류 검출을 하기 위해 영상 변류기는 지락 계전기와 조합한다.

★★ 【85. 93. 기사】
30 재료 중 보호 계전기가 아닌 것은?

① OCR   ② OVR
③ RPR   ④ ZCT

> 해설 ▸ OCR : 과전류 계전기   OVR : 과전압 계전기
> RPR : 역전력 계전기   ZCT : 영상 변류기

★ 【03. 기사】
31 계전기별 고유 번호에서 95는 주파수 계전기이다. 95H의 명칭은?

① 고정정 주파수 계전기   ② 저정정 주파수 계전기
③ 발진 주파수 계전기   ④ 흡수형 주파수 계전기

> 해설 ▸ 95 : 주파수 계전기
> 95H : 고정정 주파수 계전기
> 95L : 저정정 주파수 계전기

32 ★★【96. 99. 기사】
보호 계전기 종류가 아닌 것은?

① ASS

② OCGR

③ RDR

④ DGR

해설 ASS (Automatic Section Switch) : 자동 고장 구분 개폐기

33 ★【98. 기사】
수전용 변전 설비의 1차측에 있어서 차단기의 용량은 주로 어느 것에 의해 정해지는가?

① 수전계약 용량

② 부하 설비의 용량

③ 수전 전력의 역률과 부하율

④ 공급측 전원의 크기

CHAPTER 06

피뢰 및 접지공사

01 - 피뢰기

1) 기능

① 이상전압이 내습해서 피뢰기의 단자전압이 어느 일정값 이상으로 올라가면 즉시 방전해서 전압 상승을 억제

② 이상전압이 없어져서 단자전압이 일정값 이하가 되면 즉시 방전을 정지해서 원래의 송전 상태로 되돌아가게 한다.

2) 피뢰기의 제1보호 대상 : 변압기   출제 기사 5번

변압기의 절연강도 > 피뢰기의 제한전압 + 접지저항 전압강하

3) 구성   출제 기사 2번

① 직렬갭 : 뇌 전류를 방전하고 속류를 차단

② 특성요소 : 뇌 전류 방전 시 피뢰기 자신의 전위상승을 억제하여 자신의 절연파괴를 방지

4) 피뢰기의 구비조건

① 상용 주파 방전 개시 전압이 높을 것

② 충격 방전 개시 전압이 낮을 것

③ 제한 전압이 낮을 것

④ 속류 차단 능력이 클 것

5) 피뢰기의 정격전압

공칭 전압[kV]	변전소[kV]	배전 선로[kV]
345	288	–
154	144	–
66	72	–
22	24 출제 기사 1번	–
22.9	21	18

6) 설치 장소별 피뢰기의 공칭 방전 전류

공칭 방전 전류	설치 장소	적용 조건
10,000[A]	변전소	1. 154[kV] 이상 계통 2. 66[kV] 및 그 이하 계통에서 뱅크 용량이 3,000[kVA]를 초과하거나 특히 중요한 곳 3. 장거리 송전선 케이블(배전피더 인출용 단거리 케이블 제외) 및 콘덴서 뱅크를 개폐하는 곳
5,000[A]	변전소	66[kV] 및 그 이하 계통에서 뱅크 용량이 3,000[kVA] 이하인 곳
2,500[A]	선 로	배전 선로
	변전소	배전선 피더 인출측

7) 피뢰기 접지선

접지 공사는 접지선으로 공칭단면적 6[mm^2] 이상인 연동선 출제 기사 3번
또는 이와 동등 이상의 세기 및 굵기에 쉽게 부식하지 아니하는 금속선을 사용한다.

8) 피뢰기의 시설 출제 기사 2번

고압 및 특고압의 전로 중 다음에 열거하는 곳 또는 이에 근접한 곳에는 피뢰기를 시설하고 접지 저항값은 10[Ω] 이하로 하여야 한다.
① 발전소·변전소 또는 이에 준하는 장소의 가공전선 인입구 및 인출구
② 특고압 가공전선로에 접속하는 배전용 변압기의 고압측 및 특고압측
③ 고압 및 특고압 가공전선로로부터 공급을 받는 수용장소의 인입구
④ 가공전선로와 지중전선로가 접속되는 곳

02 ‐ 피뢰침

뇌격으로부터 보호를 목적으로 시설되며, 뇌방전을 뇌격으로 받아내는 돌침부, 출제 기사 3번
뇌격 전류를 대지로 끌어들이는 인하 도선 및 대지로 흐르게 하는 접지극 등 3요소로 되어 있다.
돌침은 구리, 알루미늄 또는 용해 아연 도금을 한 철, 또는 구리(주철 포함)로서 봉상도체를 사용한다.

1) 피뢰설비 재료의 최소 단면적(피복이 없는 동선기준) 출제 기사 2번

- 수뢰부, 인하도선 및 접지극 : 50[mm^2] 이상 출제 기사 4번

각종 피뢰 방식의 기술 기준

종류 / 항목	돌침	용마루 위 도체	케이지 출제 기사 2번	독립 피뢰침	독립 가공지선
재 질	동, 알루미늄, 용융 아연 도금한 철	동과 알루미늄의 단선, 연선, 평각 선, 관	용마루 위 도체의 란과 동일	돌침의 란과 동일	용마루 위 도체의 란과 동일
크 기	직경 12[mm] 이상의 봉(높이 25[cm] 이상)	도체 단면적 동 : 30[mm^2] 이상 알루미늄 : 50[mm^2] 이상	용마루위 도체의 란과 동일	돌침의 란과 동일	용마루위 도체의 란과 동일
보호각	일반 건축물 60° 이하 위험물을 취급하는 건물 45° 이하	일반 건축물 60° 이하 또는 도체에서 수평 거리 10[m] 이내의 부분	피보호물 전체를 싼 것 그물눈은 일반 건축물 2[m]이하, 위험물 취급하는 건물 1.5[m] 이하	일반 건축물 60° 이하 위험물을 취급하는 건물 45°(단, 2기 이상이 서로 마주보는 내측 부분은 60°)	독립 피뢰침의 란과 동일(단, 두줄 이상의 독립 가공지선에서 그 사이에 낀 부분은 60°)

03 – 접지 저감재

접지저항은 대지저항률의 대소에 따라 좌우된다. 접지공사 지점의 토양에 화학 처리를 시행하여 대지저항률을 낮추면 접지저항을 감소시킬 수 있으며, 이때의 화학적 처리재를 접지 저감재라고 한다.

접지 저감재의 구비 조건   출제 기사 3번
① 인체, 환경, 공해 등에 안전성이 있어야 한다.
② 전기적으로 전해질 물질이거나 도체화 되어야 한다.
③ 반영구적인 지속 효과가 있어야 한다.
④ 시공, 작업성이 좋아야 한다.
⑤ 접지극의 부식, 침식성이 없어야 한다.

★★【89. 96. 기사】
01 고압 및 특고압의 전로 중 발·변전소의 가공 전선 인입구 및 인출구에 설치할 시설은?

① 저항기　　　　　　　　　　② 피뢰기
③ 퓨즈　　　　　　　　　　　④ 과전류 차단기

해설 **피뢰기의 시설**
고압 및 특고압의 전로 중 다음에 열거하는 곳 또는 이에 근접한 곳에는 피뢰기를 시설하여야 한다.
① 발전소·변전소 또는 이에 준하는 장소의 가공전선 인입구 및 인출구
② 특고압 가공전선로에 접속하는 배전용 변압기의 고압측 및 특고압측
③ 고압 및 특고압 가공전선로로부터 공급을 받는 수용장소의 인입구
④ 가공전선로와 지중전선로가 접속되는 곳

★★★★★【89. 94. 95. 98. 00. 23. 기사】
02 특고압 가공전선로에서 공급을 받는 수전용 변전소에 시설하는 피뢰기의 피보호기의 제1대상이 되는 것은 어떤 기기인가?

① 전력용 변압기　　　　　　　② 계전기
③ 전력용 콘덴서　　　　　　　④ 차단기

해설 피뢰기의 피보호기의 제1대상은 전력용 변압기이며, 가능한 한 이에 근접하도록 한다.

★【96. 기사】
03 공칭전압 22[kV]인 비접지계통의 변전소에서 사용하는 피뢰기의 정격 전압은 몇 [kV]인가?

① 22　　　　　② 20　　　　　③ 18　　　　　④ 24

해설 피뢰기의 정격 전압

공칭 전압[kV]	송전 선로[kV]	배전 선로[kV]
345	288	−
154	144	−
66	72	−
22	24	−
22.9	21	18

★★【98. 00. 기사】
04 고전압 피뢰기의 방전 개시 시간의 지연을 방지하기 위하여 부착되는 것은?

① 아크 가이드　　　　　　　　② 실드링
③ 직렬 갭　　　　　　　　　　④ 분로 저항

★★★【88. 95. 00. 기사】

05 수뢰부로 하는 것을 목적으로 공중에 돌출하게 한 봉상(棒狀) 금속체를 무엇이라 하는가?

① 돌침 ② 케이지

③ 접지극 ④ 용마루

해설, 돌침은 구리, 알루미늄 또는 용해 아연 도금을 한 철, 또는 구리(주철 포함)로서 봉상도체를 사용한다.

★【96. 04. 기사】

06 피뢰기의 주요 구성요소는 어떤 것인가?

① 특성요소와 콘덴서 ② 특성요소와 직렬 갭

③ 소호 리액터 ④ 특성요소와 소호 리액터

해설, 피뢰기는 특성 요소와 직렬 갭으로 이루어져 있다.

★★★【84. 89. 92. 기사】

07 피뢰기의 접지선에 사용하는 연동선 굵기의 최소값은?

① $2.5[\text{mm}^2]$ ② $4.0[\text{mm}^2]$

③ $6.0[\text{mm}^2]$ ④ $10[\text{mm}^2]$

해설, 접지 공사는 접지선으로 공칭단면적 $6[\text{mm}^2]$ 이상인 연동선 또는 이와 동등 이상의 세기 및 굵기에 쉽게 부식하지 아니하는 금속선을 사용한다.

★【95. 기사】

08 돌침의 재료가 아닌 것은?

① 동 ② 알루미늄

③ 아연도금한 알루미늄 ④ 아연도금한 철

해설, 돌침은 구리, 알루미늄 또는 용해 아연 도금을 한 철 또는 구리로써 봉상 도체를 사용한다.

★★【93. 기사, ⊕ : 99. 기사】

09 피뢰침 인하선은?

① 고무절연전선 ② 나선

③ PVC 절연전선 ④ 캘브릭 전선

해설, 피뢰침은 뇌격으로부터 보호를 목적으로 시설되며, 뇌방전을 뇌격으로 받아내는 돌침부, 뇌격전류를 대지로 끌어들이는 인하도선 및 대지로 흐르게 하는 접지극의 3요소로 되어 있다.

★★★【87. 92. 98. 23. 기사 ✪ 05. 기사】
10 피뢰침을 시설하고 이것을 접지하기 위한 피뢰도선에 동선 재료를 사용할 경우의 단면적은 얼마 이상으로 해야 하는가?

① 14[mm²] 이상　　　　　　　② 22[mm²] 이상
③ 30[mm²] 이상　　　　　　　④ 50[mm²] 이상

해설▸ 피뢰설비의 재료는 최소 단면적이 피복이 없는 동선을 기준으로 수뢰부, 인하도선 및 접지극은 50[mm²] 이상이거나 이와 동등 이상의 성능을 갖출 것.

★★【84. 91. 15. 기사】
11 피뢰를 목적으로 피보호물 전체를 덮은 연속적인 망상 도체(금속판도 포함)는?

① 케이지　　　　　　　　　　② 수직 도체
③ 인하 도체　　　　　　　　　④ 용마루 가설 도체

해설▸ 케이지 방식은 산꼭대기에 있는 관측소, 건물, 휴게소, 매점, 골프장의 독립 휴게소 등에 시설하는 완전 보호로 어떠한 뇌격에 대해서도 건물이나 내부에 있는 사람에게 절대로 위해가 가해지지 않는 방식이다.

★【92. 09. 기사】
12 접지선을 전선관에 접속할 때 사용하는 배선 재료는?

① 엔드 캡　　　　　　　　　　② 어스클립
③ 터미널 캡　　　　　　　　　④ 픽스쳐 하키

★【93. 14. 기사】
13 접지공사 시 접지저항을 감소시키기 위하여 사용되는 저감제는 다음 중 어느 것인가?

① 백필(흑연분말과 코크스 분말의 혼합물)
② 동판 및 동봉
③ 가열 왁스
④ 아스팔트 마스틱

☆ 【97. 산업기사】
01 3상 교류 전동기의 입력을 표시하는 식은?

① $EI\cos\theta$　　　② $2EI\cos\theta$　　　③ EI　　　④ $\sqrt{3}\,EI\cos\theta$

☆ 【96. 산업기사】
02 어떤 정류회로에서 부하양단의 평균전압이 2,000[V]이고 맥동률은 2[%]라 한다. 출력에 포함된 교류분 전압의 크기[V]는?

① 60　　　② 50　　　③ 40　　　④ 30

해설▶ 맥동률 $= \dfrac{\text{교류분}}{\text{직류분}}$ 에서

교류분 = 직류분×맥동률 $= 2,000 \times 0.02 = 40[\text{V}]$

★ 【91. 기사】
03 다음의 전선 중 도전율이 가장 우수한 것은 어느 것인가?

① 연동선　　　② 경동선　　　③ 고순도 알루미늄　　　④ 경알루미늄

해설▶ 도전율 : 연동선 100[%], 경동선 97[%], 경알루미늄 61[%], 고순도 알루미늄

★★★ 【91. 98. 00. 기사】
04 내마모성이 가장 좋은 에나멜선은?

① 폴리 비닐 포르말선　　　　② 폴리 에스테르선
③ 폴리 우레탄선　　　　　　④ 유성 에나멜선

해설▶ 폴리 비닐 포르말 수지
폴리 비닐 알콜과 포름알데히드의 축중합체로 피막은 매우 강인하여 내유, 내마모성이 우수하며, 전기적 성질도 우수하다. 특히 폴리 비닐 포르말을 바니쉬로 사용한 에나멜선을 PVF선 또는 포르멕스선이라 하며, 이 선은 종래의 유성 에나멜선에 비해 피막이 단단하고 내마모성도 우수하며, 회전기 등의 권선에 사용할 경우 선을 피복할 필요가 없기 때문에 기기가 소형화될 수 있다.

★ 【87. 05. 기사】
05 도전 재료(導電材料)로서 구비해야 할 조건은?

① 도전율(導電率)이 클 것　　　② 인장 강도가 적을 것
③ 가요성(可撓性)이 적을 것　　　④ 내식성(耐蝕性)이 작을 것

> **해설** 전류가 흐르는 것을 주목적으로 하는 전기기기용 재료를 도전 재료라 하며, 도전율이 큰 재료가 채용되고 있다.

☆【96. 산업기사】

06 20[Ω]의 전압선 1개를 100[V]에 사용하면 개폐기의 절환으로 몇 [W]의 전력이 소비되는가?

① 400 ② 500 ③ 650 ④ 750

> **해설** $P = \dfrac{V^2}{R} = \dfrac{100^2}{20} = 500[\text{W}]$

★【97. 99. 산업기사】

07 열 절연 재료로 쓰이고 있지 않은 것은?

① 운모 ② 석면 ③ 탄화 실리콘 ④ 자기

★【89. 기사】

08 액체 절연 재료의 구비 조건이 아닌 것은?

① 열팽창 계수가 적을 것 ② 비열, 열전도율이 클 것
③ 절연 내력, 절연 저항이 클 것 ④ 인화점이 높고 응고점이 낮을 것

> **해설** 액체 절연 재료의 구비 조건
> ① 절연 저항 및 절연 내력이 클 것 ② 인화점이 높고 응고점이 낮을 것
> ③ 비열 및 열전도율이 크고 점도가 낮을 것 ④ 가열, 산화, 아크로 인한 열화가 적을 것

★【03. 기사】

09 고체 무기물 절연 재료가 아닌 것은?

① 목재 ② 유리 ③ 석면 ④ 운모

★【99. 기사】

10 절연 재료에 있어서 직접적인 열화의 가장 큰 원인은?

① 유전손 ② 이온 도전성 ③ 온도 상승 ④ 자외선

★【90. 기사】

11 전기기기의 자심 재료의 구비 조건에 옳지 않은 것은?

① 보자력 및 잔류 자기가 클 것 ② 투자율이 클 것
③ 포화 자속 밀도가 클 것 ④ 고유 저항이 클 것

답 6. ② 7. ③ 8. ① 9. ① 10. ③ 11. ①

해설 자심 재료
　　• 투자율이 클 것　　• 포화 자속 밀도가 클 것　　• 잔류자기가 크고, 보자력이 작을 것
　　• 저항률이 클 것　　• 기계적, 전기적 충격에 대하여 안정할 것
　　(영구 자석은 보자력 및 잔류자기가 큰 것이 요구된다.)

★【90. 24. 기사】
12 다음 재료 중 저항률이 가장 큰 것은?

① 백금　　　　　　　　　　　② 텅스텐
③ 납　　　　　　　　　　　　④ 마그네슘

해설 • 마그네슘 : $4.34[\mu\Omega \cdot cm]$　　• 납 : $21.9[\mu\Omega \cdot cm]$
　　• 텅스텐 : $5.48[\mu\Omega \cdot cm]$　　• 백금 : $10.5[\mu\Omega \cdot cm]$

★【89. 기사】
13 자심 재료의 성질 중 구비 조건이 틀린 것은?

① 투자율이 크다.
② 히스테리시스손이 작다.
③ 작은 자장의 변화에도 큰 자속 밀도의 변화가 있을 것
④ 저항률이 작을 것

해설 자심 재료
　　• 투자율이 클 것　　• 포화 자속 밀도가 클 것　　• 잔류자기가 크고, 보자력이 작을 것
　　• 저항률이 클 것　　• 기계적, 전기적 충격에 대하여 안정할 것

★【88. 기사】
14 회전기의 정류자 및 슬립링과 브러시 사이의 관계와 같이 서로 슬립 접촉으로 전류가 흐르게
되는 경우가 있다. 이런 경우에 필요한 성질이 아닌 것은?

① 접촉 저항이 너무 크지 않을 것
② 마멸이 클 것
③ 마찰이 작을 것
④ 기계적 충격에 견딜 것

해설 정류자용 브러시의 필요한 성질은 다음과 같다.
　　① 적당한 접촉 저항을 가질 것　② 전기 저항이 작을 것
　　③ 정류자와 잘 접촉하여 마찰 저항이 작을 것　④ 기계적 강도가 클 것　⑤ 내열성이 클 것

★【87. 15. 기사】
15 금속 재료 중 용융점(熔融點)이 제일 높은 것은?

① 백금(Pt)　　　　　　　　　② 이리듐(Ir)
③ 몰리브덴(Mo)　　　　　　　④ 텅스텐(W)

해설 ╮ 금속재료의 용융점
  · 백금(Pt) : 1,755[℃]   · 이리듐(Ir) : 2,350[℃]
  · 몰리브덴(Mo) : 2,620[℃]   · 텅스텐(W) : 3,370[℃]

★★ 【91. 99. 기사】
16 다음 중 콘덴서로 주로 사용하는 것은?

① 산화티탄 자기   ② 장석 자기
③ 알루미나 자기   ④ 스티어타이트 자기

해설 ╮ 산화티탄 자기 : 이산화티탄 TiO_2 주성분. 고주파용 콘덴서에 사용. 온도계수가 (−)이므로 공진회로의 공진주파수의 온도 보상용으로 이용

★★ 【87. 03. 06. 11. 기사】
17 B종 절연의 최고 허용 온도[℃]는 얼마인가?

① 105   ② 120   ③ 130   ④ 155

해설 ╮

절연의 종류	Y	A	E	B	F	H	C
허용 최고 온도	90	105	120	130	155	180	180 초과

★ 【85. 기사】
18 H종 건식 변압기는 허용 온도 최고 섭씨 몇 도에서 견딜 수 있는 절연 재료로 구성된 변압기인가?

① 55[℃]   ② 100[℃]   ③ 180[℃]   ④ 200[℃]

절연의 종류	Y	A	E	B	F	H	C
허용 최고 온도	90	105	120	130	155	180	180 초과

★★ 【98. 00. 기사】
19 변압기유의 최고 허용 온도[℃]는?

① 90   ② 80   ③ 40   ④ 50

★★ 【84. 88. 기사】
20 소형이고 고율 방전 특성이 좋고 충전 시간이 짧고 수명이 긴 특성을 가진 축전지를 선택하고자 한다. 어느 것이 가장 좋은가?

① 페스트식 연축전지   ② 글래드식 연축전지
③ 포켓식 알칼리 축전지   ④ 소결식 알칼리 축전지

해설 ╮ 소결식 알칼리 축전지는 특히 고율 방전 특성이 우수하고 수명이 길며 소형이다.

21 ★★★ 【89. 91. 98. 기사】

다음 중 배전선의 애자, 차단기 콘덴서와 CH와 변압기의 부싱에 사용되는 자기는?

① 장석 자기

② 마그네시아 자기

③ 알루미나 자기

④ 산화티탄 자기

해설, 전기 절연물로서의 자기
- 장석 자기 : 내열, 내습, 기계적강도가 크고 전기 절연성이 크다. 송배전용, 옥내배선용, 고·저압애자, 애관, 부싱 등 전력용 기기에 사용
- 알루미나 자기 : 알루미나 Al_2O_3 주성분, 우수한 절연성, 내열성 풍부, 내열 절연용 및 점화 전용 애자로 사용
- 산화티탄 자기 : 이산화티탄 TiO_2 주성분. 고주파용 콘덴서에 사용. 온도계수가 (−)이므로 공진회로의 공진주파수의 온도 보상용으로 이용
※ CH : 케이블 헤드

22 ★ 【91. 24. 기사】

변압기유의 구비 조건에 맞지 않는 것은?

① 절연 내력이 크다.

② 점성이 크다.

③ 인화점이 높다.

④ 열전도가 크다.

해설, 변압기유의 구비 조건
① 절연 내력이 크고, 인화점이 높고, 응고점이 낮아야 한다.
② 고온에서 화학적으로 안정해야 한다.
③ 점도가 작고, 냉각 효과가 커야 한다.

23 ★ 【86. 기사】

배전용 6[kV] 유입 변압기(절연유가 직접 바깥 공기와 접촉하는 경우)의 절연유 허용 온도 상승값은 몇 [℃]인가?

① 40

② 50

③ 60

④ 65

해설, KSC−4303(소형 6[kV] 유입 변압기)
- 적용 범위 : 배전용으로 3[kV], 6[kV] 공용으로 정격 출력 100[kVA] 이하
- 종류 및 특성

	상수	권선의 상승온도	절연유 상승한도	비고
55[℃] 변압기	단상 · 3상	55[℃]	50[℃]	
65[℃] 변압기	단상	65[℃]	65[℃]	

65[℃] 변압기는 밀봉되어야 하고, 다만 밀봉되지 않을 경우는 절연유 온도상승한도를 50[℃]로 한다.

24 ★ 【98. 기사】

유입 변압기에 기름을 사용하는 목적이 아닌 것은?

① 절연을 좋게 하기 위하여

② 냉각을 좋게 하기 위하여

③ 효율을 좋게 하기 위하여

④ 열 발산을 좋게 하기 위하여

해설 변압기의 기름은 절연 및 냉각의 매질 역할을 겸용하는 것으로 변압기유의 구비 조건은
① 절연 저항 및 절연 내력이 30[kV]/2.5[mm] 이상일 것
② 비열 및 열전도율이 크며 점도가 용도에 따라 적당히 낮을 것
③ 인화점은 130[℃] 이상 높고 응고점은 −30[℃] 이하로 낮을 것
④ 열 팽창계수가 작고 증발로 인한 감소량이 적을 것
⑤ 화학적으로 안정하여 열화 변질되지 않으며 기기를 침식시키지 말 것

★★★★☆【87. 95. 96. 99. 기사, 92. 산업기사】
25 변압기 철심으로 사용하는 보통 전력용 규소강판의 두께는?

① 약 0.15[mm] ② 약 0.35[mm]
③ 약 0.25[mm] ④ 약 0.75[mm]

해설 전력용 변압기 철심으로 사용하는 규소강판의 두께는 0.35[mm]이다.

★★★【86. 93. 99. 기사】
26 접촉자의 합금 재료에 속하지 않는 것은?

① Cu ② Ag ③ W ④ Ni

해설 접촉자의 재료로는 텅스텐−은, 텅스텐−구리 등의 합금 재료가 많이 쓰인다.

★【90. 기사】
27 구리에 주석을 약 10[%] 가하고 탈산제로 소량의 인을 첨가한 것으로, 탄성이 풍부하고 도전성 스프링으로서 스위치, 계기류 등에 많이 사용되는 것은?

① 인청동 ② 규동합금
③ 황동 ④ 구리−베릴륨 합금

★【84. 기사】
28 전기기기 중 성층 철심 재료의 규소 함유량이 가장 많은 것은?

① 대형 회전기 ② 소형 변압기
③ 대형 변압기 ④ 소형 회전기

★【95. 기사】
29 국산 규소강판의 종류에는 B. D 및 T급이 있다. 이 중 T급의 용도는?

① 발전기용 ② 전동기용
③ 전압 조정기용 ④ 변압기용

답 25. ② 26. ④ 27. ① 28. ③ 29. ④

30 ★★【95. 98. 기사】

회전자 바인드선에 쓰이는 재료는?

① 비자성 강선　　　　　　② 철선
③ 구리선　　　　　　　　　④ 망가닌선

31 ★★【95. 99. 11. 기사】

층간 절연에 가장 좋은 절연 재료는?

① 운모　　　　　　　　　　② 면모
③ 크래프트 종이　　　　　　④ 에나멜

32 ★【03. 11. 기사】

높은 온도및 기름에 잘 견디며 연피 케이블 접속에 반드시 사용 하는 전기용 테이프는?

① 면테이프　　　　　　　　② 리노 테이프
③ 비닐 테이프　　　　　　　④ 고무 테이프

해설 와니스 바이어스 테이프라고 하며 면의 바이어스 테이프에 와니스를 여러 번 발라 건조시킨 것으로 접착
성은 없으나 절연성, 내온성, 내유성이 좋으며 연피 케이블에 반드시 사용한다.

33 ★★★★【94. 95. 96. 99. 기사】

고온 및 내유성이 강한 절연 테이프는 어느 것인가?

① 자기용 압착 테이프　　　② 면 테이프
③ 고무 테이프　　　　　　　④ 리노 테이프

해설 와니스 바이어스 테이프라고 하며 면의 바이어스 테이프에 와니스를 여러 번 발라 건조시킨 것으로 접착
성은 없으나 절연성, 내온성, 내유성이 좋으며 연피 케이블에 반드시 사용한다.

34 ☆【97. 산업기사】

전기기기 권선 등의 절연용으로 주로 사용되는 테이프는 다음 중 어느 것인가?

① 리노 테이프　　　　　　　② 면 테이프
③ 고무 테이프　　　　　　　④ PVC 테이프

35 ★★【86. 99. 03. 기사】

실리콘 고무의 절연 내력[kV/mm]은 얼마인가?

① 10～15　　　　　　　　　② 5～10
③ 15～25　　　　　　　　　④ 20～25

답 30. ①　31. ③　32. ②　33. ④　34. ①　35. ③

> **해설**, 합성 고무의 절연 내력[kV/mm]은 다음과 같다.
> - 부타디엔계 고무 : 20∼25   • 클로로프렌계 : 10∼25
> - 부틸 고무 : 16∼25   • 실리콘 고무 : 15∼25

★ 【87. 기사】

36 다음 중 절연 파괴 전압[kV/mm]의 값이 가장 낮은 것은 어느 것인가?

① 공기   ② 자기(장석)
③ 천연 고무   ④ 절연유

★ 【03. 기사】

37 절연 내력이 큰 순서로 배열된 것은?

① 공기, 수소, SF₆, 프레온   ② 프레온, SF₆, 수소, 공기
③ 프레온,수소, SF₆, 공기   ④ 프레온, SF₆, 공기, 수소

★★ 【85. 98. 16. 23. 기사】

38 전원을 넣자마자 곧바로 점등되는 형광등용의 안정기는?

① 글로우 스타트식   ② 필라멘트 단락식
③ 래피드 스타트식   ④ 점등관식

> **해설**, 래피드 스타트형 형광등(rapid start fluorescent lamp)의 램프의 외관은 보통의 것과 같지만 전극은 전자・이온의 충격에 견딜 수 있도록 견고하게 되어 있다.

★ 【94. 03. 기사】

39 옥내의 조명기구를 시설한 경우에 그 중량이 3[kg] 이하로 제한을 받는 조명방법은 어느 것인가?

① 코드 펜던트   ② 다운라이트
③ 파이프 펜던트   ④ 체인 펜던트

> **해설**, 코드 펜던트로서 달아 맬 수 있는 중량은 코드에 걸리는 중량의 총합계가 3[kg] 이하일 것. 다만 충분한 인장강도를 가지는 보강선이 들어 있는 코드를 사용할 경우는 그러하지 아니한다.

★☆ 【93. 기사, 95. 02. 15. 산업기사】

40 등기구의 표시 중 H자로 표시가 있는 것은 어떤 등인가?

① 백열등   ② 수은등
③ 형광등   ④ 메탈 핼라이드등

> **해설**, H : 수은등, M : 메탈 핼라이드등, N : 나트륨등, X : 크세논등, F : 형광등

41 ★ 【03. 기사】
형광등의 점등회로 방식이 아닌 것은?

① 글로우 스타트 방식　　　　② 루소 스타트 방식
③ 래피드 스타트 방식　　　　④ 전자 스타트 방식

해설 ▸ 형광등 점등회로 방식은 글로우 스타트, 래피드 스타트, 전자 스타트, 순시 기동 등이 있다.

42 ★ 【84. 기사】
네온사인용으로 사용되는 네온관등에 봉입하는 기체 중 청색을 내는 기체는?

① Ne(네온)　　　　　　　　② Ar(아르곤)
③ Ar+Hg(아르곤+수은)　　　④ He(헬륨)

해설 ▸ ① Ne : 등적색　② Ar : 고동색　③ Ar+Hg : 청색　④ He : 백색

43 ★★ 【00. 01. 02. 11. 기사】
소켓의 수용구 크기 중에서 사인 전구에 사용되는 수용구 크기는?

① E17　　　　　　　　　　② E26
③ E39　　　　　　　　　　④ E10

해설 ▸ E-10 : 장식용과 회전등으로 사용되는 작은 전구용
　　　 E-12 : 세형 수금 소켓으로 배전반 표시등
　　　 E-17 : 사인 전구용
　　　 E-26 : 250[W] 이하의 병형 전구용
　　　 E-39 : 300[W] 이상의 대형 전구용

전기응용 공사재료

과년도문제 및 CBT 복원문제

01 전압을 일정하게 유지하기 위한 전압 제어소자로 널리 이용되는 다이오드는?

① 터널 다이오드(tunnel diode)
② 제너 다이오드(zener diode)
③ 바랙터 다이오드(varactor diode)
④ 쇼트키 다이오드(schottky diode)

풀이 제너 다이오드(Zener diode)는 정전압 소자로 만든 pn 접합 다이오드로서 정전압 다이오드라 하며, 전압 범위는 약 3[V]정도에서 150[V]정도까지의 다양한 종류가 있다. **답** ②

02 열전도율의 단위를 나타낸 것은?

① kcal/h
② m · h · ℃ /kcal
③ kcal/kg · ℃
④ kcal/m · h · ℃

풀이 ① 발열량[kcal/h]
② 열전도비 저항[mh℃/kcal]
③ 비열[kcal/kg · ℃]
④ 열전도율[kcal/mh℃] **답** ④

03 다음 전동기 중에서 속도 변동률이 가장 큰 것은?

① 3상 동기 전동기
② 단상 유도 전동기
③ 3상 농형 유도 전동기
④ 3상 권선형 유도 전동기

풀이 • 동기 전동기는 일정한 속도(동기속도)로 회전하며, 3상 유도전동기는 정속도 전동기로 부하의 변화에 대하여 속도의 변화가 적다.
• 단상 유도전동기는 교번자계를 이용하며, 3상 유도전동기에 비해 속도 변동률이 크다. **답** ②

04 금속의 전해정제로 틀린 것은?

① 전력소비가 적다.
② 순도가 높은 금속이 석출된다.
③ 금속을 음극으로 하고 순금속을 양극으로 한다.
④ 동(Cu)의 전해정제는 H_2SO_4와 $CuSO_4$의 혼합용액을 전해액으로 사용한다.

풀이 **금속의 전해정제**
① 전기 분해를 이용하여 순수한 금속만을 음극에서 석출하여 정제하는 것
② 이상적인 전해정제에서는 두 극에서 소비되는 화학 에너지의 합계가 0이므로, 전해액 저항에서 소비되는 에너지만 필요하다.
③ 정제하는 금속으로는 동(Cu)이 가장 많으며, 전해액으로는 H_2SO_4와 $CuSO_4$의 혼합용액을 사용한다. **답** ③

05 전기차의 속도제어시스템 중 주파수의 변화에 대응하도록 전압도 같이 제어하는 방법은?

① 저항 제어시스템
② 초퍼 제어시스템
③ 위상 제어시스템
④ VVVF 제어시스템

풀이 가변 전압 가변 주파수 제어(VVVF ; Variable Voltage Variable Frequency) : 유도전동기에 공급하는 전원의 주파수와 전압을 같이 가변하여 전동기의 속도를 제어하는 방법 **답** ④

06 전기가열방식 중에서 고주파 유전가열의 응용으로 틀린 것은?

① 목재의 건조
② 비닐막 접착
③ 목재의 접착
④ 공구의 표면처리

풀이 ① 유전 가열의 응용
• 목재의 접착 : 5~10[MHz]
• 목재의 건조 : 2~5[MHz]

• 기타 : 고무의 유화, 약품, 농어산물의 건조
② 유도 가열의 응용
   • 반도체 정련(단결정 제조)
   • 금속의 표면가열(표면 담금질, 금속의 표면처리, 국부가열)   **답 ④**

07 루소선도에서 하반구 광속[lm]은 약 얼마인가? (단, 그림에서 곡선 BC는 4분원이다.)

① 528
② 628
③ 728
④ 828

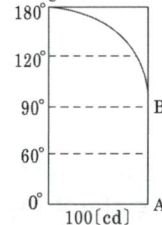

 루소선도에서 전광속 F와 루소선도의 면적 S 사이에는

$$F = \frac{2\pi}{r} S, \quad r = 100$$

하반구 광속이므로
$$S = 100 \times 100$$

$$\therefore F = \frac{2\pi}{100}(100 \times 100) = 628[\text{lm}]$$ **답 ②**

08 정격전압 220[V], 100[W]의 전구를 점등한 방의 조도가 120[lx]이다. 이 부하에 전압을 218[V]가 인가하면 이 방의 조도는 약 몇 [lx]인가? (단, 여기서 광속의 전압 지수는 3.6으로 한다.)

① 119   ② 118
③ 116   ④ 124

 광속의 전압 특성식에서 $\dfrac{F}{F_0} = \left(\dfrac{V}{V_0}\right)^{3.6}$

(여기서, V : 인가전압, V_0 : 정격전압)
조도 E는 광도 I에 비례하고
광도 I는 광속 F에 비례하므로

$$\frac{E}{E_0} = \left(\frac{V}{V_0}\right)^{3.6}$$

$$\therefore E_0 = E\left(\frac{V_0}{V}\right)^{3.6} = 120 \times \left(\frac{218}{220}\right)^{3.6}$$
$$= 116[\text{lx}]$$ **답 ③**

09 직류 전동기의 속도제어법에서 정출력 제어에 속하는 것은?

① 계자 제어법
② 전압 제어법
③ 전기자 저항 제어법
④ 워드레오나드 제어법

 직류 전동기의 속도 제어법 비교

구 분	제어 특성	특 징
계자 제어법	• 정출력 제어	• 속도 제어 범위가 좁다.
전압 제어법	• 정토크 제어 – 워드 레오나드 방식 – 일그너 방식	• 제어 범위가 넓다. • 손실이 매우 적다. • 정역 운전이 가능 • 설비비가 많이 든다.
직렬 저항법		• 효율이 나쁘다.

답 ①

10 전선 접속 시 유의사항이 아닌 것은?

① 접속으로 인해 전기적 저항이 증가하지 않게 한다.
② 접속으로 인한 도체 단면적을 현저히 감소시키게 한다.
③ 접속부분의 전선의 강도를 20[%] 이상 감소시키지 않게 한다.
④ 접속부분은 절연전선의 절연물과 동등 이상의 절연내력이 있는 것으로 충분히 피복한다.

 전선의 접속법(KEC 123)
전선의 전기저항을 증가시키지 아니하도록 접속한다.
(1) 나전선(다심형 전선의 절연물로 피복되어 있지 아니한 도체를 포함) 상호 또는 나전선과 절연전선(다심형 전선의 절연물로 피복한 도체를 포함한다. 이하 이 조에서 같다) 캡타이어케이블 또는 케이블과 접속하는 경우에는 다음에 의할 것
  ① 전선의 세기를 20[%] 이상 감소시키지 아니할 것
  ② 접속부분은 접속관 기타의 기구를 사용 할 것
(2) 절연전선 상호·절연전선과 코드, 캡타이어케이블 또는 케이블과를 접속하는 경우 접속부분을 그 부분의 절연전선의 절연물과 동등 이상의 절연효력이 있는 것으로 충분히 피복할 것   **답 ②**

11 2종의 금속이나 반도체를 접합하여 열전대를 만들고 기전력을 공급하면 각 접점에서 열의 흡수, 발생이 일어나는 현상은?

① 핀치(Pinch) 효과
② 제벡(Seebeck) 효과
③ 펠티에(Peltier) 효과
④ 톰슨(Thomson) 효과

풀이 ① 핀치 효과 : 용융체에 강한 전류를 통하면 전자력에 의한 인력이 커지므로 용융체가 도중에서 끊어져 전류가 끊어지는 현상을 말한다.
② 제벡 효과 : 열전온도계, 즉 두 금속을 두 접점으로 폐회로를 만들고 두 접점의 온도를 달리하면 기전력이 발생한다. 이 열기전력은 두 접점간의 온도차에 비례한다. 이 두 금속을 열전대라 하고 이것을 이용한 것이 열전 온도계이다.
③ **펠티어 효과** : 2종의 금속이나 반도체를 접합하여 열전대를 만들고 기전력을 공급하면 각 접점에서 열의 흡수, 발생이 일어나는 현상
④ 톰슨 효과 : 제벡 효과의 역현상의 일종으로 동종의 금속의 접점에 전류를 통하면 전류방향에 따라 열을 발생 또는 흡수하는 현상이다. **답** ③

12 대전력 정류용으로 사용되는 SCR의 특징이 아닌 것은?

① 열용량이 커서 고온에 강하다.
② 역률각 이하에서는 제어가 되지 않는다.
③ 아크가 생기지 않으므로 열의 발생이 적다.
④ 전류가 흐르고 있을 때 양극의 전압강하가 작다.

풀이 SCR의 특징
① 아크가 생기지 않으므로 열의 발생이 적다.
② 과전압에 약하다.
③ **열용량이 적어 고온에 약하다.**
④ 게이트 신호를 인가할 때부터 도통할 때까지의 시간이 짧다.
⑤ 전류가 흐르고 있을 때 양극의 전압강하가 작다.
⑥ 정류기능을 갖는 단일방향성 3단자 소자이다.(역저지 3단자 소자)
⑦ 역률각 이하에서는 제어가 되지 않는다.
⑧ 역저지 3극 다이리스터
⑨ 단일 방향성 3단자 소자
⑩ PN형 반도체 **답** ①

13 전원을 넣자마자 곧바로 점등되는 형광등용의 안정기는?

① 점등관식
② 래피드스타트식
③ 글로우스타트식
④ 필라멘트 단락식

풀이 **래피드 스타트식**(rapid start type)
필라멘트가 예열되는 회로를 가진 구조로 전극을 가열함과 동시에 전극 사이에 자기누설변압기에 의한 고전압을 가하여 **단시간 내에 형광 램프를 시동하는 방식이**다. **답** ②

14 전선을 지지하기 위하여 사용되는 자재로 애자를 부착하여 사용하며 단면이 □형으로 생긴 형강은?

① 경완철　　　　② 분기고리
③ 행거밴드　　　④ 인류스트랍

풀이 **경완철** : 전선을 지지하기 위하여 사용되는 자재로 애자를 부착하여 사용하는 단면이 □형으로 생긴 형강 **답** ①

15 철탑의 상부구조에서 사용되는 것이 아닌 것은?

① 암(arm)　　　② 수평재
③ 보조재　　　　④ 주각재

풀이 주각재는 송전탑의 다리에 해당하는 부분으로 철탑 수직의 무게를 지지한다. **답** ④

16 특고압 배전선로 보호용 기기로 자동 재폐로가 가능한 기기는?

① ASS　　　　　② ALTS
③ ASBS　　　　④ Recloser

풀이 리클로저(recloser)
배전 선로의 고장은 90[%] 이상이 순간 고장으로서 사고의 차단 후 일정 시간 경과하면 정상으로 회복된다. 따라서 배전선로에서 지락 고장이나 단락 고장 사고가 발생하였을 때 고장을 검출하여 선로를 차단한 후 일정 시간 경과하면 **자동적으로 재투입 동작을 반복함으로**써 순간 고장을 제거할 수 있다. **답** ④

17 공기 중의 산소를 전지의 감극제로 사용하는 건전지는?

① 표준전지   ② 일반 건전지

③ 내한 건전지   ④ 공기 습전지

풀이 공기 전지
① 양극 : (활성)탄소
② 음극 : 아말감화된 흑연
③ 전해액 : 가성소다($NaOH$), 염화암모늄(NH_4Cl)
④ 감극제 : 공기 중의 산소   **답** ④

18 도전 재료로서 요구되는 조건이 틀린 것은?

① 전기저항이 클 것

② 내식성 등이 우수할 것

③ 접촉과 연결이 비교적 쉬울 것

④ 자원이 풍부하여 얻기 쉽고 가격이 저렴할 것

풀이 • 도전 재료란 전류가 흐르는 것을 주목적으로 하는 전기기기용 재료이다.
• 도전율이 큰 재료가 채용되며, 전기저항이 작을수록 도전율은 크다.   **답** ①

19 배전선로의 지지물로 가장 많이 쓰이고 있는 것은?

① 철탑   ② 강판주

③ 강관 전주   ④ 철근 콘크리트 전주

    답 ④

20 납축전지에 대한 설명 중 틀린 것은?

① 충전시 음극 : $PbSO_4 \rightarrow Pb$

② 방전시 음극 : $Pb \rightarrow PbSO_4$

③ 충전시 양극 : $PbSO_4 \rightarrow PbO$

④ 방전시 양극 : $PbO_2 \rightarrow PbSO_4$

풀이 납축전지의 화학 방정식

$$Pb\,O_2 + 2H_2SO_4 + Pb \underset{\text{충전}}{\overset{\text{방전}}{\rightleftharpoons}} Pb\,SO_4 + 2H_2O + Pb\,SO_4$$

양극   전해액   음극   양극   부산물   음극

    답 ③

2016년 - 2회 _공사기사

01 저압 나트륨등에 대한 설명 중 틀린 것은?

① 광원의 효율은 방전등 중에서 가장 우수하다.

② 가시광의 대부분이 단일 광색이므로 연색지수가 낮다.

③ 물체의 형체나 요철의 식별에 우수한 효과가 있다.

④ 연색성이 우수하여 도로, 터널의 조명 등에 쓰인다.

풀이 저압 나트륨등은 연색성이 좋지 않으므로, 연색성이 문제되지 않는 도로나 터널 등의 옥외조명에 주로 사용된다.   **답** ④

02 전기 부식을 방지하기 위한 전기철도측에서의 방법 중 틀린 것은?

① 변전소 간격을 단축할 것

② 귀선로의 저항을 적게 할 것

③ 도상의 누설저항을 적게 할 것

④ 전차선(트롤리선) 전압을 승압할 것

풀이 레일과 변전소 간에 상당한 전위차가 생기면 누설 전류가 흐르고, 그 누설 전류에 의해 지중 매설물에 전해 작용이 일어나서 점점 얇아지게 된다. 이것을 전식이라고 하며 그 방지 대책은 다음과 같다.
(1) 전철측 시설
  ① 귀선 저항을 작게 하기 위하여 레일에 본드를 시설하고 그 시공, 보수에 충분히 주의한다.
  ② 레일을 따라 보조 귀선을 설치한다.
  ③ 변전소 간의 간격을 짧게한다.
  ④ 귀선의 극성을 정기적으로 바꾼다.
  ⑤ 대지에 대한 레일의 절연 저항을 크게 한다.
  ⑥ 3선식 배전법을 사용한다.
  ⑦ 절연 음극 궤전선을 설치하여 레일과 접속한다.
  ⑧ 가장 먼 ⊖궤전선에 음극 승압기를 설치한다.
(2) 매설관측 시설
  ① 배류법 : 선택 배류법, 강제 배류법
  ② 매설관의 표면 또는 접속부를 절연하는 방법
  ③ 도전체로 차폐하는 방법
  ④ 전위 제어법   **답** ③

03 1[kW]의 전열기를 사용하여 5[L]의 물을 20 [℃]에서 90[℃]로 올리는 데 30분이 걸렸다. 이 전열기의 효율은 약 몇 [%]인가?

① 70   ② 78
③ 81   ④ 93

풀이 $860\eta Pt = M(T_2 - T_1)$에서

$$\eta = \frac{M(T_2 - T_1)}{860Pt} \times 100 = \frac{5 \times (90 - 20)}{860 \times 1 \times \frac{30}{60}} \times 100$$

$$= 81.40[\%]$$

답 ③

04 동일 정격의 다이오드를 병렬로 사용하면?

① 역전압을 크게 할 수 있다.
② 필터 회로가 필요 없게 된다.
③ 전원 변압기를 사용할 수 있다.
④ 순방향 전류를 증가시킬 수 있다.

풀이 • 다이오드 직렬 연결 :
  순방향 전압 증가
  (과전압 방지)

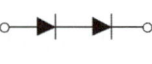

• 다이오드 병렬 연결 :
  순방향 전류 증가
  (과전류 방지)

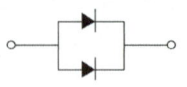

답 ④

05 비닐막 등의 접착에 주로 사용하는 가열 방식은?

① 유전가열   ② 저항가열
③ 아크가열   ④ 유도가열

풀이 • 유전가열은 고주파 자계에 의한 분자의 마찰열을 이용하는 것으로 목재의 건조, 목재의 접착, 비닐막의 접착 등에 사용된다.
• 비닐막은 절연물로서 저항가열, 아크가열, 유도가열은 쓰지 못한다.

답 ①

06 3상 유도전동기를 급속히 정지 또는 감속시킬 경우 가장 손쉽고 효과적인 제동법은?

① 역상제동   ② 회생제동
③ 발전제동   ④ 와전류제동

풀이 ① 역상 제동 : 전동기의 전원 접속을 바꾸어 역토크를 발생시켜 급정지시키는 방법으로 역전제동 또는 플러깅(plugging)이라 한다.
② 회생 제동 : 전동기에 전원을 접속한 상태에서 전동기에 유기되는 역기전력을 전원 전압보다 높게 하여 회전 운동 에너지로 발생되는 전력을 전원 측에 반환하면서 제동하는 방법이다.
③ 발전 제동 : 전동기의 전기자를 전원에서 끊고 전동기를 발전기로 동작시켜 회전 운동 에너지로서 발생하는 전력을 그 단자에 접속한 저항에서 열로 소비시키는 제동 방법이다.
④ 와전류 제동 : 전동기 축에 동심으로 설치한 구리의 원판을 자계 내에서 회전시켜 동판에 생긴 와전류에 의해서 제동력을 얻는 방법이다.

답 ①

07 금속의 화학적 성질로 틀린 것은?

① 산화되기 쉽다.
② 전자를 잃기 쉽고, 양이온이 되기 쉽다.
③ 이온화 경향이 클수록 환원성이 강하다.
④ 산과 반응하고 금속의 산화물은 염기성이다.

답 ③

08 반도체 사이리스터에 의한 속도 제어 중 주파수 제어는?

① 계자 제어
② 인버터 제어
③ 컨버터 제어
④ 초퍼(chopper) 제어

풀이 • 계자 제어 : 계자 회로에 저항을 넣어 계자 전류를 제어하는 방법
• 인버터 제어 : 전압과 주파수를 가변하여 속도를 제어하는 방법
• 초퍼 제어 : 사이리스터를 이용하여 입력 전압을 제어하는 방식

답 ②

09 기동 토크가 가장 큰 단상 유도전동기는?

① 콘덴서 전동기
② 반발기동 전동기
③ 분상기동 전동기
④ 콘덴서기동 전동기

풀이 단상 유도 전동기의 종류와 기동 전류, 기동 토크, 정동 토크 및 용도는 다음 표와 같다.

종 류	기동 전류[%]	기동 토크[%]	정동 토크[%]	용도
분상 기동형	500~700	125 이상	175~300	복사기, 계산기
콘덴서 기동형	500~700	250 이상	175~300	냉장고
콘덴서 전동기	350~400	140~160	200~300	세탁기, 선풍기
반발 기동형	300~400	300 이상	175~300	펌프
셰이딩 코일형		40~100	130~200	플레이어, 테이프 레코더

답 ②

10 반도체에 빛이 가해지면 전기저항이 변화되는 현상은?

① 홀효과 ② 광전효과
③ 제벡효과 ④ 열진동 효과

풀이 **광전효과** : 빛을 받으면 전기적 특성의 변화를 일으키는 현상으로 그 종류는 다음과 같다.
① 광기전 효과 : 빛을 받으면 기전력이 발생하는 효과로 태양전지에 이용된다.
② 광전자 방출효과 : 빛을 받으면 광전자가 방출하는 효과
③ 광도전 효과 : 빛을 받으면 저항값이 변화하는 효과

답 ②

11 납축전지가 충분히 충전되었을 때 양극판은 무슨 색인가?

① 황색 ② 청색
③ 적갈색 ④ 회백색

풀이 충분히 충전되었을 때 양극판은 과산화납으로 변해 **적갈색**을 띠고, 음극판은 해면형 납으로 변해 회백색이 된다. 또한 충분히 방전했을 때에 양극판은 황산납으로 변해서 다 같이 회백색에 가까워진다.

답 ③

12 나트륨등의 이론적 발광효율은 약 몇 [lm/W]인가?

① 255 ② 300
③ 395 ④ 500

풀이 나트륨등의 발광은 나트륨 증기의 방전에 의하여 공명선인 5890~1586[Å]의 D선(황색선) 대부분(76[%])를 차지한다. **나트륨등의 효율은 이론상 395[lm/W]**, 실용

상 150~80[lm/W] 정도로 대단히 높다. 따라서 빛의 직선성이 좋아 안개가 잘 발생하는 강변이나, 먼지가 많은 터널 등에 사용된다.

답 ③

13 합성수지관 배선공사에서 틀린 것은?

① 관 말단 부분에는 전선관 보호를 위하여 부싱을 사용한다.
② 합성수지관 내에서 전선에 접속점을 만들어서는 안 된다.
③ 배선은 절연전선(옥외용 비닐 절연전선을 제외한다.)을 사용한다.
④ 합성수지관을 새들 등으로 지지하는 경우는 그 지지점 간의 거리를 1.5[m] 이하로 한다.

풀이 **부싱은** 전선 관단에 끼우고 전선을 넣거나 빼는 데 있어서 전선의 피복을 보호하여 전선이 손상되지 않게 하는 것으로 **전선관의 보호를 위한 것은 아니다.**

답 ①

14 버스덕트 공사에 대한 설명으로 옳은 것은?

① 덕트의 끝부분을 개방한다.
② 건조한 노출장소나 점검할 수 있는 은폐장소에 시설한다.
③ 덕트를 조영재에 붙이는 경우에는 덕트의 지지점 간의 거리를 최대 2[m] 이하로 한다.
④ 저압 옥내 배선의 사용전압이 400[V] 이상인 경우에는 덕트에 접지공사를 생략한다.

풀이 버스덕트공사(KEC 232.61)
① 덕트를 조영재에 붙이는 경우에는 **덕트의 지지점 간의 거리를 3[m]**(수직으로 붙이는 경우에는 6[m]) 이하로 할 것.
② 덕트(환기형의 것을 제외한다)의 **끝부분은 막을 것.**
③ 덕트(환기형의 것을 제외한다)의 내부에 먼지가 침입하지 아니하도록 할 것.
④ **덕트는 접지공사를 할 것.**
⑤ 습기가 많은 장소 또는 물기가 있는 장소에 시설하는 경우에는 옥외용 버스덕트를 사용하고 버스덕트 내부에 물이 침입하여 고이지 아니하도록 할 것.

답 ②

15 분전반의 소형 덕트 폭으로 틀린 것은?

① 전선굵기 35[mm²] 이하는 덕트 폭 5[cm]
② 전선굵기 95[mm²] 이하는 덕트 폭 10[cm]
③ 전선굵기 240[mm²] 이하는 덕트 폭 15[cm]
④ 전선굵기 400[mm²] 이하는 덕트 폭 20[cm]

풀이 배전반과 분전반의 소형덕트 폭
(내선규정 표 1455-1)

전선의 굵기 (mm²)	분배전반의 소형덕트의 폭 (cm)
35 이하	8
95 이하	10
240 이하	15
400 이하	20
630 이하	25
1,000 이하	30

답 ①

16 변압기유로 쓰이는 절연유에 요구되는 특성이 아닌 것은?

① 점도가 클 것
② 절연내력이 클 것
③ 인화점이 높을 것
④ 비열이 커서 냉각 효과가 클 것

풀이 변압기유의 구비조건
① 절연내력이 클 것
② 절연재료 및 금속에 화학 작용을 일으키지 않을 것
③ 인화점이 높고, 응고점이 낮을 것
④ 점도가 낮고, 비열이 커서 냉각 효과가 클 것
⑤ 고온에서도 석출물이 생기거나 산화하지 않을 것
답 ①

17 가공 송전선로의 ACSR 전선 등에 설치되는 진동방지용 장치가 아닌 것은?

① Damper   ② PG Clamp
③ Armor rod   ④ Spacer Damper

풀이 ① 전선의 진동억제 장치
• 댐퍼(Damper) : 추를 달아서 진동을 감소시키는 장치
• 아머 로드(Armor rod) : 지지점 부근의 전선을 보강하는 장치

• 스페이서 댐퍼(Spacer Damper) : 소도체 사이의 간격을 유지해주는 기능과 진동방지를 할 수 있는 장치
② 클램프(PG Clamp)는 금속선 상호간 접속용으로 사용한다.
답 ②

18 알루미늄 전선 접속 시 가는 전선을 박스 안에서 접속하는데 사용하는 슬리브는?

① S형 슬리브
② 종단겹침용 슬리브
③ 매킹타이어 슬리브
④ 직선겹침용 슬리브

풀이 알루미늄전선의 접속 중 종단겹침용 슬리브에 의한 접속

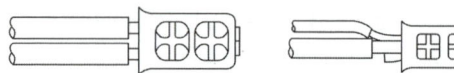

위 그림 왼쪽의 접속은 주로 가는 전선을 박스 안 등에서 접속할 때에 사용하고 오른쪽의 접속은 리드선이 붙은 조명기구 등의 접속에 사용한다. 압축공구를 사용하여 보통 2개소를 압착한다.
답 ②

19 배전반 및 분전반에 대한 설명 중 틀린 것은?

① 개폐기를 쉽게 개폐할 수 있는 장소에 시설하여야 한다.
② 옥측 또는 옥외에 시설하는 경우는 방수형을 사용하여야 한다.
③ 노출하여 시설되는 분전반 및 배전반의 재료는 불연성의 것이어야 한다.
④ 난연성 합성수지로 된 것은 두께가 최소 2[mm] 이상으로 내아크성인 것이어야 한다.

풀이 배전반 및 분전반을 넣은 함
① 반(盤)의 뒤쪽은 배선 및 기구를 배치하지 말 것. 다만, 쉽게 점검할 수 있는 구조이거나 분배전반의 소형덕트 내의 배선은 적용하지 않는다.
② 반의 옆쪽 또는 뒤쪽에 설치하는 분배전반의 소형덕트는 강판제로서 전선을 구부리거나 눌리지 않을 정도로 충분히 큰 것이어야 한다.
③ 난연성 합성수지로 된 것은 두께 1.5[mm] 이상으로 내(耐)아크성인 것이어야 한다.

④ 강판제의 것은 두께 1.2[mm] 이상이어야 한다. 다만, 가로 또는 세로의 길이가 30[cm] 이하인 것은 두께 1.0[mm] 이상으로 할 수 있다.

⑤ 절연저항 측정 및 전선접속단자의 점검이 용이한 구조일 것 **답** ④

20 가공전선로의 지지물에 시설하는 지선으로 연선을 사용 할 경우 소선의 지름은 최소 몇 [mm] 이상의 금속선 인가?

① 2.1 ② 2.3
③ 2.6 ④ 2.8

풀이 지선의 시설(KEC 331.11)
지선에 연선을 사용할 경우에는 다음에 의할 것
① 소선 3가닥 이상의 연선일 것
② 소선의 지름 2.6[mm] 이상의 금속선을 사용한 것일 것. 다만 소선의 지름이 2[mm] 이상인 아연도강연선으로서 소선의 인장 강도가 0.68 [kN/mm²] 이상인 것을 사용하는 경우에는 그러하지 아니하다. **답** ③

2016년 – 4회 _ 공사기사

01 전열의 원리와 이를 이용한 전열기기의 연결이 틀린 것은?

① 저항 가열 – 전기다리미
② 아크 가열 – 전기용접기
③ 유전 가열 – 온열 치료 기구
④ 적외선 가열 – 피부 미용 기기

풀이 유전 가열은 유전체손을 이용한 것으로 목재의 접착, 목재의 건조, 고무의 유화, 약품, 농어산물의 건조, 비닐막 접착 등에 사용된다. **답** ③

02 다음 용접방법 중 저항용접이 아닌 것은?

① 점용접(spot welding)
② 이음매용접(seam welding)
③ 돌기용접(projection welding)
④ 전자빔용접(electron beam welding)

풀이 ① 겹치기 저항 용접
 • 점용접 : 전구의 필라멘트 용접, 열전대의 용접
 • 돌기 용접(프로젝션 용접)
 • 심 용접 : 이음매 용접
② 맞대기 저항 용접
 • 업셋 맞대기 용접
 • 플래시 맞대기 용접
 • 충격 용접 **답** ④

03 자체방전이 적고 오래 저장할 수 있으며 사용 중에 전압 변동률이 비교적 적은 것은?

① 공기 건전지
② 보통 건전지
③ 내한 건전지
④ 적층 건전지

풀이 공기 건전지의 특징
① 방전시 전압 변동이 적다.
② 자기 방전이 적고 장시간 보존이 가능하다.
③ 온도차에 따른 전압 변동이 적다.
④ 내한, 내열, 내습성을 가진다.
⑤ 용량이 커서 경제적이다. **답** ①

04 네온전구의 용도로서 틀린 것은?

① 소비 전력이 적으므로 배전반의 표시등에 적합하다.
② 부글로우를 이용하고 있어 직류의 극성 판별용에 사용된다.
③ 일정한 전압에서 점등되므로 검전기, 교류 파고값의 측정에 이용할 수 없다.
④ 네온전구는 전극 간의 길이가 짧으므로 부글로우를 발광으로 이용한 것이다.

풀이 네온 전구의 특징
① 소비 전력이 적어 종야등, 파일럿등에 사용
② 일정 전압 이상에서 발광하므로 검전기나 파고치 측정에 사용
③ 음극에서 발광하므로 직류 극성 판별에 사용
④ 광도가 전류에 비례
⑤ 빛의 관성이 없다. **답** ③

05 선박의 전기추진에 많이 사용되는 속도제어 방식은?

① 크레머 제어방식
② 2차 저항 제어방식
③ 극수 변환 제어방식
④ 전원주파수 제어방식

풀이 **전원주파수 제어방식** : 발전기 구동용 원동기의 속도를 바꾸어 전원용 발전기의 주파수를 바꾸고 그에 따라 전동기의 속도를 제어한다. **답** ④

06 다음 중 전기차량의 대차에 의한 분류가 아닌 것은?

① 4륜차   ② 전동차
③ 보기차   ④ 연결차

풀이

전원의 전기방식에 의한 분류	전동기의 유무 및 성능에 의한 분류	대차 구조에 의한 분류
직류 전기차, 교류 전기차, 교직 병용 전기차	제어 부수차, 전동차, 부수차, 전기 기관차	사륜차, 보기(bogie)차, 관절차(연결차)

답 ②

07 다음 설명 중 옳은 것은?

① SSS는 3극 쌍방향 사이리스터로 되어 있다.
② SCR은 PNPN이라는 2층의 구조로 되어 있다.
③ 트라이액은 2극 쌍방향 사이리스터로 되어 있다.
④ DIAC은 쌍방향으로 대칭적인 부성 저항을 나타낸다.

풀이 각 종 반도체 소자의 비교
① 방향성
 • **양방향성(쌍방향성) 소자** : DIAC, TRIAC, SSS
 • 역저지(단방향성) 소자 : SCR, LASCR, GTO, SCS
② 극(단자) 수
 • **2극(단자) 소자** : DIAC, SSS, Diode
 • 3극(단자) 소자 : SCR, LASCR, GTO, TRIAC
 • 4극(단자) 소자 : SCS **답** ④

09 높이 10[m]에 있는 용량 100[m³]의 수조를 만조시키는 데 필요한 전력량은 약 몇 [kWh]인가? (단, 전동기 및 펌프의 종합효율은 80[%], 여유계수 1.2, 손실수두는 2[m]이다.)

① 1.5   ② 2.4
③ 3.7   ④ 4.9

풀이 • 총 양정 $H = 10 + 2 = 12$[m]
 • 양수량 $q = \dfrac{100}{60 \times 60}$[m³/sec]
 • 전동기 용량

$$P = \frac{9.8 KqH}{\eta} = \frac{9.8 \times 1.2 \times \dfrac{100}{60 \times 60} \times 12}{0.8}$$
$$= 4.9[\text{kW}]$$

따라서 소요 전력량
$W = P \cdot t = 4.9 \times 1 = 4.9$[kWh] **답** ④

08 배전선의 전압을 조정하는 방법으로 적당하지 않은 것은?

① 승압기   ② 병렬콘덴서
③ 변압기의 탭조정   ④ 유도전압 조정기

풀이 ① 배전선 전압 조정 장치
 • 주변압기 1차측의 무부하시(탭 변환 장치), 부하시(탭 절환 장치)
 • 정지형 전압 조정기(SVR)
 • 유도 전압 조정기(IVR)
② **병렬 콘덴서는 역률을 개선**하는 방법이다. **답** ②

10 아크의 전압, 전류 특성은?

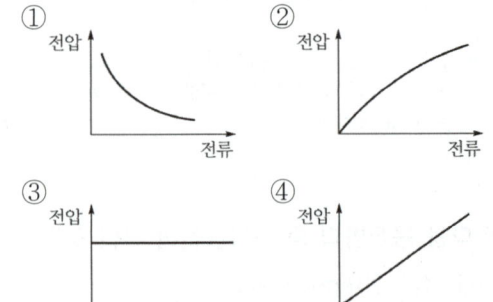

풀이 아크 방전은 저전압 · 대전류로서 부저항의 특성을 갖는다. **답** ①

11 완철 장주의 설치 중 완철의 설치 위치 및 방법을 설명한 것으로 틀린 것은?

① 완철은 교통에 지장이 없는 한 긴 쪽을 도로측으로 설치한다.

② 완철용 M볼트는 완철의 반대 측에서 삽입하고 완철이 밀착되게 조인다.

③ 완철 밴드는 창출 또는 편출 개소를 제외하고 보통 장주에만 사용한다.

④ 단완철은 전원 측에 설치하며 하부 완철은 상부 완철과 동일한 측에 설치한다.

풀이 ① 완철 설치위치 및 방법

- 단완철은 전원의 반대측(부하측)에 설치함을 원칙으로 한다.
- 인류 및 분기주의 완철은 장력의 반대측에 설치한다.
- 철도, 도로, 약전선 또는 하천 등을 횡단 할 때는 횡단 경간의 반대측에 설치한다.
- 보호선(망)용 완철은 장력방향의 반대측에 설치한다.
- 하부완철은 상부완철과 동일 측에 설치한다.
- 완철은 교통에 지장이 없는 한 긴 쪽을 도로측으로 한다.
- 완철용M볼트는 완철의 반대측에서 삽입하고, 완철이 밀착되도록 조여야 한다.
- 동일전주에 설치되는 완철은 평행하게 설치한다.
- 직선선로에 설치되는 완철은 전선로에 대하여 직각으로 설치한다.
- 수평각도 30° 미만의 각도주의 완철은 양측전선이 이루는 각도의 2등분 방향으로 설치한다.
- 수평각도 30° 이상인 경우(인류주)의 완철은 양측전선에 직각이 되도록 시설한다.

② 보통장주와 창출 또는 편출 개소에는 완철밴드, 볼트, 암타이 등을 완철의 종류, 규격에 따라 설치한다. **답** ③, ④

12 투광기와 수광기로 구성되고 물체가 광로를 차단하면 접점이 개폐되는 스위치는?

① 압력 스위치 ② 광전 스위치
③ 리밋 스위치 ④ 근접 스위치

풀이 광전스위치는 광전센서 상에 비추어지는 빛의 감도변화에 의해 작동되며, 발광시키는 발광부와 발광부로부터 발광되는 빛을 받는 수광부로 구성되어 있다.
답 ②

13 개폐기의 명칭과 기호의 연결로 틀린 것은?

① 2극 쌍투형 : DPDT
② 2극 단투형 : DPST
③ 단극 쌍투형 : SPDT
④ 단극 단투형 : TPST

풀이 개폐기의 기호

명칭	단극 단투형	2극 단투형	3극 단투형	단극 쌍투형
기호	SPST	DPST	TPST	SPDT

답 ④

14 폴리머 애자의 설치 부속 자재를 옳게 나열한 것은?

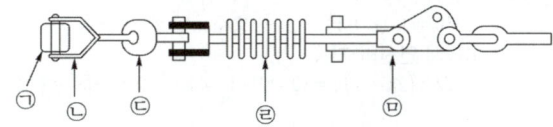

① ㉠ 경완철 ㉡ 볼쇄클 ㉢ 소켓아이
㉣ 폴리머 애자 ㉤ 데드앤드크램프
② ㉠ 볼쇄클 ㉡ 소켓아이 ㉢ 폴리머애자
㉣ 경완철 ㉤ 데드앤드크램프
③ ㉠ 소켓아이 ㉡ 볼쇄클 ㉢ 데드앤드크램프
㉣ 폴리머 애자 ㉤ 경완철
④ ㉠ 경완철 ㉡ 폴리머 애자 ㉢ 소켓아이
㉣ 데드앤드크램프 ㉤ 볼쇄클

풀이

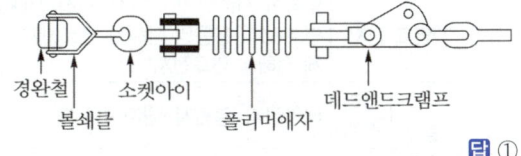

경완철   소켓아이   데드앤드크램프
    볼쇄클   폴리머애자

답 ①

15 가공 전선로에 사용되는 전선의 구비 조건으로 틀린 것은?

① 도전율이 높은 것
② 내구성이 있을 것
③ 비중(밀도)이 클 것
④ 기계적인 강도가 클 것

풀이 전선 재료의 구비 요건
① 도전율이 크고 고유저항은 작을 것
② 기계적 강도 및 가요성(유연성)이 풍부할 것
③ 내구성이 클 것
④ 비중이 작을 것
⑤ 시공 및 보수의 취급이 용이할 것
⑥ 다량으로 값싸게 구입할 수 있을 것
⑦ 내식성이 클 것
⑧ 인장강도가 클 것   **답** ③

16 19/1.8[mm] 경동연선의 바깥지름은 몇 [mm]인가?

① 8.5   ② 9
③ 9.5   ④ 10

풀이 소선총수 $N = 3n(n+1)+1$에서
$19 = 3n(n+1)+1 \rightarrow$ 층수 $n=2$
따라서 연선의 지름
$D = (2n+1)d = (2\times2+1)\times1.8 = 9[mm]$ **답** ②

17 다음 전지 중 물리 전지에 속하는 것은?

① 열전지   ② 연료전지
③ 수은전지   ④ 산화은전지

풀이 실용전지의 분류

분류		종류
1차 전지		망간 건전지, 적층 건전지, 공기 건전지, 리튬 전지, 수은전지
2차 전지		연 축전지, 알칼리 축전지
연료 전지		알칼리 전해액 연료전지, 산성 전해질 연료전지, 용융염 전해질 연료전지, 고체 전해질 연료전지
특수 전지	물리 전지	태양전지, 열전지, 원자력 전지
	생물 전지	아직 실용화되어 있지 않음

답 ①

18 공칭전압 22[kV]인 중성점 비접지방식의 변전소에서 사용하는 피뢰기의 정격전압은 몇 [kV]인가?

① 18   ② 20
③ 22   ④ 24

풀이 피뢰기의 정격 전압

공칭 전압[kV]	송전 선로[kV]	배전 선로[kV]
345	288	–
154	144	–
66	72	–
22	24	–
22.9	21	18

답 ④

19 고압으로 수전하는 변전소에서 접지 보호용으로 사용되는 계전기의 영상전류를 공급하는 계전기는?

① CT   ② PT
③ ZCT   ④ GPT

풀이 GPT는 영상전압을 공급하며, ZCT는 영상전류를 공급한다.   **답** ③

20 아웃렛 박스(정션박스)에서 전등선로를 연결하고 있다. 박스 내에서 전선 접속방법으로 옳은 것은?

① 납땜   ② 압착단자
③ 비닐테이프   ④ 와이어 커넥터

답 ④

01 알칼리 축전지에 대한 설명으로 옳은 것은?

① 전해액의 농도변화는 거의 없다.
② 전해액은 묽은 황산용액을 사용한다.
③ 진동에 약하고 급속 충·방전이 어렵다.
④ 음극에 Ni산화물, Ag산화물을 사용한다.

풀이 알칼리 축전지의 특징
- 양극 : 수산화 니켈(NiOOH), 흑연 혼합물
- 음극 : 카드뮴(Cd)
- 전해액 : 비중 1.2~1.245의 수산화칼륨(KOH)
  ① 전지의 수명이 길다(납축전지보다 3~4배 정도).
  ② 구조상 운반 진동에 견딜 수 있다.
  ③ 급격한 충·방전, 높은 방전율에 견디며, 다소 용량이 감소되어도 사용 불능이 되지 않는다.
  답 ①

02 서미스터(Thermister)의 주된 용도는?

① 온도 보상용
② 잡음 제거용
③ 전압 증폭용
④ 출력 전류 조절용

풀이 서미스터 : 반도체의 일종으로 열저항 소자라고도 하며, 정특성 서미스터와 부특성 서미스터가 있다. 일반적으로 온도가 상승함에 따라 전기 저항이 감소하는 부(−)특성의 서미스터를 많이 사용하며, 온도 보상 회로에 이용된다. **답** ①

03 전동기를 전원에 접속한 상태에서 중력부하를 하강시킬 때, 전동기의 유기기전력이 전원전압보다 높아져서 발전기로 동작하고 발생전력을 전원으로 되돌려 줌과 동시에 속도를 점차로 감속하는 경제적인 제동법은?

① 역상제동　　　② 회생제동
③ 발전제동　　　④ 와류제동

풀이 ① 역상 제동 : 전동기의 전원 접속을 바꾸어 역토크를 발생시켜 급정지시키는 방법으로 역상 제동 또는 플러깅(plugging)이라 한다.
② 회생 제동 : 전동기에 전원을 접속한 상태에서 전동기에 유기되는 역기전력을 전원 전압보다 높게 하여 회전 운동 에너지로 발생되는 전력을 전원측에 반환하면서 제동하는 방식
③ 발전 제동 : 전동기의 전기자를 전원에서 끊고 전동기를 발전기로 동작시켜 회전 운동 에너지로서 발생하는 전력을 그 단자에 접속한 저항에서 열로 소비시키는 제동 방법이다.
④ 와전류 제동 : 전동기 축에 동심으로 설치한 구리의 원판을 자계 내에서 회전시켜 동판에 생긴 와전류에 의해서 제동력을 얻는 방법이다. **답** ②

04 필라멘트 재료의 구비조건에 해당되지 않는 것은?

① 융해점이 높을 것
② 고유저항이 작을 것
③ 선팽창 계수가 작을 것
④ 높은 온도에서 증발성이 적을 것

풀이 필라멘트 재료로서의 필요조건은 다음과 같다.
① 융해점이 높을 것
② 고유 저항이 클 것
③ 높은 온도에서의 증발(승화)이 적을 것
④ 점화 온도에서 주위의 것과 화합하지 않을 것
⑤ 가는 선으로의 가공이 쉬울 것
⑥ 고온으로 되어도 기계적 강도가 감소하지 않을 것
⑦ 선팽창 계수가 적을 것
⑧ 전기 저항의 온도 계수가 플러스로 될 것
⑨ 재료가 풍부하고 가격이 염가로 될 것 **답** ②

05 일반적인 농형 유도전동기의 기동법이 아닌 것은?

① Y−△ 기동
② 전전압 기동
③ 2차 저항 기동
④ 기동 보상기에 의한 기동

풀이 ① 농형 유도 전동기의 기동법
- 전전압 기동법
- Y-△ 기동법
- 리액터 기동법
- 기동보상기법

② 권선형 유도 전동기의 기동법
- 2차 저항 기동법 **답** ③

06 전동기의 정격(rate)에 해당되지 않는 것은?

① 연속 정격　　② 반복 정격
③ 단시간 정격　　④ 중시간 정격

풀이 회전기의 정격에는 연속 정격, 반복 정격, 단시간 정격, 공칭 정격 등이 있다.
- 연속 정격 : 기기를 일정한 부하로 연속 운전할 때 온도상승 등 규정된 기타의 제한을 초과하지 않는 정격
- 단시간 정격 : 기기를 일정한 부하로 짧은 시간 운전할 때 온도상승 등 규정된 기타의 제한을 초과하지 않는 정격
- 반복 정격 : 부하기간과 정지기간으로 구성된 사이클이 일정한 주기를 반복하는 사용 조건에서의 정격 **답** ④

07 공업용 온도계로서 가장 높은 온도를 측정할 수 있는 것은?

① 철-콘스탄탄　　② 동-콘스탄탄
③ 크로멜-알루멜　　④ 백금-백금 로듐

풀이 열전대의 종류와 측정 범위는 다음과 같다.

열전대	사용 범위[℃]	사용한도[℃]	
		연속	1회 사용
백금-백금 로듐	0 ~ 1400	1400	1600
크로멜-알루멜	−200 ~ 1000	1000	1100
철-콘스탄탄	−200 ~ 700	700	900
구리-콘스탄탄	−200 ~ 400	400	600

답 ④

08 2개의 SCR을 역병렬로 접속한 것과 같은 특성의 소자는?

① GTO　　② TRIAC
③ 광사이리스터　　④ 역전용 사이리스터

풀이 트라이액(TRIAC : Triode AC Switch)은 3단자 교류 스위치, npnpn의 5층 구조이고 직류, 교류에 모두 사용할 수 있는 3단자 스위칭 소자이며 교류기기 제어에서 널리 사용된다.

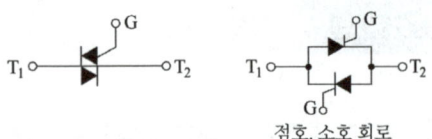
점호, 소호 회로

트라이액은 두 개의 SCR을 역병렬한 것을 한 개의 소자로 만든 것으로서 무접점 스위치나 위상 제어 회로, 가정용 조광 장치 및 전기로의 온도 조절 또는 전동기의 속도 제어 등에 광범위하게 응용되고 있다. **답** ②

09 열차가 정지신호를 무시하고 운행할 경우 또는 정해진 신호에 따른 속도 이상으로 운행할 경우 설정시간 이내에 제동 또는 지정속도로 감속조작을 하지 않으면 자동으로 열차를 안전하게 정지시키는 장치는?

① ATC　　② ATS
③ ATO　　④ CTC

풀이
- 자동열차제어(ATC : Automatic Train Control) : 속도 제한 구간에 있어서 열차가 제한속도 이상이 되면 경보를 발하고 운전사가 몇 초 내에 제동을 체결하지 않으면 자동적으로 제동을 체결하여 열차를 제한속도 이하로 감속시키는 장치
- 자동열차정지(ATS : automatic train stop) : 차내 경보 장치와 연계하여 정지 신호 현시를 무시하고 운행할 경우 또는 정해진 신호 현시에 따른 속도 보다 상위의 속도로 운행 할 경우에 기관사에게 제동장치를 조작하도록 램프와 부저의 차내 경보로 주의를 환기시킬뿐 아니라 일정 시간 이내에 제동 조작을 하지 않으면 자동으로 열차를 안전하게 정지시키는 장치이다.
- 자동열차운전(ATO : Automatic Train Operation) : 지상으로부터 연속적으로 속도지령을 받아서 열차를 지령속도에 추종하도록 자동 가감속 제어하는 정속도 운전 제어기능과 열차가 정지목표점에 근접하게 되면 지상자 신호에 의해 제동곡선 패턴을 연산하고 이 제동 패턴에 의해 목표지점에 정확히 정지할 수 있는 정위치 기능을 지니고 있다.
- 열차집중제어장치(CTC : Centralized Traffic Control) : 구간 내 각 역에 있는 전철기와 신호기 등을 중앙제어실에서 집중 원격제어하며, 그 표시 및 열차의 운행상태를 감시함으로써 열차 운행을 능률적으로 정리, 제어하기 위한 장치이다. 열차의 능률적인 운전제어를 목표로 하고 있다. **답** ②

10 폭 15[m]의 무한히 긴 가로 양측에 10[m]의 간격을 두고 수많은 가로등이 점등되고 있다. 1등당 전광속은 3000[lm]이고, 이의 60[%]가 가로 전면에 투사한다고 하면 가로면의 평균 조도는 약 몇 [lx]인가?

① 36
② 24
③ 18
④ 9

풀이

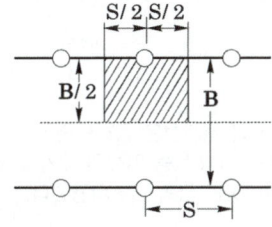

대칭 배열된 가로등 한 등 당의 피조면 면적 A는
$$A = \frac{SB}{2} = \frac{15 \times 10}{2} = 75[\text{m}^2]$$
따라서 필요 조도 E는
$$E = \frac{FU}{A} = \frac{3000 \times 0.6}{75} = 24[\text{lx}]$$

답 ②

11 녹 아웃 펀치와 같은 목적으로 사용하는 공구의 명칭은?

① 히키
② 리이머
③ 호울 소우
④ 드라이브이트

풀이 호울 소우 : 녹 아웃 펀치와 홀소는 캐비닛의 철판 등에 전선관을 넣기 위한 구멍을 만들기 위한 공구이다.

답 ③

12 차단기 중 자연 공기 내에서 개방할 때 접촉자가 떨어지면서 자연 소호에 의한 소호방식을 가지는 기능을 이용한 것은?

① 공기차단기
② 가스차단기
③ 기중차단기
④ 유입차단기

풀이 소호 원리에 따른 차단기의 종류

종류	약어	소 호 원 리
유입 차단기	OCB	소호실에서 아크에 의한 절연유 분해 가스의 흡부력을 이용해서 차단
기중 차단기	ACB	대기 중에서 아크를 길게 하여 소호실에서 냉각 차단(공기의 자연 소호)
자기 차단기	MBB	대기 중에서 전자력을 이용하여 아크를 소호실내로 유도해서 냉각 차단
공기 차단기	ABB	압축된 공기를 아크에 불어 넣어서 차단
진공 차단기	VCB	고진공 중에서 전자의 고속도 확산에 의해 차단
가스 차단기	GCB	고성능 절연 특성을 가진 특수 가스(SF_6)를 흡수해서 차단

답 ③

13 접촉자의 합금 재료에 속하지 않는 것은?

① 은
② 니켈
③ 구리
④ 텅스텐

풀이 접촉자의 재료로는 텅스텐-은, 텅스텐-구리 등의 합금 재료가 많이 쓰인다. **답** ②

14 저압 가공 인입선에서 금속관 공사로 옮겨지는 곳 또는 금속관으로부터 전선을 뽑아 전동기 단자 부분에 접속할 때 사용하는 것은?

① 엘보
② 터미널 캡
③ 접지클램프
④ 엔트런스 캡

풀이 ① 엘보 : 노출 배관 공사에서 관을 직각으로 굽히는 곳에 사용
② 터미널 캡 : 저압 가공 인입선에서 금속관 공사로 옮겨지는 곳 또는 금속관으로부터 전선을 뽑아 전동기 단자 부분에 접속할 때 사용
③ 접지 클램프 : 금속관 공사 시 관을 접지하는 데 사용
④ 엔트런스 캡 : 인입구, 인출구의 금속관 관단에 설치하여 빗물 침입 방지 **답** ②

15 전선관의 산화 방지를 위해 하는 도금은?

① 납
② 니켈
③ 아연
④ 페인트

풀이 전선관의 산화방지를 위해서 아연 도금이나 에나멜 등으로 피복한다. **답** ③

16 다음 중 등(램프) 종류별 기호가 옳은 것은?

① 형광등 : F
② 수은등 : N
③ 나트륨등 : T
④ 메탈 헬라이드등 : H

풀이

등기구	형광등	수은등	나트륨등	메탈 헬라이드등
기호	F	H	N	M

답 ①

17 송전용 볼 소켓형 현수애자의 표준형 지름은 약 몇 [mm]인가?

① 220
② 250
③ 270
④ 300

풀이 현수애자는 경질 자기 부분의 최대 지름에 따라 180[mm], 254[mm](편의상 250[mm]라 함), 280[mm], 320[mm] 등이 있다. **답** ②

18 조명기구나 소형전기기구에 전력을 공급하는 것으로 상점이나 백화점, 전시장 등에서 조명기구의 위치를 빈번하게 바꾸는 곳에 사용되는 것은?

① 라이팅덕트
② 다운라이트
③ 코퍼라이트
④ 스포트라이트

풀이 라이팅덕트 : 전원에서 복수의 조명 기구로의 접속 배선을 묶어서 수용한 금속 또는 합성수지의 덕트장치로서 상점이나 백화점, 전시장 등에서 조명기구의 위치를 바꾸기가 빈번한 곳에 사용된다. **답** ①

19 전선 재료의 구비 조건 중 틀린 것은?

① 접속이 쉬울 것
② 도전율이 적을 것
③ 가요성이 풍부할 것
④ 내구성이 크고 비중이 작을 것

풀이 전선 재료의 구비 요건
① 도전율이 클 것
② 기계적 강도가 클 것(인장강도가 클 것)
③ 가요성 및 내식성이 클 것
④ 내구성이 크고 비중이 작을 것 **답** ②

20 피뢰기의 접지선에 사용하는 연동선 굵기는 최소 몇 [mm²] 이상인가?

① 2.5
② 4
③ 6
④ 3.2

풀이 피뢰기의 접지선은 공칭단면적 6 [mm²] 이상인 연동선 또는 이와 동등 이상의 세기 및 굵기에 쉽게 부식하지 아니하는 금속선을 사용한다. **답** ③

2017년 - 2회 _ 공사기사

01 자기소호 기능이 가장 좋은 소자는?

① GTO
② SCR
③ DIAC
④ TRIAC

풀이 GTO(gate turn off thyristor)는 자기소호기능이 있어 점호 때와 반대 방향의 전류를 흐르게 하면 임의로 소호시킬 수 있다.

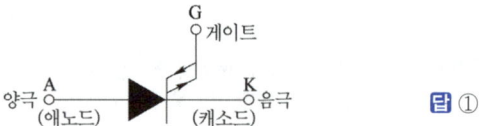

답 ①

02 철도 차량이 운행하는 곡선부의 종류가 아닌 것은?

① 단곡선
② 복곡선
③ 반향곡선
④ 완화곡선

풀이 • 단곡선 : 원의 중심이 1개인 곡선
• 복심곡선 : 반경이 서로 다른 두 개의 원의 중심이 동일한 축에 위치한 곡선
• 반향곡선 : 두 개의 곡선 반경의 중심이 선로에 대해서 서로 반대측에 위치한 것으로 S곡선이라 함
• 완화곡선 : 직선궤도에서 곡선궤도로 변화하는 부분에서의 곡선 **답** ②

03 공해 방지의 측면에서 대기 중에 부유하는 분진 입자를 포집하는 정화장치로 화력 발전소, 시멘트 공장, 용광로, 쓰레기 소각장 등에 널리 이용되는 것은?

① 정전기
② 정전 도장
③ 전해 연마
④ 전기 집진기

풀이 전기 집진기는 일반적으로 기체 중에서 그 중에 부유하는 고체형 액상 미립자를 전기적 방법으로 제거하고, 혹은 채집하는 장치로서 대전체 간의 정전력을 이용한 것이며, 코트렐(cottrell)식은 그 대표적인 것이다. 발전소·시멘트 공업, 철강 관계 등에서 광범위하게 사용되고 있다. **답 ④**

04 금속의 표면 열처리에 이용하며 도체에 고주파 전류를 통하면 전류가 표면에 집중하는 현상은?

① 표피 효과
② 톰슨 효과
③ 핀치 효과
④ 제벡 효과

풀이 ① 표피 효과 : 도체에 고주파 전류를 통하면 전류가 표면에 집중하는 현상으로 금속의 표면 열처리에 이용한다.
② 톰슨 효과 : 제벡 효과의 역현상의 일종으로 동종의 금속의 접점에 전류를 통하면 전류 방향에 따라 열을 발생 또는 흡수하는 현상이다.
③ 핀치 효과 : 용융체에 강한 전류를 통하면 전자력에 의한 인력이 커지므로 용융체가 도중에서 끊어져 전류가 끊어지는 현상을 말한다.
④ 제벡 효과 : 열전온도계, 즉 두 금속을 두 접점으로 폐회로를 만들고 두 접점의 온도를 달리하면 기전력이 발생한다. 이 열기전력은 두 접점 간의 온도차에 비례한다. 이 두 금속을 열전대라 하고 이것을 이용한 것이 열전온도계이다. **답 ①**

05 겨울철에 심야 전력을 사용하여 20[kWh] 전열기로 40[℃]의 물 100[l]를 95[℃]로 데우는 데 사용되는 전기 요금은 약 얼마인가?(단, 가열 장치의 효율 90[%], 1[kWh] 당 단가는 겨울철 56.10[원], 기타 계절 37.90[원]이며, 계산 결과는 원단위 절삭한다.)

① 260[원]
② 290[원]
③ 360[원]
④ 390[원]

풀이
$$Ph = \frac{Mc(T_2 - T_1)}{860\eta}$$
$$= \frac{100 \times 1 \times (95-40)}{860 \times 0.9} = 7.11[kWh]$$
1[kWh] 당 겨울철 56.10[원]이므로
전기요금 $= 7.11 \times 56.10 ≒ 399$[원]
따라서 전기요금은 원단위를 절삭하면 390[원]이다. **답 ④**

06 열차 자체의 중량이 80[ton]이고 동륜상의 중량이 55[ton]인 기관차의 최대 견인력[kg]은? (단, 궤조의 점착계수는 0.3으로 한다.)

① 15000
② 16500
③ 18000
④ 24000

풀이 최대 견인력 F_m[kg]은 다음과 같다.
$$F_m = 1{,}000\mu W_a[kg]$$
여기서, μ는 점착계수, W_a는 차륜이 궤조(rail)면에 수직으로 누르는 중력[t]
$$\therefore F_m = 1{,}000 \times 0.3 \times 55 = 16500[kg]$$ **답 ②**

07 다음 그림은 UJT를 사용한 기본 이상 발진회로이다. R_E의 역할을 설명한 내용 중 옳은 것은?

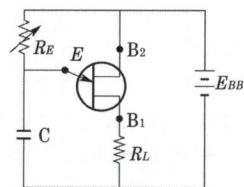

① 콘덴서(C)의 방전시간을 결정한다.
② B_1과 B_2에 걸리는 전압을 결정한다.
③ 콘덴서(C)에 흐르는 과전류를 보호한다.
④ 콘덴서(C)의 충전전류를 제어하여 펄스 주기를 조정한다.

풀이 ① 충전전류에 의해 C의 전압이 UJT를 on시킬만큼 증가하면 C는 방전 후 다시 충전전류에 의해 전압상승 한다.
② R_E가 감소하면 C의 충전전류가 증가하여 펄스 주기가 빨라지고, R_E가 증가하면 C의 충전전류가 감소하여 펄스 주기가 짧아진다.
따라서 R_E는 콘덴서(C)의 충전전류를 제어하여 펄스 주기를 조정하는 역할을 한다. **답 ④**

08 플라이 휠 효과가 1[kg · m^2]인 플라이 휠 회전 속도가 1500[rpm]에서 1200[rpm]으로 떨어졌다. 방출 에너지는 약 몇 [J]인가?

① 1.11×10^3 ② 1.11×10^4

③ 2.11×10^3 ④ 2.11×10^4

풀이 n[rpm]이라고 하면

$$W = \frac{1}{2}\left(\frac{GD^2}{4}\right)\left(\frac{2\pi n}{60}\right)^2 = \frac{GD^2 \cdot n^2}{730}[J]$$

이므로

방출 에너지

$$= W_2 - W_1 = \frac{GD^2}{730}n_2^2 - \frac{GD^2}{730}n_1^2$$

$$= \frac{GD^2(n_2^2 - n_1^2)}{730} = \frac{1 \times (1500^2 - 1200^2)}{730}$$

$$\fallingdotseq 1.11 \times 10^3 [J]$$

답 ①

09 정격전압 100[V], 평균 구면광도 100[cd]의 진공 텅스텐 전구를 97[V]로 점등한 경우의 광도는 몇 [cd]인가?

① 90   ② 100

③ 110   ④ 120

풀이 전압 특성 $\frac{F}{F_0} = \left(\frac{V}{V_0}\right)^{3.38}$ 에서

$$F = F_0\left(\frac{V}{V_0}\right)^{3.38} = F_0\left(\frac{97}{100}\right)^{3.38} = 0.9F_0$$

단, V : 인가전압, V_0 : 정격전압

F : 인가전압 V를 인가했을 때 광속

F_0 : 정격전압 V_0를 인가했을 때의 광속

$$I = \frac{F}{\omega}[cd] 에서 I \propto F 이므로$$

단, I : 광도, ω : 입체각, F : ω내의 광속

$$I = 0.9I_0 = 0.9 \times 100 = 90[cd]$$

단, I : 인가전압 V를 인가했을 때 광도

I_0 : 정격전압 V_0를 인가했을 때의 광도

답 ①

10 1차 전지 중 휴대용 라디오, 손전등, 완구, 시계 등에 매우 광범위하게 이용되고 있는 건전지는?

① 망간 건전지   ② 공기 건전지

③ 수은 건전지   ④ 리튬 건전지

풀이 1차 전지의 종류 및 용도

전지명	용도
망간건전지(보통전지)	통신용, 전등용, 완구
알칼리 · 망간건전지	망간건전지 보다 중부하용
산화은 전지	시계
공기전지	보청기
수은전지	시계, 와이어레스마이크
2산화망간 · 리튬전지	IC 카드, 전자수첩

답 ①

11 저압 핀 애자의 종류가 아닌 것은?

① 저압 소형 핀 애자

② 저압 중형 핀 애자

③ 저압 대형 핀 애자

④ 저압 특대형 핀 애자

풀이 저압 핀 애자의 종류

① 저압 소형 핀 애자

② 저압 중형 핀 애자

③ 저압 대형 핀 애자이다.

답 ④

12 동전선의 접속 방법이 아닌 것은?

① 교차접속   ② 직선접속

③ 분기접속   ④ 종단접속

풀이 동전선의 접속 방법

① 직선접속   ② 분기접속   ③ 종단접속

④ 슬리브에 의한 접속

답 ①

13 다음 중 솔리드 케이블이 아닌 것은?

① H 케이블   ② SL 케이블

③ OF 케이블   ④ 벨트 케이블

풀이 ① 솔리드 케이블(solid cable)

• 벨트 케이블 : 10 [kV] 이하 사용

• H케이블 : 30 [kV] 정도 고압 송배전용

• SL케이블 : 10~30 [kV]급 도시 송배전용

② OF 케이블(oil filled cable)은 솔리드 케이블 단점을 보완. 케이블 중에 기름 통로를 만들어 1 [kg/cm^2]의 유압으로 케이블 속의 압력이 항상 대기압 이상으로 유지되도록 하며 사용 온도가 높아 송전용량이 증대한다.

답 ③

14 배전반 및 분전반의 설치장소로 적합하지 않은 곳은?

① 안정된 장소
② 노출되어 있지 않은 장소
③ 개폐기를 쉽게 개폐할 수 있는 장소
④ 전기회로를 쉽게 조작할 수 있는 장소

[풀이] 배전반 및 분전반의 설치장소(내선규정 1455-1)
① 전기회로를 쉽게 조작할 수 있는 장소
② 개폐기를 쉽게 개폐할 수 있는 장소
③ 노출된 장소
④ 안정된 장소　　　　　　　　[답] ②

15 가선 전압에 의하여 정해지고 대지와 통신선 사이에 유도되는 것은?

① 전자 유도　　　　② 정전 유도
③ 자기 유도　　　　④ 전해 유도

[풀이] 정전유도 : 가선 전압에 의하여 통신선에 유도되며 가선 전압의 크기, 트롤리선과 통신선과의 거리에 따라 결정되며 연피 케이블을 사용하면 완전히 차폐할 수 있다.　　　　　　　　[답] ②

16 피뢰침용 인하도선으로 가장 적당한 전선은?

① 동선　　　　　② 고무 절연전선
③ 비닐 절연전선　④ 캡타이어 케이블

[풀이] 피뢰설비의 재료는 최소 단면적이 피복이 없는 동선을 기준으로 수뢰부, 인하도선 및 접지극은 50[mm^2] 이상이거나 이와 동등 이상의 성능을 갖출 것　　[답] ①

17 가공전선로에서 22.9[kV-Y] 특고압 가공전선 2조를 수평으로 배열하기 위한 완금의 표준길이[mm]는?

① 1400　　　　② 1800
③ 2000　　　　④ 2400

[풀이] 완금의 표준 길이

전선의 개수	특고압	고압	저압
2	1800	1400	900
3	2400	1800	1400

[답] ②

18 약호 중 계기용 변성기를 표시하는 것은?

① PF　　　　② PT
③ MOF　　　④ ZCT

[풀이]
• PF : 전력용 퓨즈
• PT : 계기용 변압기
• MOF : CT, PT를 한 탱크에 넣은 계기용 변성기
• ZCT : 영상 변류기　　　　　　[답] ③

19 일정한 전압을 가진 전지에 부하를 걸면 단자 전압이 저하되는 원인은?

① 주위 온도　　　　② 분극 작용
③ 이온화 경향　　　④ 전해액의 변색

[풀이] 전지에 부하를 연결하면(전류가 흐르면) 수소 가스가 발생하고 되고 이것이 전극에 부착되므로 전지의 내부 저항이 증가되고, 이때 발생된 수소 가스는 H+로 환원하려고 역기전력을 발생하여 전기 기전력이 저하되는 현상을 분극 작용이라 한다.　　　[답] ②

20 무대 조명의 배치별 구분 중 무대 상부 배치 조명에 해당되는 것은?

① Foot light
② Tower light
③ Ceiling Spot light
④ Suspension Spot light

[풀이] 서스팬션 라이트(suspension light) : 천정으로부터 늘어뜨려 부분적으로 조명하는 방법　　　[답] ④

2017년 - 4회 _ 공사기사

01 전기철도에서 전식 방지법이 아닌 것은?

① 변전소 간격을 짧게 한다.
② 대지에 대한 레일의 절연저항을 크게 한다.
③ 귀선의 극성을 정기적으로 바꿔주어야 한다.
④ 귀선 저항을 크게 하기 위해 레일에 본드를 시설한다.

풀이 레일과 변전소 간에 상당한 전위차가 생기면 누설 전류가 흐르고, 때문에 지중 매설물에 전해 작용이 일어나서 점점 얇아지게 된다. 이것을 전식이라고 한다.
(1) 전철측 시설
① 귀선 저항을 작게 하기 위하여 레일에 본드를 시설하고 그 시공, 보수에 충분히 주의한다.
② 레일을 따라 보조귀선을 설치한다.
③ 변전소 간의 간격을 짧게 한다.
④ 귀선의 극성을 정기적으로 바꾼다.
⑤ 대지에 대한 레일의 절연저항을 크게 한다.
⑥ 3선식 배전법을 사용한다.
⑦ 절연 음극 궤전선을 설치하여 레일과 접속한다.
⑧ 가장 먼 (−) 궤전선에 음극 승압기를 설치한다.
(2) 매설관측 시설
① 배류법
② 매설관의 표면 또는 접속부를 절연하는 방법
③ 도전체로 차폐하는 방법
④ 전위 제어법　　　　　**답** ④

02 자기방전량만을 항시 충전하는 부동충전방식의 일종인 충전방식은?

① 세류충전　　　② 보통충전
③ 급속충전　　　④ 균등충전

풀이 ① 세류 충전 : 자기 방전량만을 항시 충전하는 부동 충전 방식의 일종이다.
② 보통 충전 : 필요할 때마다 표준 시간율로 소정의 충전을 하는 방식이다.
③ 급속 충전 : 비교적 단시간에 보통 전류의 2~3배의 전류로 충전하는 방식이다.
④ 균등 충전 : 부동 충전 방식에 의하여 사용할 때 각 전해조에서 일어나는 전위차를 보정하기 위하여 1~3개월 마다 1회씩 정전압으로 10~12시간 충전하여 각 전해조의 용량을 균일화하기 위한 방식이다.
⑤ 부동 충전 : 축전지의 자기 방전을 보충함과 동시에 상용 부하에 대한 전력 공급은 충전기가 부담하도록 하되 충전기가 부담하기 어려운 일시적인 대전류 부하는 축전지로 하여금 부담하게 하는 방식이다.
　　　　　답 ①

03 경사각 θ, 미끄럼 마찰계수 μ_s의 경사면위에서 중량 M[kg]의 물체를 경사면과 평행하게 속도 v[m/s]로 끌어올리는 데 필요한 힘 F[N]는?

① $F = 9.8M(\sin\theta + \mu_s\cos\theta)$
② $F = 9.8M(\cos\theta + \mu_s\sin\theta)$
③ $F = 9.8Mv(\sin\theta + \mu_s\cos\theta)$
④ $F = 9.8Mv(\cos\theta + \mu_s\sin\theta)$
　　　　　답 ①

04 엘리베이터에 사용되는 전동기의 특성이 아닌 것은?

① 소음이 적어야 한다.
② 기동 토크가 적어야 한다.
③ 회전 부분의 관성 모멘트는 적어야 한다.
④ 가속도의 변화비율이 일정 값이 되도록 선택한다.

풀이 엘리베이터에 사용되는 전동기의 특성
① 회전부분의 관성 모멘트는 적어야 한다(기동정지가 빈번).
② 가속도의 변화비율이 일정 값이 되도록 선택(가속감속 시)한다.
③ 기동 토크가 커야 한다.
④ 소음이 적어야 한다.
제어의 발달에 따라 3상 유도전동기가 주로 사용된다.
　　　　　답 ②

05 반지름 r, 휘도 B인 완전 확산성 구면 광원의 중심에서 h 되는 거리의 점 P에서 이 광원의 중심으로 향하는 조도는 얼마인가?

① πB　　　　　② πBr^2
③ πBr^2h　　　④ $\dfrac{\pi Br^2}{h^2}$

풀이 그림에서 점 P의 조도 E_h 는
$$E_h = \pi B\sin^2\theta$$
$$\sin\theta = \frac{r}{h}$$
$$\therefore \ E_h = \frac{\pi Br^2}{h^2}$$

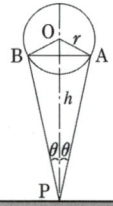

　　　　　답 ④

06 흑연화로, 카보런덤로, 카바이드로 등의 가열 방식은?

① 아크 가열
② 유도 가열
③ 간접저항 가열
④ 직접저항 가열

풀이 전기로의 분류

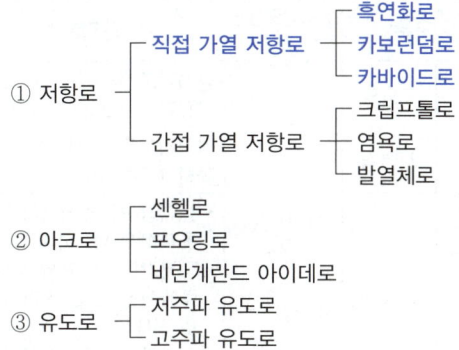

① 저항로
- 직접 가열 저항로
  - 흑연화로
  - 카보런덤로
  - 카바이드로
- 간접 가열 저항로
  - 크립트롤로
  - 염욕로
  - 발열체로

② 아크로
- 센헬로
- 포오링로
- 비란게란드 아이데로

③ 유도로
- 저주파 유도로
- 고주파 유도로

답 ④

07 교류식 전기 철도에서 전압불평형을 경감시키기 위해서 사용하는 변압기 결선방식은?

① Y-결선 ② △-결선
③ V-결선 ④ 스코트 결선

풀이 3상 전원에서 용량이 큰 단상 부하에만 전원을 공급하게 되면 3상 전원은 부하 불평형이 되며 이를 해소하기 위해 단상 변압기 2대를 사용해서 3상 전원을 2상으로 변환하여 3상 전원을 평형이 되도록 하는데 이 방식을 **스코트 결선** 방식이라고 한다.
답 ④

08 SCR의 턴온(turn on) 시 20[A]의 전류가 흐른다. 게이트 전류를 반으로 줄이면 SCR의 전류[A]는?

① 5 ② 10
③ 20 ④ 40

풀이 SCR에 순방향 전압이 인가되어 있을 때 게이트 전류가 흐르면 SCR은 도통을 시작한다. 일단, 도통되고 나면 게이트 전류를 차단하여도 SCR은 계속 도통 상태를 유지하므로 **도통 후 애노드 전류의 크기는 게이트 전류와 무관**하다.
답 ③

09 완전 확산면의 휘도(B)와 광속 발산도(R)의 관계식은?

① $R = 4\pi B$ ② $R = 2\pi B$
③ $R = \pi B$ ④ $R = \pi^2 B$

풀이 1차 광원 또는 광을 반사하는 면, 즉 2차 광원에 있어서 발산광속의 면적밀도를 광속발산도(luminous radiance)라 한다.
구광원에서

$$R = \frac{F}{S} = \frac{4\pi I}{4\pi r^2} = \frac{I}{r^2}$$

$$B = \frac{I}{A} = \frac{I}{\pi r^2}$$

$$\therefore R = \pi B [\text{rlx}]$$
답 ③

10 최근 많이 사용되는 전력용 반도체 소자 중 IGBT의 특성이 아닌 것은?

① 게이트 구동전력이 매우 높다.
② 용량은 일반 트랜지스터와 동등한 수준이다.
③ 소스에 대한 게이트의 전압으로 도통과 차단을 제어한다.
④ 스위칭 속도는 FET와 트랜지스터의 중간 정도로 빠른 편에 속한다.

풀이 IGBT(insulated gate bipolar transistor)
IGBT(게이트 절연 양극성 트랜지스터)는 MOSFET와 트랜지스터의 장점을 취한 것으로서
① 소스에 대한 게이트의 전압으로 도통과 차단을 제어한다.
② 게이트 구동전력이 매우 낮다.
③ 스위칭 속도는 FET와 트랜지스터의 중간 정도로 빠른 편에 속한다.
④ 용량은 일반 트랜지스터와 동등한 수준이다.
답 ①

11 리튬 1차 전지의 부극 재료로 사용되는 것은?

① 리튬염 ② 금속 리튬
③ 불화카본 ④ 이산화망간

풀이

전지명	정극물질 (감극제)	전해질	부극물질 (부극)	용도
2산화망간 · 리튬전지	MnO_2	유기 전해질	Li	IC 카드, 전자수첩

답 ②

12 번개로 인한 외부 이상전압이나 개폐 서지로 인한 내부 이상전압으로부터 전기시설을 보호하는 장치는?

① 피뢰기   ② 피뢰침

③ 차단기   ④ 변압기

풀이 피뢰기

(1) 기능

    ① 이상전압이 내습해서 피뢰기의 단자전압이 어느 일정 값 이상으로 올라가면 즉시 방전해서 전압 상승을 억제

    ② 이상전압이 없어져서 단자전압이 일정값 이하가 되면 즉시 방전을 정지해서 원래의 송전 상태로 되돌아가게 한다.

(2) 구성

    ① 직렬 갭 : 뇌전류를 방전하고 속류를 차단

    ② 특성요소 : 뇌전류 방전 시 피뢰기 자신의 전위상승을 억제하여 자신의 절연파괴를 방지

(3) 피뢰기의 구비조건

    ① 상용 주파 방전 개시 전압이 높을 것

    ② 충격 방전 개시 전압이 낮을 것

    ③ 제한 전압이 낮을 것

    ④ 속류 차단 능력이 클 것   **답** ①

13 고장전류 차단능력이 없는 것은?

① LS   ② VCB

③ ACB   ④ MCCB

풀이 • 스위치(Switch) : 아크 소호 장치가 없어 대전류 차단이 곤란

• 차단기(Breaker) : 아크 소호 장치가 있어 대전류 차단이 가능

따라서, LS(Line Switch)는 고장전류의 차단 능력이 없는 반면, VCB, ACB, MCCB는 고장전류와 같은 대전류 차단이 가능하다.   **답** ①

14 누전차단기의 동작시간 중 틀린 것은?

① 고감도 고속형 : 정격감도전류에서 0.1초 이내

② 중감도 고속형 : 정격감도전류에서 0.2초 이내

③ 고감도 고속형 : 인체감전보호용은 0.03초 이내

④ 중감도 시연형 : 정격감도전류에서 0.1초를 초과하고 2초 이내

풀이 누전차단기의 종류(KSC 4613)

구분		정격감도전류 [mA]	동작시간
고감도형	고속형	5, 10, 15, 30	정격감도전류에서 0.1초 이내, 인체감전보호형은 0.03초 이내
	시연형		정격감도전류에서 0.1초를 초과하고 2초 이내
	반한시형		• 정격감도전류에서 0.2초를 초과하고 1초 이내 • 정격감도전류에서 1.4배의 전류에서 0.1초를 초과하고 0.5초 이내 • 정격감도전류 4.4배의 전류에서 0.05초 이내
중감도형	고속형	50, 100, 200, 500, 1,000	정격감도전류에서 0.1초 이내
	시연형		정격감도전류에서 0.1초를 초과하고 2초 이내

[비고] 누전차단기의 최소동작전류는 일반적으로 정격감도전류의 50 [%] 이상이므로 선정에 주의할 것   **답** ②

15 전선 재료로서 구비할 조건 중 틀린 것은?

① 도전율이 클 것

② 접속이 쉬울 것

③ 내식성이 작을 것

④ 가요성이 풍부할 것

풀이 전선 재료의 구비 요건

    ① 도전율이 크고 고유 저항은 작을 것

    ② 기계적 강도 및 가요성(유연성)이 풍부할 것

    ③ 내구성이 클 것

    ④ 비중이 작을 것

    ⑤ 시공 및 보수의 취급이 용이할 것

    ⑥ 다량으로 값싸게 구입할 수 있을 것

    ⑦ 내식성이 클 것

    ⑧ 인장강도가 클 것   **답** ③

16 램프효율이 우수하고 단색광이므로 안개지역에서 가장 많이 사용되는 광원은?

① 수은등   ② 나트륨등

③ 크세논등   ④ 메탈헬라이드등

풀이 나트륨등의 발광은 나트륨 증기의 방전에 의하여 공명선인 5890~1586[Å]의 D선(황색선)이 76[%]를 차지하며, 나트륨등의 효율은 이론상 395[lm/W] 실용상

150~80[lm/W] 정도로 대단히 높다. 따라서 빛의 직선성이 좋아 안개가 잘 발생하는 강변이나, 먼지가 많은 터널 등에 사용된다.　　　답 ②

부싱은 전선 관단에 끼우고 전선을 넣거나 빼는 데 있어서 전선의 피복을 보호하여 전선이 손상되지 않게 하는 것이다.　　　답 ②

---

17 하향 광속으로 직접 작업 면에 직사시키고 상향 광속의 반사광으로 작업면의 조도를 증가시키는 조명기구는?

① 간접 조명기구
② 직접 조명기구
③ 반직접 조명기구
④ 전반확산 조명기구

풀이 ① 간접조명 : 상향광속이 90~100[%]가 되고 하향광속은 10[%]정도이므로 거의 대부분의 발산광속을 윗 방향으로 확산시키는 방식. 빛의 90~100[%]가 천정과 벽에 반사되고 10[%]만이 물체의 표면에 직접 투사된다.
② 직접조명 : 빛을 직접 대상물에 비추는 조명방식
③ 반직접조명 : 빛의 60~90[%]가 아래로 향하여 직접 표면을 비추고 나머지 10~40[%]는 천정 면을 향하여 반사시키는 조명방식
④ 전반확산조명 : 하향광속으로 직접 작업 면에 직사시키고 상향광속의 반사광으로 작업면의 조도를 증가시키는 조명방식　　　답 ④

---

18 특고압, 고압, 저압에 사용되는 완금(완철)의 표준길이[mm]에 해당되지 않는 것은?

① 900　　　　② 1800
③ 2400　　　　④ 3000

풀이 완금의 표준 길이

전선의 개수	특고압	고압	저압
2	1800	1400	900
3	2400	1800	1400

답 ④

---

19 금속관 공사에서 절연부싱을 쓰는 목적은?

① 관의 끝이 터지는 것을 방지
② 관의 단구에서 전선의 손상을 방지
③ 박스 내에서 전선의 접속을 방지
④ 관의 단구에서 조영재의 접속을 방지

---

20 강제 전선관에 대한 설명으로 틀린 것은?

① 후강 전선관과 박강 전선관으로 나누어진다.
② 폭발성 가스나 부식성 가스가 있는 장소에 적합하다.
③ 녹이 스는 것을 방지하기 위해 건식 아연도금법이 사용된다.
④ 주로 강으로 만들고 알루미늄이나, 황동, 스테인리스 등은 강제관에서 제외된다.

답 ④

01 정류방식 중 정류 효율이 가장 높은 것은? (단, 저항부하를 사용한 경우이다.)

① 단상 반파방식
② 단상 전파방식
③ 3상 반파방식
④ 3상 전파방식

풀이

정류 종류	단상 반파	단상 전파	3상 반파	3상 전파
맥동률[%]	121	48	17.7	4.04
정류 효율	40.5	81.1	96.7	99.8
맥동 주파수	f	$2f$	$3f$	$6f$

답 ④

02 전기용접부의 비파괴검사와 관계없는 것은?

① X선 검사　　② 자기 검사
③ 고주파 검사　　④ 초음파 탐상시험

풀이 용접물의 비파괴 시험 종류
① 용접부의 외관 검사
② 자기검사
③ X선 또는 γ선 투과 시험
④ 초음파 탐상기에 의한 시험　　**답** ③

03 전지의 자기방전이 일어나는 국부작용의 방지 대책으로 틀린 것은?

① 순환전류를 발생시킨다.
② 고순도의 전극재료를 사용한다.
③ 전극에 수은도금(아말감)을 한다.
④ 전해액에 불순물 혼입을 억제시킨다.

풀이 아연 음극 또는 전해액 중 불순물(Cu, Ni, Fe, Sb 등)이 섞이면 국부 전류에 의한 전극의 부분 용해로서 자체 방전이 생기고 수명이 단축된다. 이것을 방지하기 위하여 아연 전극에 수은 도금을 하거나 순도가 높은 전극 재료를 사용한다.　　**답** ①

04 합판 및 비닐막의 접착에 적당한 가열방식은?

① 유도가열
② 적외선가열
③ 직접 저항가열
④ 고주파 유전가열

풀이 • 유전가열은 고주파 자계에 의한 분자의 마찰열을 이용하는 것으로 목재의 건조, 목재의 접착, 비닐막의 접착 등에 사용된다.
• 비닐막은 절연물로서 저항가열, 아크가열, 유도가열은 쓰지 못한다.　　**답** ④

05 루소선도가 그림과 같이 표시되는 광원의 하반구 광속은 약 몇 [lm]인가? (단, 여기서 곡선 BC는 4분원이다.)

① 245
② 493
③ 628
④ 1120

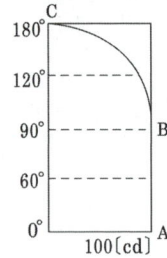

풀이 전광속 $F = \dfrac{2\pi}{r}S$[lm]

(여기서 S는 광원의 광속이
• 하반구 : 루소선도의 0°~90° 사이의 면적
• 상반구 : 루소선도의 90°~180° 사이의 면적)
반지름 $r = 100$ 이고, 하반구 광속이므로
0°~90° 사이의 면적을 구하면
$$S = 100 \times 100 = 10^4$$
$$\therefore F = \frac{2\pi}{100} \times 10^4 = 628\text{[lm]}$$
답 ③

06 다이오드 클램퍼(clamper)의 용도는?

① 전압증폭　　② 전류증폭
③ 전압제한　　④ 전압레벨 이동

풀이 클램퍼는 입력전압에 직류 전압을 가감하여 파형의 변형 없이 다른 레벨에 파형을 고정시키는 회로에 사용된다.　　**답** ④

07 플라이휠을 이용하여 변동이 심한 부하에 사용되고 가역 운전에 알맞은 속도제어방식은?

① 일그너 방식
② 워드 레너드 방식
③ 극수를 바꾸는 방식
④ 전원주파수를 바꾸는 방식

풀이 ① 일그너 방식 : 워드레오나드 방식에 플라이휠을 장치하여 첨두부하의 반복이 교류 전원측에 미치는 악영향을 적게 한 것으로 대용량 부하에서 가변 속도의 경우에 사용한다. 제철, 제관 작업 등에 적합하며 특징은 다음과 같다.
  • 첨두 부하값이 감소
  • 최대 토크 감소
  • 전류의 동요가 감소
② 직류 전동기의 속도 제어법 비교

구 분	제어 특성	특 징
계자 제어법	• 정출력 제어	• 속도 제어 범위가 좁다.
전압 제어법	• 정토크 제어 – 워드 레오나드 방식 – 일그너 방식	• 제어 범위가 넓다. • 손실이 매우 적다. • 정역 운전이 가능 • 설비비가 많이 든다.
직렬 저항법		• 효율이 나쁘다.

답 ①

08 전차의 경제적인 운전방법이 아닌 것은?

① 가속도를 크게 한다.
② 감속도를 크게 한다.
③ 표정속도를 작게 한다.
④ 가속도·감속도를 작게 한다.

답 ④

09 부식성의 산, 알칼리 또는 유해가스가 있는 장소에서 실용상 지장 없이 사용할 수 있는 구조의 전동기는?

① 방적형
② 방진형
③ 방수형
④ 방식형

풀이 전동기의 형식
  ① 방적형 : 낙하하는 물방울, 또는 이물체가 직접 전동기 내부로 침입 할 수 없는 구조

② 방진형 : 먼지의 침입을 최대한 방지하고, 침입하여도 정상운전에 지장이 없도록 한 구조
③ 방수형 : 지정된 조건에서 1~3분 동안 주수 하여도 물이 침입할 수 없는 구조
④ 방식형(방부형) : 부식성의 산·알카리 또는 유해가스가 존재하는 장소에서 실용상 지장 없이 사용할 수 있는 구조

답 ④

10 가로 12[m], 세로 20[m]인 사무실에 평균조도 400[lx]를 얻고자 32[W] 전광속 3000[lm]인 형광등을 사용하였을 때 필요한 등수는?
(단, 조명률은 0.5, 감광보상률은 1.25이다.)

① 50
② 60
③ 70
④ 80

풀이 $FUN = AED$ 에서
$$\therefore N = \frac{AED}{FU} = \frac{12 \times 20 \times 400 \times 1.25}{3000 \times 0.5} = 80 등$$
(여기서, F : 1등 당의 광원 광속 [lm], U : 조명률, N : 광원의 수, A : 면적 [m²], E : 조도 [lx], D : 감광보상률)

답 ④

11 공기전지의 특징이 아닌 것은?

① 방전 시에 전압변동이 적다.
② 온도차에 의한 전압변동이 적다.
③ 내열, 내한, 내습성을 가지고 있다.
④ 사용 중의 자기방전이 크고 오랫동안 보존할 수 없다.

풀이 공기 건전지의 특징
  ① 방전 시 전압 변동이 적다.
  ② 자기 방전이 적고 장시간 보존이 가능하다.
  ③ 온도차에 따른 전압 변동이 적다.
  ④ 내한, 내열, 내습성을 가진다.
  ⑤ 용량이 커서 경제적이다.

답 ④

12 캡타이어 케이블 상호 및 캡타이어 케이블과 박스, 기구와의 접속개소와 지지점 간의 거리는 접속개소에서 최대 몇 [m] 이하로 하는 것이 바람직한가?

① 0.75
② 0.55
③ 0.25
④ 0.15

풀이 캡타이어 케이블의 지지(내선규정 2280-3)
캡타이어 케이블 상호 및 캡타이어 케이블과 박스, 기구와의 접속개소와 지지점 간의 거리는 접속개소에서 0.15[m] 이하로 하는 것이 바람직하지만, 전선이 굵은 경우 등 부득이할 경우는 적용하지 않는다. **답** ④

13 접지극으로 탄소피복강봉을 사용하는 경우 최소 규격으로 옳은 것은?

① 지름 8[mm] 이상의 강심, 길이 0.9[m] 이상일 것
② 지름 10[mm] 이상의 강심, 길이 1.2[m] 이상일 것
③ 지름 12[mm] 이상의 강심, 길이 1.4[m] 이상일 것
④ 지름 14[mm] 이상의 강심, 길이 1.6[m] 이상일 것

풀이 접지극의 종류
- 동판 : 두께 0.7[mm] 이상, 면적 900[cm²] 이상
- 동봉, 동피복강봉 : 지름 8[mm] 이상, 길이 0.9[m] 이상
- 철봉 : 지름 12[mm] 이상, 길이 0.9[m] 이상의 아연도금한 것
- 동복강판 : 두께 1.6[mm] 이상, 길이 0.9[m] 이상, 면적 250[cm²] 이상
- 탄소피복강봉 : 지름 8[mm] 이상의 강심, 길이 0.9[m] 이상 **답** ①

14 전선의 굵기가 95[mm²] 이하인 경우 배전반과 분전반의 소형덕트의 폭은 최소 몇 [cm]인가?

① 8   ② 10
③ 15   ④ 20

풀이 배전반과 분전반의 소형덕트 폭
(내선규정 표 1455-1)

전선의 굵기 (mm²)	분배전반의 소형덕트의 폭 (cm)
35 이하	8
95 이하	10
240 이하	15
400 이하	20
630 이하	25
1,000 이하	30

답 ②

15 효율이 우수하고 특히 등황색 단색광으로 연색성이 문제되지 않는 도로조명, 터널조명 등에 많이 사용되고 있는 등[lamp]은?

① 크세논등   ② 고압 수은등
③ 저압 나트륨등   ④ 메탈 헬라이드등

풀이 저압 나트륨등은 연색성이 좋지 않으므로, 연색성이 문제되지 않는 도로나 터널 등의 옥외조명에 주로 사용된다.
① 나트륨등은 나트륨 증기 중의 방전을 이용한 것으로 분광 분포는 D선이라 불리는 5890~5896[Å]의 황색 선이 대부분(76[%])을 차지한다.
② 인공 광원 중 최대 발광 효율을 나타낸다. (80~150[lm/W])
③ 단색광으로 연색성이 대단히 나빠 실내조명으로는 부족하다.
④ 투과력이 양호하여 강변 도로등, 안개지역 가로등, 광학시험에 사용된다. **답** ③

16 KS C IEC 62305에 의한 수뢰도체, 피뢰침과 인하도선의 재료로 사용되지 않는 것은?

① 구리
② 순금
③ 알루미늄
④ 용융아연도금강

풀이 수뢰도체, 피뢰침과 인하도선의 재료로는 구리, 주석도금한 구리, 알루미늄, 알루미늄합금, 용융아연도금강, 스테인리스강이 사용된다. **답** ②

17 도체의 재료로 주로 사용되는 구리와 알루미늄의 물리적 성질을 비교한 것 중 옳은 것은?

① 구리가 알루미늄보다 비중이 작다.
② 구리가 알루미늄보다 저항률이 크다.
③ 구리가 알루미늄보다 도전율이 작다.
④ 구리와 같은 저항을 갖기 위해서는 알루미늄 전선의 지름을 구리보다 굵게 한다.

풀이 동일한 조건에서 구리가 알루미늄보다 저항이 작으므로, 알루미늄의 저항을 작게 하기 위해서는 알루미늄 전선의 지름을 구리보다 굵게 하여야 한다.

저항 $R = \rho \dfrac{l}{A}[\Omega]$

여기서, ρ : 고유저항[Ω/m·mm²],
l : 전선길이[m], A : 단면적[mm²] **답** ④

18 다음 조명기구의 배광에 의한 분류 중 병실이나 침실에 시설할 조명기구로 가장 적합한 것은?

① 직접 조명기구 ② 반간접 조명기구
③ 반직접 조명기구 ④ 전반확산 조명기구

풀이 ① 직접 조명
  • 빛을 직접 대상물에 비추는 조명방식
  • 정원・공장 등에 사용
② 반간접 조명
  • 직접조명과 간접조명의 단점을 보완한 것으로 발산광속 중 상향 광속이 60~90[%], 하향 광속이 10~40[%]이다.
  • 거실・안방 등 일반가정에서 많이 사용
③ 반직접 조명
  • 빛의 60~90[%]가 아래로 향하여 직접 표면을 비추고 나머지 10~40[%]는 천정 면을 향하여 반사시키는 조명방식
  • 상점・사무실・학교 등에 사용)
④ 전반확산 조명
  • 하향광속으로 직접 작업 면에 직사시키고 상향광속의 반사광으로 작업면의 조도를 증가시키는 조명방식
  • 일반 사무실・백화점・교실 등에 사용) **답** ②

19 보호계전기의 종류가 아닌 것은?

① ASS ② RDR
③ DGR ④ OCGR

풀이 ① ASS (Automatic Section Switch) : 자동 고장 구분 개폐기
② RDR(Current Ratio Differential Relay) : 비율 차동 계전기
③ DGR (DirectionalGround Relay) : 지락 방향 계전기
④ OCGR (Over Current Ground Relay) : 과전류 지락 계전기 **답** ①

20 플로어덕트 배선에 사용하는 동 절연전선이 단선일 때 단면적은 최대 몇 [mm²]를 초과하면 안 되는가?

① 6 ② 10
③ 16 ④ 25

풀이 플로어 덕트 공사
① 전선은 절연전선(옥외용 비닐 절연전선을 제외한다)일 것
② 전선은 연선일 것. 다만, 단면적 10[mm²](알루미늄선은 단면적 16[mm²]) 이하인 것은 그러하지 아니하다.
③ 플로어 덕트 안에는 전선에 접속점이 없도록 할 것. 다만, 전선을 분기하는 경우에 접속점을 쉽게 점검할 수 있을 때에는 그러하지 아니하다. **답** ②

2018년 - 2회 _ 공사기사

01 열차의 자중이 100[t]이고, 동륜상의 중량이 90[t]인 기관차의 최대 견인력[kg]은? (단, 레일의 점착계수는 0.2로 한다.)

① 15000 ② 16000
③ 18000 ④ 21000

풀이 최대 견인력 $F_m = 1,000\mu W_a$[kg]
(여기서, μ는 점착 계수, W_a는 차륜이 궤조(rail)면에 수직으로 누르는 중력[t], 즉 동륜상의 중량)
$\therefore F_m = 1,000 \times 0.2 \times 90 = 18,000$[kg] **답** ③

02 비시감도가 최대인 파장[nm]은?

① 350 ② 450
③ 500 ④ 555

풀이 • 최대시감도에 대한 다른 파장의 시감도의 비를 비시감도라고 한다.

$$\text{비 시감도} = \frac{\text{임의의 파장의 시감도}}{\text{최대 시감도}(680[\text{lm/W}])}$$

• 최대시감도는 파장 555[nm](5550[Å])의 황록색에서 발생하며 그때의 시감도는 680 [lm/W]이다. **답** ④

03 레이저 가열의 특징으로 틀린 것은?

① 파장이 짧은 레이저는 미세가공에 적합하다.
② 에너지 변환 효율이 높아 원격가공이 가능하다.
③ 필요한 부분에 집중하여 고속으로 가열할 수 있다.
④ 레이저의 파워와 조사면적을 광범위하게 제어할 수 있다.

풀이 레이저 가열

① 에너지 밀도를 높게 할 수 있다.

② 미소 부분에만 조사할 수 있으므로 열 변질이 적다.

③ 레이저의 파워나 조사면적을 광범하게 제어할 수 있다.

④ 필요한 부분에 고속으로 가열시킬 수 있다.

⑤ 레이저는 비임을 멀리까지 전파시킬 수 있으므로 원격가공이 가능하다.

⑥ 파장이 짧은 레이저 쪽을 작은 집광경으로 할 수 있어서 미세가공에 적합하다.

⑦ **에너지 변환 효율이 낮다.**   **답** ②

---

04 SCR에 대한 설명 중 틀린 것은?

① 위상제어의 최대 조절범위는 0°~90°이다.

② 3개 접합면을 가진 4층 다이오드 형태로 되어 있다.

③ 게이트단자에 펄스신호가 입력되는 순간부터 도통된다.

④ 제어각이 작을수록 부하에 흐르는 전류도통각이 커진다.

풀이 ① 사이리스터는 3단자를 가진 PNPN 구조이다.

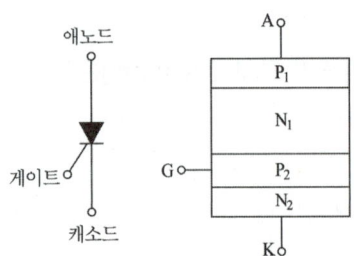

② 정류전압

	SCR
반파정류	$E_d = \dfrac{\sqrt{2}E}{2\pi}(1+\cos\alpha)$
전파정류	$E_d = \dfrac{\sqrt{2}\,E}{\pi}(1+\cos\alpha)$

SCR 위상제어에서 **점호각(α)의 조정범위는 0°~180°** 이다.   **답** ①

---

05 모든 방향에 400[cd]의 광도를 갖고 있는 전등을 지름 3[m]의 테이블 중심 바로 위 2[m] 위치에 달아 놓았다면 테이블의 평균 조도는 약 몇 [lx]인가?

① 35   ② 53   ③ 71   ④ 90

풀이

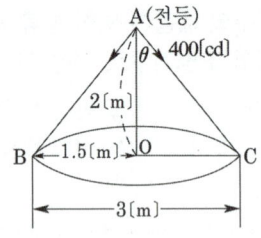

$$E = \frac{F}{S} = \frac{2\pi(1-\cos\theta)I}{\pi r^2}$$

$$= \frac{2}{1.5^2}\left(1 - \frac{2}{\sqrt{2^2+1.5^2}}\right) \times 400$$

$$\fallingdotseq 71[\text{lx}]$$

답 ③

---

06 하역 기계에서 무거운 것은 저속으로, 가벼운 것은 고속으로 작업하여 고속이나 저속에서 다같이 동일한 동력이 요구되는 부하는?

① 정토크 부하   ② 정동력 부하

③ 정속도 부하   ④ 제곱 토크 부하

풀이 정출력(정동력) 부하

속도가 증가하면 토크가 감소하고, 속도가 감소하면 토크가 증가하여 **속도에 관계없이 기계동력이 일정**($P \propto nT$: 일정)하게 되는 부하   **답** ②

---

07 3상 유도전동기를 급속히 정지 또는 감속시킬 경우나 과속을 급히 막을 수 있는 가장 쉽고 효과적인 제동법은?

① 발전제동   ② 회생제동

③ 역전제동   ④ 와전류제동

풀이 ① 발전 제동 : 전동기의 전기자를 전원에서 끊고 전동기를 발전기로 동작시켜 회전 운동 에너지로서 발생하는 전력을 그 단자에 접속한 저항에서 열로 소비시키는 제동 방법이다.

② 회생 제동 : 전동기에 전원을 접속한 상태에서 전동기에 유기되는 역기전력을 전원 전압보다 높게 하여 회전 운동 에너지로 발생되는 전력을 전원 측에 반환하면서 제동하는 방법이다.

③ **역상 제동** : 전동기의 전원 접속을 바꾸어 역토크를 발생시켜 **급정지시키는 방법**으로 역전제동 또는 플러깅(plugging)이라 한다.

④ 와전류 제동 : 전동기 축에 동심으로 설치한 구리의 원판을 자계 내에서 회전시켜 동판에 생긴 와전류에 의해서 제동력을 얻는 방법이다.   **답** ③

08 n형 반도체에 대한 설명으로 옳은 것은?

① 순수 실리콘 내에 정공의 수를 늘리기 위해 As, P, Sb과 같은 불순물 원자를 첨가한 것
② 순수 실리콘 내에 정공의 수를 늘리기 위해 Al, B, Ga과 같은 불순물 원자를 첨가한 것
③ 순수 실리콘 내에 전자의 수를 늘리기 위해 As, P, Sb과 같은 불순물 원자를 첨가한 것
④ 순수 실리콘 내에 전자의 수를 늘리기 위해 Al, B, Ga과 같은 불순물 원자를 첨가한 것

풀이 ① n형 반도체
순수 실리콘 내에 **전자의 수를 늘리기 위해 P(인)**, **Sb(안티몬)**, Au(금), **As(비소)** 등과 같은 불순물 원자를 첨가한 것
② p형 반도체
순수 실리콘 내에 정공의 수를 늘리기 위해 B(붕소), Ga(갈륨), Al(알루미늄), In(인듐) 등과 같은 불순물 원자를 첨가한 것 **답** ③

09 부식의 문제가 없고 전류밀도가 높아 자동차나 군사용의 특수목적으로 사용되는 연료전지는?

① 인산형(PAFC)연료전지
② 고체전해질형(SOFC)연료전지
③ 용융탄산염형(MCFC)연료전지
④ 고체고분자형(SPEFC)연료전지

풀이 ① 연료전지의 종류

종류		사용분야
고온형 연료전지	용융탄산염 (MCFC)	대형 발전소, 대형건물의 분산형 전원
	고체산화물 (SOFC)	대형 발전소, 대형건물의 분산형 전원
저온형 연료전지	인산형 (PAFC)	소규모 발전소, 병원, 호텔, 건물
	고체고분자형 (SPEFC)	휴대용 발전기, 교통수단(승용차, 버스, 선박), 군사용
	알칼리 (AFC)	군사용, 우주선 등 특수 용도

② 고체고분자 연료전지는 높은 에너지 효율, 부식성 액체가 없는 안전한 고체전해질, 낮은 작동온도 및 신속한 시동 등의 장점을 지니고 있어 소규모 발전, 무공해 차량의 동력원, 우주선용 전원, 이동용 전원, 군사용 전원 등 매우 다양한 분야에서 사용되고 있다. **답** ④

10 344[kcal]를 [kWh]의 단위로 표시하면?

① 0.4
② 407
③ 400
④ 0.0039

풀이 1[kWh] = 860[kcal]이므로
$$\therefore 344[kcal] = \frac{344}{860} = 0.4[kWh]$$ **답** ①

11 아크 용접기의 2차 전류가 100[A] 이하일 때 정격 사용률이 50[%]인 경우 용접용 케이블 또는 기타의 케이블 굵기는 몇 [mm^2]를 시설하여야 하는가?

① 16   ② 25   ③ 35   ④ 70

풀이 아크용접기의 2차측 전선(내선 규정 3130-4)

2차 전류[A]	용접용 케이블 또는 기타의 케이블[mm^2]
100 이하	16
150 이하	25
250 이하	35
400 이하	70
600 이하	95

[비고] 정격 사용률이 50[%]인 경우 **답** ①

12 변압기의 부속품이 아닌 것은?

① 철심
② 권선
③ 부싱
④ 정류자

풀이 ① 변압기는 권선, 철심, 부싱, 절연유 등으로 구성되어 있다.
② **정류자는** 전기자에 의해 발전된 기전력(교류)을 직류로 변환하는 부분으로 **직류기 주요 3요소 중 하나이다.** **답** ④

13 공칭전압 345[kV]인 경우 현수애자 일련의 개수는?

① 10~11
② 18~20
③ 25~30
④ 40~45

풀이 전압에 따른 현수 애자의 연결 개수

전압 [kV]	66	154	220	345	765
수량	4~6	10~11	12~13	18~20	40~45

답 ②

14 플로어 덕트 설치 그림(약식)중 블랭크 와셔가 사용되어야 할 부분은?

① ㉮
② ㉯
③ ㉰
④ ㉱

풀이 블랭크 와셔는 플로어 덕트의 정션 박스에 덕트를 접속하지 않는 곳을 막기 위하여 사용되는 것이다. 답 ②

15 접지 저감제의 구비조건으로 틀린 것은?

① 안전할 것
② 지속성이 없을 것
③ 전기적으로 양도체일 것
④ 전극을 부식시키지 않을 것

풀이 저감제의 구비조건
　① 안전할 것
　② 전기적으로 양도체일 것
　③ 지속성이 있을 것
　④ 전극을 부식시키지 않을 것
　⑤ 작업성이 좋을 것 답 ②

16 새로 제작한 전구의 최초 점등에서 필라멘트의 특성을 안정화시키는 작업을 무엇이라 하는가?

① 초특성
② 동정특성
③ 전압특성
④ 에이징(aging)

풀이 제작을 마친 새 전구를 처음으로 점등하면 필라멘트의 결정구조가 안정될 때까지 처음 수십 분 동안은 광속, 전류 등의 변화가 심하다.
따라서, 제작을 마친 다음 약간 높은 전압으로 1시간 정도 점등하여 특성을 안정시키는데 이러한 특성을 안정시키는 조작을 에이징(aging)이라고 한다. 답 ④

17 테이블 탭에는 단면적 1.5[mm^2] 이상의 코드를 사용하고 플러그를 부속시켜야한다. 이 경우 코드의 최대 길이[m]는?

① 1
② 2
③ 3
④ 4

풀이 테이블 탭은 단면적 1.25[mm^2] 이상의 코드를 사용하고 플러그를 부착시키며 길이는 3[m] 이하로 할 것 답 ③

18 다음 중 발열체의 구비조건이 아닌 것은?

① 내열성이 클 것
② 용융, 연화, 산화 온도가 낮을 것
③ 저항률이 크고 온도계수가 작을 것
④ 연성 및 전성이 풍부하여 가공이 용이할 것

풀이 발열체로서의 구비 조건
　① 내열성이 클 것
　② 내식성이 클 것
　③ 알맞은 고유 저항값을 가지고, 저항의 온도 계수가 양(+)수로서 작을 것
　④ 연전성이 풍부하고, 가공이 용이할 것
　⑤ 선팽창 계수는 작아야 한다. 답 ②

19 배전반 및 분전반에 대한 설명으로 틀린 것은?

① 기구 및 전선은 쉽게 점검할 수 있어야 한다.
② 옥외에 시설할 때는 방수형을 사용해야 한다.
③ 모든 분전반은 최소간선용량보다는 작은 정격의 것이어야 한다.
④ 한 개의 분전반에는 한 가지 전원(1회선의 간선)만 공급하여야 한다.

풀이 232.84 옥내에 시설하는 저압용 배분전반 등의 시설
옥내에 시설하는 저압용 배·분전반의 기구 및 전선은 쉽게 점검할 수 있도록 하고 다음에 따라 시설할 것.
　가. 노출된 충전부가 있는 배전반 및 분전반은 취급자 이외의 사람이 쉽게 출입할 수 없도록 설치하여야 한다.
　나. 한 개의 분전반에는 한 가지 전원(1회선의 간선)만 공급하여야 한다. 다만, 안전 확보가 되도록 격벽을 설치하고 사용전압을 쉽게 식별할 수 있도록 그 회로의 과전류차단기 가까운 곳에 그 사용전압을 표시하는 경우에는 그러하지 아니하다.
　다. 주택용 분전반은 노출된 장소(신발장, 옷장 등의 은폐된 장소에는 시설할 수 없다)에 시설하며 앞면판은 탈락되지 않는 구조일 것.
　라. 옥내에 설치하는 배전반 및 분전반은 불연성 또는 난연성이 있도록 시설할 것.
235.1 옥측 또는 옥외에 배·분전반 및 배선기구 등의 시설
　가. 232.84의 규정을 준용할 것.

나. 배분전반 안에 물이 스며들어 고이지 아니하도록 한 구조일 것.

다. 배분전반은 외부분진에 대한 보호, **방수성**, 방청처리에 적합할 것. **답** ③

20 HID램프의 종류가 아닌 것은?

① 고압 수은램프

② 고압 옥소램프

③ 고압 나트륨램프

④ 메탈 헬라이드램프

풀이 ① 고휘도(HID ; high discharge lamp) 램프는 고압수은등, 메탈 헬라이드 램프, 고압나트륨등의 총칭이다.

② **옥소전구는 할로겐전구의 일종이다.** **답** ②

2018년 — 4회 _ 공사기사

01 출력 P[kW]는 속도 N[rpm]인 3상 유도전동기의 토크[kg · m]는?

① $0.25\dfrac{P}{N}$ ② $0.716\dfrac{P}{N}$

③ $0.956\dfrac{P}{N}$ ④ $0.975\dfrac{P}{N}$

풀이 **토크**

$$T = \frac{P}{\omega} = \frac{P}{2\pi n} [\text{N} \cdot \text{m}]$$

$$= \frac{P}{2\pi\dfrac{N}{60}} \times \frac{1}{9.8} = 0.975\frac{P}{N} [\text{kg} \cdot \text{m}]$$

여기서, n : 초당 회전수[rps]

N : 분당 회전수[rpm]

1[kg · m] = 9.8[N · m]) **답** ④

02 지름 2[m]의 작업면의 중심 바로 위 1[m]의 높이에서 각 방향의 광도가 100[cd] 되는 광원 1개로 조명할 때의 조명률은 약 몇 [%]인가?

① 10 ② 15

③ 48 ④ 65

풀이 조명률 $U = \dfrac{\text{작업면의 입사광속}}{\text{전광속}} \times 100$이므로

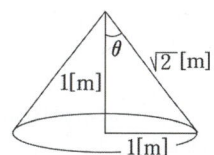

$$\therefore U = \frac{F}{F_0} \times 100 = \frac{2\pi(1 - \cos\theta)I}{4\pi I} \times 100$$

$$= \frac{2\pi \times \left(1 - \dfrac{1}{\sqrt{2}}\right) \times 100}{4\pi \times 100} \times 100$$

$$\fallingdotseq 15[\%]$$ **답** ②

03 리튬 전지의 특징이 아닌 것은?

① 자기방전이 크다.

② 에너지 밀도가 높다.

③ 기전력이 약 3[V] 정도로 높다.

④ 동작온도범위가 넓고 장기간 사용이 가능하다.

풀이 리튬 전지의 특징

① 에너지 밀도가 높다.

② **자기방전에 의한 전력손실이 매우 적다.**

③ 기전력이 약 3[V] 정도로 높다.

④ 동작온도범위가 넓고 장기간 사용이 가능하다. **답** ①

04 트랜지스터의 안정도가 제일 좋은 바이어스법은?

① 고정 바이어스

② 조합 바이어스

③ 전압궤환 바이어스

④ 전류궤환 바이어스

풀이 **조합바이어스**(combinational bias)

트랜지스터 회로 바이어스법의 일종으로, 전류 궤환 바이어스법과 전압 궤환 바이어스법을 조합시킨 것으로 전류 전압 궤환 바이어스라고도 한다.

안정도는 좋으나 전압 궤환 회로의 문제점인 부하가 저항이 아니면 사용할 수 없다는 것과, 교류 동작에도 부궤환이 걸린다는 문제점은 존재한다. **답** ②

05 전등효율이 14[lm/W]인 100[W] LED 전등의 구면광도는 약 몇 [cd]인가?

① 95   ② 111
③ 120   ④ 127

풀이 광속 $F = P\eta = 100 \times 14 = 1400$ [lm]

$$\therefore I = \frac{F}{4\pi} = \frac{1400}{4\pi} ≒ 111 \text{ [cd]}$$ **답** ②

06 금속이나 반도체에 전류를 흘리고 이것과 직각 방향으로 자계를 가하면 전류와 자계가 이루는 면에 직각 방향으로 기전력이 발생한다. 이러한 현상은?

① 홀(hall) 효과
② 핀치(pinch) 효과
③ 제벡(seebeck) 효과
④ 펠티에(peltier) 효과

풀이 ① 홀 효과 : 도체나 반도체의 물질에 전류를 흘리고 이것과 **직각 방향으로 자계를 가하면, 전류와 자계가 이루는 면에 직각방향으로 기전력이 발생**되는 현상이다.
② 핀치 효과 : 용융체에 강한 전류를 통하면 전자력에 의한 인력이 커지므로 용융체가 도중에서 끊어져 전류가 끊어지는 현상을 말한다.
③ 제벡 효과 : 열전온도계, 즉 두 금속을 두 접점으로 폐회로를 만들고 두 접점의 온도를 달리하면 기전력이 발생한다. 이 열기전력은 두 접점간의 온도차에 비례한다. 이 두 금속을 열전대라 하고 이것을 이용한 것이 열전 온도계이다.
④ **펠티에 효과**(Peltier effect) : 서로 다른 두 종류의 금속선으로 폐회로를 만들고 온도를 일정하게 유지하면서 전류를 흘리면 금속선의 접속점에서 열의 흡수(온도 강하) 또는 발생(온도 상승)이 일어나는 현상이다.   **답** ①

07 단상 유도전동기 중 기동 토크가 가장 큰 것은?

① 반발 기동형
② 분상 기동형
③ 콘덴서 기동형
④ 세이딩 코일형

풀이 **단상 유도전동기 기동토크의 크기**
반발 기동형 > 반발 유도형 > 콘덴서 기동형 > 분상 기동형 > 셰이딩 코일형   **답** ①

08 형태가 복잡하게 생긴 금속 제품을 균일하게 가열하는데 가장 적합한 가열방식은?

① 염욕로
② 흑연화로
③ 카보런덤로
④ 페로알로이로

풀이 **염욕로**
• 간접식 저항로의 일종으로 NaCl, KCl 등의 용융염에 직접 통전하여 가열하고, 피열물(형체가 복잡하게 생긴 제품)을 그 속에 넣어 가열한다.
• 강, 경합금 등의 균열, 항온, 급열, 급랭 등의 열처리에 사용된다.   **답** ①

09 일정 전류를 통하는 도체의 온도상승 θ와 반지름 r의 관계는?

① $\theta = kr^{-2}$ ② $\theta = kr^{-3}$
③ $\theta = kr^{-\frac{2}{3}}$ ④ $\theta = kr^{-\frac{3}{2}}$

풀이 ① 가열한 전력(입력)

$$P = I^2 R = I^2 \cdot \rho \frac{l}{A} = \rho \frac{lI^2}{\pi r^2}$$

② 열방산 면적(원통 도선 표면적)
$$S = 2\pi r \cdot l$$

③ 물체의 온도 상승값
$$\theta = \frac{P}{hS}\left(1 - e^{-\frac{hS}{mC}t}\right)$$

(여기서 C : 열용량, h : 열방산 계수)이므로 정상상태($t \to \infty$)에서 θ는

$$\theta = \lim_{t \to \infty} \frac{P}{hS}\left(1 - e^{-\frac{hS}{mC}t}\right) = \frac{P}{hS}$$

$$\therefore \theta = \frac{P}{hS} = \frac{\rho \frac{lI^2}{\pi r^2}}{h \cdot 2\pi rl} = \frac{I^2 \rho}{h \cdot 2\pi r \cdot \pi r^2}$$

$$= \frac{I^2 \rho}{2h\pi^2 r^3} = k\frac{1}{r^3} = kr^{-3}$$ **답** ②

10 열차의 설비에 의한 전력 소비량을 감소시키는 방법이 아닌 것은?

① 회생제동을 한다.
② 직병렬 제어를 한다.
③ 기어비를 크게 한다.
④ 차량의 중량을 경감한다.

풀이 ① 선로조건에 의한 전력 소비량 감소
- 구배를 적게 한다.
- 가능한 직선로가 되게 한다.
- 역간 거리를 적절하게 한다.
② 차량조건에 의한 전력소비량 감소
- 차량의 중량을 감소시킨다.
- 기어비를 적절하게 한다.
- 제어법을 개선한다.
- 회생제동방식을 사용한다. **답** ③

11 금속관(규격품) 1본의 길이는 약 몇 [m]인가?
① 4.44   ② 3.66
③ 3.56   ④ 3.3

풀이
- 금속관(규격품) 1본의 길이 : 3.66 [m]
- 합성 수지관 1본의 길이 : 4 [m] **답** ②

12 지선과 지선용 근가를 연결하는 금구는?
① 볼 쇄클   ② U 볼트
③ 지선 롯트   ④ 지선 밴드

풀이 ① 볼 쇄클 : 현수 애자를 완금에 내장으로 시공할 때 사용하는 금구류
② U 볼트 : 전주 근가를 전주에 부착시키는 금구
③ 지선 롯트 : 지선과 지선용 근가를 연결시키는 금구
④ 지선 밴드 : 지선을 지지물에 부착할 때 사용하는 금구류 **답** ③

13 비포장 퓨즈의 종류가 아닌 것은?
① 실 퓨즈   ② 판 퓨즈
③ 고리 퓨즈   ④ 플러그 퓨즈

풀이 ① 포장 퓨즈란 가용체를 절연물 또는 금속으로 충분히 포장한 구조의 플러그 퓨즈를 말한다.
② 비포장 퓨즈는 포장 퓨즈 이외의 퓨즈를 말하며 방출형의 것을 포함한다. **답** ④

14 수전설비를 주차단 장치의 구성으로 분류하는 방법이 아닌 것은?
① CB형   ② PF-S형
③ PF-CB형   ④ PF-PF형

풀이

종류	주 차단기
CB형	차단기를 사용한 것
PF-CB형	한류형 전력 퓨즈와 차단기를 조합 사용한 것
PF-S형	전력 퓨즈와 고압 개폐기를 사용한 것

답 ④

15 백열전구의 앵커에 사용되는 재료는?
① 철   ② 크롬
③ 망간   ④ 몰리브덴

풀이 앵커(anchor)는 필라멘트를 점화시에 움직이지 않도록 지지하는 것으로서 그 지지점의 온도를 낮추지 않고 높은 온도에서도 강도가 변화되지 않고 또한 유리와 잘 밀착되는 몰리브덴 선을 사용한다. **답** ④

16 행거밴드란 무엇인가?
① 완금을 전주에 설치하는 데 필요한 밴드
② 완금에 암타이를 고정시키기 위한 밴드
③ 전주 자체에 변압기를 고정시키기 위한 밴드
④ 전주에 COS 또는 LA를 고정시키기 위한 밴드

풀이 ① 완금 밴드 : 완금을 전주에 설치하는 데 필요한 밴드
② 암타이 밴드 : 전주에 암타이나 랙크를 고정시키기 위한 밴드
③ 행거 밴드 : 전주 자체에 변압기를 고정시키기 위한 밴드
④ 브라켓트 : 전주에 설치된 완금과 COS 또는 LA를 고정시키기 위한 밴드 **답** ③

17 방전등의 일종으로서 효율이 대단히 좋으며, 광색은 순황색이고 연기나 안개 속을 잘 투과하며 대비성이 좋은 것은?
① 수은등   ② 형광등
③ 나트륨등   ④ 요오드등

풀이
- 나트륨등은 나트륨 증기 중의 방전을 이용한 것으로 분광 분포는 D선이라 불리는 5890～5896[Å]의 황색 선이 대부분(76[%])을 차지한다. 또한 D선의 비시감도는 0.765이므로 전기 에너지 중에서 76[%]가 전부 D선의 빛으로 변환하였다면 발광 효율은,

$0.765 \times 0.76 \times 680 = 395[\text{lm/W}]$

로 되어 인공 광원 중 **최대 발광 효율**을 나타낸다.

- **단색광**이므로 연색성(演色性)이 대단히 나빠 실내조명으로는 부적합하고 **안개가 잘 발생하는 강변**이나 터널 등의 **조명에 이용**된다. **답** ③

18 저압의 전선로 및 인입선의 중성선 또는 접지측 전선을 애자의 빛깔에 의하여 식별하는 경우 어떤 빛깔의 애자를 사용하는가?

① 흑색
② 청색
③ 녹색
④ 백색

풀이

애자의 종류	색별
특고압용 핀 애자	적색
저압용 애자(접지측 제외)	백색
접지측 애자	**청색**

답 ②

19 금속덕트 공사에서 금속덕트의 설명으로 틀린 것은?

① 덕트 철판의 두께가 1.2[mm] 이상일 것
② 폭이 4[cm]를 초과하는 철판으로 제작할 것
③ 덕트의 바깥면만 산화방지를 위한 아연도금을 할 것
④ 덕트의 안쪽면만 전선의 피복을 손상시키는 돌기가 없을 것

풀이 금속덕트공사(KEC 232.31)
① 폭이 40[mm] 이상, 두께가 1.2[mm] 이상인 철판 또는 동등 이상의 세기를 가지는 금속제의 것으로 견고하게 제작한 것일 것.
② 안쪽 면은 전선의 피복을 손상시키는 돌기(突起)가 없는 것일 것
③ **안쪽 면 및 바깥 면에는 산화 방지를 위하여 아연도금** 한 것일 것 **답** ③

20 보호계전기의 종류가 아닌 것은?

① ASS
② OVR
③ SGR
④ OCGR

풀이 • **ASS (Automatic Section Switch)**
  : **자동 고장 구분 개폐기**
• OVR (Over Voltage Relay)
  : 과전압 계전기
• SGR (Selective Ground Relay)
  : 선택 지락 계전기
• OCGR (Over Current Ground Relay)
  : 과전류 지락 계전기 ①

01 전동기의 전원 접속을 바꾸어 역 토크를 발생시켜 급정지시키는 방법은?

① 역전제동 ② 발전제동
③ 와전류식제동 ④ 회생제동

풀이 전기적 제동
① 역상 제동 : 전동기의 전원 접속을 바꾸어 역토크를 발생시켜 급정지시키는 방법으로 역전 제동 또는 플러깅(plugging)이라 한다.
② 발전 제동 : 전동기의 전기자를 전원에서 끊고 전동기를 발전기로 동작시켜 회전 운동 에너지로서 발생하는 전력을 그 단자에 접속한 저항에서 열로 소비시키는 제동 방법이다.
③ 와전류 제동 : 전동기 축에 동심으로 설치한 구리의 원판을 자계 내에서 회전시켜 동판에 생긴 와전류에 의해서 제동력을 얻는 방법이다.
④ 회생 제동 : 전동기에 전원을 접속한 상태에서 전동기에 유기되는 역기전력을 전원 전압보다 높게 하여 회전 운동 에너지로 발생되는 전력을 전원측에 반환하면서 제동하는 방식 **답** ①

02 지름 40[cm]인 완전 확산성 구형 글로브의 중심에 모든 방향의 광도가 균일하게 110[cd]되는 전구를 넣고 탁상 2[m]의 높이에서 점등하였다. 탁상 위의 조도는 약 몇 [lx]인가? (단, 글로브 내면의 반사율은 40[%], 투과율은 50[%]이다.)

① 23 ② 33
③ 49 ④ 53

풀이 글로브의 효율 η는

$$\eta = \frac{\tau}{1-\rho} = \frac{0.5}{1-0.4} = 0.833$$

(여기서, ρ : 반사율, τ : 투과율)
따라서 탁상 위의 조도 E는

$$E = \frac{\eta I}{R^2} = \frac{0.833 \times 110}{2^2} \fallingdotseq 23 \, [lx]$$

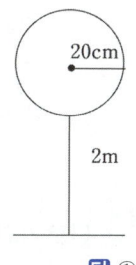

답 ①

03 반지름 a, 휘도 B인 완전 확산성 구면(구형) 광원의 중심에서 거리 h인 점의 조도는?

① πB ② $\pi B a^2 h$
③ $\dfrac{\pi B a}{h^2}$ ④ $\dfrac{\pi B a^2}{h^2}$

풀이 그림에서 점 P의 조도 E_h는

$$E_h = \pi B \sin^2\theta$$

$$\sin\theta = \frac{a}{h}$$

$$\therefore E_h = \frac{\pi B a^2}{h^2}$$

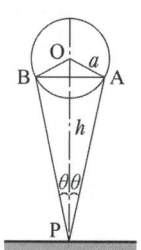

답 ④

04 IGBT의 설명으로 틀린 것은?

① GTO 사이리스터처럼 역방향 전압저지 특성을 갖는다.
② 오프상태에서 SCR 사이리스터처럼 양방향 전압저지 능력을 갖는다.
③ 게이트와 에미터간 입력 임피던스가 매우 높아 BJT보다 구동하기 쉽다.
④ BJT처럼 온드롭(on-drop)이 전류에 관계없이 낮고 거의 일정하여 MOSFET보다 큰 전류를 흘릴 수 있다.

풀이 IGBT(insulated gate bipolar transistor ; 게이트 절연 양극성 트랜지스터)
① 입력회로가 MOSFET의 게이트이므로, 전압 제어 소자이고 게이트와 이미터간의 입력 임피던스가 높아 BJT보다 구동하기 쉽다.
② pnp 트랜지스터 구조이므로 비포화 동작을 하고 고속 스위칭이 가능하다.
③ BJT처럼 순방향 전압 강하가 거의 일정하면서 낮기 때문에 MOSFET보다 훨씬 큰 전류를 흘릴 수 있다.
④ GTO처럼 역방향 전압 저지 특성을 갖는다.
⑤ 안전 동작 영역이 넓다.
⑥ 병렬 접속이 비교적 쉽다. **답** ②

05 수은전지의 특징이 아닌 것은?

① 소형이고 수명이 길다.
② 방전전압의 변화가 적다.
③ 전해액은 염화암모늄(NH_4Cl)용액을 사용한다.
④ 양극에 산화수은(HgO), 음극에 아연(Zn)을 사용한다.

풀이 수은 전지
① 소형이고 고성능으로 용량, 중량당의 전기 용량이 크다.
② 동작 전압은 매우 안정되어 변화가 적다.
③ 보존 수명이 길다.
④ 광범위한 온도에서 동작하고, 특히 고온에서 특성이 좋다.
⑤ 구조
 • 양극 : 산화수은(HgO)
 • 음극 : 아연(Zn) 분말
 • **전해액 : 가성칼륨(KOH)**
 • 감극제 : 산화수은(HgO)과 흑연을 혼합   **답** ③

06 발열체의 구비조건 중 틀린 것은?

① 내열성이 클 것
② 내식성이 클 것
③ 가공이 용이할 것
④ 저항률이 비교적 작고 온도계수가 높을 것

풀이 발열체로서의 구비 조건
① 내열성 및 내식성이 클 것
② 용융, 연화, 산화 온도가 높을 것
③ 알맞은 고유 저항값을 가지고, **저항의 온도 계수가** 양(+)수로서 **작을 것**
④ 연전성이 풍부하고, 가공이 용이할 것
⑤ 선팽창 계수는 작아야 한다.   **답** ④

07 전자빔으로 용해하는 고융점, 활성금속 재료는?

① 탄화규소
② 니크롬 제2종
③ 탄탈, 니오브
④ 철-크롬 제1종

풀이 **고융점 금속**이란 녹는점이 철보다 높은 금속으로 텅스텐, 레늄 **탄탈, 니오브**, 몰리브덴, 지르코늄, 티타늄 등이 있다.   **답** ③

08 SCR에 대한 설명으로 옳은 것은?

① 제어기능을 갖는 쌍방향성의 3단자 소자이다.
② 정류기능을 갖는 단일방향성의 3단자 소자이다.
③ 증폭기능을 갖는 단일방향성의 3단자 소자이다.
④ 스위칭 기능을 갖는 쌍방향성의 3단자 소자이다.

풀이 SCR(Silicon Controlled Rectifier)은 **정류 및 스위칭 기능을 갖는 단일방향성 3단자 소자**이다.

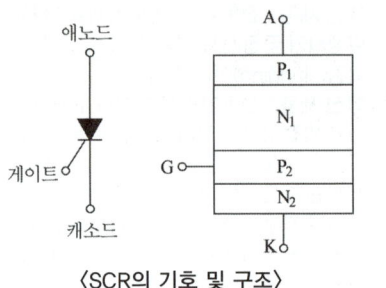

〈SCR의 기호 및 구조〉   **답** ②

09 자기부상식 철도에서 자석에 의해 부상하는 방법으로 틀린 것은?

① 영구자석간의 흡입력에 의한 자기부상방식
② 고온 초전도체와 영구자석의 조합에 의한 자기부상방식
③ 자석과 전기코일간의 유도전류를 이용하는 유도식 자기부상방식
④ 전자석의 흡인력을 제어하여 일정한 간격을 유지하는 흡인식 자기부상방식

풀이 자기부상 열차의 부상방식
① 초전도 반발식(EDS) : 초전도체 전자석을 자기의 반발력으로 차량을 부상
② 상전도 흡인식(EMS) : 상온에서 전도가 이루어지는 도체에 의한 **전자석으로 자기의 흡인력을 이용하여 차량을 부상**   **답** ①

10 단로기의 구조와 관계가 없는 것은?

① 핀치   ② 베이스
③ 플레이트   ④ 리클로저

풀이 리클로저는 배전선로에 사용되는 보호기기(자동 재폐로 차단기)이다. **답** ④

11 적외선 가열의 특징이 아닌 것은?

① 표면가열이 가능하다.
② 신속하고 효율이 좋다.
③ 조작이 복잡하여 온도조절이 어렵다.
④ 구조가 간단하다.

풀이 ① 적외선 가열 : 적외선 전구에 의하여 피건조물을 가열하고 건조하는 것
② 적외선 가열의 특징
  • 신속하고 효율이 좋으며 표면 가열이 가능하다.
  • 조작이 간단하고 온도 조절이 쉬우며, 시간 지연이 매우 적다.
  • 설비비가 적고 소요 면적이 적어도 가능하다.
  • 적외선 전구를 배열하는 구조로 매우 간단하다. **답** ③

12 누전차단기의 동작시간에 따른 분류로 틀린 것은?

① 고속형　　　　② 저감도형
③ 시연형　　　　④ 반한시형

풀이 누전차단기의 종류(KSC 4613)

구분		정격감도전류 [mA]	동작시간
고감도형	고속형	5, 10, 15, 30	정격감도전류에서 0.1초 이내, 인체감전보호형은 0.03초 이내
	시연형		정격감도전류에서 0.1초를 초과하고 2초 이내
	반한시형		• 정격감도전류에서 0.2초를 초과하고 1초 이내 • 정격감도전류에서 1.4배의 전류에서 0.1초를 초과하고 0.5초 이내 • 정격감도전류 4.4배의 전류에서 0.05초 이내
중감도형	고속형	50, 100, 200, 500, 1,000	정격감도전류에서 0.1초 이내
	시연형		정격감도전류에서 0.1초를 초과하고 2초 이내

[비고] 누전차단기의 최소동작전류는 일반적으로 정격감도전류의 50 [%] 이상이므로 선정에 주의할 것 **답** ②

13 옥외용 비닐절연전선의 약호 명칭은?

① DV　　　　② CV
③ OW　　　　④ OC

풀이 ① DV : 인입용 비닐 절연전선
② CV : 가교 폴리에틸렌 절연 비닐 시스 케이블
③ OW : 옥외용 비닐 절연전선
④ OC : 옥외용 가교 폴리에틸렌 절연전선 **답** ③

14 금속관에 넣어 시설하면 안 되는 접지선은?

① 피뢰침용 접지선
② 저압기기용 접지선
③ 고압기기용 접지선
④ 특고압기기용 접지선

풀이 접지공사의 시설방법(내선규정 1445-3)
  • 피뢰침, 피뢰기용의 접지선은 금속관에 넣지 말 것.
  • 이유 : 금속관에 피뢰침용 접지선을 포설한 경우 뇌전류 발생 시 금속관에 의해서 뇌격전류의 통전이 억제될 수 있으므로 합성수지관에 넣어 시공하여야 한다. **답** ①

15 피뢰침을 접지하기 위한 피뢰도선을 동선으로 할 경우 단면적은 최소 몇 [mm²] 이상으로 해야 하는가?

① 14　　　　② 22
③ 30　　　　④ 50

풀이 피뢰설비의 재료는 최소 단면적이 피복이 없는 동선을 기준으로 수뢰부, 인하도선 및 접지극은 50[mm²] 이상이거나 이와 동등 이상의 성능을 갖출 것. **답** ④

16 개폐기 중에서 부하전류의 차단능력이 없는 것은?

① OCB　　　　② OS
③ DS　　　　④ ACB

풀이 단로기(DS)는 소호 장치가 없고 아크 소멸 능력이 없으므로 부하 전류나 사고 전류의 개폐는 할 수 없으며, 기기를 전로에서 개방할 때 또는 모선의 접속 변경 시 사용한다. **답** ③

17 옥내배선의 애자사용 공사에 많이 사용하는 특대 놉 애자의 높이[mm]는?

① 75   ② 65

③ 60   ④ 50

풀이 애자와 전선의 굵기 (내선규정 표2270-1)

애자의 종류		전선의 최대 굵기 [mm²]	애자의 높이 [mm]
놉 애자	소	16	42
	중	50	50
	대	95	57
	특대	240	65

답 ②

18 무거운 조명기구를 파이프로 매달 때 사용하는 것은?

① 노멀 밴드   ② 파이프행거

③ 엔트런스 캡   ④ 픽스쳐 스터드와 히키

풀이

명칭	사용 용도
노멀 밴드 (normal bend)	배관의 직각 굴곡에 사용하며 양단에 나사가 나 있어 관과의 접속에는 커플링을 사용한다.
엔트런스 캡(우에사 캡) (entrance cap)	인입구, 인출구의 관단에 설치하여 금속관에 접속하여 옥외의 빗물을 막는 데 사용한다.
픽스쳐 스터드와 히키 (fixture stud & hickey)	아우트렛 박스에 조명기구를 부착시킬 때 기구 중량의 장력을 보강하기 위하여 사용한다.

답 ④

19 가공전선로의 저압주에서 보안공사의 경우 목주 말구 굵기의 최소 지름[cm]은?

① 10   ② 12

③ 14   ④ 15

풀이 저압 보안공사(KEC 222.10)
목주의 풍압하중에 대한 안전율은 1.5 이상, 굵기는 말구(末口)의 지름 12[cm] 이상일 것   **답** ②

20 전원을 넣자마자 곧바로 점등되는 형광등용의 안정기는?

① 점등관식

② 래피드스타트식

③ 글로우스타트식

④ 필라멘트 단락식

풀이 래피드 스타트식(rapid start type)
필라멘트가 예열되는 회로를 가진 구조로 전극을 가열함과 동시에 전극 사이에 자기누설변압기에 의한 고전압을 가하여 단시간 내에 형광 램프를 시동하는 방식이다.   **답** ②

2019년 2회 _ 공사기사

01 교류 200[V], 정류기 전압강하 10[V]인 단상 반파정류회로의 직류전압[V]은?

① 70   ② 80

③ 90   ④ 100

풀이 단상 반파 정류회로의 직류 전압의 평균치 E_d는

$$E_d = \frac{E_m}{\pi} - e = 0.45E - e = 0.45 \times 200 - 10$$
$$= 80[V]$$

답 ②

02 전기철도에서 귀선의 누설전류에 의해 전식은 어디서 발생하는가?

① 궤도로 전류가 유입하는 곳

② 궤도에서 전류가 유출하는 곳

③ 지중관로로 전류가 유입하는 곳

④ 지중관로에서 전류가 유출하는 곳

풀이 직류 급전 방식에서 레일에 근접하고 있는 지중 매설 금속체에 누설 전류가 흐르면 변전소 부근 지중 금속체로부터 대지로 전류가 유출하는 부분에서 부식이 되는데, 이러한 현상을 전식이라고 한다.

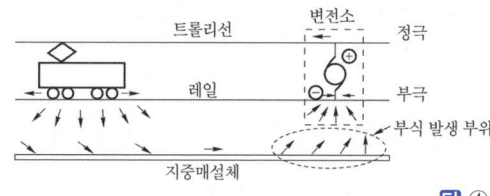

정답 ④

03 필라멘트 재료가 갖추어야 할 조건 중 틀린 것은?

① 융해점이 높을 것
② 고유저항이 작을 것
③ 선팽창 계수가 적을 것
④ 높은 온도에서 증발이 적을 것

풀이 필라멘트 재료로서의 필요조건은 다음과 같다.
① 융해점이 높을 것
② 고유 저항이 클 것
③ 높은 온도에서의 증발(승화)이 적을 것
④ 점화 온도에서 주위의 것과 화합하지 않을 것
⑤ 가는 선으로의 가공이 쉬울 것
⑥ 고온으로 되어도 기계적 강도가 감소하지 않을 것
⑦ 선팽창 계수가 적을 것
⑧ 전기 저항의 온도 계수가 플러스로 될 것
⑨ 재료가 풍부하고 가격이 염가로 될 것   정답 ②

04 역 병렬로 된 2개의 SCR과 유사한 양 방향성 3단자 사이리스터로서 AC 전력의 제어에 사용하는 것은?

① SCS   ② GTO
③ TRIAC   ④ LASCR

풀이 ① 트라이액(TRIAC : Triode AC Switch)

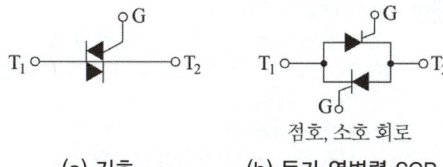

(a) 기호   (b) 등가 역병렬 SCR

양방향성 3단자 사이리스터이며, 두 개의 SCR을 역병렬한 것을 한 개의 소자로 만든 것으로, 무접점 스위치나 위상 제어 회로, 가정용 조광 장치 및 전기로

의 온도 조절 또는 전동기의 속도 제어 등에 광범위하게 응용되고 있다.
② SCR, LASCR, GTO, SCS 등은 단방향성 소자이다.
정답 ③

05 형태가 복잡하게 생긴 금속제품을 균일한 온도로 가열하는데 가장 적합한 전기로는?

① 염욕로
② 흑연화로
③ 요동식 아크로
④ 저주파 유도로

풀이 염욕로
• 간접식 저항로의 일종으로 NaCl, KCl 등의 용융염에 직접 통전하여 가열하고, 피열물(형체가 복잡하게 생긴 제품)을 그 속에 넣어 가열한다.
• 강, 경합금 등의 균열, 항온, 급열, 급랭 등의 열처리에 사용된다.   정답 ①

06 광도가 780[cd]인 균등 점광원으로부터 발산하는 전광속[lm]은 약 얼마인가?

① 1892   ② 2575
③ 4898   ④ 9801

풀이 • 모든 방향의 광도가 균등한 F[lm]의 점광원을 균등 점광원이라 한다.
• 균등 점광원에서의 광속
$F = 4\pi I = 4\pi \times 780 ≒ 9801$[lm]   정답 ④

07 아크의 전압과 전류의 관계를 그래프로 나타낸 것으로 맞는 것은?

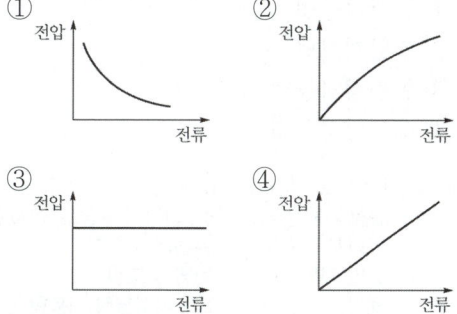

풀이 아크 방전은 저전압·대전류로서 부저항의 특성을 갖는다.   정답 ①

08 극수 p의 3상 유도전동기가 주파수 f[Hz], 슬립 s, 토크 T[N·m]로 회전하고 있을 때의 기계적 출력[W]은?

① $\dfrac{4\pi f\,T}{p}$

② $T\dfrac{2\pi f}{p}(1-s)$

③ $T\dfrac{4\pi f}{p}(1-s)$

④ $T\dfrac{\pi f}{p}(1-s)$

풀이
$$n=\frac{2f}{p}(1-s)\,[\text{rps}]$$
$$\omega=2\pi n=\frac{4\pi f}{p}(1-s)\,[\text{rad/s}]$$
$$\therefore\ P=T\omega=T\frac{4\pi f}{p}(1-s)\,[\text{W}]$$

답 ③

09 순금속 발열체의 종류가 아닌 것은?

① 백금(Pt)
② 텅스텐(W)
③ 몰리브덴(Mo)
④ 탄화규소(SiC)

풀이 발열체의 종류
① 금속 발열체
 • 순금속 발열체 : 몰리브덴(Mo), 텅스텐(W), 백금(Pt), 탄달(Ta)
 • 합금 발열체 : 철-크롬(Fe–Cr), 니켈-크롬(Ni–Cr)
② 비금속 발열체
 • 고온용 발열체 : 탄화규소(SiC)
 • 초고온용 발열체 : 산화지르코늄(ZrO_2)　**답** ④

10 단상 유도전동기의 기동방법이 아닌 것은?

① 분상기동법
② 전압제어법
③ 콘덴서기동형
④ 셰이딩코일형

풀이 ① 단상 유도전동기는 기동방법에 따라 분류된다.
 • 분상 기동형(저항 분상, 리액터 분상, 콘덴서 분상)
 • 콘덴서 기동형　• 콘덴서 운전형
 • 반발 기동형　• 반발 유도형
 • 셰이딩 코일형　• 모노사이클릭 기동형
② 전압 제어법은 직류 전동기의 속도제어 방법이다.

답 ②

11 조명용 광원 중에서 연색성이 가장 우수한 것은?

① 백열전구
② 고압나트륨등
③ 고압수은등
④ 메탈 헬라이드등

풀이 조명에 의한 물체의 색깔을 결정하는 광원의 성질을 말하며, 자연주광에서 보임과 조명된 물체의 색이 다르게 보이는 성질은 연색성이라고 한다.

연색성 지수(CRI)

광원	태양광	백열전구(W)	형광등	나트륨등	수은등	녹색등
CRI	100	70	60	40	20	–50

답 ①

12 피뢰설비 중 돌침 지지관의 재료로 적합하지 않은 것은?

① 스테인리스 강관
② 황동관
③ 합성수지관
④ 알루미늄관

풀이 돌침 지지관
지지관에 사용하는 재료의 특징은 아래와 같으며, 일반 장소의 지지관의 재료는 용융아연도강관을 사용되고 있다.
 • 강관, 스테인레스 강관 : 자성이 있으므로 뇌전류의 전자작용에 의하여 임피던스가 증가하기 때문에 관 내에 피뢰도선을 통과시켜서는 안된다.
 • 황동관, 알루미늄관 : 비자성으로 내식성이 있다. 따라서 내식성이 요구되는 장소(굴뚝, 염해지구 등)에 적합하다.

답 ③

13 전선의 구비조건으로 틀린 것은?

① 비중이 클 것
② 도전율이 클 것
③ 내구성이 클 것
④ 기계적 강도가 클 것

풀이 전선 재료의 구비 요건
① 도전율이 크고 고유 저항은 작을 것
② 기계적 강도 및 가요성(유연성)이 풍부할 것
③ 내구성이 클 것
④ 비중이 작을 것
⑤ 시공 및 보수의 취급이 용이할 것
⑥ 다량으로 값싸게 구입할 수 있을 것
⑦ 내식성이 클 것
⑧ 인장강도가 클 것　**답** ①

14 방전등에 속하지 않는 것은?

① 할로겐등
② 형광수은등
③ 고압나트륨등
④ 메탈 헬라이드등

풀이 수은등, 형광 수은등, 메탈할라이드등은 고압 수은등으로 방전발광에 의한 램프며, **할로겐등은 온도복사와 백열발광에 의한 램프**이다. **답** ①

15 옥내에서 전선을 병렬로 사용할 때의 시설방법으로 틀린 것은?

① 전선은 동일한 도체이어야 한다.
② 전선은 동일한 굵기, 동일한 길이이어야 한다.
③ 전선의 굵기는 동 40$[\text{mm}^2]$ 이상 또는 알루미늄 90$[\text{mm}^2]$ 이상이어야 한다.
④ 관내에 전류의 불평형이 생기지 아니하도록 시설하여야 한다.

풀이 병렬전선 사용(내선규정 1435-1)
병렬로 사용하는 각 **전선의 굵기는 동 50$[\text{mm}^2]$ 이상 또는 알루미늄 70$[\text{mm}^2]$ 이상**이고, 동일한 도체, 동일한 굵기, 동일한 길이이어야 한다. **답** ③

16 3상 농형 유도전동기의 기동방법이 아닌 것은?

① Y-△ 기동
② 전전압 기동
③ 2차 저항 기동
④ 기동보상기 기동

풀이 ① 농형 유도 전동기의 기동법
• 전전압 기동법 • Y-△ 기동법
• 리액터 기동법 • 기동보상기법
② **권선형 유도 전동기의 기동법**
• **2차 저항 기동법** **답** ③

17 변압기 철심용 강판의 두께는 대략 몇 [mm]인가?

① 0.1
② 0.35
③ 2
④ 3

풀이 **변압기 철심**으로 사용하는 규소강판의 **두께는 0.35~0.5[mm]**를 표준으로 한다. **답** ②

18 저압 배전반의 주 차단기로 주로 사용되는 보호기기는?

① GCB
② VCB
③ ACB
④ OCB

풀이 **저압 배전반의 주 차단기로는 기중차단기(ACB)** 또는 배선용차단기(MCCB)가 주로 사용된다. **답** ③

19 합성수지관 상호 간 및 관과 박스 접속 시에 삽입하는 최소 깊이는? (단, 접착제를 사용하는 경우는 제외한다.)

① 관 안지름의 1.2배
② 관 안지름의 1.5배
③ 관 바깥지름의 1.2배
④ 관 바깥지름의 1.5배

풀이 **합성수지관 공사**(KEC 232.11)
관 상호 간 및 박스와는 관을 삽입하는 깊이를 **관의 바깥 지름의 1.2배**(접착제를 사용할 경우에는 0.8배) 이상으로 하고 또한 꽂음 접속에 의하여 견고하게 접속할 것 **답** ③

20 가교폴리에틸렌(XLPE) 절연물의 최대허용온도[℃]는?

① 70
② 90
③ 105
④ 120

풀이 전선 및 케이블의 허용온도

절연물의 종류	허용온도(℃)
• 염화비닐(PVC) • **가교폴리에틸렌(XLPE)**과 에틸렌프로필렌고무혼합물(EPR)	70 (전선)
• 무기물(PVC 피복 또는 나전선으로 사람이 접촉할 우려가 있는 것)	**90** (전선) 70 (시스)
• 무기물(접촉에 노출되지 않고 가연성 물질과 접촉할 우려가 없는 나전선)	105(시스)

답 ②

01 전기철도에서 흡상변압기의 용도는?

① 궤도용 신호변압기
② 전자유도 경감용 변압기
③ 전기 기관차의 보조변압기
④ 전원의 불평형을 조정하는 변압기

풀이 흡상변압기(BT) 급전방식

흡상 변압기(BT. Booster Transformer)는 권수비 1 : 1 의 단권 변압기로서, 귀전류를 BT 작용에 의하여 강제로 부급전선에 흡상시켜 통신 선로의 유도 장해를 경감하는 방식이다. 1차 측은 전차선에 2차 측은 부급전선에 직렬로 접속한다. 이때 흐르는 전류는 크기가 같고 방향도 반대가 된다. **답** ②

02 전동기의 출력이 15[kW], 속도 1800[rpm]으로 회전하고 있을 때 발생되는 토크[kg·m]는 약 얼마인가?

① 6.2 ② 7.4
③ 8.1 ④ 9.8

풀이 토크 $T = 0.975\dfrac{P}{N} = 0.975 \times \dfrac{15 \times 10^3}{1800}$
$= 8.125[\text{kg} \cdot \text{m}]$ **답** ③

03 권상하중이 100[t]이고 권상속도가 3[m/min] 인 권상기용 전동기를 설치하였다. 전동기의 출력[kW]은 약 얼마인가? (단, 전동기의 효율은 70[%]이다.)

① 40 ② 50
③ 60 ④ 70

풀이 전동기의 용량 $= \dfrac{KWV}{6.12\eta}[\text{kW}] = \dfrac{100 \times 3}{6.12 \times 0.7} = 70[\text{kW}]$
여기서, K : 손실계수(여유계수), W : 중량(하중)[ton]
V : 권상속도[m/min], η : 효율 **답** ④

04 연료는 수소 H_2와 메탄올 CH_3OH가 사용되며 전해액은 KOH가 사용되는 연료전지는?

① 산성 전해액 연료전지
② 고체 전해액 연료전지
③ 알칼리 전해액 연료전지
④ 용융염 전해액 연료전지

풀이

연료 전지 형태	전해질	운전온도
인산형(PAFC)	인산(액체)	200[℃]
알칼리형(AFC)	수산화칼륨(액체)	80[℃]
고분자전해질형 (PEMFC)	나피온 Dow폴리머	85~100[℃]
용융탄산염형 (MCFC)	Lithium or potassium carbonate(액체)	650[℃]
고체산화물형 (SOFC)	Yttria-stabilized zirconia(고체)	1000[℃]
직접메탄올 (DMFC)	Polymer Membrane	25~130[℃]

답 ③

05 FET에서 핀치 오프(pinch off)전압이란?

① 채널 폭이 막힌 때의 게이트의 역방향 전압
② FET에서 애벌런치 전압
③ 드레인과 소스 사이의 최대 전압
④ 채널 폭이 최대로 되는 게이트의 역방향 전압

풀이 FET(Field Effect Transister)에서 일어나는 현상으로서 gate와 소스 사이에 역전압을 증가시키면 드레인 전류가 0[A]가 되는데 이때의 전압을 핀치 오프 전압이라 한다. **답** ①

06 알루미늄 및 마그네슘의 용접에 가장 적합한 용접방법은?

① 탄소 아크용접
② 원자수소 용접
③ 유니온멜트 용접
④ 불활성가스 아크용접

풀이 불활성 가스 아크 용접
① 텅스텐 전극과 모재 사이에 아크를 발생시키고 그 주위에 아르곤, 헬륨 등과 같은 불활성 가스를 분출

시켜, 아크 부분을 공기로부터 차단하여 용접부의 산화를 방지하도록 한 용접 방법
② 용재(flux)가 불필요
③ 알루미늄, 마그네슘, 스테인리스 강, 기타 특수강 등의 아크 용접에 사용 **답** ④

07 다음 광원 중 발광효율이 가장 좋은 것은?

① 형광등
② 크세논등
③ 저압나트륨등
④ 메탈 헬라이드등

풀이 발광효율

종류	나트륨등	메탈 헬라이드등	형광등	수은등	크세논등	할로겐등	백열등
발광효율 [lm/W]	80~150	75~105	48~80	35~55	20~30	20~22	7~22

답 ③

08 어떤 전구의 상반구 광속은 2000[lm], 하반구 광속은 3000[lm]이다. 평균 구면 광도는 약 몇 [cd]인가?

① 200
② 400
③ 600
④ 800

풀이 총광속
$$F = 2,000 + 3,000 = 5,000[\text{lm}]$$
따라서 평균 구면 광도
$$I = \frac{F}{4\pi} = \frac{5,000}{4\pi} \fallingdotseq 398[\text{cd}]$$ **답** ②

09 시감도가 최대인 파장 555[nm]의 온도[K]는 약 얼마인가? (단, 빈의 법칙의 상수는 2896[μm · k]이다.)

① 5218
② 5318
③ 5418
④ 5518

풀이 최대 스펙트럼 방사 발산도를 발생하는 파장은 빈의 변위 법칙에 의하여
$$\lambda_m T = 2896[\mu\text{m} \cdot \text{K}]$$
$$\therefore T = \frac{2896}{\lambda_m} = \frac{2896 \times 10^{-6}}{555 \times 10^{-9}} = 5218[\text{K}]$$ **답** ①

10 다음 중 절연의 종류가 아닌 것은?

① A종
② B종
③ D종
④ H종

풀이

절연의 종류	Y	A	E	B	F	H	C
허용 최고 온도[℃]	90	105	120	130	155	180	180 초과

답 ③

11 COS(컷 아웃 스위치)를 설치할 때 사용되는 부속 재료가 아닌 것은?

① 내장크램프
② 브라켓
③ 내오손용 결합애자
④ 퓨즈링크

풀이
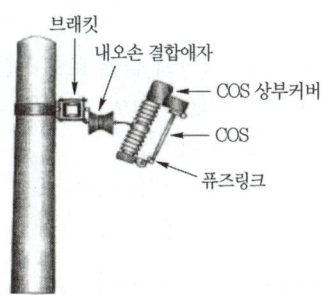
브래킷
내오손 결합애자
COS 상부커버
COS
퓨즈링크

답 ①

12 강판으로 된 금속 버스 덕트 재료의 최소 두께 [mm]는? (단, 버스 덕트의 최대 폭은 150[mm] 이하이다.)

① 0.8
② 1.0
③ 1.2
④ 1.4

풀이 덕트 (내선규정 2245-3) 덕트판의 두께

덕트의 최대 폭[mm]	강판 [mm]	알루미늄 판 및 알루미늄합금 판 [mm]
150 이하	1.0 (1.6)	1.6
150 초과 300 이하	1.4 (1.6)	2.0
300 초과 500 이하	1.6 (1.6)	2.3
500 초과 700 이하	2.0 (2.0)	2.9
700 초과	2.3 (2.3)	3.2

( )의 수치는 내화형의 경우에 적용한다. **답** ②

13 동일한 교류전압(E)을 다이오드 3상 정류회로로 3상 전파 정류할 경우 직류전압(E_d)은? (단, 필터는 없는 것으로 하고 순저항 부하이다.)

① $E_d = 0.45E$ ② $E_d = 0.9E$

③ $E_d = 1.17E$ ④ $E_d = 2.34E$

풀이

정류 종류	평균 전압
단상 반파 정류	$E_d = \dfrac{\sqrt{2}}{\pi}E = 0.45E$
단상 전파 정류	$E_d = \dfrac{2\sqrt{2}}{\pi}E = 0.9E$
3상 반파 정류	$E_d = \dfrac{3\sqrt{6}}{2\pi}E = 1.17E$
3상 전파 정류	$E_d = \dfrac{3\sqrt{6}}{\pi}E = 2.34E$

답 ④

14 단면적 500[mm²] 이상의 절연 트롤리선을 시설할 경우 굴곡 반지름이 3[m] 이하의 곡선부분에서 지지점 간 거리[m]는?

① 1   ② 1.2

③ 2   ④ 3

풀이 옥내에 시설하는 저압 접촉전선 배선(KEC 232.81)
절연트롤리선 지지점 간의 거리는 표에서 정한 값 이상일 것

도체 단면적	지지점 간격
500[mm²] 미만	2[m] (굴곡 반지름이 3[m] 이하의 곡선 부분에서는 1[m])
500[mm²] 이상	3[m] (굴곡 반지름이 3[m] 이하의 곡선 부분에서는 1[m])

답 ①

15 피뢰를 목적으로 피보호물 전체를 덮은 연속적인 망상도체(금속판도 포함)는?

① 수직도체

② 인하도체

③ 케이지

④ 용마루 가설도체

풀이 케이지(Cage) 방식은 산꼭대기에 있는 관측소, 건물, 휴게소, 매점, 골프장의 독립 휴게소 등에 시설하는 완

전 보호로 어떠한 뇌격에 대해서도 건물이나 내부에 있는 사람에게 절대로 위해가 가해지지 않는 방식이다.

답 ③

16 배전반 및 분전반에 대한 설명으로 틀린 것은?

① 개폐기를 쉽게 개폐할 수 있는 장소에서 시설하여야 한다.

② 옥측 또는 옥외에 시설하는 경우는 방수형을 사용하여야 한다.

③ 노출하여 시설되는 분전반 및 배전반의 재료는 불연성의 것이어야 한다.

④ 난연성 합성수지로 된 것은 두께가 최소 2[mm] 이상으로 내아크성인 것이어야 한다.

풀이 배전반 및 분전반을 넣은 함
① 반(盤)의 뒤쪽은 배선 및 기구를 배치하지 말 것. 다만, 쉽게 점검할 수 있는 구조이거나 분배전반의 소형덕트 내의 배선은 적용하지 않는다.
② 반의 옆쪽 또는 뒤쪽에 설치하는 분배전반의 소형덕트는 강판제로서 전선을 구부리거나 눌리지 않을 정도로 충분히 큰 것이어야 한다.
③ 난연성 합성수지로 된 것은 두께 1.5[mm] 이상으로 내(耐)아크성인 것이어야 한다.
④ 강판제의 것은 두께 1.2[mm] 이상이어야 한다. 다만, 가로 또는 세로의 길이가 30[cm] 이하인 것은 두께 1.0[mm] 이상으로 할 수 있다.
⑤ 절연저항 측정 및 전선접속단자의 점검이 용이한 구조일 것

답 ④

17 전선관 접속재가 아닌 것은?

① 유니버셜 엘보

② 콤비네이션 커플링

③ 새들

④ 유니온 커플링

풀이 ① 유니버셜 엘보 : 노출 배관 공사에서 관을 직각으로 굽히는 곳에 사용
② 콤비네이션 커플링 : 가요전선관과 금속관을 결합하는 곳에 사용
③ 새들 : 노출 배관에서 금속관을 조영재에 고정시키는데 사용되며 합성수지관, 가요관, 케이블 공사에도 사용
④ 유니온 커플링 : 금속관 상호 접속용으로 관이 고정되어 있을 때 사용

답 ③

18 연속열 등기구를 천장에 매입하거나 들보에 설치하는 조명방식으로 일반적으로 사무실에 설치되는 건축화 조명방식은?

① 밸런스 조명   ② 광량 조명
③ 코브 조명   ④ 코퍼 조명

풀이 ① 밸런스 조명 : 벽면을 밝은 광원으로 조명하는 방식으로 숨겨진 램프의 직접광이 아래쪽 벽, 커튼, 위쪽 천장면에 쪼이도록 조명하는 방식
② **광량 조명 : 연속열 등기구를 천장에 매입하거나 들보에 설치하는 조명방식**
③ 코브 조명 : 램프를 감추고 코브의 벽, 천장면에 플라스틱·목재 등을 이용하여 간접 조명으로 만들어 그 반사광으로 채광하는 조명방식
④ 코퍼 조명 : 천장면을 여러 형태의 사각, 삼각, 원형 등으로 구멍을 내어 다양한 형태의 매입기구를 취부하여 실내의 단조로움을 피하는 조명방식 **탭** ②

19 그림은 애자 취부용 금구를 나타낸 것이다. 앵커쇄클은 어느 것인가?

①    ②

③    ④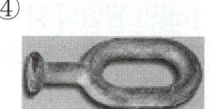

풀이 ① 앵커쇄클 : 가공 배전선로에서 지지물의 장주용으로 현수애자를 "ㄱ"형 완철에 장치하는 데 사용
② 경완철용 볼쇄클 : 가공 배전선로에서 지지물의 장주용으로 현수애자를 경완철에 장치하는 데 사용
③ 소켓아이 : 현수애자와 내장 및 인장클램프를 연결하는 금구
④ 볼 아이 : 가공 배전선로에서 전선로의 고저차가 15° 이상일 경우 현수애자와 결합하여 전선장악용 인장클램프를 연결하는 데 사용 **탭** ①

20 터널 내의 배기가스 및 안개 등에 대한 투과력이 우수하여 터널 조명, 교량조명, 고속도로 인터체인지 등에 많이 사용되는 방전등은?

① 수은등   ② 나트륨등
③ 크세논등   ④ 메탈 헬라이드등

풀이 **나트륨등**은 나트륨 증기 중의 방전을 이용한 것으로 인공 광원 중 최대 발광효율(80~150[lm/W])을 나타내며, 단색광으로 연색성이 대단히 나빠 실내조명으로는 부족하다. **투과력이 양호하여 강변 도로등, 안개지역 가로등, 광학시험에 사용**된다. **탭** ②

01 전기화학 반응을 실제로 일으키기 위해 필요한 전극 전위에서 그 반응의 평형 전위를 뺀 값을 과전압이라고 한다. 과전압의 원인으로 틀린 것은?

① 농도 분극   ② 화학 분극
③ 전류 분극   ④ 활성화 분극

풀이 ① 농도 분극 : 전해반응이 일어나고 있는 전극표면과 전해액 가운데의 이온의 농도차
② 화학 분극 : 가운데 있는 이온의 용액구조와 방전하는 이온과의 차이
③ 활성화 분극 : 전극표면에서의 이온과의 전자전수
④ 결정화 분극 : 방전에 의하여 생긴 원자의 정상상태로의 전이   **답** ③

02 자기소호 기능이 가장 좋은 소자는?

① GTO   ② SCR
③ DIAC   ④ TRIAC

풀이 GTO(gate turn off thyristor)

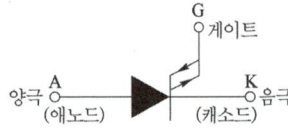

- 자기소호기능이란 on 상태에서 off로 되는 현상을 말한다.
- GTO는 자기소호기능이 있어 점호 때와 반대 방향의 전류를 흐르게 하면 소호시킬 수 있다.   **답** ①

03 플라이휠 효과 1[kg·m²]인 플라이휠 회전속도가 1500[rpm]에서 1200[rpm]으로 떨어졌다. 방출에너지는 약 몇 [J]인가?

① 1.11×10^3 ② 1.11×10^4
③ 2.11×10^3 ④ 2.11×10^4

풀이 N[rpm]이라고 하면, 축적된 운동 에너지는

$$W = \frac{1}{2}\left(\frac{GD^2}{4}\right)\left(\frac{2\pi N}{60}\right)^2 = \frac{GD^2 \cdot N^2}{730}[J]$$

따라서 방출 에너지

$$\Delta W = W_2 - W_1 = \frac{GD^2}{730}N_2^2 - \frac{GD^2}{730}N_1^2$$

$$= \frac{GD^2(N_2^2 - N_1^2)}{730} = \frac{1 \times (1500^2 - 1200^2)}{730}$$

$$\fallingdotseq 1.11 \times 10^3 [J]$$ **답** ①

04 30[W]의 백열전구가 1800[h]에서 단선되었다. 이 기간 중에 평균 100[lm]의 광속을 방사하였다면 전광량[lm·h]은?

① 5.4×10^4 ② 18×10^4
③ 60   ④ 18

풀이 100[lm]의 광속을 1800[h]동안 방사하였으므로,
전광량 $= 100[\text{lm}] \times 1800[\text{h}] = 18 \times 10^4[\text{lm} \cdot \text{m}]$ **답** ②

05 평균구면 광도 100[cd]의 전구 5개를 지름 10[m]인 원형의 방에 점등할 때 조명률을 0.5, 감광보상률을 1.5로 하면 방의 평균 조도[lx]는 약 얼마인가?

① 18   ② 23
③ 27   ④ 32

풀이 $FUN = EAD$ 에서
$F = 4\pi I = 4\pi \times 100 = 400\pi[\text{lm}]$, $N = 5$,
$U = 0.5$, $D = 1.5$, $A = \pi \times 5^2$이므로
$$\therefore E = \frac{FUN}{AD} = \frac{400\pi \times 0.5 \times 5}{25\pi \times 1.5} \fallingdotseq 26.7[\text{lx}]$$ **답** ③

06 서미스터(Thermistor)의 주된 용도는?

① 온도보상용   ② 잡음 제거용
③ 전압 증폭용   ④ 출력 전류 조절용

풀이 서미스터 : 반도체의 일종으로 열저항 소자라고도 하며, 정특성 서미스터와 부특성 서미스터가 있다. 일반적으로 온도가 상승함에 따라 전기 저항이 감소하는 부

(−)특성의 서미스터를 많이 사용하며, **온도 보상 회로에 이용**된다. **답** ①

07 전자빔 가열의 특징이 아닌 것은?

① 용접, 용해 및 천공작업 등에 응용된다.
② 에너지의 밀도나 분포를 자유로이 조절할 수 있다.
③ 진공 중에서 가열이 불가능하다.
④ 고융점 재료 및 금속박 재료의 용접이 쉽다.

풀이 전자빔 가열
진공 중에서 고속으로 가열한 전자를 집속하여 그 전자의 충돌에 의한 에너지로 **가열하는 방식을** 전자 빔 가열이라고 하며 그 특징은 다음과 같다.
① 에너지 밀도가 매우 높아 용접, 용해 등에 이용된다.
② 진공 중에서 가열하기 때문에 산화 등의 영향이 적다.
③ 빔의 파워와 조사위치 등을 정확하게 제어 할 수 있다.
④ 가열범위를 좁게 할 수 있기 때문에 열변질이 적은 가열이 가능하다.
⑤ 빔의 편향에 의해 필요한 부분에 고속으로 가열 할 수 있다(국소 표면 열처리) **답** ③

08 직류 전동기 중 공급전원의 극성이 바뀌면 회전방향이 바뀌는 것은?

① 분권기   ② 평복권기
③ 직권기   ④ 타여자기

풀이 **타여자 전동기는 공급전원의 극성을 바꾸면** 자속의 방향은 변함없지만 전기자 전류의 방향이 반대로 되어 플레밍의 왼손법칙에 따라 **회전 방향이 반대로 된다.** **답** ④

09 철도차량이 운행하는 곡선부의 종류가 아닌 것은?

① 단곡선   ② 복곡선
③ 반향곡선   ④ 완화곡선

풀이 (1) 수평곡선의 종류
① 단심곡선 : 원의 중심이 1개인 곡선
② 복심곡선 : 반경이 다른 원 2개의 중심이 동일한 축에 위치한 곡선
③ 반향곡선 : 두 개의 곡선 반경의 중심이 선로에 대해 서로 반대 측에 위치한 곡선

④ 완화곡선 : 직선부와 곡선부 사이에 설치하는 완만한 곡선

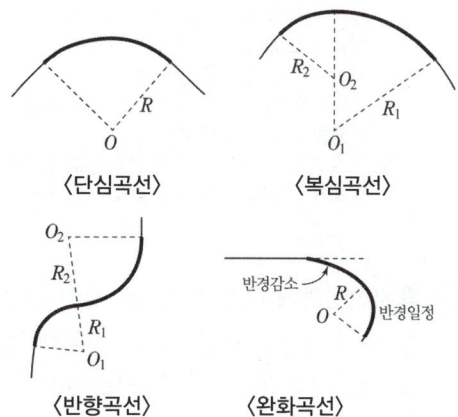

〈단심곡선〉   〈복심곡선〉

〈반향곡선〉   〈완화곡선〉

(2) 복곡선을 사용하면 반경이 다른 두 곡선의 접속점에서 곡률이 급격히 변화하기 때문에 승객에게 불쾌감을 줄 우려가 있어 철도에서는 단곡선과 완화곡선이 많이 사용된다. **답** ②

10 유전가열의 용도로 틀린 것은?

① 목재의 건조
② 목재의 접착
③ 염화비닐막의 접착
④ 금속 표면처리

풀이 유전가열과 유도가열의 비교

항목	유전가열	유도가열
원리	유전체손 이용	와류손 및 히스테리시스 손실 이용
적용	절연체(유전체)	**금속**(도체), 반도체
전원	교류(직류 사용불가) 1~200[MHz]	교류(직류 사용불가) • 저주파 유도 가열 : 60[Hz] • 고주파 유도 가열 : 5~20[kHz]

답 ④

11 백열전구에 사용되는 필라멘트 재료의 구비조건으로 틀린 것은?

① 용융점이 높을 것
② 고유저항이 클 것
③ 선팽창계수가 높을 것
④ 높은 온도에서 증발이 적을 것

풀이 필라멘트 재료로서의 필요조건은 다음과 같다.
① 융해점이 높을 것
② 고유 저항이 클 것
③ 높은 온도에서의 증발(승화)이 적을 것
④ 점화 온도에서 주위의 것과 화합하지 않을 것
⑤ 가는 선으로의 가공이 쉬울 것
⑥ 고온으로 되어도 기계적 강도가 감소하지 않을 것
⑦ 선팽창 계수가 적을 것
⑧ 전기 저항의 온도 계수가 플러스로 될 것
⑨ 재료가 풍부하고 가격이 염가로 될 것　　**답** ③

12 후강전선관에 대한 설명으로 틀린 것은?
① 관의 호칭은 바깥지름의 크기에 가깝다.
② 후강전선관의 두께는 박강전선관의 두께보다 두껍다.
③ 콘크리트에 매입할 경우 관의 두께는 1.2[mm] 이상으로 해야 한다.
④ 관의 호칭은 16[mm]에서 104[mm]까지 10종이다.

풀이 ① 후강 전선관
　• 안지름의 크기에 가까운 짝수로 정한다.
　• 관의 호칭은 16[mm]에서 104[mm]까지 10종이다.
　• 관의 두께는 2.3[mm] 이상, 1본의 길이는 3.6[m]이다.
② 박강 전선관
　• 바깥 지름의 크기에 가까운 홀수로 정한다.
　• 관의 호칭은 19[mm]에서 75[mm]까지 7종이다.
　• 두께는 1.6[mm] 이상, 1본의 길이는 3.66[m]이다.
　　　　　　답 ①

13 내선규정에서 정하는 용어의 정의로 틀린 것은?
① 케이블이란 통신용케이블 이외의 케이블 및 캡타이어케이블을 말한다.
② 애자란 놉애자, 인류애자, 핀애자와 같이 전선을 부착하여 이것을 다른 것과 절연하는 것을 말한다.
③ 전기용품이란 전기설비의 부분이 되거나 또는 여기에 접속하여 사용되는 기계기구 및 재료 등을 말한다.
④ 불연성이란 불꽃, 아크 또는 고열에 의하여 착화하기 어렵거나 착화하여도 쉽게 연소하지 않는 성질을 말한다.

풀이 • 불연성(不燃性) : 사용 중 닿게 될지도 모르는 불꽃, 아크 또는 고열에 의하여 연소되지 않는 성질을 말한다.
• 난연성(難燃性) : 불꽃, 아크 또는 고열에 의하여 착화(着火)하지 않거나 착화하여도 쉽게 연소하지 않는 성질을 말한다.　　**답** ④

14 배전반 및 분전반을 넣는 함을 강판제로 만들 경우 함의 최소 두께[mm]는? (단, 가로 또는 세로의 길이가 30[cm]를 초과하는 경우이다.)
① 1.0　　　　　② 1.2
③ 1.4　　　　　④ 1.6

풀이 배전반 및 분전반을 넣은 함
① 반(盤)의 뒤쪽은 배선 및 기구를 배치하지 말 것. 다만, 쉽게 점검할 수 있는 구조이거나 분배전반의 소형덕트 내의 배선은 적용하지 않는다.
② 반의 옆쪽 또는 뒤쪽에 설치하는 분배전반의 소형덕트는 강판제로서 전선을 구부리거나 눌리지 않을 정도로 충분히 큰 것이어야 한다.
③ 난연성 합성수지로 된 것은 두께 1.5[mm] 이상으로 내(耐)아크성인 것이어야 한다.
④ 강판제의 것은 두께 1.2[mm] 이상이어야 한다. 다만, 가로 또는 세로의 길이가 30[cm] 이하인 것은 두께 1.0[mm] 이상으로 할 수 있다.
⑤ 절연저항 측정 및 전선접속단자의 점검이 용이한 구조일 것　　**답** ②

15 저압 전선로 등의 중성선 또는 접지측 전선의 식별에서 애자의 빛깔에 의하여 식별하는 경우에는 어떤 색의 애자를 접지측으로 사용하는가?
① 청색 애자　　　② 백색 애자
③ 황색 애자　　　④ 흑색 애자

풀이

애자의 종류	색별
특고압용 핀 애자	적색
저압용 애자(접지측 제외)	백색
접지측 애자	**청색**

답 ①

16 지선으로 사용되는 전선의 종류는?
① 경동연선　　　② 중공연선
③ 아연도철연선　④ 강심알루미늄연선

풀이 지선의 시설(KEC 331.11)
(1) 지선의 안전율은 2.5 이상일 것. 이 경우에 허용 인장하중의 최저는 4.31[kN]으로 한다.
(2) 지선에 연선을 사용할 경우에는 다음에 의할 것.
① 소선 3가닥 이상의 연선일 것
② 소선의 지름 2.6[mm] 이상인 금속선을 사용한 것일 것. 다만 소선의 지름이 2[mm] 이상인 아연도 강연선으로서 소선의 인장 강도가 0.68[kN/mm²] 이상인 것을 사용하는 경우에는 그러하지 아니하다. **답** ③

17 철근 콘크리트주로서 전장 16[m]이고, 설계 하중이 8[kN]이라 하면 땅에 묻는 최소 깊이[m]는? (단, 지반이 연약한 곳 이외에 시설한다.)

① 2.0   ② 2.4
③ 2.5   ④ 2.8

풀이 331.7 가공전선로 지지물의 기초의 안전율
가공전선로의 지지물에 하중이 가하여지는 경우에 그 하중을 받는 지지물의 기초의 안전율은 2(이상 시 상정 하중에 대한 철탑의 기초에 대하여는 1.33) 이상이어야 한다. 다만, 다음에 따라 시설하는 경우에는 적용하지 않는다.

설계 하중 전장	6.8[kN] 이하	6.8[kN] 초과 ~9.8[kN] 이하	9.8[kN] 초과 ~14.72[kN] 이하
15[m] 이하	전장 × 1/6[m] 이상	전장 × 1/6 + 0.3[m] 이상	전장 × 1/6 + 0.5[m] 이상
15[m] 초과	2.5[m] 이상	2.8[m] 이상	–
16[m] 초과 ~20[m] 이하	2.8[m] 이상	–	–
15[m] 초과 ~18[m] 이하	–	–	3[m] 이상
18[m] 초과	–	–	3.2[m] 이상

답 ④

18 피뢰설비 설치에 관한 사항으로 옳은 것은?
① 수뢰부는 동선을 기준으로 35[mm²] 이상
② 접지극은 동선을 기준으로 50[mm²] 이상
③ 인하도선은 동선을 기준으로 16[mm²] 이상
④ 돌침은 건축물의 맨 윗부분으로부터 20[cm] 이상 돌출

풀이 • 피뢰설비의 재료는 최소 단면적이 피복이 없는 동선을 기준으로 수뢰부, 인하도선 및 접지극은 50[mm²] 이상이거나 이와 동등 이상의 성능을 갖출 것
• 돌침은 건축물의 맨 윗부분으로부터 25[cm] 이상 돌출시켜 설치 **답** ②

19 자심재료의 구비조건으로 틀린 것은?
① 저항률이 클 것
② 투자율이 작을 것
③ 히스테리시스 면적이 작을 것
④ 잔류자기가 크고 보자력이 작을 것

풀이 자심 재료
• 투자율이 클 것
• 포화 자속 밀도가 클 것
• 보자력이 작고 잔류자기는 클 것
• 저항률이 클 것
• 기계적, 전기적 충격에 대하여 안정할 것
(영구 자석은 보자력 및 잔류자기가 큰 것이 요구된다.) **답** ②

20 형광판, 야광도료 및 형광방전등에 이용되는 루미네선스는?
① 열 루미네선스   ② 전기 루미네선스
③ 복사 루미네선스   ④ 파이로 루미네선스

풀이 루미네선스의 분류

이 름	작 용 원 인	실제 예시
복사 루미네선스	자외선, X선 등의 조사	형광판, 야광 도료, 형광 방전등
전기 루미네선스	기체 중의 방전	방전등, 극광
파이로 루미네선스	불꽃 속의 기체의 발광	발염 방전등, 불꽃 반응
열 루미네선스	고온에 의한 흑체보다 강한 선택 복사	네롬스트등
음극선 루미네선스	음극선	브라운관, 텔레비전 영상
화학 루미네선스	화학 변화, 특히 산화	황인의 완만한 산화
생물 루미네선스	특수 산화	반딧불, 야광 벌레, 오징어
결정 루미네선스	Na_2F_2, Na_2SO_4 등이 용액에서 결정	

답 ③

01 다음 중 쌍방향 2단자 사이리스터는?

① SCR ② TRIAC
③ SSS ④ SCS

풀이 각종 반도체 소자의 비교
① 방향성
  • 양방향성(쌍방향성) 소자 : DIAC, TRIAC, SSS
  • 역저지(단방향성) 소자 : SCR, LASCR, GTO, SCS
② 극(단자) 수
  • 2극(단자) 소자 : DIAC, SSS, Diode
  • 3극(단자) 소자 : SCR, LASCR, GTO, TRIAC
  • 4극(단자) 소자 : SCS   **답** ③

02 축전지의 충전방식 중 전지의 자기 방전을 보충함과 동시에 상용부하에 대한 전력공급은 충전기가 부담하되 비상 시 일시적인 대부하 전류는 축전지가 부담하도록 하는 충전방식은?

① 보통충전 ② 급속충전
③ 균등충전 ④ 부동충전

풀이 ① 보통 충전 : 필요할 때마다 표준 시간율로 소정의 충전을 하는 방식이다.
② 급속 충전 : 비교적 단시간에 보통 전류의 2~3배의 전류로 충전하는 방식이다.
③ 균등 충전 : 부동 충전 방식에 의하여 사용할 때 각 전해조에서 일어나는 전위차를 보정하기 위하여 1~3개월 마다 1회씩 정전압으로 10~12시간 충전하여 각 전해조의 용량을 균일화하기 위한 방식이다.
④ 부동 충전 : 축전지의 자기 방전을 보충함과 동시에 상용 부하에 대한 전력 공급은 충전기가 부담하도록 하되 충전기가 부담하기 어려운 일시적인 대전류 부하는 축전지로 하여금 부담하게 하는 방식이다.   **답** ④

03 저항용접에 속하는 것은?

① TIG 용접
② 탄소 아크 용접
③ 유니온멜트 용접
④ 프로젝션 용접

풀이 ① 겹치기 저항 용접
  • 점용접 : 전구의 필라멘트 용접, 열전대의 용접
  • 돌기 용접(프로젝션 용접)
  • 심 용접 : 이음매 용접
② 맞대기 저항 용접
  • 업셋 맞대기 용접
  • 플래시 맞대기 용접
  • 충격 용접   **답** ④

04 열차가 곡선 궤도를 운행할 때 차륜의 플랜지와 레일 사이의 측면 마찰을 피하기 위하여 내측 레일의 궤간을 넓히는 것은?

① 고도 ② 유간
③ 확도 ④ 철차각

풀이 ① 캔트(고도) : 바깥쪽의 레일을 안쪽의 레일보다 높게 하여 차량전체를 곡선의 중간쪽으로 기울임의 고도
② 유간 : 온도변화에 대한 궤조의 신축에 대응하기 위하여 이음 장소에 적당한 간격을 두는 것
③ 확도(slack 슬랙) : 곡선로 부분에서 플렌지가 레일 측면에 끼어서 탈선하는 것을 방지하기 위해서 궤간을 직선부보다 약간 넓게 하는 것을 말한다.
④ 철차각 : 철차부에서 기준선과 분기선이 교차하는 각도   **답** ③

05 유도전동기를 동기속도보다 높은 속도에서 발전기로 동작시켜 발생된 전력을 전원으로 반환하여 제동하는 방식은?

① 역전제동 ② 발전제동
③ 회생제동 ④ 와전류제동

풀이 ① 발전 제동 : 전동기의 전기자를 전원에서 끊고 전동기를 발전기로 동작시켜 회전 운동 에너지로서 발생하는 전력을 그 단자에 접속한 저항에서 열로 소비시키는 제동 방법이다.
② 회생 제동 : 전동기에 전원을 접속한 상태에서 전동기에 유기되는 역기전력을 전원 전압보다 높게 하여 회전 운동 에너지로 발생되는 전력을 전원 측에 반환하면서 제동하는 방법이다.
③ 역상 제동 : 전동기의 전원 접속을 바꾸어 역토크를 발생시켜 급정지시키는 방법으로 역전제동 또는 플러깅(plugging)이라 한다.
④ 와전류 제동 : 전동기 축에 동심으로 설치한 구리의 원판을 자계 내에서 회전시켜 동판에 생긴 와전류에 의해서 제동력을 얻는 방법이다.   **답** ③

06 3상 농형 유도전동기의 속도 제어방법이 아닌 것은?

① 극수 변환법　　② 주파수 제어법
③ 전압 제어법　　④ 2차저항 제어법

풀이 ① 농형 유도 전동기의 속도 제어법
　　• 주파수 제어법
　　• 극수 변환법
　　• 전압 제어법
　　② 권선형 유도 전동기의 속도 제어법
　　• 2차여자 제어법
　　• 2차저항 제어법
　　• 종속 제어법　　　　　　　　　　**답** ④

07 전원전압 100[V]인 단상 전파제어정류에서 점호각이 30°일 때 직류전압은 약 몇 [V]인가?

① 84　　　　　　② 87
③ 92　　　　　　④ 98

풀이

	반파정류	전파정류
SCR	$E_d = \dfrac{\sqrt{2}\,E}{2\pi}(1+\cos\alpha)$	$E_d = \dfrac{\sqrt{2}\,E}{\pi}(1+\cos\alpha)$

$$\therefore E_d = \frac{\sqrt{2}\,E}{\pi}(1+\cos\alpha) = \frac{\sqrt{2}\times100}{\pi}(1+\cos30°) = 84[\text{V}]$$

답 ①

08 광속 5000[lm]의 광원과 효율 80[%]의 조명기구를 사용하여 넓이 4[m²]의 우유빛 유리를 균일하게 비출 때 유리 이(裏)면 (빛이 들어오는 면의 뒷면)의 휘도는 약 몇 [cd/m²]인가? (단, 우유빛 유리의 투과율은 80[%]이다.)

① 255　　　　　　② 318
③ 1019　　　　　　④ 1274

풀이 광원의 효율(η)과 우유빛 유리의 투과율(τ)은 0.8이므로, 이면에서 발산하는 광속은
$$F' = \tau\eta F = 0.8\times0.8\times5000 = 3200[\text{lm}]$$
이면의 광속 발산도 R은
$$R = \frac{F'}{S} = \frac{3200}{4} = 800[\text{lm/m}^2] = 800[\text{rlx}]$$
또한 $R = \pi B$ 이므로,
$$\therefore B = \frac{R}{\pi} = \frac{800}{\pi} = 254.65[\text{cd/m}^2]$$

답 ①

09 실내 조도계산에서 조명률 결정에 미치는 요소가 아닌 것은?

① 실지수
② 반사율
③ 조명기구의 종류
④ 감광보상률

풀이 • 조명률은 실지수, 조명 기구의 종류, 실내면(천장, 벽, 바닥 등)의 반사율에 따라서 달라진다.
　　• 감광보상률은 점등 중의 광속 감소를 고려하여 소요 광속에 여유를 두는 정도를 의미한다.　　**답** ④

10 열전대를 이용한 열전 온도계의 원리는?

① 제벡 효과　　　　② 톰슨 효과
③ 핀치 효과　　　　④ 펠티에 효과

풀이 ① 제벡 효과 : 열전온도계. 즉 두 금속을 두 접점으로 폐회로를 만들고 두 접점의 온도를 달리하면 기전력이 발생한다. 이 열기전력은 두 접점간의 온도차에 비례한다. 이 두 금속을 열전대라 하고 이것을 이용한 것이 열전 온도계이다.
② 톰슨 효과 : 제벡 효과의 역현상의 일종으로 동종의 금속의 접점에 전류를 통하면 전류방향에 따라 열을 발생 또는 흡수하는 현상이다.
③ 핀치 효과 : 용융체에 강한 전류를 통하면 전자력에 의한 인력이 커지므로 용융체가 도중에서 끊어져 전류가 끊어지는 현상을 말한다.
④ 펠티에 효과(Peltier effect) : 서로 다른 두 종류의 금속선으로 폐회로를 만들고 온도를 일정하게 유지하면서 전류를 흘리면 금속선의 접속점에서 열의 흡수(온도 강하) 또는 발생(온도 상승)이 일어나는 현상이다.　　**답** ①

11 방전등의 일종으로 빛의 투과율이 크고 등황색의 단색광이며 안개속을 잘 투과하는 등은?

① 나트륨등　　　　② 할로겐등
③ 형광등　　　　　④ 수은등

풀이 나트륨등의 발광은 나트륨 증기의 방전에 의하여 공명선인 5890~1586[Å]의 D선(황색선) 대부분 76[%]를 차지한다. 나트륨등의 효율은 이론상 395[lm/W] 실용상 150~80[lm/W] 정도로 대단히 높다. 따라서 빛의 직선성이 좋아 안개가 잘 발생하는 강변이나, 먼지가 많은 터널 등에 사용된다.　　**답** ①

12 다음 중 배전반 및 분전반을 넣은 함의 요건으로 적합하지 않은 것은?

① 반의 옆쪽 또는 뒤쪽에 설치하는 분배전반의 소형덕트는 강판제이어야 한다.

② 난연성 합성수지로 된 것은 두께가 최소 1.6[mm] 이상으로 내(耐)수지성인 것이어야 한다.

③ 강판제의 것은 두께 1.2[mm] 이상이어야 한다. 다만, 가로 또는 세로의 길이가 30[cm] 이하인 것은 두께 1.0[mm] 이상으로 할 수 있다.

④ 절연저항 측정 및 전선접속단자의 점검이 용이한 구조이어야 한다.

풀이 배전반 및 분전반을 넣은 함
① 반(盤)의 뒤쪽은 배선 및 기구를 배치하지 말 것. 다만, 쉽게 점검할 수 있는 구조이거나 분배전반의 소형덕트 내의 배선은 적용하지 않는다.
② 반의 옆쪽 또는 뒤쪽에 설치하는 분배전반의 소형덕트는 강판제로서 전선을 구부리거나 누르지 않을 정도로 충분히 큰 것이어야 한다.
③ 난연성 합성수지로 된 것은 두께 1.5[mm] 이상으로 내(耐)아크성인 것이어야 한다.
④ 강판제의 것은 두께 1.2[mm] 이상이어야 한다. 다만, 가로 또는 세로의 길이가 30[cm] 이하인 것은 두께 1.0[mm] 이상으로 할 수 있다.
⑤ 절연저항 측정 및 전선접속단자의 점검이 용이한 구조일 것 **답** ②

13 할로겐 전구의 특징이 아닌 것은?

① 휘도가 낮다. ② 열충격에 강하다.
③ 단위광속이 크다. ④ 연색성이 좋다.

풀이 할로겐전구의 특징
① 초소형, 경량의 전구(백열전구의 1/10 이상 소형화 가능)
② 단위 광속이 크다.
③ 수명이 백열전구에 비하여 2배로 길다.
④ 별도의 점등장치가 필요하지 않다.
⑤ 열충격에 강하다.
⑥ 배광제어가 용이하다.
⑦ 연색성이 좋다.
⑧ 온도가 높다(할로겐 전구의 베이스로 세라믹 사용).
⑨ 휘도가 높다.
⑩ 흑화가 거의 발생하지 않는다. **답** ①

14 라인포스트 애자는 다음 중 어떤 종류의 애자인가?

① 핀애자 ② 현수애자
③ 장간애자 ④ 지지애자

풀이 라인포스트 애자 : 특고압 가공 배전선로의 지지물에서 전선을 지지 및 고정하는 데 사용되는 장주용 애자로 일반형과 내염형이 있으며, 내염형은 오손등급 C급 이상의 지역에 사용한다.

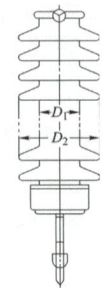

답 ④

15 KS C IEC 62305-3에 의해 피뢰침의 재료로 테이프형 단선 형상의 알루미늄을 사용하는 경우 최소단면적[mm²]은?

① 25 ② 35
③ 50 ④ 70

풀이 수뢰도체, 피뢰침과 인하도선의 재료, 형상과 최소단면적

재 료	형 상	최소단면적 [mm²]	해 설
알루미늄	테이프형 단선	70	최소 두께 3[mm]
	원형 단선	50	직경 8[mm]
	연선	50	각 소선의 최소직경 1.7[mm]

열적/기계적 고려가 중요하다면 이들 치수를 테이프형 단선은 60[mm²]로 원형 단선은 78[mm²]로 증가시킬 수 있다. **답** ④

16 전기기기의 절연의 종류와 허용최고온도가 잘못 연결된 것은?

① A종 – 105[℃] ② E종 – 120[℃]
③ B종 – 130[℃] ④ H종 – 155[℃]

풀이

절연의 종류	Y	A	E	B	F	H	C
허용 최고 온도[℃]	90	105	120	130	155	180	180 초과

답 ④

17 가공 배전선로 경완철에 폴리머 현수애자를 결합하고자 한다. 경완철과 폴리머 현수애자 사이에 설치되는 자재는?

① 경완철용 아이쇄클   ② 볼크레비스
③ 인장클램프   ④ 각암타이

풀이

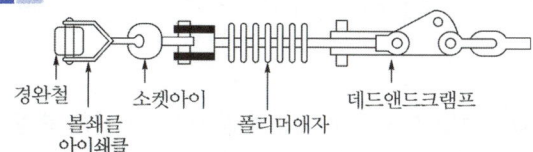

경완철   소켓아이   데드앤드크램프
볼쇄클   폴리머애자
아이쇄클

답 ①

18 지선밴드에서 2방 밴드의 규격이 아닌 것은?

① 150×203[mm]   ② 180×240[mm]
③ 200×260[mm]   ④ 240×300[mm]

풀이

종 류	규격(내경×볼트중심간 거리)[mm]
2방 밴드	150×203 180×240 200×260 220×280 250×311

답 ④

19 점유 면적이 좁고, 운전·보수가 안전하여 공장 및 빌딩 등의 전기실에 많이 사용되는 배전반은?

① 데드 프런트형   ② 수직형
③ 큐비클형   ④ 라이브 프런트형

풀이 폐쇄식 배전반(cubicle type)은 점유 면적이 좁고 운전, 보수에 안전하므로 공장, 빌딩 등의 전기실에 현재 많이 사용된다. **답** ③

20 석유류 등의 위험물을 제조하거나 저장하는 장소에 저압 옥내 전기설비를 시설하고자 한다. 이때 사용 가능한 이동전선은? (단, 이동전선은 접속점이 없다.)

① 0.6/1[kV] EP 고무절연 클로로프렌 캡타이어 케이블

② 0.6/1[kV] EP 고무절연 클로로프렌 시스케이블
③ 0.6/1[kV] EP 고무절연 비닐시스 케이블
④ 0.6/1[kV] 비닐절연 비닐시스 케이블

풀이 242.4 위험물 등이 존재하는 장소
이동전선은 접속점이 없는 0.6/1[kV] EP 고무 절연 클로로프렌 캡타이어케이블 또는 0.6/1[kV] 비닐 절연 비닐캡타이어케이블을 사용한다. **답** ①

2020년 – 4회 _ 공사기사

01 전기가열방식 중에서 고주파 유전가열의 응용으로 틀린 것은?

① 목재의 건조   ② 비닐막 접착
③ 목재의 접착   ④ 공구의 표면처리

풀이
• 유전 가열 : 유전체에서 발생되는 유전체손을 이용한 것으로 목재의 건조, 목재의 접착, 합성수지의 가열 성형, 고무의 유화 등에 사용된다.
• 유도 가열 : 도전성 물질(금속)에서 발생하는 와류손과 히스테리시스손에 의한 발열을 이용한 것으로 금속의 표면가열(표면 담금질, 금속의 표면처리, 국부 가열) 등에 사용된다. **답** ④

02 광전 소자의 구조와 동작에 대한 설명 중 틀린 것은?

① 포토트랜지스터는 모든 빛에 감응하지 않으며, 일정 파장 범위 내의 빛에 감응한다.
② 포토커플러는 전기적으로 절연되어 있지만 광학적으로 결합되어 있는 발광부와 수광부를 갖추고 있다.
③ 포토사이리스터는 빛에 의해 개방된 두 단자 사이를 도통시킬 수 있어 전류의 ON-OFF 제어에 쓰인다.
④ 포토다이오드는 일반적으로 포토트랜지스터에 비해 반응속도가 느리다.

풀이 포토트랜지스터는 일반적으로 포토다이오드 보다 반응속도는 느리지만 전류가 증폭되므로 감도는 더 크다. **답** ④

03 직류 전동기의 속도제어법에서 정출력 제어에 속하는 것은?

① 계자제어   ② 전압제어
③ 전기자 저항제어   ④ 워드 레오나드 제어

풀이 직류 전동기의 속도 제어법 비교

구 분	제어 특성	특 징
계자 제어법	• 정출력 제어	• 속도 제어 범위가 좁다.
전압 제어법	• 정토크 제어 - 워드 레오나드 방식 - 일그너 방식	• 제어 범위가 넓다. • 손실이 매우 적다. • 정역 운전이 가능 • 설비비가 많이 든다.
직렬 저항법		• 효율이 나쁘다.

답 ①

04 가로 30[m], 세로 40[m]되는 실내작업장에 광속이 2800[lm]인 형광등 21개를 점등하였을 때, 이 작업장의 평균조도[lx]는 약 얼마인가? (단, 조명률은 0.4이고, 감광보상률이 1.5이다.)

① 17   ② 16
③ 13   ④ 11

풀이 $FUN = AED$ 이므로
(여기서, F : 광원 1개 당의 광속[lm], U : 조명률, N : 광원의 개수, A : 면적[m^2], E : 조도[lx], D : 감광보상률)

$$\therefore E = \frac{FUN}{AD} = \frac{2800 \times 0.4 \times 21}{30 \times 40 \times 1.5} = 13[lx]$$

답 ③

05 2종의 금속이나 반도체를 접합하여 열전대를 만들고 기전력을 공급하면 각 접점에서 열의 흡수, 발생이 일어나는 현상은?

① 제벡(Seebeck) 효과
② 펠티에(Peltier) 효과
③ 톰슨(Thomson) 효과
④ 핀치(Pinch) 효과

풀이 ① 제벡 효과 : 열전온도계, 즉 두 금속을 두 접점으로 폐회로를 만들고 두 접점의 온도를 달리하면 기전력이 발생한다. 이 열기전력은 두 접점간의 온도차에 비례한다. 이 두 금속을 열전대라 하고 이것을 이용한 것이 열전 온도계이다.

② 펠티에 효과 : 2종의 금속이나 반도체를 접합하여 열전대를 만들고 기전력을 공급하면 각 접점에서 열의 흡수, 발생이 일어나는 현상
③ 톰슨 효과 : 제벡 효과의 역현상의 일종으로 동종의 금속의 접점에 전류를 통하면 전류방향에 따라 열을 발생 또는 흡수하는 현상이다.
④ 핀치 효과 : 용융체에 강한 전류를 통하면 전자력에 의한 인력이 커지므로 용융체가 도중에서 끊어져 전류가 끊어지는 현상을 말한다.

답 ②

06 풍압 500[mmAq], 풍량 0.5[m^3/s]인 송풍기용 전동기의 용량[kW]은 약 얼마인가? (단, 여유계수는 1.23, 팬의 효율은 0.6이다.)

① 5   ② 7
③ 9   ④ 11

풀이 송풍기의 송풍량이 q[m^3/s], 소요 풍압이 H[mmAq], 송풍 효율 η, 여유계수 K인 경우 전동기 소요 출력은

$$P = \frac{9.8qHK}{\eta} = \frac{9.8 \times 0.5 \times 500 \times 1.23}{0.6} \times 10^{-3}$$
$$= 5[kW]$$

답 ①

07 다음 중 직접식 저항로가 아닌 것은?

① 흑연화로   ② 카보런덤로
③ 지로식 전기로   ④ 염욕로

풀이 • 직접 저항로 : 피열물에 직접 전류를 흘려서 가열하는 방식으로, 흑연화로, 카바이드로, 카보런덤로, 알루미늄 전해로가 있다.
• 간접 저항로 : 발열체의 열을 방사, 대류 등에 의하여 피열물에 전하는 방식으로, 염욕로, 크리프톨로, 발열체로 등이 있다.

답 ④

08 전기철도에서 궤도의 구성요소가 아닌 것은?

① 침목   ② 레일
③ 캔트   ④ 도상

풀이 ① 궤도의 3요소 : 궤조(레일), 침목, 도상

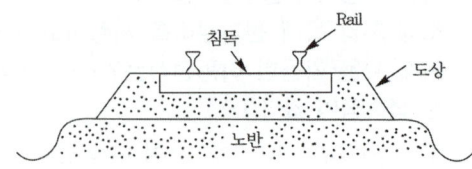

② 차량이 곡선부를 달릴 때에 발생하는 원심력에 대비하여 곡선 바깥쪽의 레일을 안쪽 레일보다 높게 하여 차량전체를 곡선의 중간쪽으로 기울이게 하여 원심력과 평행시키는데 이 기울임의 고도를 캔트(cant)라 한다.   답 ③

09 금속의 화학적 성질로 틀린 것은?

① 산화되기 쉽다.
② 전자를 잃기 쉽고, 양이온이 되기 쉽다.
③ 이온화 경향이 클수록 환원성이 강하다.
④ 산과 반응하고, 금속의 산화물은 염기성이다.

풀이
• 이온화 경향이 클수록 양이온이 되기 쉽고, 전자를 빨리 잃어 산화되기 쉽다.
• 이온화 경향이 작을수록 양이온이 되기 어렵고, 환원성이 강하다.   답 ③

10 방전개시 전압과 관계되는 법칙은?

① 스토크스의 법칙   ② 페닝의 법칙
③ 파센의 법칙   ④ 탈보트의 법칙

풀이 방전 개시 전압은 일정한 전극 금속과 기체의 조합에서는 압력과 관의 길이의 곱에만 관계된다.
이 관계를 파센(Paschen)의 법칙이라 한다.
즉, $V \propto$ 압력[Pa] × 전극 사이의 거리[mm]   답 ③

11 케이블의 약호 중 EE의 품명은?

① 미네랄 인슈레이션 케이블
② 폴리에틸렌절연 비닐 시스케이블
③ 형광방전등용 비닐전선
④ 폴리에틸렌절연 폴리에틸렌 시스케이블

풀이

약호	명칭
MI 케이블	미네랄 인슈레이션 케이블
EV 케이블	폴리에틸렌 절연 비닐 시스케이블
FL 케이블	형광방전등용 비닐전선
EE 케이블	폴리에틸렌 절연 폴리에틸렌 시스케이블

답 ④

12 가선 금구 중 완금에 특고압 전선의 조수가 3일 때 완금의 길이[mm]는?

① 900   ② 1400
③ 1800   ④ 2400

풀이 가공 전선로의 장주에 사용되는 완금의 표준 길이는,

전선의 개수	특고압	고압	저압
2	1,800	1,400	900
3	2400	1800	1400

답 ④

13 콘크리트 매입 금속관 공사에 사용하는 금속관의 두께는 최소 몇 [mm] 이상이어야 하는가?

① 1.0   ② 1.2
③ 1.5   ④ 2.0

풀이 232.12 금속관공사
관의 두께는 다음에 의할 것
① 콘크리트에 매입하는 것은 1.2[mm] 이상
② 이외의 것은 1[mm] 이상, 다만 이음매가 없는 길이 4[m] 이하인 것을 건조하고 전개된 곳에 시설하는 경우에는 0.5[mm] 까지로 감할 수 있다.   답 ②

14 옥내배선용 공구 중 리머의 사용 목적으로 옳은 것은?

① 로크너트 또는 부싱을 견고히 조일 때
② 커넥터 또는 터미널을 압착하는 공구
③ 금속관 절단에 따른 절단면 다듬기
④ 금속관의 굽힘

풀이 리머(reamer) :
금속관을 쇠톱이나
커터로 끊은 다음,
관 안의 날카로운 것을
다듬는 공구      답 ③

15 박스에 금속관을 연결시키고자 할 때 박스의 노크아웃 지름이 금속관의 지름보다 큰 경우 박스에 사용되는 것은?

① 링 리듀서   ② 엔트런스 캡
③ 부싱   ④ 엘보우

풀이

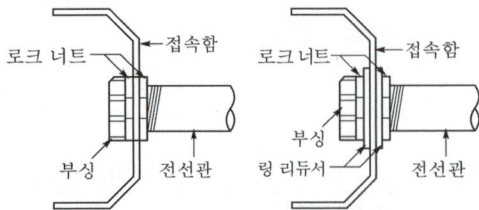

(a) 로크 아웃의 크기가   (b) 로크 아웃이 관의 굵기
    적당할 때   보다 지나치게 클 때

금속관을 아우트렛 박스의 로크 아웃에 취부할 때 로크
아웃의 구멍이 관의 구멍보다 클 때 링 리듀서를 사용
하여 로크너트로 조인다. **답** ①

---

16 변압기유로 쓰이는 절연유에 요구되는 특성이
아닌 것은?

① 점도가 클 것
② 절연내력이 클 것
③ 인화점이 높을 것
④ 비열이 커서 냉각 효과가 클 것

풀이 변압기유의 구비조건
① 절연내력이 클 것
② 절연재료 및 금속에 화학 작용을 일으키지 않을 것
③ 인화점이 높고, 응고점이 낮을 것
④ **점도가 낮고**, 비열이 커서 냉각 효과가 클 것
⑤ 고온에서도 석출물이 생기거나 산화하지 않을 것
  답 ①

---

17 피뢰시스템의 인하도선 재료로 원형 단선으로
된 알루미늄을 쓰고자 한다. 해당 재료의 단면
적[mm²]은 얼마 이상이어야 하는가?
(단, KS C IEC 62561-2를 기준으로 한다.)

① 20   ② 30
③ 40   ④ 50

풀이 수뢰도체, 피뢰침, 접지 인입봉 및 인하도선의 재료, 구
조 및 단면적

재 료	형 상	최소단면적 [mm²]	해 설
알루미늄	테이프형 단선	70 이상	두께 : 3[mm]
	원형 단선	50 이상	직경 : 8[mm]
	연선	50 이상	소선의 직경 1.63[mm]

답 ④

---

18 300[W] 이상의 백열전구에 사용되는 베이스
의 크기는?

① E10   ② E17
③ E26   ④ E39

풀이
- E-10 : 장식용과 회전등으로 사용되는 작은 전구용
- E-12 : 세형 수금 소켓으로 배전반 표시등
- E-17 : 사인 전구용
- E-26 : 250[W] 이하의 병형 전구용
- E-39 : 300[W] 이상의 대형 전구용 **답** ④

---

19 배전반 및 분전반을 넣은 함이 내아크성, 난연
성의 합성수지로 되어있을 때 함의 최소두께
[mm]는?

① 1.2   ② 1.5
③ 1.8   ④ 2.0

풀이 배전반 및 분전반을 넣은 함
① 반(盤)의 뒤쪽은 배선 및 기구를 배치하지 말 것. 다
만, 쉽게 점검할 수 있는 구조이거나 분배전반의 소
형덕트 내의 배선은 적용하지 않는다.
② 반의 옆쪽 또는 뒤쪽에 설치하는 분배전반의 소형덕
트는 강판제로서 전선을 구부리거나 눌리지 않을 정
도로 충분히 큰 것이어야 한다.
③ 난연성 합성수지로 된 것은 두께 1.5[mm] 이상으로
내(耐)아크성인 것이어야 한다.
④ 강판제의 것은 두께 1.2[mm] 이상이어야 한다. 다
만, 가로 또는 세로의 길이가 30[cm] 이하인 것은
두께 1.0[mm] 이상으로 할 수 있다.
⑤ 절연저항 측정 및 전선접속단자의 점검이 용이한 구
조일 것 **답** ②

---

20 조명기구나 소형전기기구에 전력을 공급하는
것으로 상점이나 백화점, 전시장 등에서 조명
기구의 위치를 빈번하게 바꾸는 곳에 사용되는
것은?

① 라이팅덕트   ② 다운라이트
③ 코퍼라이트   ④ 스포트라이트

풀이 라이팅덕트 : 전원에서 복수의 조명 기구로의 접속 배
선을 묶어서 수용한 금속 또는 합성수지의 덕트장치로
서 상점이나 백화점, 전시장 등에서 조명기구의 위치를
바꾸기가 빈번한 곳에 사용된다. **답** ①

01 SCR 사이리스터에 대한 설명으로 틀린 것은?

① 게이트 전류에 의하여 턴온 시킬 수 있다.
② 게이트 전류에 의하여 턴오프 시킬 수 없다.
③ 오프 상태에서는 순방향 전압과 역방향 전압 중 역방향 전압에 대해서만 차단 능력을 가진다.
④ 턴오프 된 후 다시 게이트 전류에 의하여 턴온 시킬 수 있는 상태로 회복할 때까지 일정한 시간이 필요하다.

풀이 SCR 사이리스터의 기능
① 순방향 저지상태 : 순방향 전압이 SCR에 인가되어도 SCR은 다이오드처럼 바로 도통하는 것이 아니고 SCR을 점호하기 전까지는 계속 불통상태에 머물러 있으며 이러한 상태를 순방향 저지 상태라 한다.
② SCR에 순방향 전압이 인가되어 있을 때 게이트 단자에 전류를 흘리면 SCR은 도통된다. 그러나 역전압이 걸려 있는 상태에서는 게이트 단자에 전류를 흘려도 SCR은 도통되지 않는다.
③ SCR은 일단 도통된 후 게이트 전류를 차단시켜도 계속 도통상태를 유지(전류불변)한다. 이때 저항값은 낮은 상태를 유지한다.
④ SCR의 소호 : 소자에 역전압이 걸려 흐르던 전류가 멈추면 소호된다. 그리고 일단 소호가 되고나면 다시 순방향 전압이 가해져도 게이트를 통해 점호하기 전까지는 다시 도통하지 않는다.
즉, SCR 사이리스터는 게이트에 전류가 흐르지 않으면, 양방향 전압저지 특성을 갖는다. **답** ③

02 풍량 6000[m³/min], 전 풍압 120[mmAq]의 주배기용 팬을 구동하는 전동기의 소요동력[kW]은 약 얼마인가?(단, 팬의 효율 $\eta = 60$[%], 여유계수 $K = 1.2$)

① 200 　　② 235
③ 270 　　④ 305

풀이 전동기의 소요 동력은
$$P = \frac{QHK}{6.12\eta} = \frac{6000 \times 120 \times 1.2}{6.12 \times 0.6} \times 10^{-3} \fallingdotseq 235[kW]$$

여기서, Q : 풍량 [m³/min]
H : 풍압[mmAq]
η : 효율, K : 여유계수 **답** ②

03 3400[lm]의 광속을 내는 전구를 반경 14[cm], 투과율 80[%]인 구형 글로브 내에서 점등시켰을 때 글로브의 평균 휘도[sb]는 약 얼마인가?

① 0.35 　　② 35
③ 350 　　④ 3500

풀이 외구에서 나오는 광속을 F_0, 전구의 광속을 F라고 하면
$$F_0 = 4\pi I = \tau F = 0.8 \times 3400 = 2720[lm]$$
광도를 I라고 하면 평균 휘도 B는
$$B = \frac{I}{\pi r^2} = \frac{F_0}{4\pi \times \pi r^2} = \frac{2720}{4 \times \pi^2 \times 14^2}$$
$$= 0.35[cd/cm^2] = 0.35[sb]$$ **답** ①

04 형광등의 광색이 주광색일 때 색온도(K)는 약 얼마인가?

① 3000 　　② 4500
③ 5000 　　④ 6500

풀이 광색에 따른 형광램프의 분류

광색의 종류	기호	상관색온도[K]
주광색	D	5,700~7,100
주백색	N	4,600~5,400
백색	W	3,900~4,500
온백색	WW	3,200~3,700
전구색	L	2,600~3,150

답 ④

05 단상 반파정류회로에서 직류전압의 평균값 150[V]를 얻으려면 정류소자의 피크역전압(PIV)은 약 몇 [V]인가?(단, 부하는 순저항 부하이고 정류소자의 전압강하(평균값)는 7[V]이다.)

① 247 　　② 349
③ 493 　　④ 698

풀이 단상 반파 정류 회로

직류전압 $E_d = 0.45E - e$[V] 에서

실효값 $E = \dfrac{E_d + e}{0.45} = \dfrac{150 + 7}{0.45} = 349$[V]

∴ 첨두역전압 $\text{PIV} = \sqrt{2}\,E = \sqrt{2} \times 349 = 493$[V]

답 ③

06 전기 철도의 전동기 속도제어방식 중 주파수와 전압을 가변시켜 제어하는 방식은?

① 저항 제어　　　② 초퍼 제어
③ 위상 제어　　　④ VVVF 제어

풀이 ① 가변전압 가변주파수 제어(VVVF ; Variable Voltage Variable Frequency) : 유도전동기에 공급하는 전원의 주파수와 전압을 같이 가변하여 전동기의 속도를 제어하는 방법

② 유도전동기의 속도 $N = (1-s)\dfrac{120f}{p}$ 이므로, 주파수로 속도를 제어할 수 있다. 그러나 주파수만을 가변한 경우 유도전동기에 과전류가 흐르는 등의 이상 현상이 발생할 수 있으므로 $\dfrac{V}{f}$ 를 일정하게 (전압과 주파수를 같이 조정)하여 이러한 현상들을 제거해야 한다.

답 ④

07 구리의 원자량은 63.54이고 원자가가 2일 때, 전기 화학당량은 약 얼마인가? (단, 구리 화학당량과 전기 화학당량의 비는 약 96494이다.)

① 0.3292[mg/C]　　② 0.03292[mg/C]
③ 0.3292[g/C]　　　④ 0.032929[g/C]

풀이 구리 화학당량 $= \dfrac{원자량}{원자가} = \dfrac{63.54}{2} = 31.77$

구리 화학당량과 전기 화학당량의 비는 약 96494 이므로

∴ 전기 화학당량 $= \dfrac{31.77}{96494} = 0.0003292$ [g/C]

$= 0.3292$ [mg/C]

답 ①

08 금속의 표면 담금질에 쓰이는 가열방식은?

① 유도 가열　　　② 유전 가열
③ 저항 가열　　　④ 아크 가열

풀이 유도가열은 교번자계 중에 있는 도전성 물질에서 발생하는 와류손과 히스테리시스손에 의한 발열을 이용하는 것으로

• 표면가열(표면 담금질, 금속의 표면처리, 국부가열)
• 반도체 정련(단결정 제조)
에 이용된다.

답 ①

09 물 7[l]를 14[℃]에서 100[℃]까지 1시간 동안 가열하고자 할 때, 전열기의 용량[kW]은? (단, 전열기의 효율은 70[%]이다.)

① 0.5　　② 1　　③ 1.5　　④ 2

풀이 $P = \dfrac{Mc(T_2 - T_1)}{860\,t\,\eta} = \dfrac{7 \times 1 \times (100 - 14)}{860 \times 1 \times 0.7} = 1$[kW]

여기서, P : 전력[kW], t : 시간[h]

　　　　M : 물의 양[l]

　　　　T_1, T_2 : 물의 온도[℃],

　　　　c : 비열, 물의 비열은 1이다.

답 ②

10 일반적인 농형 유도전동기의 기동법이 아닌 것은?

① Y-△ 기동
② 전전압 기동
③ 2차 저항 기동
④ 기동보상기에 의한 기동

풀이 ① 농형 유도 전동기
• 전전압 기동법 : 직접 전압을 전전압으로 가하여 기동하는 방법. 5[kW] 이하에서 사용
• Y-△ 기동법 : 기동 시는 Y결선으로 정격 전압의 $\dfrac{1}{\sqrt{3}}$ 배에서 기동하여 기동 후 △결선으로 절환하는 방법으로 기동전류가 전전류의 1/3로 된다. 15[kW] 이하에서 사용
• 기동 보상기법 : 기동 보상기를 사용하여 정격 전압의 50~80[%]의 전압으로 기동하며 기동 후에는 정격전압을 인가. 15[kW] 이상에서 사용
② 권선형 유도 전동기
• 2차 저항 기동법 : 2차 측 저항 조절에 의한 비례추이를 이용하여 기동하는 방법. 기동 토크가 크기 때문에 적은 기동전류로 기동이 가능하다.

답 ③

11 고압으로 수전하는 변전소에서 접지 보호용으로 사용되는 계전기의 영상전류를 공급하는 계전기는?

① CT　　② PT　　③ ZCT　　④ GPT

풀이 GPT는 영상전압을 공급하며,
ZCT는 영상전류를 공급한다.

답 ③

12 다음 중 지선에 근가를 시공할 때 사용되는 콘크리트 근가의 규격(길이)은 몇 [m]인가? (단, 원형지선근가는 제외한다.)

① 0.5 ② 0.7
③ 0.9 ④ 1.0

풀이 콘크리트 근가

품목명	폭×길이 (mm×mm)	비고
콘크리트근가 0.7[m]	200×700	지선용
콘크리트근가 1.2[m]	240×1200	전주용
소형 원형지선근가	430×150	직경×높이
대형 원형지선근가	620×180	직경×높이
아치형 전주근가 0.8[m]	350×800	

답 ②

13 장력이 걸리지 않는 개소의 알루미늄선 상호간 또는 알루미늄선과 동선의 압축접속에 사용하는 분기 슬리브는?

① 알루미늄 전선용 압축 슬리브
② 알루미늄 전선용 보수 슬리브
③ 알루미늄 전선용 분기 슬리브
④ 분기 접속용 동 슬리브

풀이 알루미늄 전선용 분기 슬리브

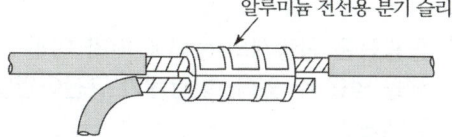

알루미늄 전선용 분기 슬리브

알루미늄선과 동선 접속 시 동선은 알루미늄선의 하단에 위치한다. **답** ③

14 접지도체에 피뢰시스템이 접속되는 경우 접지도체의 최소 단면적[mm²]은? (단, 접지도체는 구리로 되어 있다.)

① 16 ② 20
③ 24 ④ 28

풀이 접지도체(KEC 142.3.1)
  ① 큰 고장전류가 접지도체를 통하여 흐르지 않을 경우
    • 구리 : 6[mm²] 이상
    • 철제 : 50[mm²] 이상

  ② 접지도체에 피뢰시스템이 접속되는 경우
    • 구리 : 16[mm²] 이상
    • 철제 : 50[mm²] 이상 **답** ①

15 알칼리 축전지에서 소결식에 해당하는 초급방전형은?

① AM형 ② AMH형
③ AL형 ④ AH-S형

풀이

연축전지		글래드식(CS형) : 완방전형
		페이스트식(HS형) : 급방전형
알칼리 축전지	포켓식	AL형 : 완방전형
		AM형 : 표준형
		AMH형 : 급방전형
		AH-P형 : 초급방전형
	소결식	AH-S형 : 초급방전형
		AHH형 : 초초급방전형

답 ④

16 셀룰러덕트의 최대 폭이 200[mm] 초과일 때 셀룰러덕트의 판 두께는 몇 [mm] 이상이어야 하는가?

① 1.2 ② 1.4
③ 1.6 ④ 1.8

풀이 셀룰러덕트공사(KEC 232.33)

덕트의 최대 폭	덕트의 판 두께
150[mm] 이하	1.2[mm]
150[mm] 초과 200[mm] 이하	1.4[mm]
200[mm] 초과하는 것	1.6[mm]

답 ③

17 철주의 주주재로 사용하는 강관의 두께는 몇 [mm] 이상이어야 하는가?

① 1.6 ② 2.0
③ 2.4 ④ 2.8

풀이 철주 또는 철탑의 구성 등(KEC 331.8)
철주 또는 철탑을 구성하는 강관의 두께는 다음 값 이상의 것일 것
  • 철주의 주주재로 사용하는 것 : 2[mm]
  • 철탑의 주주재로 사용하는 것 : 2.4[mm]
  • 기타의 부재로 사용하는 것 : 1.6[mm] **답** ②

18 KS C 8000에서 감전 보호와 관련하여 조명기구의 종류(등급)를 나누고 있다. 각 등급에 따른 기구의 설명이 틀린 것은?

① 등급 0 기구 : 기초절연으로 일부분을 보호한 기구로서 접지단자를 가지고 있는 기구
② 등급 Ⅰ 기구 : 기초절연만으로 전체를 보호한 기구로서 보호 접지단자를 가지고 있는 기구
③ 등급 Ⅱ 기구 : 2중 절연을 한 기구
④ 등급 Ⅲ 기구 : 정격전압이 교류 30[V] 이하인 전압의 전원에 접속하여 사용하는 기구

풀이 KS C 8000 조명기구통칙
① 등급 0 기구 : 접지단자 또는 접지선을 갖지 않고, 기초절연만으로 전체가 보호된 기구
② 등급 Ⅰ 기구 : 기초절연만으로 전체를 보호한 기구로서, 보호 접지단자 혹은 보호 접지선 접속부를 갖든가 또는 보호 접지선의 든 코드와 보호 접지선 접속부가 있는 플러그를 갖추고 있는 기구
③ 등급 Ⅱ 기구 : 2중절연을 한 기구(다만, 원칙적인 2중절연이 하기 어려운 부분에는 강화절연을 한 기구를 포함한다.)또는 기구의 외각 전체를 내구성이 있는 견고한 절연재료로 구성한 기구와 이들을 조합한 기구
④ 등급 Ⅲ 기구 : 정격전압이 교류 30[V] 이하인 전압의 전원에 접속하여 사용하는 기구 **답 ①**

19 상향 광속과 하향 광속이 거의 동일하므로 하향 광속으로 직접 작업면에 직사시키고 상향 광속의 반사광으로 작업면의 조도를 증가시키는 조명기구는?

① 간접 조명기구　② 직접 조명기구
③ 반직접 조명기구　④ 전반확산 조명기구

풀이 ① 간접조명 : 상향광속이 90~100[%]가 되고 하향광속은 10[%]정도이므로 거의 대부분의 발산광속을 윗방향으로 확산시키는 방식. 빛의 90~100[%]가 천정과 벽에 반사되고 10[%]만이 물체의 표면에 직접 투사된다.
② 직접조명 : 빛을 직접 대상물에 비추는 조명방식
③ 반직접조명 : 빛의 60~90[%]가 아래로 향하여 직접 표면을 비추고 나머지 10~40[%]는 천정 면을 향하여 반사시키는 조명방식
④ 전반확산조명 : 하향광속으로 직접 작업 면에 직사시키고 상향광속의 반사광으로 작업면의 조도를 증가시키는 조명방식 **답 ④**

20 가공전선로에 사용하는 애자가 구비해야 할 조건이 아닌 것은?

① 이상전압에 견디고, 내부이상전압에 대해 충분한 절연강도를 가질 것
② 전선의 장력, 풍압, 빙설 등의 외력에 의한 하중에 견딜 수 있는 기계적 강도를 가질 것
③ 비, 눈, 안개 등에 대하여 충분한 전기적 표면저항이 있어 누설전류가 흐르지 못하게 할 것
④ 온도나 습도의 변화에 대해 전기적 및 기계적 특성의 변화가 클 것

풀이 ① 애자란 전선을 기계적으로 고정시키고 전기적으로 절연하기 위하여 사용되는 절연 지지체이다.
② 애자의 구비 조건
• 절연내력과 절연강도가 클 것
• 충분한 기계적 강도를 지닐 것
• 충분한 전기적 표면저항이 있어 누설전류가 흐르지 못하게 해야 한다.
• 정전 용량이 작을 것
• 온도의 급변에 견디고, 습기를 흡수하지 않을 것
• 가격이 저렴할 것 **답 ④**

2021년 2회 _ 공사기사

01 형광등은 형광체의 종류에 따라 여러 가지 광색을 얻을 수 있다. 형광체가 규산아연일 때의 광색은?

① 녹색　　　　② 백색
③ 청색　　　　④ 황색

풀이 형광체의 광색

형광체	텅스텐산 칼슘	텅스텐산 마그네슘	규산 아연	규산 카드뮴	봉산 카드뮴
광색	청색	청백색	녹색	등색	핑크색

답 ①

02 자기방전량만을 항시 충전하는 부동충전방식의 일종인 충전방식은?

① 세류충전　　② 보통충전
③ 급속충전　　④ 균등충전

풀이 ① 세류 충전 : 자기 방전량만을 항시 충전하는 부동 충전 방식의 일종이다.
② 보통 충전 : 필요할 때마다 표준 시간율로 소정의 충전을 하는 방식이다.
③ 급속 충전 : 비교적 단시간에 보통 전류의 2~3배의 전류로 충전하는 방식이다.
④ 균등 충전 : 부동 충전 방식에 의하여 사용할 때 각 전해조에서 일어나는 전위차를 보정하기 위하여 1~3개월 마다 1회씩 정전압으로 10~12시간 충전하여 각 전해조의 용량을 균일화하기 위한 방식이다.
⑤ 부동 충전 : 축전지의 자기 방전을 보충함과 동시에 상용 부하에 대한 전력 공급은 충전기가 부담하도록 하되 충전기가 부담하기 어려운 일시적인 대전류 부하는 축전지로 하여금 부담하게 하는 방식이다.

답 ①

---

03 흑연화로, 카보런덤로, 카바이드로 등의 전기로 가열방식은?

① 아크 가열 ② 유도가열
③ 간접저항 가열 ④ 직접저항 가열

풀이 전기로의 분류

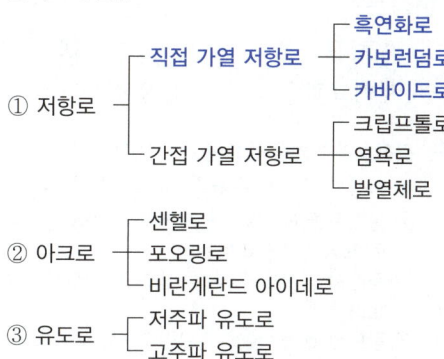

① 저항로 ┬ 직접 가열 저항로 ┬ 흑연화로
　　　　　│　　　　　　　　├ 카보런덤로
　　　　　│　　　　　　　　└ 카바이드로
　　　　　└ 간접 가열 저항로 ┬ 크립톨로
　　　　　　　　　　　　　　├ 염욕로
　　　　　　　　　　　　　　└ 발열체로
② 아크로 ┬ 센헬로
　　　　　├ 포오링로
　　　　　└ 비란게란드 아이데로
③ 유도로 ┬ 저주파 유도로
　　　　　└ 고주파 유도로

답 ④

---

04 양수량 30[m³/min], 총양정 10[m]를 양수하는데 필요한 펌프용 전동기의 소요출력[kW]은 약 얼마인가? (단, 펌프의 효율은 75[%], 여유계수는 1.1이다.)

① 59 ② 64
③ 72 ④ 78

풀이 $P = \dfrac{QHK}{6.12\eta} = \dfrac{30 \times 10 \times 1.1}{6.12 \times 0.75} \fallingdotseq 72[\text{kW}]$

여기서, Q : 양수량[m³/min], H : 총양정[m]
K : 여유계수, η : 효율

답 ③

---

05 유전체 자신을 발열시키는 유전 가열의 특징으로 틀린 것은?

① 열이 유전체 손에 의하여 피열물 자체 내에서 발생한다.
② 온도상승 속도가 빠르다.
③ 표면의 소손과 균열이 없다.
④ 전 효율이 좋고, 설비비가 저렴하다.

풀이 유전 가열의 특징
• 열이 유전체손에 의하여 피열물 자신에 발생한다.
• 온도 상승 속도가 빠르고, 속도가 임의 제어된다.
• 전원이 끊어지면, 가열은 즉시 멈추고, 주위 물체에 저축된 열에 의한 과열이 없다.
• 표면의 소손, 균열이 없다.
• 전 효율이 고주파 발진기의 효율(50~60[%])에 의하여 억제되고, 회로 손실도 가해지므로 양호하지 못하다.
• 장치를 적당히 차폐하지 않으면, 전파의 누설에 의하여 통신에 장애를 준다.
• 설비비가 고가이다. **답** ④

---

06 다이오드 클램퍼(clamper)의 용도는?

① 전압증폭
② 전류증폭
③ 전압제한
④ 전압레벨 이동

풀이 클램퍼는 입력전압에 직류 전압을 가감하여 파형의 변형 없이 다른 레벨에 파형을 고정시키는 회로에 사용된다. **답** ④

---

07 하역 기계에서 무거운 것은 저속으로, 가벼운 것은 고속으로 작업하여 고속이나 저속에서 다 같이 동일한 동력이 요구되는 부하는?

① 정토크 부하
② 정동력 부하
③ 정속도 부하
④ 제곱토크 부하

풀이 정출력(정동력) 부하
속도가 증가하면 토크가 감소하고, 속도가 감소하면 토크가 증가하여 속도에 관계없이 기계동력이 일정 ($P \propto nT$: 일정)하게 되는 부하 **답** ②

08 루소 선도가 다음과 같이 표시될 때, 배광곡선의 식은?

① $I_\theta = \dfrac{\theta}{\pi} \times 100$

② $I_\theta = \dfrac{\pi - \theta}{\pi} \times 100$

③ $I_\theta = 100\cos\theta$

④ $I_\theta = 50(1 + \cos\theta)$

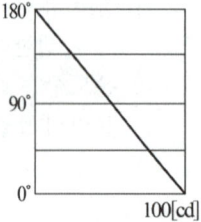

풀이
- $I_\theta = a\cos\theta + b$ 에서

  $a = 50[cd]$ $(\because a = \dfrac{\Delta I_\theta}{\Delta 90°})$

  이므로 $I_\theta = 50\cos\theta + b$

- 루소 선도에서 $\theta = 90°$일 때 $I_\theta = 50[cd]$이므로

  $b = 50$ $(\because 50 = 50\cos90° + b)$

  $\therefore I_\theta = 50\cos\theta + 50 = 50(1 + \cos\theta)$ **답** ④

09 총 중량이 50[t]이고, 전동기 6대를 가진 전동차가 구배 20[‰]의 직선 궤도를 올라가고 있다. 주행속도 40[km/h]일 때 각 전동기의 출력[kW]은 약 얼마인가? (단, 가속저항은 1550[kg], 중량 당 주행저항은 8[kg/t], 전동기 효율은 0.9이다.)

① 52 ② 60 ③ 66 ④ 72

풀이 주행 저항 $r_1 = 8[kg/t]$,

경사 저항 $r_2 = 20[kg/t]$,

가속 저항 $f_a = \dfrac{1550}{50} = 31[kg/t]$ 이므로,

견인력 $F = W(r_1 + r_2 + f_a)$

$= 50 \times (8 + 20 + 31) = 2950[kg]$

따라서 각 전동기의 출력 P_o는

$P_o = \dfrac{FV}{367N\eta} = \dfrac{2950 \times 40}{367 \times 6 \times 0.9} = 60[kW]$

여기서, F : 견인력[kg], V : 속도[km/h]

N : 주 전동기 수, η : 전동기 효율 **답** ②

10 합성수지몰드공사에 관한 설명으로 틀린 것은?

① 합성수지몰드 안에는 금속제의 조인트 박스를 사용하여 접속이 가능하다.

② 합성수지몰드 상호 간 및 합성수지 몰드와 박스 기타의 부속품과는 전선이 노출되지 아니하도록 접속해야 한다.

③ 합성수지몰드의 내면은 전선의 피복이 손상될 우려가 없도록 매끈한 것이어야 한다.

④ 합성수지몰드는 홈의 폭 및 깊이가 3.5[cm] 이하로 두께는 2[mm] 이상의 것이어야 한다.

풀이 합성수지몰드공사(KEC 232.21)
1. 전선은 절연전선(옥외용 비닐절연전선을 제외한다)일 것.
2. 합성수지몰드 안에는 전선에 접속점이 없도록 할 것. 다만, 합성수지몰드 안의 전선을 합성 수지제의 조인트 박스를 사용하여 접속할 경우에는 그러하지 아니하다.
3. 합성수지몰드 상호 간 및 합성수지몰드와 박스 기타의 부속품과는 전선이 노출되지 아니하도록 접속할 것.
4. 합성수지몰드는 홈의 폭 및 깊이가 35 [mm] 이하, 두께는 2[mm] 이상의 것일 것. 다만, 사람이 쉽게 접촉할 우려가 없도록 시설하는 경우에는 폭이 50[mm] 이하, 두께 1 [mm] 이상의 것을 사용할 수 있다. **답** ①

11 반도체에 빛이 가해지면 전기 저항이 변화되는 현상은?

① 홀효과   ② 광전효과
③ 제벡효과 ④ 열진동효과

풀이 광전효과 : 빛을 받으면 전기적 특성의 변화를 일으키는 현상으로 그 종류는 다음과 같다.
① 광기전 효과 : 빛을 받으면 기전력이 발생하는 효과로 태양전지에 이용된다.
② 광전자 방출효과 : 빛을 받으면 광전자가 방출하는 효과
③ 광도전 효과 : 빛을 받으면 저항값이 변화하는 효과 **답** ②

12 고유저항(20[℃]에서)이 가장 큰 것은?

① 텅스텐   ② 백금
③ 은   ④ 알루미늄

풀이

재 료	고유저항(20[℃]에서)$\times 10^{-2}$ $[\Omega \cdot mm^2/m]$
은(Ag)	1.62
구리(Cu)	1.69
알루미늄(Al)	2.62
텅스텐(W)	5.48
백금(Pt)	10.50

답 ②

13 무대 조명의 배치별 구분 중 무대 상부 배치 조명에 해당되는 것은?

① Foot light
② Tower light
③ Ceiling Spot light
④ Suspension Spot light

풀이 서스펜션 라이트(suspension light) : 천정으로부터 늘어뜨려 부분적으로 조명하는 방법   **답** ④

14 전선 배열에 따라 장주를 구분할 때 수직 배열에 해당되는 장주는?

① 보통 장주   ② 랙크 장주
③ 창출 장주   ④ 편출 장주

풀이 • 수평 배열 : 보통 장주, 창출 장주, 편출 장주
• **수직 배열** : **랙크 장주**, 편출용 D형 랙크 장주
  답 ②

15 버스 덕트 공사에서 덕트 최대 폭[mm]에 따른 덕트 판의 최소 두께[mm]로 틀린 것은?
(단, 덕트는 강판으로 제작된 것이다.)

① 덕트 최대 폭 100[mm] : 최소 두께 1.0[mm]
② 덕트 최대 폭 200[mm] : 최소 두께 1.4[mm]
③ 덕트 최대 폭 600[mm] : 최소 두께 2.0[mm]
④ 덕트 최대 폭 800[mm] : 최소 두께 2.6[mm]

풀이 덕트판의 두께

덕트의 최대 폭[mm]	강판 [mm]	알루미늄 판 및 알루미늄합금 판[mm]
150 이하	1.0 (1.6)	1.6
150 초과 300 이하	1.4 (1.6)	2.0
300 초과 500 이하	1.6 (1.6)	2.3
500 초과 700 이하	2.0 (2.0)	2.9
700 초과	**2.3** (2.3)	3.2

( )의 수치는 내화(耐火)형의 경우에 적용한다.   **답** ④

16 경완철에 현수애자를 설치할 경우에 사용되는 자재가 아닌 것은?

① 볼쇄클   ② 소켓아이
③ 인장클램프   ④ 볼크레비스

풀이 경완철에 현수애자를 설치할 경우

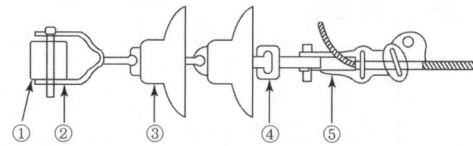

① 경완철
② 경완철용 볼쇄클 : 가공 배전선로에서 지지물의 장주용으로 현수애자를 경완철에 장치하는 데 사용
③ 현수애자
④ 소켓아이 : 현수애자와 내장 및 인장클램프를 연결하는 금구
⑤ 인장클램프(데드앤드클램프) : 선로의 장력이 가해지는 곳에서 전선을 고정하기 위하여 쓰이는 금구
  답 ④

17 피뢰침용 인하도선으로 가장 적당한 전선은?

① 동선   ② 고무 절연전선
③ 비닐 절연전선   ④ 캡타이어 케이블

풀이 **피뢰설비의 재료는** 최소 단면적이 피복이 없는 **동선을 기준으로** 수뢰부, **인하도선** 및 접지극은 50[mm²] 이상이거나 이와 동등 이상의 성능을 갖출 것   **답** ①

18 다음 중 절연성, 내온성, 내유성이 풍부하며 연피케이블에 사용하는 전기용 테이프는?

① 면테이프   ② 비닐테이프
③ 리노테이프   ④ 고무테이프

풀이 **리노 테이프** : 와니스 바이어스 테이프라고도 하며 면의 바이어스 테이프에 와니스를 여러 번 발라 건조시킨 것으로 접착성은 없으나 **절연성, 내온성, 내유성이 좋으며** 연피 케이블에 반드시 사용한다.   **답** ③

19 3[MVA] 이하 H종 건식변압기에서 절연재료로 사용하지 않는 것은?

① 명주   ② 마이카
③ 유리섬유   ④ 석면

풀이

절연의 종류	허용 최고온도	주요 절연 재료
Y종	90[℃]	목면, 명주(견), 지(紙), 아닐린 수지 등
A종	105[℃]	상기의 것을 나스함침 또는 유중(油中)에 함침한 것

절연의 종류	허용 최고온도	주요 절연 재료
E종	120[℃]	폴리우레탄 에폭시, 가교 폴리에스테르 께 등의 수지
B종	130[℃]	마이카, 석면, 유리섬유 등을 접착제와 함께 사용한 것
F종	155[℃]	상기의 것을 실리콘수지 등을 접착제와 함께 사용한 것
H종	180[℃]	석면, 유리섬유, 실리콘 고무
C종	180[℃] 초과	마이카, 도자기, 유리 등을 단독으로 사용한 것

답 ①

20 저압 가공 인입선에서 금속관 공사로 옮겨지는 곳 또는 금속관으로부터 전선을 뽑아 전동기 단자 부분에 접속할 때 사용하는 것은?

① 엘보   ② 터미널 캡
③ 접지클램프   ④ 엔트런스 캡

풀이 ① 엘보 : 노출 배관 공사에서 관을 직각으로 굽히는 곳에 사용
② 터미널 캡 : 저압 가공 인입선에서 금속관 공사로 옮겨지는 곳 또는 금속관으로부터 전선을 뽑아 전동기 단자 부분에 접속할 때 사용
③ 접지 클램프 : 금속관 공사 시 관을 접지하는 데 사용
④ 엔트런스 캡 : 인입구, 인출구의 금속관 관단에 설치하여 빗물 침입 방지   **답 ②**

2021년 - 4회 _ 공사기사

01 일정 전류를 통하는 도체의 온도상승 θ와 반지름 r의 관계는?

① $\theta = kr^{-2}$ ② $\theta = kr^{-3}$

③ $\theta = kr^{-\frac{2}{3}}$ ④ $\theta = kr^{-\frac{3}{2}}$

풀이 ① 가열한 전력(입력)

$$P = I^2 R = I^2 \cdot \rho \frac{l}{A} = \rho \frac{lI^2}{\pi r^2}$$

② 열방산 면적(원통 도선 표면적)
$$S = 2\pi r \cdot l$$

③ 물체의 온도 상승값
$$\theta = \frac{P}{hS}\left(1 - e^{-\frac{hS}{mC}t}\right)$$

(여기서 C: 열용량, h : 열방산 계수)이므로 정상상태($t \to \infty$)에서 θ는

$$\theta = \lim_{t \to \infty} \frac{P}{hS}\left(1 - e^{-\frac{hS}{mC}t}\right) = \frac{P}{hS}$$

$$\therefore \theta = \frac{P}{hS} = \frac{\rho \dfrac{lI^2}{\pi r^2}}{h \cdot 2\pi rl} = \frac{I^2 \rho}{h \cdot 2\pi r \cdot \pi r^2}$$

$$= \frac{I^2 \rho}{2h\pi^2 r^3} = k\frac{1}{r^3} = kr^{-3}$$

답 ②

02 열차저항에 대한 설명 중 틀린 것은?

① 주행저항은 베어링 부분의 기계적 마찰, 공기저항 등으로 이루어진다.
② 열차가 곡선구간을 주행할 때 곡선의 반지름에 비례하여 받는 저항을 곡선저항이라 한다.
③ 경사궤도를 운전 시 중력에 의해 발생하는 저항을 구배저항이라 한다.
④ 열차 가속 시 발생하는 저항을 가속저항이라 한다.

풀이 열차 저항은 열차가 주행중 또는 출발할 때에 이것에 대항하여 열차의 진행을 방해하도록 하는 힘의 총칭을 열차 저항이라고 한다.
① 기동 저항(출발 저항) : 정지 중에 열차가 출발할 때 발생하는 저항
② 주행 저항 : 열차가 평탄한 직선로 위를 운전할 때 발생하는 저항
③ 구배 저항 : 열차가 구배를 올라갈 때 중력에 의해 발생하는 저항
④ 곡선 저항 : 열차가 곡선로를 통과할 때 차륜과 레일과의 마찰에 의해 발생하는 저항
⑤ 가속도 저항 : 열차가 주행 중 가속할 때에 발생하는 저항으로 열차를 가속하기 위해서 필요한 견인력과 같다.   **답 ②**

03 단상 유도전동기 중 기동 토크가 가장 큰 것은?

① 반발 기동형   ② 분상 기동형
③ 콘덴서 기동형   ④ 세이딩 코일형

풀이 단상 유도 전동기의 종류와 기동 전류, 기동 토크, 정동 토크 및 용도는 다음 표와 같다.

종 류	기동 전류[%]	기동 토크[%]	정동 토크[%]	용도
분상 기동형	500~700	125 이상	175~300	복사기, 계산기
콘덴서 기동형	500~700	250 이상	175~300	냉장고
콘덴서 전동기	350~400	140~160	200~300	세탁기, 선풍기
반발 기동형	300~400	300 이상	175~300	펌프
셰이딩 코일형		40~100	130~200	플레이어, 테이프 레코더

답 ①

04 직류전동기 속도제어에서 일그너 방식이 채용되는 것은?

① 제지용 전동기
② 특수한 공작기계용
③ 제철용 대형압연기
④ 인쇄기

풀이 일그너 방식 : 워드레오나드 방식에 플라이휠을 장치하여 첨두부하의 반복이 교류 전원 측에 미치는 악영향을 적게 한 것으로 대용량 부하에서 가변 속도의 경우에 사용한다. 제철, 제관 작업 등에 적합하며 특징은 다음과 같다.
• 첨두부하값이 감소
• 최대 토크 감소
• 전류의 동요가 감소

답 ③

05 정류방식 중 정류 효율이 가장 높은 것은? (단, 저항부하를 사용한 경우이다.)

① 단상 반파방식
② 단상 전파방식
③ 3상 반파방식
④ 3상 전파방식

풀이

정류 종류	단상 반파	단상 전파	3상 반파	3상 전파
맥동률[%]	121	48	17.7	4.04
정류 효율	40.5	81.1	96.7	99.8
맥동 주파수	f	$2f$	$3f$	$6f$

답 ④

06 25[℃]의 물 10[*l*]를 그릇에 넣고 2[kW]의 전열기로 가열하여 물의 온도를 80[℃]로 올리는데 20분이 소요되었다. 이 전열기의 효율[%]은 약 얼마인가?

① 59.5
② 68.8
③ 84.9
④ 95.9

풀이 $860\eta Pt = M(T_2 - T_1)$에서

$$\eta = \frac{M(T_2 - T_1)}{860Pt} \times 100 = \frac{10 \times (80 - 25)}{860 \times 2 \times \frac{20}{60}} \times 100$$

$$≒ 95.9[\%]$$

답 ④

07 100[W] 전구를 유백색 구형 글로브에 넣었을 경우 글로브의 효율[%]은 약 얼마인가? (단, 유백색 유리의 반사율은 30[%], 투과율은 40[%]이다.)

① 25
② 43
③ 57
④ 81

풀이 글로브의 효율 η는

$$\eta = \frac{\tau}{1-\rho} \times 100 = \frac{0.4}{1-0.3} \times 100 ≒ 57[\%]$$

답 ③

08 전기화학용 직류전원의 요구조건이 아닌 것은?

① 저전압 대전류일 것
② 전압 조정이 가능할 것
③ 일정한 전류로서 연속운전에 견딜 것
④ 저전류에 의한 저항손의 감소에 대응할 것

풀이 전기 화학용 직류전원의 요구 사항
① 저전압 대전류 일 것
② 효율이 높을 것
③ 전압조정이 가능할 것
④ 정전류로써 연속운전에 견딜 것
⑤ 시설비가 저렴하고, 신뢰성이 높을 것
⑥ 보수, 운전, 취급이 간단할 것

답 ④

09 전기철도의 매설관측에서 시설하는 전식 방지 방법은?

① 임피던스본드 설치
② 보조귀선 설치
③ 이선율 유지
④ 강제배류법 사용

풀이 레일과 변전소간에 상당한 전위차가 생기면 누설 전류가 흐르고, 그 누설 전류에 의해 지중 매설물에 전해 작용이 일어나서 점점 얇아지게 된다. 이것을 전식이라고 하며 그 방지 대책은 다음과 같다.

(1) 전철측 시설
① 귀선 저항을 작게 하기 위하여 레일에 본드를 시설하고 그 시공, 보수에 충분히 주의한다.
② 레일을 따라 보조귀선을 설치한다.
③ 변전소 간의 간격을 짧게 한다.
④ 귀선의 극성을 정기적으로 바꾼다.
⑤ 대지에 대한 레일의 절연저항을 크게 한다.
⑥ 3선식 배전법을 사용한다.
⑦ 절연 음극 궤전선을 설치하여 레일과 접속한다.
⑧ 가장 먼 ⊖궤전선에 음극 승압기를 설치한다.
(2) 매설관측 시설
① 배류법 : 선택 배류법, 강제 배류법
② 매설관의 표면 또는 접속부를 절연하는 방법
③ 도전체로 차폐하는 방법
④ 전위 제어법　　답 ④

10 전해질용액의 도전율에 가장 큰 영향을 미치는 것은?
① 전해질용액의 양
② 전해질용액의 농도
③ 전해질용액의 빛깔
④ 전해질용액의 유효단면적

풀이 전해질과 비전해질
(1) 전해질 : 용액 속에서 양이온과 음이온으로 전리되는 물질
① +, - 이온의 이동에 의해 전류가 흐를 수 있는 액체(전해액도 하나의 도체이다)
② 도전율은 전해액의 농도에 비례한다.
(2) 비전해질 : 용액 속에서 양이온과 음이온으로 전리되지 않는 물질　　답 ②

11 KS C 8309에 따른 옥내용 소형 스위치 중 텀블러스위치의 정격전류가 아닌 것은?
① 5[A]　　② 10[A]
③ 15[A]　　④ 20[A]

풀이 KS C 8309 옥내용 소형 스위치류
텀블러 스위치의 정격전류
: 0.5, 1, 3, 4, 6, 7, 10, 12, 15, 16, 20[A]　　답 ①

12 램프효율이 우수하고 단색광이므로 안개지역에서 가장 많이 사용되는 광원은?
① 수은등　　② 나트륨등
③ 크세논등　　④ 메탈할라이드등

풀이 저압 나트륨등은 연색성이 좋지 않으므로, 연색성이 문제되지 않는 도로나 터널 등의 옥외조명에 주로 사용된다.
① 나트륨등은 나트륨 증기 중의 방전을 이용한 것으로 분광 분포는 D선이라 불리는 5890~5896[Å]의 황색 선이 대부분(76[%])을 차지한다.
② 인공 광원 중 최대 발광 효율을 나타낸다. (80~150[lm/W])
③ 단색광으로 연색성이 대단히 나빠 실내조명으로는 부족하다.
④ 투과력이 양호하여 강변 도로등, 안개지역 가로등, 광학시험에 사용된다.　　답 ②

13 한국전기설비규정에 따른 철탑의 주주재로 사용하는 강관의 두께는 몇 [mm] 이상이어야 하는가?
① 1.6　　② 2.0
③ 2.4　　④ 2.8

풀이 철주 또는 철탑의 구성 등 (KEC 331.8)
1. 철주 또는 철탑을 구성하는 강관의 두께는 다음 값 이상의 것일 것
• 철주의 주주재로 사용하는 것 : 2[mm]
• 철탑의 주주재로 사용하는 것 : 2.4[mm]
• 기타의 부재로 사용하는 것 : 1.6[mm]
2. 철주 또는 철탑을 구성하는 강판·평강·봉강의 두께는 다음 값 이상의 것일 것
• 철주의 주주재로 사용하는 것 : 4[mm]
• 철탑의 주주재로 사용하는 것 : 5[mm]
• 기타의 부재로 사용하는 것 : 3[mm]　　답 ③

14 한국전기설비규정에 따른 플로어덕트공사의 시설조건 중 연선을 사용해야만 하는 전선의 최소 단면적 기준은? (단, 전선의 도체는 구리선이며 연선을 사용하지 않아도 되는 예외조건은 고려하지 않는다.)
① 6[mm²] 초과　　② 10[mm²] 초과
③ 16[mm²] 초과　　④ 25[mm²] 초과

풀이 플로어덕트공사 (KEC 232.32)
1. 전선은 절연전선(옥외용 비닐절연전선을 제외한다)일 것.
2. 전선은 연선일 것. 다만, 단면적 10[mm²](알루미늄선은 단면적 16[mm²]) 이하인 것은 그러하지 아니하다.
3. 플로어덕트 안에는 전선에 접속점이 없도록 할 것. 다만, 전선을 분기하는 경우에 접속점을 쉽게 점검할 수 있을 때에는 그러하지 아니하다.　　답 ②

15 공칭전압 22.9[kV]인 3상4선식 다중접지방식의 변전소에서 사용하는 피뢰기의 정격전압[kV]은?

① 20   ② 18
③ 24   ④ 21

풀이 피뢰기의 정격 전압

공칭 전압[kV]	송전 선로[kV]	배전 선로[kV]
345	288	–
154	144	–
66	72	–
22	24	–
22.9	21	18

답 ④

16 한국전기설비규정에 따른 상별 전선의 색상으로 틀린 것은?

① L1 : 백색   ② L2 : 흑색
③ L3 : 회색   ④ N : 청색

풀이 전선의 식별 (KEC 121.2)

상(문자)	색상
L1	갈색
L2	흑색
L3	회색
N	청색
보호도체	녹색–노란색

답 ①

17 저압인류애자에는 전압선용과 중성선용이 있다. 각 용도별 색깔이 옳게 연결된 것은?

① 전압선용 – 녹색, 중성선용 – 백색
② 전압선용 – 백색, 중성선용 – 녹색
③ 전압선용 – 적색, 중성선용 – 백색
④ 전압선용 – 청색, 중성선용 – 백색

답 ②

18 기계기구의 단자와 전선의 접속에 사용되는 자재는?

① 터미널러그   ② 슬리브
③ 와이어커넥터   ④ T형 커넥터

답 ①

19 축전지의 충전방식 중 전지의 자기방전을 보충함과 동시에 상용부하에 대한 전력공급은 충전기가 부담하도록 하되, 충전기가 부담하기 어려운 일시적인 대전류 부하는 축전지로 하여금 부담하게 하는 충전방식은?

① 보통충전   ② 과부하충전
③ 세류충전   ④ 부동충전

풀이 ① 보통 충전 : 필요할 때마다 표준 시간률로 소정의 충전을 하는 방식이다.
② 균등 충전 : 부동 충전 방식에 의하여 사용할 때 각 전해조에서 일어나는 전위차를 보정하기 위하여 1~3개월 마다 1회씩 정전압으로 10~12시간 충전하여 각 전해조의 용량을 균일화하기 위한 방식이다.
③ 세류 충전 : 자기 방전량만을 항시 충전하는 부동 충전 방식의 일종이다.
④ **부동 충전** : 축전지의 자기 방전을 보충함과 동시에 상용 부하에 대한 전력 공급은 충전기가 부담하도록 하되 충전기가 부담하기 어려운 일시적인 대전류 부하는 축전지로 하여금 부담하게 하는 방식이다.

답 ④

20 네온방전등에 대한 설명으로 틀린 것은?

① 네온방전등에 공급하는 전로의 대지전압은 300[V] 이하로 하여야 한다.
② 네온변압기 2차측은 병렬로 접속하여 사용하여야 한다.
③ 관등회로의 배선은 애자공사로 시설하여야 한다.
④ 관등회로의 배선에서 전선 상호간의 이격거리는 60[mm] 이상으로 하여야 한다.

풀이 네온방전등(KEC 234.12)
네온변압기는 2차측을 직렬 또는 병렬로 접속하여 사용하지 말 것. 다만, 조광장치 부착과 같이 특수한 용도에 사용되는 것은 적용하지 않는다.

답 ②

01 레이저 가열의 특징으로 틀린 것은?

① 파장이 짧은 레이저는 미세가공에 적합하다.
② 에너지 변환 효율이 높아 원격가공이 가능하다.
③ 필요한 부분에 집중하여 고속으로 가열할 수 있다.
④ 레이저의 파워와 조사면적을 광범위하게 제어할 수 있다.

풀이 레이저 가열
① 에너지 밀도를 높게 할 수 있다.
② 미소 부분에만 조사할 수 있으므로 열 변질이 적다.
③ 레이저의 파워나 조사면적을 광범위하게 제어할 수 있다.
④ 필요한 부분에 고속으로 가열시킬 수 있다.
⑤ 레이저는 비임을 멀리까지 전파시킬 수 있으므로 원격가공이 가능하다.
⑥ 파장이 짧은 레이저 쪽을 작은 집광경으로 할 수 있어서 미세가공에 적합하다.
⑦ 에너지 변환 효율이 낮다.   **답** ②

02 스테판 볼츠만(Stefan-Boltzmann) 법칙을 이용하여 온도를 측정하는 것은?

① 광 고온계   ② 저항 온도계
③ 열전 온도계   ④ 복사 고온계

풀이 온도계의 동작 원리

온도계의 종류	동작원리
저항 온도계	측온체의 저항값 변화
열전 온도계	제벡 효과
복사(방사) 고온계	스테판-볼츠만의 법칙
광고온계	플랑크의 방사 법칙

답 ④

03 다음 중 시감도가 가장 좋은 광색은?

① 적색   ② 등색
③ 청색   ④ 황록색

풀이 • 어느 파장의 에너지가 빛으로 느껴지는 정도를 시감도라고 한다.
• 최대시감도는 파장 555[nm](5550[Å])의 황록색에서 발생하며 그때의 시감도는 680[lm/W]이다.
답 ④

04 흑체의 온도복사 법칙 중 절대온도가 높아질수록 파장이 짧아지는 법칙은?

① 스테판 볼츠만(Stefan-Boltzmann)의 법칙
② 빈(Wien)의 변위법칙
③ 플랑크(Planck)의 복사법칙
④ 베버 페히너(Weber-Fechner)의 법칙

풀이 빈(Wien)의 변위법칙
흑체의 분광 방사휘도 또는 분광 방사발산도가 최대가 되는 파장 λ_m 은 그 흑체의 절대온도 T [°K]에 반비례한다. 즉 온도가 높아질수록 λ_m 은 짧아진다.
$$\lambda_m T = 2.896 \times 10^{-3} \, [\text{m} \cdot °\text{K}]$$
답 ②

05 양수량 30[m³/min], 총 양정 10[m]를 양수하는데 필요한 펌프용 3상 전동기에 전력을 공급하고자 한다. 단상 변압기를 V결선하여 전력을 공급하고자 할 때 단상 변압기 한 대의 용량[kVA]은 약 얼마인가? (단, 펌프의 효율은 70[%]이다.)

① 31   ② 36
③ 41   ④ 46

풀이 ① 펌프의 용량
$$P = \frac{QHK}{6.12\eta} = \frac{30 \times 10 \times 1}{6.12 \times 0.7} = 70[\text{kW}]$$
(여기서, Q : 양수량[m³/min], H : 총양정[m], K : 여유계수, η : 효율)
② V결선 시 변압기 용량
$$P_V = \sqrt{3} P_1 [\text{kVA}]$$
(단, P_1 : 변압기 1대의 용량)
따라서 단상변압기 1대의 용량 P_1은
$$P_1 = \frac{P_V}{\sqrt{3}} = \frac{70}{\sqrt{3}} ≒ 40.4[\text{kVA}]$$
답 ③

06 권수비가 1 : 3인 변압기를 사용하여 단상교류 100[V]의 입력을 가한 후 출력 전압을 전파정류하면 출력 직류전압[V]의 크기는?

① $300\sqrt{2}$

② 300

③ $\dfrac{300\sqrt{2}}{\pi}$

④ $\dfrac{600\sqrt{2}}{\pi}$

풀이 권수비 $a = \dfrac{V_1}{V_2} = \dfrac{N_1}{N_2} = \dfrac{1}{3}$

$V_2 = \dfrac{V_1}{a} = \dfrac{100}{\dfrac{1}{3}} = 3 \times 100 = 300[V]$

따라서 단상 전파 정류할 경우 출력 직류전압은

$E_d = \dfrac{2\sqrt{2}}{\pi}E = \dfrac{2\sqrt{2}}{\pi} \times 300 = \dfrac{600\sqrt{2}}{\pi}$

답 ④

07 단상 교류식 전기철도에서 통신선에 발생하는 유도장해를 경감하기 위하여 사용되는 것은?

① 흡상 변압기

② 3권선 변압기

③ 스코트 결선

④ 크로스본드

풀이 **흡상 변압기**(BT. Booster Transformer)는 권수비 1 : 1의 단권변압기로서 귀전류를 BT 작용에 의하여 강제로 부급전선에 흡상시켜 **통신 선로의 유도 장해를 경감하는 방식**이다. 1차 측은 전차선에 2차 측은 부급전선에 직렬로 접속한다. 이때 흐르는 전류는 크기가 같고 방향도 반대가 된다.

답 ①

08 3상 유도전동기를 급속히 정지 또는 감속시킬 경우나 과속을 급히 막을 수 있는 가장 쉽고 효과적인 제동법은?

① 발전제동

② 회생제동

③ 역전제동

④ 와전류 제동

풀이 ① 발전 제동 : 전동기의 전기자를 전원에서 끊고 전동기를 발전기로 동작시켜 회전 운동 에너지로서 발생하는 전력을 그 단자에 접속한 저항에서 열로 소비시키는 제동 방법이다.

② 회생 제동 : 전동기에 전원을 접속한 상태에서 전동기에 유기되는 역기전력을 전원 전압보다 높게 하여 회전 운동 에너지로 발생되는 전력을 전원 측에 반환하면서 제동하는 방법이다.

③ **역상 제동** : 전동기의 전원 접속을 바꾸어 역토크를 발생시켜 **급정지시키는 방법으로 역전제동** 또는 플

러깅(plugging)이라 한다.

④ 와전류 제동 : 전동기 축에 동심으로 설치한 구리의 원판을 자계 내에서 회전시켜 동판에 생긴 와전류에 의해서 제동력을 얻는 방법이다.

답 ③

09 금속의 표면 열처리에 이용하며 도체에 고주파 전류를 흘릴 때 전류가 표면에 집중하는 효과는?

① 표피 효과

② 톰슨 효과

③ 핀치 효과

④ 제백 효과

풀이 ① **표피 효과** : 도체에 고주파 전류를 통하면 **전류가 표면에 집중하는 현상**으로 **금속의 표면 열처리에 이용**한다.

② 톰슨 효과 : 제벡 효과의 역현상의 일종으로 동종의 금속의 접점에 전류를 통하면 전류방향에 따라 열을 발생 또는 흡수하는 현상이다.

③ 핀치 효과 : 용융체에 강한 전류를 통하면 전자력에 의한 인력이 커지므로 용융체가 도중에서 끊어져 전류가 끊어지는 현상을 말한다.

④ 제벡 효과 : 열전온도계, 즉 두 금속을 두 접점으로 폐회로를 만들고 두 접점의 온도를 달리하면 기전력이 발생한다. 이 열기전력은 두 접점간의 온도차에 비례한다. 이 두 금속을 열전대라 하고 이것을 이용한 것이 열전 온도계이다.

답 ①

10 전력용 반도체 소자 중 IGBT의 특성이 아닌 것은?

① 게이트 구동전력이 매우 높다.

② 게이트와 에미터간 입력 임피던스가 매우 높아 BJT보다 구동하기 쉽다.

③ 소스에 대한 게이트의 전압으로 도통과 차단을 제어한다.

④ 스위칭 속도는 FET와 트랜지스터의 중간 정도로 빠른편에 속한다.

풀이 IGBT(insulated gate bipolar transistor)
IGBT(게이트 절연 양극성 트랜지스터)는 MOSFET와 트랜지스터의 장점을 취한 것으로서

① 소스에 대한 게이트의 전압으로 도통과 차단을 제어한다.

② **게이트 구동전력이 매우 낮다.**

③ 스위칭 속도는 FET와 트랜지스터의 중간 정도로 빠른 편에 속한다.

④ 용량은 일반 트랜지스터와 동등한 수준이다.

답 ①

11 금속관 공사에서 부싱을 쓰는 목적은?

① 관의 끝이 터지는 것을 방지
② 관의 끝 부분에서 전선 피복의 손상을 방지
③ 박스 내에서 전선의 접속을 방지
④ 관의 끝 부분에서 조영재의 접속을 방지

풀이 부싱은 전선 관단에 끼우고 전선을 넣거나 빼는 데 있어서 전선의 피복을 보호하여 전선이 손상되지 않게 하는 것이다. **답** ②

12 경완철에 폴리머 현수애자를 설치 할 경우 사용되는 재료가 아닌 것은?

① 볼쇄클 ② 소켓아이
③ 인장클램프 ④ 볼크레비스

풀이

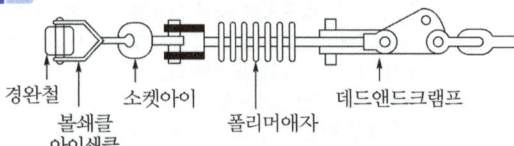

경완철 소켓아이 데드앤드크램프
 볼쇄클   폴리머애자
 아이쇄클

① 경완철
② 경완철용 볼쇄클 : 가공 배전선로에서 지지물의 장주용으로 현수애자를 경완철에 장치하는 데 사용
③ 소켓아이 : 현수애자와 내장 및 인장클램프를 연결하는 금구
④ 폴리머애자
⑤ 인장클램프(데드앤드클램프) : 선로의 장력이 가해지는 곳에서 전선을 고정하기 위하여 쓰이는 금구

볼크레비스는 경완철이 아닌 ㄱ완철에 현수애자를 설치할 때 사용된다. **답** ④

13 형광등의 점등회로 중 필라멘트를 예열하지 않고 직접 형광등에 고전압을 가하여 순간적으로 기동하는 점등회로로써, 전극이 기동 시에는 냉음극, 동작 시에는 방전전류에 의한 열음극으로 작용하는 회로는?

① 전자 스타터 점등 회로
② 글로우 스타터 점등 회로
③ 속시 기동(래피드 스타터) 점등회로
④ 순시 기동(슬림 라인) 점등회로

풀이 슬림라인 형광등의 장 · 단점
[장점]
① 필라멘트를 예열할 필요가 없어 점등관 등 기동장치가 불필요하다.
② 순시기동으로 점등에 시간이 걸리지 않는다.
③ 점등불량으로 인한 고장이 없다.
④ 관이 길어 양광주가 길고 효율이 좋다.
⑤ 전압변동에 의한 수명단축이 없다.
[단점]
① 점등장치가 비싸다.
② 전압이 높아 기동 시 음극이 손상하기 쉽다.
③ 전압이 높아 위험하다. **답** ④

14 특고압, 고압, 저압에 사용되는 완금(완철)의 표준길이[mm]에 해당되지 않는 것은?

① 900 ② 1800
③ 2400 ④ 3000

풀이 완금의 표준 길이

전선의 개수	특고압	고압	저압
2	1800	1400	900
3	2400	1800	1400

답 ④

15 다음 중 0.6/1[kV] 가교 폴리에틸렌 절연 비닐 시스 전력케이블의 기호는?

① 0.6/1[kV] CCV
② 0.6/1[kV] CVV
③ 0.6/1[kV] CV
④ 0.6/1[kV] CE

풀이 ① CCV : 제어용 가교폴리에틸렌 절연 비닐시스 케이블
② CVV : 비닐 절연 비닐 시스 제어케이블
③ CV : 가교폴리에틸렌 절연 비닐 시스 케이블
④ CE : 가교폴리에틸렌 절연 폴리에틸렌 시스 케이블 **답** ③

16 고압회로 및 기기의 단락보호용으로 사용되고 있는 기기는?

① 단로기 ② 전력퓨즈
③ 부하개폐기 ④ 선로개폐기

풀이 전력 퓨즈(PF : power fuse (방출형))는 고전압 회로 및 기기의 단락 보호용의 퓨즈로 소호 방식에 따라 한류형과 비한류형으로 나누며, 차단기에 비하여 다음과 같은 특징이 있다.
① 가격 저렴
② 소형이며 경량
③ 차단 용량이 크다.
④ 고속 차단 가능
⑤ 보수 용이   답 ②

17 KS C 7617에 따른 네온관의 공칭 관전류는 몇 [mA]인가?

① 10   ② 20
③ 30   ④ 40

풀이 네온관(KS C 7617)
공칭 관전류는 20[mA]로 한다.   답 ②

18 KS C 4610에 따른 고압 피뢰기의 정격전압 [kV]이 아닌 것은? (단, 전압은 RMS 값이다.)

① 7.5   ② 24
③ 74   ④ 174

풀이 피뢰기의 표준 전압 등급(kV r.m.s)

0.175	6	18	36	75	126
0.280	7.5	21	39	84	138
0.500	9	24	42	96	150
0.660	10.5	27	51	102	174
3	12	30	54	108	186
4.5	15	33	60	120	198

답 ③

19 2개소에서 한 개의 전등을 자유롭게 점멸할 수 있는 스위치 방식은?

① 로터리 스위치   ② 마그넷 스위치
③ 3로 스위치   ④ 푸시 버튼 스위치

풀이 3로 스위치

	배선도	전선 접속도
1등을 2개소에서 점멸하는 경우		

답 ③

20 다음 1차 전지 중 음극(부극)물질이 다른 것은?

① 공기 전지   ② 망간 건전지
③ 수은 전지   ④ 리튬 전지

풀이 1차 전지의 종류

전지명	정극물질 (감극제)	전해질	부극물질 (부극)
망간건전지(보통전지)	MnO_2	NH_4Cl	Zn
알칼리·망간건전지	MnO_2	KOH	Zn
산화은 전지	Ag_2O	KOH 또는 NaOH	Zn
공기전지	O_2	KOH	Zn
수은전지	HgO	KOH 또는 NaOH	Zn
2산화망간·리튬전지	MnO_2	유기전해질	Li

답 ④

2022년 - 2회 _ 공사기사

01 FET에서 핀치 오프(pinch off)전압이란?

① 채널 폭이 막힌 때의 게이트의 역방향 전압
② FET에서 애벌런치 전압
③ 드레인과 소스 사이의 최대 전압
④ 채널 폭이 최대로 되는 게이트의 역방향 전압

풀이 FET(Field Effect Transister)에서 일어나는 현상으로서 gate와 소스 사이에 역전압을 증가시키면 드레인 전류가 0[A]가 되는데 이때의 전압을 핀치 오프 전압이라 한다.   답 ①

02 비금속 발열체에 대한 설명으로 틀린 것은?

① 탄화규소 발열체는 카보런덤을 주성분으로 한 발열체이다.
② 탄소질 발열체에는 인조 흑연을 가공하여 사용하는 것이 있다.
③ 규화 몰리브덴 발열체는 고온용의 발열체로써 칸탈선이라고도 한다.
④ 염욕 발열체는 높은 도전성을 가지는 고체 발열체이다.

풀이 • 염욕로는 NaCl, KCl 등의 용융염에 직접 통전하여 가열하고 피열물을 그 속에 넣어 가열하는 방식으로 형태가 복잡하게 생긴 금속 제품을 균일하게 가열하는 데 가장 적합한 가열 방식이다.
• 염욕 발열체는 높은 도전성을 가지는 액체 발열체이다. **답** ④

03 직류전동기의 속도 제어법이 아닌 것은?

① 극수변환　　　② 전압제어
③ 저항제어　　　④ 계자제어

풀이 직류전동기의 속도제어법 비교

구 분	제어 특성	특 징
계자제어법	• 정출력 제어	• 속도제어범위가 좁다.
전압제어법	• 정토크 제어 　– 워드 레오나드 　　방식 　– 일그너 방식	• 제어범위가 넓다. • 손실이 매우 적다. • 정역운전이 가능 • 설비비가 많이든다.
직렬저항법		• 효율이 나쁘다.

답 ①

04 천장면을 여러 형태의 사각, 삼각 등으로 구멍을 내어 다양한 형태의 매입기구를 취부하여 실내의 단조로움을 피하는 조명방식은?

① pin hole light　　② coffer light
③ line light　　　　④ cornis light

풀이 ① pin hole light : 다운 라이트의 일종으로 아래로 조사되는 구멍을 작게 하거나 렌즈를 달아 복도에 집중 조사되도록 한다.
② coffer light : 대형의 다운 라이트라고도 볼 수 있으며 천정면을 둥글게 또는 사각으로 파내어 조명기구를 배치하여 조명하는 방법
③ line light : 매입 형광등방식의 일종으로 형광등을 연속으로 배치하는 조명방식
④ cornis light : 천정과 벽면 사이에 조명기구를 15~20[cm] 정도 내려서 배치하여 아래쪽의 벽 또는 커튼을 조명하도록 하는 방법 **답** ②

05 형태가 복잡하게 생긴 금속 제품을 균일하게 가열하는데 가장 적합한 전기로는?

① 염욕로　　　　② 흑연화로
③ 카보런덤로　　④ 페로알로이로

풀이 염욕로
• 간접식 저항로의 일종으로 NaCl, KCl 등의 용융염에 직접 통전하여 가열하고, 피열물(형체가 복잡하게 생긴 제품)을 그 속에 넣어 가열한다.
• 강, 경합금 등의 균열, 항온, 급열, 급랭 등의 열처리에 사용된다. **답** ①

06 온도 20[℃]에서 저항 20[Ω]인 구리선이 온도 80[℃]로 변화하였을 때, 구리선의 저항[Ω]은 약 얼마인가? (단, 온도 t[℃]에서 구리 저항의 온도계수는 $a_t = \dfrac{1}{234.5+t}$ 이다.)

① 15.36　　　　② 24.72
③ 35.62　　　　④ 43.85

풀이 　$R_T = \{1 + \alpha_t(T-t)\}R_t$
　(여기서, R_T : 임의의 온도(T[℃])에서의 저항
　　　　　R_t : 기준온도(t[℃])에서의 저항
　　　　　a_t : 기준온도(t[℃])에서의 온도계수)
　$\therefore R_T = \{1 + \dfrac{1}{234.5+20} \times (80-20)\} \times 20$
　　　　$= 24.72[\Omega]$ **답** ②

07 엘리베이터에 사용되는 전동기의 특성이 아닌 것은?

① 소음이 적어야 한다.
② 기동 토크가 적어야 한다.
③ 회전부분의 관성 모멘트는 적어야 한다.
④ 가속도의 변화비율이 일정 값이 되도록 선택한다.

풀이 • 엘리베이터에 사용되는 전동기의 특성
　① 회전 부분의 관성 모멘트는 적어야 한다(기동·정지가 빈번).
　② 가속도의 변화 비율이 일정 값이 되도록 선택(가속·감속 시)한다.
　③ 기동 토크가 커야 한다.
　④ 소음이 적어야 한다.
• 제어의 발달에 따라 3상 유도전동기가 주로 사용된다. **답** ②

08 식염전해에 대한 설명으로 틀린 것은?

① 제조법에는 격막법과 수은법이 있다.

② 염소, 수소와 수산화나트륨의 제조 방법에 사용된다.

③ 수은법에서 전해조의 애노드는 흑연, 캐소드는 수은을 사용한다.

④ 격막법은 수은법보다 전류 밀도가 크고 생산성이 높다.

풀이 ① 식염 전해 : 식염(NaCl)의 수용액을 전기 분해하여 염소(Cl), 수산화나트륨(NaOH) 및 수소(H)를 제조하는 것으로 격막법과 수은법으로 제조한다.
② 수은법이 격막법보다 전류 밀도가 크고 기술적으로는 효율이 좋은 방식이지만 사용하는 수은이 환경을 오염한다는 이유에서 정책적으로 격막법 및 이온 교환막법으로 전환되고 있다.　**답** ④

09 전식을 방지하기 위한 전철 측에서의 방지대책 중 틀린 것은?

① 변전소의 간격을 축소한다.

② 레일본드를 설치한다.

③ 대지에 대한 레일의 절연저항을 적게 한다.

④ 귀선의 극성을 정기적으로 바꾸어 준다.

풀이 레일과 변전소간에 상당한 전위차가 생기면 누설 전류가 흐르고, 그 누설 전류에 의해 지중 매설물에 전해 작용이 일어나서 점점 얇아지게 된다. 이것을 전식이라고 하며 그 방지 대책은 다음과 같다.
(1) 전철측 시설
 ① 귀선 저항을 작게 하기 위하여 레일에 본드를 시설하고 그 시공, 보수에 충분히 주의한다.
 ② 레일을 따라 보조귀선을 설치한다.
 ③ 변전소 간의 간격을 짧게 한다.
 ④ 귀선의 극성을 정기적으로 바꾼다.
 ⑤ 대지에 대한 레일의 절연저항을 크게 한다.
 ⑥ 3선식 배전법을 사용한다.
 ⑦ 절연 음극 궤전선을 설치하여 레일과 접속한다.
 ⑧ 가장 먼 ⊖궤전선에 음극 승압기를 설치한다.
(2) 매설관측 시설
 ① 배류법 : 선택 배류법, 강제 배류법
 ② 매설관의 표면 또는 접속부를 절연하는 방법
 ③ 도전체로 차폐하는 방법
 ④ 전위 제어법　**답** ③

10 휘도가 균일한 원통광원의 축 중앙 수직방향의 광도가 250[cd]이다. 전 광속[lm]은 약 얼마인가?

① 80　　　　② 785

③ 2467　　　④ 3142

풀이 원통광원(형광등) 수직 방향의 광도를 I_0라고 하면,
전광속 $F = \pi^2 I_0 = \pi^2 \times 250 = 2467.4$ [lm]　**답** ③

11 방전등에 속하지 않는 것은?

① 할로겐등

② 형광수은등

③ 고압나트륨등

④ 메탈할라이드등

풀이 ① 온도복사에 의한 발광 : 백열등, 할로겐등
② 루미네선스에 의한 방전발광
 • 아크 방전등 : 발염 아크등, 고휘도 아크등
 • 저압 방전등 : 네온관등, 형광등, 저압 나트륨등
 • 고압 방전등 : 고압 수은등(형광수은등, 메탈할라이드등), 고압 나트륨등
 • 초고압 방전등 : 크세논등, 초고압 수은등　**답** ①

12 과전류차단기로 시설하는 퓨즈 중 고압전로에 사용하는 포장 퓨즈는 정격전류의 몇 배의 전류에서 2시간 이내에 용단되지 않아야 하는가? (단, 퓨즈 이외의 과전류 차단기와 조합하여 하나의 과전류 차단기로 사용하는 것은 제외한다.)

① 1.1　　　　② 1.3

③ 1.5　　　　④ 1.7

풀이 341.10 고압 및 특고압 전로 중의 과전류차단기의 시설
가. 과전류차단기로 시설하는 퓨즈 중 고압전로에 사용하는 포장 퓨즈는 정격전류의 1.3배의 전류에 견디고 또한 2배의 전류로 120분 안에 용단되는 것이어야 한다.
나. 과전류차단기로 시설하는 퓨즈 중 고압전로에 사용하는 비포장 퓨즈는 정격전류의 1.25배의 전류에 견디고 또한 2배의 전류로 2분 안에 용단되는 것이어야 한다.　**답** ②

13 나트륨램프에 대한 설명 중 틀린 것은?

① KS C 7610에 따른 기호 NX는 저압 나트륨 램프를 표시하는 기호이다.
② 등황색의 단일 광색으로 색수차가 적다.
③ 색온도는 5000~6000[K] 정도이다.
④ 도로, 터널, 항만표지 등에 이용한다.

풀이 ① 저압나트륨등
- 색온도 : 1,740[K]
- 용도 : 도로, 항만, 터널, 검사용
② 고압나트륨등
- 색온도 : 2,100 ~ 2,500[K]
- 용도 : 경기장, 상점, 도로, 고천장의 공장 **답** ③

14 콘크리트 전주의 접지선 인출구는 지지점 표시선으로부터 몇 [mm] 지점에 있는가?

① 600 　　② 800
③ 1000 　　④ 1200

풀이 접지선 인 · 출입구

전주길이	인입구	인출구
8, 9, 11[m]	1,500[mm]	근입표시에서 1000[mm] 하방
18, 20[m]	4,000[mm]	–

답 ③

15 다음 중 경완철의 표준규격(길이)이 아닌 것은?

① 1000[mm] 　　② 1400[mm]
③ 1800[mm] 　　④ 2400[mm]

풀이 경완철의 표준길이 : 900, 1400, 1800, 2400[mm] **답** ①

16 KS C 3824에 따른 전차선로용 180[mm] 현수애자 하부의 핀 모양이 아닌 것은?

① 훅(소) 　　② 아이(평행)
③ 크레비스 　　④ ㄷ형

풀이

종류	기호	핀 모양
전차 선로용 100[mm] 현수애자	100 P	아이(평행)
	100 E	아이(직각)
	100 C	크레비스

종류	기호	핀 모양
전차 선로용 180[mm] 현수애자	180 EP	아이(평행)
	180 E	아이(직각)
	180 C	크레비스
	(180 H)	훅(소)
	(180 HL)	훅(대)
전차 선로용 250[mm] 현수애자	250 EP	아이(평행)
	250 E	아이(직각)
	250 C	크레비스
	(250 HL)	훅(대)
전차 선로용 250[mm] 지지애자	250 TC	크레비스
	(250 TS)	1선용 커플링
	250 T	1선용 커플링

답 ④

17 암거에 시설하는 지중전선에 대한 설명으로 틀린 것은? (단, 암거 내에 자동소화설비가 시설되지 않은 경우이다.)

① 불연성이 있는 연소방지도료로 지중전선을 피복한 전선은 사용이 가능하다.
② 자소성이 있는 난연성 피복이 된 지중전선은 사용이 가능하다.
③ 자소성이 있는 난연성의 관에 지중전선을 넣어 시설하는 것은 불가능하다.
④ 자소성이 있는 난연성의 연소방지테이프로 지중전선을 피복한 전선은 사용이 가능하다.

풀이 334.1 지중전선로의 시설
암거에 시설하는 지중전선은 다음의 어느 하나에 해당하는 난연조치를 하거나 암거 내에 자동소화설비를 시설하여야 한다.
가. 불연성 또는 자소성이 있는 난연성 피복이 된 지중전선을 사용할 것.
나. 불연성 또는 자소성이 있는 난연성의 연소방지테이프, 연소방지시트, 연소방지도료 기타 이와 유사한 것으로 지중전선을 피복 할 것.
다. 불연성 또는 자소성이 있는 난연성의 관 또는 트라프에 넣어 지중전선을 시설할 것. **답** ③

18 KS C 4506에 따른 COS(컷아웃스위치)의 정격전류[A]가 아닌 것은?

① 15　　　　　　② 30
③ 45　　　　　　④ 60

풀이 컷아웃 스위치

극수	정격전류[A]	정격 차단용량[A]
2	15, 30	1500, 2500
	60, 100	2500, 5000
3	30	1500, 2500
	60, 100	2500, 5000

답 ③

19 연축전지의 음극에 쓰이는 재료는?

① 납　　　　　　② 카드뮴
③ 철　　　　　　④ 산화니켈

풀이 • 납 축전지(lead storage battery)는 이산화납(양극)과 해면 모양으로 된 납(Pb)의 음극에 묽은 황산의 전해액 및 전극의 격리판과 이것을 수용한 용기로 되어 있다.
• 납(연)축전지의 화학반응식

$$Pb + 2H_2SO_4 + PbO_2 \underset{\text{충전}}{\overset{\text{방전}}{\rightleftharpoons}} 2PbSO_4 + 2H_2O$$

답 ①

20 문자 기호 중 계기류에 속하지 않는 것은?

① ZCT　　　　② A
③ W　　　　　④ WHM

풀이 • A : 전류계, W : 전력계, WHM : 전력량계
• ZCT는 영상 변류기로 계전기류에 속한다. **답** ①

2022년 － 4회 _공사기사(CBT 복원)

---

01 사람이 눈부심을 느끼는 한계 휘도[cd/m²]는?

① 0.5×10^4　　② 5×10^4
③ 50×10^4　　④ 500×10^4

풀이 휘도 B
(1) 단위 면적당 광도로서 눈부심 정도를 나타낸다.

$$B = \frac{I}{S}[\text{cd/m}^2] \ (=[\text{nt}] : \text{니트 nit})$$

혹은 $B = \dfrac{I}{S}[\text{cd/cm}^2] \ (=[\text{sb}] : \text{스틸브 stilb})$

(단, I : 어느 방향의 광도,
S : 어느 방향에서 본 겉보기 면적)
(2) 사람이 눈부심을 느끼는 한계 :
$0.5[\text{cd/cm}^2] = 0.5 \times 10^4[\text{cd/m}^2]$ **답** ①

02 344[kcal]를 [kWh]의 단위로 표시하면?

① 0.4　　　　　② 407
③ 400　　　　　④ 0.0039

풀이 1[kWh] = 860[kcal]이므로

$\therefore \ 344[\text{kcal}] = \dfrac{344}{860} = 0.4[\text{kWh}]$ **답** ①

03 전기철도에서 궤도(track)의 3요소가 아닌 것은?

① 레일　　　　② 침목
③ 도상　　　　④ 구배

풀이 ① 궤도의 3요소

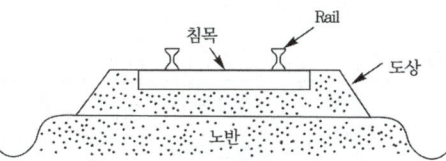

• 궤조 : 레일
• **침목** : 레일간격을 정확히 유지하고 차량의 중량을 땅바닥에 분포시키는 중간 구조물로 목재, 콘크리트를 사용한다.
• **도상** : 철도 선로의 노반과 침목 사이를 말하며, 자갈 도상과 콘크리트 도상이 있다.
② 구배 : 2점 사이의 고저차를 수평거리로 나눈 값 **답** ④

04 금속관과 금속BOX를 접속하는 경우 사용되는 재료는?

① 로크너트　　② 부싱
③ 노멀 밴드　　④ 유니온커플링

풀이

명칭	사용 용도
로크 너트(lock nut)	관과 박스(Box)를 접속하는 경우 파이프 나사를 죄어 고정시키는 데 사용되며 6각형과 기어형이 있다.
부싱(bushing)	전선 관단에 끼우고 전선을 넣거나 빼는 데 있어서 전선의 피복을 보호하여 전선이 손상되지 않게 하는 것. 금속제와 합성수지제 2가지가 있다.
노멀 밴드(normal bend)	배관의 직각 굴곡에 사용하며 양단에 나사가 나 있어 관과의 접속에는 커플링을 사용한다.
유니온 커플링	관의 양측을 돌려서 접속할 수 없는 경우 유니온 커플링을 사용한다.

답 ①

05 직류 전동기의 속도제어법에서 정출력 제어에 속하는 것은?

① 계자제어
② 전압제어
③ 전기자 저항제어
④ 워드 레오나드 제어

풀이 직류 전동기의 속도 제어법 비교

구 분	제어 특성	특 징
계자 제어법	• 정출력 제어	• 속도 제어 범위가 좁다.
전압 제어법	• 정토크 제어 – 워드 레오나드 방식 – 일그너 방식	• 제어 범위가 넓다. • 손실이 매우 적다. • 정역 운전이 가능 • 설비비가 많이 든다.
직렬 저항법		• 효율이 나쁘다.

답 ①

06 연속열 등기구를 천장에 매입하거나 들보에 설치하는 조명방식으로 일반적으로 사무실에 설치되는 건축화 조명방식은?

① 밸런스 조명   ② 광량 조명
③ 코브 조명   ④ 코퍼 조명

풀이 ① 밸런스 조명 : 벽면을 밝은 광원으로 조명하는 방식으로 숨겨진 램프의 직접광이 아래쪽 벽, 커튼, 위쪽 천장면에 쪼이도록 조명하는 방식
② 광량 조명 : 연속열 등기구를 천장에 매입하거나 들보에 설치하는 조명방식
③ 코브 조명 : 램프를 감추고 코브의 벽, 천장면에 플라스틱·목재 등을 이용하여 간접 조명으로 만들어 그 반사광으로 채광하는 조명방식
④ 코퍼 조명 : 천장면을 여러 형태의 사각, 삼각, 원형 등으로 구멍을 내어 다양한 형태의 매입기구를 취부하여 실내의 단조로움을 피하는 조명방식 **답** ②

07 온도 T[K]의 흑체의 단위표면적으로부터 단위시간에 방사되는 전방사 에너지는?

① 그 절대온도에 비례한다.
② 그 절대온도에 반비례한다.
③ 그 절대온도의 4승에 비례한다.
④ 그 절대온도의 4승에 반비례한다.

풀이 스테판–볼츠만 (Stefan–Blotzmann)의 법칙
흑체의 복사 발산량 W는 절대온도 T[K]의 4제곱에 비례한다.
$$W = \sigma T^4 [\text{W/cm}^2]$$
여기서, σ는 스테판–볼츠만의 상수이다. **답** ③

08 가공 배전선로 경완철에 폴리머 현수애자를 결합하고자 한다. 경완철과 폴리머 현수애자 사이에 설치되는 자재는?

① 경완철용 아이쇄클
② 볼크레비스
③ 인장클램프
④ 각암타이

풀이

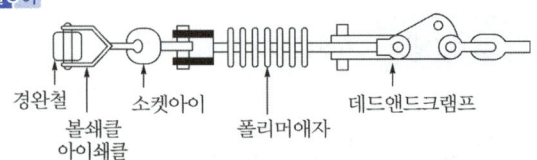

경완철 · 소켓아이 · 데드앤드크램프
볼쇄클 아이쇄클 · 폴리머애자

답 ①

09 SSS(Silicon Symmetrical Switch)의 특징으로 틀린 것은?

① 실리콘 양방향성 소자이다.
② 전극은 2단자로 npnpn의 5층으로 되어 있다.
③ SCR을 역병렬로 2개 접속한 것과 같은 특성을 갖는다.
④ 제어 게이트 전극을 갖는다.

풀이 SSS는 SCR과 달리 제어 게이트 전극이 없는 간단한 구조이다. Gate 전류 대신 양 단자간에 순시 전압을 가하거나 높은 전압을 인가해서 Break Over시켜 제어하며 주로 교류 스위치나 조광 장치에 사용한다. **답** ④

10 터널 내의 배기가스 및 안개 등에 대한 투과력이 우수하여 터널 조명, 교량 조명, 고속도로 인터체인지 등에 많이 사용되는 방전등은?

① 수은등   ② 나트륨등
③ 크세논등   ④ 메탈할라이드등

풀이 나트륨등의 발광은 나트륨 증기의 방전에 의하여 공명선인 5890~1586[Å]의 D선(황색선) 대부분 76[%]를 차지한다. 나트륨등의 효율은 이론상 395 [lm/W] 실용상 150~80[lm/W] 정도로 대단히 높다.
따라서 빛의 직선성이 좋아 안개가 잘 발생하는 강변이나, 먼지가 많은 터널 등에 사용된다. **답** ②

11 철도차량이 운행하는 곡선부의 종류가 아닌 것은?

① 단곡선   ② 복곡선
③ 반향곡선   ④ 완화곡선

풀이 (1) 수평곡선의 종류
　① 단곡선(또는 단심곡선) : 원의 중심이 1개인 곡선
　② 복곡선(또는 복심곡선) : 반경이 다른 원 2개의 중심이 동일한 축에 위치한 곡선
　③ 반향곡선 : 두 개의 곡선 반경의 중심이 선로에 대해 서로 반대 측에 위치한 곡선
　④ 완화곡선 : 직선부와 곡선부 사이에 설치하는 완만한 곡선

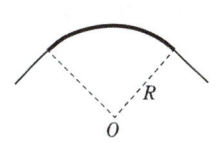
〈단심곡선〉

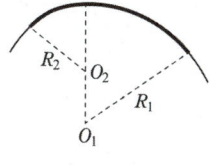
〈복심곡선〉

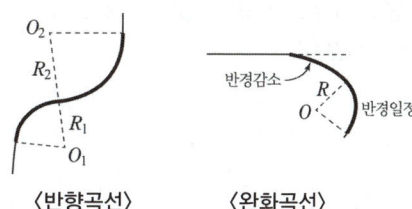
〈반향곡선〉　〈완화곡선〉

(2) 복곡선을 사용하면 반경이 다른 두 곡선의 접속점에서 곡률이 급격히 변화하기 때문에 승객에게 불쾌감을 줄 우려가 있어 철도에서는 단곡선과 완화곡선이 많이 사용된다. **답** ②

12 유도전동기를 동기속도보다 높은 속도에서 발전기로 동작시켜 발생된 전력을 전원으로 반환하여 제동하는 방식은?

① 역전제동   ② 발전제동
③ 회생제동   ④ 와전류제동

풀이 ① 발전 제동 : 전동기의 전기자를 전원에서 끊고 전동기를 발전기로 동작시켜 회전 운동 에너지로서 발생하는 전력을 그 단자에 접속한 저항에서 열로 소비시키는 제동 방법이다.
② 회생 제동 : 전동기에 전원을 접속한 상태에서 전동기에 유기되는 역기전력을 전원 전압보다 높게 하여 회전 운동 에너지로 발생되는 전력을 전원 측에 반환하면서 제동하는 방법이다.
③ 역상 제동 : 전동기의 전원 접속을 바꾸어 역토크를 발생시켜 급정지시키는 방법으로 역전제동 또는 플러깅(plugging)이라 한다.
④ 와전류 제동 : 전동기 축에 동심으로 설치한 구리의 원판을 자계 내에서 회전시켜 동판에 생긴 와전류에 의해서 제동력을 얻는 방법이다. **답** ③

13 고압으로 수전하는 변전소에서 접지 보호용으로 사용되는 계전기의 영상전류를 공급하는 계전기는?

① CT   ② PT
③ ZCT   ④ GPT

풀이 GPT는 영상전압을 공급하며, ZCT는 영상전류를 공급한다. **답** ③

14 변압기유로 쓰이는 절연유에 요구되는 특성이 아닌 것은?

① 점도가 클 것
② 절연내력이 클 것
③ 인화점이 높을 것
④ 비열이 커서 냉각 효과가 클 것

풀이 변압기유의 구비조건
① 절연내력이 클 것
② 절연재료 및 금속에 화학 작용을 일으키지 않을 것
③ 인화점이 높고, 응고점이 낮을 것
④ **점도가 낮고**, 비열이 커서 냉각 효과가 클 것
⑤ 고온에서도 석출물이 생기거나 산화하지 않을 것
답 ①

15 반도체 소자의 동작방향성에 따른 분류 중 단방향 전압저지 소자가 아닌 것은?

① BJT   ② IGBT
③ 다이오드   ④ MOSFET

풀이 ① 단방향 전압저지 소자
– 다이오드, BJT, MOSFET
② **양방향 전압저지 소자**
– SCR, GTO, **IGBT**, MCT
③ 단방향 전류 소자
– 다이오드, SCR, GTO, BJT, MOSFET, IGBT
④ 양방향 전류 소자
– TRIAC, 역도통 사이리스터
답 ②

16 KS C IEC 60079–6에 따른 유입방폭구조 "o" 방폭장비의 최소 IP 등급은?

① IP44   ② IP54
③ IP55   ④ IP66

풀이 액체 함침 "o"에 의한 기기 보호(KS C IEC 60079–6)
기기의 보호등급은 최소 IP66에 적합해야 한다.
답 ④

17 투명 네온관등에 아르곤가스를 봉입하였을 때 광색은?

① 등색   ② 황갈색
③ 고동색   ④ 등적색

풀이 가스와 광색

봉입가스	유리관색	관등의 색
네 온	투 명	등적색
	청 색	등 색
아르곤과 수은	투 명	청 색
	황록색	녹 색
헬 륨	투 명	백 색
	황갈색	황갈색
아르곤	투 명	고동색

답 ③

18 지름 40[cm]의 완전 확산성 구형 글로브의 중심에 모든 방향의 광도가 균일하게 되도록 120[cd]의 전구를 넣고, 탁상 2[m]의 높이에서 점등하였다. 이 전등 아래의 탁상면 조도[lx]는? (단, 글로브 내면의 반사율은 40[%], 투과율은 50[%]이다.)

① 25   ② 30
③ 35   ④ 40

풀이 글로브의 효율 η는
$$\eta = \frac{\tau}{1-\rho} = \frac{0.5}{1-0.4} = 0.833$$
구하는 조도 E는
$$\therefore E = \frac{\eta I}{R^2} = \frac{0.833 \times 120}{2^2}$$
$$= 25[lx]$$

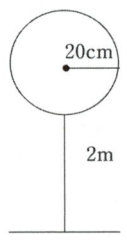

답 ①

19 15[℃]의 물 4[l]를 용기에 넣고 1[kW]의 전열기로 90[℃]로 가열하는 데 30분이 소요되었다. 이 장치의 효율[%]은? 단, 증발이 없는 경우 $q=0$이다.

① 70   ② 50
③ 40   ④ 30

풀이 $860P\eta t = M(T_2 - T_1)$에서
$$\eta = \frac{M(T_2 - T_1)}{860Pt} = \frac{4 \times (90-15)}{860 \times 1 \times \frac{1}{2}} \fallingdotseq 0.7$$
$$= 70[\%]$$
답 ①

20 태양광선이나 방사선을 조사(照射)해서 기전력을 얻는 전지를 태양전지, 원자력전지라고 하는데 이것은 다음 어느 부류의 전지에 속하는가?

① 1차전지   ② 2차전지
③ 연료전지   ④ 물리전지

풀이 실용전지의 분류

분류	종류
1차 전지	망간 건전지, 적층 건전지, 공기 건전지, 리튬 전지, 수은 전지
2차 전지	연 축전지, 알칼리 축전지
연료 전지	알칼리 전해액 연료전지, 산성 전해질 연료전지, 용융염 전해질 연료전지, 고체 전해질 연료전지
특수 전지 · 물리 전지	태양전지, 열전지, 원자력 전지
특수 전지 · 생물 전지	아직 실용화되어 있지 않음

답 ④

01 플라이휠을 이용하여 변동이 심한 부하에 사용되고 가역 운전에 알맞은 속도제어방식은?

① 일그너 방식
② 워드 레너드 방식
③ 극수를 바꾸는 방식
④ 전원주파수를 바꾸는 방식

풀이 ① 일그너 방식 : 워드레오나드 방식에 **플라이휠을 장치**하여 첨두부하의 반복이 교류 전원측에 미치는 악영향을 적게 한 것으로 대용량 부하에서 **가변 속도의 경우에 사용**한다. 제철, 제관 작업 등에 적합하며 특징은 다음과 같다.
- 첨두 부하값이 감소
- 최대 토크 감소
- 전류의 동요가 감소

② 직류 전동기의 속도 제어법 비교

구 분	제어 특성	특 징
계자 제어법	• 정출력 제어	• 속도 제어 범위가 좁다.
전압 제어법	• 정토크 제어 – 워드 레오나드 방식 – 일그너 방식	• 제어 범위가 넓다. • 손실이 매우 적다. • 정역 운전이 가능 • 설비비가 많이 든다.
직렬 저항법		• 효율이 나쁘다.

답 ①

02 전기철도에서 전식 방지법이 아닌 것은?

① 변전소 간격을 짧게 한다.
② 대지에 대한 레일의 절연저항을 크게 한다.
③ 귀선의 극성을 정기적으로 바꿔주어야 한다.
④ 귀선 저항을 크게 하기 위해 레일에 본드를 시설한다.

풀이 레일과 변전소 간에 상당한 전위차가 생기면 누설 전류가 흐르고, 때문에 지중 매설물에 전해 작용이 일어나서 점점 얇아지게 된다. 이것을 전식이라고 한다.
(1) 전철측 시설
 ① **귀선 저항을 작게 하기 위하여 레일에 본드를 시설**하고 그 시공, 보수에 충분히 주의한다.
 ② 레일을 따라 보조귀선을 설치한다.
 ③ 변전소 간의 간격을 짧게 한다.
 ④ 귀선의 극성을 정기적으로 바꾼다.
 ⑤ 대지에 대한 레일의 절연저항을 크게 한다.
 ⑥ 3선식 배전법을 사용한다.
 ⑦ 절연 음극 궤전선을 설치하여 레일과 접속한다.
 ⑧ 가장 먼 (−) 궤전선에 음극 승압기를 설치한다.
(2) 매설관측 시설
 ① 배류법
 ② 매설관의 표면 또는 접속부를 절연하는 방법
 ③ 도전체로 차폐하는 방법
 ④ 전위 제어법

답 ④

03 배전반 및 분전반에 대한 설명으로 틀린 것은?

① 개폐기를 쉽게 개폐할 수 있는 장소에서 시설하여야 한다.
② 옥측 또는 옥외에 시설하는 경우는 방수형을 사용하여야 한다.
③ 노출하여 시설되는 분전반 및 배전반의 재료는 불연성의 것이어야 한다.
④ 난연성 합성수지로 된 것은 두께가 최소 2[mm] 이상으로 내아크성인 것이어야 한다.

풀이 배전반 및 분전반을 넣은 함
 ① 반(盤)의 뒤쪽은 배선 및 기구를 배치하지 말 것. 다만, 쉽게 점검할 수 있는 구조이거나 분배전반의 소형덕트 내의 배선은 적용하지 않는다.
 ② 반의 옆쪽 또는 뒤쪽에 설치하는 분배전반의 소형덕트는 강판제로서 전선을 구부리거나 누르지 않을 정도로 충분히 큰 것이어야 한다.
 ③ **난연성 합성수지로 된 것은 두께 1.5[mm] 이상으로 내(耐)아크성인 것**이어야 한다.
 ④ 강판제의 것은 두께 1.2[mm] 이상이어야 한다. 다만, 가로 또는 세로의 길이가 30[cm] 이하인 것은 두께 1.0[mm] 이상으로 할 수 있다.
 ⑤ 절연저항 측정 및 전선접속 단자의 점검이 용이한 구조일 것

답 ④

04 전차, 권상기, 크레인 등에 가장 적합한 전동기는?

① 분권형   ② 직권형
③ 화동 복권형   ④ 차동 복권형

풀이 직류 직권 전동기의 토크는 전류의 제곱에 비례하므로 기동 시 토크가 커야 하는 전차용, 전기 철도용의 견인 전동기로 사용된다. **답** ②

05 교류식 전기철도에서 전압불평형을 경감시키기 위해서 사용하는 변압기 결선방식은?

① Y-결선   ② △-결선
③ V-결선   ④ 스코트 결선

풀이 스코트(T) 결선

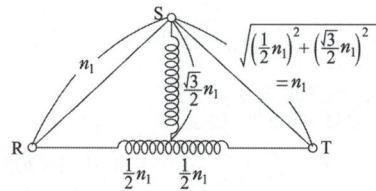

3상 전원에서 용량이 큰 단상 부하에만 전원을 공급하게 되면 3상 전원은 부하 불평형이 되므로 이를 해소하기 위해 단상 변압기 2대를 사용해서(3상 전원을 2상으로 변환) 3상 전원을 평형이 되도록 하는 방식
답 ④

06 한국전기설비규정(KEC)에 의한 의료장소 내의 접지도체의 색깔은?

① 적색   ② 청색
③ 녹색   ④ 흑색

풀이 의료장소 내의 접지설비(KEC 242.10.4)
보호도체, 등전위 본딩도체 및 접지도체의 종류는 450/750[V] 일반용 단심 비닐절연전선으로서 절연체의 색이 녹/황의 줄무늬이거나 녹색인 것을 사용할 것 **답** ③

07 1000[lm]의 광속을 발산하는 전등 10개를 1000[m²]인 방에 설치하였다. 조명률 0.5 감광보상율 1이라 하면, 평균 조도 [lx]는 얼마인가?

① 2   ② 5
③ 20   ④ 50

풀이 $FUN = AED$이므로

$$\therefore E = \frac{FUN}{AD} = \frac{1000 \times 0.5 \times 10}{1000 \times 1} = 5[\text{lx}]$$ **답** ②

08 COS(컷 아웃 스위치)를 설치할 때 사용되는 부속 재료가 아닌 것은?

① 내장크램프
② 브라켓
③ 내오손용 결합애자
④ 퓨즈링크

풀이

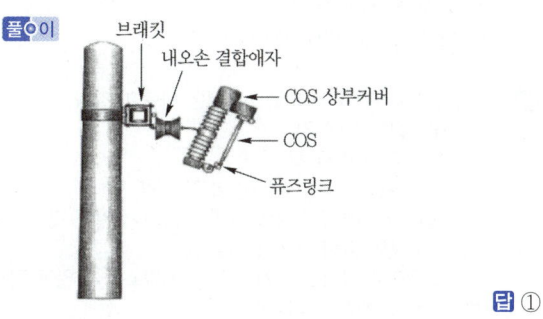

답 ①

09 적외선 가열의 특징이 아닌 것은?

① 표면가열이 가능하다.
② 신속하고 효율이 좋다.
③ 조작이 복잡하여 온도조절이 어렵다.
④ 구조가 간단하다.

풀이 ① 적외선 가열 : 적외선 전구에 의하여 피건조물을 가열하고 건조하는 것
② 적외선 가열의 특징
 • 신속하고 효율이 좋으며 표면 가열이 가능하다.
 • 조작이 간단하고 온도 조절이 쉬우며, 시간 지연이 매우 적다.
 • 설비비가 적고 소요 면적이 적어도 가능하다.
 • 적외선 전구를 배열하는 구조로 매우 간단하다.
답 ③

10 리튬 1차 전지의 부극 재료로 사용되는 것은?

① 리튬염   ② 금속 리튬
③ 불화카본   ④ 이산화망간

풀이

전지명	정극물질 (감극제)	전해질	부극물질 (부극)	용도
2산화망간 · 리튬전지	MnO_2	유기 전해질	Li	IC 카드, 전자수첩

답 ②

---

11 백열전구에 사용되는 필라멘트 재료의 구비조건으로 틀린 것은?

① 용융점이 높을 것
② 고유저항이 클 것
③ 선팽창계수가 높을 것
④ 높은 온도에서 증발이 적을 것

풀이 필라멘트 재료로서의 필요조건은 다음과 같다.
① 융해점이 높을 것
② 고유 저항이 클 것
③ 높은 온도에서의 증발(승화)이 적을 것
④ 점화 온도에서 주위의 것과 화합하지 않을 것
⑤ 가는 선으로의 가공이 쉬울 것
⑥ 고온으로 되어도 기계적 강도가 감소하지 않을 것
⑦ 선팽창 계수가 적을 것
⑧ 전기 저항의 온도 계수가 플러스로 될 것
⑨ 재료가 풍부하고 가격이 염가로 될 것 **답** ③

---

12 전기용접부의 비파괴검사와 관계없는 것은?

① X선 검사
② 자기 검사
③ 고주파 검사
④ 초음파 탐상시험

풀이 용접물의 비파괴 시험 종류
① 용접부의 외관 검사
② 자기검사
③ X선 또는 γ선 투과 시험
④ 초음파 탐상기에 의한 시험 **답** ③

---

13 겨울철에 심야 전력을 사용하여 20[kWh] 전열기로 40[℃]의 물 100[*l*]를 95[℃]로 데우는데 사용되는 전기 요금은 약 얼마인가?(단, 가열장치의 효율 90[%], 1[kWh] 당 단가는 겨울철 56.10[원], 기타 계절 37.90[원]이며, 계산 결과는 원단위 절삭한다.)

① 260[원]
② 290[원]
③ 360[원]
④ 390[원]

풀이 사용 전력량 $Pt = \dfrac{Mc(T_2 - T_1)}{860\eta}$

$$= \dfrac{100 \times 1 \times (95 - 40)}{860 \times 0.9} = 7.11[\text{kWh}]$$

1[kWh] 당 겨울철 56.10[원]이므로
전기요금 $= 7.11 \times 56.10 ≒ 399[원]$
따라서 전기요금은 원단위를 절삭하면 390[원]이다.
답 ④

---

14 4극 전동기로 토크 15[kg · m]의 부하를 회전시키는 경우 필요한 전동기 용량[kW]은? 단, 전원 주파수는 60[Hz], 전동기의 효율은 92[%]이다.

① 15
② 20
③ 30
④ 40

풀이 출력 $P = T \cdot \dfrac{2\pi N}{60} = 1.026NT$

$$= 1.026 \times \dfrac{120f}{p} \times T = 1.026 \times \dfrac{120 \times 60}{4} \times 15$$

$$= 27,702[\text{W}]$$

효율 $\eta = 0.92$이므로

$$\therefore P' = \dfrac{P}{\eta} = \dfrac{27,702}{0.92} = 30,111[\text{W}] ≒ 30[\text{kW}]$$ **답** ③

---

15 특고압 가공전선로에서 공급을 받는 수전용 변전소에 시설하는 피뢰기의 피보호기의 제1대상이 되는 것은 어떤 기기인가?

① 전력용 변압기
② 계전기
③ 전력용 콘덴서
④ 차단기

풀이 피뢰기의 피보호기 제1대상은 전력용 변압기이며, 가능한 한 이에 근접하도록 설치해야 한다. **답** ①

---

16 전원을 넣자마자 곧바로 점등되는 형광등용의 안정기는?

① 점등관식
② 래피드스타트식
③ 글로우스타트식
④ 필라멘트 단락식

풀이 래피드 스타트식(rapid start type)
필라멘트가 예열되는 회로를 가진 구조로 전극을 가열함과 동시에 전극 사이에 자기누설변압기에 의한 고전압을 가하여 단시간 내에 형광 램프를 시동하는 방식이다. **답** ②

17 MOSFET, BJT, GTO의 이점을 조합한 전력용 반도체 소자로서 대전력의 고속 스위칭이 가능한 소자는?

① 게이트 절연 양극성 트랜지스터
② MOS 제어 사이리스터
③ 금속 산화물 반도체 전계효과 트랜지스터
④ 모놀리틱 달링톤

풀이 IGBT(insulated gate bipolar transistor)
IGBT(게이트 절연 양극성 트랜지스터)는 MOSFET와 트랜지스터의 장점을 취한 것으로서
① 소스에 대한 게이트의 전압으로 도통과 차단을 제어한다.
② 게이트 구동전력이 매우 낮다.
③ 스위칭 속도는 FET와 트랜지스터의 중간 정도로 빠른 편에 속한다.
④ 용량은 일반 트랜지스터와 동등한 수준이다.
답 ①

18 알칼리 축전지에 대한 설명으로 옳은 것은?

① 전해액의 농도변화는 거의 없다.
② 전해액은 묽은 황산용액을 사용한다.
③ 진동에 약하고 급속 충·방전이 어렵다.
④ 음극에 Ni산화물, Ag산화물을 사용한다.

풀이 알칼리 축전지의 특징
• 양극 : 수산화 니켈($NiOOH$), 흑연 혼합물
• 음극 : 카드뮴(Cd)
• 전해액 : 비중 $1.2 \sim 1.245$의 수산화칼륨(KOH)
① 전지의 수명이 길다(납축전지보다 $3 \sim 4$배 정도).
② 구조상 운반 진동에 견딜 수 있다.
③ 급격한 충·방전, 높은 방전율에 견디며, 다소 용량이 감소되어도 사용 불능이 되지 않는다.
답 ①

19 66[kV] 이상의 선로에 사용되며 연결금구의 모양에 따라 크레비스형과 볼-소켓형으로 구분되는 애자는?

① 핀애자   ② 지지애자
③ 장간애자   ④ 현수애자

풀이 현수애자
• 원판형의 절연체 상하에 연결 금구를 시멘트로 부착시켜 만든 것으로서 전압에 따라 필요 개수만큼 연결하여 사용한다.

• 전압에 따른 현수 애자(250[mm])의 연결 개수

전압[kV]	66	154	220	345	765
수량	4~6	10~11	12~13	18~20	40~45

답 ④

20 전기 집진기의 구성 요소가 아닌 것은?

① 더스트층   ② 방전전극
③ 집진전극   ④ 전자석

풀이 절연물로 격리된 방전전극과 집진전극 사이에 고압을 인가하여 더스트 입자를 집진하는 장치를 전기 집진기라 한다.

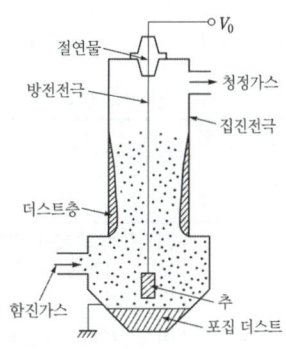

〈전기집진의 원리〉

더스트층이란 더스트 입자가 집진전극에 부착 퇴적된 것을 말한다.
답 ④

2023년 - 2회 _공사기사_

01 피뢰시스템의 인하도선 재료로 테이프형 단선으로 된 알루미늄을 쓰고자 한다. 해당 재료의 단면적[mm²]은 얼마 이상이어야 하는가?
(단, KS C IEC 62561-2를 기준으로 한다.)

① 40   ② 50
③ 60   ④ 70

풀이 수뢰도체, 피뢰침, 접지 인입봉 및 인하도선의 재료, 구조 및 단면적

재 료	형 상	최소단면적 [mm²]	해 설
알루미늄	테이프형 단선	70 이상	두께 : 3[mm]
	원형 단선	50 이상	직경 : 8[mm]
	연선	50 이상	소선의 직경 1.63[mm]

답 ④

02 고압 전류 제한 퓨즈(KS C 4612) 중 순간 돌입 전류가 정격전류의 70배로 0.002초 동안 100회 반복하여도 이에 용단되지 않는 특성을 보유하도록 규정된 퓨즈는?

① C(콘덴서용) ② T(변압기용)
③ M(모터용) ④ G(일반부하용)

풀이 고압 전류 제한 퓨즈(KS C 4612)

퓨즈의 종류	반복 과전류 특성
G (일반용)	−
T (변압기용)	정격전류의 10배 전류를 0.1초간 통전하고, 이것을 100회 반복하여도 용단되지 않을 것
M (전동기용)	정격전류의 5배 전류를 10초간 통전하고, 이것을 10,000회 반복하여도 용단되지 않을 것
C (콘덴서용)	정격전류의 70배 전류를 0.002초간 통전하고, 이것을 100회 반복하여도 용단되지 않을 것

답 ①

03 컷아웃스위치(KS C 4506)는 스위치 표면의 보기 쉬운 곳에 쉽게 지워지지 않는 방법으로 다음 사항을 명료하게 표시하여야 한다. 다음 중 표면에 표시하지 않아도 되는 것은?

① 극수
② 정격전압
③ 정격전류
④ 제조자 명 또는 그 약호

풀이 컷아웃스위치(KS C 4506)
스위치 표면의 보기 쉬운 곳에 쉽게 지워지지 않는 방법으로 다음 사항을 명료하게 표시하여야 한다.
① 정격전류
② 정격전압
③ 정격 차단용량

④ 접속전선의 종류(알루미늄선, 동선의 구별)
⑤ 제조자 명 또는 그 약호

답 ①

04 발열량 5700[kcal/kg]의 석탄을 150[t] 소비하여 200,000[kWh]를 발전하였을 때의 발전소의 효율은 약 몇[%]인가?

① 10 ② 20
③ 30 ④ 40

풀이 발전소 효율 $\eta = \dfrac{전기}{열} = \dfrac{200,000}{\dfrac{5700 \times 150 \times 10^3}{860}} = 0.2$

∴ 20[%]

답 ②

05 20[Ω]의 저항체에 5[A]의 전류를 1시간동안 흘렸을 때 발생되는 총 열량[kcal]은 얼마인가?

① 90 ② 432
③ 1,800 ④ 6,000

풀이 $H = 0.24I^2 Rt$
$= 0.24 \times 5^2 \times 20 \times 3,600 \times 10^{-3}$
$= 432[kcal]$

답 ②

06 배전반 및 분전반에 대한 설명 중 틀린 것은?

① 개폐기를 쉽게 개폐할 수 있는 장소에 시설하여야 한다.
② 옥측 또는 옥외에 시설하는 경우는 방수형을 사용하여야 한다.
③ 노출하여 시설되는 분전반 및 배전반의 재료는 불연성의 것이어야 한다.
④ 난연성 합성수지로 된 것은 두께가 최소 2[mm] 이상으로 내아크성인 것이어야 한다.

풀이 배전반 및 분전반을 넣은 함
① 반(盤)의 뒤쪽은 배선 및 기구를 배치하지 말 것. 다만, 쉽게 점검할 수 있는 구조이거나 분배전반의 소형덕트 내의 배선은 적용하지 않는다.
② 반의 옆쪽 또는 뒤쪽에 설치하는 분배전반의 소형덕트는 강판제로서 전선을 구부리거나 눌리지 않을 정도로 충분히 큰 것이어야 한다.

③ 난연성 합성수지로 된 것은 두께 1.5[mm] 이상으로 내(耐)아크성인 것이어야 한다.
④ 강판제의 것은 두께 1.2[mm] 이상이어야 한다. 다만, 가로 또는 세로의 길이가 30[cm] 이하인 것은 두께 1.0[mm] 이상으로 할 수 있다.
⑤ 절연저항 측정 및 전선접속단자의 점검이 용이한 구조일 것 **답** ④

07 방전등의 일종으로 빛의 투과율이 크고 등황색의 단색광이며 안개 속을 잘 투과하는 등은?

① 나트륨등 ② 할로겐등
③ 형광등 ④ 수은등

풀이 나트륨등의 발광은 나트륨 증기의 방전에 의하여 공명선인 5890~1586[Å]의 D선(황색선) 대부분 76[%]를 차지한다. 나트륨등의 효율은 이론상 395[lm/W] 실용상 150~80[lm/W] 정도로 대단히 높다. 따라서 빛의 직선성이 좋아 안개가 잘 발생하는 강변이나, 먼지가 많은 터널 등에 사용된다. **답** ①

08 역 병렬로 된 2개의 SCR과 유사한 양 방향성 3단자 사이리스터로서 AC 전력의 제어에 사용하는 것은?

① SCS ② GTO
③ TRIAC ④ LASCR

풀이 ① 트라이액(TRIAC : Triode AC Switch)

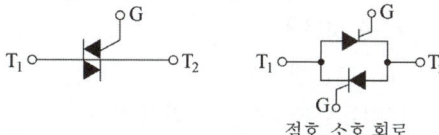

(a) 기호   (b) 등가 역병렬 SCR

점호, 소호 회로

양방향성 3단자 사이리스터이며, 두 개의 SCR을 역병렬한 것을 한 개의 소자로 만든 것으로, 무접점 스위치나 위상 제어 회로, 가정용 조광 장치 및 전기로의 온도 조절 또는 전동기의 속도 제어 등에 광범위하게 응용되고 있다.
② SCR, LASCR, GTO, SCS 등은 단방향성 소자이다. **답** ③

09 금속관(규격품) 1본의 길이는 약 몇 [m]인가?

① 4.44 ② 3.66
③ 3.56 ④ 3.3

풀이
• 금속관(규격품) 1본의 길이 : 3.66[m]
• 합성 수지관 1본의 길이 : 4[m] **답** ②

10 버스 덕트 공사에서 덕트 최대 폭[mm]에 따른 덕트 판의 최소 두께[mm]로 틀린 것은? (단, 덕트는 강판으로 제작된 것이다.)

① 덕트 최대 폭 100[mm] : 최소 두께 1.0[mm]
② 덕트 최대 폭 200[mm] : 최소 두께 1.4[mm]
③ 덕트 최대 폭 600[mm] : 최소 두께 2.0[mm]
④ 덕트 최대 폭 800[mm] : 최소 두께 2.6[mm]

풀이 덕트판의 두께

덕트의 최대 폭[mm]	강판 [mm]	알루미늄 판 및 알루미늄합금 판[mm]
150 이하	1.0 (1.6)	1.6
150 초과 300 이하	1.4 (1.6)	2.0
300 초과 500 이하	1.6 (1.6)	2.3
500 초과 700 이하	2.0 (2.0)	2.9
700 초과	2.3 (2.3)	3.2

( )의 수치는 내화(耐火)형의 경우에 적용한다. **답** ④

11 다음 중 금속의 이온화 경향이 가장 큰 것은?

① Ag ② Pb
③ Na ④ Sn

풀이 이온화 경향은 금속이 액체와 접촉 시 양이온으로 되는 경향으로, 이온화 경향이 큰 순서로는
K > Ba > Ca > Na > Mg > Al > Mn > Fe > Ni > Sn > Pb > Cu > Hg > Ag > Pt > Au 순이다. **답** ③

12 알칼리 축전지에 대한 설명으로 옳은 것은?

① 음극에 Ni산화물을 사용한다.
② 전해액은 묽은 황산용액을 사용한다.
③ 진동에 약하고 급속 충 · 방전이 어렵다.
④ 공칭전압은 1.2[V/cell] 이다.

풀이 알칼리 축전지의 특징
• 양극 : 수산화 니켈(NiOOH), 흑연 혼합물
• 음극 : 카드뮴(Cd)
• 전해액 : 비중 1.2~1.245의 수산화칼륨(KOH)
  ① 전지의 수명이 길다(납축전지보다 3~4배 정도).
  ② 구조상 운반 진동에 견딜 수 있다.

③ 급격한 충·방전, 높은 방전율에 견디며, 다소 용량이 감소되어도 사용 불능이 되지 않는다.
- 공칭전압 : 1.2[V/cell]
- 공칭용량 : 5[Ah]　　　　　　답 ④

13 다음 조명기구의 배광에 의한 분류 중 병실이나 침실에 시설할 조명기구로 가장 적합한 것은?

① 직접 조명기구
② 반간접 조명기구
③ 반직접 조명기구
④ 전반확산 조명기구

풀이 ① 직접 조명
- 빛을 직접 대상물에 비추는 조명방식
- 정원·공장 등에 사용

② **반간접 조명**
- 직접조명과 간접조명의 단점을 보완한 것으로 발산광속 중 상향 광속이 60~90[%], 하향 광속이 10~40[%]이다.
- **거실·안방 등 일반가정에서 많이 사용**

③ 반직접 조명
- 빛의 60~90[%]가 아래로 향하여 직접 표면을 비추고 나머지 10~40[%]는 천정 면을 향하여 반사시키는 조명방식
- 상점·사무실·학교 등에 사용

④ 전반확산 조명
- 하향광속으로 직접 작업 면에 직사시키고 상향광속의 반사광으로 작업면의 조도를 증가시키는 조명방식
- 일반 사무실·백화점·교실 등에 사용　　답 ②

14 부식성의 산, 알칼리 또는 유해가스가 있는 장소에서 실용상 지장 없이 사용할 수 있는 구조의 전동기는?

① 방적형　　　　② 방진형
③ 방수형　　　　④ 방식형

풀이 전동기의 형식
① 방적형 : 낙하하는 물방울, 또는 이물체가 직접 전동기 내부로 침입 할 수 없는 구조
② 방진형 : 먼지의 침입을 최대한 방지하고, 침입하여도 정상운전에 지장이 없도록 한 구조
③ 방수형 : 지정된 조건에서 1~3분 동안 주수 하여도 물이 침입할 수 없는 구조
④ **방식형(방부형)** : 부식성의 산·알카리 또는 유해가스가 존재하는 장소에서 실용상 지장 없이 사용할 수 있는 구조　　답 ④

15 플라이휠을 이용하여 변동이 심한 부하에 사용되고 가역 운전에 알맞은 속도제어방식은?

① 일그너 방식
② 워드 레너드 방식
③ 극수를 바꾸는 방식
④ 전원주파수를 바꾸는 방식

풀이 ① 일그너 방식 : 워드레오나드 방식에 **플라이휠을 장치**하여 첨두부하의 반복이 교류 전원측에 미치는 악영향을 적게 한 것으로 대용량 부하에서 **가변 속도의 경우에 사용**한다. 제철, 제관 작업 등에 적합하며 특징은 다음과 같다.
- 첨두 부하값이 감소
- 최대 토크 감소
- 전류의 동요가 감소

② 직류 전동기의 속도 제어법 비교

구 분	제어 특성	특 징
계자 제어법	• 정출력 제어	• 속도 제어 범위가 좁다.
전압 제어법	• 정토크 제어 − 워드 레오나드 방식 − 일그너 방식	• 제어 범위가 넓다. • 손실이 매우 적다. • 정역 운전이 가능 • 설비비가 많이 든다.
직렬 저항법		• 효율이 나쁘다.

답 ①

16 사이리스터의 게이트 트리거 회로로 적합하지 않은 것은?

① UJT 발진회로
② DIAC에 의한 트리거 회로
③ PUT 발진회로
④ SCR 발진회로

풀이 UJT, DIAC, PUT는 트리거 회로로 사용되고, SCR은 위상 제어, 인버터, 초퍼 등에 사용된다.　　답 ④

17 완전확산 평판 광원의 최대광도가 I[cd]일 때의 전광속[lm]은? (단, 보통 한 면에서 광속이 나오는 것으로 한다.)

① $2\pi I$　　　　② πI
③ $3\pi I$　　　　④ $4\pi I$

풀이 한 면에서 광속이 나오는 것으로 하므로, 완전 확산면의 광도는 그림과 같이 분포된다.

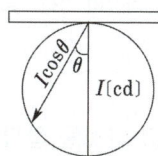

광원의 넓이를 $S[\text{m}^2]$라 하면

휘도 $B = \dfrac{I}{S}[\text{cd/m}^2]$

광속 발산도 $R = \pi B = \dfrac{\pi I}{S}[\text{lm/m}^2]$

∴ 전광속 $F = RS = \dfrac{\pi I}{S} \times S = \pi I[\text{lm}]$

답 ②

18 네온전구의 용도로서 틀린 것은?

① 소비 전력이 적으므로 배전반의 표시등에 적합하다.

② 부글로우를 이용하고 있어 직류의 극성 판별용에 사용된다.

③ 일정한 전압에서 점등되므로 검전기, 교류 파고값의 측정에 이용할 수 없다.

④ 네온전구는 전극 간의 길이가 짧으므로 부글로우를 발광으로 이용한 것이다.

풀이 네온 전구의 특징

① 소비 전력이 적어 종야등, 파일럿등에 사용

② 일정 전압 이상에서 발광하므로 검전기나 파고치 측정에 사용

③ 음극에서 발광하므로 직류 극성 판별에 사용

④ 광도가 전류에 비례

⑤ 빛의 관성이 없다.

답 ③

19 다음 발열체 중 최고 사용온도가 가장 높은 것은?

① 니크롬 제 1종

② 니크롬 제 2종

③ 철-크롬 제 1종

④ 탄화규소 발열체

풀이 ① 니크롬 제1종 : 1100[℃]

② 니크롬 제2종 : 900[℃]

③ 철-크롬 제1종 : 1200[℃]

④ 탄화규소 발열체 : 1500[℃]

답 ④

20 누전차단기의 동작시간 중 틀린 것은?

① 고감도 고속형 : 정격감도전류에서 0.1초 이내

② 중감도 고속형 : 정격감도전류에서 0.2초 이내

③ 고감도 고속형 : 인체감전보호용은 0.03초 이내

④ 중감도 시연형 : 정격감도전류에서 0.1초를 초과하고 2초 이내

풀이 누전차단기의 종류(KSC 4613)

구분		정격감도전류 [mA]	동작시간
고감도형	고속형	5, 10, 15, 30	정격감도전류에서 0.1초 이내, 인체감전보호형은 0.03초 이내
	시연형		정격감도전류에서 0.1초를 초과하고 2초 이내
	반한시형		• 정격감도전류에서 0.2초를 초과하고 1초 이내 • 정격감도전류에서 1.4배의 전류에서 0.1초를 초과하고 0.5초 이내 • 정격감도전류 4.4배의 전류에서 0.05초 이내
중감도형	고속형	50, 100, 200, 500, 1,000	정격감도전류에서 0.1초 이내
	시연형		정격감도전류에서 0.1초를 초과하고 2초 이내

[비고] 누전차단기의 최소동작전류는 일반적으로 정격감도전류의 50[%] 이상이므로 선정에 주의할 것

답 ②

2023년 — 4회 _ 공사기사

01 벨트 컨베이어에서 벨트의 드라이브 풀리 감긴 각도를 증대시켜 동력전달 효율을 높여주기 위해서 사용하는 풀리는?

① 드라이브 풀리(Drive Pulley)

② 테이크업 풀리(Take-up Pulley)

③ 스넙 풀리(Snub Pulley)

④ 벤드 풀리(Bend Pulley)

풀이 ① 드라이브 풀리(Drive Pulley) : 벨트를 구동시키는 역할을 하는 모터에 연결되어 있는 풀리

② 테이크 업 풀리(Take-up Pulley) : 벨트에 장력을 주고 신율을 잡기위한 긴장 장치

③ **스넙 풀리(Snub Pulley)** : 벨트의 드라이브 풀리 감긴 각도를 증대시켜 동력전달효율을 높여 줌

④ 벤드 풀리(Bend Pulley) : 벨트의 진행방향을 바꾸기 위한 풀리   **답** ③

02 열차가 정지신호를 무시하고 운행할 경우 또는 정해진 신호에 따른 속도 이상으로 운행할 경우 설정시간 이내에 제동 또는 지정속도로 감속조작을 하지 않으면 자동으로 열차를 안전하게 정지시키는 장치는?

① ATC　　　　② ATS
③ ATO　　　　④ CTC

풀이 • 자동열차제어(ATC : Automatic Train Control) : 속도 제한 구간에 있어서 열차가 제한속도 이상이 되면 경보를 발하고 운전사가 몇 초 내에 제동을 체결하지 않으면 자동적으로 제동을 체결하여 열차를 제한속도 이하로 감속시키는 장치

• **자동열차정지(ATS** : automatic train stop) : 차내 경보 장치와 연계하여 정지 신호 현시를 무시하고 운행할 경우 또는 정해진 신호 현시에 따른 속도 보다 상위의 속도로 운행 할 경우에 기관사에게 제동장치를 조작하도록 램프와 부저의 차내 경보로 주의를 환기시킬뿐 아니라 일정 시간 이내에 제동 조작을 하지 않으면 자동으로 열차를 안전하게 정지시키는 장치이다.

• 자동열차운전(ATO : Automatic Train Operation) : 지상으로부터 연속적으로 속도지령을 받아서 열차를 지령속도에 추종하도록 자동 가감속 제어하는 정속도 운전 제어기능과 열차가 정지목표점에 근접하게 되면 지상자 신호에 의해 제동곡선 패턴을 연산하고 이 제동패턴에 의해 목표지점에 정확히 정지할 수 있는 정위치 기능을 지니고 있다.

• 열차집중제어장치(CTC : Centralized Traffic Control) : 구간 내 각 역에 있는 전철기와 신호기 등을 중앙제어실에서 집중 원격제어하며, 그 표시 및 열차의 운행상태를 감시함으로써 열차 운행을 능률적으로 정리, 제어하기 위한 장치이다. 열차의 능률적인 운전제어를 목표로 하고 있다.   **답** ②

03 pn 접합 다이오드의 열평형 상태에서 전기장이 가장 강한 곳은?

① 금속학적 경계면　② 공핍층
③ n형 중성 영역　　④ p층 중성 영역

풀이 반도체 내부에서 캐리어(전하의 운반 역할을 하는 전자 또는 홀)가 결핍되어 있는 매우 좁은 층을 공핍층이라 하며 공핍층에서 전기장이 가장 강하다.   **답** ②

04 피뢰침을 시설하고 이것을 접지하기 위한 피뢰도선에 동선 재료를 사용할 경우의 단면적은 얼마 이상으로 해야 하는가?

① 14[mm²] 이상　② 22[mm²] 이상
③ 30[mm²] 이상　④ 50[mm²] 이상

풀이 피뢰설비의 재료는 최소 단면적이 피복이 없는 동선을 기준으로 수뢰부, 인하도선 및 접지극은 50[mm²] 이상이거나 이와 동등 이상의 성능을 갖출 것.   **답** ④

05 조명용 광원 중에서 연색성이 가장 우수한 것은?

① 백열전구　　　② 고압나트륨등
③ 고압수은등　　④ 메탈 헬라이드등

풀이 조명에 의한 물체의 색깔을 결정하는 광원의 성질을 말하며, 자연주광에서 보임과 조명된 물체의 색이 다르게 보이는 성질은 연색성이라고 한다.

연색성 지수(CRI)

광원	태양광	백열전구(W)	형광등	나트륨등	수은등	녹색등
CRI	100	70	60	40	20	−50

답 ①

06 나트륨램프에 대한 설명 중 틀린 것은?

① KS C 7610에 따른 기호 NX는 저압 나트륨 램프를 표시하는 기호이다.
② 등황색의 단일 광색으로 색수차가 적다.
③ 색온도는 5000~6000[K] 정도이다.
④ 도로, 터널, 항만표지 등에 이용한다.

풀이 ① 저압나트륨등
• 색온도 : 1,740[K]
• 용도 : 도로, 항만, 터널, 검사용
② 고압나트륨등
• 색온도 : 2,100 ~ 2,500[K]
• 용도 : 경기장, 상점, 도로, 고천장의 공장   **답** ③

07 전기용 알루미늄에 미량의 지르코늄(Zr)을 첨가하여 내열성능을 향상시킨 내열 강심알루미늄 합금연선의 약호는?

① HDCC
② ACSR
③ CNCV
④ TACSR

풀이 내열 강심알루미늄연선(TACSR)
알루미늄에 극소량의 지르코늄(Zr)을 첨가한 합금연선으로 내열성이 우수하다.
ACSR전선과 비교 해 보면
- ACSR의 연속 허용온도가 90[℃]인데 비하여 TACSR은 150[℃]이다.
- ACSR에 비하여 전류용량이 1.5 ~ 1.6배 크다.

답 ④

08 형태가 복잡하게 생긴 금속 제품을 균일하게 가열하는 데 가장 적합한 가열 방식은?

① 적외선 가열
② 염욕로
③ 직접 저항 가열
④ 유도 가열

풀이 염욕로는 NaCl, KCl 등의 용융염에 직접 통전하여 가열하고 피열물을 그 속에 넣어 가열한다. 강, 경합금 등의 균열, 항온, 급열, 급냉 등의 열처리에 사용된다.

답 ②

09 60[m²]의 정원에 평균 조도 20[lx]를 얻으려면 몇 [lm]의 광속이 필요한가? 단, 유효한 광속은 전광속의 40[%]이다.

① 3000
② 4000
③ 4500
④ 5000

풀이 유효 광속은 전광속의 40[%]이므로
평균 조도 $E = \dfrac{0.4F}{S}$

따라서 광속 $F = \dfrac{ES}{0.4} = \dfrac{20 \times 60}{0.4} = 3000[\text{lm}]$

답 ①

10 반사율, 투과율, 흡수율이 각각 ρ, τ, α인 완전 확산성 재료로 된 구형 글로브가 있다. 이 속에 어떤 광원을 넣어 외면의 휘도가 $b[\text{stilb}]$로 되었다면 이 광원의[lm]으로 표시된 전광속의 표현식은? 단, 글로브의 반지름은 $a[\text{cm}]$이다.

① $\pi ab(1 - \rho)$
② $\dfrac{\pi^2 ab(1 - \rho)}{\tau \alpha}$
③ $\dfrac{\pi^2 a^2 b(1 - \rho)}{\tau}$
④ $\dfrac{4\pi^2 a^2 (1 - \rho)b}{\tau}$

풀이 $\therefore B = \dfrac{I\eta}{S} = \dfrac{1}{\pi a^2} \cdot \dfrac{F}{4\pi} \cdot \dfrac{\tau}{1 - \rho}[\text{sb}]$

$\therefore F = \dfrac{4\pi^2 a^2 b(1 - \rho)}{\tau}$

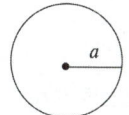

답 ④

11 수은전지의 기본 화학 반응식은?

① $Zn + 2NH_4Cl + 2MnO_2$
$\rightarrow Zn(NH_3)_2Cl_2 + H_2O + Mn_2O_3$
② $PbO_2 + 2H_2SO_4 + Pb$
$\rightleftharpoons PbSO_4 + 2H_2O + PbSO_4$
③ $AgCl + H \rightarrow Ag + H^+ + Cl^-$
④ $Zn + H_2O \rightarrow ZnO + Hg$

풀이 ① 망간전지의 화학식 :
$Zn + 2NH_4Cl + 2MnO_2$
$\rightarrow Zn(NH_3)_2Cl_2 + H_2O + Mn_2O_3$
② 납축전지의 화학식 :
$PbO_2 + 2H_2SO_4 + Pb \rightleftharpoons PbSO_4 + 2H_2O + PbSO_4$
③ 마그네슘 전지의 양극 반응 :
$AgCl + H \rightarrow Ag + H^+ + Cl^-$
④ **수은전지의 화학식 :**
$Zn + H_2O \rightarrow ZnO + Hg$

답 ④

12 SCR의 턴온(turn on)시 20[A]의 전류가 흐른다. 게이트 전류를 반으로 줄일 때 SCR의 전류 [A]는?

① 5
② 10
③ 20
④ 40

풀이 SCR이 일단 ON되면 전류 제어 기능은 없다.

답 ③

13 철 100[kg]을 1시간 동안에 600[℃] 가열하는 전기로를 설계하고자 한다. 전원을 3상 220[V], 전열선의 접속은 델타(△)연결, 전기로의 효율을 80[%]로 하는 경우 전열선을 흐르는 전류는 약 몇[A]로 하면 되는가? 단, 철 1[kg]을 100[℃] 가열하는 데 필요하는 열량은 11[kcal]이다.

① 14.5
② 11.7
③ 8.5
④ 6.7

풀이 3상 전원의 선간전압 V_l[V], 선전류 I_l[A], 전기로의 효율은 η, 사용 시간을 t[h],
온도 상승에 필요한 열량을 Q[kcal]라 하면

- 필요한 열량
$$Q = 100[\text{kg}] \times 11[\text{kcal}] \times \frac{600[℃]}{100[℃]} = 6600[\text{kcal}]$$

- 필요한 전력
열량 $Q = 860 P t \eta$[kcal]에서 1시간 동안 가열하므로
전력 $P = \dfrac{Q}{860 t \eta} = \dfrac{6600}{860 \times 1 \times 0.8} = 9.59[\text{kW}]$

- 선 전류
$$I_l = \frac{P}{\sqrt{3} \times V_l \times \cos\theta} = \frac{9.59 \times 10^3}{\sqrt{3} \times 220 \times 1} = 25.17[\text{A}]$$
(전열기이므로 $\cos\theta = 1$)

- 전열선에 흐르는 전류는 상전류이므로
$$\therefore I_p = \frac{I_l}{\sqrt{3}} = \frac{25.17}{\sqrt{3}} = 14.53[\text{A}]$$
답 ①

14 다음 중 온도가 전압으로 변환되는 것은?

① 차동변압기
② CdS
③ 열전대
④ 광전지

풀이

변환량	변환요소
온도 → 임피던스	측온 저항(열선, 서미스터, 백금, 니켈)
온도 → 전압	열전대(백금-백금 로듐, 철-콘스탄탄, 구리-콘스탄탄, 크로멜-알루멜)

답 ③

15 접지 저감제의 구비조건으로 틀린 것은?

① 안전할 것
② 지속성이 없을 것
③ 전기적으로 양도체일 것
④ 전극을 부식시키지 않을 것

풀이 **접지 저감재**의 구비 조건
① 인체, 환경, 공해등에 안전성이 있어야 한다.
② 전기적으로 전해질 물질이거나 도체화 되어야 한다 (전기적으로 양도체일 것).
③ **반영구적인 지속 효과**가 있어야 한다.
④ 시공, 작업성이 좋아야 한다.
⑤ 접지극의 부식, 침식성이 없어야 한다. **답** ②

16 전기가열방식 중에서 고주파 유전가열의 응용으로 틀린 것은?

① 목재의 건조
② 비닐막 접착
③ 목재의 접착
④ 공구의 표면처리

풀이 ① 유전 가열의 응용
- 목재의 접착 : 5～10[MHz]
- 목재의 건조 : 2～5[MHz]
- 기타 : 고무의 유화, 약품, 농어산물의 건조
② **유도 가열**의 응용
- 반도체 정련(단결정 제조)
- 금속의 표면가열(표면 담금질, **금속의 표면처리**, 국부가열) **답** ④

17 실내 조도계산에서 조명률 결정에 미치는 요소가 아닌 것은?

① 실지수
② 반사율
③ 조명기구의 종류
④ 감광보상률

풀이 조명률은 실지수, 조명 기구의 종류, 실내면(천장, 벽, 바닥 등)의 반사율에 따라서 달라진다. 그러나, **감광보상률**은 점등중의 광속 감소를 고려하여 **소요광속에 여유를 두는 정도를 의미하며 조명률과 무관**하다. **답** ④

18 전등효율이 14[lm/W]인 100[W] LED 전등의 구면광도는 약 몇 [cd]인가?

① 95
② 111
③ 120
④ 127

풀이 $F = 4\pi I$
$$\therefore I = \frac{F}{4\pi} = \frac{14 \times 100}{4 \times \pi} = 111.41[\text{cd}]$$
답 ②

19 권상하중이 100[t]이고 권상속도가 3[m/min]인 권상기용 전동기를 설치하였다. 전동기의 출력[kW]은 약 얼마인가? (단, 전동기의 효율은 70[%]이다.)

① 40   ② 50

③ 60   ④ 70

풀이 전동기의 용량 $P = \dfrac{KWV}{6.12\eta}$[kW]에서

$$P = \frac{100 \times 3}{6.12 \times 0.7} = 70.03[kW]$$

여기서, K : 손실계수(여유계수)

W : 권상하중[ton]

V : 권상속도[m/min]

η : 효율

답 ④

20 아크의 전압, 전류 특성은?

①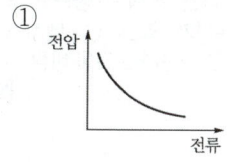

②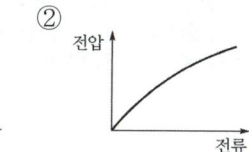

③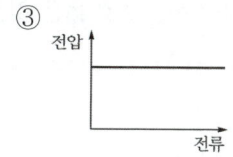

④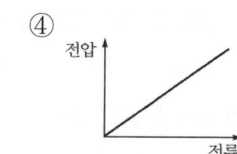

풀이 아크 방전은 저전압 · 대전류로서 그 특성은 부저항의 특성을 갖는다.

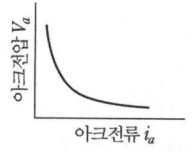

아크의 전압 · 전류의 특성곡선   **답** ①

2024년 - 1회 _ 공사기사

01 다음 전동기 중 역률이 가장 좋은 전동기는?

① 3상 동기 전동기
② 농형 유도 전동기
③ 교류 정류자 전동기
④ 반발 기동 단상 유도 전동기

풀이 동기 전동기는 계자전류를 가감하여 전기자 전류의 크기와 위상을 조정할 수 있다(역률을 1로 개선할 수 있다). **답** ①

02 다음 그림은 무엇을 표시한 것인가?

① 케이블 헤드
② 엔드 캡
③ 엔트런스 캡
④ 터미널 캡

풀이 인입구, 인출구의 관단에 설치하여 금속관에 설치하며, 옥외의 빗물을 막는 데 사용한다. **답** ③

03 다음 중 분전함에 내장되는 부품은?

① COS
② VCB
③ UVR
④ MCCB

풀이 분전함에는 상시 충전부는 노출하지 아니하는 구조의 개폐기 또는 과전류 차단기(예 : MCCB)를 설치한다. **답** ①

04 약호 중 계기용 변성기를 표시하는 것은?

① PF
② PT
③ MOF
④ ZCT

풀이 ① PF : 전력용 퓨즈
② PT : 계기용 변압기
③ MOF : CT, PT를 한 탱크에 넣은 계기용 변성기
④ ZCT : 영상 변류기 **답** ③

05 22.9 kV-y 다중접지 계통의 지중 배전 선로용 전력 케이블로, 수분의 침투가 우려되는 곳에 사용하는 케이블은?

① CN-CV
② CN-CV-W
③ CD-C
④ ACSR

풀이

약 호	명 칭
CN-CV 케이블	동심중성선 차수형 전력케이블
CN-CV-W 케이블	동심중성선 수밀형 전력케이블
CD-C 케이블	가교 폴리에틸렌 절연 CD케이블
ACSR	강심 알루미늄 연선

지중인입선의 경우에 22.9 [kV-Y] 계통은 CNCV-W 케이블(수밀형) 또는 TR CNCV-W 케이블(트리억제형)을 사용하여야 한다. 다만, 전력구·공동구·덕트·건물구내 등 화재의 우려가 있는 장소에서는 FR CNCO- W 케이블(난연)을 사용하는 것이 바람직하다. **답** ②

06 다음 중 수은전지의 음극 반응으로 옳은 것은?

① $2MnO_2 + H_2O + 2e \rightarrow Mn_2O_3 + 2OH^-$
② $O + H_2O + 2e \rightarrow 2OH^-$
③ $Pb + SO_4^{2-} \rightarrow PbSO_4 + 2e^-$
④ $Z_n + 2OH^- \rightarrow ZnO + H_2O + 2e^-$

풀이 각 전지의 음극 반응
① 망간전지 : $Zn \rightarrow Zn^{2+} + 2e$
② 공기전지 : $Zn \rightarrow Zn^{2+} + 3e$
③ 연축전지(방전 시) : $Pb + SO_4^{2-} \rightarrow PbSO_4 + 2e^-$
④ 수은전지 : $Zn + 2OH^- \rightarrow ZnO + H_2O + 2e^-$ **답** ④

07 벨트 컨베이어에서 벨트의 드라이브 풀리 감긴 각도를 증대시켜 동력전달 효율을 높여주기 위해서 사용하는 풀리는?

① 드라이브 풀리(Drive Pulley)
② 테이크업 풀리(Take-up Pulley)
③ 스넙 풀리(Snub Pulley)
④ 벤드 풀리(Bend Pulley)

풀이
① 드라이브 풀리(Drive Pulley) : 벨트를 구동시키는 역할을 하는 모터에 연결되어 있는 풀리
② 테이크 업 풀리(Take-up Pulley) : 벨트에 장력을 주고 신율을 잡기위한 긴장 장치
③ **스넙 풀리(Snub Pulley)** : 벨트의 드라이브 풀리 감긴 각도를 증대시켜 동력전달효율을 높여 줌
④ 벤드 풀리(Bend Pulley) : 벨트의 진행방향을 바꾸기 위한 풀리
답 ③

08 완충된 10[Ah]인 축전지에 전류 5[A]인 부하를 연결하여, 단자 전압이 방전 종료전압에 도달할 때까지 연속 사용한다면 방전시킬 수 있는 시간은 얼마인가?

① 1시간
② 2시간
③ 3시간
④ 4시간

풀이 축전지용량[Ah] = 방전전류[A]×방전 시간[h]에서

방전 시간 = $\dfrac{\text{축전지 용량[Ah]}}{\text{방전전류[A]}} = \dfrac{10}{5} = 2[h]$ **답 ②**

09 열차가 정지신호를 무시하고 운행할 경우 또는 정해진 신호에 따른 속도 이상으로 운행할 경우 설정시간 이내에 제동 또는 지정속도로 감속조작을 하지 않으면 자동으로 열차를 안전하게 정지시키는 장치는?

① ATC
② ATS
③ ATO
④ CTC

풀이
• 자동열차제어(ATC : Automatic Train Control) : 속도 제한 구간에 있어서 열차가 제한속도 이상이 되면 경보를 발하고 운전사가 몇 초 내에 제동을 체결하지 않으면 자동적으로 제동을 체결하여 열차를 제한속도 이하로 감속시키는 장치
• **자동열차정지(ATS** : automatic train stop) : 차내 경보 장치와 연계하여 정지 신호 현시를 무시하고 운행할 경우 또는 정해진 신호 현시에 따른 속도 보다 상위의 속도로 운행 할 경우에 기관사에게 제동장치를 조작하도록 램프와 부저의 차내 경보로 주의를 환기시킬 뿐 아니라 일정 시간 이내에 제동 조작을 하지 않으면 **자동으로 열차를 안전하게 정지시키는 장치**이다.
• 자동열차운전(ATO : Automatic Train Operation) : 지상으로부터 연속적으로 속도지령을 받아서 열차를 지령속도에 추종하도록 자동 가감속 제어하는 정속도 운전 제어기능과 열차가 정지목표점에 근접하게 되면 지상자 신호에 의해 제동곡선 패턴을 연산하고 이 제동패턴에 의해 목표지점에 정확히 정지할 수 있는 정위치 기능을 지니고 있다.

• 열차집중제어장치(CTC : Centralized Traffic Control) : 구간 내 각 역에 있는 전철기와 신호기 등을 중앙제어실에서 집중 원격제어하며, 그 표시 및 열차의 운행상태를 감시함으로써 열차 운행을 능률적으로 정리, 제어하기 위한 장치이다. 열차의 능률적인 운전제어를 목표로 하고 있다. **답 ②**

10 반사율, 투과율, 흡수율이 각각 ρ, τ, α인 완전 확산성 재료로 된 구형 글로브가 있다. 이 속에 어떤 광원을 넣어 외면의 휘도가 b[stilb]로 되었다면 이 광원의[lm]으로 표시된 전광속의 표현식은? 단, 글로브의 반지름은 a[cm]이다.

① $\pi a b (1-\rho)$
② $\dfrac{\pi^2 a b (1-\rho)}{\tau \alpha}$
③ $\dfrac{\pi^2 a^2 b (1-\rho)}{\tau}$
④ $\dfrac{4\pi^2 a^2 (1-\rho) b}{\tau}$

풀이 효율 $\eta = \dfrac{\tau}{1-\rho}$

휘도 $b = \dfrac{I}{S}\eta = \dfrac{1}{\pi a^2} \cdot \dfrac{F}{4\pi} \cdot \dfrac{\tau}{1-\rho}$

따라서 전광속 $F = \dfrac{4\pi^2 a^2 b (1-\rho)}{\tau}$ [lm]

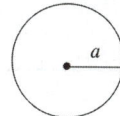

답 ④

11 수은전지의 기본 화학 반응식은?

① $Zn + 2NH_4Cl + 2MnO_2$
   $\rightarrow Zn(NH_3)_2Cl_2 + H_2O + Mn_2O_3$
② $PbO_2 + 2H_2SO_4 + Pb$
   $\rightleftharpoons PbSO_4 + 2H_2O + PbSO_4$
③ $AgCl + H \rightarrow Ag + H^+ + Cl^-$
④ $Zn + H_2O \rightarrow ZnO + Hg$

풀이
① 망간전지의 화학식 :
$Zn + 2NH_4Cl + 2MnO_2$
$\rightarrow Zn(NH_3)_2Cl_2 + H_2O + Mn_2O_3$
② 납축전지의 화학식 :
$PbO_2 + 2H_2SO_4 + Pb \rightleftharpoons PbSO_4 + 2H_2O + PbSO_4$
③ 마그네슘 전지의 양극 반응 :
$AgCl + H \rightarrow Ag + H^+ + Cl^-$
④ **수은전지의 화학식** :
$Zn + H_2O \rightarrow ZnO + Hg$ **답 ④**

12 전기용 알루미늄에 미량의 지르코늄(Zr)을 첨가하여 내열성능을 향상시킨 내열 강심알루미늄 합금연선의 약호는?

① HDCC   ② ACSR
③ CNCV   ④ TACSR

풀이 내열 강심알루미늄연선(TACSR)
알루미늄에 극소량의 지르코늄(Zr)을 첨가한 합금연선으로 내열성이 우수하다.
ACSR전선과 비교 해 보면
• ACSR의 연속 허용온도가 90[℃]인데 비하여 TACSR은 150[℃]이다.
• ACSR에 비하여 전류용량이 1.5 ～ 1.6배 크다.
답 ④

13 등기구 용량 앞에 특별히 표시할 경우에는 각각의 기호를 표시한다. 다음 중 등기구 종류별 기호가 옳은 것은?

① 형광등 : F   ② 수은등 : N
③ 나트륨등 : T   ④ 메탈헬라이드등 : H

풀이

등기구	형광등	수은등	나트륨등	메탈할라이드등
기호	F	H	N	M

답 ①

14 전동기 제동 방법에 쓰이지 않는 것은?

① 마찰 제동   ② 계자 제동
③ 와전류 제동   ④ 발전 제동

풀이 전동기 제동 방법 : 마찰 제동, 발전 제동, 회생 제동, 역상 제동, 와전류 제동, 단상 제동
답 ②

15 금속재료 중 용융점이 제일 높은 것은?

① 백금(Pt)   ② 이리듐(Ir)
③ 몰리브덴(Mo)   ④ 텅스텐(W)

풀이 금속재료의 용융점
① 백금(Pt) : 1755[℃]
② 이리듐(Ir) : 2350[℃]
③ 몰리브덴(Mo) : 2620[℃]
④ 텅스텐(W) : 3370[℃]
답 ④

16 리튬 전지의 특징이 아닌 것은?

① 자기방전이 크다.
② 에너지 밀도가 높다.
③ 기전력이 약 3[V] 정도로 높다.
④ 동작온도범위가 넓고 장기간 사용이 가능하다.

풀이 리튬 전지의 특징
① 에너지 밀도가 높다.
② 자기방전에 의한 전력손실이 매우 적다.
③ 기전력이 약 3[V] 정도로 높다.
④ 동작온도범위가 넓고 장기간 사용이 가능하다.
답 ①

17 SCR의 턴온(turn on)시 20[A]의 전류가 흐른다. 게이트 전류를 반으로 줄일 때 SCR의 전류 [A]는?

① 5   ② 10
③ 20   ④ 40

풀이 SCR이 일단 ON되면 전류 제어 기능은 없다. **답** ③

18 극수 p의 3상 유도전동기가 주파수 f[Hz], 슬립 s, 토크 T[N · m]로 회전하고 있을 때의 기계적 출력[W]은?

① $\dfrac{4\pi f\,T}{p}$ ② $T\dfrac{2\pi f}{p}(1-s)$

③ $T\dfrac{4\pi f}{p}(1-s)$ ④ $T\dfrac{\pi f}{p}(1-s)$

풀이 $n=\dfrac{2f}{p}(1-s)$[rps]

$\omega=2\pi n=\dfrac{4\pi f}{p}(1-s)$[rad/s]

$\therefore P=T\omega=T\dfrac{4\pi f}{p}(1-s)$[W] **답** ③

19 전선 재료로서 구비하여야 할 조건 중 틀린 것은?

① 도전율이 클 것
② 접속이 쉬울 것
③ 가요성이 풍부할 것
④ 인장 강도가 비교적 적을 것

풀이 전선 재료의 구비 요건
- 도전율이 클 것
- 기계적 강도가 클 것(인장 강도가 클 것)
- 가요성 및 내식성이 클 것
- 내구성이 크고 비중이 작을 것 **답 ④**

20 변압기유의 구비 조건에 맞지 않는 것은?

① 절연 내력이 크다.
② 점성이 크다.
③ 인화점이 높다.
④ 열전도가 크다.

풀이 변압기유의 구비 조건
① 절연 내력이 크고, 인화점이 높고, 응고점이 낮아야 한다.
② 고온에서 화학적으로 안정해야 한다.
③ 점도가 작고, 냉각 효과가 커야 한다. **답 ②**

2024년 - 2회_공사기사

01 KS C 8000에서 감전 보호와 관련하여 조명기구의 종류(등급)를 나누고 있다. 각 등급에 따른 기구의 설명이 틀린 것은?

① 등급 0 기구 : 기초절연으로 일부분을 보호한 기구로서 접지단자를 가지고 있는 기구
② 등급 Ⅰ 기구 : 기초절연만으로 전체를 보호한 기구로서 보호 접지단자를 가지고 있는 기구
③ 등급 Ⅱ 기구 : 2중 절연을 한 기구
④ 등급 Ⅲ 기구 : 정격전압이 교류 30[V] 이하인 전압의 전원에 접속하여 사용하는 기구

풀이 KS C 8000 조명기구통칙
① 등급 0 기구 : 접지단자 또는 접지선을 갖지 않고, 기초절연만으로 전체가 보호된 기구
② 등급 Ⅰ 기구 : 기초절연만으로 전체를 보호한 기구로서, 보호 접지단자 혹은 보호 접지선 접속부를 갖든가 또는 보호 접지선의 든 코드와 보호 접지선 접속부가 있는 플러그를 갖추고 있는 기구
③ 등급 Ⅱ 기구 : 2중절연을 한 기구(다만, 원칙적인 2중절연이 하기 어려운 부분에는 강화절연을 한 기구를 포함한다.)또는 기구의 외곽 전체를 내구성이 있

는 견고한 절연재료로 구성한 기구와 이들을 조합한 기구
④ 등급 Ⅲ 기구 : 정격전압이 교류 30[V] 이하인 전압의 전원에 접속하여 사용하는 기구 **답 ①**

02 전동기의 기계 제동이란?

① 전동기에 붙인 제동화에 전자력으로 가압하는 방법
② 와전류손으로 회전체의 에너지를 소비시키는 방법
③ 전동기를 발전 제동하여 발생된 전력을 선로에 되돌려 보내는 방법
④ 전동기의 기동력을 저항으로서 소비시키는 방법

풀이 (1) 전기적 제동
① 역상 제동 : 전동기의 전원 접속을 바꾸어 역토크를 발생시켜 급정지시키는 방법으로 역전 제동 또는 플러깅(plugging)이라 한다.
② 발전 제동 : 전동기의 전기자를 전원에서 끊고 전동기를 발전기로 동작시켜 회전 운동 에너지로서 발생하는 전력을 그 단자에 접속한 저항에서 열로 소비시키는 제동 방법이다.
③ 와전류 제동 : 전동기 축에 동심으로 설치한 구리의 원판을 자계 내에서 회전시켜 동판에 생긴 와전류에 의해서 제동력을 얻는 방법이다.
④ 회생 제동 : 전동기에 전원을 접속한 상태에서 전동기에 유기되는 역기전력을 전원 전압보다 높게 하여 회전 운동 에너지로 발생되는 전력을 전원측에 반환하면서 제동하는 방식
(2) 기계적 제동은 물리적 마찰을 이용하여 운동에너지를 소모하는 방식이다. **답 ①**

03 전구에 게터(getter)를 사용하는 목적은?

① 광속을 많게 한다.
② 전력을 적게 한다.
③ 진공도를 10^{-2}[mmHg]로 낮춘다.
④ 수명을 길게 한다.

풀이 ① 게터는 유리구에 남아 있는 수소나 산소와 화합하여 제거함으로 필라멘트의 증발을 감소시키고 진공을 좋게 하여, 유리구의 흑화를 방지하고 수명을 길게 한다.
② 게터의 종류
- 진공 전구 : 적린과 플루오르화소다
- 가스 주입전구 : 질화바륨과 카올린 **답 ④**

04 워드 레오나드 방식과 일그너 방식의 차이점은?

① 플라이휠을 이용하는 점이다.
② 전동 발전기를 이용하는 점이다.
③ 직류 전원을 이용하는 점이다.
④ 권선형 유도 발전기를 이용하는 점이다.

풀이 플라이휠에 축적된 기계적 에너지를 이용하여 부하의 급변동에 의한 충격을 완화시키는 방식이 일그너 방식이다. 따라서 대용량 부하에서 가변 속도의 경우에 사용한다. **답** ①

05 가공전선로의 지지물에 취급자가 오르고 내리는데 사용하는 발판 볼트 등은 지표상 몇 [m] 미만에 시설하여서는 아니 되는가?

① 1.2　　　　② 1.5
③ 1.8　　　　④ 2.0

풀이 331.4 가공전선로 지지물의 철탑오름 및 전주오름 방지
가공전선로의 지지물에 취급자가 오르고 내리는데 사용하는 발판 볼트 등을 지표상 1.8[m] 미만에 시설하여서는 아니 된다. **답** ③

06 자기부상식 철도에서 자석에 의해 부상하는 방법으로 틀린 것은?

① 영구자석간의 흡입력에 의한 자기부상방식
② 고온 초전도체와 영구자석의 조합에 의한 자기부상방식
③ 자석과 전기코일간의 유도전류를 이용하는 유도식 자기부상방식
④ 전자석의 흡인력을 제어하여 일정한 간격을 유지하는 흡인식 자기부상방식

풀이 자기부상 열차의 부상방식
① 초전도 반발식(EDS) : 초전도체 전자석을 자기의 반발력으로 차량을 부상
② 상전도 흡인식(EMS) : 상온에서 전도가 이루어지는 도체에 의한 전자석으로 자기의 흡인력을 이용하여 차량을 부상 **답** ①

07 방전등의 일종으로서 효율이 대단히 좋으며, 안개에 대한 투과율이 높은 램프는?

① 고압 수은 램프
② 고압 옥소 램프
③ 고압 나트륨 램프
④ 메탈 헬라이드 램프

풀이 나트륨등
① 나트륨등의 발광은 나트륨 증기의 방전에 의하여 공명선인 5,890~1,586[Å]의 D선(황색선) 대부분(76[%])을 차지한다.
② 나트륨등의 효율은 이론상 395 [lm/W] 실용상 150~80 [lm/W] 정도로 대단히 높다. 따라서 빛의 직선성이 좋아 안개가 잘 발생하는 강변이나, 먼지가 많은 터널 등에 사용된다. **답** ③

08 비나 안개로부터 외부적인 절연이 잘 유지되도록 만든 애자는?

① 현수 애자　　② 내무 애자
③ 장간 애자　　④ 라인포스트 애자

풀이 내무애자
염분, 먼지, 안개로 인한 습기 등에 의해 절연을 저하시키는 것을 방지하기 위하여 설계된 애자로 표면이 미끄러운 것, 주름을 많게 한 것 등이 있다. **답** ②

09 할로겐 전구의 특징이 아닌 것은?

① 휘도가 낮다.
② 열충격에 강하다.
③ 단위광속이 크다.
④ 연색성이 좋다.

풀이 할로겐전구의 특징
① 초소형, 경량의 전구(백열전구의 1/10 이상 소형화 가능)
② 단위 광속이 크다.
③ 수명이 백열전구에 비하여 2배로 길다.
④ 별도의 점등장치가 필요하지 않다.
⑤ 열충격에 강하다.
⑥ 배광제어가 용이하다.
⑦ 연색성이 좋다.
⑧ 온도가 높다(할로겐 전구의 베이스로 세라믹 사용).
⑨ 휘도가 높다.
⑩ 흑화가 거의 발생하지 않는다. **답** ①

10 용접의 종류 중에서 저항용접이 아닌 것은?

① 점 용접　　　　② 심 용접
③ TIG 용접　　　④ 프로젝션 용접

풀이 (1) 저항용접
　　① 겹치기 저항 용접
　　　• 점 용접 : 전구의 필라멘트 용접, 열전대의 용접
　　　• 돌기 용접(프로젝션 용접)
　　　• 심 용접 : 이음매 용접
　　② 맞대기 저항 용접
　　　• 업셋 맞대기 용접
　　　• 플래시 맞대기 용접
　　　• 충격 용접
　　(2) TIG 용접(Tungsten Inert Gas welding)은 텅스텐 불활성 아크 용접이다.　　**답** ③

11 전기기기에서 E종 절연물을 사용한 전동기의 허용 최고 온도[℃]는?

① 90　　　　② 105
③ 120　　　④ 130

풀이

절연의 종류	Y	A	E	B	F	H	C
허용 최고 온도[℃]	90	105	120	130	155	180	180 초과

답 ③

12 1[kW]의 전열기를 사용하여 5[L]의 물을 20 [℃]에서 90[℃]로 올리는 데 30분이 걸렸다. 이 전열기의 효율은 약 몇 [%]인가?

① 70　　　　② 78
③ 81　　　④ 93

풀이 $860\eta Pt = M(T_2 - T_1)$에서

$$\eta = \frac{M(T_2 - T_1)}{860Pt} \times 100 = \frac{5 \times (90-20)}{860 \times 1 \times \frac{30}{60}} \times 100$$

$$= 81.40[\%]$$
답 ③

13 다음 재료 중 저항률이 가장 큰 것은?

① 백금　　　　② 텅스텐
③ 납　　　　④ 마그네슘

풀이 ① 백금 : 10.5[$\mu\Omega \cdot cm$]
　　② 텅스텐 : 5.48[$\mu\Omega \cdot cm$]
　　③ 납 : 21.9[$\mu\Omega \cdot cm$]
　　④ 마그네슘 : 4.34[$\mu\Omega \cdot cm$]　　**답** ③

14 다음은 SCR에 대한 설명이다. 적당한 것은?

① 증폭 기능을 갖는 단일 방향성의 3단자 소자
② 정류 기능을 갖는 단일 방향성의 3단자 소자
③ 제어 기능을 갖는 쌍방향성 3단자 소자
④ 스위칭 기능을 갖는 쌍방향성의 3단자 소자

풀이 • SCR의 기능 : 제어, 정류, 스위치 기능
　　쌍방향성 소자는 SSS, DIAC, TRIAC이고 나머지는 단(일)방향성 소자
　　• 2단자 소자 : DIAC, SSS
　　4단자 소자 : SCS
　　3단자 소자 : 기타　　**답** ②

15 하역 기계에서 무거운 것은 저속으로, 가벼운 것은 고속으로 작업하여 고속이나 저속에서 다 같이 동일한 동력이 요구되는 부하는?

① 정토크 부하　　② 정동력 부하
③ 정속도 부하　　④ 제곱토크 부하

풀이 정출력(정동력) 부하
　　속도가 증가하면 토크가 감소하고, 속도가 감소하면 토크가 증가하여 속도에 관계없이 기계동력이 일정 ($P \propto nT$: 일정)하게 되는 부하　　**답** ②

16 용접부의 비파괴 검사의 종류가 아닌 것은?

① 고주파 검사　　② 방사선 검사
③ 자기 검사　　　④ 초음파 검사

풀이 용접물의 비파괴 시험 종류
　　① 용접부의 외관 검사
　　② 자기검사
　　③ X선 또는 γ선 투과 시험
　　④ 초음파 탐상기에 의한 시험　　**답** ①

17 KS C IEC 62305-3에 의해 피뢰침의 재료로 테이프형 단선 형상의 알루미늄을 사용하는 경우 최소단면적[mm²]은?

① 25 ② 35
③ 50 ④ 70

풀이 수뢰도체, 피뢰침과 인하도선의 재료, 형상과 최소단면적

재 료	형 상	최소단면적 [mm²]	해 설
알루미늄	테이프형 단선	70	최소 두께 3[mm]
	원형 단선	50	직경 8[mm]
	연선	50	각 소선의 최소직경 1.7[mm]

열적/기계적 고려가 중요하다면 이들 치수를 테이프형 단선은 60[mm²]로 원형 단선은 78[mm²]로 증가시킬 수 있다.

답 ④

18 네온방전등에 대한 설명으로 틀린 것은?

① 네온방전등에 공급하는 전로의 대지전압은 300[V] 이하로 하여야 한다.
② 네온변압기 2차측은 병렬로 접속하여 사용하여야 한다.
③ 관등회로의 배선은 애자공사로 시설하여야 한다.
④ 관등회로의 배선에서 전선 상호간의 이격거리는 60[mm] 이상으로 하여야 한다.

풀이 네온방전등(KEC 234.12)
네온변압기는 2차측을 직렬 또는 병렬로 접속하여 사용하지 말 것. 다만, 조광장치 부착과 같이 특수한 용도에 사용되는 것은 적용하지 않는다.

답 ②

19 자기 소호 기능이 가장 좋은 소자는?

① GTO ② SCR
③ TRIAC ④ 역전용 사이리스터

풀이 GTO(gate turn off thyristor)

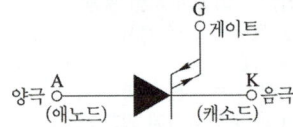

• 자기소호기능이란 on 상태에서 off로 되는 현상을 말한다.
• GTO는 자기소호기능이 있어 점호 때와 반대 방향의 전류를 흐르게 하면 소호 시킬 수 있다. **답** ①

20 합성수지관공사에 의한 저압 옥내배선의 시설기준으로 옳지 않은 것은?

① 중량물의 압력 또는 현저한 기계적 충격을 받을 우려가 없도록 시설하였다.
② 전선은 절연전선(옥외용 비닐 절연전선을 제외)을 사용하였다.
③ 전선은 연선을 사용하였다.
④ 이중천장(반자 속 포함) 내에 시설하였다.

풀이 232.11 합성수지관공사
1. 전선은 절연전선(옥외용 비닐절연전선을 제외한다)일 것.
2. 전선은 연선일 것. 다만, 다음의 것은 적용하지 않는다.
   가. 짧고 가는 합성수지관에 넣은 것.
   나. 단면적 10[mm²](알루미늄선은 단면적 16[mm²]) 이하의 것.
3. 전선은 합성수지관 안에서 접속점이 없도록 할 것.
4. 중량물의 압력 또는 현저한 기계적 충격을 받을 우려가 없도록 시설할 것.
5. 이중천장(반자 속 포함) 내에는 시설할 수 없다.
답 ④

2024년 - 3회 _ 공사기사

01 금속의 표면 열처리에 이용하며 도체에 고주파 전류를 통하면 전류가 표면에 집중하는 현상은?

① 표피 효과 ② 톰슨 효과
③ 핀치 효과 ④ 제벡 효과

풀이 ① 표피 효과 : 도체에 고주파 전류를 통하면 전류가 표면에 집중하는 현상으로 금속의 표면 열처리에 이용한다.
② 톰슨 효과 : 제벡 효과의 역현상의 일종으로 동종의 금속의 접점에 전류를 통하면 전류방향에 따라 열을 발생 또는 흡수하는 현상이다.
③ 핀치 효과 : 용융체에 강한 전류를 통하면 전자력에 의한 인력이 커지므로 용융체가 도중에서 끊어져 전

류가 끊어지는 현상을 말한다.
④ 제벡 효과 : 열전온도계, 즉 두 금속을 두 접점으로 폐회로를 만들고 두 접점의 온도를 달리하면 기전력이 발생한다. 이 열기전력은 두 접점간의 온도차에 비례한다. 이 두 금속을 열전대라 하고 이것을 이용한 것이 열전 온도계이다. 📖 ①

---

02 기체 또는 금속 증기 내의 방전에 따른 발광현상을 이용한 것으로 수은등, 네온관등에 이용된 루미네선스는?

① 열 루미네선스
② 결정 루미네선스
③ 화학 루미네선스
④ 전기 루미네선스

풀이 루미네선스의 분류

이　름	작 용 원 인	실제 예시
복사 루미네선스	자외선, X선 등의 조사	형광판, 야광 도료, 형광 방전등
전기 루미네선스	기체 중의 방전	방전등, 극광
파이로 루미네선스	불꽃 속의 기체의 발광	발염 방전등, 불꽃 반응
열 루미네선스	고온에 의한 흑체보다 강한 선택 복사	네롬스트등
음극선 루미네선스	음극선	브라운관, 텔레비전 영상
화학 루미네선스	화학 변화, 특히 산화	황인의 완만한 산화
생물 루미네선스	특수 산화	반딧불, 야광 벌레, 오징어
결정 루미네선스	Na_2F_2, Na_2SO_4 등이 용액에서 결정	

📖 ④

---

03 서미스터(Thermister)의 주된 용도는?

① 온도 보상용
② 잡음 제거용
③ 전압 증폭용
④ 출력 전류 조절용

풀이 서미스터 : 반도체의 일종으로 열저항 소자라고도 하며, 정특성 서미스터와 부특성 서미스터가 있다. 일반적으로 온도가 상승함에 따라 전기 저항이 감소하는 부(−)특성의 서미스터를 많이 사용하며, 온도 보상 회로에 이용된다. 📖 ①

---

04 반지름 r, 휘도 B인 완전 확산성 구면 광원의 중심에서 h 되는 거리의 점 P에서 이 광원의 중심으로 향하는 조도는 얼마인가?

① πB
② $\pi B r^2$
③ $\pi B r^2 h$
④ $\dfrac{\pi B r^2}{h^2}$

풀이 그림에서 점 P의 조도 E_h는

$$E_h = \pi B \sin^2\theta$$
$$\sin\theta = \frac{r}{h}$$
$$\therefore E_h = \frac{\pi B r^2}{h^2}$$

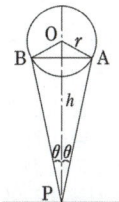

📖 ④

---

05 n형 반도체에 대한 설명으로 옳은 것은?

① 순수 실리콘 내에 정공의 수를 늘리기 위해 As, P, Sb과 같은 불순물 원자를 첨가한 것
② 순수 실리콘 내에 정공의 수를 늘리기 위해 Al, B, Ga과 같은 불순물 원자를 첨가한 것
③ 순수 실리콘 내에 전자의 수를 늘리기 위해 As, P, Sb과 같은 불순물 원자를 첨가한 것
④ 순수 실리콘 내에 전자의 수를 늘리기 위해 Al, B, Ga과 같은 불순물 원자를 첨가한 것

풀이 ① n형 반도체
순수 실리콘 내에 전자의 수를 늘리기 위해 P(인), Sb(안티몬), Au(금), As(비소) 등과 같은 불순물 원자를 첨가한 것
② p형 반도체
순수 실리콘 내에 정공의 수를 늘리기 위해 B(붕소), Ga(갈륨), Al(알루미늄), In(인듐) 등과 같은 불순물 원자를 첨가한 것 📖 ③

---

06 유도 전동기의 기동법이 아닌 것은?

① Y−△ 기동법
② 기동 보상 기법
③ 기동 권선법
④ 저항 기동법

풀이 유도 전동기의 기동법
• 농형 : 직입 기동, Y−△ 기동, 감압 기동(단권 변압기, 1차 저항 리액터)
• 권선형 : 2차 저항 기동 📖 ③

07 공기 건전지(A)와 망간 전지(B)의 특성을 비교 설명한 것 중 틀린 것은?

① (A)는 (B)보다 자체방전이 적다.
② 똑같은 크기의 두 건전지를 비교하면 (A)가 가볍다.
③ 방전하는 용량은 (A)가 (B)보다 크다.
④ 처음의 전압은 (A)가 (B)보다 약간 높다.

풀이 공기 건전지의 특징
• 초기 전압은 낮다.
  – 공기 건전지 : 1.3[V]
  – 망간 건전지 : 1.5[V]
• 크기가 적고, 가볍다
• 자체 방전이 적으므로 장기 보존 가능
• 방전 용량이 크다   답 ④

08 500 [W]의 전열기를 정격 상태에서 1시간 사용 시 발생 열량[kcal]은?

① 430   ② 520
③ 610   ④ 860

풀이 $H = 860Pt = 860 \times 500 \times 10^{-3} \times 1 = 430$ [kcal]
                                                    답 ①

09 가공 전선로에서 22.9[kV-Y] 특고압 가공 전선 2조를 수평으로 배열하기 위한 완금의 표준 길이[mm]는?

① 2,400   ② 2,000
③ 1,800   ④ 1,400

풀이 완금의 표준 길이   [mm]

전선 조수	특고압 (7[kV] 초과)	고압 (600[V] 초과 7[kV] 이하)	저압 (600[V] 이하)
2	1,800	1,400	900
3	2,400	1,800	1,400

                                                    답 ③

10 차단기 중 자연 공기 내에서 개방할 때 접촉자가 떨어지면서 자연 소호에 의한 소호방식을 가지는 기능을 이용한 것은?

① 공기차단기   ② 가스차단기
③ 기중차단기   ④ 유입차단기

풀이 소호 원리에 따른 차단기의 종류

종류	약어	소 호 원 리
유입 차단기	OCB	소호실에서 아크에 의한 절연유 분해 가스의 흡부력을 이용해서 차단
기중 차단기	ACB	대기 중에서 아크를 길게 하여 소호실에서 냉각 차단(공기의 자연 소호)
자기 차단기	MBB	대기 중에서 전자력을 이용하여 아크를 소호실내로 유도해서 냉각 차단
공기 차단기	ABB	압축된 공기를 아크에 불어 넣어서 차단
진공 차단기	VCB	고진공 중에서 전자의 고속도 확산에 의해 차단
가스 차단기	GCB	고성능 절연 특성을 가진 특수 가스(SF_6)를 흡수해서 차단

                                                    답 ③

11 GTO를 이용하여 고속으로 on/off 시킴으로 평균 전력을 제어하는 것은?

① 인버터
② 정류기
③ 초퍼
④ 사이클로 컨버터

풀이 초퍼는 일정 입력 전원전압으로부터 초퍼된(짧게 자른) 부하전압을 만들며 전원으로부터 부하를 연결 혹은 단절하는 사이리스터 온/오프 스위치이다.   답 ③

12 후강 전선관의 규격이 아닌 것은?

① 70[mm]   ② 92[mm]
③ 100[mm]   ④ 104[mm]

풀이 후강 전선관의 규격에는 16, 22, 28, 36, 42, 54, 70, 82, 92, 104[mm] 등 10종류이다.   답 ③

13 고압으로 수전하는 변전소에서 접지 보호용으로 사용되는 계전기의 영상전류를 공급하는 계전기는?

① CT   ② PT
③ ZCT   ④ GPT

풀이 • GPT(접지용 변압기) : 영상전압을 공급
• ZCT(영상 변류기) : 영상전류를 공급   답 ③

14 옥외의 빗물 침입을 막는데 사용하며 금속관 공사의 인입구 관 끝에 사용하는 재료는?

① 링리듀서　　② 서비스엘보우
③ 강제부싱　　④ 엔트런스 캡

풀이 엔트런스 캡 : 인입구, 인출구의 관 단에 설치하여 금속 관에 접속하여 옥외의 빗물을 막는 데 사용한다.
답 ④

15 초음파를 사용하는 기기가 아닌 것은?

① 팩시밀리　　② 안경 세척기
③ 잠수함 탐지기　　④ 비파괴 검사기

풀이 ① 초음파를 사용하는 기기 : 안경 세척기, 초음파 가습 기, 잠수함 탐지기, 비파괴 검사기, 초음파 용접기 등이 있다.
② 정전현상을 이용한 기기 : 정전기록은 코로나 방전 을 이용하여 종이에 문자나 도형에 따라 대전시키 고, 거기에 토너(미세한 수지분)를 뿌려 가열정착시 키는 방법으로 전자사진, 복사기, 팩시밀리 등에 응 용되고 있다.
답 ①

16 3상 유도 전동기를 급속히 정지 또는 감속시킬 경우, 또는 과속을 급히 막을 수 있는 가장 손쉽 고 효과적인 제동법은?

① 발전 제동　　② 와전류 제동
③ 회생제동　　④ 역상 제동

풀이 전기적 제동
① 역상 제동 : 전동기의 전원 접속을 바꾸어 역토크를 발생시켜 급정지시키는 방법으로 역전 제동 또는 플 러깅(plugging)이라 한다.
② 발전 제동 : 전동기의 전기자를 전원에서 끊고 전동 기를 발전기로 동작시켜 회전 운동 에너지로서 발생 하는 전력을 그 단자에 접속한 저항에서 열로 소비 시키는 제동 방법이다.
③ 와전류 제동 : 전동기 축에 동심으로 설치한 구리의 원판을 자계 내에서 회전시켜 동판에 생긴 와전류에 의해서 제동력을 얻는 방법이다.
④ 회생 제동 : 전동기에 전원을 접속한 상태에서 전동 기에 유기되는 역기전력을 전원 전압보다 높게 하여 회전 운동 에너지로 발생되는 전력을 전원측에 반환 하면서 제동하는 방식
답 ④

17 공칭전압 345[kV]인 경우 현수애자 일련의 개 수는?

① 10~11　　② 18~20
③ 25~30　　④ 40~45

풀이 전압에 따른 현수 애자의 연결 개수

전압 [kV]	66	154	220	345	765
수량	4~6	10~11	12~13	18~20	40~45

답 ②

18 열차가 곡선 궤도를 운행할 때 차륜의 플랜지 와 레일 사이의 측면 마찰을 피하기 위하여 내 측 레일의 궤간을 넓히는 것은?

① 고도　　② 유간
③ 확도　　④ 철차각

풀이 ① 캔트(고도) : 바깥쪽의 레일을 안쪽의 레일보다 높게 하여 차량전체를 곡선의 중간쪽으로 기울임의 고도
② 유간 : 온도변화에 대한 궤조의 신축에 대응하기 위 하여 이음 장소에 적당한 간격을 두는 것
③ 확도(slack 슬랙) : 곡선로 부분에서 플렌지가 레일 측면에 끼어서 탈선하는 것을 방지하기 위해서 궤간 을 직선부보다 약간 넓게 하는 것을 말한다.
④ 철차각 : 철차부에서 기준선과 분기선이 교차하는 각도
답 ③

19 버스 덕트 공사에서 덕트 최대 폭[mm]에 따른 덕트 판의 최소 두께[mm]로 틀린 것은? (단, 덕트는 강판으로 제작된 것이다.)

① 덕트 최대 폭 100[mm] : 최소 두께 1.0[mm]
② 덕트 최대 폭 200[mm] : 최소 두께 1.4[mm]
③ 덕트 최대 폭 600[mm] : 최소 두께 2.0[mm]
④ 덕트 최대 폭 800[mm] : 최소 두께 2.6[mm]

풀이 덕트판의 두께

덕트의 최대 폭[mm]	강판 [mm]	알루미늄 판 및 알루미늄합금 판[mm]
150 이하	1.0 (1.6)	1.6
150 초과 300 이하	1.4 (1.6)	2.0
300 초과 500 이하	1.6 (1.6)	2.3
500 초과 700 이하	2.0 (2.0)	2.9
700 초과	2.3 (2.3)	3.2

( )의 수치는 내화(耐火)형의 경우에 적용한다.
답 ④

20 물 탱크의 물의 양에 따라 동작하는 스위치로서 학교, 공장, 빌딩 등의 옥상에 있는 물탱크의 급수 펌프에 설치된 전동기 운전용 마그넷 스위치와 조합하여 사용하면 매우 편리한 스위치는?

① 수은 스위치   ② 타임 스위치

③ 압력 스위치   ④ 부동 스위치

풀이 부동 스위치 : Float 스위치라고도 하며, 액체가 특정 수위에 도달하면 자동으로 전기 접점을 개폐하는 스위치를 말한다.   **답** ④

01 케이블 접속상자의 충진 등에 이용되는 컴파운드 재료가 아닌 것은?

① 휘발유　　　　② 아스팔트
③ 에폭시 수지　　④ 폴리염화비닐

풀이 컴파운드는 전기절연, 수분차단, 기계적 보호 등을 위해 사용된다. 하지만 휘발유는 가연물이며, 또한 고무 등 다른 재료를 파괴할 우려가 있으므로 컴파운드 재료로 사용되지 않는다.　　**답** ①

02 교류 200[V], 정류기 전압강하 10[V]인 단상 반파정류회로의 직류전압[V]은?

① 70　　　　　② 80
③ 90　　　　　④ 100

풀이 단상 반파 정류회로의 직류 전압의 평균치 E_d는

$$E_d = \frac{E_m}{\pi} - e = 0.45E - e = 0.45 \times 200 - 10$$
$$= 80[V]$$　　**답** ②

03 다음 중 일반적으로 휘도가 가장 높은 램프는?

① 백열전구　　　② 고압 수은등
③ 탄소 아크등　　④ 형광등

풀이 탄소 아크등은 휘도가 큰 점광원이 얻어지므로, 영사기, 투광기 등의 광원으로 사용된다.　　**답** ①

04 무대 조명의 배치별 구분 중 무대 상부 배치 조명에 해당되는 것은?

① Foot light
② Tower light
③ Ceiling Spot light
④ Suspension Spot light

풀이 서스팬션 라이트(suspension light) : 천정으로부터 늘어뜨려 부분적으로 조명하는 방법　　**답** ④

05 전자빔으로 용해하는 고융점 활성금속재료는?

① 니크롬 제2종
② 철-크롬 제 1종
③ 탄화규소
④ 탄탈, 지르코늄

풀이 고융점 금속이란 녹는점이 철보다 높은 금속으로 텅스텐, 레늄 탄탈, 몰리브덴, 지르코늄, 티타늄 등이 있다.　　**답** ④

06 접지도체에 피뢰시스템이 접속되는 경우 접지도체의 최소 단면적[mm²]은? (단, 접지도체는 구리로 되어 있다.)

① 16　　　　　② 20
③ 24　　　　　④ 28

풀이 접지도체(KEC 142.3.1)
① 큰 고장전류가 접지도체를 통하여 흐르지 않을 경우
　• 구리 : 6[mm²] 이상
　• 철제 : 50[mm²] 이상
② 접지도체에 피뢰시스템이 접속되는 경우
　• 구리 : 16[mm²] 이상
　• 철제 : 50[mm²] 이상　　**답** ①

07 합성수지관 상호 간 및 관과 박스 접속 시에 삽입하는 최소 깊이는? (단, 접착제를 사용하는 경우는 제외한다.)

① 관 안지름의 1.2배
② 관 안지름의 1.5배
③ 관 바깥지름의 1.2배
④ 관 바깥지름의 1.5배

풀이 합성수지관 공사(KEC 232.11)
관 상호 간 및 박스와는 관을 삽입하는 깊이를 관의 바깥 지름의 1.2배(접착제를 사용할 경우에는 0.8배) 이상으로 하고 또한 꽂음 접속에 의하여 견고하게 접속할 것　　**답** ③

08 전기의 전도와 열의 전도는 서로 근사하여 온도를 전압, 열류를 전류와 같이 생각하여 열전도의 계산에 사용될 때의 열류의 단위로 옳은 것은?

① J
② deg
③ deg/W
④ W

풀이 전류 $i = \dfrac{dq}{dt}$[c/s] = [A]인 것처럼

열류 $i = \dfrac{열량}{시간} = \dfrac{cal}{h} = W$ 차원을 가진다. **답** ④

09 20[Ω]의 저항체에 5[A]의 전류를 1시간 동안 흘렸을 때 발생되는 총 열량[kcal]은 얼마인가?

① 90
② 432
③ 1,800
④ 6,000

풀이 $H = 0.24 I^2 Rt = 0.24 \times 5^2 \times 20 \times 3,600 \times 10^{-3}$
$= 432$[kcal] **답** ②

10 전차의 경제적인 운전방법이 아닌 것은?

① 가속도를 크게 한다.
② 감속도를 크게 한다.
③ 표정속도를 작게 한다.
④ 가속도·감속도를 작게 한다.

풀이 가속도를 작게 하면 가속 구간이 늘어나고, 감속도를 작게 하면 감속시간이 늘어나므로, 전체 운행시간이 길어지고 에너지 소비도 증가하게 되므로 비경제적이다. **답** ④

11 다음 중 지지물에 핀애자를 고정하는 부속자재는?

① 폴 스탭
② 행거 밴드
③ U볼트
④ 앵글 베이스

풀이 ① 폴 스탭 : 전주에 작업자가 오르내릴 수 있게 하는 L자형 금속 발판
② 행거 밴드 : 전주 자체에 변압기를 고정시키기 위한 밴드
③ U볼트 : 전주 근가를 전주에 부착시키는 금구

④ 앵글 베이스 : 완금 또는 앵글류의 지지물에 COS 또는 **핀애자를 고정시키는 부속자재** **답** ④

12 누전차단기의 동작시간에 따른 분류로 틀린 것은?

① 고속형
② 저감도형
③ 시연형
④ 반한시형

풀이 누전차단기의 종류(KSC 4613)

구분		정격감도전류 [mA]	동작시간
고감도형	고속형	5, 10, 15, 30	정격감도전류에서 0.1초 이내, 인체감전보호형은 0.03초 이내
	시연형		정격감도전류에서 0.1초를 초과하고 2초 이내
	반한시형		• 정격감도전류에서 0.2초를 초과하고 1초 이내 • 정격감도전류에서 1.4배의 전류에서 0.1초를 초과하고 0.5초 이내 • 정격감도전류 4.4배의 전류에서 0.05초 이내
중감도형	고속형	50, 100, 200, 500, 1,000	정격감도전류에서 0.1초 이내
	시연형		정격감도전류에서 0.1초를 초과하고 2초 이내

[비고] 누전차단기의 최소동작전류는 일반적으로 정격감도전류의 50[%] 이상이므로 선정에 주의할 것 **답** ②

13 MOSFET, BJT, GTO의 이점을 조합한 전력용 반도체 소자로서 대전력의 고속 스위칭이 가능한 소자는?

① 게이트 절연 양극성 트랜지스터
② MOS 제어 사이리스터
③ 금속 산화물 반도체 전계효과 트랜지스터
④ 모놀리틱 달링톤

풀이 IGBT(insulated gate bipolar transistor)
IGBT(게이트 절연 양극성 트랜지스터)는 MOSFET와 트랜지스터의 장점을 취한 것으로서
① 소스에 대한 게이트의 전압으로 도통과 차단을 제어한다.
② 게이트 구동전력이 매우 낮다.
③ 스위칭 속도는 FET와 트랜지스터의 중간 정도로 빠른 편에 속한다.
④ 용량은 일반 트랜지스터와 동등한 수준이다. **답** ①

14 다음 중 배전반 및 분전반을 넣은 함의 요건으로 적합하지 않은 것은?

① 반의 옆쪽 또는 뒤쪽에 설치하는 분배전반의 소형덕트는 강판제이어야 한다.

② 난연성 합성수지로 된 것은 두께가 최소 1.6[mm] 이상으로 내(耐)수지성인 것이어야 한다.

③ 강판제의 것은 두께 1.2[mm] 이상이어야 한다. 다만, 가로 또는 세로의 길이가 30[cm] 이하인 것은 두께 1.0[mm] 이상으로 할 수 있다.

④ 절연저항 측정 및 전선접속단자의 점검이 용이한 구조이어야 한다.

풀이 배전반 및 분전반을 넣은 함
① 반(盤)의 뒤쪽은 배선 및 기구를 배치하지 말 것. 다만, 쉽게 점검할 수 있는 구조이거나 분배전반의 소형덕트 내의 배선은 적용하지 않는다.
② 반의 옆쪽 또는 뒤쪽에 설치하는 분배전반의 소형덕트는 강판제로서 전선을 구부리거나 눌리지 않을 정도로 충분히 큰 것이어야 한다.
③ 난연성 합성수지로 된 것은 두께 1.5[mm] 이상으로 내(耐)아크성인 것이어야 한다.
④ 강판제의 것은 두께 1.2[mm] 이상이어야 한다. 다만, 가로 또는 세로의 길이가 30[cm] 이하인 것은 두께 1.0[mm] 이상으로 할 수 있다.
⑤ 절연저항 측정 및 전선접속단자의 점검이 용이한 구조일 것 **답** ②

15 단위 발열량 5,000[kcal/kg]의 석탄 5[kg]의 발열량은 용량 10[kW]의 전열기를 몇 시간 사용하는 것과 같은가?

① 2.9   ② 29
③ 10   ④ 100

풀이 $H = 0.24Pt$에서

$$t = \frac{H}{0.24P} = \frac{5,000 \times 5}{0.24 \times 10 \times 3,600} = 2.89 \text{시간}$$ **답** ①

16 갭레스형 피뢰기의 설명으로 옳지 않은 것은?

① 직렬갭과 특성요소로 구성되어 있다.

② 속류가 없어 빈번한 작동에도 잘 견딘다.

③ 소형, 경량화 할 수 있다.

④ 특성요소에는 산화아연을 사용한다.

풀이 갭레스형 피뢰기 : 비직선성이 뛰어난 산화아연(ZnO) 소자를 특성요소로 사용하여 직렬갭을 없앤 고체형 피뢰기 **답** ①

17 플라이휠 효과 1[kg·m²]인 플라이휠 회전속도가 1500[rpm]에서 1200[rpm]으로 떨어졌다. 방출에너지는 약 몇 [J]인가?

① 1.11×10^3 ② 1.11×10^4
③ 2.11×10^3 ④ 2.11×10^4

풀이 N[rpm]이라고 하면, 축적된 운동 에너지는

$$W = \frac{1}{2}\left(\frac{GD^2}{4}\right)\left(\frac{2\pi N}{60}\right)^2 = \frac{GD^2 \cdot N^2}{730}[J]$$

따라서 방출 에너지

$$\Delta W = W_2 - W_1 = \frac{GD^2}{730}N_2^2 - \frac{GD^2}{730}N_1^2$$

$$= \frac{GD^2(N_2^2 - N_1^2)}{730} = \frac{1 \times (1500^2 - 1200^2)}{730}$$

$$\fallingdotseq 1.11 \times 10^3 [J]$$ **답** ①

18 교류자계 중에 있어서 도전성 물체 중에 생기는 와전류에 의한 전류손 또는 히스테리시스손을 이용하여 가열하는 것은?

① 복사가열   ② 유전가열
③ 유도가열   ④ 저항가열

풀이 ① 복사 가열 : 적외선 가열이라고도 하며, 적외선 전구 또는 비금속 발열체 등에서 복사된 적외선을 피열물의 표면에 조사하는 가열
② 유전 가열 : 고주파 전계 중에 절연성 피열물을 놓고, 여기에 생기는 유전체손을 이용하는 가열
③ 유도 가열 : 교류자계 중에 있어서 도전성 물체 중에 생기는 와전류에 의한 전류손 또는 히스테리시스손을 이용하는 가열로 금속의 표면 담금질·형조·용해·풀림·연납땜·경납땜 등에 응용된다.
④ 저항 가열 : 전류에 의한 옴손을 이용한 가열 **답** ③

19 전기철도에서 귀선의 누설전류에 의해 전식은 어디서 발생하는가?

① 궤도로 전류가 유입하는 곳

② 궤도에서 전류가 유출하는 곳

③ 지중관로로 전류가 유입하는 곳

④ 지중관로에서 전류가 유출하는 곳

풀이 직류 급전 방식에서 레일에 근접하고 있는 **지중 매설 금속체**에 누설 전류가 흐르면 변전소 부근 지중 금속체로부터 대지로 전류가 유출하는 부분에서 **부식**이 되는데, 이러한 현상을 **전식**이라고 한다.

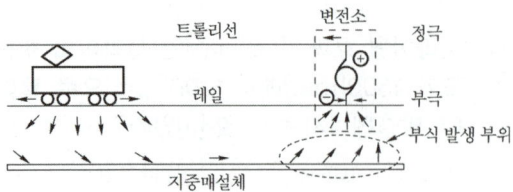

답 ④

20 한국전기설비규정에 따른 상별 전선의 색상으로 틀린 것은?

① L1 : 백색
② L2 : 흑색
③ L3 : 회색
④ N : 청색

풀이 전선의 식별 (KEC 121.2)

상(문자)	색상
L1	갈색
L2	흑색
L3	회색
N	청색
보호도체	녹색-노란색

답 ①

2025년 - 2회 _ 공사기사

01 증발하기 쉬운 원소 또는 염류를 알코올 램프의 불꽃 속에 넣을 때 발광하는 현상에 관한 루미네선스는?

① 열 루미네선스
② 결정 루미네선스
③ 화학 루미네선스
④ 파이로 루미네선스

풀이 루미네선스의 분류

이 름	작 용 원 인	실제 예시
복사 루미네선스	자외선, X선 등의 조사	형광판, 야광 도료, 형광 방전등
전기 루미네선스	기체 중의 방전	방전등, 극광

이 름	작 용 원 인	실제 예시
파이로 루미네선스	불꽃 속의 기체의 발광	발염 방전등, 불꽃 반응
열 루미네선스	고온에 의한 흑체보다 강한 선택 복사	네롬스트등
음극선 루미네선스	음극선	브라운관, 텔레비전 영상
화학 루미네선스	화학 변화, 특히 산화	황인의 완만한 산화
생물 루미네선스	특수 산화	반딧불, 야광 벌레, 오징어
결정 루미네선스	Na_2F_2, Na_2SO_4 등이 용액에서 결정	

답 ④

02 고도가 10[mm]이고 반지름이 1,000[m]인 곡선 궤도를 주행할 때 열차가 낼 수 있는 최대 속도는? 단, 궤간은 1,435[mm]로 한다.

① 약 29.75
② 약 38.46
③ 약 49.68
④ 약 196.0

풀이
$$V = \sqrt{\frac{127RC}{G}} \text{[km/h]}$$
(여기서, V : 속도[km/h], R : 반지름[m], C : 고도[mm], G : 궤간[mm])

$$\therefore V = \sqrt{\frac{127 \times 1,000 \times 10}{1,435}} = 29.75 \text{[km/h]}$$

답 ①

03 크세논등의 특징으로 옳지 않은 것은?

① 자연주광과 비슷하고 휘도는 낮다.
② 크세논 가스 중의 방전을 이용한다.
③ 광장 조명등 및 영사용 광원, 광하기기용 광원등으로 사용된다.
④ 분광분포는 자외선 영역으로부터 가시광선 영역에 걸쳐서 균등한 연속 스펙트럼으로 되어 있다.

풀이 크세논 등의 특징
① 크세논(Xenon)등은 크세논가스 중의 방전을 이용
② 크세논등의 분광분포는 자외선 영역으로부터 가시광선 영역에 걸쳐서 균등한 연속 스펙트럼과 근적외부에 강력한 스펙트럼으로 되어 있다.

③ 자연주광과 비슷하고 동정 중 색온도는 거의 일정 (약 6,000[K])하고 휘도도 매우 높다.
④ 크세논등은 광장 조명등에 사용되지만 영사용 광원, 광학기기용 광원등으로도 사용된다. **답** ①

04 엘리베이터에 사용되는 전동기의 특성이 아닌 것은?

① 소음이 적어야 한다.
② 기동 토크가 적어야 한다.
③ 회전부분의 관성 모멘트는 적어야 한다.
④ 가속도의 변화비율이 일정 값이 되도록 선택한다.

풀이 • 엘리베이터에 사용되는 전동기의 특성
　① 회전 부분의 관성 모멘트는 적어야 한다(기동·정지가 빈번).
　② 가속도의 변화 비율이 일정 값이 되도록 선택(가속·감속 시)한다.
　③ 기동 토크가 커야 한다.
　④ 소음이 적어야 한다.
• 제어의 발달에 따라 3상 유도전동기가 주로 사용된다. **답** ②

05 전자의 충돌에 의한 에너지로 가열하는 전열 방식은?

① 유전가열　　　② 유도가열
③ 레이저가열　　④ 전자빔가열

풀이 **전자빔 가열**
진공 중에서 고속으로 가열한 전자를 집속하여 그 전자의 충돌에 의한 에너지로 가열하는 방식을 전자 빔 가열이라고 하며 그 특징은 다음과 같다.
① 에너지 밀도가 매우 높아 용접, 용해 등에 이용된다.
② 진공 중에서 가열하기 때문에 산화 등의 영향이 적다.
③ 빔의 파워와 조사위치 등을 정확하게 제어 할 수 있다.
④ 가열범위를 좁게 할 수 있기 때문에 열변질이 적은 가열이 가능하다.
⑤ 빔의 편향에 의해 필요한 부분에 고속으로 가열 할 수 있다(국소 표면 열처리). **답** ④

06 다음 중 정속도 특성을 이용한 전동기가 아닌 것은?

① 송풍기
② 전차, 크레인, 기중기
③ 압연기
④ 공작기계

풀이 전차, 크레인, 기중기는 기동 시 토크가 커야 하므로 토크가 부하전류의 제곱에 비례하는 특성을 가진 직류 직권전동기가 사용된다. **답** ②

07 도통 상태(on 상태)에 있는 SCR을 차단 상태 (turn off)로 하기 위한 적당한 방법은?

① 게이트 전류를 차단시킨다.
② 게이트에 역방향 바이어스를 인가시킨다.
③ 양극 전압을 음으로 한다.
④ 양극 전압을 더 높게 가한다.

풀이 SCR은 게이트에 (+)의 트리거 펄스가 인가되면 통전 상태로 되어 정류 작용이 개시되고, 일단 통전이 시작되면 게이트 전류를 차단해도 주전류(애노드 전류)는 차단되지 않는다. 이때에 이를 차단하려면 애노드 전압을 (0) 또는 (-)로 해야 한다. **답** ③

08 344[kcal]를 전력량으로 표시하면 몇 [Wh]인가?

① 0.4　　　　　② 407
③ 400　　　　　④ 0.0039

풀이 1[kWh] = 860[kcal]이므로
$$\therefore 344[\text{kcal}] = \frac{344}{860} = 0.4[\text{kWh}] = 400[\text{Wh}]$$ **답** ③

09 테이블 탭에는 단면적 1.5[mm²] 이상의 코드를 사용하고 플러그를 부속시켜야한다. 이 경우 코드의 최대 길이[m]는?

① 1　　　　　　② 2
③ 3　　　　　　④ 4

풀이 테이블 탭은 단면적 1.25[mm²] 이상의 코드를 사용하고 플러그를 부착시키며 길이는 3[m] 이하로 할 것 **답** ③

10 1차전지에 대한 설명으로 옳지 않은 것은?

① 망간전지는 기전력 1.5[V], 음극물질로 Zn을 사용한다.
② 수은전지는 기전력 1.5[V], 전해질 HgO를 사용한다.
③ 산화은전지는 기전력 1.55[V], 양극물질로 Ag_2O를 사용한다.
④ 리튬전지는 기전력 3[V], 양극물질로 MnO_2를 사용한다.

풀이

	기전력	양극물질	전해질	음극물질
망간전지	1.5[V]	MnO_2	NH_4Cl	Zn
수은전지	1.35[V]	HgO	KOH	Zn
산화은전지	1.55[V]	Ag_2O	KOH	Zn
리튬전지	3[V]	MnO_2	유기용매 +Li염	Li

답 ②

11 반도체에 빛이 가해지면 전기 저항이 변화되는 현상은?

① 홀효과
② 광전효과
③ 제벡효과
④ 열진동효과

풀이 광전효과 : 빛을 받으면 전기적 특성의 변화를 일으키는 현상으로 그 종류는 다음과 같다.
① 광기전 효과 : 빛을 받으면 기전력이 발생하는 효과로 태양전지에 이용된다.
② 광전자 방출효과 : 빛을 받으면 광전자가 방출하는 효과
③ 광도전 효과 : 빛을 받으면 저항값이 변화하는 효과

답 ②

12 철도차량이 운행하는 곡선부의 종류가 아닌 것은?

① 단곡선
② 복곡선
③ 반향곡선
④ 완화곡선

풀이 (1) 수평곡선의 종류
① 단심곡선 : 원의 중심이 1개인 곡선
② 복심곡선 : 반경이 다른 원 2개의 중심이 동일한 축에 위치한 곡선

③ 반향곡선 : 두 개의 곡선 반경의 중심이 선로에 대해 서로 반대 측에 위치한 곡선
④ 완화곡선 : 직선부와 곡선부 사이에 설치하는 완만한 곡선

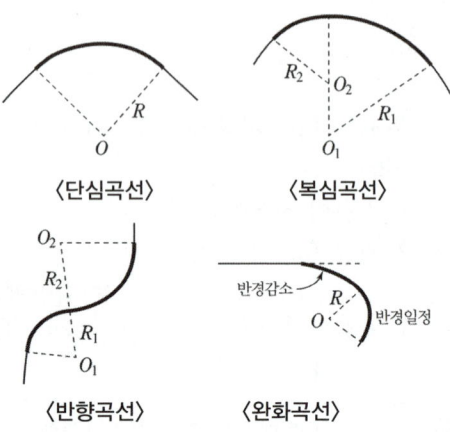

〈단심곡선〉 〈복심곡선〉

〈반향곡선〉 〈완화곡선〉

(2) 복곡선을 사용하면 반경이 다른 두 곡선의 접속점에서 곡률이 급격히 변화하기 때문에 승객에게 불쾌감을 줄 우려가 있어 철도에서는 단곡선과 완화곡선이 많이 사용된다.

답 ②

13 보호계전기의 종류가 아닌 것은?

① ASS
② RDR
③ DGR
④ OCGR

풀이 ① ASS (Automatic Section Switch) : 자동 고장 구분 개폐기
② RDR(Current Ratio Differential Relay) : 비율 차동 계전기
③ DGR (DirectionalGround Relay) : 지락 방향 계전기
④ OCGR (Over Current Ground Relay) : 과전류 지락 계전기

답 ①

14 다음 재료 중 저항률이 가장 큰 것은?

① 백금
② 텅스텐
③ 납
④ 마그네슘

풀이 ① 백금 : 10.5[$\mu\Omega \cdot cm$]
② 텅스텐 : 5.48[$\mu\Omega \cdot cm$]
③ 납 : 21.9[$\mu\Omega \cdot cm$]
④ 마그네슘 : 4.34[$\mu\Omega \cdot cm$]

답 ③

15 광속 5000[lm]의 광원과 효율 80[%]의 조명기구를 사용하여 넓이 4[m²]의 우유빛 유리를 균일하게 비출 때 유리 이(裏)면(빛이 들어오는 면의 뒷면)의 광속발산도는 약 몇 [rlx]인가? (단, 우유빛 유리의 투과율은 80[%]이다.)

① 600
② 800
③ 1000
④ 1200

풀이 광원의 효율(η)과 우유빛 유리의 투과율(τ)은 0.8이므로, 이면에서 발산하는 광속은
$$F' = \tau\eta F = 0.8 \times 0.8 \times 5000 = 3200[\text{lm}]$$
이면의 광속 발산도 R은
$$R = \frac{F'}{S} = \frac{3200}{4} = 800[\text{lm/m}^2] = 800[\text{rlx}]$$
답 ①

16 나트륨 증기 중의 방전에 의하여 방사하는 D선의 파장[nm]은?

① 380
② 555
③ 589
④ 760

풀이 D선은 나트륨 증기에서의 방전에 의해 589.0[nm], 589.6[nm]의 두 개의 불연속 파장으로 방사된다.
답 ③

17 니크롬 전열선에서 제1종의 최고 사용 온도[℃]는?

① 700
② 1,100
③ 900
④ 1,300

풀이 ① 니크롬 제1종 : 1,100[℃]
② 니크롬 제2종 : 900[℃]
③ 철-크롬 제1종 : 1,200[℃]
④ 철-크롬 제2종 : 1,100[℃]
답 ②

18 특고압 가공 배전선로의 지지물에서 전선을 지지 및 고정하는데 사용되는 장주용 애자를 무엇이라 하는가?

① 핀 애자
② 인류 애자
③ 라인포스트 애자
④ 지선 애자

풀이 라인포스트 애자 : 특고압 가공 배전선로의 지지물에서 전선을 지지 및 고정하는데 사용되는 장주용 애자로 일반형과 내염형이 있으며, 내염형은 오손등급 C급 이상의 지역에 사용한다.

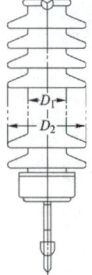

답 ③

19 물 탱크의 물의 양에 따라 동작하는 스위치로서 학교, 공장, 빌딩 등의 옥상에 있는 물탱크의 급수 펌프에 설치된 전동기 운전용 마그넷 스위치와 조합하여 사용하면 매우 편리한 스위치는?

① 수은 스위치
② 타임 스위치
③ 압력 스위치
④ 부동 스위치

풀이 부동 스위치 : Float 스위치라고도 하며, 액체가 특정 수위에 도달하면 자동으로 전기 접점을 개폐하는 스위치를 말한다.
답 ④

20 폭 15[m]의 무한히 긴 가로 양측에 10[m]의 간격을 두고 수많은 가로등이 점등되고 있다. 1등당 전광속은 3000[lm]이고, 이의 60[%]가 가로 전면에 투사한다고 하면 가로면의 평균 조도는 약 몇 [lx]인가?

① 36
② 24
③ 18
④ 9

풀이

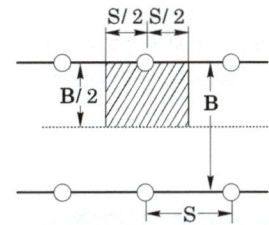

대칭 배열된 가로등 한 등 당의 피조면 면적 A는
$$A = \frac{SB}{2} = \frac{15 \times 10}{2} = 75[\text{m}^2]$$
따라서 필요 조도 E는
$$E = \frac{FU}{A} = \frac{3000 \times 0.6}{75} = 24[\text{lx}]$$
답 ②

01 500 [W]의 전열기를 정격 상태에서 1시간 사용 시 발생 열량[kcal]은?

① 430　　　　　　② 520
③ 610　　　　　　④ 860

풀이　열량 $H = 860Pt = 860 \times 500 \times 10^{-3} \times 1 = 430\,[kcal]$

답 ①

02 애자의 형상에 의한 분류로서 내무애자란 다음 중 어느 것인가?

① 놉 애자의 일종으로서 저압 옥내 애자이다.
② 분진 또는 염해에 의한 섬락 사고를 방지하기 위한 송전용 애자이다.
③ 선로용으로서 점퍼선의 지지용으로 사용되는 애자이다.
④ 현수애자의 일종으로서 크레비스형의 애자이다.

풀이　내무애자 : 염분, 먼지, 안개 따위로 생긴 습기 때문에 절연이 저하되는 것을 방지하려고 특별히 설계한 애자. 표면이 매끄러운 것, 주름이 많은 것 따위가 있다.

답 ②

03 다음 중 분전함에 내장되는 부품은?

① COS　　　　　② VCB
③ UVR　　　　　④ MCCB

풀이　분전함에는 상시 충전부는 노출하지 아니하는 구조의 개폐기 또는 과전류 차단기(예 : MCCB)를 설치한다.

답 ④

04 약호 중 계기용 변성기를 표시하는 것은?

① PF　　　　　　② PT
③ MOF　　　　　④ ZCT

풀이　• PF : 전력용 퓨즈
• PT : 계기용 변압기
• MOF : CT, PT를 한 탱크에 넣은 계기용 변성기
• ZCT : 영상 변류기

답 ③

05 피뢰침용 인하도선으로 가장 적당한 전선은?

① 동선　　　　　② 고무 절연전선
③ 비닐 절연전선　④ 캡타이어 케이블

풀이　피뢰설비의 재료는 최소 단면적이 피복이 없는 동선을 기준으로 수뢰부, 인하도선 및 접지극은 50[mm²] 이상이거나 이와 동등 이상의 성능을 갖출 것

답 ①

06 부식성의 산, 알칼리 또는 유해가스가 있는 장소에서 실용상 지장 없이 사용할 수 있는 구조의 전동기는?

① 방적형　　　　② 방진형
③ 방수형　　　　④ 방식형

풀이　전동기의 형식
① 방적형 : 낙하하는 물방울, 또는 이물체가 직접 전동기 내부로 침입 할 수 없는 구조
② 방진형 : 먼지의 침입을 최대한 방지하고, 침입하여도 정상운전에 지장이 없도록 한 구조
③ 방수형 : 지정된 조건에서 1~3분 동안 주수 하여도 물이 침입할 수 없는 구조
④ 방식형(방부형) : 부식성의 산ㆍ알카리 또는 유해가스가 존재하는 장소에서 실용상 지장 없이 사용할 수 있는 구조

답 ④

07 전기용접부의 비파괴검사와 관계없는 것은?

① X선 검사
② 자기 검사
③ 고주파 검사
④ 초음파 탐상시험

풀이　용접물의 비파괴 시험 종류
① 용접부의 외관 검사
② 자기검사
③ X선 또는 γ 선 투과 시험
④ 초음파 탐상기에 의한 시험

답 ③

08 1[kW]의 전열기를 사용하여 6[L]의 물을 25[℃]에서 70[℃]로 올리는 데 45분이 걸렸다. 이 전열기의 효율은 약 몇 [%]인가?

① 22　　　　　　② 32
③ 42　　　　　　④ 52

풀이 $860\eta Pt = M(T_2 - T_1)$에서

$$\eta = \frac{M(T_2 - T_1)}{860Pt} \times 100 = \frac{6 \times (70-25)}{860 \times 1 \times \frac{45}{60}} \times 100$$

$$= 41.86[\%]$$

답 ③

09 지선과 지선용 근가를 연결하는 금구는?

① 볼 쇄클
② U 볼트
③ 지선 롯트
④ 지선 밴드

풀이
① 볼 쇄클 : 현수 애자를 완금에 내장으로 시공할 때 사용하는 금구류
② U 볼트 : 전주 근가를 전주에 부착시키는 금구
③ 지선 롯트 : 지선과 지선용 근가를 연결시키는 금구
④ 지선 밴드 : 지선을 지지물에 부착할 때 사용하는 금구류

답 ③

10 KS C IEC 62305에 의한 수뢰도체, 피뢰침과 인하도선의 재료로 사용되지 않는 것은?

① 구리
② 순금
③ 알루미늄
④ 용융아연도금강

풀이 수뢰도체, 피뢰침과 인하도선의 재료로는 구리, 주석도금한 구리, 알루미늄, 알루미늄합금, 용융아연도금강, 스테인리스강이 사용된다.

답 ②

11 2개의 SCR을 역병렬로 접속한 것과 같은 특성의 소자는?

① GTO
② TRIAC
③ 광사이리스터
④ 역전용 사이리스터

풀이 트라이액(TRIAC : Triode AC Switch)은 3단자 교류 스위치, npnpn의 5층 구조이고 직류, 교류에 모두 사용할 수 있는 3단자 스위칭 소자이며 교류기기 제어에서 널리 사용된다.

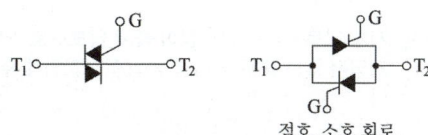

점호, 소호 회로

트라이액은 두 개의 SCR을 역병렬한 것을 한 개의 소자로 만든 것으로서 무접점 스위치나 위상 제어 회로, 가정용 조광 장치 및 전기로의 온도 조절 또는 전동기의 속도 제어 등에 광범위하게 응용되고 있다. **답 ②**

12 고압으로 수전하는 변전소에서 접지 보호용으로 사용되는 계전기의 영상전류를 공급하는 계전기는?

① CT
② PT
③ ZCT
④ GPT

풀이
• GPT(접지용 변압기) : 영상전압을 공급
• **ZCT(영상 변류기) : 영상전류를 공급**

답 ③

13 열차의 설비에 의한 전력 소비량을 감소시키는 방법이 아닌 것은?

① 회생제동을 한다.
② 직병렬 제어를 한다.
③ 기어비를 크게 한다.
④ 차량의 중량을 경감한다.

풀이
① 선로조건에 의한 전력 소비량 감소
• 구배를 적게 한다.
• 가능한 직선로가 되게 한다.
• 역간 거리를 적절하게 한다.
② 차량조건에 의한 전력소비량 감소
• 차량의 중량을 감소시킨다.
• **기어비를 적절하게 한다.**
• 제어법을 개선한다.
• 회생제동방식을 사용한다.

답 ③

14 22.9 kV-y 다중접지 계통의 지중 배전 선로용 전력 케이블로, 수분의 침투가 우려되는 곳에 사용하는 케이블은?

① CNCV
② CNCV-W
③ CD-C
④ ACSR

풀이

약 호	명 칭
CN-CV 케이블	동심중성선 차수형 전력케이블
CN-CV-W 케이블	동심중성선 수밀형 전력케이블
CD-C 케이블	가교 폴리에틸렌 절연 CD케이블
ACSR	강심 알루미늄 연선

지중인입선의 경우에 22.9 [kV-Y] 계통은 CNCV-W 케이블(수밀형) 또는 TR CNCV-W 케이블(트리억제형)을 사용하여야 한다. 다만, 전력구·공동구·덕트·건물구내 등 화재의 우려가 있는 장소에서는 FR CNCO-W 케이블(난연)을 사용하는 것이 바람직하다.

답 ②

15 다음 중 금속의 이온화 경향이 가장 큰 것은?

① Ag   ② Pb

③ Na   ④ Sn

풀이 이온화 경향은 금속이 액체와 접촉 시 양이온으로 되는 경향으로, 이온화 경향이 큰 순서로는
K > Ba > Ca > Na > Mg > Al > Mn > Fe > Ni > Sn > Pb > Cu > Hg > Ag > Pt > Au 순이다.   **답** ③

16 사이리스터의 게이트 트리거 회로로 적합하지 않은 것은?

① UJT 발진회로

② DIAC에 의한 트리거 회로

③ PUT 발진회로

④ SCR 발진회로

풀이 UJT, DIAC, PUT는 트리거 회로로 사용되고, SCR은 위상 제어, 인버터, 초퍼 등에 사용된다.   **답** ④

17 풍압 500[mmAq], 풍량 0.5[m³/s]인 송풍기용 전동기의 용량[kW]은 약 얼마인가?
(단, 여유계수는 1.23, 팬의 효율은 0.6이다.)

① 5   ② 7

③ 9   ④ 11

풀이 송풍기의 송풍량이 q[m³/s], 소요 풍압이 H[mmAq], 송풍 효율 η, 여유계수 K인 경우 전동기 소요 출력은
$$P = \frac{9.8qHK}{\eta} = \frac{9.8 \times 0.5 \times 500 \times 1.23}{0.6} \times 10^{-3}$$
$$= 5[\text{kW}]$$ **답** ①

18 자심재료의 구비조건으로 틀린 것은?

① 저항률이 클 것

② 투자율이 작을 것

③ 히스테리시스 면적이 작을 것

④ 잔류자기가 크고 보자력이 작을 것

풀이 자심 재료
- 투자율이 클 것
- 포화 자속 밀도가 클 것
- 보자력이 작고 잔류자기는 클 것
- 저항률이 클 것
- 기계적, 전기적 충격에 대하여 안정할 것   **답** ②

19 알칼리 축전지에 대한 설명으로 옳은 것은?

① 음극에 Ni산화물을 사용한다.

② 전해액은 묽은 황산용액을 사용한다.

③ 진동에 약하고 급속 충·방전이 어렵다.

④ 공칭전압은 1.2[V/cell]이다.

풀이 알칼리 축전지의 특징
- 양극 : 수산화 니켈(NiOOH), 흑연 혼합물
- 음극 : 카드뮴(Cd)
- 전해액 : 비중 1.2~1.245의 수산화칼륨(KOH)
  ① 전지의 수명이 길다(납축전지보다 3~4배 정도).
  ② 구조상 운반 진동에 견딜 수 있다.
  ③ 급격한 충·방전, 높은 방전율에 견디며, 다소 용량이 감소되어도 사용 불능이 되지 않는다.
- 공칭전압 : 1.2[V/cell]
- 공칭용량 : 5[Ah]   **답** ④

20 저압 나트륨등에 대한 설명 중 틀린 것은?

① 광원의 효율은 방전등 중에서 가장 우수하다.

② 가시광의 대부분이 단일 광색이므로 연색지수가 낮다.

③ 물체의 형체나 요철의 식별에 우수한 효과가 있다.

④ 연색성이 우수하여 도로, 터널의 조명 등에 쓰인다.

풀이 저압 나트륨등은 연색성이 좋지 않으므로, 연색성이 문제되지 않는 도로나 터널 등의 옥외조명에 주로 사용된다.   **답** ④

공사산업기사

2016-2025

전기응용
과년도문제 및 CBT 복원문제

01 인버터(inverter)의 용도는?

① 교류를 직류로 변환

② 직류를 직류로 변환

③ 교류를 직류로 변환

④ 직류를 교류로 변환

풀이
- 인버터 : 직류 전원을 교류 전원으로 변환하는 장치
- 컨버터 : 교류 전원을 직류 전원으로 변환하는 장치

답 ④

02 전기분해에서 패러데이의 법칙은? (단, Q[C] =통과한 전기량, K=물질의 전기화학 당량, W[g]=석출된 물질의 양, t=통과시간, I= 전류, E[V]=전압이다.)

① $W = K\dfrac{Q}{E}$

② $W = KEt$

③ $W = KQ = KIt$

④ $W = \dfrac{1}{R}Q = \dfrac{1}{R}It$

풀이 패러데이 법칙 : 전기 분해에 의해 석출되는 물질의 양은 전해액을 통과하는 총 전기량에 비례하고 또 물질의 화학 당량에 비례한다.

$W = KQ = KIt$[g]

답 ③

03 2000[cd]의 점광원으로부터 4[m] 떨어진 점에서 광원에 수직한 평면상으로 1/50초간 빛을 비추었을 때의 노출[lx · s]은?

① 2.5　　　　② 3.7

③ 5.7　　　　④ 6.3

풀이 조도 $E = \dfrac{I}{r^2} = \dfrac{2000}{4^2} = 125$[lx]

따라서 노출$= 125 \times \dfrac{1}{50} = 2.5$[lx · s]

답 ①

04 제어 요소는 무엇으로 구성되는가?

① 검출부

② 검출부와 조절부

③ 검출부와 조작부

④ 조작부와 조절부

풀이 제어 요소는 동작 신호를 조작량으로 변환하는 요소이고 조절부와 조작부로 이루어진다.

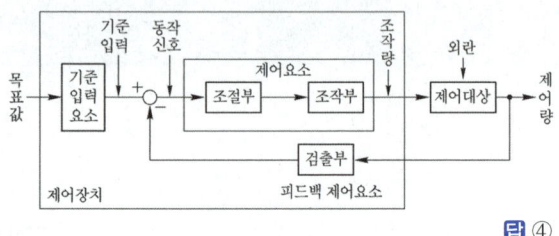

답 ④

05 그림과 같이 간판을 비추는 광원이 있다. 간판면상 P점의 조도를 200[lx]로 하려면 광원의 광도[cd]는?

① 400

② 500

③ $800\sqrt{2}$

④ $500\sqrt{2}$

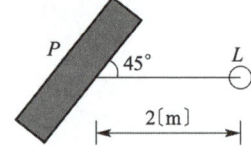

풀이 수평면 조도 $E = \dfrac{I}{r^2}\cos\theta$[lx]에서

θ는 수직면에서부터의 각이므로

$\theta = 90° - 45° = 45°$

$\therefore I = \dfrac{E \cdot r^2}{\cos\theta} = \dfrac{200 \times 2^2}{\cos 45°} = 800\sqrt{2}$[cd]

답 ③

06 직접조명 시 벽면을 이용할 경우 등기구와 벽면 사이의 간격 S_0는? (단, H는 작업면에서 광원까지의 높이이다.)

① $S_0 \leq \dfrac{H}{2}$　　② $S_0 \leq \dfrac{H}{3}$

③ $S_0 \leq 1.5H$　　④ $S_0 \leq 2H$

풀이 조명기구 간격 및 배치

① 기구의 최대 간격 $S \leq 1.5H$

② **광원과 벽면 거리**

- $S_0 \leqq \dfrac{H}{2}$ (벽면을 사용하지 않을 경우)

- $S_0 \leqq \dfrac{H}{3}$ (**벽면을 사용할 경우**)

  단, H : 작업면 부터 광원까지의 높이[m] **답** ②

① 하반구 광속

$F_1 = \dfrac{2\pi}{r} \times$(루소 그림의 0°~90° 사이의 면적)[lm]

② 상반구 광속

$F_2 = \dfrac{2\pi}{r} \times$(루소 그림의 90°~180° 사이의 면적)[lm]

답 ②

07 간접식 저항가열에 사용되는 발열체의 필요조건이 아닌 것은?

① 내열성이 클 것
② 내식성이 클 것
③ 저항률이 비교적 크고 온도계수가 작을 것
④ 발열체의 최고온도가 가열온도보다 낮을 것

풀이 발열체로서의 구비 조건
　① 내열성이 클 것
　② 내식성이 클 것
　③ 알맞은 고유 저항값을 가지고, 저항의 온도계수가 양(+)수로서 작을 것
　④ 연전성이 풍부하고, 가공이 용이할 것
　⑤ 선팽창 계수는 작아야 한다. **답** ④

08 적외선 전구를 사용하는 건조과정에서 건조에 유효한 파장인 1~4[μm]의 방사파를 얻기 위하여 적외선 전구의 필라멘트 온도[°K] 범위는?

① 1800~2200
② 2200~2500
③ 2800~3000
④ 2800~3200

풀이 적외선 전구의 필라멘트 온도는 2200~2500[°K] 정도이고, 수명은 5000~10,000[h]이다. **답** ②

09 루소선도에서 전광속 F와 면적 S 사이의 관계식으로 옳은 것은? (단, a와 b는 상수이다.)

① $F = \dfrac{a}{S}$
② $F = aS$
③ $F = aS + b$
④ $F = aS^2$

풀이 루소선도에 의한 광속계산
총 광속 $F = aS = \dfrac{2\pi}{r} \times$(루소 그림의 면적)[lm]
(단, $a = \dfrac{2\pi}{r}$)

10 효율이 높고 고속 동작이 용이하며, 소형이고 고전압 대전류에 적합한 정류기로 사용되는 것은?

① 수은정류기
② 회전변류기
③ 전동발전기
④ 실리콘제어정류기

풀이 실리콘 제어 정류기
(SCR ; Silicon Controlled Rectifier)
- 수은 정류기, 다이너트론 등의 소자에 비해 효율이 높고 고속 동작이 용이하며, 소형 경량이고 수명이 길며 사용이 쉽다.
- 대전력 정류용으로 사용한다. **답** ④

11 열차가 곡선 궤도부를 원활하게 통과하기 위한 조치는?

① 궤간(gauge)
② 확도(slack)
③ 복진지(anti-creeping)
④ 종곡선(vertical curve)

풀이 ① 궤간 : 한 레일과 마주보는 다른 레일과의 거리
② 확도 : 곡선로 부분에서 후렌지가 레일 측면에 끼어서 탈선하는 것을 방지하기 위해서 궤간을 직선부보다 약간 넓게 하는 것을 말한다.
③ 복진지 : 궤조(rail)가 열차의 진행 방향과 더불어 종방향으로 이동하는 것을 방지하는 장치
④ 종곡선 : 종단 구배가 변화하는 궤도의 2점간에 삽입하는 곡선으로 수평 궤도에서 경사 궤도로 변화하는 부분에 설치 **답** ②

12 자동차 등 차량공업, 기계 및 전기 기계기구, 기타 금속제품의 도장을 건조하는 데 주로 이용되는 가열방식은?

① 저항 가열
② 유도 가열
③ 고주파 가열
④ 적외선 가열

풀이 **적외선 가열**
- 원리 : 고온 물체에서 나오는 적외선 조사에 의한 가열
- 적용 : 두께가 얇은 재료에 적합하고, 주로 섬유, **도장 관계에 많이 사용**된다. **답** ④

13 제품 제조 과정에서의 화학 반응식이 다음과 같은 전기로의 가열 방식은?

$$SiO_2 + 3C \rightarrow SiC + 2CO$$

① 유전가열 ② 유도가열
③ 간접저항가열 ④ 직접저항가열

풀이
- **직접식 가열 저항로**의 종류에는 흑연화로, **카아버런덤로**, 지로식 전기로가 있다.
- **카아버런덤**은 모래와 코크스를 혼합하고 여기에 전류를 흘려서 2000[℃] 이상 가열하면 다음과 같은 반응으로 제조된다.
  $SiO_2 + 3C \rightarrow SiC + 2CO$
- 카버런덤(carborundum)은 탄화규소(SiC)의 상품명이다. **답** ④

14 SCR을 두 개의 트랜지스터 등가 회로로 나타낼 때의 올바른 접속은?

① 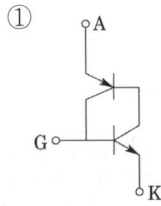 ②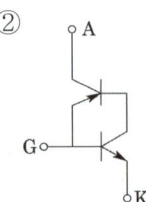

③ 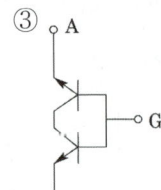 ④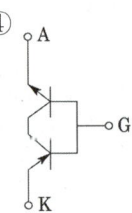

풀이 A : Anode(양극), G : Gate,
K : Cathode(음극) **답** ①

15 저항 가열은 어떤 원리를 이용한 것인가?

① 줄열 ② 아크손
③ 유전체손 ④ 히스테리시스손

풀이 **직접저항 가열**은 피열물 자체에 직접 상용 주파수 또는 직류 전류를 흐르게 하여 **줄열(옴손)에 의해 발열**시키는 방법으로 흑연화로, 카보런덤로, 카바이드로(CaC₂ 제조)가 있다. **답** ①

16 전기 집진기는 무엇을 이용한 것인가?

① 자기력
② 전자기력
③ 유도기전력
④ 대전체 간의 정전기력

풀이 **전기 집진기**는 일반적으로 기체 중에서 그 중에 부유하는 고체형 액상 미립자를 전기적 방법으로 제거하고, 혹은 채집하는 장치로서 **정전력을 이용**한 것이며, 코트렐(cottrell)식은 그 대표적인 것이다. **답** ④

17 출력 7200[W], 800[rpm]로 회전하고 있는 전동기의 토크[kg · m]는 약 얼마인가?

① 0.14 ② 8.77
③ 86 ④ 115

풀이 토크 $T = 0.975 \dfrac{P}{N} = 0.975 \times \dfrac{7200}{800}$
$= 8.77 [kg \cdot m]$ **답** ②

18 전동기의 회생제동이란?

① 전동기의 기전력을 저항으로써 소비시키는 방법이다.
② 와전류손으로 회전체의 에너지를 잃게 하는 방법이다.
③ 전동기를 발전 제동으로 하여 발생 전력을 선로에 보내는 방법이다.
④ 전동기의 결선을 바꾸어서 회전 방향을 반대로 하여 제동하는 방법이다.

풀이 전동기의 전기적 제동
① **회생 제동** : 전동기에 전원을 접속한 상태에서 전동기에 유기되는 역기전력을 전원 전압보다 높게 하여 **회전 운동 에너지로 발생되는 전력을 전원측에 반환**하면서 제동하는 방법이다.
② 발전 제동 : 전동기의 전기자를 전원에서 끊고 전동기를 발전기로 동작시켜 회전 운동 에너지로서 발생

하는 전력을 그 단자에 접속한 저항에서 열로 소비시키는 제동 방법이다.
③ 와전류 제동 : 전동기 축에 동심으로 설치한 구리의 원판을 자계 내에서 회전시켜 동판에 생긴 와전류에 의해서 제동력을 얻는 방법이다.
④ 역상 제동 : 전동기의 전원 접속을 바꾸어 역토크를 발생시켜 급정지시키는 방법으로 역전제동 또는 플러깅(plugging)이라 한다. **답** ③

19 아크용접에 주로 사용되는 가스는?
① 산소　　　　② 헬륨
③ 질소　　　　④ 오존

풀이 아크 용접에는 불활성 가스인 아르곤이나 **헬륨 가스가 사용**된다. **답** ②

20 파장폭이 좁은 3가지의 빛을 조합하여 효율이 높은 백색 빛을 얻는 3파장 형광램프에서 3가지 빛이 아닌 것은?
① 청색　　　　② 녹색
③ 황색　　　　④ 적색

풀이 3파장 형광등은 **청색, 녹색, 적색** 파장대의 빛으로 태양빛에 가까운 자연색을 내도록 한 것이다. **답** ③

2016년 2회 _ 공사산업기사

01 고주파 유전 가열에서 피열물의 단위 체적당 소비 전력[W/cm^3]은? (단, E[V/cm]는 고주파 전계, δ는 유전체 손실각, f는 주파수, ϵ_s는 비유전율이다.)

① $\dfrac{5}{9}E^2 f\epsilon_s \tan\delta \times 10^{-8}$

② $\dfrac{5}{9}Ef\epsilon_s \tan\delta \times 10^{-9}$

③ $\dfrac{5}{9}Ef\epsilon_s \tan\delta \times 10^{-10}$

④ $\dfrac{5}{9}E^2 f\epsilon_s \tan\delta \times 10^{-12}$

풀이 단위 체적당 전력
$$P = \frac{W}{S \cdot d} = \frac{5}{9}E^2 \times f\epsilon_s \tan\delta \times 10^{-12}[\text{W/cm}^3]$$
단, S : 전극의 면적
d : 전극의 간격 **답** ④

02 전기철도의 교류 급전방식 중 AT 급전방식은 어떤 변압기를 사용하여 급전하는 방식을 말하는가?
① 단권변압기
② 흡상변압기
③ 스코트변압기
④ 3권선변압기

풀이 **단권변압기(AT) 급전방식**
① 레일에 흐르는 전류를 차량을 중심으로 각각 반대방향의 AT 쪽으로 흐르게 하여 근접통신선에 대한 유도장해를 경감하고 전압변동 및 전압 불평형을 억제하는 급전방식
· 교류전기 방식에 적용
· 단권 변압기(AT : Auto Transformer) : 권선비 1 : 1인 변압기를 급전선과 전차선 사이에 병렬로 설치 접속하고 변압기 권선의 중성점을 레일에 접속한다. 설치 간격은 약 10 [km] 정도 된다.
② AT급전 방식의 특징
· 급전전압이 차량 공급전압의 2배로서 전압강하율이 적다.
따라서 대 전력 공급측면에서 유리하며 중성점이 접지되어 있어 실제 절연 레벨은 급전전압의 1/2이 된다.
· 전압강하가 적으므로 변전소 이격거리가 길다.
· 부하전류는 인접한 양쪽의 AT로 흡상되므로 통신 유도 장해가 적다.
· BT 급전방식과 같은 섹션이 불필요하다. **답** ①

03 태양광선이나 방사선을 조사(照射)해서 기전력을 얻는 전지를 태양전지, 원자력전지라고 하는데 이것은 다음 어느 부류의 전지에 속하는가?
① 1차전지　　　② 2차전지
③ 연료전지　　　④ 물리전지

풀이 실용전지의 분류

분류		종류
1차 전지		망간 건전지, 적층 건전지, 공기 건전지, 리튬 전지, 수은 전지
2차 전지		연 축전지, 알칼리 축전지
연료 전지		알칼리 전해액 연료전지, 산성 전해질 연료전지, 용융염 전해질 연료전지, 고체 전해질 연료전지
특수 전지	물리 전지	태양전지, 열전지, 원자력 전지
	생물 전지	아직 실용화되어 있지 않음

답 ④

04 수은이나 불활성가스와 같은 준안정상태를 형성하는 기체에 극히 미량의 다른 기체를 혼합한 경우 방전 개시전압이 매우 낮아지는 현상은?

① 페닝 효과
② 파센의 법칙
③ 웨버의 법칙
④ 빈의 변위효과

풀이 페닝효과 : 준안정상태를 형성하는 기체에 극히 미량의 다른 기체를 혼합한 경우 방전전압이 하강하는 현상
답 ①

05 전철 전동기에 감속 기어를 사용하는 주된 이유는?

① 역률 개선
② 정류 개선
③ 역회전 방지
④ 주전동기의 소형화

풀이 출력이 일정한 경우 토크와 회전수는 반비례하므로, 감속기를 사용하여 전동기의 회전수를 낮추면 토크가 증가하게 된다. 그 결과 전동기의 크기가 소형화 되므로 제한된 공간인 진자에 설치하기가 용이해 진다.
답 ④

06 전기 가열의 특징에 해당되지 않는 것은?

① 내부 가열이 가능하다.
② 열효율이 매우 나쁘다.
③ 방사열의 이용이 용이하다.
④ 온도 제어 및 조작이 간단하다.

풀이 전기가열의 특징
① 대단히 높은 온도를 얻을 수 있다.
② 내부 가열이 가능하다.
③ **열효율이 높다.**
④ 온도 조절이 용이하다.
⑤ 조작이 용이하다.
⑥ 제품의 품질이 균일화된다.
답 ②

07 높이 10[m]의 곳에 있는 용량 100[m³]의 수조를 만수시키는 데 필요한 전력량은 몇[kWh]인가? (단, 펌프의 종합 효율은 90[%], 전손실 수두는 2[m]이다.)

① 3.6
② 4.1
③ 7.2
④ 8.9

풀이
- 총 양정 $H = 10 + 2 = 12$[m]
- 양수량 $q = \dfrac{100}{60 \times 60}$[m³/sec]
- 펌프 용량

$$P = \frac{9.8qH}{\eta} = \frac{9.8 \times \dfrac{100}{60 \times 60} \times 12}{0.9} = 3.63[\text{kW}]$$

여기서, H : 총양정[m]
q : 양수량[m³/sec]
η : 효율
따라서 소요 전력량
$W = P \cdot t = 3.63 \times 1 = 3.63[\text{kWh}]$
답 ①

08 폭 6[m], 길이 10[m], 높이 4[m]인 교실에 32[W] 형광등 20개를 점등하였다. 교실의 평균조도[lx]는 약 몇 [lx]인가? (단, 조명률 0.45, 감광보상률 1.3, 32[W] 형광등의 광속은 1500[lm]이다.)

① 153
② 163
③ 173
④ 183

풀이 $FUN = EAD$에서 평균조도
$$E = \frac{FUN}{AD} = \frac{1500 \times 0.45 \times 20}{6 \times 10 \times 1.3} \fallingdotseq 173[\text{lx}]$$

여기서, F : 등기구 1개의 총 광속
U : 조명률
N : 조명기구 개수
A : 면적
D : 감광보상률
답 ③

09 다음 중 인버터(Inverter)에 대한 설명으로 옳은 것은?

① 직류를 더 높은 직류로 변환하는 장치
② 교류전원을 직류전원으로 변환하는 장치
③ 직류전원을 교류전원으로 변환하는 장치
④ 교류전원을 더 낮은 교류전원으로 변환하는 장치

풀이
• 인버터 : 직류 전원을 교류 전원으로 변환하는 장치
• 컨버터 : 교류 전원을 직류 전원으로 변환하는 장치
답 ③

10 광도가 160[cd]인 점광원으로부터 4[m] 떨어진 거리에서, 그 방향과 직각인 면과 기울기 60°로 설치된 간판의 조도[lx]는?

① 3 ② 5
③ 10 ④ 20

풀이 광도 I[cd]의 광원에서 r[m] 떨어져서 θ만큼 기울어진 면의 조도 E[lx]는 다음과 같다.

$$E = \frac{I}{r^2}\cos\theta[\text{lx}]$$
$$= \frac{160}{4^2} \times \cos 60° = 5[\text{lx}]$$
답 ②

11 (   )의 도금의 종류로 옳은 것은?

> (   ) 도금은 철, 구리, 아연 등의 장식용과 내식용으로 사용되며, 대부분 그 위에 얇은 크롬 도금을 입혀서 사용한다.

① 동 ② 은
③ 니켈 ④ 카드뮴

풀이 니켈 도금의 방법 중 하나인 전기 도금은 황산니켈·염화암모늄·붕산용액 또는 염화니켈을 첨가한 용액을 사용하여 니켈을 양극으로 하고 금속을 음극으로 해서 전류를 흐르게 하는 것으로서 철, 구리, 아연 등의 장식용과 내식용으로 사용되며, 대부분 그 위에 얇은 크롬 도금을 입혀서 사용한다.
답 ③

12 곡선 도로 조명 상 조명기구의 배치 조건으로 가장 적합한 것은?

① 양측배치의 경우는 지그재그식으로 한다.
② 한쪽만 배치하는 경우는 커브 바깥쪽에 배치한다.
③ 직선도로에서 보다 등 간격을 조금 더 넓게 한다.
④ 곡선 도로의 곡률 반경이 클수록 등 간격을 짧게 한다.

풀이 곡선 도로 조명 배치 방법
① 양쪽 배치 시는 대칭식, 한쪽 배치시는 커브 바깥쪽에 배치한다.
② 안전상 직선 도로보다 높은 조도(등간격을 좁게)를 유지한다.
③ 곡률 반경이 클수록 (완만한 커브길) 등간격은 길게 해도 된다.
답 ②

13 플라이 휠의 사용과 무관한 것은?

① 효율이 좋아진다.
② 최대 토크를 감소시킨다.
③ 전류의 동요가 감소한다.
④ 첨두 부하값을 감소시킨다.

풀이 플라이휠은 부하의 변동에 대응하는 것이므로 최대 토크의 감소, 전류의 동요가 감소, 첨두 부하값의 감소 등의 효과가 있다.
답 ①

14 프로세스 제어에 속하지 않는 것은?

① 위치 ② 온도
③ 압력 ④ 유량

풀이 제어량의 종류에 의한 분류

항목	프로세스 제어	서보 제어	자동조정 제어
특징	플랜트나 생산 공정 중의 상태량을 제어량으로 하는 제어	기계적 변위를 제어량으로 해서 목표값의 임의의 변화에 추종하도록 구성된 제어계	전기적, 기계적 양을 주로 제어하는 것으로서, 응답 속도가 대단히 빨라야 한다.
제어량의 종류	• 온도 • 유량 • 압력 • 액위 • 농도 • 밀도 등	• 물체의 위치 • 방위 • 자세 등	• 전압 • 전류 • 주파수 • 회전속도 • 힘 등

답 ①

15 지름 40[cm]인 완전 확산성 구형 글로브의 중심에 모든 방향의 광도가 균일하게 130[cd] 되는 전구를 넣고 탁상 3[m]의 높이에서 점등하였을 때 탁상 위의 조도는 약 몇 [lx]인가? (단, 글로브 내면의 반사율은 40[%], 투과율은 5[%]이다.)

① 12
② 20
③ 25
④ 32

풀이 글로브의 효율 η는

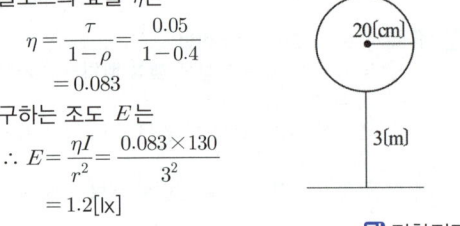

$$\eta = \frac{\tau}{1-\rho} = \frac{0.05}{1-0.4}$$
$$= 0.083$$

구하는 조도 E는

$$\therefore E = \frac{\eta I}{r^2} = \frac{0.083 \times 130}{3^2}$$
$$= 1.2[lx]$$

답 전항정답

16 직류직권 전동기는 어느 부하에 적당한가?

① 정토크 부하
② 정속도 부하
③ 정출력 부하
④ 변출력 부하

풀이 **직류 직권 전동기**는 전차, 기중기 등 속도에 관계없이 일정한 출력을 필요로 하는 **정출력 부하에 적당**하다.
답 ③

17 열에 의한 물질의 상태변화에 대한 설명 중 틀린 것은?

① 액체를 냉각시키면 고체로 된다. 이것을 응고라 한다.
② 기체를 냉각시키면 액체로 된다. 이것을 승화라 한다.
③ 액체에 열을 가하면 기체로 된다. 이것을 기화라 한다.
④ 고체를 가열하면 용융되어 액체로 된다. 이것을 용해라 한다.

풀이 • 승화 : 고체가 액체를 거치지 않고 직접 기체로 변화하거나 기체가 직접 고체가 되는 현상
• **액화 : 기체가 액체로 되는 현상**
답 ②

18 니크롬 전열선에서 제1종의 최고사용 온도[℃]는?

① 700
② 900
③ 1100
④ 1300

풀이 **니크롬 제1종**은 강도가 크고 냉각 가공이 쉬우며 고온 가열 후에도 강도 변화가 없어 **고온용 발열체(1100 [℃])**로 널리 사용된다.
답 ③

19 220[V]의 교류전압을 전파 정류하여 순저항 부하에 직류전압을 공급하고 있다. 정류기의 전압강하가 10[V]로 일정할 때 부하에 걸리는 직류전압의 평균값은 약 몇 [V]인가? (단, 브리지 다이오드를 사용한 전파정류회로이다.)

① 99
② 188
③ 198
④ 220

풀이 전파정류회로에서 직류전압의 평균값 E_d는

$$E_d = \frac{2\sqrt{2}E}{\pi} - e = 0.9E - e$$
$$= 0.9 \times 220 - 10 = 188[V]$$
답 ②

20 직류전동기의 속도 제어법으로 쓰이지 않는 것은?

① 저항 제어법
② 계자 제어법
③ 전압 제어법
④ 주파수 제어법

풀이 ① 직류 전동기 속도 제어법
• 계자 제어법(정출력 제어)
• 전압 제어법(정토크 제어) : 워드 레오나드 방식, 일그너 방식
• 직렬 저항 제어법
② 주파수 제어법은 유도전동기 등에 사용된다.
답 ④

2016년 - 4회 _ 공사산업기사

01 자동제어의 추치 제어에 속하지 않는 것은?

① 추종 제어　　　② 비율 제어

③ 프로그램 제어　　④ 프로세스 제어

풀이
- 추치 제어는 출력의 변동을 조정하는 동시에 목표값에 정확히 추종하도록 설계한 제어계로서 **추종 제어, 프로그램 제어, 비율 제어**가 이에 속한다.
- 프로세스 제어는 정치 제어에 속한다.　**답** ④

02 유전가열의 특징으로 틀린 것은?

① 표면의 소손, 균열이 없다.

② 온도상승 속도가 빠르고 속도가 임의 제어된다.

③ 반도체의 정련, 단결정의 제조 등 특수열처리가 가능하다.

④ 열이 유전체손에 의하여 피열물 자신에게 발생하므로 가열이 균일하다.

풀이 ① 유전 가열의 특징
- 열이 유전체손에 의하여 피열물 자신에 발생한다.
- 온도 상승 속도가 빠르고, 속도가 임의 제어된다.
- 전원이 끊어지면, 가열은 즉시 멈추고, 주위 물체에 저축된 열에 의한 과열이 없다.
- 표면의 소손, 균열이 없다.
- 전 효율이 고주파 발진기의 효율(50~60[%])에 의하여 억제되고, 회로 손실도 가해지므로 양호하지 못하다.
- 장치를 적당히 차폐하지 않으면, 전파의 누설에 의하여 통신에 장애를 준다.

② **반도체 정련 (단결정 제조)은 유도가열**의 응용이다.　**답** ③

03 정전압 소자로 사용되는 다이오드는?

① 제너 다이오드　　② 터널 다이오드

③ 포토 다이오드　　④ 발광 다이오드

풀이 ① **제너 다이오드** : 제너 항복을 응용한 **정전압 소자**이다.

② 터널 다이오드(에사키 다이오드) : 터널 효과에 의한 부성특성으로 증폭이나 발진 등에 사용된다.

③ 포토 다이오드 : 빛에 의해서 변화하는 전압 전류 특성을 가진다.

④ 발광 다이오드(LED) : 일렉트로 루미네선스의 발광현상을 이용한 소자이다.　**답** ①

04 용접의 종류 중에서 저항용접이 아닌 것은?

① 점 용접　　　② 심 용접

③ TIG 용접　　④ 프로젝션 용접

풀이 (1) 저항용접
　① 겹치기 저항 용접
　　• **점 용접** : 전구의 필라멘트 용접, 열전대의 용접
　　• 돌기 용접(**프로젝션 용접**)
　　• **심 용접** : 이음매 용접
　② 맞대기 저항 용접
　　• 업셋 맞대기 용접
　　• 플래시 맞대기 용접
　　• 충격 용접

(2) TIG 용접(Tungsten Inert Gas welding)은 텅스텐 불활성 **아크 용접**이다.　**답** ③

05 곡선 궤도에 있어 캔트(cant)를 두는 주된 이유는?

① 시설이 곤란하기 때문에

② 운전속도를 제한하기 위하여

③ 운전의 안전을 확보하기 위하여

④ 타고 있는 사람의 기분을 좋게 하기 위하여

풀이 캔트(cant)(고도)

차량이 곡선부를 달릴 때에 발생하는 원심력에 대비하여 곡선 바깥쪽의 레일을 안쪽 레일보다 높게 하여 차량 전체를 곡선의 중간쪽으로 기울이게 하여 원심력과 평행시키는데 이 기울임(**운전의 안전확보를 위하여**)의 고도를 캔트(cant)라 한다.　**답** ③

06 유도전동기의 비례추이 특성을 이용한 기동방법은?

① 전전압 기동　　② Y-△ 기동

③ 리액터 기동　　④ 2차저항 기동

풀이 ① 농형 유도 전동기
- 전·전압 기동법 : 직접 전압을 전전압으로 가하여 기동하는 방법. 5[kW] 이하에서 사용
- Y-△ 기동법 : 기동 시는 Y결선으로 정격 전압의 $\frac{1}{\sqrt{3}}$ 배에서 기동하여 기동 후 △결선으로 절환하는 방법으로 기동전류가 전전류의 1/3로 된다. 15[kW] 이하에서 사용
- 기동 보상기법 : 기동 보상기를 사용하여 정격 전압의 50~80[%]의 전압으로 기동하며 기동 후에는 정격 전압을 인가. 15[kW] 이상에서 사용

② 권선형 유도 전동기
- 2차 저항 기동법 : 2차 측 저항 조절에 의한 비례추이를 이용하여 기동하는 방법. 기동 토크가 크기 때문에 적은 기동 전류로 기동이 가능하다.

답 ④

07 납 축전지에 대한 설명 중 틀린 것은?

① 공칭전압은 1.2[V]이다.
② 전해액으로 묽은 황산을 사용한다.
③ 주요구성부분은 극판, 격리판, 전해액, 케이스로 이루어져 있다.
④ 양극은 이산화납을 극판에 입힌 것이고, 음극은 해면 모양의 납이다.

풀이

	연 축전지	알칼리 축전지
공칭전압	2.0[V/cell]	1.2[V/cell]
공칭용량	10[Ah]	5[Ah]

답 ①

08 다이액(DIAC)에 대한 설명 중 틀린 것은?

① 과전압 보호회로에 사용되기도 한다.
② 역저지 4극 사이리스터로 되어 있다.
③ 쌍방향으로 대칭적인 부성저항을 나타낸다.
④ 콘덴서 방전전류에 의하여 트라이액을 ON 시킬 수 있다.

풀이
- DIAC : 양방향성(쌍방향성) 2극 소자
- SCS : 역저지(단방향성) 4극 소자

답 ②

09 도체에 고주파 전류가 흐르면 도체 표면에 전류가 집중하는 현상이며 금속의 표면 열처리에 이용되는 것은?

① 핀치 효과
② 제벡 효과
③ 톰슨 효과
④ 표피 효과

풀이 ① 핀치 효과 : 용융체에 강한 전류를 통하면 전자력에 의한 인력이 커지므로 용융체가 도중에서 끊어져 전류가 끊어지는 현상을 말한다.
② 제벡 효과 : 열전온도계, 즉 두 금속을 두 접점으로 폐회로를 만들고 두 접점의 온도를 달리하면 기전력이 발생한다. 이 열기전력은 두 접점간의 온도차에 비례한다. 이 두 금속을 열전대라 하고 이것을 이용한 것이 열전 온도계이다.
③ 톰슨 효과 : 제벡 효과의 역현상의 일종으로 동종의 금속의 접점에 전류를 통하면 전류방향에 따라 열을 발생 또는 흡수하는 현상이다.
④ 표피 효과 : 도체에 고주파 전류를 통하면 전류가 표면에 집중하는 현상으로 금속의 표면 열처리에 이용한다.

답 ④

10 빛을 아래쪽에 확산, 복사시키며 눈부심을 적게 하는 조명 기구는?

① 루버
② 글로브
③ 반사볼
④ 투광기

풀이 루버 조명

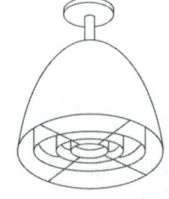 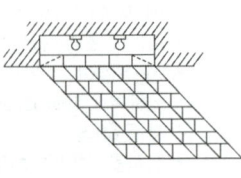

답 ①

11 옥내 전반 조명에서 바닥면의 조도를 균일하게 하기 위한 등간격은? (단, 등간격 S, 등높이 H 이다.)

① $S = H$
② $S \le 2H$
③ $S \le 0.5H$
④ $S \le 1.5H$

풀이 조명기구 간격 및 배치
① 기구의 최대 간격 $S \le 1.5H$
② 광원과 벽면 거리

- $S_0 \leq \dfrac{H}{2}$ (벽측을 사용하지 않을 경우)

- $S_0 \leq \dfrac{H}{3}$ (벽측을 사용할 경우)

단, H : 작업면 부터 광원 까지의 높이[m]   **답** ④

풀이

온도계의 종류	동 작 원 리
저항 온도계	측온체의 저항값 변화
열전 온도계	제벡 효과
방사 온도계	스테판-볼츠만의 법칙
광 고 온 계	플랑크의 방사 법칙

답 ②

12 반경 3[cm], 두께 1[cm]의 강판을 유도가열에 의하여 3초 동안에 20[℃]에서 700[℃]로 상승시키기 위해 필요한 전력은 약 몇 [kW] 인가? (단, 강판의 비중은 7.85[ton/m³], 비열은 0.16[kcal/kg · ℃]이다.)

① 3.37   ② 33.7

③ 6.67   ④ 66.7

풀이 3초 동안의 단시간으로 온도 상승이 이루어지므로, 열의 방사는 무시할 수 있고 강판에 소요되는 순전력을 P[kW]라고 하면,

강판의 질량(M) = 비중×체적

$= 7.85 \times 10^3 \times \pi \times 0.03^2 \times 0.01$

$= 0.22$[kg]

$\therefore P = \dfrac{Mc\theta}{860\,t\,\eta} = \dfrac{0.22 \times 0.16 \times (700 - 20)}{860 \times \dfrac{3}{3600} \times 1}$

$= 33.4$[kW]   **답** ②

13 망간 건전지에서 분극작용에 의한 전압강하를 방지하기 위하여 사용되는 감극제는?

① O_2 ② HgO

③ MnO_2 ④ $H_2Cr_2O_7$

풀이

1차 전지	공기 건전지	수은 건전지	망간 건전지	중크롬산 전지
감극제	O_2	HgO	MnO_2	$H_2Cr_2O_7$

답 ③

14 금속의 전기저항이 온도에 의하여 변화하는 것을 이용한 온도계는?

① 광 고온계   ② 저항 온도계

③ 방사 고온계   ④ 열전 온도계

15 블록 선도에서 $\dfrac{C}{R}$는 얼마인가?

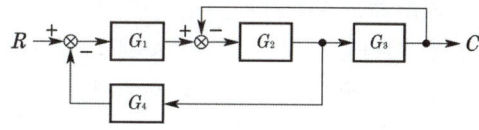

① $\dfrac{G_4}{1 + G_1 + G_2 G_3 G_4}$

② $\dfrac{G_1 G_3}{1 + G_1 G_2 + G_3 G_4}$

③ $\dfrac{G_1 G_2 G_3}{1 + G_2 G_3 + G_1 G_2 G_4}$

④ $\dfrac{G_2 G_3 G_4}{1 + G_1 G_2 + G_1 G_2 G_3 G_4}$

풀이 G_3 앞의 인출점을 요소 뒤로 이동하면 그림과 같은 블록 선도로 나타낼 수 있다.

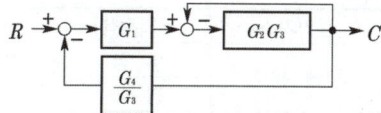

$\left\{ \left(R - C\dfrac{G_4}{G_3} \right) G_1 - C \right\} G_2 G_3 = C$

$RG_1 G_2 G_3 - CG_1 G_2 G_4 - C(G_2 G_3) = C$

$RG_1 G_2 G_3 = C(1 + G_2 G_3 + G_1 G_2 G_4)$

$\therefore G(s) = \dfrac{C}{R} = \dfrac{G_1 G_2 G_3}{1 + G_2 G_3 + G_1 G_2 G_4}$

별해 전향경로 이득 : $G_1 G_2 G_3$

루프 이득 : $-G_2 G_3$, $-G_1 G_2 G_4$

$\therefore G(s) = \dfrac{\sum \text{전향 경로 이득}}{1 - \sum \text{루프이득}}$

$= \dfrac{G_1 G_2 G_3}{1 + G_2 G_3 + G_1 G_2 G_4}$ **답** ③

16 형광등은 주위온도가 약 몇 [℃]일 때 가장 효율이 높은가?

① 5～10
② 10～15
③ 20～25
④ 35～40

> **풀이** 형광등은 일반적으로 주위 온도가 20～27[℃]일 때의 관 벽 온도는 40～45[℃]이므로 이때 온도에서 최고 효율이 되도록 설계되어 있다. **답** ③

17 납 축전지가 충분히 방전했을 때 양극판의 빛깔은 무슨 색인가?

① 청색
② 황색
③ 적갈색
④ 회백색

> **풀이**
> • 충분히 충전되었을 때 양극판은 과산화납으로 변해 적갈색을 띠고, 음극판은 해면형 납으로 변해 회백색이 된다.
> • 충분히 방전했을 때에 양극판은 황산납으로 변해서 다 같이 회백색에 가까워진다. **답** ④

18 투명 네온관등에 네온가스를 봉입하였을 때 광색은?

① 등색
② 황갈색
③ 고동색
④ 등적색

> **풀이** 가스와 광색
>
> | 봉입가스 | 유리관색 | 관등의 색 |
> |---|---|---|
> | 네 온 | 투 명 | 등적색 |
> | | 청 색 | 등 색 |
> | 아르곤과 수은 | 투 명 | 청 색 |
> | | 황록색 | 녹 색 |
> | 헬 륨 | 투 명 | 백 색 |
> | | 황갈색 | 황갈색 |
> | 아르곤 | 투 명 | 고동색 |
>
> **답** ④

19 전기회로의 전류는 열회로의 무엇에 대응하는가?

① 열류
② 열량
③ 열용량
④ 열저항

> **풀이**
>
> | 전기 | 전압 | 전기량 | 전류 | 도전율 | 저항 | 정전 용량 |
> |---|---|---|---|---|---|---|
> | 열 | 온도차 | 열량 | 열류 | 열전도율 | 열저항 | 열용량 |
>
> **답** ①

20 열차가 주행할 때 중력에 의하여 발생하는 저항으로 두 점 간의 수평거리와 고저 차의 비로 표시되는 저항은?

① 출발저항
② 구배저항
③ 곡선저항
④ 주행저항

> **풀이** 열차 저항은 열차가 주행 중 또는 출발할 때에 이것에 대항하여 열차의 진행을 방해하도록 하는 힘의 총칭을 열차 저항이라고 한다.
> ① 기동 저항(출발 저항) : 정지 중에 열차가 출발할 때 발생하는 저항
> ② 구배 저항 : 열차가 구배를 올라갈 때 중력에 의해 발생하는 저항
> ③ 곡선 저항 : 열차가 곡선로를 통과할 때 차륜과 레일과의 마찰에 의해 발생하는 저항
> ④ 주행 저항 : 열차가 평탄한 직선로 위를 운전할 때 발생하는 저항
> ⑤ 가속도 저항 : 열차가 주행 중 가속할 때에 발생하는 저항으로 열차를 가속하기 위해서 필요한 견인력과 같다. **답** ②

01 $t\sin\omega t$의 라플라스 변환은?

① $\dfrac{\omega}{s^2+\omega^2}$ ② $\dfrac{\omega^2}{s^2+\omega^2}$

③ $\dfrac{\omega s}{(s^2+\omega^2)^2}$ ④ $\dfrac{2\omega s}{(s^2+\omega^2)^2}$

풀이

$$\mathcal{L}[t\sin\omega t]=(-1)\frac{d}{ds}\{\mathcal{L}[\sin\omega t]\}$$
$$=-\frac{d}{ds}\cdot\frac{\omega}{s^2+\omega^2}$$
$$=-\frac{\omega'\cdot(s^2+\omega^2)}{(s^2+\omega^2)^2}+\frac{\omega\cdot(s^2+\omega^2)'}{(s^2+\omega^2)^2}$$
$$=-\frac{0}{(s^2+\omega^2)^2}+\frac{2\omega s}{(s^2+\omega^2)^2}$$
$$=\frac{2\omega s}{(s^2+\omega^2)^2}$$

답 ④

02 목재 건조에 적합한 가열 방식은?

① 저항 가열 ② 유전 가열
③ 유도 가열 ④ 적외선 가열

풀이
- **유전가열** : 고주파 자계에 의한 분자의 마찰열을 이용하는 것으로, **목재의 건조**, 목재의 접착, 비닐막의 접착 등에 사용된다.
- 유도 가열 : 전자유도에 의한 와전류 열을 이용하는 것으로, 금속의 표면 처리 등에 사용된다. **답 ②**

03 5[Ω]의 전열선을 100[V]에 사용할 때의 발열량은 약 몇 [kcal/h]인가?

① 1720 ② 2770
③ 3745 ④ 4728

풀이
$$P=\frac{V^2}{R}=\frac{100^2}{5}\times10^{-3}=2[\text{kW}]$$
1[kWh]=860[kcal]이므로
$$\therefore W=860\times2=1720[\text{kcal/h}]$$
답 ①

04 고도(cant)가 20[mm]이고 반지름이 800[m]인 곡선 궤도를 주행할 때 열차가 낼 수 있는 최대 속도[km/h]는 약 몇 [km/h]인가? (단, 궤간은 1067[mm]이다.)

① 34.94 ② 38.94
③ 43.64 ④ 83.64

풀이
최대속도 $V_m=\sqrt{\dfrac{127RC}{G}}$ [km/h]에서
곡선 반지름 $R=800[\text{m}]$, 고도 $C=20[\text{mm}]$,
궤간 $G=1067[\text{mm}]$이므로
$$\therefore V_m=\sqrt{\frac{127\times800\times20}{1067}}=43.64[\text{km/h}]$$
답 ③

05 다음 ( ) 안에 들어갈 말이 순서대로 되어 있는 것은?

> 곡선도로에서 조명기구를 한쪽 열에만 배치할 경우 ( )에만 배치하며, 곡선의 경우 곡률 반경이 작을수록 조명기구의 배치간격을 ( ) 한다.

① 안쪽, 짧게 ② 안쪽, 길게
③ 바깥쪽, 길게 ④ 바깥쪽, 짧게

풀이 곡선 도로 조명 배치 방법
① 양쪽 배치시는 대칭식, **한쪽 배치 시는 커브 바깥쪽에 배치**한다.
② 안전상 직선 도로보다 높은 조도(등간격을 좁게)를 유지한다.
③ 곡률 반경이 클수록 (완만한 커브길) 등간격은 길게 해도 되며, **곡률 반경이 작을수록 (급한 커브길) 등간격은 짧게 해야 한다.** **답 ④**

06 SCR의 애노드 전류가 20[A]로 흐르고 있을 때 게이트 전류를 반으로 줄이면 애노드 전류는 몇 [A]가 되는가?

① 0 ② 10
③ 20 ④ 40

풀이 SCR에 순방향 전압이 인가되어 있을 때 게이트 전류가 흐르면 SCR은 도통을 시작한다. 일단, 도통되고 나면 게이트 전류를 차단하여도 SCR은 계속 도통 상태를 유지하므로 도통 후 애노드 전류의 크기는 게이트 전류와 무관하다. **답** ③

07 제너 다이오드(zener diode)의 용도로 가장 옳은 것은?

① 검파용
② 정전압용
③ 고압 정류용
④ 전파 정류용

풀이 제너 다이오드(Zener diode)는 정전압 소자로 만든 pn 접합 다이오드로서 정전압 다이오드라 하며, 전압 범위는 약 3[V] 정도에서 150[V]정도까지의 다양한 종류가 있다. **답** ②

08 인견 공업에 쓰이는 포트모터의 속도 제어에 적합한 것은?

① 저항에 의한 제어
② 극수 변환에 의한 제어
③ 1차측 회전에 의한 제어
④ 주파수 변환에 의한 제어

풀이 포트모터는 실을 감는 공정에서 포트를 구동하는 전동기로서 6000~10000[rpm]의 고속 운전을 필요로 하므로 중축의 농형 유도 전동기를 사용하며, 속도 제어에는 주파수 변환에 의한 제어가 주로 사용된다. **답** ④

09 전자빔 가열의 특징으로 틀린 것은?

① 진공 중에서의 가열이 가능하다.
② 신속하고 효율이 좋으며 표면 가열이 가능하다.
③ 고융점 재료 및 금속박 재료의 용접이 쉽다.
④ 에너지의 밀도나 분포를 자유로이 조절할 수 있다.

풀이 전자빔 가열의 특징
① 전자 비임을 국부적으로 모아서 전력밀도를 높게 할 수 있기 때문에 대단히 적은 부분의 가공이나 구멍 뚫는 작업이 쉽다.
② 가열범위가 극히 국한된 부분에 집중시킬 수 있어서 열에 의한 변질이 될 부분을 적게 할 수 있다.
③ 고융점 재료 및 금속박 재료의 용접이 쉽다.
④ 진공 중에서 가열이 가능하다.

⑤ 전력밀도가 높은 예민한 비임을 조사하여 적합한 형태의 구멍을 만들 수 있다.
⑥ 에너지의 밀도나 분포는 자유로이 조절할 수 있다.
답 ②

10 궤도의 확도(slack)는 약 몇 [mm]인가? (단, 곡선의 반지름 100[m], 고정차축 거리 5[m]이다.)

① 21.25
② 25.68
③ 29.35
④ 31.25

풀이
확도 $S = \dfrac{l^2}{8R}$[m]

여기서, l : 고정 차축간 거리[m], R : 곡선 반지름[m]

$\therefore S = \dfrac{l^2}{8R} = \dfrac{5^2}{8 \times 100}$

$= 0.03125$[m]$= 31.25$[mm] **답** ④

11 백열 전구의 동정 곡선은 다음 중 어느 것을 결정하는 중요한 요소가 되는가?

① 전류, 광속, 전압
② 전류, 광속, 효율
③ 전류, 광속, 휘도
④ 전류, 광도, 전압

풀이 에이징(aging)이 끝난 전구는 사용함에 따라 필라멘트가 승화하여 가늘어지며, 저항은 증가하고 전류나 광속, 효율 등은 감소하는데 이 변화 과정을 동정이라 하고, 이 변화를 곡선으로 그린 것을 동정 곡선이라 한다.
답 ②

12 납축전지의 특징으로 옳은 것은?

① 저온특성이 좋다.
② 극판의 기계적 강도가 강하다.
③ 과방전, 과전류에 대해 강하다.
④ 전해액의 비중에 의해 충·방전 상태를 추정할 수 있다.

풀이 납축전지(연축전지)
• 납축전지의 전해액은 묽은 황산으로서 그 농도는 보통 비중으로 나타내며 전지의 종류에 따라 1.2~1.3(20[℃]) 정도이다.
• 납축전지의 기전력은 황산농도(또는 비중)의 증가에 따라 증가한다.

따라서, 전해액의 비중을 측정 해 보면 납축전지의 충·방전 상태를 추정할 수 있다. **답** ④

13 열전도율이 가장 좋은 것은?

① 철 ② 은
③ 니크롬 ④ 알루미늄

풀이 은은 금속 중에서 전기, 열의 전도율이 가장 크고 연성, 전성은 금 다음으로 크다. **답** ②

14 200[W] 전구를 우유색 구형 글로브에 넣었을 경우 우유색 유리 반사율은 30[%], 투과율은 50[%]라고 할 때 글로브의 효율[%]은 약 몇 [%]인가?

① 71 ② 76
③ 83 ④ 88

풀이 투과율 $\tau = 0.5$, 반사율 $\rho = 0.3$이므로 글로브의 효율 η는

$$\eta = \frac{\tau}{1-\rho} = \frac{0.5}{1-0.3} = 0.714 = 71.4[\%]$$ **답** ①

15 알칼리 축전지의 전해액은?

① KOH ② PbO_2
③ H_2SO_4 ④ NiOOH

풀이 알칼리 축전지별 양극 및 음극

항목	에디슨 축전지	융그너 축전지
양극	수산화니켈	수산화니켈
음극	철(Fe)	카드뮴(Cd)
전해액	수산화칼륨(KOH)	수산화칼륨(KOH)

답 ①

16 형광 방전등의 효율이 가장 좋으려면 주위온도[℃]와 관벽온도[℃]는 각각 어느 정도가 적당한가?

① 주위온도 : 40[℃], 관벽온도 : 40~45[℃]
② 주위온도 : 25[℃], 관벽온도 : 40~45[℃]
③ 주위온도 : 40[℃], 관벽온도 : 20~30[℃]
④ 주위온도 : 25[℃], 관벽온도 : 20~30[℃]

풀이
• 광등은 관벽 온도가 낮으면 수은 증기압이 떨어져 전자가 수은보다 아르곤 편에 많이 충돌해서 에너지를 아르곤에 빼앗겨 약해지고, 또 8[℃] 이하에서는 수은이 증발하기 어렵게 되므로 효율은 저하한다. 반대로 관벽 온도가 높아지면 수은 증기압이 증가해서 복사는 파장이 긴 편으로 이동하므로 발광 효율은 저하된다.
• 일반적으로 주위 온도가 20~27[℃]일 때의 관벽 온도는 40~45[℃]이므로 이때 온도에서 최고 효율이 되도록 설계되어 있다. **답** ②

17 그림과 같이 광원 S로 단면의 중심이 O인 원통형 연돌을 비추었을 때 원통의 표면상의 한 점 P에서의 조도는 약 몇 [lx]인가? (단, SP의 거리는 10[m], ∠OSP = 10°, ∠SOP = 20° 광원의 SP 방향의 광도를 1,000[cd]라고 한다.)

① 약 4.3
② 약 6.7
③ 약 8.6
④ 약 10

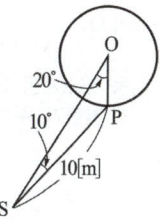

풀이 $I = 1000[cd]$,
$r = 10[m]$ 이므로

$$\therefore E = \frac{I}{r^2}\cos\theta$$

$$= \frac{1000}{10^2} \times \cos 30°$$

$$= 8.66[lx]$$

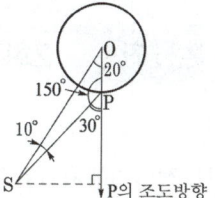

답 ③

18 3상 유도전동기에서 플러깅의 설명으로 가장 옳은 것은?

① 단상 상태로 기동할 때 일어나는 현상
② 플러그를 사용하여 전원을 연결하는 방법
③ 고정자와 회전자의 상수가 일치하지 않을 때 일어나는 현상
④ 고정자측의 3단자 중 2단자를 서로 바꾸어 접속하여 제동하는 방법

풀이 역상 제동 : 전동기의 전원 접속 3단자 중 임의의 2단자를 바꾸어 역토크를 발생시켜 급정지시키는 방법으로 역전제동 또는 플러깅(plugging)이라 한다. **답** ④

19 다음 중 전기로의 가열방식이 아닌 것은?

① 저항가열　　② 유전가열

③ 유도가열　　④ 아크가열

풀이 전기로는 일반적으로 가열 방식에 의해 저항로, 아크로, 유도로로 분류할 수 있다.
- 저항로 : 도체에 생기는 줄열(오옴손)을 이용하는 방법
- 아크로 : 전극 간의 방전(아크)에서 발생하는 고열을 이용
- 유도로 : 와전류 손실과 히스테리시스 손실로 가열하는 방식 **답** ②

20 자동제어에서 검출장치로 소형 직류발전기를 사용하여 무엇을 검출하는가?

① 속도　　② 온도

③ 위치　　④ 방향

풀이 자동 제어(자동 조정용)에서 속도 검출기의 적용으로는 회전 발전기, 주파수 검출법, 스피더 등이 있다. **답** ①

2017년 - 2회_공사산업기사

01 전열기에서 5분 동안에 900,000[J]의 일을 했다고 한다. 이 전열기에서 소비한 전력은 몇 [W]인가?

① 500　　② 1500

③ 2000　　④ 3000

풀이 1[W] = 1[J/s] 이므로
$$P = \frac{W}{t} = \frac{900,000}{5 \times 60} = 3000[\text{J/s}] = 3000[\text{W}]$$ **답** ④

02 고압 아크로의 종류가 아닌 것은?

① 로킹(Rocking)로

② 셴헬(Schonherr)로

③ 포오링(Pauling)로

④ 비라케란드 아이데(Birkeland-Eyde)로

풀이 포오링로, 비라케란드-아이데로, 쉔헬로는 공중 질소를 고정하여 질산을 제조하는 고압 아크로이다. **답** ①

03 가로조명, 도로조명 등에 사용되는 저압 나트륨등의 설명으로 틀린 것은?

① 효율은 높고 연색성은 나쁘다.

② 점등 후 10분 정도에서 방전이 안정된다.

③ 냉음극이 설치된 발광관과 외관으로 되어 있다.

④ 실용적인 유일한 단색광원으로 589[nm]의 파장을 낸다.

풀이
- 나트륨등은 나트륨 증기 중의 방전을 이용한 것으로 열음극이 설치된 2중관 구조이며, 분광 분포는 D선이라 불리는 5890~5896[Å](= 589[nm])의 황색선이 대부분(76[%])을 차지한다.
- 인공 광원 중 최대 발광 효율(80~150[lm/W])을 나타내며, 단색광으로 연색성이 대단히 나빠 실내조명으로는 부족하다.
- 투과력이 양호하여 강변 도로 등, 안개지역 가로등, 광학시험에 사용된다. **답** ③

04 전기분해에 의하여 전극에 석출되는 물질의 양은 전해액을 통과하는 총 전기량에 비례하며 그 물질의 화학당량에 비례하는 법칙은?

① 줄(Joule)의 법칙

② 암페어(Ampere)의 법칙

③ 톰슨(Thomson)의 법칙

④ 패러데이(Faraday)의 법칙

풀이 **패러데이 법칙**

전기 분해에 의해 석출되는 물질의 양은 전해액을 통과하는 총 전기량에 비례하고 또 물질의 화학 당량에 비례한다.

$$W = KQ = KIt[\text{g}]$$

여기서, W : 석출되는 물질의 양[g]
　　　　K : 화학당량[g/C]
　　　　Q : 통과한 전기량$(Q = It)$[C]
　　　　I : 전류[A], t : 시간[s] **답** ④

05 다음 중 유도가열은 어떤 것을 이용한 것인가?

① 복사열　　② 아크열

③ 와전류손　　④ 유전체손

풀이 유도가열은 교번자계 중에 있는 도전성 물질에서 발생하는 **와류손**과 히스테리시스손에 의한 발열을 이용하는 것으로
- 표면가열 (표면담금질, 금속의 열처리, 국부가열)
- 반도체 정련 (단결정 제조)에 이용된다.　**답** ③

06 자동제어에서 제어량에 의한 분류인 것은?

① 정치 제어　　　② 연속 제어
③ 불연속 제어　　④ 프로세스 제어

풀이 ① **제어량의 성질**에 의한 분류
　　: **프로세스 제어**, 서보 제어, 자동 조정 제어
② 목표값의 성질에 의한 분류
　　: 정치 제어, 추치 제어　　**답** ④

07 기중기 등으로 물건을 내릴 때 또는 전차가 언덕을 내려가는 경우 전동기가 갖는 운동에너지를 전기에너지로 변환하고, 이것을 전원에 반환하면서 속도를 점차로 감속시키는 제동법은?

① 발전제동　　　② 회생제동
③ 역상제동　　　④ 와류제동

풀이 전동기의 전기적 제동
① 발전 제동 : 전동기의 전기자를 전원에서 끊고 전동기를 발전기로 동작시켜 회전 운동 에너지로서 발생하는 전력을 그 단자에 접속한 저항에서 열로 소비시키는 제동 방법이다.
② **회생 제동** : 전동기에 전원을 접속한 상태에서 전동기에 유기되는 역기전력을 전원 전압보다 높게 하여 **회전 운동 에너지로 발생되는 전력을 전원측에 반환**하면서 제동하는 방법이다.
③ 역상 제동 : 전동기의 전원 접속을 바꾸어 역토크를 발생시켜 급정지시키는 방법으로 역전제동 또는 플러깅(plugging)이라 한다.
④ 와전류 제동 : 전동기 축에 동심으로 설치한 구리의 원판을 자계 내에서 회전시켜 동판에 생긴 와전류에 의해서 제동력을 얻는 방법이다.　**답** ②

08 시감도가 가장 좋은 광색은?

① 청색　　　② 백색
③ 적색　　　④ 황록색

풀이 어느 파장의 에너지가 빛으로 느껴지는 정도를 시감도

라 하며, **최대 시감도는** 파장 555[nm](5550[Å])의 **황록색에서 발생**하고, 그 때의 시감도는 680[lm/W]이다.
　답 ④

09 반사율 ρ, 투과율 τ, 반지름 r인 완전확산성 구형 글로브의 중심에 광도 I의 점광원을 켰을 때, 광속 발산도는?

① $\dfrac{\tau I}{r^2(1-\rho)}$　　　② $\dfrac{\rho I}{r^2(1-r)}$

③ $\dfrac{4\pi \rho I}{r^2(1-r)}$　　　④ $\dfrac{\rho \pi}{r^2(1-\rho)}$

풀이 전광속 $F=4\pi I$, 글로브를 투과하는 광속 F_τ 는 글로브 면에 처음 F, 다음에 ρF, 다음에 $\rho^2 F \cdots$ 와 같이 투사되어 있으므로
$$F_\tau = \tau F + \tau \rho F + \tau \rho^2 F + \tau \rho^3 F + \cdots$$
$$= \tau F(1+\rho+\rho^2+\rho^3+\cdots)$$
$$= \frac{\tau F}{1-\rho} = \frac{\tau \cdot 4\pi I}{1-\rho}$$
광속 발산도 R은
$$\therefore R = \frac{F_\tau}{S} = \frac{\dfrac{\tau \cdot 4\pi I}{1-\rho}}{4\pi r^2} = \frac{\tau I}{r^2(1-\rho)}$$　**답** ①

10 직류방식 전차용 전동기로 적당한 전동기는?

① 분권형　　　② 직권형
③ 가동복권형　④ 차동복권형

풀이 **직류 직권 전동기**의 토크는 전류의 제곱에 비례하므로 기동시 토크가 커야 하는 **전차용**, 전기 철도용의 견인 전동기로 사용된다.　**답** ②

11 전자빔 가열의 특징이 아닌 것은?

① 에너지 밀도를 높게 할 수 있다.
② 진공 중 가열로 산화 등의 영향이 크다.
③ 필요한 부분에 고속으로 가열시킬 수 있다.
④ 빔의 파워와 조사 위치를 정확히 제어할 수 있다.

풀이 전자빔 가열
진공 중에서 고속으로 가열한 전자를 집속하여 그 전자의 충돌에 의한 에너지로 가열하는 방식을 전자 빔 가열이라고 하며 그 특징은 다음과 같다.

① 에너지 밀도가 매우 높아 용접, 용해 등에 이용된다.
② 진공 중에서 가열하기 때문에 산화 등의 영향이 적다.
③ 빔의 파워와 조사위치 등을 정확하게 제어 할 수 있다.
④ 가열범위를 좁게 할 수 있기 때문에 열변질이 적은 가열이 가능하다.
⑤ 빔의 편향에 의해 필요한 부분에 고속으로 가열할 수 있다(국소 표면 열처리) **답** ②

12 다이오드를 사용한 단상 전파정류회로에서 전원 220[V], 주파수 60[Hz]일 때 출력전압의 평균값은 약 몇 [V]인가?

① 100   ② 168
③ 198   ④ 215

풀이 단상 전파정류회로에서 직류전압의 평균값 E_d는
$$E_d = \frac{2\sqrt{2}E}{\pi} = 0.9E$$
$$= 0.9 \times 220 = 198[V]$$
답 ③

13 알칼리 축전지의 양극에 쓰이는 것은?

① 납   ② 철
③ 카드뮴   ④ 수산화니켈

풀이 알칼리 축전지별 양극 및 음극

항목	에디슨 축전지	융그너 축전지
양극	수산화니켈	수산화니켈
음극	철(Fe)	카드뮴(Cd)
전해액	수산화칼륨(KOH)	수산화칼륨(KOH)

답 ④

14 전기철도에서 통신유도장해의 경감 대책으로 통신선의 케이블화, 전차선과 통신선의 이격거리 증대 등의 방법은 어느 측에 하는 대책인가?

① 전철   ② 통신선
③ 전기차   ④ 지중매설관

풀이 유도 장해 방지 대책
  ① 전기철도 측에서의 대책
    • 흡상 변압기(BT) 방식 채택
    • 단권 변압기(AT) 방식 채택

  ② 통신선 측에서의 대책
    • 통신선의 케이블화
    • 통신선의 지하매설 등에 의한 차폐효과 증대
    • 전차선과 통신선의 이격거리 증대
    • 배류코일을 설치하여 전하를 대지로 방전
    • 통신선에 차폐 코일 삽입
    • 통신선에 중화코일 삽입   **답** ②

15 바깥쪽 레일은 원심력의 작용으로 지나친 하중이 걸려 탈선하기 쉬우므로 안쪽 레일보다 얼마간 높게 한다. 이 바깥쪽 레일과 안쪽 레일의 높이차를 무엇이라 하는가?

① 편위   ② 확도
③ 캔트   ④ 궤간

풀이 캔트(cant : 고도)
차량이 곡선부를 달릴 때에 발생하는 원심력에 대비하여 곡선 바깥쪽의 레일을 안쪽 레일보다 높게 하여 차량전체를 곡선의 중간쪽으로 기울이게 하여 원심력과 평행시키는데 이 기울임(운전의 안전확보를 위하여)의 고도를 캔트(cant)라 한다.   **답** ③

16 2[g]의 알루미늄을 0[℃]에서 60[℃]로 높이는데 필요한 열량은 약 몇 [cal]인가? (단, 알루미늄 비열은 0.2[cal/g℃]이다.

① 24   ② 20.64
③ 860   ④ 20640

풀이 $Q = mc\theta = 2 \times 0.2 \times 60 = 24[cal]$ **답** ①

17 청색 형광 방전등의 램프에 사용되는 형광체는?

① 규산아연   ② 규산카드뮴
③ 붕산카드뮴   ④ 텅스텐산칼슘

풀이

형광체	규산아연	규산카드뮴	붕산카드뮴
광 색	녹색	등색	핑크색

형광체	텅스텐산 마그네슘	할로린산 칼슘	텅스텐칼슘
광 색	청백색	황백색	청색

답 ④

18 반도체에 광이 조사되면 전기저항이 감소되는 현상은?

① 열전능　　　　　② 홀 효과

③ 광전효과　　　　④ 제벡 효과

풀이 **광전효과** : 빛을 받으면 전기적 특성의 변화를 일으키는 현상으로 그 종류는 다음과 같다.

① 광기전 효과 : 빛을 받으면 기전력이 발생하는 효과로 태양전지에 이용된다.

② 광전자 방출효과 : 빛을 받으면 광전자가 방출하는 효과

③ **광도전 효과 : 빛을 받으면 저항값이 변화하는 효과**

답 ③

19 피드백 제어(feedback control)에 꼭 있어야 할 장치는?

① 출력을 검출하는 장치

② 안정도를 좋게 하는 장치

③ 응답속도를 빠르게 하는 장치

④ 입력과 출력을 비교하는 장치

풀이 **입력과 출력을 비교**하여 오차를 자동적으로 정정하게 하는 자동 제어 방식을 **피드백 제어**(feed back control)라 한다.

답 ④

20 폭 10[m], 길이 20[m]의 교실에 총 광속 3000 [lm]인 32[W] 형광등 24개를 점등하였다. 조명률 50[%], 감광 보상률 1.5라 할 때 이 교실의 평균조도[lx]는?

① 90　　　　　　　② 120

③ 152　　　　　　④ 180

풀이 $FUN = AED$ 에서

조도 $E = \dfrac{FUN}{AD} = \dfrac{3000 \times 0.5 \times 24}{10 \times 20 \times 1.5} = 120[\text{lx}]$

답 ②

2017년 ● 4회 _ 공사산업기사

01 발산광속이 상향으로 90~100[%] 정도 발산하며 직사 눈부심이 없고 낮은 휘도를 얻을 수 있는 조명방식은?

① 직접조명　　　　② 간접조명

③ 국부조명　　　　④ 전반확산조명

풀이 ① 직접조명 : 빛을 직접 대상물에 비추는 조명방식

② **간접조명 : 상향광속이 90~100[%]가** 되고 하향광속은 10[%]정도이므로 거의 대부분의 발산광속을 윗 방향으로 확산시키는 방식. 빛의 90~100[%]가 천정과 벽에 반사되고 10[%]만이 물체의 표면에 직접 투사된다.

③ 국부조명 : 희망하는 곳에 희망하는 방향으로부터 충분한 조도를 얻을 수 있다.

④ 전반확산조명 : 하향광속으로 직접 작업 면에 직사시키고 상향광속의 반사광으로 작업면의 조도를 증가시키는 조명방식

답 ②

02 60[m²]의 정원에 평균조도 20[lx]를 얻기 위해 필요한 광속[lm]은? (단, 유효한 광속은 전광속의 40[%]이다.)

① 3000　　　　　② 4000

③ 4500　　　　　④ 5000

풀이 유효광속은 전광속의 40[%]이므로,

정원의 평균 조도 $E = \dfrac{0.4F}{A}$ 이다.

$\therefore F = \dfrac{EA}{0.4} = \dfrac{20 \times 60}{0.4} = 3000[\text{lm}]$

답 ①

03 음극만 발광하므로 직류 극성을 판별하는 데 이용되는 것은?

① 네온램프　　　　② 크립톤램프

③ 크세논램프　　　④ 나트륨램프

풀이 **네온전구의 특징**

① **음극만 발광**하므로 **직류 극성의 판별에 이용**된다.

② 일정 전압에서만 점등되므로 검정기, 교류의 파고값 (최댓값)의 측정에 쓰인다.

③ 빛의 관성이 없고 어느 범위 내에서는 광도와 전류가 비례하므로 오실로그래프에 이용된다.

답 ①

04 반도체 소자 중 게이트−소스 간 전압으로 드레인 전류를 제어하는 전압제어 스위치로 스위칭 속도가 빠른 소자는?

① SCR   ② GTO
③ IGBT   ④ MOSFET

풀이 MOSFET
(metal oxide silicon field effect transistor)
① on상태를 유지하기 위해 제어 전압을 지속적으로 인가해야 한다.
② 게이트와 소스 사이의 입력 임피던스가 매우 크기 때문에 게이트에 흐르는 전류는 매우 작고, 따라서 구동 회로가 간단하며 구동 전력이 작다.
③ 다수 캐리어로 동작되기 때문에 캐리어의 축적 효과에 따른 축적 시간이 필요 없으므로 고속 스위칭이 가능하다.
④ 게이트와 소스의 전압으로 드레인 전류를 제어하는 전압 제어 소자이다. **답** ④

05 차륜의 탈선을 막기 위해 분기 반대쪽 레일에 설치한 레일은?

① 전철기   ② 완화곡선
③ 호륜궤조   ④ 도입궤조

풀이

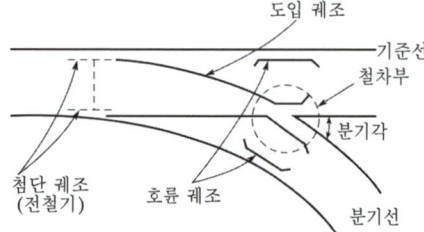

도입 궤조
기준선
철차부
분기각
첨단 궤조 (전철기)
호륜 궤조
분기선

궤도의 분기 개소에서 철차가 있는 곳은 궤조가 중단되므로 원활하게 차체를 분기 선로로 유도하고 차륜의 탈선을 막기 위해서는 반대 궤조 측에 호륜 궤조(guard rail)를 설치하여야 한다. **답** ③

06 금속 중 이온화 경향이 가장 큰 물질은?

① K   ② Fe
③ Zn   ④ Na

풀이 이온화 경향은 금속이 액체와 접촉 시 양이온으로 되는 경향으로, 이온화 경향이 큰 순서로는
K > Ba > Ca > Na > Mg > Al > Mn > Zn > Fe > Ni > Sn > Pb > Cu > Hg > Ag > Pt > Au 순이다. **답** ①

07 발전소에 설치된 50[t]의 천장주행 기중기의 권상속도가 2[m/min]일 때 권상용 전동기의 용량은 약 몇 [kW]인가? (단, 효율은 70[%]이다.)

① 5   ② 10
③ 15   ④ 23

풀이 $P = \dfrac{KWV}{6.12\eta} = \dfrac{50 \times 2}{6.12 \times 0.7} ≒ 23[kW]$
여기서, K : 손실계수(여유계수)
W : 중량(하중)[ton]
V : 권상속도[m/min]
η : 효율 **답** ④

08 적분 요소의 전달 함수는?

① K
② Ts
③ $\dfrac{1}{Ts}$
④ $\dfrac{K}{1+Ts}$

풀이 • 비례 요소 : K
• 미분 요소 : Ts
• 적분 요소 : $\dfrac{1}{Ts}$
• 1차 지연 요소 : $\dfrac{K}{1+Ts}$ **답** ③

09 내화 단열재의 구비조건으로 틀린 것은?

① 내식성이 클 것
② 급열, 급냉에 견딜 것
③ 열전도율, 체적비열이 클 것
④ 피열물 간에 화학작용이 없을 것

풀이 내화 단열재의 구비조건
① 내식성이 풍부할 것
② 급열과 급냉에 견딜 수 있을 것
③ 열전도율이 낮을 것
④ 피열물 간에 화학작용이 없을 것
⑤ 사용온도와 열간 하중에 견딜 수 있을 것 **답** ③

10 광질과 특색이 고휘도이고 광색은 적색 부분이 많고 배광제어가 용이하며 흑화가 거의 일어나지 않는 램프는?

① 수은 램프 ② 형광 램프
③ 크세논 램프 ④ 할로겐 램프

풀이 할로겐전구의 특징
① 초소형, 경량의 전구(백열전구의 1/10 이상 소형화 가능)
② 단위 광속이 크다.
③ 수명이 백열전구에 비하여 2배로 길다.
④ 별도의 점등장치가 필요하지 않다.
⑤ 열충격에 강하다.
⑥ 배광제어가 용이하다.
⑦ 연색성이 좋다.
⑧ 온도가 높다(할로겐 전구의 베이스로 세라믹 사용).
⑨ 휘도가 높다.
⑩ 흑화가 거의 발생하지 않는다. **답** ④

11 유도장해를 경감할 목적으로 하는 흡상 변압기의 약호는?

① PT ② CT
③ BT ④ AT

풀이 • PT : 계기용 변압기
• CT : 변류기
• BT : 흡상 변압기
• AT : 단권 변압기 **답** ③

12 무인 엘리베이터의 자동제어는?

① 정치제어 ② 추종제어
③ 비율제어 ④ 프로그램제어

풀이 제어 목적에 의한 분류
① 정치 제어 : 제어량을 어떤 일정한 목표값으로 유지하는 것을 목적으로 하는 제어법(연속식 압연기)
② 추종 제어 : 미지의 임의 시간적 변화를 하는 목표값에 제어량을 추종시키는 것을 목적으로 하는 제어법
③ 비율 제어 : 목표값이 다른 것과 일정 비율 관계를 가지고 변화하는 경우의 추종 제어
④ 프로그램 제어 : 미리 정해진 프로그램에 따라 제어량을 변화시키는 것을 목적으로 하는 제어법(무인 엘리베이터, 산업로봇) **답** ④

13 반지름 20[cm]인 완전 확산성 반구를 사용하여 평균 휘도가 0.4[cd/cm²]인 천장등을 가설하려고 한다. 기구 효율을 0.8이라 하면 약 몇 [lm]의 광속이 나오는 전등을 사용하면 되는가?

① 1985 ② 3944
③ 7946 ④ 10530

풀이 ① 휘도 $B = \dfrac{I}{S} = \dfrac{I}{\pi r^2}$[cd/cm²]이므로

광도 $I = B \times \pi r^2$
$= 0.4 \times 3.14 \times 20^2 = 502.4$[cd]

② 따라서 기구 효율 η이 0.8인 반구형 광원의 광속 F는

$F = \dfrac{2\pi I}{\eta} = \dfrac{2 \times 3.14 \times 502.4}{0.8}$
$\fallingdotseq 3944$[lm] **답** ②

14 전기회로와 열회로의 대응관계로 틀린 것은?

① 전류 – 열류
② 전압 – 열량
③ 도전율 – 열전도율
④ 정전용량 – 열용량

풀이

전기	전압	전기량	전류	도전율	저항	정전 용량
열	온도차	열량	열류	열전도율	열저항	열용량

답 ②

15 200[cd]의 점광원으로부터 5[m]의 거리에서 그 방향과 직각인 면과 60° 기울어진 수평면상의 조도[lx]는?

① 4 ② 6
③ 8 ④ 10

풀이 광도 I[cd]의 광원에서 r[m] 떨어져서 θ만큼 기울어진 면의 조도 E[lx]는 다음과 같다.

$E = \dfrac{I}{r^2}\cos\theta$[lx]
$= \dfrac{200}{5^2} \times \cos 60° = 4$[lx] **답** ①

16 열전 온도계의 특징에 대한 설명으로 틀린 것은?

① 제벡효과의 동작원리를 이용한 것이다.
② 열전대를 보호할 수 있는 보호관을 필요로 하지 않는다.
③ 온도가 열기전력으로써 검출되므로 피측온점의 온도를 알 수 있다.
④ 적절한 열전대를 선정하면 0~1600[℃] 온도범위의 측정이 가능하다.

풀이 ① 제벡효과 : 두 금속을 두 접점으로 폐회로를 만들고 두 접점의 온도를 달리하면 기전력이 발생한다. 이 두 금속을 열전대라 하고, 이것을 이용한 것이 **열전 온도계**이다.
② 열전 온도계의 특징
 • 적절한 열전대를 선정하면 0~2,500[℃] 온도범위의 측정이 가능하다.
 • 응답이 빠르고 시간 지연에 의한 오차가 비교적 적다
 • 특정의 점이나 좁은 장소의 온도측정이 가능하다.
 • 온도가 열기전력으로써 검출되므로 측정, 조절, 증폭, 변환 등의 정보처리가 용이하다. **답** ②

17 고주파 유도가열에 사용되는 전원이 아닌 것은?

① 동기 발전기
② 진공관 발진기
③ 고주파 전동발전기
④ 불꽃 간극식 고주파 발진기

풀이 ① 유도가열의 전원
 • 교류(직류 사용불가)
 • 저주파 유도가열 : 60[Hz]
 • 고주파 유도가열 : 5~20[kHz]
② 고주파 유도 가열용 전원
 • 고주파 전동 발전기
 • 불꽃 간극식 고주파 발생 장치
 • 진공관 발진기 **답** ①

18 전동기의 진동 원인 중 전자적 원인이 아닌 것은?

① 베어링의 불평등
② 고정자 철심의 자기적 성질 불평등
③ 회전자 철심의 자기적 성질 불평등
④ 고조파 자계에 의한 자기력의 불평등

풀이 전동기의 진동 원인
① 기계적 원인
 • 회전자의 정적, 동적 불평형
 • 베어링의 불평등
 • 상대 기계와의 연결불량 및 설치 불량
② 전자력 불평형의 원인
 • 고정자 철심의 자기적 성질 불평등
 • 회전자 철심의 자기적 성질 불평등
 • 고조파 자계에 의한 자기력의 불평등 **답** ①

19 배리스터(Varistor)의 주된 용도는?

① 전압 증폭
② 온도 보상
③ 출력 전류 조절
④ 스위칭 과도전압에 대한 회로 보호

풀이 바리스터 : 과도 전압, 이상 전압에 대한 회로 보호용으로 사용되는 소자로, 피뢰기, 전기 접점 간의 불꽃 제거 장치이다. **답** ④

20 광석에 함유되어 있는 금속을 산 등으로 용해시킨 전해액으로 사용하여 캐소드에 순수한 금속을 전착시키는 방법은?

① 전해정제 ② 전해채취
③ 식염전해 ④ 용융점전해

풀이 전해채취 : 광석에서 금속을 전해액 중에 추출하고 이것을 양극으로써 전해하여 음극에 순수 금속을 석출시키는 방법이다. **답** ②

01 적외선 가열과 관계없는 것은?

① 설비비가 적다.

② 구조가 간단하다.

③ 두꺼운 목재의 건조에 적당하다.

④ 공산품(工産品)의 표면건조에 적당하다.

풀이 적외선 가열의 특징

고온 물체에서 나오는 적외선 조사에 의하여 건조에 필요한 열량을 재료에 주는 것을 적외선 가열이라 한다.

① 설비비 및 유지비가 염가, 설치 장소가 절약된다.

② 건조기 구조가 간단하다.

③ 조작이 간단하며 연료 손실 적고, 작업 시간이 단축된다.

④ 도장 등의 표면 건조에 적당하다.

⑤ 건조 재료의 감시가 용이하고, 조작이 간단하며, 청결하고 안전하다.

⑥ 적외선 건조는 적외선전구에 의한 복사열을 이용한다. **답 ③**

02 600[W]의 전열기로서 3[l]의 물을 15[℃]로부터 100[℃]까지 가열하는 데 필요한 시간은 약 몇 분인가? (단, 전열기의 발생 열은 모두 물의 온도상승에 사용되고 물의 증발은 없다.)

① 30   ② 35

③ 40   ④ 45

풀이 전열기 용량 $P = \dfrac{Mc(T_2 - T_1)}{860\eta t}$ [kW] 에 의하여 시간을 산출한다.

여기서, P : 전력[kW]

t : 시간[h]

M : 물의 양[l],

T_1, T_2 : 물의 온도[℃],

c : 비열

η : 효율, 주어지지 않았으므로 1로 본다.

$$\therefore t = \frac{Mc(T_2 - T_1)}{860P}$$

$$= \frac{3 \times 1 \times (100° - 15°)}{860 \times 600 \times 10^{-3}} ≒ 0.5[h]$$

$$= 0.5 \times 60 = 30[min]$$ **답 ①**

03 플라이 휠 효과가 GD^2[kg · m^2]인 전동기의 회전자가 n_2[rpm]에서 n_1[rpm]으로 감속할 때 방출한 에너지[J]는?

① $\dfrac{GD^2(n_2 - n_1)^2}{730}$ ② $\dfrac{GD^2(n_2^2 - n_1^2)}{730}$

③ $\dfrac{GD^2(n_2 - n_1)^2}{375}$ ④ $\dfrac{GD^2(n_2^2 - n_1^2)}{375}$

풀이 n[rpm]이라고 하면,

$W = \dfrac{1}{2}\left(\dfrac{GD^2}{4}\right)\left(\dfrac{2\pi n}{60}\right)^2 = \dfrac{GD^2 \cdot n^2}{730}$[J]이므로

방출 에너지 $= W_2 - W_1$

$$= \frac{GD^2}{730} n_2^2 - \frac{GD^2}{730} n_1^2$$

$$= \frac{GD^2(n_2^2 - n_1^2)}{730}[J]$$ **답 ②**

04 전기철도의 전기차에 대한 직류방식의 특징이 아닌 것은?

① 직류변환장치가 필요하다.

② 교류에 비해 전압강하가 크다.

③ 사고 시 선택차단이 용이하다.

④ 교류에 비해 절연계급을 낮출 수 있다.

풀이 (1) 직류 방식

① 전압이 낮아 절연 계급을 낮출 수 있다.

② 통신 유도 장해가 없다.

③ 경량 단거리 수송에 유리하다.

④ 운전전류가 커서 누설전류에 의한 전식대책이 필요하다.

⑤ 전철용 변전소에 정류장치를 설치해야하므로 건설비가 높다.

⑥ 전력손실, 전압강하가 크므로 변전소의 간격을 짧게 한다.

(2) **교류 방식**
① 대용량 중·장거리 수송에 유리하다.
② 에너지 이용률이 높다.
③ **사고 시 선택차단이 용이**하다.
④ 전식의 우려가 없으나 통신선 유도장해의 대책이 필요하다. **답** ③

05 2차 전지에 속하는 것은?

① 공기전지　　② 망간전지
③ 수은전지　　④ 연축전지

풀이 실용전지의 분류

분류		종류
1차 전지		망간 건전지, 적층 건전지, 공기 건전지, 리튬 전지, 수은전지
2차 전지		**연축전지**, 알칼리 축전지
연료 전지		알칼리 전해액 연료전지, 산성 전해질 연료전지, 용융염 전해질 연료전지, 고체 전해질 연료전지
특수 전지	물리 전지	태양 전지, 열전지, 원자력 전지
	생물 전지	아직 실용화 되어 있지 않음

답 ④

06 반도체 소자의 동작방향성에 따른 분류 중 단방향 전압저지 소자가 아닌 것은?

① BJT　　② IGBT
③ 다이오드　　④ MOSFET

풀이 ① 단방향 전압저지 소자
　　　－ 다이오드, BJT, MOSFET
② **양방향 전압저지 소자**
　　　－ SCR, GTO, IGBT, MCT
③ 단방향 전류 소자
　　　－ 다이오드, SCR, GTO, BJT, MOSFET, IGBT
④ 양방향 전류 소자
　　　－ TRIAC, 역도통 사이리스터 **답** ②

07 전압과 전류의 관계에서 수하특성을 이용한 가열 방식은?

① 저항가열　　② 유도가열
③ 유전가열　　④ 아크가열

풀이 **아크가열**은 아크방전에 의한 아크열을 이용한 가열방식으로, 아크 전원의 전압–전류 특성은 전류(부하)가 증가하면 전압이 감소하는 부특성(**수하특성**)이다. **답** ④

08 반사율 10[%], 흡수율 20[%]인 5.6[m²]의 유리면에 광속 1000[lm]인 광원을 균일하게 비추었을 때 그 이면의 광속발산도[rlx]는? (단, 전등기구 효율은 80[%]이다.)

① 25　　② 50
③ 100　　④ 125

풀이 $\rho+\tau+\delta=1$이므로
(여기서 τ : 투과율, ρ : 반사율, δ : 흡수율)
$$\tau=1-\rho-\delta=1-0.1-0.2=0.7$$
따라서 이면의 광속 발산도 R은
$$R=\frac{\tau F}{S}\cdot\eta=\frac{0.7\times1000}{5.6}\times0.8=100[rlx]$$ **답** ③

09 그림과 같이 광원 L에 의한 모서리 B의 조도가 20[lx]일 때, B로 향하는 방향의 광도는 약 몇 [cd]인가?

① 780
② 833
③ 900
④ 950

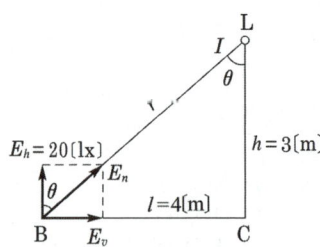

풀이 바닥 위의 20 [lx]는 수평면 조도 E_h로

- $E_h=\dfrac{I}{r^2}\cos\theta \rightarrow I=\dfrac{E_h\cdot r^2}{\cos\theta}$
- $\cos\theta=\dfrac{h}{r}=\dfrac{h}{\sqrt{l^2+h^2}}=\dfrac{3}{\sqrt{4^2+3^2}}=0.6$
- $\therefore I=\dfrac{E_h\cdot r^2}{\cos\theta}=\dfrac{20\times5^2}{0.6}\fallingdotseq833.3[cd]$ **답** ②

10 연축전지(납축전지)의 방전이 끝나면 그 양극 (+극)은 어느 물질로 되는가?

① Pb   ② PbO

③ PbO_2 ④ $PbSO_4$

풀이 방전이 되면 두 극의 물질이 황산과 반응하여 황산납 ($PbSO_4$)이 되며, 이것을 다시 충전하면 처음 상태가 된다.

← 적갈색   회백색 →

$$PbO_2 + 2H_2SO_4 + Pb \underset{\text{충전}}{\overset{\text{방전}}{\rightleftharpoons}} PbSO_4 + 2H_2O + PbSO_4$$

양극   전해액   음극   양극   전해액   음극

답 ④

11 잔류편차가 발생하는 제어 방식은?

① 비례제어   ② 적분제어

③ 비례적분제어   ④ 비례적분미분제어

풀이

종 류		특 징
P	비례동작	• 정상오차를 수반 • 잔류편차 발생
I	적분동작	• 잔류편차 제거
D	미분동작	• 오차가 커지는 것을 미리 방지
PI	비례적분동작	• 잔류편차 제거 • 제어결과가 진동적으로 될 수 있다.
PD	비례미분동작	• 응답 속응성의 개선
PID	비례적분미분동작	• 잔류편차 제거 • 응답의 오버슈트 감소 • 응답 속응성의 개선

답 ①

12 5층 빌딩에 설치된 적재중량 1000[kg]의 엘리베이터를 승강속도 50[m/min]로 운전하기 위한 전동기의 출력은 약 몇 [kW]인가? (단, 권상기의 기계효율은 0.9이고 균형추의 평형률은 1이다.)

① 4   ② 6

③ 7   ④ 9

풀이 엘리베이터의 소요 출력 P[kW]는

$$P = \frac{WVC}{4,500\eta}[\text{HP}] = \frac{WVC}{6,120\eta}[\text{kW}]$$

여기서, W : 정격 하중[kg]

V : 정격 속도[m/min]

C : 평형률

η : 효율

$$\therefore P = \frac{WVC}{6,120\eta} = \frac{1,000 \times 50 \times 1}{6,120 \times 0.9} = 9[\text{kW}]$$

답 ④

13 전기철도에서 궤도(track)의 3요소가 아닌 것은?

① 레일   ② 침목

③ 도상   ④ 구배

풀이 궤도의 3요소

• **궤조** : 레일

• **침목** : 레일간격을 정확히 유지하고 차량의 중량을 땅바닥에 분포시키는 중간 구조물로 목재, 콘크리트를 사용한다.

• **도상** : 철도 선로의 노반과 침목 사이를 말하며, 자갈도상과 콘크리트 도상이 있다.

답 ④

14 프로세스(공정) 제어에 속하지 않는 것은?

① 방위   ② 유량

③ 압력   ④ 온도

풀이 제어량의 종류에 의한 분류

항목	프로세스 제어	서보 제어	자동조정 제어
특징	플랜트나 생산 공정 중의 상태량을 제어량으로 하는 제어	기계적 변위를 제어량으로 해서 목표값의 임의의 변화에 추종하도록 구성된 제어계	전기적, 기계적 양을 주로 제어하는 것으로서, 응답 속도가 대단히 빨라야 한다.
제어량의 종류	• 온도 • 유량 • 압력 • 액위 • 농도 • 밀도 등	• 물체의 위치 • 방위 • 자세 등	• 전압 • 전류 • 주파수 • 회전속도 • 힘 등

답 ①

15 광원 중 루미네선스(luminescence)에 의한 발광현상을 이용하지 않는 것은?

① 형광 램프   ② 수은 램프

③ 네온 램프   ④ 할로겐 램프

풀이
- 물체의 온도를 높여서 발광시키는 온도복사 이외의 모든 발광을 루미네선스라 한다.
- 백열전구나 할로겐 전구는 온도복사를 이용한 광원이다. **답** ④

16 정류방식 중 맥동률이 가장 적은 것은? (단, 저항부하인 경우이다.)

① 3상 반파방식
② 3상 전파방식
③ 단상 반파방식
④ 단상 전파방식

풀이

정류 종류	단상 반파	단상 전파	3상 반파	3상 전파
맥동률[%]	121	48	17.7	4.04
정류 효율	40.5	81.1	96.7	99.8
맥동 주파수	f	$2f$	$3f$	$6f$

답 ②

17 파이로 루미네선스(Pyro-luminescence)를 이용한 것은?

① 형광등
② 수은등
③ 화학 분석
④ 텔레비전 영상

풀이 파이로 루미네선스는 알칼리 금속, 알칼리 토금속 등의 증발하기 쉬운 원소 또는 염류를 알코올 램프의 불꽃 속에 넣을 때 발광하는 현상을 말하며, 이것은 화합물의 분석과 발염 아크등에 이용된다. **답** ③

18 열전 온도계의 원리는?

① 홀효과
② 핀치효과
③ 톰슨효과
④ 제벡효과

풀이 ① 홀 효과 : 도체나 반도체의 물질에 전류를 흘리고 이것과 직각 방향으로 자계를 가하면, 전류와 자계가 이루는 면에 직각방향으로 기전력이 발생되는 현상이다.

② 핀치 효과 : 용융체에 강한 전류를 통하면 전자력에 의한 인력이 커지므로 용융체가 도중에서 끊어져 전류가 끊어지는 현상을 말한다.
③ 톰슨 효과 : 제벡 효과의 역현상의 일종으로 동종의 금속의 접점에 전류를 통하면 전류방향에 따라 열을 발생 또는 흡수하는 현상이다.
④ 제벡 효과 : 열전온도계, 즉 두 금속을 두 접점으로 폐회로를 만들고 두 접점의 온도를 달리하면 기전력이 발생한다. 이 열기전력은 두 접점간의 온도차에 비례한다. 이 두 금속을 열전대라 하고 이것을 이용한 것이 열전 온도계이다. **답** ④

19 가시광선 중에서 시감도가 가장 좋은 광색과 그때의 파장[nm]은 얼마인가?

① 황적색, 680[nm]
② 황록색, 680[nm]
③ 황적색, 555[nm]
④ 황록색, 555[nm]

풀이 어느 파장의 에너지가 빛으로 느껴지는 정도를 시감도라 하며, 최대 시감도는 파장 555[nm](5550[Å])의 황록색에서 발생하고, 그 때의 시감도는 680[lm/W]이다.

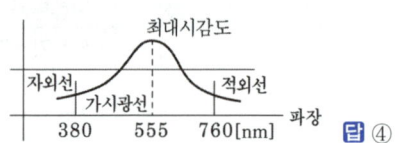

답 ④

20 저항 용접의 특징으로 틀린 것은?

① 잔류응력이 작다.
② 용접부의 온도가 높다.
③ 전원에는 상용주파수를 사용한다.
④ 대전류가 필요하기 때문에 설비비가 높다.

풀이 저항 용접의 특징
① 아크 용접에 비해 용접부의 온도가 낮다.
② 열의 영향이 용접부 부근에만 국한되므로 변형이나 잔류 응력은 적다.
③ 비교적 정밀한 공작물의 용접이 가능하며 용접시간도 매우 짧다.
④ 일반적으로 대전류를 필요로 하기 때문에 설비가 고가이다. **답** ②

2018년 - 2회 _ 공사산업기사

01 전기가열 방식 중 전기적 절연물에 교번전계를 가할 때 물체 내부의 전기 쌍극자의 회전에 의해 발열하는 가열 방식은?

① 저항 가열
② 유도 가열
③ 유전 가열
④ 전자빔 가열

풀이 유전가열 : 유전체를 극판 사이에 끼우고 고주파 전압을 가하면 쌍극자가 전기장의 방향으로 방향을 바꾸려고 고주파 전기장의 변화에 맞추어서 진동을 한다. 이 평균 운동 에너지가 열에너지로 변환되어 피열물(유전체)에 내부 발열을 일으킨다. **답** ③

02 궤간이 1[m]이고 반경이 1270[m]인 곡선궤도를 64[km/h]로 주행하는 데 적당한 고도는 약 몇 [mm]인가?

① 13.4
② 15.8
③ 18.6
④ 25.4

풀이
$$C = \frac{GV^2}{127R} = \frac{1,000 \times 64^2}{127 \times 1,270} = 25.4[mm]$$
여기서, C : 켄트[mm]
G : 궤간[mm]
R : 곡선 반지름[m]
V : 열차속도[km/h]이다. **답** ④

03 피열물에 직접 통전하여 발열시키는 직접식 저항로가 아닌 것은?

① 염욕로
② 흑연화로
③ 카바이드로
④ 카보런덤로

풀이
• 직접 저항로 : 흑연화로, 카바이드로, 카보런덤로, 알루미늄 전해로
• 간접 저항로 : 염욕로, 크리프톨로, 발열체로 **답** ①

04 FET에 관한 설명 중 틀린 것은?

① 제조기술에 따라 MOS형과 접합형이 있다.
② 극성이 2개 존재하는 쌍극성 접합 트랜지스터이다.
③ 다수 캐리어인 자유전자나 정공 중 어느 하나에 의해서 전류의 흐름이 제어된다.
④ 게이트에 역전압을 인가하여 드레인 전류를 제어하는 전압제어 소자이다.

풀이 FET(field-effect transistor)는 단극성 소자로 다수 캐리어만으로 동작한다. **답** ②

05 제어대상을 제어하기 위하여 입력에 가하는 양을 무엇이라 하는가?

① 외란
② 변환부
③ 목표값
④ 조작량

풀이 폐루프 제어계의 구성도

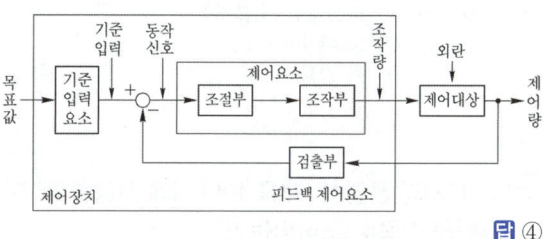

답 ④

06 휘도가 낮고 효율이 좋으며 투과성이 양호하여 터널 조명, 도로조명, 광장조명 등에 주로 사용되는 것은?

① 형광등
② 백열전구
③ 나트륨등
④ 할로겐등

풀이 나트륨등은 나트륨 증기 중의 방전을 이용한 것으로 인공 광원 중 최대 발광 효율(80~150[lm/W])을 나타내며, 단색광으로 연색성이 대단히 나빠 실내조명으로는 부족하다. 투과력이 양호하여 강변 도로등, 안개지역 가로등, 광학시험에 사용된다. **답** ③

07 열차저항이 커지고 속도가 떨어져 표정속도가 낮아지는 원인은?

① 건축한계를 초과한 경우
② 차량 한계를 초과한 경우
③ 곡선이 있고 구배가 심한 경우
④ 표준 궤간을 채택하지 않은 경우

풀이 표정속도 $= \dfrac{운전거리}{순주행시간+정차시간}$

구배구간이나 곡선구간에서는 열차저항이 크게 되어 전력소비량도 크게 되며, 속도가 떨어지고 주행시간이 길어져 표정속도가 낮아지게 된다. **답** ③

08 양수량 5[m³/min], 총양정 10[m]인 양수용 펌프전동기의 용량은 약 몇 [kW]인가? (단, 펌프 효율 85[%], 여유계수 $K = 1.1$이다.)

① 9.01
② 10.56
③ 16.60
④ 17.66

풀이 $P = \dfrac{KQH}{6.12\eta} = \dfrac{1.1 \times 5 \times 10}{6.12 \times 0.85} = 10.57[\text{kW}]$

여기서, K : 손실계수 (여유계수)
Q : 양수량[m³/min]
H : 총 양정[m], η : 효율 **답** ②

09 20[Ω]의 전열선 1개를 100[V]에 사용할 때 몇 [W]의 전력이 소비되는가?

① 400
② 500
③ 650
④ 750

풀이 전력 $P = I^2 R = \dfrac{V^2}{R} = \dfrac{100^2}{20} = 500[\text{W}]$ **답** ②

10 적외선 건조에 대한 설명으로 틀린 것은?

① 효율이 좋다
② 온도 조절이 쉽다.
③ 대류열을 이용한다.
④ 소요되는 면적이 작다.

풀이 적외선 건조의 특징
① 도장 등의 표면 건조에 적당하다.
② 건조기 구조가 간단하다.

③ 조작 간단, 연료 손실 적고, 작업 시간이 단축된다.
④ 설비비 유지비가 염가, 설치 장소 절약된다.
⑤ 건조 재료의 감시가 용이하고 청결 안전하다.
⑥ 적외선 건조는 적외선전구에 의한 복사열을 이용한다. **답** ③

11 물체의 위치, 방위, 자세 등의 기계적 변위를 제어량으로 하는 것은?

① 자동조정
② 서보기구
③ 시퀀스 제어
④ 프로세스 제어

풀이 제어량의 종류에 의한 분류

항목	프로세스 제어	서보 제어	자동조정 제어
특징	플랜트나 생산 공정 중의 상태량을 제어량으로 하는 제어	기계적 변위를 제어량으로 해서 목표값의 임의의 변화에 추종하도록 구성된 제어계	전기적, 기계적 양을 주로 제어하는 것으로서, 응답 속도가 대단히 빨라야 한다.
제어량의 종류	• 온도 • 유량 • 압력 • 액위 • 농도 • 밀도 등	• 물체의 위치 • 방위 • 자세 등	• 전압 • 전류 • 주파수 • 회전속도 • 힘 등

답 ②

12 전해정제법이 이용되고 있는 금속 중 최대 규모로 행하여지는 대표 금속은?

① 철
② 납
③ 구리
④ 망간

풀이 전기 분해를 이용하여 순수한 금속만을 음극에서 석출하여 정제하는 것을 전해정제 (electrolytic refining)라 하며 이 방법에 의하여 정제하는 금속으로는 구리가 가장 많고 주석, 금, 은, 니켈, 안티몬 등을 제조할 수 있다. **답** ③

13 물을 전기분해할 때 음극에서 발생하는 가스는?

① 황산
② 산소
③ 염산
④ 수소

풀이 물을 전기 분해하면 음극에서 수소를, 양극에서는 산소를 발생한다.

- 음극 : $2H^+ + 2e^- = H_2$
- 양극 : $2OH = \frac{1}{2}O_2 + H_2O + 2e^-$

답 ④

---

14 전동기의 손실 중 직접 부하손에 해당하는 것은?

① 풍손
② 베어링 마찰손
③ 브러시 마찰손
④ 전기자 권선의 저항손

풀이

총손실	무부하손	철손 : 히스테리시스손, 와류손
		기계손 : 풍손, 베어링 마찰손, 브러시 마찰손
	부하손	전기자 저항손 $P_c = I_a^2 R$[W]
		브러시 전기손
		표류 부하손 : 권선 이외 부분의 누설 자속에 의해 발생

답 ④

---

15 발광에 양광주를 이용하는 조명등은?

① 네온전구
② 네온관등
③ 탄소아크등
④ 텅스텐아크등

풀이 네온관등은 가늘고 긴 유리관에 불활성 가스 또는 수은을 봉입하고 양단에 원통형의 전극을 설치한 방전등으로 양광주라고 하는 부분의 발광을 이용한 것이다.

답 ②

---

16 60[cd]의 점광원으로부터 2[m]의 거리에서 그 방향에 직각 되는 면과 30° 기울어진 평면상의 조도는 약 몇 [lx]인가?

① 11
② 13
③ 20
④ 26

풀이 광도 I[cd]의 광원에서 r[m] 떨어져서 θ만큼 기울어진 면의 조도 E[lx]는 다음과 같다.

$E = \frac{I}{r^2}\cos\theta = \frac{60}{2^2} \times \cos 30° ≒ 13$[lx]

답 ②

---

17 지름 1[m]인 원형 탁자의 중심에서 조도가 500[lx]이고 중심에서 멀어짐에 따라 조도는 직선으로 감소하여 주변에서의 조도가 100[lx]로 되었다면 평균 조도는 약 몇 [lx]인가?

① 123
② 233
③ 283
④ 332

풀이 평균조도 $E_{av} = \frac{100+500+100}{3} = 233$[lx]

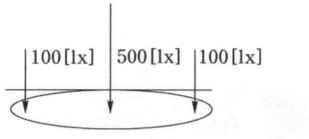

답 ②

---

18 어떤 정류회로에서 부하양단의 평균전압이 2000[V]이고 맥동률은 2[%]라 한다. 출력에 포함된 교류분 전압의 크기[V]는?

① 60
② 50
③ 40
④ 30

풀이 맥동률 $= \frac{교류분}{직류분}$ 이므로

∴ 교류분 $=$ 직류분 $\times$ 맥동률 $= 2000 \times 0.02 = 40$ [V]

답 ③

---

19 200[W]의 전구를 우유색 구형 글로브에 넣었을 경우 우유색 유리 반사율을 30[%], 투과율을 60[%]라고 할 때 글로브의 효율은 약 몇 [%]인가?

① 75
② 85.7
③ 116.7
④ 133.3

풀이 글로브의 효율 $\eta = \frac{\tau}{1-\rho} = \frac{0.6}{1-0.3} = 0.857$

∴ $\eta = 85.7$[%]

답 ②

---

20 저항 용접에 속하지 않는 것은?

① 심 용접
② 아크 용접
③ 스폿 용접
④ 프로젝션 용접

풀이 저항 용접의 종류
① 겹치기 저항 용접
   - 점(spot) 용접 : 전구의 필라멘트 용접, 열전대의 용접
   - 돌기 용접(프로젝션 용접)
   - 심 용접 : 이음매 용접
② 맞대기 저항 용접
   - 업셋 맞대기 용접
   - 플래시 맞대기 용접
   - 충격 용접   **답** ②

2018년 ─ 4회 _ 공사산업기사

01 온도의 변화로 인한 궤조의 신축에 대응하기 위한 것은?

① 궤간   ② 곡선
③ 유간   ④ 확도

풀이
- 궤간 : 한 레일과 마주보는 다른 레일과의 거리
- 유간 : 온도의 변화에 대한 궤조의 신축에 대응하기 위하여 이음 장소에 적당한 간격을 두는 것
- 확도 : 곡선로 부분에서 플랜지가 레일 측면에 끼어서 탈선하는 것을 방지하기 위해서 궤간을 직선부보다 약간 넓게 하는 것   **답** ③

02 평균 수평광도는 200[cd], 구면 확산율이 0.8 일 때 구광원의 전광속은 약 몇 [lm]인가?

① 2009   ② 2060
③ 2260   ④ 3060

풀이 구면 확산율이 0.8일 때, 평균구면 광도 I와 평균수평 광도 I_h는 다음과 같다.
$$I = 0.8 I_h = 0.8 \times 200 = 160[\text{cd}]$$
따라서 전광속 F는
$$F = 4\pi I = 4\pi \times 160 = 2010.62[\text{lm}]$$ **답** ①

03 용해, 용접, 담금질, 가열 등에 가장 적합한 가열방식은?

① 복사가열   ② 유도가열
③ 저항가열   ④ 유전가열

풀이
① 복사 가열 : 적외선 가열이라고도 하며, 적외선 전구 또는 비금속 발열체 등에서 복사된 적외선을 피열물의 표면에 조사하는 가열
② 유도 가열 : 교류자계 중에 있어서 도전성 물체 중에 생기는 와전류에 의한 전류손 또는 히스테리시스손을 이용하는 가열로 금속의 표면 담금질·형조·용해·풀림·연납땜·경납땜 등에 응용된다.
③ 저항 가열 : 전류에 의한 옴손을 이용한 가열
④ 유전 가열 : 고주파 전계 중에 절연성 피열물을 놓고, 여기에 생기는 유전체손을 이용하는 가열
                                          답 ②

04 3상 반파정류회로에서 변압기의 2차 상전압 220[V]를 SCR로써 제어각 $\alpha = 60°$로 위상제어할 때 약 몇 [V]의 직류전압을 얻을 수 있는가?

① 108.7   ② 118.7
③ 128.7   ④ 138.7

풀이 3상 반파정류회로
$$E_{d\pi} = \frac{1}{2\pi/3} \int_{-\pi/3+\alpha}^{\pi/3+\alpha} \sqrt{2}\, V\cos\theta\, d\theta = \frac{3\sqrt{6}}{2\pi} V\cos\theta$$
$$\therefore\ E_{d\pi} = \frac{3\sqrt{6}}{2\pi} \times 220 \times \cos 60° ≒ 128.7[\text{V}]$$ **답** ③

05 생산공정이나 기계장치 등에 이용하는 자동제어의 필요성이 아닌 것은?

① 노동 조건의 향상
② 제품의 생산속도를 증가
③ 제품의 품질향상, 균일화, 불량품 감소
④ 생산설비에 일정한 힘을 가하므로 수명 감소

풀이 폐회로 제어계의 특징
① 정확성의 증가
② 생산품질향상이 현저하며 균일한 제품을 얻을 수 있다.
③ 원료, 연료 및 동력을 절약할 수 있으며 인건비를 줄일 수 있다.
④ 생산 속도를 상승시키고, 생산량을 크게 증대시킬 수 있다.
⑤ 노동조건의 향상 및 위험 환경의 안정화 기여
                                          답 ④

06 복사속의 단위로 옳은 것은?

① sr ② W

③ lm ④ cd

풀이 복사속 : 단위 시간에 어느 면을 통과하는 복사 에너지의 양으로 그 **단위는 와트[W]**이다. **답** ②

07 물체의 위치, 방향 및 자세 등의 기계적 변위를 제어량으로 해서 목표 값의 임의의 변화에 추종하도록 구성된 제어계는?

① 자동조정

② 서보기구

③ 프로세스 제어

④ 프로그램 제어

풀이 제어량의 종류에 의한 분류

항목	프로세스 제어	서보 제어	자동조정 제어
특징	플랜트나 생산 공정 중의 상태량을 제어량으로 하는 제어	기계적 변위를 제어량으로 해서 목표값의 임의의 변화에 추종하도록 구성된 제어계	전기적, 기계적 양을 주로 제어하는 것으로서, 응답 속도가 대단히 빨라야 한다.
제어량의 종류	• 온도 • 유량 • 압력 • 액위 • 농도 • 밀도 등	• **물체의 위치** • **방위** • **자세 등**	• 전압 • 전류 • 주파수 • 회전속도 • 힘 등

답 ②

08 서로 관계 깊은 것들끼리 짝지은 것이다. 틀린 것은?

① 유도가열 : 와전류손

② 표면가열 : 표피효과

③ 형광등 : 스토크스정리

④ 열전온도계 : 톰슨효과

풀이 제벡 효과 :

두 금속을 두 접점으로 폐회로를 만들고 두 접점의 온도를 달리하면 기전력이 발생하며, 이 열기전력은 두 접점간의 온도차에 비례한다. 이 두 금속을 열전대라 하고 이것을 이용한 것이 **열전 온도계**이다. **답** ④

09 광속 계산의 일반식 중에서 직선 광원(원통)에서의 광속을 구하는 식은 어느 것인가? (단, I_0는 최대광도, I_{90}은 $\theta = 90°$ 방향의 광도이다.)

① πI_0 ② $\pi^2 I_{90}$

③ $4\pi I_0$ ④ $4\pi I_{90}$

풀이 ① 구광원 : 태양이나 백열등

$F = 4\pi I ≒ 12.57I$ [lm]

② 반구 광원

$F = 2\pi I$ [lm]

③ 평면판 : 확산형 유리창이나 매입형 확산 조명 기구, EL 등

$F = \pi I_0$ [lm]

④ **원통 광원 : 형광등**

$F = \pi^2 I_0 ≒ 9.87I_0$ [lm] **답** ②

10 직접 조명의 장점이 아닌 것은?

① 설비비가 저렴하며 설계가 단순하다.

② 그늘이 생기므로 물체의 식별이 입체적이다.

③ 조명률이 크므로 소비전력은 간접조명의 1/2~1/3이다.

④ 등기구의 사용을 최소화하여 조명효과를 얻을 수 있다.

풀이 ① 직접 조명

• 설비비가 저렴하며 설계가 단순하다.

• 그늘이 생기므로 물체의 식별이 입체적이다.

• 조명률이 크므로 소비전력은 간접조명의 1/2~1/3이다.

• 조명기구의 점검, 보수가 용이하다.

② 간접조명

• 눈부심이 적고 피조면의 조도가 균일하다.

• 그림자가 부드럽다.

• **등기구의 사용을 최소화**하여 조명효과를 얻을 수 있다. **답** ④

11 20[℃]의 물 5리터를 용기에 넣어 1[kW]의 전열기로 가열하여 90[℃]로 하는 데 40분 걸렸다. 이 전열기의 효율은 약 몇 [%]인가?

① 46 ② 51

③ 56 ④ 61

풀이 $860\eta Pt = M(T_2 - T_1)$에서

$$\eta = \frac{M(T_2 - T_1)}{860 Pt} \times 100$$
$$= \frac{5 \times (90 - 20)}{860 \times 1 \times \frac{40}{60}} \times 100 = 61[\%]$$

답 ④

---

12 고주파 유전가열에서 피열물의 단위 체적당 소비전력[W/cm³]은? (단, E[V/cm]는 고주파 전계, δ는 유전체 손실각, f는 주파수, ϵ_s는 비유전율이다.)

① $\frac{5}{9} Ef\epsilon_s \tan\delta \times 10^{-9}$

② $\frac{5}{9} Ef\epsilon_s \tan\delta \times 10^{-10}$

③ $\frac{5}{9} E^2 f\epsilon_s \tan\delta \times 10^{-8}$

④ $\frac{5}{9} E^2 f\epsilon_s \tan\delta \times 10^{-12}$

풀이 단위 체적당 전력
$$P = \frac{W}{S \cdot d} = \frac{5}{9} E^2 \times f\epsilon_s \tan\delta \times 10^{-12}[W/cm^3]$$
단, S : 전극의 면적, d : 전극의 간격 **답** ④

---

13 아래에서 금속의 이온화 경향이 가장 큰 것은?

① Ag ② Pb
③ Na ④ Sn

풀이 이온화 경향은 금속이 액체와 접촉 시 양이온으로 되는 경향으로, 이온화 경향이 큰 순서로는
K > Ba > Ca > Na > Mg > Al > Mn > Zn > Fe > Ni > Sn > Pb > Cu > Hg > Ag > Pt > Au 순이다. **답** ③

---

14 유도전동기를 기동하여 각속도 ω_s에 이르기까지 회전자에서의 발열 손실 Q[J]를 나타낸 식은? (단, J는 관성 모멘트이다.)

① $Q = \frac{1}{2} J\omega_s$ ② $Q = \frac{1}{2} J\omega_s^2$

③ $Q = \frac{1}{2} J^2 \omega_s$ ④ $Q = \frac{1}{2} J^2 \omega_s^2$

풀이 기동 시의 경우 슬립은 $s_1 = 1$, 각속도 ω_s에 이르는 슬립은 $s_2 = 0$이므로

$$Q = \int_{t_1}^{t_2} P_c dt = -\omega_s^2 J \int_{s_1}^{s_2} s\, d_s = -\frac{1}{2} J\omega_s^2 [s^2]_{s_1}^{s_2}$$
$$= -\frac{1}{2} J(2\pi n_s)^2 [s^2]_{s_1=1}^{s_2=0} = \frac{1}{2} J\omega_s^2[J]$$

회전수 n_s에 있어서 회전자에 축적된 운동 에너지와 같다. **답** ②

---

15 1000[lm]인 광속을 발산하는 전등 10개를 500[m²] 방에 점등하였다. 평균조도는 약 몇 [lx]인가? (단, 조명률은 0.5이고 감광보상률이 1.5이다.)

① 1.67 ② 2.52
③ 6.67 ④ 60

풀이 $FUN = EAD$에서
$F = 1,000$[lm], $N = 10$, $A = 500$[m²]
$U = 0.5$, $D = 1.5$ 이므로
$$\therefore E = \frac{FUN}{AD} = \frac{1,000 \times 0.5 \times 10}{500 \times 1.5} ≒ 6.67[lx]$$ **답** ③

---

16 SCR 각 단자에 접속되는 전압극성이 옳게 표기된 것은?

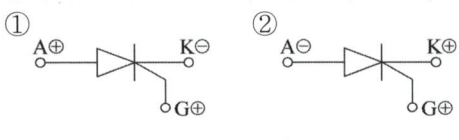

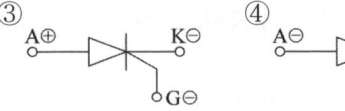

풀이 사이리스터(SCR)는 순방향 전압이 인가되어 있을 때 게이트 단자에 전압을 인가하여 브레이크 오버 전압을 낮추어 도통 상태를 만든다.

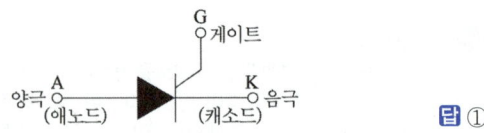

답 ①

17 플라즈마 용접의 특징이 아닌 것은?

① 비드(bead)폭이 좁고 용입이 깊다.
② 용접속도가 빠르고 균일한 용접이 된다.
③ 가스의 보호가 충분하며, 토치의 구조가 간단하다.
④ 플라즈마 아크의 에너지 밀도가 커서 안정도가 높다.

풀이 플라즈마 용접의 특징
① 장점
  • 플라즈마 아크의 에너지 밀도가 커서 안정도가 높고 보유 열량이 크다.
  • 비드(bead) 폭이 좁고 용입이 깊다.
  • 용접 속도가 빠르고 균일한 용접이 된다.
② 단점
  • 용접 속도가 크기 때문에 가스의 보호가 불충분하게 된다.
  • 피포 가스를 이중으로 사용할 필요가 있고 토치의 구조가 복잡하게 된다. **답** ③

18 기동토크가 가장 큰 단상 유도전동기는?

① 반발 기동전동기
② 분상 기동전동기
③ 콘덴서 기동전동기
④ 세이딩코일형 전동기

풀이 단상 유도 전동기의 종류와 기동 전류, 기동 토크, 정동 토크 및 용도는 다음 표와 같다.

종 류	기동 전류 [%]	기동 토크 [%]	정동 토크 [%]	용도
반발 기동형	300~400	300 이상	175~300	펌프
콘덴서 기동형	500~700	250 이상	175~300	냉장고
콘덴서 전동기	350~400	140~160	200~300	세탁기, 선풍기
분상 기동형	500~700	125 이상	175~300	복사기, 계산기
세이딩 코일형		40~100	130~200	플레이어, 테이프 레코더

답 ①

19 우리나라 전기철도에 주로 사용하는 집전장치는?

① 뷔겔　　② 집전슈
③ 트롤리봉　　④ 팬터그래프

풀이 전기차량에 가공선 또는 제3 궤조에서 전기를 취하기 위한 장치를 집전장치라 하며 집전자에는 다음과 같은 종류가 있다.
• 트롤리 봉(trolley pole)
• 뷔겔(bow collector or Bugel collector)
• 팬터 그래프(pantagraph or pantograph) : 대형 고속 전차에 가장 많이 사용되며, 우리나라에서 주로 사용한다. **답** ④

20 망간 건전지에 대한 설명으로 틀린 것은?

① 1차 전지이다.
② 공칭전압이 1.5[V]이다.
③ 음극으로 아연이 사용된다.
④ 양극으로 이산화망간이 사용된다.

풀이 망간전지는 양극에는 탄소봉, 음극에는 아연을 사용하는 대표적인 1차전지이다. 양극에 사용하는 탄소봉은 이산화망간에 흑연가루를 혼합하여 전기전도성을 좋게 한 것이므로 ④도 옳은 설명이 되어 전항정답 처리함 **답** 전항 정답

01 루소선도가 아래 그림과 같을 때, 배광곡선의 식은?

① $I_\theta = 100\cos\theta$

② $I_\theta = 50(1+\cos\theta)$

③ $I_\theta = \dfrac{2\theta}{\pi}100$

④ $I_\theta = \dfrac{\pi-2\theta}{\pi}100$

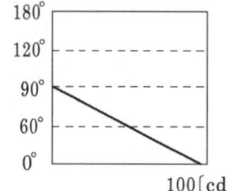

풀이 배광곡선의 기본식 $I_\theta = a\cos\theta + b$ 이다.
루소 선도에서 $\theta = 90°$일 때
$I_{90°} = a\cos90° + b = 0[\text{cd}]$이므로, $b = 0$
$\theta = 0°$일 때 $I_{0°} = a\cos0° + b = 100[\text{cd}]$이므로,
$a = 100$
$\therefore I_\theta = 100\cos\theta$ **답** ①

02 형광등은 주위 온도가 몇 [℃] 일 때 가장 효율이 높은가?

① 5~10[℃] ② 10~15[℃]
③ 20~25[℃] ④ 35~40[℃]

풀이 형광등은 일반적으로 주위 온도가 20~27[℃]일 때의 관 벽 온도는 40~45[℃]이므로 이때 온도에서 최고 효율이 되도록 설계되어 있다. **답** ③

03 전기가열 방식에 대한 설명으로 틀린 것은?

① 저항가열은 줄열을 이용한 가열방식이다.
② 유도가열은 표면 담금질 등의 열처리에 이용되는 방식이다.
③ 유전가열은 와전류손과 히스테리시스손에 의한 가열방식이다.
④ 아크가열은 전극 사이에 발생하는 아크열을 이용한 가열방식이다.

풀이 ① 저항 가열 : 전류에 의한 줄열(옴손)을 이용한 가열방식
② 유도 가열 : 도전성 물체 중에 생기는 와전류손과 히스테리시스손을 이용하는 가열방식
③ 유전 가열 : 절연성 피열물에 생기는 유전체손을 이용하는 가열방식
④ 아크 용접 : 전극 사이에 발생하는 아크열을 이용한 가열방식 **답** ③

04 엘리베이터용 전동기에 대한 설명으로 틀린 것은?

① 관성 모멘트가 작아야 한다.
② 기동 토크가 큰 것이 요구된다.
③ 플라이휠 효과(GD^2)가 커야 한다.
④ 가속도의 변화율이 적어야 한다.

풀이 엘리베이터에 사용되는 전동기의 특성
① 플라이휠 효과(회전부분의 관성 모멘트)는 적어야 한다(기동·정지가 빈번).
② 가속도의 변화비율이 일정 값이 되도록 선택(가속·감속 시)한다.
③ 기동 토크가 커야 한다.
④ 소음이 적어야 한다. **답** ③

05 열차의 무인운전과 같이 미리 정해진 시간적 변화에 따라 정해진 순서대로 제어하는 방식은?

① 추종 제어 ② 비율 제어
③ 정치 제어 ④ 프로그램 제어

풀이 제어 목적에 의한 분류
① 정치 제어 : 제어량을 어떤 일정한 목표값으로 유지하는 것을 목적으로 하는 제어법(연속식 압연기)
② 추종 제어 : 미지의 임의 시간적 변화를 하는 목표값에 제어량을 추종시키는 것을 목적으로 하는 제어법
③ 비율 제어 : 목표값이 다른 것과 일정 비율 관계를 가지고 변화하는 경우의 추종 제어
④ 프로그램 제어 : 미리 정해진 프로그램에 따라 제어량을 변화시키는 것을 목적으로 하는 제어법(무인 엘리베이터, 산업로봇) **답** ④

06 전기철도의 전기차량용으로 교류전동기를 사용할 때 장점으로 틀린 것은?

① 제한된 공간에서 소형·경량으로 할 수 있고, 대출력화가 가능하다.

② 브러시 및 정류자가 있어서, 구조가 간단하고 제작 및 유지보수가 간단하다.

③ 속도제어 범위가 넓기 때문에 고속운전에 적합하다.

④ 인버터 제어방식으로 주 회로를 무접점화할 수 있다.

풀이 유도 전동기는 직류 전동기와 달리 브러시 및 정류자가 없으므로 유지보수 측면에서 큰 장점이 있다. **답** ②

07 유도가열과 유전가열의 공통된 특성은?

① 도체만을 가열한다.

② 선택가열이 가능하다.

③ 절연체만을 가열한다.

④ 직류를 사용할 수 없다.

풀이 유전 가열과 유도 가열의 비교

항목	유전 가열	유도 가열
원리	유전체손 이용	와류손 및 히스테리시스 손실 이용
적용	절연체(유전체)	금속(도체), 반도체
전원	교류(**직류 사용불가**) 1~200[MHz]	교류(**직류 사용불가**) • 저주파 유도 가열 : 60[Hz] • 고주파 유도 가열 : 5~20[kHz]

답 ④

08 궤간의 확도(slack)[mm]를 표시하는 식은? (단, l은 차축거리[m], R[m]는 곡선의 반지름이다.)

① $\dfrac{l^2}{8R}$

② $\dfrac{8l^2}{R}$

③ $\dfrac{l^2}{R}$

④ $\dfrac{l^2}{5R}$

풀이 확도(slack 슬랙) : 곡선로 부분에서 플랜지가 레일 측면에 끼어서 탈선하는 것을 방지하기 위해서 궤간을 직선부보다 약간 넓게 하는 것

확도 $S = \dfrac{l^2}{8R}$[m]

여기서, l : 고정 차축 간 거리[m]
R : 곡선 반지름[m] **답** ①

09 축전지의 용량을 표시하는 단위는?

① J

② Wh

③ Ah

④ VA

풀이 축전지 용량[Ah] = 방전 전류[A] × 방전 시간[h] **답** ③

10 다음 (   )에 들어갈 도금의 종류로 옳은 것은?

> (   )도금은 철, 구리, 아연 등의 장식용과 내식용으로 사용되며, 크롬도금의 전 단계 공정으로 이용되고 있다.

① 동

② 은

③ 니켈

④ 카드뮴

풀이 니켈도금의 방법 중 하나인 전기도금은 황산니켈·염화암모늄·붕산용액 또는 염화니켈을 첨가한 용액을 사용하여 니켈을 양극으로 하고 금속을 음극으로 해서 전류를 흐르게 하는 것으로서 철, 구리, 아연 등의 장식용과 내식용으로 사용되며, 대부분 그 위에 얇은 크롬도금을 입혀서 사용한다. **답** ③

11 고주파 유전가열을 응용한 사항으로 틀린 것은?

① 고무의 가황

② 합판의 건조, 접착

③ 플라스틱의 성형과 비닐막 접착

④ 강재의 표면 담금질

풀이 ① 유전 가열의 응용
  • 목재의 접착 : 5~10[MHz]
  • 목재의 건조 : 2~5[MHz]
  • 기타 : 고무의 가황(加黃), 약품, 농어산물의 건조
② 유도 가열의 응용
  • 반도체 정련(단결정 제조)
  • **금속의 표면가열**(표면 담금질, 금속의 표면처리, 국부가열) **답** ④

12 그림과 같이 광원 L에서 P점 방향의 광도가 50[cd]일 때 P점의 수평면 조도는 약 몇 [lx]인가?

① 0.6
② 0.8
③ 1.2
④ 1.6

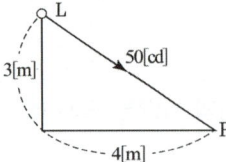

풀이

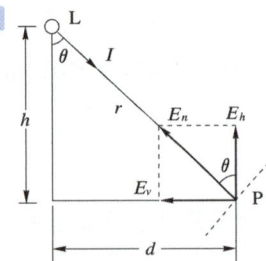

여기서
E_h : 수평면 조도,
E_v : 수직면 조도,
E_n : 법선 조도

따라서 수평면 조도

$$E_h = \frac{I}{r^2}\cos\theta = \frac{50}{\left(\sqrt{4^2+3^2}\right)^2} \times \frac{3}{\sqrt{4^2+3^2}}$$

$$= \frac{50}{25} \times \frac{3}{5} = 1.2\,[\text{lx}]$$

답 ③

13 토크가 증가할 때 가장 급격히 속도가 낮아지는 전동기는?

① 직류 분권전동기   ② 직류 복권전동기
③ 직류 직권전동기   ④ 3상 유도전동기

풀이 변속도 특성(또는 직권 특성)
① 특성 : 토크가 증가하면 속도가 저하되는 특성

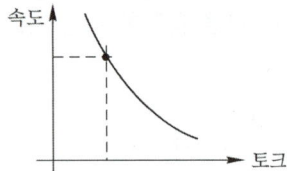

② 전동기의 종류
 • 직류 직권 전동기
 • 직류 가동 복권 전동기
 • 교류 직권 정류자 전동기
 • 2차 저항이 큰 유도 전동기
③ 용도
 기동 토크가 크며(직류직권 전동기), 또 부하가 커지면 속도는 떨어지고 부하가 작아지면 속도는 상승되어 전원에 대하여 비교적 정출력 특성
 • 전차
 • 하역용의 크레인

답 ③

14 양방향 전압저지 소자가 아닌 것은?

① MOSFET
② SCR 사이리스터
③ GTO 사이리스터
④ IGBT

풀이

	전압저지	전류저지
단방향	다이오드, BJT, MOSFET	다이오드, BJT, MOSFET, SCR, GTO, IGBT
양방향	SCR, GTO, IGBT, MCT	TRIAC, 역도통 사이리스터

답 ①

15 단면적 0.5[m²], 길이 10[m]인 원형 봉상도체의 한쪽을 400[℃]로 하고 이로부터 100[℃]의 다른 단자로 매 시간 40[kcal]의 열이 전도되었다면 이 도체의 열전도율은 약 몇 [kcal/m·h·℃]인가?

① 267   ② 26.7
③ 2.67   ④ 0.267

풀이

$$열류 = \frac{온도차}{열저항} = \frac{kS\theta}{l}$$

$$= \frac{k \times 0.5 \times (400-100)}{10} = 40[\text{kcal/h}]$$

단, k : 열전도율[kcal/mh℃]
 S : 단면적[m²]
 θ : 온도차[℃]
 l : 길이[m]

$$\therefore k = \frac{40 \times 10}{0.5 \times (400-100)} ≒ 2.67[\text{kcal/m·h·℃}]$$

답 ③

16 두 도체로 이루어진 폐회로에서 두 접점에 온도차를 주었을 때 전류가 흐르는 현상은?

① 홀 효과
② 광전 효과
③ 제벡 효과
④ 펠티에 효과

풀이 ① 홀 효과 : 도체나 반도체의 물질에 전류를 흘리고 이 것과 직각 방향으로 자계를 가하면, 전류와 자계가 이루는 면에 직각방향으로 기전력이 발생되는 현상이다.

② 광전효과 : 빛을 받으면 전기적 특성의 변화를 일으키는 현상

③ 제베크 효과 : 서로 다른 두 종류의 금속선을 접합하여 폐회로를 만든 후 두 접합점의 온도를 달리하였을 때, 폐회로에 열기전력이 발생하여 열전류가 흐르게 되는 현상

④ 펠티에 효과 : 서로 다른 두 종류의 금속선으로 폐회로를 만들고 온도를 일정하게 유지하면서 전류를 흘리면 금속선의 접속점에서 열의 흡수(온도 강하) 또는 발생(온도 상승)이 일어나는 현상 **답 ③**

---

17 제어기의 요소 중 기계적 요소에 포함되지 않는 것은?

① 스프링
② 벨로즈
③ 래더다이어그램부
④ 노즐 플래퍼

풀이 래더다이어그램 : 시퀀스를 사다리 형태로 그린 도면 **답 ③**

---

18 두 개의 사이리스터를 역병렬로 접속한 것과 같은 특성을 나타내는 소자는?

① TRIAC
② GTO
③ SCS
④ SSS

풀이 트라이액(TRIAC : Triode AC Switch)

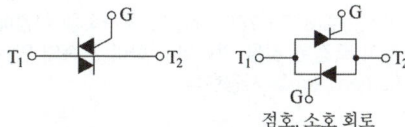

점호, 소호 회로

트라이액은 두 개의 SCR을 역병렬한 것을 한 개의 소자로 만든 것으로서 무접점 스위치나 위상 제어 회로, 가정용 조광 장치 및 전기로의 온도 조절 또는 전동기의 속도 제어 등에 광범위하게 응용되고 있다. **답 ①**

---

19 전구에 게터(getter)를 사용하는 목적은?

① 광속을 많게 한다.
② 전력을 적게 한다.
③ 진공도를 10^{-2}[mmHg]로 낮춘다.
④ 수명을 길게 한다.

풀이 ① 게터는 유리구에 남아 있는 수소나 산소와 화합하여 제거함으로 필라멘트의 증발을 감소시키고 진공을 좋게 하여, 유리구의 흑화를 방지하고 수명을 길게 한다.

② 게터의 종류
• 진공 전구 : 적린과 플루오르화소다
• 가스 주입전구 : 질화바륨과 카올린 **답 ④**

---

20 가시광선 파장(nm)의 범위는?

① 280~310
② 380~760
③ 400~430
④ 555~580

풀이 ① 가시광선의 파장(눈으로 느낄 수 있는 파장)은 약 380 ~ 760 [nm]로 파장 555 [nm]의 빛이 가장 밝게 느껴진다.

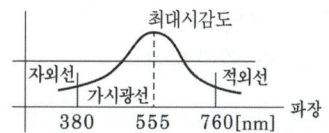

② 가시광선의 파장(보라색은 짧은 파장이며, 적색은 긴 파장에 해당된다.)

색	보라	파랑	초록	노랑	주황	빨강
파장 [nm]	380~430	430~452	452~550	550~590	590~640	640~760

답 ②

2019년 – 2회 _ 공사산업기사

---

01 목표값이 시간에 따라 변화하지 않는 제어는?

① 정치제어
② 비율제어
③ 추종제어
④ 프로그램제어

풀이 제어 목적에 의한 분류

① 정치 제어 : 제어량을 어떤 일정한 목표값으로 유지하는 것을 목적으로 하는 제어법(연속식 압연기)

② 비율 제어 : 목표값이 다른 것과 일정 비율 관계를 가지고 변화하는 경우의 추종 제어

③ 추종 제어 : 미지의 임의 시간적 변화를 하는 목표값에 제어량을 추종시키는 것을 목적으로 하는 제어법

④ 프로그램 제어 : 미리 정해진 프로그램에 따라 제어량을 변화시키는 것을 목적으로 하는 제어법(무인 엘리베이터, 산업로봇) **답 ①**

02 전력용 반도체 소자의 종류 중 스위칭 소자가 아닌 것은?

① GTO
② Diode
③ TRIAC
④ SSS

풀이 다이오드(Diode)는 회로의 주변 상황에 따라 순방향으로 전압이 가해지면 도통하고 역방향으로 전압이 가해지면 도통하지 않는 수동적인 소자로 사용자가 임의로 ON, OFF 시킬 수 없다. **답** ②

03 전기철도에 적용하는 직류 직권전동기의 속도제어 방법이 아닌 것은?

① 저항 제어
② 초퍼 제어
③ VVVF 인버터 제어
④ 사이리스터 위상제어

풀이 ① 직권 전동기의 속도제어 방식 : 계자 제어, 직렬 저항 제어, 직·병렬 제어, 초퍼제어, 메타다인 제어
② VVVF(가변 전압 가변 주파수) 인버터 제어방식은 3상 유도전동기의 속도제어 방법이다. **답** ③

04 20[cm²]의 면적에 0.5[lm]의 광속이 입사할 때 그 면의 조도[lx]는?

① 200
② 250
③ 300
④ 350

풀이 조도 $E = \dfrac{F}{A} = \dfrac{0.5}{20 \times 10^{-4}} = 250$ [lx] **답** ②

05 최고 사용온도가 1100[℃]이고 고온강도가 크며 냉간가공이 용이한 고온용 발열체는?

① 니크롬 제1종
② 니크롬 제2종
③ 철크롬 제1종
④ 철크롬 제2종

풀이 ① 니크롬 제1종은 고온에서 연화되지 않고 강도가 크며 냉간가공이 쉽다.
또한 고온 가열 후에도 강도 변화가 없으며, 고온용 발열체(1100 [℃])로 널리 사용된다.

② 발열체의 최고사용 온도
  • 니크롬 제1종 : 1100 [℃]
  • 니크롬 제2종 : 900 [℃]
  • 철-크롬 제1종 : 1200 [℃]
  • 철-크롬 제2종 : 1100 [℃] **답** ①

06 동의 원자량은 63.54이고 원자가가 2라면 전기 화학당량은 약 몇 [mg/C]인가?

① 0.229
② 0.329
③ 0.429
④ 0.529

풀이 화학 당량 $= \dfrac{원자량}{원자가} = \dfrac{63.54}{2} = 31.77$
1 [g] 당량의 물질이 전기 화학적으로 석출, 용해 또는 반응하는 데에 소비되는 전기량은 물질에 관계없이 일정하며 96,500[C]이다.
∴ 전기 화학 당량 $= \dfrac{31.77}{96,500} = 0.0003292$ [g/C]
$= 0.3292$ [mg/C] **답** ②

07 광속의 정의에 대한 설명으로 옳은 것은?

① 광원의 면 또는 발광면에서의 빛나는 정도
② 단위시간에 복사되는 에너지 양
③ 복사 에너지를 눈으로 보아 빛으로 느끼는 크기로 나타낸 것
④ 임의의 장소에서의 밝기를 나타내고, 밝음의 기준이 되는 것

풀이 가시범위(380~760 [nm])의 방사속을 시감에 기초를 두어 측정한 것을 광속이라 하며 광속의 단위는 루멘(lumen : lm)을 사용한다. **답** ③

08 기전반응을 하는 화학 에너지를 전지 밖에서 연속적으로 공급하면 연속방전을 계속할 수 있는 전지는?

① 2차전지
② 물리전지
③ 연료전지
④ 생물전지

풀이 ① 2차 전지 : 직류 전원으로 충전하여 반복 사용할 수 있는 전지로서 납축전지와 알칼리 축전지가 있다.
② 물리 전지 : 반도체의 pn 접합면에 태양 광선이나 방사선을 조사해서 기전력을 얻는 전지이다.

③ 연료 전지 : 기전 반응을 하는 화학 에너지를 전지 밖에서 연속적으로 공급하면 연속 방전을 계속시킬 수 있는 전지이다.

④ 생물전지 : 효소나 미생물과 같은 생물의 기능을 이용하여 산화 환원반응을 일으키도록 하는 전지이다.

답 ③

09 반도체 소자 중 게이트-소스 간 전압으로 드레인 전류를 제어하는 전압제어 스위치로 스위칭 속도가 빠른 소자는?

① GTO ② SCR
③ IGBT ④ MOSFET

풀이 MOSFET

(Metal Oxide Silicon Field Effect Transistor)
① on상태를 유지하기 위해 제어 전압을 지속적으로 인가해야 한다.
② 게이트와 소스 사이의 입력 임피던스가 매우 크기 때문에 게이트에 흐르는 전류는 매우 작고, 따라서 구동 회로가 간단하며 구동 전력이 작다.
③ 다수 캐리어로 동작되기 때문에 캐리어의 축적 효과에 따른 축적 시간이 필요 없으므로, 고속 스위칭이 가능하다.
④ 게이트와 소스의 전압으로 드레인 전류를 제어하는 전압 제어 소자이다.

답 ④

10 교번자계 중에서 도전성 물질 내에 생기는 와류손과 히스테리시스손에 의한 가열 방식은?

① 저항가열 ② 유도가열
③ 유전가열 ④ 아크 가열

풀이 유도가열은 교번자계 중에 있는 도전성 물질에서 발생하는 와류손과 히스테리시스손에 의한 발열을 이용하는 것으로
• 표면가열(표면담금질, 금속의 표면처리, 국부가열)
• 반도체 정련(단결정 제조)
에 이용된다.

답 ②

11 물체의 위치, 방위, 자세 등의 기계적 변위를 제어량으로 하는 것은?

① 서보기구 ② 자동조정
③ 프로그램 제어 ④ 프로세스 제어

풀이 제어량의 종류에 의한 분류

항목	프로세스 제어	서보 제어	자동조정 제어
특징	플랜트나 생산 공정 중의 상태량을 제어량으로 하는 제어	기계적 변위를 제어량으로 해서 목표값의 임의의 변화에 추종하도록 구성된 제어계	전기적, 기계적 양을 주로 제어하는 것으로서, 응답 속도가 대단히 빨라야 한다.
제어량의 종류	• 온도 • 유량 • 압력 • 액위 • 농도 • 밀도 등	• 물체의 위치 • 방위 • 자세 등	• 전압 • 전류 • 주파수 • 회전속도 • 힘 등

답 ①

12 절대온도 T[K]인 흑체의 복사발산도(전방사 에너지)는? (단, σ는 스테판-볼츠만의 상수이다.)

① σT ② $\sigma T^{1.6}$
③ σT^2 ④ σT^4

풀이 스테판-볼츠만 (Stefan-Blotzmann)의 법칙
흑체의 복사 발산량 W는 절대온도 T[K]의 4제곱에 비례한다.
$$W = \sigma T^4 [\text{W/cm}^2]$$
여기서, σ는 스테판-볼츠만의 상수이다.

답 ④

13 500[W]의 전열기를 정격상태에서 1시간 사용할 때 발생하는 열량은 약 몇 [kcal]인가?

① 430 ② 520
③ 610 ④ 860

풀이 발열량 $Q = 0.24Pt$[cal]
(여기서, P : 전력[W], t : 시간[sec])
따라서 매시간 당의 발열량
$Q = 0.24Pt = 0.24 \times 500 \times 60 \times 60 \times 10^{-3}$
$= 432$[kcal]

답 ①

14 동력 전달 효율이 78.4[%]인 권상기로 30[t]의 하중을 매분 4[m]의 속력으로 끌어 올리는데 필요한 동력은 약 몇 [kW]인가?

① 14 ② 18
③ 21 ④ 25

풀이

$$P = \frac{KWV}{6.12\eta} = \frac{30 \times 4}{6.12 \times 0.784} = 25[\text{kW}]$$

여기서, K : 손실계수 (여유계수)
W : 중량(하중)[ton]
V : 권상속도[m/min], η : 효율   **답 ④**

15 그림과 같은 배광곡선과 루소선도에서 반사갓이 없는 형광등의 루소선도는 어느 것인가?

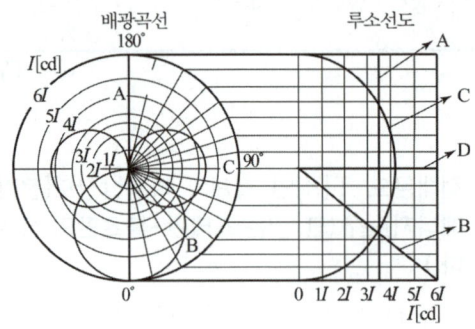

① A   ② B   ③ C   ④ D

풀이

광원 성질	직선	원판	평면판	원통	구면	반구면
수직배광 곡선						
루소선도						

답 ③

16 3상 유도전동기의 기동 방식이 아닌 것은?

① 직입기동   ② Y-△ 기동
③ 콘덴서기동   ④ 리액터 기동

풀이 ① 3상 유도 전동기의 기동법
  • 2차 저항에 의한 기동법(권선형)
  • 전 전압 기동기(농형) • Y-△ 기동(농형)
  • 리액터 기동(농형) • 기동 보상기(농형)
② 단상 유도전동기의 기동법
  • 분상 기동형
   (저항 분상, 리액터 분상, 콘덴서 분상)
  • **콘덴서 기동형** • 콘덴서 운전형
  • 반발 기동형 • 반발 유도형
  • 셰이딩 코일형 • 모노사이클릭 기동형
  답 ③

17 백색 LED의 발광 원리가 아닌 것은?

① GaN계 적색 LED와 청색 발광형광체를 조합한 형태
② GaN계 청색 LED와 황색 발광형광체를 조합한 형태
③ GaN계 자외선 LED와 적·녹·청색 발광의 혼합형광체를 조합한 형태
④ 3색(적·녹·청)의 개별 LED 칩을 1개의 패키지 안에 조합한 멀티칩 형태

풀이 백색 LED의 발광 원리
① GaN계 청색 LED를 광원으로 사용하여 황색 발광형광체를 여기 시킴으로써 백색을 구현
  – 제조단가가 저렴하고 발광 효율이 우수하다.
② GaN계 자외선 발광 LED를 광원으로 하여 삼원색 형광체를 여기 시켜 백색을 구현
  – 연색성이 우수하다.
③ 빛의 삼원색(적, 녹, 청)을 내는 3개의 LED를 조합하여 백색을 구현
  – 연색성이 우수하지만 가격이 높다   **답 ①**

18 2개의 곡선반경 중심이 선로에 대해 서로 반대측에 위치하는 선로 곡선은?

① 단심곡선   ② 복심곡선
③ 반향곡선   ④ 완화곡선.

풀이 ① 단심곡선 : 원의 중심이 1개인 곡선
② 복심곡선 : 반경이 다른 원 2개의 중심이 동일한 축에 위치한 곡선
③ 반향곡선 : 두 개의 곡선 반경의 중심이 선로에 대해 서로 반대 측에 위치한 곡선
④ 완화곡선 : 직선부와 곡선부 사이에 설치하는 완만한 곡선

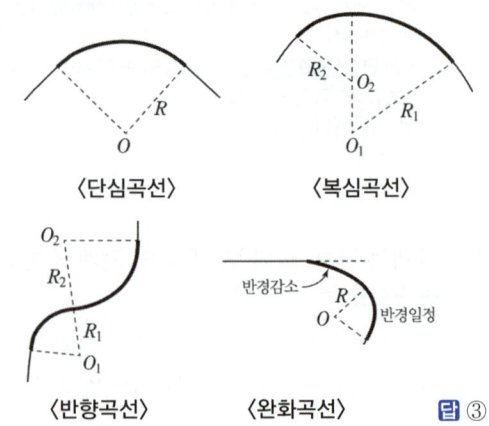

〈단심곡선〉   〈복심곡선〉

〈반향곡선〉   〈완화곡선〉   **답 ③**

19 광속 5500[lm]인 광원에서 4[m²]의 투명 유리를 일정 방향으로 조사(照射)하는 경우 그 유리 뒷면의 광속발산도 R[rlx] 및 휘도[nt]는 약 얼마인가? (단, 투명 유리의 투과율은 80[%]이다.)

① $R = 550$, $B = 175$
② $R = 1100$, $B = 350$
③ $R = 2200$, $B = 700$
④ $R = 4400$, $B = 1400$

풀이
- 투명 유리의 투과율은 $\tau = 0.8$ 이므로 유리 뒷면에서 발산하는 광속
  $F' = \tau F = 0.8 \times 5500 = 4400[lm]$
- 유리 뒷면의 광속발산도 R은
  $R = \dfrac{\tau F}{S} = \dfrac{4400}{4} = 1100\ [lm/m^2] = 1100[rlx]$
- $R = \pi B$이므로, 휘도 B는
  $B = \dfrac{R}{\pi} = \dfrac{1100}{\pi} \fallingdotseq 350[cd/m^2] = 350[nt]$ **답** ②

20 전기로에 사용되는 전극재료의 구비조건이 아닌 것은?

① 열전도율이 클 것
② 전기전도율이 클 것
③ 고온에 견디며 기계적 강도가 클 것
④ 피열물과 화학작용을 일으키지 않을 것

풀이
① 전기로가 고온으로 된 경우 전류를 공급하는 데는 내열성이 좋은 전극이 필요하며 일반적으로 탄소질의 전극이 많이 사용된다.
② 전극의 구비 조건
- 전기의 전도율이 클 것
- 열의 전도율이 적을 것
- 고온에 견디고 고온에서의 기계적 강도가 클 것
- 피열물과 화학 작용을 일으키지 않을 것   **답** ①

---

01 조절부의 전달특성이 비례적인 특성을 가진 제어시스템으로서 조절부의 입력이 주어지고 그 결과로 조절부의 출력을 만들어 내는 동작은?

① 비례동작   ② 적분동작
③ 미분동작   ④ 불연속동작

풀이
① 비례 제어(P 동작)
  피드백 경로 전달 특성이 비례적 특성만을 가지며, 속응성이 지연되고 잔류편차가 발생한다.
② 미분 동작 제어(D 동작)
  조작량이 동작신호(편차)의 미분에 비례하는 동작으로, 속응성이 개선된다.
③ 적분 동작 제어(I 동작)
  조작량이 동작신호(편차)의 적분에 비례하는 동작으로, 잔류편차를 제거한다.
④ 불연속 동작 제어
  비연속적인 제어이며, 2위치 제어와 샘플값 제어가 있다.   **답** ①

02 고주파 유전가열의 용도로 적합하지 않은 것은?

① 목재의 접착
② 플라스틱 성형
③ 비닐의 접착
④ 금속의 열처리

풀이
- 유전 가열과 유도 가열의 비교

항목	유전 가열	유도 가열
원리	유전체손 이용	와류손 및 히스테리시스 손실 이용
적용	절연체(유전체)	금속(도체), 반도체
전원	교류(직류 사용불가) 1~200[MHz]	교류(직류 사용불가) • 저주파 유도 가열 : 60[Hz] • 고주파 유도 가열 : 5~20[kHz]

- 목재, 플라스틱, 비닐막 등은 절연체이므로 유전 가열을 이용한다.   **답** ④

03 열차의 차체 중량이 75[ton]이고 동륜상의 중량이 50[ton]인 기관차의 최대 견인력은 몇 [kg]인가? (단, 궤조의 점착계수는 0.3으로 한다.)

① 10000
② 15000
③ 22500
④ 1125000

풀이 최대 견인력 F_m[kg]은 다음과 같다.
$$F_m = 1000\mu W_a[kg]$$
여기서, μ : 점착 계수, W_a : 차륜이 궤조(rail)면에 수직으로 누르는 중력[t], 즉 동륜상의 중량
$$\therefore F_m = 1000 \times 0.3 \times 50 = 15000[kg]$$ **답** ②

04 열 절연재료로 사용되는 내화물의 구비조건이 아닌 것은?

① 사용 온도에 견딜 것
② 열간 하중에 견딜 것
③ 급열, 급랭에 견딜 것
④ 내식성이 적을 것

풀이 내화물의 구비조건
① 고온에서 팽창, 수축이 적을 것
② 급열, 급랭에 견딜 것(스폴링 현상이 작을 것)
③ 사용온도에서 연화, 변형되지 않을 것
④ 사용 용도에 맞는 열전도율을 가질 것
⑤ 상온, 사용온도에서 충분한 압축강도가 있을 것
⑥ 내마멸성, 내침식성이 우수할 것 **답** ④

05 노 바닥의 하부전극은 탄소덩어리로 되어있으며 세로형이고, 선철, 페로알로이, 카바이트 등의 제조에 사용되는 전기로는?

① 제선로
② 아크로
③ 유도로
④ 지로식전기로

풀이 ① 직접 가열식 저항로에는 흑연화로, 카보런덤로와 같은 가로형 노와 지로식 전기로와 같은 세로형 노가 있다.
② 지로식 전기로 : 노의 바닥이 전극(탄소 덩어리)인 소용량의 노 **답** ④

06 흑체 복사의 최대 에너지의 파장 λ_m은 절대온도 T와 어떤 관계인가?

① T^4에 비례
② $\dfrac{1}{T}$에 비례
③ $\dfrac{1}{T^2}$에 비례
④ $\dfrac{1}{T^4}$에 비례

풀이 최대 스펙트럼 방사 발산도를 발생하는 파장은
빈의 변위 법칙에 의하여
$$\lambda_m T = 2,896[\mu°K]$$
$$\therefore \lambda_m \propto \frac{1}{T}$$ **답** ②

07 음극에 아연, 양극에 탄소봉, 전해액은 염화암모늄을 사용하는 1차 전지는?

① 수은 전지
② 리튬 전지
③ 망간 건전지
④ 알칼리 건전지

풀이 망간 건전지
[구조]
• 양극 : 탄소봉 • 전해액 : 염화암모늄(NH_4Cl)
• 음극 : 아연판 • 감극제 : 이산화망간(MnO_2)
[특징]
• 가격이 싸다.
• 연속적 사용에 적합하다.
• 급방전에 적합하지 않다.
[용도] 전등용, 전화용, 라디오용 **답** ③

08 다음 회로에서 입력전압 e_i[V]와 출력전압 e_o[V] 사이의 전달함수 $G(s)$는?

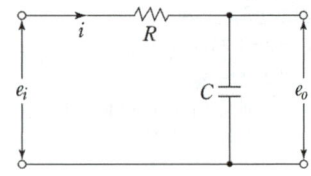

① $1 + \dfrac{R}{Cs}$
② $1 + \dfrac{1}{Rs}$
③ $\dfrac{1}{RCs + 1}$
④ $\dfrac{1}{RCs^2 + 1}$

풀이
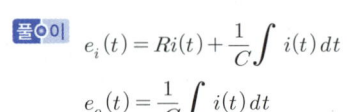
$$e_i(t) = Ri(t) + \frac{1}{C}\int i(t)\,dt,$$
$$e_o(t) = \frac{1}{C}\int i(t)\,dt$$

초기 조건을 0으로 하고 라플라스 변환하면

$$E_i(s) = RI(s) + \frac{1}{Cs}I(s) , \quad E_o(s) = \frac{1}{Cs}I(s)$$

$$\therefore G(s) = \frac{E_o(s)}{E_i(s)} = \frac{\frac{1}{Cs}}{R + \frac{1}{Cs}} = \frac{1}{RCs+1}$$ **답** ③

09 전철의 급전선의 구간은?

① 전동기에서 레일까지
② 변전소에서 트롤리선까지
③ 트롤리선에서 집전장치까지
④ 집전장치에서 주전동기까지

풀이 ① 급전선 : 변전소에서 트롤리선에 전력을 공급하는 선
② 트롤리선 : 궤도면 위에 일정한 높이로 가설되어 전기차의 전동기에 전기를 공급하기 위한 전선
답 ②

10 평등전계에서 기체의 온도가 일정한 경우, 방전개시전압은 기체의 압력과 전극간격의 곱의 함수로 결정된다. 이것을 표현한 법칙은?

① 파셴의 법칙
② 스토크의 법칙
③ 플랑크의 법칙
④ 스테판 볼츠만의 법칙

풀이 파셴(Paschen)의 법칙
방전 개시 전압(V)은 방전관 내의 압력과 전극간 간격의 곱에 비례한다.
즉, $V \propto$ 압력×전극 간의 간격 **답** ①

11 교류 3상 직권 정류자 전동기는 다음에 분류하는 전동기 중 어디에 속하는가?

① 정속도 전동기
② 다속도 전동기
③ 변속도 전동기
④ 가감속도 전동기

풀이 • 교류에 있어 직권 정류자 전동기는 직류에 있어서의 직권전동기와 그 특성이 유사하다.
• 토크가 증가하면 속도가 저하되는 특성을 변속도 특성이라 하며, 직류 직권전동기, 직류 파권 전동기, 교류 직권 정류자 전동기, 2차 저항이 큰 유도 전동기 등이 이 특성을 가진다. **답** ③

12 기체 또는 금속 증기 내의 방전에 따른 발광현상을 이용한 것으로 수은등, 네온관등에 이용된 루미네선스는?

① 열 루미네선스
② 결정 루미네선스
③ 화학 루미네선스
④ 전기 루미네선스

풀이 루미네선스의 분류

이 름	작 용 원 인	실제 예시
복사 루미네선스	자외선, X선 등의 조사	형광판, 야광 도료, 형광 방전등
전기 루미네선스	기체 중의 방전	방전등, 극광
파이로 루미네선스	불꽃 속의 기체의 발광	발염 방전등, 불꽃 반응
열 루미네선스	고온에 의한 흑체보다 강한 선택 복사	네롬스트등
음극선 루미네선스	음극선	브라운관, 텔레비전 영상
화학 루미네선스	화학 변화, 특히 산화	황인의 완만한 산화
생물 루미네선스	특수 산화	반딧불, 야광 벌레, 오징어
결정 루미네선스	Na_2F_2, Na_2SO_4 등이 용액에서 결정	

답 ④

13 200[W]는 약 몇 [cal/s]인가?

① 0.24   ② 0.86
③ 47.8   ④ 71.7

풀이 $1[J] = 1[W \cdot s] = 0.2389[cal]$
$Q = 0.2389Pt = 0.2389 \times 200 \times 1$
$= 47.8[cal/s]$ **답** ③

14 모든 방향으로 360[cd]의 광도를 갖는 전등을 직경 2[m]의 원형 탁자의 중심에서 수직으로 3[m] 위에 점등하였다. 이 원형 탁자의 평균 조도는 약 몇 [lx]인가?

① 37
② 126
③ 144
④ 180

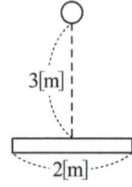

풀이 조도 $E = \dfrac{F}{S} = \dfrac{2(1-\cos\theta)I}{r^2}$

$= \dfrac{2}{1^2} \times \left(1 - \dfrac{3}{\sqrt{1^2+3^2}}\right) \times 360$

$\fallingdotseq 37[\text{lx}]$

답 ①

15 열전온도계에 사용되는 열전대의 조합은?

① 백금-철
② 아연-백금
③ 구리-콘스탄탄
④ 아연-콘스탄탄

풀이 열전대의 조합에 따라서 열기전력은 다르게 되므로 필요에 따라서 선택한다.

열전대 조합	열기전력[mV/100℃]
백금-백금 로듐	1.48
콘스탄탄-망가닌	4.8
크로멜-알루멜	4.0
철-콘스탄탄	5.5
구리-콘스탄탄	5.1

답 ③

16 PN 접합 다이오드에서 Cut-in Voltage란?

① 순방향에서 전류가 현저히 증가하기 시작하는 전압
② 순방향에서 전류가 현저히 감소하기 시작하는 전압
③ 역방향에서 전류가 현저히 감소하기 시작하는 전압
④ 역방향에서 전류가 현저히 증가하기 시작하는 전압

풀이 컷 인(Cut-in) Voltage란 순방향에서 전류가 현저히 증가하기 시작하는 전압으로서 턴 온(turn-on) 전압이라고도 한다.

답 ①

17 전기화학 공업에서 직류전원으로 요구되는 사항이 아닌 것은?

① 일정한 전류로서 연속운전에 견딜 것
② 효율이 높을 것
③ 고전압 저전류일 것
④ 전압조정이 가능할 것

풀이 전기 화학용 직류 전원의 요구 사항
① 저전압 대전류 일 것
② 효율이 높을 것
③ 전압조정이 가능할 것
④ 정전류로써 연속운전에 견딜 것
⑤ 시설비가 저렴하고, 신뢰성이 높을 것
⑥ 보수, 운전, 취급이 간단할 것

답 ③

18 직류전동기의 속도제어법 중 가장 효율이 낮은 것은?

① 전압제어
② 저항제어
③ 계자제어
④ 워드 레오너드 제어

풀이 직류 전동기의 속도 제어법 비교

구 분	제어 특성	특 징
계자 제어법	• 정출력 제어	• 속도 제어 범위가 좁다.
전압 제어법	• 정토크 제어 - 워드 레오나드 방식 - 일그너 방식	• 제어 범위가 넓다. • 손실이 매우 적다. • 정역 운전이 가능 • 설비비가 많이 든다.
직렬 저항법		• 효율이 나쁘다.

답 ②

19 200[V]의 단상교류전압을 반파정류하였을 경우, 직류 출력전압의 평균값[V]은?

① 90   ② 110
③ 180   ④ 200

풀이 반파정류이므로
$$E_d = 0.45\,V = 0.45 \times 200 = 90[\text{V}]$$
답 ①

20 루소 선도에서 광원의 전광속 F의 식은?
(단, F : 전광속, R : 반지름, S : 루소 선도의 면적이다.)

① $F = \dfrac{\pi}{R} \times S$ ② $F = \dfrac{2\pi}{R} \times S$

③ $F = \dfrac{\pi}{R^2} \times S$ ④ $F = \dfrac{2\pi}{R} \times S^2$

풀이 루소선도에 의한 광속계산
총 광속 $\boldsymbol{F} = \dfrac{\boldsymbol{2\pi}}{\boldsymbol{R}} \times$ **(루소 그림의 면적)**[lm]
① 하반구 광속
$$F_1 = \dfrac{2\pi}{R} \times (\text{루소 그림의 } 0° \sim 90° \text{ 사이의 면적})[\text{lm}]$$
② 상반구 광속
$$F_2 = \dfrac{2\pi}{R} \times (\text{루소 그림의 } 90° \sim 180° \text{ 사이의 면적})[\text{lm}]$$
답 ②

01 회전축에 대한 관성모멘트가 150[kg · m²]인 회전체의 플라이휠 효과(GD^2)는 몇 [kg · m²] 인가?

① 450　　　　② 600
③ 900　　　　④ 1000

풀이 관성모멘트 $J = \dfrac{1}{4}GD^2[\text{kg} \cdot \text{m}^2]$

∴ $GD^2 = 4 \times J = 4 \times 150 = 600[\text{kg} \cdot \text{m}^2]$　　**답** ②

02 전기철도의 교류 급전방식 중 AT 급전방식은 어떤 변압기를 사용하여 급전하는 방식을 말하는가?

① 단권변압기
② 흡상변압기
③ 스코트변압기
④ 3권선변압기

풀이 단권변압기(AT) 급전방식

① 레일에 흐르는 전류를 차량을 중심으로 각각 반대방향의 AT 쪽으로 흐르게 하여 근접통신선에 대한 유도장해를 경감하고 전압변동 및 전압 불평형을 억제하는 급전방식

 • 교류전기 방식에 적용
 • 단권 변압기(AT : Auto Transformer) : 권선비 1 : 1인 변압기를 급전선과 전차선 사이에 병렬로 설치 접속하고 변압기 권선의 중성점을 레일에 접속한다. 설치 간격은 약 10[km] 정도 된다.

② AT급전 방식의 특징

 • 급전전압이 차량 공급전압의 2배로서 전압강하율이 적다.
   따라서 대 전력 공급측면에서 유리하며 중성점이 접지되어 있어 실제 절연 레벨은 급전전압의 1/2이 된다.
 • 전압강하가 적으므로 변전소 이격거리가 길다.
 • 부하전류는 인접한 양쪽의 AT로 흡상되므로 통신 유도 장해가 적다.
 • BT 급전방식과 같은 섹션이 불필요하다.　**답** ①

03 오픈루프 제어계와 비교하여 폐루프 제어계를 구성하기 위해 반드시 필요한 장치는?

① 응답속도를 빠르게 하는 장치
② 안정도를 좋게 하는 장치
③ 입 · 출력 비교장치
④ 고주파 발생장치

풀이 폐회로 제어계는 제어계의 출력이 목표값(입력)과 일치하는가를 항상 비교하여, 일치하지 않을 때에는 그 차에 비례하는 동작 신호가 제어계로 다시 보내져서 그 오차를 수정하도록 하는 궤한 경로(feedback path)를 가지고 있는 제어계로서 궤한 제어계라고도 한다.

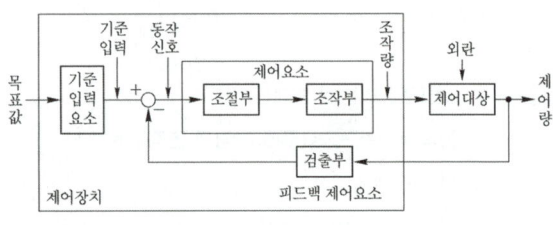

〈폐루프 제어계의 구성도〉　　**답** ③

04 시속 45[km/h]의 열차가 곡률 반지름 1000[m] 인 곡선궤도를 주행할 때 고도(cant)는 약 몇 [mm]인가? (단, 궤간은 1067[mm]이다.)

① 10　　　　② 13
③ 17　　　　④ 20

풀이

$$h = \frac{GV^2}{127R} = \frac{1067 \times 45^2}{127 \times 1000} = 17[\text{mm}]$$

여기서, h : 켄트[mm]
　　　　G : 궤간[mm]
　　　　R : 곡선 반지름[m]
　　　　V : 열차속도[km/h]이다.　　**답** ③

05 다음 중 유도가열은 어떤 것을 이용한 것인가?

① 복사열　　　　② 아크열
③ 와전류손　　　④ 유전체손

풀이 ① 적외선 가열 : 적외선 전구에 의한 복사열을 이용하는 가열 방식

② 아크 용접 : 전극 사이에 발생하는 아크열을 이용한 가열방식

③ 유도 가열 : 도전성 물체 중에 생기는 와전류손과 히스테리시스손을 이용하는 가열방식

④ 유전 가열 : 절연성 피열물에 생기는 유전체손을 이용하는 가열방식 **답** ③

06 전동기 운전 시 발생하는 진동 중 전자력적인 원인에 의한 것은?

① 회전자의 정적 및 동적 불균형
② 베어링의 불균형
③ 상대기계와의 연결 불량 및 설치 불량
④ 회전 시 공극의 변동

풀이 ① 유도 전동기의 진동발생 원인
  • 기계적 원인 : 회전자의 불균형, 조립 시 이상원인, 축의 임계속도에서 운전, 구조물과 공진, 마찰, 잘못된 설치, 열팽창 등
  • 전기(자기)적인 원인 : 극 자속의 불균형, 회전자 Bar의 소손 등
② 극 자속의 불균형은 회전자가 고정자 축과 동일한 축을 중심으로 회전하지만, 그 회전축이 회전자의 축과 동일하지 않은 경우, 전동기 운전 시 공극이 수시로 변화하게 되는 것을 말한다. **답** ④

07 점광원으로부터 원뿔의 밑면까지의 거리가 4[m]이고, 밑면의 반경이 3[m]인 원형면의 평균조도가 100[lx]라면, 이 점광원의 평균광도[cd]는?

① 225
② 250
③ 2250
④ 2500

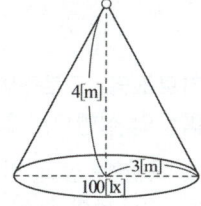

풀이
$$E = \frac{F}{S} = \frac{\omega I}{\pi r^2} = \frac{2\pi(1-\cos\alpha)I}{\pi r^2}$$
$$= \frac{2I(1-\cos\alpha)}{r^2}$$
$E = 100[\text{lx}]$,
$\cos\alpha = \dfrac{4}{\sqrt{4^2+3^2}} = 0.8$,
$r = 3[\text{m}]$이므로
$$\therefore I = \frac{Er^2}{2(1-\cos\alpha)} = \frac{100 \times 3^2}{2(1-0.8)}$$
$$= 2250[\text{cd}]$$
답 ③

08 다음 중 적외선의 기능은?

① 살균작용
② 온열작용
③ 발광작용
④ 표백작용

풀이 적외선을 열선이라고 하는데 대응하여 자외선은 화학작용이 강하므로 화학선이라 하기도 한다.
즉, 적외선이 건조에 사용되는 반면 자외선은 살균, 유기물 분해 및 소독 등에 사용되고 건조에는 사용되지 않는다. **답** ②

09 다음 중 전기화학 당량의 단위는?

① C/g
② g/C
③ g/k
④ Ω/m

풀이 패러데이 법칙 : 전기 분해에 의해 석출되는 물질의 양은 전해액을 통과하는 총 전기량에 비례하고 또 물질의 화학 당량에 비례한다.
$$W = KQ = KIt[\text{g}]$$
여기서, W : 석출되는 물질의 양[g]
  K : 화학당량[g/C]
  Q : 통과한 전기량($Q = It$)[C]
  I : 전류[A], t : 시간[s] **답** ②

10 제너다이오드에 관한 설명 중 틀린 것은?

① 정전압 소자이다.
② 전압 조정기에 사용된다.
③ 인가되는 전압의 크기에 따라 전류방향이 달라진다.
④ 제너 항복이 발생되면 전압은 거의 일정하게 유지되나 전류는 급격하게 증가한다.

풀이 제너 다이오드는 제너 항복을 응용한 정전압 소자로, 전압의 크기가 변하면 전류의 크기는 변하지만 방향은 변하지 않는다. **답** ③

11 반도체 소자의 종류 중에서 게이트에 의한 턴온을 이용하지 않는 소자는?

① SSS
② SCR
③ GTO
④ SCS

풀이 SSS(Silicon Symmetrical Switch)의 특징
  ① 실리콘 양방향성 소자이다.
  ② 전극은 2단자로 npnpn의 5층으로 되어 있다.

③ SCR을 역병렬로 2개 접속한 것과 같은 특성을 갖는다.

④ SCR과 달리 제어 게이트 전극이 없는 구조로 게이트에 의한 턴온을 할 수 없다. **답** ①

---

12 다음 중 열전대의 조합이 아닌 것은?

① 크롬−콘스탄탄　　② 구리−콘스탄탄

③ 철−콘스탄탄　　　④ 크로멜−알루멜

풀이 열전대의 조합에 따라서 열기전력은 다르게 되므로 필요에 따라서 선택한다.

열전대 조합	열기전력[mV/100℃]
백금−백금 로듐	1.48
콘스탄탄−망가닌	4.8
크로멜−알루멜	4.0
철−콘스탄탄	5.5
구리−콘스탄탄	5.1

답 ①

---

13 방전용접 중 불활성 가스용접에 쓰이는 불활성 가스는?

① 아르곤　　　　② 수소

③ 산소　　　　　④ 질소

풀이 불활성 가스 용접은 용접용 전극의 주위에서 아르곤이나 헬륨을 분출시켜서 아크 부분을 공기로부터 차단하고 용제(flux)를 전혀 사용하지 않고 용접하는 방법이다. 알루미늄이나 마그네슘의 용접뿐만 아니라 스테인리스강, 동, 동합금 기타 이종 금속의 용접에도 적당하다. **답** ①

---

14 금속을 양극으로 하고 음극은 불용성의 탄소 전극을 사용한 다음, 전기 분해하면 금속 표면의 돌기 부분이 다른 표면 부분에 비해 선택적으로 용해되어 평활하게 되는 것은?

① 전주　　　　　② 전기 도금

③ 전해 정련　　　④ 전해 연마

풀이 ① 전주 : 전기 주조라고 하며 공예품의 복제, 활자 인쇄용 원판, 레코드 원판 제조 등에 이용된다.

② 전기도금 : 도금하고자 하는 금속을 양극, 도금되는 금속을 음극으로 하고 도금하고자 하는 금속이온을 함유한 수용액 중에서 전기분해하여, 음극으로 금속을 석출시키는 것이다.

③ 전해정련 : 전기분해를 이용하여 순수한 금속만을 음극에서 석출하여 정제하는 것으로 구리, 주석, 금, 은, 니켈, 안티몬 등을 제조할 수 있다.

④ 전해 연마 : 금속을 양극으로 한 후 적당한 전해액 중에서 단시간 전류를 통하면 금속표면의 돌기 부분만이 먼저 분해되어 거울과 같은 표면을 얻는 방법 **답** ④

---

15 기계적 변위를 제어량으로 하는 기기로서 추적용 레이더 등에 응용되는 것은?

① 서보기구　　　② 자동 조정

③ 프로세스 제어　④ 프로그램 제어

풀이 ① 서보 기구 : 미사일이나 레이더 안테나의 자동 위치 제어, 동력장치의 자동 속도 조정 등 제어량이 물체의 위치, 방향, 자세, 각도 등 기계적 변위량인 경우

② 프로세스 제어 : 압력, 온도, 유량, 액면, 농도, 밀도 등의 제어

③ 자동 조정 : 속도, 장력, 주파수, 전압 등의 제어량일 경우 **답** ①

---

16 전기회로와 열회로의 대응관계로 틀린 것은?

① 전류−열류　　　② 전압−열량

③ 도전율−열전도율　④ 정전용량−열용량

풀이

전기	전압	전기량	전류	도전율	저항	정전용량
열	온도차	열량	열류	열전도율	열저항	열용량

답 ②

---

17 가로조명, 도로조명 등에 사용되는 저압 나트륨등의 설명으로 틀린 것은?

① 효율은 높고 연색성은 나쁘다.

② 등황색의 단일 광색이다.

③ 냉음극이 설치된 발광관과 외관으로 되어 있다.

④ 나트륨의 포화 증기압은 0.004[mmHg]이다.

풀이 • 나트륨등은 나트륨 증기 중의 방전을 이용한 것으로 열음극이 설치된 2중관 구조이며, 분광 분포는 D선이라 불리는 $5890 \sim 5896[\text{Å}](= 589[\text{nm}])$의 황색선이 대부분(76[%])을 차지한다.

- 인공 광원 중 최대 발광 효율(80~150[lm/W])을 나타내며, 단색광으로 연색성이 대단히 나빠 실내조명으로는 부족하다.
- 투과력이 양호하여 강변 도로 등, 안개지역 가로등, 광학시험에 사용된다.
답 ③

18 광질과 특색이 고휘도이고 배광제어가 용이하며 흑화가 거의 일어나지 않는 램프는?

① 수은램프
② 형광램프
③ 크세논램프
④ 할로겐램프

풀이 **할로겐전구의 특징**
① 초소형, 경량의 전구(백열전구의 1/10 이상 소형화 가능)
② 단위 광속이 크다.
③ 수명이 백열전구에 비하여 2배로 길다.
④ 별도의 점등장치가 필요하지 않다.
⑤ 열충격에 강하다.
⑥ 배광제어가 용이하다.
⑦ 연색성이 좋다.
⑧ 온도가 높다(할로겐 전구의 베이스로 세라믹 사용).
⑨ 휘도가 높다.
⑩ 흑화가 거의 발생하지 않는다.
답 ④

19 목재의 건조, 베니어판 등의 합판에서의 접착 건조, 약품의 건조 등에 적합한 전기 건조 방식은?

① 아크 건조
② 고주파 건조
③ 적외선 건조
④ 자외선 건조

풀이 **고주파 가열**에는 유도 가열과 유전 가열이 있다.

항목	유전 가열	유도 가열
원리	유전체손 이용	와류손 및 히스테리시스 손실 이용
적용	목재의 건조, 목재의 접착, 비닐막 가공 등 절연체(유전체)에 이용	• 표면가열 : 표면담금질, 금속의 표면처리, 국부 가열 • 반도체 정련 : 단결정 제조 등에 이용

답 ②

20 반사율 70[%]의 완전확산성 종이를 100[lx]의 조도로 비추었을 때 종이의 휘도[cd/m²]는 약 얼마인가?

① 50
② 45
③ 32
④ 22

풀이 완전 확산면의 조도를 E, 광속 발산도를 R, 반사율을 ρ, 휘도를 B라 하면
$R = \pi B = \rho E$의 관계가 있으므로
$$\therefore\ B = \frac{\rho E}{\pi} = \frac{0.7 \times 100}{\pi} = 22.28 [cd/m^2]$$
답 ④

2020년 - 3회 _ 공사산업기사

01 망간건전지에서 분극작용에 의한 전압강하를 방지하기 위하여 사용되는 감극제는?

① O_2
② HgO
③ MnO_2
④ $H_2Cr_2O_7$

풀이

1차 전지	공기 건전지	수은 건전지	망간 건전지	중크롬산 전지
감극제	O_2	HgO	MnO_2	$H_2Cr_2O_7$

답 ③

02 평균구면광도가 780[cd]인 전구로부터 발산하는 전광속[lm]은 약 얼마인가?

① 9800
② 8600
③ 7000
④ 6300

풀이 구 광원(전구)의 전광속
$$F = 4\pi I = 4\pi \times 780 \fallingdotseq 9800[lm]$$
답 ①

03 목재건조에 적합한 가열 방식은?

① 저항가열
② 적외선 가열
③ 유전가열
④ 유도가열

풀이
- **유전가열** : 고주파 자계에 의한 분자의 마찰열을 이용하는 것으로, 목재의 건조, 목재의 접착, 비닐막의 접착 등에 사용된다.
- 유도 가열 : 전자유도에 의한 와전류 열을 이용하는 것으로, 금속의 표면 처리 등에 사용된다.
답 ③

04 다음 전기로 중 열효율이 가장 좋은 것은?

① 저주파 유도로 ② 흑연화로
③ 고압아크로 ④ 카보런덤로

풀이
- 직접식이 간접식보다는 열효율이 높고 저항로, 아크로, 유도로 중에서 저항로가 가장 효율이 높다.
- 직접식 저항로 : 카바이드로, 카보런덤로, 흑연화로, 유리용융로. 알루미늄전해로 **답** ④

05 사람이 눈부심을 느끼는 한계 휘도[cd/m²]는?

① 0.5×10^4 ② 5×10^4
③ 50×10^4 ④ 500×10^4

풀이 휘도 B
(1) 단위 면적당 광도로서 눈부심 정도를 나타낸다.
$$B = \frac{I}{S}[\text{cd/m}^2] \ (=[\text{nt}] : \text{니트 nit})$$
혹은 $B = \dfrac{I}{S}[\text{cd/cm}^2] \ (=[\text{sb}] : \text{스틸브 stilb})$
(단, I : 어느 방향의 광도,
S : 어느 방향에서 본 겉보기 면적)
(2) 사람이 눈부심을 느끼는 한계 :
$0.5[\text{cd/cm}^2] = 0.5 \times 10^4[\text{cd/m}^2]$ **답** ①

06 조도 E[lx]에 대한 설명으로 옳은 것은?

① 광도에 비례하고 거리에 반비례한다.
② 광도에 반비례하고 거리에 비례한다.
③ 광도에 비례하고 거리의 제곱에 반비례한다.
④ 광도의 제곱에 반비례하고 거리에 비례한다.

풀이 조도에 관한 거리 역제곱의 법칙
광도 I[cd]인 균등 점광원으로부터 r[m] 떨어진 구면 위의 조도는 모두 동일하므로
조도 $E = \dfrac{F}{A} = \dfrac{I}{r^2}$[lx]
여기서, 광속 $F = 4\pi I$[lm]
면적 $S = 4\pi r^2$[m²]
즉, 조도는 광도 I에 비례하고, 거리 r의 제곱에 반비례한다. **답** ③

07 전차를 시속 100[km]로 운전하려할 때 전동기의 출력[kW]은 약 얼마인가? (단, 차륜상의 견인력은 400[kg]이다.)

① 95 ② 100
③ 109 ④ 121

풀이
전동기의 출력 $P = \dfrac{FV}{367} = \dfrac{400 \times 100}{367} \fallingdotseq 109[\text{kW}]$
(여기서, F : 열차의 견인력[kg],
V : 열차의 운전속도[km/h]) **답** ③

08 전기도금에 의해 원형과 같은 모양의 복제품을 만드는 것은?

① 용융염 전해 ② 전주
③ 전해정련 ④ 전해연마

풀이 전주 : 전기 주조라고 하며 공예품의 복제, 활자 인쇄용 원판, 레코드 원판 제조 등에 이용된다. **답** ②

09 제어요소가 제어대상에 주는 양은?

① 제어량 ② 조작량
③ 동작신호 ④ 되먹임 신호

풀이 폐루프 제어계의 구성도

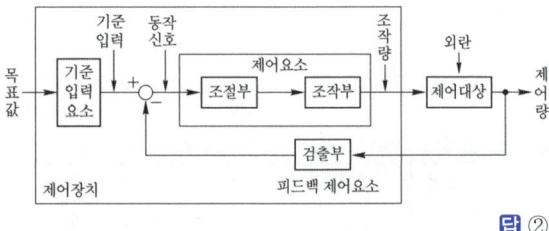

답 ②

10 루소 선도가 그림과 같이 표시되는 광원의 전광속[lm]은 약 얼마인가?

① 314
② 628
③ 942
④ 1256

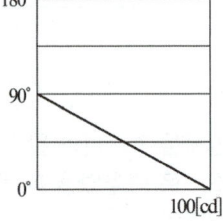

풀이 • 루소 선도에서 광원의 광속 F와 면적 S 사이에는

$$F = \frac{2\pi}{r} S \,[\text{lm}]$$

(여기서, S : 루소선도의 $0° \sim 90°$ 사이의 면적이다.)
의 관계가 있다.

• 그림과 같은 루소선도에서 가로 I_o, 세로 r라고 하면

면적 $S = \frac{1}{2} r I_o$

따라서 광원의 광속 F는

$$F = \frac{2\pi}{r} S = \frac{2\pi}{r} \times \frac{1}{2} r I_o = \pi I_o = \pi \times 100 = 314 \,[\text{lm}]$$

답 ①

11 40[t]의 전차가 40/1000의 구배를 올라가는데 필요한 견인력[kg]은? (단, 열차저항은 무시한다.)

① 1000 ② 1200
③ 1400 ④ 1600

풀이 경사(구배)가 40/1000이고, 이 각이 적을 때는
$\tan\theta \simeq \sin\theta$로 생각해도 되므로

$$\therefore \ \text{견인력} = W\sin\theta = 40 \times 10^3 \times \frac{40}{1,000}$$
$$= 1,600 \,[\text{kg}]$$

답 ④

12 초음파 용접의 특징으로 틀린 것은?

① 전기저항 용접에 비해 표면의 전처리가 간단하다.
② 가열을 필요로 하지 않는다.
③ 냉간 압접 등에 비하여 접합부 표면의 변형이 적다.
④ 고체상태에서의 용접이므로 열적 영향이 크다.

풀이 초음파 용접의 특징
① 초음파 진동에 의하여 표면의 산화피막이나 흡착층이 파괴되므로 냉간압접이나 전기저항용접에 비하여 표면의 전 처리는 간단해진다.
② 냉간압접 등에 비하여 가압 하중이 적으므로 변형이 적다.
③ 가열이 필요하지 않다.
④ 고체상태에서의 용접이므로 열적 영향이 적다.
⑤ 이종금속의 용접이 가능하다.

답 ④

13 평행평판 전극 사이에 유전체인 피열물을 삽입하고 고주파 전계를 인가하면 피열물 내 유전체손이 발생하여 가열되는 방식은?

① 저항가열 ② 유도가열
③ 유전가열 ④ 원자수소가열

풀이 유전가열 : 유전체를 극판 사이에 끼우고 고주파 전압을 가하면 쌍극자가 전기장의 방향으로 방향을 바꾸려고 고주파 전기장의 변화에 맞추어서 진동을 한다. 이 평균 운동 에너지가 열에너지로 변환되어 피열물(유전체)에 내부 발열을 일으킨다.

답 ③

14 열전도율을 표시하는 단위는?

① J/℃ ② ℃/W
③ W/m・℃ ④ m・℃/W

풀이

$$\text{열류} \ q = -kA\frac{d\theta}{dx}\,[\text{W}]$$

단, k : 열전도율[W/m℃], A : 단면적[m²],
θ : 온도차[℃], x : 두께[m]

답 ③

15 트랜지스터 정합온도(T_j)의 최대 정격값이 75[℃], 주위온도(T_a)가 35[℃]이다. 컬렉터 손실 P_c의 최대 정격값을 10[W]라고 할 때 열저항[℃/W]은?

① 40 ② 4
③ 2.5 ④ 0.2

풀이

$$\text{열저항} \ R = \frac{T_j - T_a}{P_c} = \frac{75 - 35}{10} = 4\,[\text{℃/W}]$$

답 ②

16 열차의 자중이 120[t]이고, 동륜상의 중량이 90[t]인 기관차의 최대 견인력[kg]은? (단, 레일의 점착계수는 0.2로 한다.)

① 1800 ② 2160
③ 18000 ④ 21600

풀이

$$F = 1,000\,\mu\,W_0 = 1,000 \times 0.2 \times 90 = 18,000\,[\text{kg}]$$

여기서, F : 견인력[kg], μ : 점착계수
W_0 : 동륜상 중량[ton] (자중이 아님)

답 ③

17 권상하중 10[t], 매분 24[m/min]의 속도로 물체를 올리는 권상용 전동기의 용량[kW]은 약 얼마인가? (단, 전동기를 포함한 기중기의 효율은 65[%]이다.)

① 41 ② 73 ③ 60 ④ 97

풀이 권상용 전동기의 용량

$$P = \frac{KWV}{6.12\eta} = \frac{10 \times 24}{6.12 \times 0.65} = 60[kW]$$

여기서, K : 손실계수(여유계수), W : 중량(하중)[ton]
V : 권상속도[m/min], η : 효율 **답** ③

18 리드 스위치(reed switch)의 특성이 아닌 것은?

① 회로 구성이 복잡하다.
② 사용 온도 범위가 넓다.
③ 내전압 특성이 우수하다.
④ 소형, 경량이다.

풀이
• 유리 튜브 속에 자성체가 되는 가동접점이 봉입되어 있어 이것에 자석을 접근시킴으로써 유리 튜브 내의 접점을 ON(구조에 따라 OFF도 가능)시키는 구조이다.
• 동작시간이 짧고, 회로 구성이 간단하며, 소형경량으로 환경에 영향을 미치지 않기 때문에 공업용에 많이 이용된다. **답** ①

19 적분 요소의 전달함수는?

① K ② Ts
③ $\dfrac{1}{Ts}$ ④ $\dfrac{K}{1+Ts}$

풀이
• 비례 요소 : K
• 미분 요소 : Ts
• 적분 요소 : $\dfrac{1}{Ts}$
• 1차 지연 요소 : $\dfrac{K}{1+Ts}$ **답** ③

20 반사율 60[%], 흡수율 20[%]인 물체에 1000[lm]의 빛을 비추었을 때 투과되는 광속[lm]은?

① 100 ② 200 ③ 300 ④ 400

풀이 $\rho + \tau + \alpha = 1$이므로
(여기서 τ : 투과율, ρ : 반사율, α : 흡수율)
$\tau = 1 - \rho - \alpha = 1 - 0.6 - 0.2 = 0.2$
따라서 투과광속
$F_\tau = \tau F = 0.2 \times 1000 = 200[lm]$ **답** ②

2020년 - 4회 _ 공사산업기사

01 다음 사이리스터 중 2단자 양방향 소자는?

① SCR ② LASCR
③ TRIAC ④ DIAC

풀이 각 종 반도체 소자의 비교
① 방향성
  • 양방향성(쌍방향성) 소자 : DIAC, TRIAC, SSS
  • 역저지(단방향성) 소자 : SCR, LASCR, GTO
② 극(단자) 수
  • 2극(단자) 소자 : DIAC, SSS, Diode
  • 3극(단자) 소자 : SCR, LASCR, GTO, TRIAC
  • 4극(단자) 소자 : SCS **답** ④

02 다음 중 금속의 이온화 경향이 가장 큰 것은?

① Ag ② Pb
③ Na ④ Sn

풀이 이온화 경향은 금속이 액체와 접촉 시 양이온으로 되는 경향으로, 이온화 경향이 큰 순서로는
K > Ba > Ca > Na > Mg > Al > Mn > Fe > Ni > Sn > Pb > Cu > Hg > Ag > Pt > Au
순이다. **답** ③

03 가로 10[m], 세로 20[m], 천정의 높이가 5[m]인 방에 완전 확산성 FL-40D 형광등 24등을 점등하였다. 조명률 0.5, 감광 보상률 1.5일 때 이 방의 평균 조도는 몇 [lx]인가? (단, 형광등의 축과 수직 방향의 광도는 300[cd]이다.)

① 38 ② 118
③ 150 ④ 177

풀이 원통 광원 수직 방향의 광도를 I_0,
전광속을 F 라고 하면

$$F = \pi^2 I_0 = \pi^2 \times 300 = 2960.88[\text{lm}]$$

따라서 평균 조도 E는

$$E = \frac{FUN}{AD} = \frac{2960.88 \times 0.5 \times 24}{10 \times 20 \times 1.5} = 118[\text{lx}]$$

여기서 U : 조명률, N : 광원의 수,
A : 면적, D : 감광보상률   **답** ②

04 기중기 등으로 물건을 내릴 때 또는 전차가 언덕을 내려가는 경우 전동기가 갖는 운동에너지를 전기에너지로 변환하고, 이것을 전원에 반환하면서 속도를 점차로 감속시키는 제동법은?

① 발전제동   ② 회생제동
③ 역상제동   ④ 와류제동

풀이 전동기의 전기적 제동
① 발전 제동 : 전동기의 전기자를 전원에서 끊고 전동기를 발전기로 동작시켜 회전 운동 에너지로서 발생하는 전력을 그 단자에 접속한 저항에서 열로 소비시키는 제동 방법이다.
② 회생 제동 : 전동기에 전원을 접속한 상태에서 전동기에 유기되는 역기전력을 전원 전압보다 높게 하여 회전 운동 에너지로 발생되는 전력을 전원측에 반환하면서 제동하는 방법이다.
③ 역상 제동 : 전동기의 전원 접속을 바꾸어 역토크를 발생시켜 급정지시키는 방법으로 역전제동 또는 플러깅(plugging)이라 한다.
④ 와전류 제동 : 전동기 축에 동심으로 설치한 구리의 원판을 자계 내에서 회전시켜 동판에 생긴 와전류에 의해서 제동력을 얻는 방법이다.   **답** ②

05 우리나라에서 운행되고 있는 표준궤간은 몇 [mm]인가?

① 1067   ② 1372
③ 1435   ④ 1524

풀이 궤간

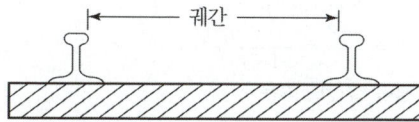

- 표준 궤간 : 1,435[mm]
- 광궤 간 : 1,675[mm], 1,600[mm], 1,523[mm]
- 협궤 간 : 1,067[mm], 1,000[mm]   **답** ③

06 광원 중 루미네선스(luminescence)에 의한 발광현상을 이용하지 않는 것은?

① 형광 램프   ② 수은 램프
③ 네온 램프   ④ 할로겐 램프

풀이
- 물체의 온도를 높여서 발광시키는 온도복사 이외의 모든 발광을 루미네선스라 한다.
- 백열전구나 할로겐 전구는 온도복사를 이용한 광원이다.   **답** ④

07 진공 텅스텐 전구에 사용되는 게터는?

① 적린   ② 질화바륨
③ 탄산칼슘   ④ 소오다 석회

풀이 전구 내에 남아 있는 미량의 공기와 결합하여 필라멘트의 산화 및 유리구의 흑화를 방지하고 전구의 수명을 보존하는 것으로서 게터의 종류는 다음과 같다.
① 진공 전구용 : 적린과 플루오르화소다
② 가스 주입 전구 : 질화바륨과 카올린   **답** ①

08 1.2[l]의 물을 15[℃]에서 75[℃]까지 10분간 가열시킬 때 전열기의 용량[W]은? (단, 효율은 70[%]이다.)

① 720   ② 795
③ 856   ④ 942

풀이
$$P = \frac{Mc(T_2 - T_1)}{860\,t\,\eta} = \frac{1.2 \times 1 (75 - 15)}{860 \times \frac{1}{6} \times 0.7} = 0.72[\text{kW}]$$

$$= 720[\text{W}]$$

(여기서, 물의 비열(c)은 1이고,
t는 시간[h]으로 10[min]=$\frac{1}{6}$[h] 이다.)   **답** ①

09 연축전지(납축전지)의 방전이 끝나면 그 양극 (+극)은 어느 물질로 되는가?

① Pb   ② PbO
③ PbO_2 ④ $PbSO_4$

풀이 방전이 되면 두 극의 물질이 황산과 반응하여 황산납 ($PbSO_4$)이 되며, 이것을 다시 충전하면 처음 상태가 된다.

$$\text{← 적갈색} \qquad\qquad \text{회백색 →}$$

$$PbO_2 + 2H_2SO_4 + Pb \underset{\text{충전}}{\overset{\text{방전}}{\rightleftharpoons}} PbSO_4 + 2H_2O + PbSO_4$$

양극   전해액   음극   양극   전해액   음극

답 ④

10 SCR을 두 개의 트랜지스터 등가 회로로 나타낼 때의 올바른 접속은?

①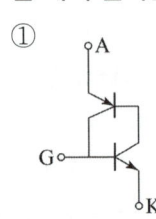

②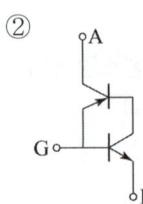

③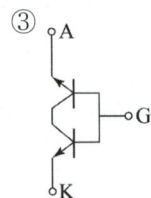

④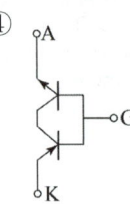

풀이 SCR의 기호

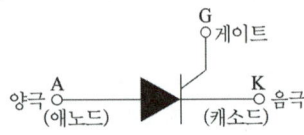

A : Anode(양극), G : Gate, K : Cathode(음극)

답 ①

11 동의 원자량은 63.54이고 원자가가 2라면 전기 화학당량은 약 몇 [mg/C]인가?

① 0.229
② 0.329
③ 0.429
④ 0.529

풀이 화학 당량 $= \dfrac{\text{원자량}}{\text{원자가}} = \dfrac{63.54}{2} = 31.77$

1[g] 당량의 물질이 전기 화학적으로 석출, 용해 또는 반응하는 데에 소비되는 전기량은 물질에 관계없이 일정하며 96,500[C]이다.

∴ 전기 화학 당량 $= \dfrac{31.77}{96,500} = 0.0003292\text{[g/C]}$

$= 0.3292\text{[mg/C]}$

답 ②

12 복진지에 대한 설명으로 옳은 것은?

① 궤조가 열차의 진행 방향으로 이동함을 막는 것
② 침목의 이동을 막는 것
③ 궤조가 열차의 진행과 반대방향으로 이동함을 막는 것
④ 궤조의 진동을 막는 것

풀이 복진지 : 궤조(rail)가 열차의 진행 방향과 더불어 종 방향으로 이동하는 것을 방지하는 장치

답 ①

13 금속의 전기저항이 온도에 의하여 변화하는 것을 이용한 온도계는?

① 광 고온계
② 저항 온도계
③ 방사 고온계
④ 열전 온도계

풀이

온도계의 종류	동 작 원 리
저항 온도계	측온체의 저항값 변화
열전 온도계	제벡 효과
방사 온도계	스테판–볼츠만의 법칙
광 고 온 계	플랑크의 방사 법칙

답 ②

14 반사율 ρ, 투과율 τ, 반지름 r인 완전확산성 구형 글로브의 중심에 광도 I의 점광원을 켰을 때, 광속 발산도는?

① $\dfrac{\tau I}{r^2(1-\rho)}$

② $\dfrac{\rho I}{r^2(1-r)}$

③ $\dfrac{4\pi\rho I}{r^2(1-r)}$

④ $\dfrac{\rho\pi}{r^2(1-\rho)}$

풀이 전광속 $F = 4\pi I$, 글로브를 투과하는 광속 F_τ는 글로브 면에 처음 F, 다음에 ρF, 다음에 $\rho^2 F \cdots$ 와 같이 투사되어 있으므로

$F_\tau = \tau F + \tau\rho F + \tau\rho^2 F + \tau\rho^3 F + \cdots$

$= \tau F(1 + \rho + \rho^2 + \rho^3 + \cdots)$

$= \dfrac{\tau F}{1-\rho} = \dfrac{\tau \cdot 4\pi I}{1-\rho}$

광속 발산도 R은

∴ $R = \dfrac{F\tau}{S} = \dfrac{\dfrac{\tau \cdot 4\pi I}{1-\rho}}{4\pi r^2} = \dfrac{\tau I}{r^2(1-\rho)}$

답 ①

15 다음 중 전기건조방식의 종류가 아닌 것은?

① 전열 건조   ② 적외선 건조

③ 자외선 건조   ④ 고주파 건조

풀이 적외선을 열선이라고 하는데 대응하여 **자외선은 화학작용이 강하므로 화학선**이라 하기도 한다.

즉, 적외선이 건조에 사용되는 반면 **자외선은 살균, 유기물 분해 및 소독 등에 사용되고 건조에는 사용되지 않는다.**   **답** ③

16 축전지를 사용할 때 극판이 휘고 내부저항이 매우 커져서 용량이 감퇴 되는 원인은?

① 전지의 황산화   ② 과도방전

③ 전해액의 농도   ④ 감극작용

풀이 **황산화 현상**
- 납축전지를 방전상태에서 오랫동안 방치하면 극판에 백색의 황산납이 생기는 현상
- **극판이 휘게 되고, 내부 저항이 증가하게 된다.**   **답** ①

17 차륜과 제동자와의 마찰계수에 관계 없는 것은?

① 속도

② 접촉면의 온도

③ 차량의 중량

④ 제동 시간 및 제륜자의 재질

풀이 **마찰계수는** 제동자의 재료 및 강도, 접촉면의 온도 및 상태, 제동 시간, 속도 등과 관계 있으며, **차량의 중량과는 무관하다.**   **답** ③

18 포토 다이오드(Photo diode)에 관한 설명 중 틀린 것은?

① 온도 특성이 나쁘다.

② 빛에 대하여 민감하다.

③ PN 접합에 역방향으로 바이어스를 가한다.

④ PN 접합의 순방향 전류가 빛에 대하여 민감하다.

풀이 **포토 다이오드는** 반도체의 접합부에 빛이 닿으면 전류가 발생하는 성질을 이용한 것으로서 빛의 검출 따위에 사용되며 빛에 대하여 민감하며 **온도 특성이 좋다.**   **답** ①

19 기동토크가 가장 큰 단상 유도전동기는?

① 반발 기동전동기

② 분상 기동전동기

③ 콘덴서 기동전동기

④ 세이딩코일형 전동기

풀이 단상 유도 전동기의 종류와 기동 전류, 기동 토크, 정동 토크 및 용도는 다음 표와 같다.

종 류	기동 전류 [%]	기동 토크 [%]	정동 토크 [%]	용도
반발 기동형	300~400	300 이상	175~300	펌프
콘덴서 기동형	500~700	250 이상	175~300	냉장고
콘덴서 전동기	350~400	140~160	200~300	세탁기, 선풍기
분상 기동형	500~700	125 이상	175~300	복사기, 계산기
셰이딩 코일형		40~100	130~200	플레이어, 테이프 레코더

답 ①

20 녹색 형광램프의 형광제로 옳은 것은?

① 텅스텐 칼슘   ② 규소 카드뮴

③ 규산 아연   ④ 붕상 카드뮴

풀이 형광체의 광색

형광체	텅스텐산 칼슘	텅스텐산 마그네슘	규산 아연	규산 카드뮴	붕산 카드뮴
광 색	청색	청백색	녹색	등색	핑크색

답 ③

01 유도 가열과 유전 가열의 성질이 같은 것은?

① 도체만을 가열한다.
② 선택 가열이 가능하다.
③ 직류를 사용할 수 없다.
④ 절연체만을 가열한다.

풀이

항목	유전가열	유도가열
원리	유전체손 이용	와류손 및 히스테리시스 손실 이용
적용	절연체(유전체)	금속(도체), 반도체
전원	교류(직류 사용불가) 1~200[MHz]	교류(직류 사용불가) 저주파 유도가열 : 60[Hz] 고주파 유도가열 : 5~20[kHz]

답 ③

02 전해 콘덴서의 제조나 재생고무의 제조 등에 주로 응용하는 현상은?

① 전기침투
② 전기영동
③ 비산현상
④ 핀치 효과

풀이 전기침투 : 액을 다공질의 격막으로 나누고 그 양측에 직류 전압을 걸면 격막을 통해서 액체는 한쪽으로 이동하여 수위는 높아진다. 전기 침투는 전해 콘덴서 제조용, 재생고무의 제조, 점토의 전기적 정제 등에 응용되고 있다.

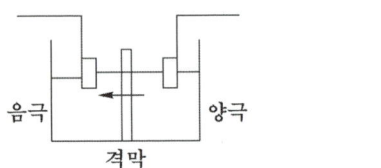

답 ①

03 동종 금속의 접점에 전류를 통하면 전류방향에 따라 열을 발생하거나 흡수하는 현상은?

① 제벡 효과
② 펠티에 효과
③ 톰슨 효과
④ 핀치 효과

풀이
• 제벡 효과 : 열전온도계, 즉 두 금속을 두 접점으로 폐회로를 만들고 두 접점의 온도를 달리하면 기전력이 발생한다. 이 열기전력은 두 접점간의 온도차에 비례한다. 이 두 금속을 열전대라 하고 이것을 이용한 것이 열전 온도계이다.
• 펠티에 효과 : 서로 다른 두 종류의 금속선으로 폐회로를 만들고 온도를 일정하게 유지하면서 전류를 흘리면 금속선의 접속점에서 열의 흡수 또는 발생이 일어나는 현상이다. 이 펠티에 효과를 이용한 냉동방법을 전자냉동 혹은 열전냉동이라고 한다.
• **톰슨 효과** : 제벡 효과의 역현상의 일종으로 동종의 금속의 접점에 전류를 통하면 **전류방향에 따라 열을 발생 또는 흡수하는 현상**이다.
• 핀치 효과 : 용융체에 강한 전류를 통하면 전자력에 의한 인력이 커지므로 용융체가 도중에서 끊어져 전류가 끊어지는 현상을 말한다.

답 ③

04 풍량 $Q = 170[\text{m}^3/\text{min}]$, 전풍압 $H = 50[\text{mmAq}]$의 축류 팬(fan)을 구동하는 전동기의 소요 동력 [kW]은? 단, 팬의 효율은 75[%], 여유 계수 $K = 1.35$이다.

① 2
② 2.5
③ 3.5
④ 4.5

풀이

소요 출력 $P = \dfrac{QHK}{6120\eta} = \dfrac{170 \times 50 \times 1.35}{6120 \times 0.75} = 2.5[\text{kW}]$

여기서, Q : 송풍기의 풍량[m³/min] ,
H : 소요 풍압[mmAq], η : 송풍 효율,
K : 여유 계수

답 ②

05 교류식 전기철도가 직류식 전기철도보다 유리한 점은?

① 전철용 변전소에 정류장치를 설치한다.
② 전선의 굵기가 크다.
③ 차내에서 전압의 선택이 가능하다.
④ 변전소간의 간격이 짧다.

풀이 (1) 직류 방식
① 전기차 설비가 간단하다.
② 통신선 유도장해가 적다.
③ 절연이 용이하다.
④ 전철용 변전소에 정류장치를 설치해야 하므로 건설비가 높다.
⑤ 전선의 굵기가 크다.

⑥ 전력손실, 전압강하가 크므로 변전소의 간격을 짧게 한다.

⑦ 보호방식이 복잡하다.

⑧ 전식에 의한 피해가 있다.

(2) 단상 교류 방식

① 전선의 굵기가 적다.

② 차내에서 전압의 선택이 가능하다.

③ 전력손실이 적으므로 변전소 간격을 길게 할 수 있다.

④ 전식에 의한 피해가 없다.

⑤ 통신선 유도장해가 크다.

답 ③

---

06 평균 구면 광도 100[cd]의 전구 5개를 지름 10[m]인 원형의 방에 점등할 때 조명률 0.5, 감광 보상률 1.5라 하면, 방의 평균 조도[lx]는?

① 약 35

② 약 26

③ 약 48

④ 약 59

풀이 $FUN = AED$ 에서

(여기서, F: 등기구 1개의 총 광속, U: 조명률, N: 조명기구 개수, A: 면적, E: 평균 조도, D: 감광보상률)

구광원이므로 $F = 4\pi I = 4\pi \times 100 = 400\pi$[lm]

$N = 5$, $U = 0.5$, $D = 1.5$, $A = \pi \times 5^2 = 25\pi$이므로

$\therefore E = \dfrac{FUN}{AD} = \dfrac{400\pi \times 5 \times 0.5}{25\pi \times 1.5} = 26.7$[lx] **답** ②

---

07 전극재료의 구비조건이 잘못된 것은?

① 불순물이 적고 산화 및 소모가 적을 것

② 고온에서도 기계적 강도가 크고 열팽창률이 작을 것

③ 열전도율이 많고 도전율이 작아서 전류밀도가 작을 것

④ 피열물에 의한 화학작용이 일어나지 않고 침식되지 않을 것

풀이 전극의 구비 조건

• 전기의 전도율이 클 것

• 열의 전도율이 적을 것

• 고온에 견디고 고온에서의 기계적 강도가 클 것

• 피열물과 화학작용을 일으키지 않을 것 **답** ③

---

08 중량 50[t]의 전동차에 3[km/h/s]의 가속도를

주는 데 필요한 힘[kg]은?

① 150

② 156

③ 210

④ 4650

풀이 전동차의 관성계수를 고려한 경우

$F_a = 31aW = 31 \times 3 \times 50 = 4650$[kg]

여기서, a: 가속도[km/h/s]

W: 차량의 중량[ton] **답** ④

---

09 그림과 같이 광원 L에서 P점 방향의 광도가 50[cd]일 때 P점의 수평면 조도는 몇 [lx]인가?

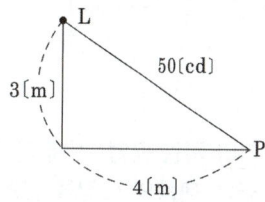

① 0.6

② 0.8

③ 1.2

④ 1.6

풀이 수평면 조도 E_h 는

$E_h = \dfrac{I}{r^2} \cos\theta$

$= \dfrac{50}{\left(\sqrt{4^2 + 3^2}\right)^2} \times \dfrac{3}{\sqrt{4^2 + 3^2}} = \dfrac{50}{25} \times \dfrac{3}{5} = 1.2$[lx]

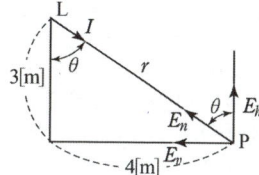

답 ③

---

10 다음은 사이리스터를 이용하여 얻을 수 있는 결과들이다. 적당하지 않는 것은?

① 교류 전력 제어

② 주파수 변환

③ 직류 위상 변환

④ 직류 전압 변환

풀이 사이리스터는 위상제어, 정지 스위치, 인버터 초퍼, 타이머 회로, 트리거 회로, 카운터, 과전압 보호 등에 쓰인다. 그러나 직류에서 위상이라는 개념은 없다. **답** ③

11 휘도가 균일한 긴 원통 광원의 축 중앙 수직 방향의 광도가 200[cd]이다. 전광속 F[lm]과 평균 구면 광도 I[cd]를 각각 구하면?

① 약 $F = 1974$, 약 $I = 200$
② 약 $F = 1974$, 약 $I = 157$
③ 약 $F = 628$, 약 $I = 200$
④ 약 $F = 628$, 약 $I = 100$

풀이 원통 광원 수직 방향의 광도 I_0와 전광속 F 사이에는
$$F = \pi^2 I_0 = \pi^2 \times 200 \fallingdotseq 1974[\text{lm}]$$
따라서 평균 구면 광도
$$I = \frac{F}{4\pi} = \frac{1974}{4\pi} = 157[\text{cd}]$$
답 ②

12 자동차 기타 차량 공업, 기계 및 전기 기계 기구, 기타의 금속 제품의 도장을 건조하는데 이용되는 가열은?

① 저항 가열
② 고주파 가열
③ 유도 가열
④ 적외선 가열

풀이 ① 적외선 가열 : 적외선 전구에 의하여 피건조물을 가열하고 건조하는 것
② **적외선 가열의 특징**
• 신속하고 효율이 좋으며 표면 가열이 가능하다.
• 조작이 간단하고 온도 조절이 쉬우며, 시간 지연이 매우 적다.
• 설비비가 적고 소요 면적이 적어도 가능하다.
• 적외선 전구를 배열하는 구조로 매우 간단하다.
• 두께가 얇은 재료에 적합하고, 주로 섬유, 도장 관계에 많이 사용된다.
답 ④

13 최고 사용온도가 1100[℃]이고 고온강도가 크고 냉간가공이 용이하며 고온용 발열체에 적합한 것은?

① 니크롬 제2종
② 니크롬 제1종
③ 철크롬 제2종
④ 철크롬 제1종

풀이 ① 니크롬 제1종 : 고온에서 강하고, 냉간가공이 쉽고 고온가열 후에 강도가 변화되지 않고, 유화성 가스를 제외한 어떤 가스에 대해서도 거의 침해받지 않으며 고온용 발열체로 널리 이용된다.
② 발열체의 최고사용온도
• 니크롬 제1종 : 1100[℃]

• 니크롬 제2종 : 900[℃]
• 철-크롬 제1종 : 1200[℃]
• 탄화규소 발열체 : 1500[℃]
답 ②

14 온도의 변화로 인한 궤조의 신축에 대응하기 위한 것은?

① 궤간
② 유간
③ 곡선
④ 확도

풀이 ① 궤간 : 레일과 레일 사이의 거리
② 유간 : 온도변화에 대한 궤조의 신축에 대응하기 위하여 이음 장소에 적당한 간격을 두는 것
③ 곡선 : 곡선부의 종류로는 단곡선, 복심곡선, 반향곡선, 완화곡선이 있다.
④ 확도(slack 슬랙) : 곡선로 부분에서 플렌지가 레일 측면에 끼어서 탈선하는 것을 방지하기 위해서 궤간을 직선부보다 약간 넓게 하는 것을 말한다. **답** ②

15 수위의 원격지시 장치에 적합한 전동기는?

① 단상 정류자 전동기
② 셀신 모터
③ 농형 3상 유도 전동기
④ 권선형 3상 유도 전동기

풀이 셀신 발신기와 셀신 수신기의 조합에 의해 회전력(또는 각도)의 전달을 얻을 수 있으므로 원격제어에 이용되며, 셀신 발신기와 셀신 제어 변압기의 조합에 의해 위치편차에 비례하는 전압을 얻을 수 있으므로 편차 전압 검출용에 사용된다. **답** ②

16 반도체 소자의 종류 중에서 게이트에 의한 턴온을 이용하지 않는 소자는?

① SSS
② SCR
③ GTO
④ SCS

풀이 SSS(Silicon Symmetrical Switch)의 특징
① 실리콘 양방향성 소자이다.
② 전극은 2단자로 npnpn의 5층으로 되어 있다.
③ SCR을 역병렬로 2개 접속한 것과 같은 특성을 갖는다.
④ SCR과 달리 제어 게이트 전극이 없는 구조로 게이트에 의한 턴온을 할 수 없다. **답** ①

17 전기차량의 집전장치가 아닌 것은?

① 트롤리 봉
② 복진지
③ 뷔겔
④ 팬터그래프

풀이 ① 전기차량에 가공선 또는 제3 궤조에서 전기를 취하기 위한 장치를 집전장치라 하며 집전자에는 다음과 같은 종류가 있다.
  • 트롤리 봉(trolley pole)
  • 뷔겔(bow collector or Bugel collector)
  • 팬터 그래프(pantagraph or pantograph)
② 복진지 : 궤조(rail)가 열차의 진행 방향과 더불어 종방향으로 이동하는 것을 방지하는 장치 **답** ②

18 100[V], 500[W]의 전열기를 90[V]에서 사용할 때의 전력[W]은?

① 405
② 425
③ 450
④ 500

풀이 전열선의 저항이 일정할 때

전력 $P = \dfrac{E^2}{R} \propto E^2$

이므로, 90[V]에서 사용할 때의 전력을 P'라고 하면

$\dfrac{P'}{P} = \left(\dfrac{E'}{E}\right)^2$ 이다.

$\therefore P' = P\left(\dfrac{E'}{E}\right)^2 = 500 \times \left(\dfrac{90}{100}\right)^2 = 405\text{[W]}$ **답** ①

19 다음 중 형광체로 쓰이지 않는 것은?

① 텅스텐산 칼슘
② 규산아연
③ 붕산카드뮴
④ 황산나트륨

풀이

형광체	텅스텐산 칼슘	텅스텐산 마그네슘	규산 아연	규산 카드뮴	붕산 카드뮴
광 색	청색	청백색	녹색	등색	핑크색

답 ④

20 역저지 3극 사이리스터의 통칭은?

① SSS
② SCS
③ LASCR
④ TRIAC

풀이 SSC, DIAC, TRIAC, SBS는 쌍방향성 사이리스터이고, SCR은 단방향성 사이리스터이며, LASCR은 역저지 3극 사이리스터의 통칭이다. **답** ③

2021년 - 2회 _ 공사산업기사

01 전류에 의한 옴손을 이용하여 가열하는 것은?

① 복사 가열
② 유전 가열
③ 유도 가열
④ 저항 가열

풀이 ① 복사 가열 : 적외선 가열이라고도 하며, 적외선 전구 또는 비금속 발열체 등에서 복사된 적외선을 피열물의 표면에 조사하는 가열
② 유전 가열 : 고주파 전계 중에 절연성 피열물을 놓고, 여기에 생기는 유전체손을 이용하는 가열
③ 유도 가열 : 교류자계 중에 있어서 도전성 물체 중에 생기는 와전류에 의한 전류손 또는 히스테리시스손을 이용하는 가열
④ 저항 가열 : 전류에 의한 옴손을 이용한 가열
답 ④

02 반사율 ρ, 투과율 τ, 반지름 r 인 완전 확산성 구형 글로브의 중심의 광도 I 의 점광원을 켰을 때, 광속 발산도는?

① $\dfrac{\rho I}{r^2(1-\rho)}$
② $\dfrac{4\pi\rho I}{r^2(1-\tau)}$
③ $\dfrac{\tau I}{r^2(1-\rho)}$
④ $\dfrac{\rho\pi I}{r^2(1-\rho)}$

풀이 $R = \dfrac{F\eta}{S} = \dfrac{4\pi I}{4\pi r^2} \cdot \dfrac{\tau}{1-\rho} = \dfrac{\tau I}{r^2(1-\rho)}$[rlx] **답** ③

03 직권 정류자 전동기는 다음에 분류하는 전동기 중 어디에 속하는가?

① 변속도 전동기
② 다속도 전동기
③ 가감속도 전동기
④ 정속도 전동기

풀이 교류에 있어 직권 정류자 전동기는 직류에 있어서의 직권 전동기와 그 특성이 유사하다. 토크가 증가하면 속도가 저하되는 특성을 변속도 특성이라 하며, 직류 직권 전동기, 직류 파권 전동기, 교류 직권 정류자 전동기, 2차 저항이 큰 유도 전동기 등이 이 특성을 가진다. **답** ①

04 반간접조명의 설계에서 등(燈)의 높이란?

① 바닥에서 천장
② 피조면에서 천장
③ 피조면에서 등기
④ 방바닥에서 등기

풀이 등기구의 높이(h)

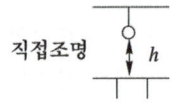 

직접조명   간접조명

답 ②

05 다음 납축전지에 대한 설명 중 잘못된 것은?

① 납 축전지의 전해액의 비중은 1.2 정도이다.
② 납 축전지의 격리막은 양극과 음극의 단락 보호용이다.
③ 전지의 내부 저항은 클수록 좋다.
④ 전지 용량은 [Ah]로 표시하며 10시간 방전율을 많이 쓴다.

풀이 전지의 내부 저항이 클수록 전지 내부의 전압강하도 커지고 손실도 증가하므로, 가능한 한 전지의 내부저항은 작을수록 좋다. **답** ③

06 적외선 가열과 관계없는 것은?

① 설비비가 적다.
② 구조가 간단하다.
③ 두꺼운 목재의 건조에 적당하다.
④ 공산품(工産品)의 표면건조에 적당하다.

풀이 적외선 가열의 특징
고온 물체에서 나오는 적외선 조사에 의하여 건조에 필요한 열량을 재료에 주는 것을 적외선 가열이라 한다.
① 설비비 및 유지비가 염가, 설치 장소가 절약된다.
② 건조기 구조가 간단하다.
③ 조작이 간단하며 연료 손실 적고, 작업 시간이 단축된다.
④ 도장 등의 표면 건조에 적당하다.
⑤ 건조 재료의 감시가 용이하고, 조작이 간단하며, 청결하고 안전하다.
⑥ 적외선 건조는 적외선전구에 의한 복사열을 이용한다. **답** ③

07 완전 확산면의 광속 발산도가 2000[rlx]일 때, 휘도는 약 몇[cd/cm²]인가?

① 0.2
② 0.064
③ 0.682
④ 637

풀이 $R = \pi B$

$$\therefore B = \frac{R}{\pi} = \frac{2000}{\pi}[\text{cd/m}^2]$$

$$= \frac{2000}{\pi} \times 10^{-4} \fallingdotseq 0.064[\text{cd/cm}^2]$$

※ $R = \pi B$[rlx], $B = \frac{R}{\pi}$[nt]이므로
휘도 문제를 다룰 때에는 1[sb]=10^4[nt]의 관계를 잊으면 안 된다. **답** ②

08 용접용 전원의 특성은 부하가 급히 증가할 때 전압은?

① 일정하다.
② 급히 상승한다.
③ 급히 강하한다.
④ 서서히 상승한다.

풀이 아크 용접용 전원의 전압–전류 특성은 전류(부하)가 증가하면 전압이 감소하는 부특성(수하특성)이다. **답** ③

09 가스입 전구에 아르곤가스를 넣을 때에 질소를 봉입하는 이유는?

① 대류작용 촉진
② 대류작용 억제
③ 아크 억제
④ 흑화 방지

풀이 봉입 가스
① 아르곤 : 무겁기 때문에 증발 억제 효과가 크고, 열손실은 적으나 방전을 일으키기 쉽다.
② 질소 : 산화방지 및 아크를 억제하여 수명을 연장 **답** ③

10 50[t]의 전차가 20[‰]의 경사를 올라가는 데 필요한 견인력[kg]은? 단, 열차 저항은 무시한다.

① 100
② 150
③ 1000
④ 1500

풀이 경사가 20/1000 이므로,
$$\therefore \text{견인력} = W \tan\theta = 50 \times 10^3 \times \frac{20}{1000} = 1000[\text{kg}]$$
(경사가 작을 때에는 $\tan\theta \fallingdotseq \sin\theta$로 해도 된다.)
답 ③

11 방전등의 전압 전류 특성은 마이너스(負特性)이므로 이것을 일정 전압의 전원에 연결하면 전류가 급속히 증대되어 방전등을 파괴한다. 이것을 방지하기 위하여 필요한 장치는?

① 점등관　　　② 콘덴서
③ 안정기　　　④ 초크 코일

풀이 방전등에 전류의 안정을 얻기 위하여 접속하는 저항 또는 초크 코일을 **안정기**라 한다.　　**답** ③

12 자동제어의 추치 제어에 속하지 않는 것은?

① 추종 제어　　② 비율 제어
③ 프로그램 제어　④ 프로세스 제어

풀이 • 추치 제어는 출력의 변동을 조정하는 동시에 목표값에 정확히 추종하도록 설계한 제어계로서 **추종 제어, 프로그램 제어, 비율 제어**가 이에 속한다.
• 프로세스 제어는 정치 제어에 속한다.　**답** ④

13 전기철도에 적용하는 직류 직권전동기의 속도 제어 방법이 아닌 것은?

① 저항 제어
② 초퍼 제어
③ VVVF 인버터 제어
④ 사이리스터 위상제어

풀이 ① 직권 전동기의 속도제어 방식 : 계자 제어, 직렬 저항 제어, 직·병렬 제어, 초퍼제어, 메타다인 제어
② **VVVF(가변 전압 가변 주파수) 인버터 제어방식**은 3상 유도전동기의 속도제어 방법이다.　**답** ③

14 전기도금에 관한 설명 중 틀린 것은?

① 전원은 $5 \sim 6[V]$ 또는 $10 \sim 12[V]$의 직류를 사용한다.
② 직류 발전기를 사용하는 데 있어서 수하 특성이 있는 발전기를 사용한다.
③ 전류밀도가 다르더라도 도금상태는 일정하다.
④ 표면의 산화물이나 기름을 없애기 위해 화학적으로 세척해야 한다.

풀이 전기도금에서 **전류밀도가 다르면 도금상태가 일정하지 못하다.**　**답** ③

15 어떤 제어계에서 위상 여유(phase margin) ϕ_m이 $\phi_m > 0$의 관계를 만족할 때는 어떤 상태인가?

① 안정　　　　② 저속 진동
③ 불안정　　　④ 불규칙 진동

풀이 위상 여유를 $|G(j\omega)H(j\omega)|$의 크기가 1일 때 그 위상이 180°에 가까워지는 여유를 말하며 이들은 계의 상대 안정도를 나타내며 $\phi_m > 0$일 때 안정상태를 말한다. **안정한 제어계는 이득여유, 위상 여유가 0보다 크다.**　**답** ①

16 전차용 전동기의 사용 대수를 2의 배수로 하는 이유는?

① 균일한 중량의 증가
② 제어 효율 개선
③ 고장에 대비해서
④ 부착 중량의 증가

풀이 전차용 전동기의 사용 대수를 2배수로 하는 것은 직·병렬 제어법으로 전동기의 단자 전압을 바꾸어 속도제어를 하게 하기 위함으로서 **제어 효율을 개선**하고 소비전력의 감소가 되도록 함이다.　**답** ②

17 나트륨등의 이론 효율[lm/W]은 약 얼마인가?

① 255　② 300　③ 395　④ 500

풀이 나트륨의 분광 분포에서 D선의 에너지는 전방사 에너지의 76[%], 그의 비시감도는 0.765이고 최대시감도는 680[lm/W]이므로 이론 효율은
$680 \times 0.765 \times 0.76 = 395[lm/W]$　**답** ③

18 pn 접합형 diode는 어떤 작용을 하는가?

① 발진 작용　　② 증폭 작용
③ 정류 작용　　④ 교류 작용

풀이 pn 접합 다이오드는 순방향으로만 전류가 흐르는 특성(정류)이 있고, 이 pn 접합 반도체를 다이오드라 한다.　**답** ③

19 500[W]의 전열기를 정격 상태에서 1시간 사용할 때 발생하는 열량은 약 몇 [kcal]인가?

① 430　② 520　③ 610　④ 860

풀이
- $1[W \cdot s] = 1[J] = 0.24[kcal]$
- 발열량 $Q = 0.24Pt[cal]$
(여기서, P : 전력[W], t : 시간[sec])
∴ $Q = 0.24Pt = 0.24 \times 500 \times 60 \times 60 \times 10^{-3}$
$= 432[kcal]$ **답** ①

---

20 서보 모터(servo motor)는 서보 기구에서 주로 어느 부의 기능을 맡는가?

① 검출부　　　　② 제어부
③ 비교부　　　　④ 조작부

풀이 서보 모터에서는 관성이 작도록 하기 위해 전기자의 지름이 작으며, 큰 회전력을 얻기 위해 축방향으로 전기자의 길이가 길어야 하며 서보 기구에서 **주로 조작부의 역할을 한다.** **답** ④

2021년 - 4회 _공사산업기사_

01 그림과 같은 신호 흐름 선도에서 전달함수 $C(s)/R(s)$는?

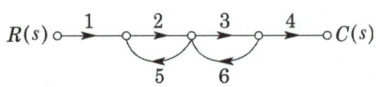

① $-8/9$　　　　② $4/5$
③ 180　　　　④ 10

풀이 전향 경로 이득 : $1 \times 2 \times 3 \times 4 = 24$
루프 이득 : $2 \times 5 = 10$, $3 \times 6 = 18$
∴ $\dfrac{C(s)}{R(s)} = \dfrac{\Sigma \text{전향 경로 이득}}{1 - \Sigma \text{루프이득}}$
$= \dfrac{24}{1 - (10 + 18)} = \dfrac{24}{-27} = -\dfrac{8}{9}$ **답** ①

---

02 전압, 속도, 주파수, 역률을 제어량으로 하는 제어계는?

① 자동조정　　　　② 추종제어
③ 프로세스 제어　　④ 피드백 제어

풀이 ① 서보 기구 : 미사일의 유도기구, 동력장치의 자동 속도 조정 등 제어량이 물체의 위치, 방향, 자세, 각도

등 기계적 변위량인 경우
② 프로세스 제어 : 압력, 온도, 유량, 액면, 농도, 밀도 등의 제어
③ **자동 조정** : 속도, 장력, **주파수, 전압 등**의 제어량일 경우 **답** ①

---

03 책상 위 2[m] 되는 곳에 광원이 있다. 이 광원을 반투명 아크릴로 에워싸고 0.7[m] 하향 배치 시켰더니 책상 위 조도가 전과 같아졌다. 이 아크릴의 투과율은 약 얼마인가?

① 0.65　　　　② 0.54
③ 0.42　　　　④ 0.34

풀이 책상 위 2[m] 되는 광속과 1.3[m] 되는 광도의 조도가 같으므로 $E = \dfrac{I}{r^2}[lx]$
$\dfrac{I}{2^2} = \dfrac{\tau I}{(2-0.7)^2}$ 가 성립하므로 $\tau = \dfrac{1.3^2}{2^2} = 0.4225$ **답** ③

---

04 고주파 유전 가열에 쓰이는 주파수가 가장 적당한 것은?

① $0.5[kHz] \sim 1.0[MHz]$
② $1[kHz] \sim 1.5[MHz]$
③ $1[MHz] \sim 200[MHz]$
④ $200[MHz] \sim 1000[MHz]$

풀이 유전 가열의 사용주파수
- 목재의 건조, 합판의 접착, 고주파 사용주파수 : 5~30[MHz]
- 섬유, 종이, 비닐포의 건조, 사용주파수 : 30~80[MHz]
- 의료용 기기(라디오, 나이프) 등 사용주파수 : 10~150[MHz] **답** ③

---

05 궤조의 파상 마모를 일으키기 쉬운 것은?

① 탄성 도상　　　　② 비탄성 도상
③ 큰 궤조　　　　④ 작은 궤조

풀이 도상에 콘크리트를 사용한 **비탄성적인 딱딱한 도상 부분에서 파상 마모는 가장 일어나기 쉽다.** **답** ②

06 인견 공업에 쓰이는 포트 모터의 속도 제어에는 어느 것이 가장 좋은가?

① 저항에 의한 제어
② 극수 변환에 의한 제어
③ 1차측 회전에 의한 제어
④ 주파수 변환에 의한 제어

풀이 실(인견)을 감는 공정에서는 6000～10000[rpm]의 고속 운전이 필요하므로 포트를 구동하는 전동기로 농형 유도 전동기를 사용하며, 속도 제어에는 **주파수 변환에 의한 제어가 주로 사용**된다.　**답** ④

07 전열기에서 발열선의 지름이 1[%] 감소하면 저항 및 발열량은 몇[%] 증감되는가?

① 저항 2[%] 증가, 발열량 2[%] 감소
② 저항 2[%] 증가, 발열량 2[%] 증가
③ 저항 2[%] 증가, 발열량 4[%] 감소
④ 저항 4[%] 증가, 발열량 4[%] 감소

풀이
$$R = \rho \frac{l}{s} = \rho \frac{l}{\frac{\pi}{4}d^2} [\Omega]$$

$R \propto \dfrac{1}{d^2}$ 이므로

$$R' = \frac{R}{(1-0.01)^2} = \frac{R}{0.99^2} = \frac{R}{0.9801} \fallingdotseq 1.02R$$
(2[%] 증가)

또한 발열량 $Q \propto \dfrac{1}{R}$ 이므로

$$Q' = \frac{R}{R'}Q = \frac{R}{1.02R}Q = 0.989Q \ (2[\%] \ 감소)$$　**답** ①

08 엘리베이터에 사용되는 전동기의 종류는?

① 직류 직권 전동기
② 동기 전동기
③ 단상 유도 전동기
④ 3상 유도 전동기

풀이 엘리베이터에 사용되는 전동기의 특성
• 회전부분의 관성 모멘트는 적어야 한다(기동정지가 빈번).
• 가속도의 변화비율이 일정값이 되도록 선택(가속감속 시)한다.
• 기동 토크가 커야 한다.
• 소음이 적어야 한다.

① 교류 방식 : 개방형의 권선형이나 고저항 농형 유도 전동기 사용
② 직류 방식 : 레오나드 방식　**답** ④

09 제품 제조 과정에서의 화학 반응식이 다음과 같은 전기로는 다음 중 어떤 가열 방식인가?

$$CaO + 3C = CaC_2 + CO$$
제품

① 유전 가열
② 유도 가열
③ 간접 저항 가열
④ 직접 저항 가열

풀이 석회(CaO)와 탄소(C)와의 혼합 재료에 전류를 통하여 2200[℃] 정도로 하여
$CaO + 3C = CaC_2 + CO$
라는 화학 변화로 **카바이드(CaC₂)를 만드는 노**를 카바이드로라 한다. 이 노는 **직접 가열식 저항로**이다.　**답** ④

10 휘도가 균일한 긴 원통 광원의 축 중앙 수직 방향의 광도가 100[cd]이다. 이 원통 광원의 구면 광도는?

① 약 157[cd]
② 약 78.5[cd]
③ 약 100[cd]
④ 약 92.5[cd]

풀이 원통 광원 수직 방향의 광도 I_0와 전광속 F 사이에는,
$$\therefore F = \pi^2 I_0 = 3.14^2 \times 100 = 985[lm]$$
평균 구면 광도 I는
$$I = \frac{F}{4\pi} = \frac{985}{4\pi} = 78.5[cd]$$　**답** ②

11 다이액(DIAC) 설명 중 잘못된 것은?

① npn 3층으로 되어 있다.
② 역저지 4극 사이리스터로 되어 있다.
③ 쌍방향으로 대칭적인 부성저항을 나타낸다.
④ 다이액의 항복전압을 넘을 때 갑자기 콘덴서가 방전하고 그 방전전류에 의하여 트라이액을 on시킬 수가 있다.

풀이 다이액(DIAC)은 4층 다이오드의 쌍이 병렬로 연결된 2극 사이리스터로 되어 있다. **역저지 4극 사이리스터로는 SCS가 있다.**　**답** ②

12 150[W] 가스입 전구를 반지름 20[cm], 투과율 80[%]인 구의 내부에서 점등시켰을 때 구의 평균 휘도는? 여기서, 구의 반사는 무시하고 전구의 광속은 2450[lm]이라 한다.

① 0.124[cd/cm^2] ② 0.390[cd/cm^2]

③ 0.487[cd/cm^2] ④ 0.496[sb]

풀이 외구에서 나오는 광속은 F_0, 전구의 광속을 F라고 하면,

$$F_0 = \tau F = 0.8 \times 2450 = 1960[\text{lm}]$$

광도를 I라 하면 평균 휘도 B는,

$$B = \frac{I}{\pi\gamma^2} = \frac{\frac{F_0}{4\pi}}{\pi\gamma^2} = \frac{F_0}{4\pi \times \pi\gamma^2} = \frac{F_0}{4\pi^2\gamma^2}$$

$$= \frac{1960}{4\pi^2 \times 20^2} ≒ 0.124[\text{cd/cm}^2]$$

답 ①

13 형광등에서 가장 효율이 높은 색깔은?

① 백색 ② 적색

③ 주광색 ④ 녹색

풀이 효율이 높은 순으로 적으면 녹색, 백색, 주광색, 적색으로 된다.

답 ④

14 황산용액에 양극으로 구리 막대, 음극으로 은 막대를 두고 전기를 통하면 은 막대는 구리색이 난다. 이를 무엇이라고 하는가?

① 전기 도금 ② 이온화 현상

③ 전기 분해 ④ 분극 작용

풀이 전기 도금 : 전기 도금은 도금하고자 하는 금속을 양(+)극, 도금되는 금속을 음(−)극으로 하고 도금하고자 하는 금속 이온을 함유한 수용액 중에서 전기 분해하여, 음극으로 금속을 석출시키는 것이다. 따라서, 양(+)극에 있는 구리가 음(−)극에 있는 은막대로 이동하여 은막대가 구리색이 나게 된다.

답 ①

15 전기철도에서 귀선 궤조에서의 누설전류를 경감하는 방법과 관련이 없는 것은?

① 보조귀선

② 크로스본드

③ 귀선의 전압강하 감소

④ 귀선을 정(+)극성으로 조정

풀이 귀선궤조에서의 누설전류 경감 대책

① 레일을 따라 보조귀선 설치

② 귀선저항을 작게 하기 위하여 레일에 본드(bond)를 시설

• 레일본드 : 레일의 접속부분을 연동선으로 연결

• 크로스 본드 : 양 궤조 간 및 궤조 상호간을 전기적으로 접속하는 본드

③ 귀선을 부(−)극성으로 조정

답 ④

16 음극만 발광하므로 직류 극성을 판별하는 데 이용되는 것은?

① 형광등 ② 수은등

③ 네온전구 ④ 나트륨등

풀이 네온전구의 특징

① 음극만 발광하므로 직류 극성의 판별에 이용된다.

② 일정 전압에서만 점등되므로 검정기, 교류의 파고값(최댓값)의 측정에 쓰인다.

③ 빛의 관성이 없고 어느 범위 내에서는 광도와 전류가 비례하므로 오실로그래프에 이용된다.

답 ③

17 제너다이오드에 관한 설명 중 틀린 것은?

① 정전압 소자이다.

② 전압 조정기에 사용된다.

③ 인가되는 전압의 크기에 따라 전류방향이 달라진다.

④ 제너 항복이 발생되면 전압은 거의 일정하게 유지되나 전류는 급격하게 증가한다.

풀이 제너 다이오드는 제너 항복을 응용한 정전압 소자로, 전압의 크기가 변하면 전류의 크기는 변하지만 방향은 변하지 않는다.

답 ③

18 휘도가 낮고 효율이 좋으며 투과성이 양호하여 터널 조명, 도로조명, 광장조명 등에 주로 사용되는 것은?

① 형광등 ② 백열전구

③ 나트륨등 ④ 할로겐등

풀이 나트륨등은 나트륨 증기 중의 방전을 이용한 것으로 인공 광원 중 최대 발광 효율(80~150[lm/W])을 나타내며, 단색광으로 연색성이 대단히 나빠 실내조명으로는

부족하다. **투과력이 양호하여 강변 도로등, 안개지역 가로등, 광학시험에 사용**된다.　**답** ③

19 열차의 자중이 100[t]이고 동륜상이 90[t]인 기관차의 최대 견인력[kg]은? 단, 궤조의 점착 계수는 0.2이다.

① 15,000 　 　 ② 16,000
③ 18,000 　 　 ④ 21,000

풀이 최대 견인력 F_m[kg]은 다음과 같다.
$$F_m = 1000\mu W_a[\text{kg}]$$
여기서, μ는 점착 계수, W_a는 차륜이 궤조(rail)면에 수직으로 누르는 중력[t], 즉 동륜상의 중량
$$\therefore F_m = 1000 \times 0.2 \times 90 = 18,000[\text{kg}]$$
답 ③

20 지름 40[cm]인 완전 확산성 구형 글로브의 중심에 모든 방향의 광도가 균일하게 120[cd] 되는 전구를 넣고 탁상 2[m]의 높이에서 점등하였다. 탁상 위의 조도[lx]는? 단, 글로브 내면의 반사율은 40[%], 투과율은 50[%]이다.

① 약 30 　 　 ② 약 25
③ 약 20 　 　 ④ 약 15

풀이 글로브의 효율 η는
$$\eta = \frac{\tau}{1-\rho} = \frac{0.5}{1-0.4} = 0.833$$
구하는 조도 E는
$$\therefore E = \frac{\eta I}{R^2} = \frac{0.833 \times 120}{2^2} = 25[\text{lx}]$$

20cm

2m

답 ②

01 200[cd]의 점광원으로부터 5[m]의 거리에서 그 방향과 직각인 면과 60° 기울어진 수평면상의 조도[lx]는 얼마인가?

① 4[lx] ② 6[lx]
③ 8[lx] ④ 10[lx]

풀이 수평면 조도 E 는
$$E = \frac{I}{r^2}\cos\theta = \frac{200}{5^2} \times \cos 60° = 4[\text{lx}]$$
답 ①

02 SCR을 역병렬로 접속한 것과 같은 특성의 소자는?

① TRAIC ② GTO
③ SCS ④ SSS

풀이 트라이액(TRIAC : Triode AC Switch)

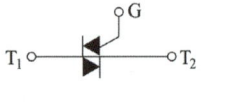 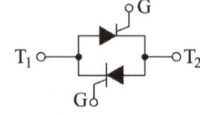

점호, 소호 회로

트라이액은 두 개의 SCR을 역병렬한 것을 한 개의 소자로 만든 것으로서 무접점 스위치나 위상 제어 회로, 가정용 조광 장치 및 전기로의 온도 조절 또는 전동기의 속도 제어 등에 광범위하게 응용되고 있다. **답** ①

03 전철의 속도제어법 중 메타다인(metadyne) 제어법은?

① 정출력 제어법
② 직류 정전압 제어법
③ 직류 정전류 제어법
④ 정속도 제어법

풀이 메타다인은 정류자가 있는 전기자를 구비한 회전기로 정전류 특성이 있다. **답** ③

04 트랜지스터(TR)의 기호에서 이미터의 화살표 방향이 나타내는 것은?

① 전압인가의 방향
② 전류의 방향
③ 전계의 방향
④ 저항의 방향

풀이 전력용 트랜지스터

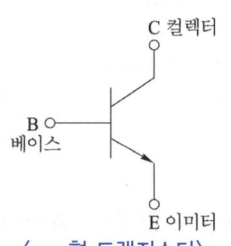

〈npn형 트랜지스터〉

① 트랜지스터는 그 구성에 따라 npn형과 pnp형 두 가지가 있다.
② 도통 시 전류는 컬렉터에서 이미터 쪽으로만 흐를 수 있고 역방향으로는 흐를 수 없다.
③ 전압-전류 특성은 베이스 전류의 크기에 따라 달라진다.
④ 트랜지스터의 도통 상태를 유지하기 위해서는 계속 베이스 전류를 흐르게 하고 있어야 한다. 즉, 이점이 트랜지스터가 SCR, GTO와 다른 점이다. **답** ②

05 단상 유도전동기 중 기동토크가 가장 작은 것은?

① 반발 기동형 ② 분상 기동형
③ 셰이딩 코일형 ④ 커패시터 기동형

풀이 단상 유도전동기에서 기동 토크가 큰 것부터 순서로 배열하면
반발 기동형 > 반발 유도형 > 콘덴서 기동형
> 분상 기동형 > 셰이딩 코일형 > 모노사이클릭형
답 ③

06 알칼리 축전지의 공칭용량은?

① 2[Ah] ② 4[Ah]
③ 5[Ah] ④ 10[Ah]

풀이

	납(연) 축전지	알칼리 축전지
공칭전압	2.0[V/cell]	1.2[V/cell]
공칭용량	10[Ah]	5[Ah]

답 ③

07 전기로의 전기가열 방식 중 흑연화로, 카보런덤로의 가열 방식은?

① 아크로
② 유도로
③ 간접식 저항로
④ 직접식 저항로

풀이

저항로 ─┬─ 직접 가열 저항로 ─┬─ **흑연화로**
　　　　　　　　　　　　　├─ **카보런덤로**
　　　　　　　　　　　　　└─ 카바이드로
　　　　　　└─ 간접 가열 저항로 ─┬─ 크립트로(탄소립로)
　　　　　　　　　　　　　　　　　├─ 염욕로
　　　　　　　　　　　　　　　　　└─ 발열체로

답 ④

08 광도가 312[cd]인 전등을 지름 3[m]의 원탁 중심 바로 위 2[m]되는 곳에 놓았다. 원탁 가장자리의 조도는 약 몇 [lx]인가?

① 30　② 40　③ 50　④ 60

풀이

$r = \sqrt{2^2 + 1.5^2} = 2.5[m]$

수평면 조도 E_h 는

$$E_h = \frac{I}{r^2}\cos\theta = \frac{312}{2.5^2} \times \frac{2}{2.5} \fallingdotseq 40[lx]$$

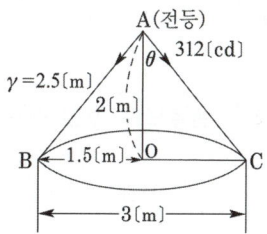

답 ②

09 다음 중 감극제가 필요 없는 전지는?

① 알칼리 건전지
② 수은 전지
③ 리튬 전지
④ 다니엘 전지

풀이 다니엘 전지 : 황산아연 용액 속에 넣은 아연을 음극으로, 황산구리 용액 속에 넣은 구리를 양극으로 하며 두 용액을 염류 용액으로 이어서 만든 전지로서 분극현상이 없으므로 감극제가 필요 없다.

답 ④

10 로켓, 터빈, 항공기와 같은 고도의 기계공업분야의 재료 제조에 적합한 전기로는?

① 크리프톨로
② 지로식 전기로
③ 진공 아크로
④ 고주파 유도로

풀이 진공 아크 용해로는 Ti, Zr, Mo 등의 활성 금속 혹은 내열 금속의 용해법으로 개발되었으나 그 후 철강 분야에 이용하게 됨에 따라 대형화되었다. 그러나 이 노는 설비비가 높고 재용해 작업상, 경제상 불리하며, 또한 생산성이 낮다는 단점이 있어서 품질에 대한 요구도가 높은 제트, 로켓, 터빈 및 항공기와 같은 고도 기계 공업 분야의 재료 제조에 적합한 전기로이다.

답 ③

11 제어 대상을 제어하기 위하여 입력에 가하는 양을 무엇이라 하는가?

① 변환부
② 목표값
③ 외란
④ 조작량

풀이 폐루프 제어계의 구성도

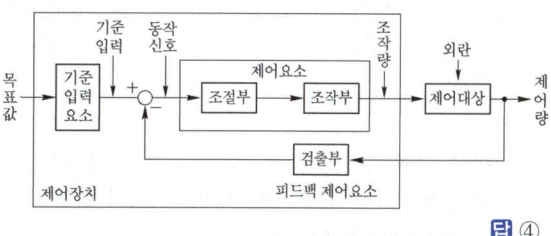

답 ④

12 바리스터(varistor)를 옳게 설명한 것은?

① 비직선적인 전압−전류 특성을 갖는 2단자 반도체
② 비직선적인 전압−전류 특성을 갖는 4단자 반도체
③ 직선적인 전압−전류 특성을 갖는 4단자 반도체
④ 직선적인 전압−전류 특성을 갖는 리액턴스 소자

풀이 바리스터는 SiC 분말과 점토를 혼합해서 소결시켜 만든 것으로 비직선적인 전압, 전류 특성을 갖는 2단자 반도체 소자이다.

답 ①

13 다음 중 온도가 전압으로 변환되는 것은?

① 차동변압기　　② CdS

③ 열전대　　　　④ 광전지

풀이 변환 요소의 종류

변 환 량	변 환 요 소
온 도 → 임피던스	측온 저항(열선, 서미스터, 백금, 니켈)
온 도 → 전 압	열전대(백금-백금 로듐, 철-콘스탄탄, 구리-콘스탄탄, 크로멜-알루멜)

답 ③

14 비닐막 등의 접착에 주로 사용하는 가열방식은?

① 저항가열　　② 유도가열

③ 아크가열　　④ 유전가열

풀이 • 유전가열은 고주파 자계에 의한 분자의 마찰열을 이용하는 것으로 목재의 건조, 목재의 접착, 비닐막의 접착 등에 사용된다.

• 비닐막은 절연물로서 저항가열, 아크가열, 유도가열은 쓰지 못한다. **답** ④

15 서로 다른 두 개의 금속이나 반도체를 접속하여 전류를 인가하면 접합부에서 열이 발생하거나 흡수되는 현상은?

① 제벡 효과　　② 펠티에 효과

③ 톰슨 효과　　④ 핀치 효과

풀이 ① 제벡 효과 : 열전온도계, 즉 두 금속을 두 접점으로 폐회로를 만들고 두 접점의 온도를 달리하면 기전력이 발생한다. 이 열기전력은 두 접점 간의 온도차에 비례한다. 이 두 금속을 열전대라 하고 이것을 이용한 것이 열전 온도계이다.

② 펠티에 효과(Peltier effect) : 서로 다른 두 종류의 금속선으로 폐회로를 만들고 온도를 일정하게 유지하면서 전류를 흘리면 금속선의 접속점에서 열의 흡수(온도 강하) 또는 발생(온도 상승)이 일어나는 현상이다.

③ 톰슨 효과 : 제벡 효과의 역현상의 일종으로 동종의 금속의 접점에 전류를 통하면 전류 방향에 따라 열을 발생 또는 흡수하는 현상이다.

④ 핀치 효과 : 용융체에 강한 전류를 통하면 전자력에 의한 인력이 커지므로 용융체가 도중에서 끊어져 전류가 끊어지는 현상을 말한다. **답** ②

16 식염을 전기분해할 때 양극에서 발생하는 가스는?

① 산소　　② 수소

③ 질소　　④ 염소

풀이 식염수를 전기 분해하면 양극에 염소, 음극에 수소와 수산화나트륨($NaOH$)이 발생된다.

• 식염수 : $NaCl \rightarrow Na^+ + Cl^-$

• 양극 : $Cl^- \rightarrow Cl$

• 음극 : $Na^+ \rightarrow Na$, $Na + H_2O \rightarrow NaOH + H_2$ **답** ④

17 전동기의 제동 시 전원을 끊고 전동기를 발전기로 동작시켜 이때 발생하는 전력을 저항에 의해 열로 소모시키는 제동법은?

① 회생제동　　② 발전제동

③ 와전류제동　　④ 역상제동

풀이 ① 회생 제동 : 전동기에 전원을 접속한 상태에서 전동기에 유기되는 역기전력을 전원 전압보다 높게 하여 회전 운동 에너지로 발생되는 전력을 전원 측에 반환하면서 제동하는 방법이다.

② 발전 제동 : 전동기의 전기자를 전원에서 끊고 전동기를 발전기로 동작시켜 회전 운동 에너지로서 발생하는 전력을 그 단자에 접속한 저항에서 열로 소비시키는 제동 방법이다.

③ 와전류 제동 : 전동기 축에 동심으로 설치한 구리의 원판을 자계 내에서 회전시켜 동판에 생긴 와전류에 의해서 제동력을 얻는 방법이다.

④ 역상 제동 : 전동기의 전원 접속을 바꾸어 역토크를 발생시켜 급정지시키는 방법으로 역전제동 또는 플러깅(plugging)이라 한다. **답** ②

18 적외선 건조에 대한 설명으로 틀린 것은?

① 효율이 좋다

② 온도 조절이 쉽다.

③ 대류열을 이용한다.

④ 소요되는 면적이 작다.

풀이 적외선 건조의 특징

① 도장 등의 표면 건조에 적당하다.

② 건조기 구조가 간단하다.

③ 조작 간단 연료 손실 적고, 작업 시간이 단축된다.

④ 설비비 유지비가 염가, 설치 장소 절약된다.

⑤ 건조 재료의 감시가 용이하고 청결 안전하다.

⑥ 적외선 건조는 적외선전구에 의한 복사열을 이용한다. **답** ③

19 정류방식 중 맥동률이 가장 적은 것은? (단, 저항부하인 경우이다.)

① 단상반파방식
② 단상전파방식
③ 3상반파방식
④ 3상전파방식

풀이

정류 종류	단상 반파	단상 전파	3상 반파	3상 전파
맥동률[%]	121	48	17.7	4.04
정류 효율	40.5	81.1	96.7	99.8
맥동 주파수	f	$2f$	$3f$	$6f$

답 ④

20 모든 방향의 광도가 균일하게 1000[cd]인 광원이 있다. 이것을 직경 40[cm]의 완전 확산성 구형 글로브의 중심에 두었을 때 그 휘도가 1[cm²]당 0.56[cd]가 되었다. 이 글로브의 투과율은 약 몇 [%]인가? (단, 글로브 내면의 반사는 무시한다.)

① 65
② 70
③ 83
④ 92

풀이 휘도 $B = \dfrac{I \cdot \eta}{S} = \dfrac{I \cdot \tau}{\pi r^2}$

→ 투과율 $\tau = \dfrac{B \pi r^2}{I}$

∴ $\tau = \dfrac{0.56 \times \pi \times 20^2}{1000} = 0.7 = 70[\%]$ **답** ②

2022년 - 2회 _ 공사산업기사

---

01 효율 80[%]의 전열기로 1[kWh]의 전력을 소비하였을 때 10[l]의 물의 온도를 약 몇 [℃] 상승시킬 수 있는가?

① 30
② 55
③ 63
④ 69

풀이 $Pt\eta \times 860 = MC\theta$ 식에서

$1 \times 860 \times 0.8 = 10 \times \theta$

∴ $\theta = \dfrac{860 \times 0.8}{10} = 68.8[℃]$ **답** ④

02 루소선도에서 하반구 광속[lm]은 약 얼마인가? (단, 그림에서 곡선 BC는 4분원이다.)

① 528
② 628
③ 728
④ 828

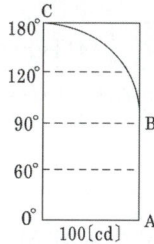

풀이 루소 선도에서 전광속 F와 루소 선도의 면적 S 사이에는

$F = \dfrac{2\pi}{r} S, \quad r = 100$

하반구 광속이므로
$S = 100 \times 100$

∴ $F = \dfrac{2\pi}{100}(100 \times 100) = 628[\text{lm}]$ **답** ②

03 전기차의 속도제어시스템 중 주파수의 변화에 대응하도록 전압도 같이 제어하는 방법은?

① 저항 제어시스템
② 초퍼 제어시스템
③ 위상 제어시스템
④ VVVF 제어시스템

풀이 가변 전압 가변 주파수 제어(VVVF ; Variable Voltage Variable Frequency) : 유도전동기에 공급하는 전원의 주파수와 전압을 같이 가변하여 전동기의 속도를 제어하는 방법 **답** ④

04 전지의 국부작용을 방지하는 방법은?

① 감극제
② 완전 밀폐
③ 니켈 도금
④ 수은 도금

풀이 아연 음극 또는 전해액 중 불순물(Cu, Ni, Fe, Sb 등)이 섞이면 국부 전류에 의한 전극의 부분 용해로서 자체 방전이 생기고 수명이 단축된다. 이것을 방지하기 위하여 아연 전극에 수은 도금을 하거나 순도가 높은 전극 재료를 사용한다. **답** ④

05 회전부분의 관성모멘트를 증가시키기 위해 축에 플라이 휠(축세륜)을 설치하게 된다. 한 회전축에 대한 관성모멘트가 150[kg·m²]인 회전체의 축세륜 효과(GD^2)는 몇 [kg·m²]인가?

① 450　　　　② 600
③ 900　　　　④ 1000

풀이 $J = \dfrac{1}{4}GD^2[\text{kg} \cdot \text{m}^2]$

$\therefore GD^2 = 4 \times J = 4 \times 150 = 600[\text{kg} \cdot \text{m}^2]$　　**답** ②

06 교류식 전기 철도에서 전압불평형을 경감시키기 위해서 사용하는 변압기 결선방식은?

① Y−결선　　　　② △−결선
③ V−결선　　　　④ 스코트 결선

풀이 3상 전원에서 용량이 큰 단상 부하에만 전원을 공급하게 되면 3상 전원은 부하 불평형이 되며 이를 해소하기 위해 단상 변압기 2대를 사용해서 3상 전원을 2상으로 변환하여 3상 전원을 평형이 되도록 하는데 이 방식을 스코트 결선 방식이라고 한다.　　**답** ④

07 네온전구의 용도로서 틀린 것은?

① 소비 전력이 적으므로 배전반의 표시등에 적합하다.
② 부글로우를 이용하고 있어 직류의 극성 판별용에 사용된다.
③ 일정한 전압에서 점등되므로 검전기, 교류 파고값의 측정에 이용할 수 없다.
④ 네온전구는 전극 간의 길이가 짧으므로 부글로우를 발광으로 이용한 것이다.

풀이 네온 전구의 특징
① 소비 전력이 적어 종야등, 파일럿등에 사용
② 일정 전압 이상에서 발광하므로 검전기나 파고치 측정에 사용
③ 음극에서 발광하므로 직류 극성 판별에 사용
④ 광도가 전류에 비례
⑤ 빛의 관성이 없다.　　**답** ③

08 완전 확산면의 휘도(B)와 광속 발산도(R)의 관계식은?

① $R = 4\pi B$　　　② $R = 2\pi B$
③ $R = \pi B$　　　④ $R = \pi^2 B$

풀이 1차 광원 또는 광을 반사하는 면, 즉 2차 광원에 있어서 발산 광속의 면적밀도를 광속 발산도(luminous radiance)라 한다. 구광원에서

광속 발산도 $R = \dfrac{F}{S} = \dfrac{4\pi I}{4\pi r^2} = \dfrac{I}{r^2}$

휘도 $B = \dfrac{I}{A} = \dfrac{I}{\pi r^2}$

$\therefore R = \pi B[\text{rlx}]$　　**답** ③

09 정격전압 100[V], 평균 구면광도 100[cd]의 진공 텅스텐 전구를 97[V]로 점등한 경우의 광도는 몇 [cd]인가?

① 90　　　　② 100
③ 110　　　　④ 120

풀이 전압 특성 $\dfrac{F}{F_0} = \left(\dfrac{V}{V_0}\right)^{3.38}$ 에서

$F = F_0\left(\dfrac{V}{V_0}\right)^{3.38} = F_0\left(\dfrac{97}{100}\right)^{3.38} = 0.9 F_0$

단, V : 인가전압, V_0 : 정격전압
　　F : 인가전압 V를 인가했을 때 광속
　　F_0 : 정격전압 V_0를 인가했을 때의 광속

$I = \dfrac{F}{\omega}[\text{cd}]$에서 $I \propto F$ 이므로

단, I : 광도, ω : 입체각, F : ω 내의 광속
　　$I = 0.9 I_0 = 0.9 \times 100 = 90[\text{cd}]$

단, I : 인가전압 V를 인가했을 때 광도
　　I_0 : 정격전압 V_0를 인가했을 때의 광도　　**답** ①

10 레일본드와 관계가 없는 것은?

① 진동방지
② 동 연선 사용
③ 전기저항 저하
④ 전압강하 저하

풀이 레일 본드란 레일 사이를 전기적으로 접속시킨 연동선으로 진동 방지와는 무관하다.　　**답** ①

11 다음 설명 중 비열을 설명한 것은?

① 단위 시간에 흐른 열량이다.
② 기체나 액체의 운동, 열의 전달이다.
③ 1[g]의 물체를 1[℃] 상승시키는 데 필요한 열량이다.
④ 적외선이나 광 등의 복사에너지에 의해서 열이 전달되는 것이다.

풀이 비열[cal/g · ℃] : 물체 1[g]을 1[℃]만큼 온도를 상승시키는 데 필요한 열량[cal] **답** ③

12 자기방전량만을 항시 충전하는 부동충전방식의 일종인 충전방식은?

① 세류충전   ② 보통충전
③ 급속충전   ④ 균등충전

풀이 ① 세류 충전 : 자기 방전량만을 항시 충전하는 부동 충전 방식의 일종이다.
② 보통 충전 : 필요할 때마다 표준 시간율로 소정의 충전을 하는 방식이다.
③ 급속 충전 : 비교적 단시간에 보통 전류의 2~3배의 전류로 충전하는 방식이다.
④ 균등 충전 : 부동 충전 방식에 의하여 사용할 때 각 전해조에서 일어나는 전위차를 보정하기 위하여 1~3개월 마다 1회씩 정전압으로 10~12시간 충전하여 각 전해조의 용량을 균일화하기 위한 방식이다.
⑤ 부동 충전 : 축전지의 자기 방전을 보충함과 동시에 상용 부하에 대한 전력 공급은 충전기가 부담하도록 하되 충전기가 부담하기 어려운 일시적인 대전류 부하는 축전지로 하여금 부담하게 하는 방식이다. **답** ①

13 유도가열의 용도에 가장 적합한 것은?

① 목재의 접착   ② 금속의 용접
③ 금속의 열처리   ④ 비닐의 접착

풀이 유도가열은 교번자계 중에 있는 도전성 물질에서 발생하는 와류손과 히스테리시스손에 의한 발열을 이용하는 것으로
• 표면가열 (표면담금질, 금속의 열처리, 국부가열)
• 반도체 정련 (단결정 제조)
에 이용된다. **답** ③

14 가로 12[m], 세로 20[m]인 사무실에 평균조도 400[lx]를 얻고자 32[W] 전광속 3000[lm]인 형광등을 사용하였을 때 필요한 등수는? (단, 조명률은 0.5, 감광보상률은 1.25이다.)

① 50   ② 60
③ 70   ④ 80

풀이 $FUN = AED$ 에서
$$\therefore N = \frac{AED}{FU} = \frac{12 \times 20 \times 400 \times 1.25}{3000 \times 0.5} = 80 \text{등}$$
(여기서, F : 1등 당의 광원 광속[lm], U : 조명률, N : 광원의 수, A : 면적[m²], E : 조도[lx], D : 감광보상률) **답** ④

15 5[Ω]의 전열선을 100[V]에 사용할 때의 발열량[kcal/h]은 약 얼마인가?

① 1,720   ② 2,770
③ 3,745   ④ 4,728

풀이
$$H = 0.24 \frac{V^2}{R} t = 0.24 \times \frac{100^2}{5} \times 3,600 \times 10^{-3}$$
$$= 1,728 [\text{kcal/h}]$$ **답** ①

16 전지에서 자체 방전 현상이 일어나는 것으로 가장 옳은 것은?

① 전해액 온도
② 전해액 농도
③ 불순물 혼합
④ 이온화 경향

풀이 아연 음극 또는 전해액 중 불순물(Cu, Ni, Fe, Sb 등)이 섞이면 국부 전류에 의한 전극의 부분 용해로서 자체 방전이 생기고 수명이 단축된다. **답** ③

17 부식의 문제가 없고 전류밀도가 높아 자동차나 군사용의 특수목적으로 사용되는 연료전지는?

① 인산형(PAFC)연료전지
② 고체전해질형(SOFC)연료전지
③ 용융탄산염형(MCFC)연료전지
④ 고체고분자형(SPEFC)연료전지

풀이 ① 연료전지의 종류

종류		사용분야
고온형 연료전지	용융탄산염 (MCFC)	대형 발전소, 대형건물의 분산형 전원
	고체산화물 (SOFC)	대형 발전소, 대형건물의 분산형 전원
저온형 연료전지	인산형 (PAFC)	소규모 발전소, 병원, 호텔, 건물
	고체고분자형 (SPEFC)	휴대용 발전기, 교통수단(승용차, 버스, 선박), 군사용
	알칼리 (AFC)	군사용, 우주선 등 특수 용도

② 고체고분자 연료전지는 높은 에너지 효율, 부식성 액체가 없는 안전한 고체전해질, 낮은 작동온도 및 신속한 시동 등의 장점을 지니고 있어 소규모 발전, 무공해 차량의 동력원, 우주선용 전원, 이동용 전원, 군사용 전원 등 매우 다양한 분야에서 사용되고 있다. **답** ④

18 FL-20D 형광등의 전압이 100[V], 전류가 0.35 [A], 안정기의 손실이 5[W]일 때 역률은 약 몇 [%]인가?

① 57 ② 65
③ 71 ④ 85

풀이 $V = 100[V]$, $I_L = 0.35[A]$
안정기 손실 5[W]이고,
FL-20D에서 20[W] 형광등임을 알 수 있다.
$P = 20 + 5 = 25[W]$
$$\cos\theta = \frac{P}{VI_L} = \frac{25}{100 \times 0.35} = 0.715$$
$$= 71.5[\%]$$
답 ③

19 새로 제작한 전구의 최초 점등에서 필라멘트의 특성을 안정화시키는 작업을 무엇이라 하는가?

① 초특성 ② 동정특성
③ 전압특성 ④ 에이징(aging)

풀이 제작을 마친 새 전구를 처음으로 점등하면 필라멘트의 결정구조가 안정될 때까지 처음 수십 분 동안은 광속, 전류 등의 변화가 심하다.
따라서 제작을 마친 다음 약간 높은 전압으로 1시간 정도 점등하여 특성을 안정시키는데 이러한 특성을 안정시키는 조작을 에이징(aging)이라고 한다. **답** ④

20 전열기를 사용하여 방안의 온도를 23[℃]로 일정하게 유지하려고 할 경우 제어대상과 제어량을 바르게 연결한 것은?

① 제어대상 : 방, 제어량 : 23[℃]
② 제어대상 : 방, 제어량 : 방 안의 온도
③ 제어대상 : 전열기, 제어량 : 23[℃]
④ 제어대상 : 전열기, 제어량 : 방 안의 온도

풀이 전열기(제어요소)를 사용하여 방 안(제어대상)의 온도(제어량)를 23[℃](목표값)로 일정(검출부)하게 유지 **답** ②

2022년 · 4회 _ 공사산업기사

01 물을 전기분해하면 음극에서 발생하는 기체는?

① 산소 ② 질소
③ 수소 ④ 이산화탄소

풀이 물을 전기 분해하면 음극에서 수소를, 양극에서는 산소를 발생한다.
• 음극 : $2H^+ + 2e^- = H_2$
• 양극 : $2OH = \frac{1}{2}O_2 + H_2O + 2e^-$ **답** ③

02 특수강의 제조에 가장 적당한 전기로는?

① 저주파 유도로 ② 고주파 유도로
③ 저항로 ④ 아크로

풀이 고주파 유도로
① 교번 자계 중에 놓여진 유도성 물체에 와전류와 히스테리시스손에 의한 가열 방식이다.
② 전원 : 5~20[kHz]의 교류
③ 특징
• 피가열물 내에서 직접 열을 발생시킬 수 있으며 열원이 필요없다.
• 표면층만의 가열이 가능하다.
• 피가열물의 필요한 부분만 선택하여 가열할 수 있다.
• 온도제어가 정확하고 용이하다.
• 용해로의 자동 교반 작용으로 양질의 제품을 얻을 수 있다. **답** ②

03 특수형광 물질과 유전체를 혼합한 형광체에 교류전압을 가하여 발광시킨 면광원 램프는?

① 나트륨 램프　　② EL 램프
③ 제논 램프　　　④ 형광 램프

풀이 EL(electro luminescent) 램프는 유리면에 투명한 도전성의 피막을 입히고 그 위에 전기 루미네선스용의 특수 형광체를 유전 물질 중에 넣은 것을 100[μ] 정도 이하의 엷은 층으로 바르고, 그 위에 금속 피막을 증착시킨 것이다. 금속 전극 사이에 교류 전압을 공급하면 형광체에 강한 교번 자계가 가해지게 되어 형광체가 발광한다. **답** ②

04 방전개시 전압을 나타내는 것은?

① 빈의 변위법칙
② 스테판–볼츠만의 법칙
③ 톰슨의 법칙
④ 파센의 법칙

풀이 방전 개시 전압은 일정한 전극 금속과 기체의 조합에서는 압력과 관의 길이의 곱에만 관계된다.
이 관계를 파센(Paschen)의 법칙이라 한다.
즉, $V \propto$ 압력[Pa] × 전극 사이의 거리[mm] **답** ④

05 상향 광속과 하향 광속이 거의 동일하므로 하향 광속으로 직접 작업 면에 직사시키고 상향 광속의 반사광으로 작업면의 조도를 증가시키는 조명기구는?

① 반직접 조명기구　　② 간접 조명기구
③ 전반확산 조명기구　④ 직접 조명기구

풀이
• 반직접조명 : 빛의 60~90[%]가 아래로 향하여 직접 표면을 비추고 나머지 10~40[%]는 천정 면을 향하여 반사시키는 조명방식
• 간접조명 : 상향광속이 90~100[%]가 되고 하향광속은 10[%]정도이므로 거의 대부분의 발산광속을 윗방향으로 확산시키는 방식. 빛의 90~100[%]가 천정과 벽에 반사되고 10[%]만이 물체의 표면에 직접 투사된다.
• 전반확산조명 : 하향광속으로 직접 작업 면에 직사시키고 상향광속의 반사광으로 작업면의 조도를 증가시키는 조명방식
• 직접조명 : 빛을 직접 대상물에 비추는 조명방식 **답** ③

06 전해정제법이 이용되고 있는 금속 중 최대 규모로 행하여지는 대표 금속은?

① 철　　　　② 납
③ 구리　　　④ 망간

풀이 전기 분해를 이용하여 순수한 금속만을 음극에서 석출하여 정제하는 것을 전해정제(electrolytic refining)라 하며 이 방법에 의하여 정제하는 금속으로는 구리가 가장 많고 주석, 금, 은, 니켈, 안티몬 등을 제조할 수 있다. **답** ③

07 전구의 필라멘트나 열전대 용접에 알맞은 용접방법은?

① 점 용접　　② 돌기 용접
③ 심 용접　　④ 불활성 용접

풀이 겹치기 저항 용접
• 점용접 : 전구의 필라멘트 용접, 열전대의 용접
• 돌기 용접
• 심 용접 : 이음매 용접 **답** ①

08 프로세스 제어에 속하지 않는 것은?

① 위치　　　② 온도
③ 압력　　　④ 유량

풀이 제어량의 종류에 의한 분류

항목	프로세스 제어	서보 제어	자동조정 제어
특징	플랜트나 생산 공정 중의 상태량을 제어량으로 하는 제어	기계적 변위를 제어량으로 해서 목표값의 임의의 변화에 추종하도록 구성된 제어계	전기적, 기계적 양을 주로 제어하는 것으로서, 응답 속도가 대단히 빨라야 한다.
제어량의 종류	• 온도 • 유량 • 압력 • 액위 • 농도 • 밀도 등	• 물체의 위치 • 방위 • 자세 등	• 전압 • 전류 • 주파수 • 회전속도 • 힘 등

답 ①

09 온실가스 감축을 위해 백열전구 사용을 억제하는 이유 중 맞지 않은 것은?

① 백열전구는 전체에너지의 약 95[%]가 열로 발산된다.
② 동일 용량의 형광등에 비해 소비전력이 크다.
③ 형광등에 비해 빛의 사용량이 많다.
④ 이산화탄소의 배출을 줄인다.

풀이 형광등의 효율은 40~60[lm/w] 정도로 백열전구에 비해 현저하게 높다. **답** ③

10 전기분해에서 패러데이의 법칙은? (단, Q[C]=통과한 전기량, K=물질의 전기화학 당량, W[g]=석출된 물질의 양, t=통과시간, I=전류, E[V]=전압이다.)

① $W = K \dfrac{Q}{E}$ ② $W = KEt$

③ $W = KQ = KIt$ ④ $W = \dfrac{1}{R}Q = \dfrac{1}{R}It$

풀이 패러데이 법칙 : 전기 분해에 의해 석출되는 물질의 양은 전해액을 통과하는 총 전기량에 비례하고 또 물질의 화학 당량에 비례한다.
$$W = KQ = KIt\,[g]$$
답 ③

11 양수량 40[m³/min], 총 양정 13[m]의 양수펌프용 전동기의 소요출력은 약 몇 [kW]인가? (단, 펌프의 효율은 80[%]이다.)

① 68 ② 106
③ 136 ④ 212

풀이
$$P = \frac{9.8QH}{\eta} = \frac{9.8 \times \left(\frac{40}{60}\right) \times 13}{0.8} \fallingdotseq 106.17[kW]$$ **답** ②

12 납축전지의 특징으로 옳은 것은?

① 저온특성이 좋다.
② 극판의 기계적 강도가 강하다.
③ 과방전, 과전류에 대해 강하다.
④ 전해액의 비중에 의해 충·방전 상태를 추정할 수 있다.

풀이 납축전지(연축전지)
• 납축전지의 전해액은 묽은 황산으로서 그 농도는 보통 비중으로 나타내며 전지의 종류에 따라 1.2~1.3(20[℃]) 정도이다.
• 납축전지의 기전력은 황산농도(또는 비중)의 증가에 따라 증가한다.
따라서 전해액의 비중을 측정 해 보면 납축전지의 충·방전 상태를 추정할 수 있다. **답** ④

13 전기용접부의 비파괴검사와 관계없는 것은?

① X선 검사
② 자기 검사
③ 고주파 검사
④ 초음파 탐상시험

풀이 용접물의 비파괴 시험 종류
① 용접부의 외관 검사
② 자기검사
③ X선 또는 γ선 투과 시험
④ 초음파 탐상기에 의한 시험 **답** ③

14 반도체에 광이 조사되면 전기저항이 감소되는 현상은?

① 열전능 ② 홀효과
③ 광전효과 ④ 제벡효과

풀이 광전효과 : 빛을 받으면 전기적 특성의 변화를 일으키는 현상으로 그 종류는 다음과 같다.
① 광기전 효과 : 빛을 받으면 기전력이 발생하는 효과로 태양전지에 이용된다.
② 광전자 방출효과 : 빛을 받으면 광전자가 방출하는 효과
③ 광도전 효과 : 빛을 받으면 저항값이 변화하는 효과 **답** ③

15 그림과 같이 광원 L에 의한 모서리 B의 조도가 20[lx]일 때, B로 향하는 방향의 광도는 약 몇 [cd]인가?

① 780
② 833
③ 900
④ 950

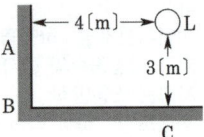

풀이 바닥 위의 20[lx]는 수평면 조도 E_h로

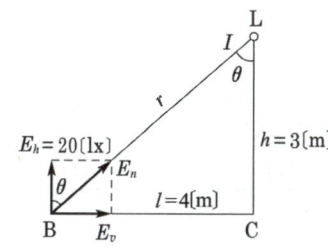

- $E_h = \dfrac{I}{r^2}\cos\theta \rightarrow I = \dfrac{E_h \cdot r^2}{\cos\theta}$
- $\cos\theta = \dfrac{h}{r} = \dfrac{h}{\sqrt{l^2 + h^2}} = \dfrac{3}{\sqrt{4^2 + 3^2}} = 0.6$

$\therefore I = \dfrac{E_h \cdot r^2}{\cos\theta} = \dfrac{20 \times 5^2}{0.6} = 833.3[\text{cd}]$ 답 ②

16 반구면 광원의 상반구 광속이 1,000[lm], 하반구 광속은 3,000[lm]이다. 평균 구면 광도는 약 몇 [cd]인가?

① 637 ② 564
③ 462 ④ 318

풀이 총광속 $F = 1,000 + 3,000 = 4,000[\text{lm}]$

$I = \dfrac{F}{4\pi} = \dfrac{4,000}{4\pi} = 318[\text{cd}]$ 답 ④

17 궤간이 1[m]이고 반경이 1270[m]인 곡선궤도를 64[km/h]로 주행하는 데 적당한 고도는 약 몇 [mm]인가?

① 13.4 ② 15.8
③ 18.6 ④ 25.4

풀이 $h = \dfrac{GV^2}{127R} = \dfrac{1,000 \times 64^2}{127 \times 1,270} = 25.4[\text{mm}]$

여기서, h : 켄트[mm], G : 궤간[mm]
R : 곡선 반지름[m],
V : 열차속도[km/h]이다. 답 ④

18 20[℃]의 물 5리터를 용기에 넣어 1[kW]의 전열기로 가열하여 90[℃]로 하는 데 40분 걸렸다. 이 전열기의 효율은 약 몇 [%]인가?

① 46 ② 51
③ 56 ④ 61

풀이 $860\eta Pt = M(T_2 - T_1)$에서

$\eta = \dfrac{M(T_2 - T_1)}{860Pt} \times 100$

$= \dfrac{5 \times (90 - 20)}{860 \times 1 \times \dfrac{40}{60}} \times 100 = 61[\%]$ 답 ④

19 발광에 양광주를 이용하는 조명등은?

① 네온전구 ② 네온관등
③ 탄소아크등 ④ 텅스텐아크등

풀이 **네온관등**은 가늘고 긴 유리관에 불활성 가스 또는 수은을 봉입하고 양단에 원통형의 전극을 설치한 방전등으로 **양광주**라고 하는 부분의 발광을 이용한 것이다.

답 ②

20 궤도의 확도(slack)는 약 몇 [mm]인가? (단, 곡선의 반지름 100[m], 고정차축 거리 5[m]이다.)

① 21.25 ② 25.68
③ 29.35 ④ 31.25

풀이 확도 $S = \dfrac{l^2}{8R}[\text{m}]$

여기서, l : 고정 차축간 거리[m]
R : 곡선 반지름[m]

$\therefore S = \dfrac{l^2}{8R} = \dfrac{5^2}{8 \times 100}$

$= 0.03125[\text{m}] = 31.25[\text{mm}]$ 답 ④

2023년 - 1회 _ 공사산업기사

01 2개의 곡선반경 중심이 선로에 대해 서로 반대 측에 위치하는 선로 곡선은?

① 단심곡선　　② 복심곡선
③ 반향곡선　　④ 완화곡선

풀이 ① 단심곡선 : 원의 중심이 1개인 곡선
② 복심곡선 : 반경이 다른 원 2개의 중심이 동일한 축에 위치한 곡선
③ **반향곡선 : 두 개의 곡선 반경의 중심이 선로에 대해 서로 반대 측에 위치한 곡선**
④ 완화곡선 : 직선부와 곡선부 사이에 설치하는 완만한 곡선

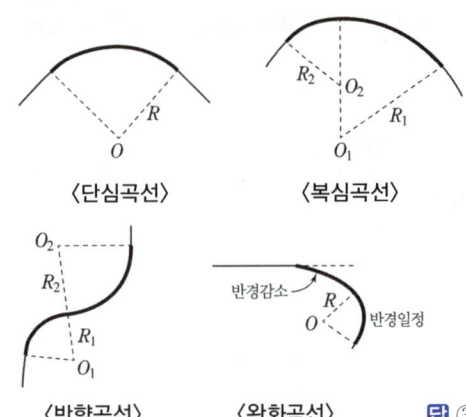

〈단심곡선〉　〈복심곡선〉

〈반향곡선〉　〈완화곡선〉　**답** ③

02 가시광선 파장(nm)의 범위는?

① 280~310　　② 380~760
③ 400~430　　④ 555~580

풀이 ① **가시광선의 파장(눈으로 느낄 수 있는 파장)은 약 380 ~ 760 [nm]**로 파장 555 [nm]의 빛이 가장 밝게 느껴진다.

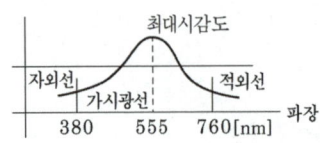

② 가시광선의 파장(보라색은 짧은 파장이며, 적색은 긴 파장에 해당된다.)

색	보라	파랑	초록	노랑	주황	빨강
파장 [nm]	380~430	430~452	452~550	550~590	590~640	640~760

답 ②

03 2차 저항제어를 하는 권선형 유도전동기의 속도특성은?

① 가감 정속도 특성
② 가감 변속도 특성
③ 다단 변속도 특성
④ 다단 정속도 특성

풀이 **2차 저항 제어** : 비례추이를 이용하는 방법으로 권선형 유도전동기에 사용한다. (**가감 변속도 특성**) **답** ②

04 유도가열과 유전가열의 공통된 특성은?

① 도체만을 가열한다.
② 선택가열이 가능하다.
③ 절연체만을 가열한다.
④ 직류를 사용할 수 없다.

풀이 유전 가열과 유도 가열의 비교

항목	유전 가열	유도 가열
원리	유전체손 이용	와류손 및 히스테리시스 손실 이용
적용	절연체(유전체)	금속(도체), 반도체
전원	교류(**직류 사용불가**) 1~200[MHz]	교류(**직류 사용불가**) • 저주파 유도 가열 : 60[Hz] • 고주파 유도 가열 : 5~20[kHz]

답 ④

05 3상 반파정류회로에서 변압기의 2차 상전압 220 [V]를 SCR로써 제어각 $\alpha = 60°$로 위상제어할 때 약 몇 [V]의 직류전압을 얻을 수 있는가?

① 108.7　　② 118.7
③ 128.7　　④ 138.7

풀이 3상 반파정류회로

$$E_{d\pi} = \frac{1}{2\pi/3} \int_{-\pi/3+\alpha}^{\pi/3+\alpha} \sqrt{2}\, V\cos\theta d\theta = \frac{3\sqrt{6}}{2\pi} V\cos\theta$$

$$\therefore E_{d\pi} = \frac{3\sqrt{6}}{2\pi} \times 220 \times \cos 60° \fallingdotseq 128.7[V]$$ **답** ③

---

06 무인 엘리베이터의 자동제어는?

① 정치제어   ② 추종제어

③ 비율제어   ④ 프로그램제어

풀이 제어 목적에 의한 분류
① 정치 제어 : 제어량을 어떤 일정한 목표값으로 유지하는 것을 목적으로 하는 제어법(연속식 압연기)
② 추종 제어 : 미지의 임의 시간적 변화를 하는 목표값에 제어량을 추종시키는 것을 목적으로 하는 제어법
③ 비율 제어 : 목표값이 다른 것과 일정 비율 관계를 가지고 변화하는 경우의 추종 제어
④ **프로그램 제어** : 미리 정해진 프로그램에 따라 제어량을 변화시키는 것을 목적으로 하는 제어법(**무인 엘리베이터**, 산업로봇)   **답** ④

---

07 단위변환이 틀리게 표현된 것은?

① $1[J] = 0.2389 \times 10^{-3}[kcal]$

② $1[kWh] = 860[kcal]$

③ $1[BTU] = 0.252[kcal]$

④ $1[kcal] = 3,968[J]$

풀이 $1[W \cdot h] = 3,600[W \cdot s] = 3,600[J] = 860[cal]$이므로
$1[kcal] = \dfrac{3,600}{860} \times 1,000 = 4,186.05[J]$이다.   **답** ④

---

08 전기분해에 의하여 전극에 석출되는 물질의 양은 전해액을 통과하는 총 전기량에 비례하며 그 물질의 화학당량에 비례하는 법칙은?

① 줄(Joule)의 법칙

② 암페어(Ampere)의 법칙

③ 톰슨(Thomson)의 법칙

④ 패러데이(Faraday)의 법칙

풀이 **패러데이 법칙**
전기 분해에 의해 석출되는 물질의 양은 전해액을 통과하는 총 전기량에 비례하고 또 물질의 화학 당량에 비례한다.

$$W = KQ = KIt[g]$$

여기서, W : 석출되는 물질의 양[g]
K : 화학당량[g/C]
Q : 통과한 전기량($Q = It$)[C]
I : 전류[A], t : 시간[s]   **답** ④

---

09 그림과 같이 간판을 비추는 광원이 있다. 간판 면상 P점의 조도를 200[lx]로 하려면 광원의 광도[cd]는?

① 400

② 500

③ $800\sqrt{2}$

④ $500\sqrt{2}$

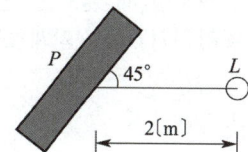

풀이 수평면 조도 $E = \dfrac{I}{r^2} \cos\theta[lx]$에서

θ는 수직면에서부터의 각이므로
$\theta = 90° - 45° = 45°$

$$\therefore I = \frac{E \cdot r^2}{\cos\theta} = \frac{200 \times 2^2}{\cos 45°} = 800\sqrt{2}[cd]$$ **답** ③

---

10 적외선 건조에 대한 설명으로 틀린 것은?

① 효율이 좋다.

② 온도 조절이 쉽다.

③ 대류열을 이용한다.

④ 많은 장소가 필요하지 않다.

풀이 적외선 건조의 특징
① 도장 등의 표면 건조에 적당하다.
② 건조기 구조가 간단하다.
③ 조작 간단, 연료 손실 적고, 작업 시간이 단축된다.
④ 설비비 유지비가 염가, 설치 장소 절약된다.
⑤ 건조 재료의 감시가 용이하고 청결 안전하다.
⑥ **적외선 건조는** 적외선전구에 의한 **복사열을** 이용한다.   **답** ③

---

11 진공도가 $10^{-4} \sim 10^{-5}[mmHg]$ 정도의 진공 중에서 가열된 텅스텐 합금의 음극으로부터 튀어나온 전자를 직류 고전압으로 가속해서 피용접물에 집중하여 용접하는 방법은?

① 전자빔 용접   ② 플라즈마 용접

③ 레이저 용접   ④ 초음파 용접

풀이 전자빔 용접의 특징은
① 작업이 진공 중에서 행하여지므로 활성 금속, 실리콘, 티탄이나 몰리브덴 등의 용접이 가능하다.
② 벨리륨이나 우라늄과 같은 유해 가스를 방출하는 특수 금속의 용접이 된다.
③ 전력, 열입력의 조정이 쉬우며, 미소 정밀 용접이 가능하다.
④ 용접 금속은 깨끗하고 산화물을 포함하지 않는다.
답 ①

12 기중기로 150[t]의 하중을 2[m/min]의 속도로 권상시킬 때 필요한 전동기의 용량[kW]은 약 얼마인가? (단, 기계효율은 70[%]이다.)

① 70   ② 80
③ 90   ④ 100

풀이 $P = \dfrac{KWV}{6.12\eta} = \dfrac{150 \times 2}{6.12 \times 0.7} = 70$[kW]
여기서, K : 손실계수 (여유계수)
W : 중량(하중)[ton]
V : 권상속도[m/min]
η : 효율
답 ①

13 블록 선도에서 $\dfrac{C}{R}$는 얼마인가?

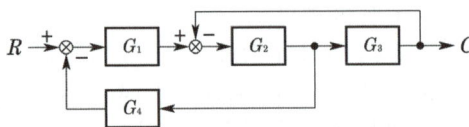

① $\dfrac{G_4}{1 + G_1 + G_2 G_3 G_4}$

② $\dfrac{G_1 G_3}{1 + G_1 G_2 + G_3 G_4}$

③ $\dfrac{G_1 G_2 G_3}{1 + G_2 G_3 + G_1 G_2 G_4}$

④ $\dfrac{G_2 G_3 G_4}{1 + G_1 G_2 + G_1 G_2 G_3 G_4}$

풀이 G_3 앞의 인출점을 요소 뒤로 이동하면 그림과 같은 블록 선도로 나타낼 수 있다.

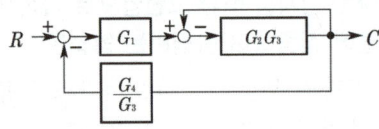

$$\left\{ \left(R - C\frac{G_4}{G_3} \right) G_1 - C \right\} G_2 G_3 = C$$
$$R G_1 G_2 G_3 - C G_1 G_2 G_4 - C(G_2 G_3) = C$$
$$R G_1 G_2 G_3 = C(1 + G_2 G_3 + G_1 G_2 G_4)$$
$$\therefore \ G(s) = \frac{C}{R} = \frac{G_1 G_2 G_3}{1 + G_2 G_3 + G_1 G_2 G_4}$$

별해 전향경로 이득 : $G_1 G_2 G_3$
루프 이득 : $-G_2 G_3, \ -G_1 G_2 G_4$
$$\therefore G(s) = \frac{\sum \text{전향 경로 이득}}{1 - \sum \text{루프이득}}$$
$$= \frac{G_1 G_2 G_3}{1 + G_2 G_3 + G_1 G_2 G_4}$$
답 ③

14 제품 제조 과정에서의 화학 반응식이 다음과 같은 전기로의 가열 방식은?

$$SiO_2 + 3C \rightarrow SiC + 2CO$$

① 유전가열   ② 유도가열
③ 간접저항가열   ④ 직접저항가열

풀이
• 직접식 가열 저항로의 종류에는 흑연화로, 카아버런덤로, 지로식 전기로가 있다.
• 카아버런덤은 모래와 코크스를 혼합하고 여기에 전류를 흘려서 2000[℃] 이상 가열하면 다음과 같은 반응으로 제조된다.
$SiO_2 + 3C \rightarrow SiC + 2CO$
• 카버런덤(carborundum)은 탄화규소(SiC)의 상품명이다.
답 ④

15 음극만 발광하므로 직류 극성을 판별하는 데 이용되는 것은?

① 네온램프   ② 크립톤램프
③ 크세논램프   ④ 나트륨램프

풀이 네온전구의 특징
① 음극만 발광하므로 직류 극성의 판별에 이용된다.
② 일정 전압에서만 점등되므로 검정기, 교류의 파고값(최댓값)의 측정에 쓰인다.
③ 빛의 관성이 없고 어느 범위 내에서는 광도와 전류가 비례하므로 오실로그래프에 이용된다.
답 ①

16 아래에서 금속의 이온화 경향이 가장 큰 것은?

① Ag   ② Pb
③ Na   ④ Sn

풀이 이온화 경향은 금속이 액체와 접촉 시 양이온으로 되는 경향으로, 이온화 경향이 큰 순서로는
K > Ba > Ca > Na > Mg > Al > Mn > Zn > Fe > Ni > Sn > Pb > Cu > Hg > Ag > Pt > Au 순이다. 답 ③

17 궤간이 1[m]이고 반경이 1270[m]인 곡선궤도를 64[km/h]로 주행하는 데 적당한 고도는 약 몇 [mm]인가?

① 13.4 ② 15.8 ③ 18.6 ④ 25.4

풀이 $C = \dfrac{GV^2}{127R} = \dfrac{1,000 \times 64^2}{127 \times 1,270} = 25.4[\text{mm}]$

여기서, C : 켄트[mm], G : 궤간[mm]
R : 곡선 반지름[m]
V : 열차속도[km/h]이다. 답 ④

18 두 도체로 이루어진 폐회로에서 두 접점에 온도차를 주었을 때 전류가 흐르는 현상은?

① 홀 효과   ② 광전 효과
③ 제벡 효과   ④ 펠티에 효과

풀이 ① 홀 효과 : 도체나 반도체의 물질에 전류를 흘리고 이것과 직각 방향으로 자계를 가하면, 전류와 자계가 이루는 면에 직각방향으로 기전력이 발생되는 현상이다.
② 광전효과 : 빛을 받으면 전기적 특성의 변화를 일으키는 현상
③ 제베크 효과 : 서로 다른 두 종류의 금속선을 접합하여 폐회로를 만든 후 두 접합점의 온도를 달리하였을 때, 폐회로에 열기전력이 발생하여 열전류가 흐르게 되는 현상
④ 펠티에 효과 : 서로 다른 두 종류의 금속선으로 폐회로를 만들고 온도를 일정하게 유지하면서 전류를 흘리면 금속선의 접속점에서 열의 흡수(온도 강하) 또는 발생(온도 상승)이 일어나는 현상 답 ③

19 절대온도 T[K]인 흑체의 복사발산도(전방사에너지)는? (단, σ는 스테판-볼츠만의 상수이다.)

① σT ② $\sigma T^{1.6}$ ③ σT^2 ④ σT^4

풀이 스테판-볼츠만 (Stefan-Blotzmann)의 법칙
흑체의 복사 발산량 W는 절대온도 T[K]의 4제곱에 비례한다.
$W = \sigma T^4[\text{W/cm}^2]$
여기서, σ는 스테판-볼츠만의 상수이다. 답 ④

20 SCR을 두 개의 트랜지스터 등가 회로로 나타낼 때의 올바른 접속은?

① 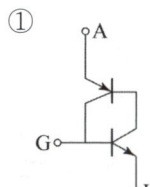 ②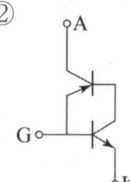

③ 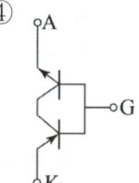 ④

풀이 SCR의 기호

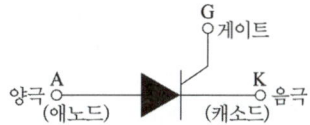

A : Anode(양극), G : Gate, K : Cathode(음극) 답 ①

2023년 - 2회 _ 공사산업기사

01 목재의 건조, 베니어판 등의 합판에서의 접착 건조, 약품의 건조 등에 적합한 전기 건조 방식은?

① 아크 건조   ② 고주파 건조
③ 적외선 건조 ④ 자외선 건조

풀이 **고주파 가열**에는 유도 가열과 유전 가열이 있다.

항목	유전 가열	유도 가열
원리	유전체손 이용	와류손 및 히스테리시스 손실 이용
적용	**목재의 건조, 목재의 접착**, 비닐막 가공 등 절연체(유전체)에 이용	• 표면가열 : 표면담금질, 금속의 표면처리, 국부 가열 • 반도체 정련 : 단결정 제조 등에 이용

답 ②

02 권상하중 40[t], 권상 속도 매분 3[m]의 기중기용 전동기로써 적당한 용량[HP]은? (권상기의 기계적 효율은 60[%]이다.)

① 약 15   ② 약 30
③ 약 45   ④ 약 60

풀이 전동기 용량 $P = \dfrac{KWV}{4.5\eta} = \dfrac{40 \times 3}{4.5 \times 0.6} ≒ 45$[HP]

여기서, K : 손실계수(여유계수),
W : 중량(하중) [ton],
V : 권상속도 [m/min], η : 효율   **답** ③

03 옥내 전반 조명에서 바닥면의 조도를 균일하게 하기 위한 등간격은? (단, 등간격 S, 등높이 H 이다.)

① $S = H$ ② $S \leq 2H$
③ $S \leq 0.5H$ ④ $S \leq 1.5H$

풀이 조명기구 간격 및 배치
  ① 기구의 최대 간격 $S \leq 1.5H$
  ② 광원과 벽면 거리
    • $S_0 \leq \dfrac{H}{2}$ (벽측을 사용하지 않을 경우)
    • $S_0 \leq \dfrac{H}{3}$ (벽측을 사용할 경우)
    단, H : 작업면 부터 광원 까지의 높이[m]   **답** ④

04 1기압 하에서 20[℃]의 물 6[l]를 4시간 동안에 증발시키려면 몇 [kW]의 전열기가 필요한가? 단, 전열기의 효율은 80[%]이다.

① 약 1.34   ② 약 15.4
③ 약 154   ④ 약 134

풀이 $PH = \dfrac{McT}{860\eta}$ 이므로 $P \times 4 = \dfrac{6\{(100-20)+539\}}{860 \times 0.8}$

증발에는 기타 잠열 539[kcal]가 필요하다.
  $\therefore P = 1.34$[kW]   **답** ①

05 사람의 눈이 가장 밝게 느낄 때의 최대시감도는 약 몇 [lm/W]인가?

① 540   ② 555
③ 680   ④ 760

풀이
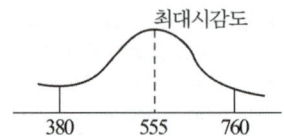

어느 파장의 에너지가 빛으로 느껴지는 정도를 시감도라 하며, 최대 시감도는 파장 555[nm](5550[Å])의 황록색에서 발생하고, 그 때의 시감도는 680[lm/W]이다.   **답** ③

06 전기분해를 이용하여 순수한 금속만을 음극에 석출하여 정제하는 것을 무엇이라 하는가?

① 전착   ② 전해연마
③ 전해정련   ④ 전식

풀이 전해정련 : 순도가 높은 금속을 정련할 경우에 이용한다.   **답** ③

07 반사율 80[%]의 완전 확산성의 종이를 100[lx]의 조도로 비쳤을 때 종이의 휘도[cd/m²]를 구하면?

① 25   ② 30
③ 37   ④ 45

풀이
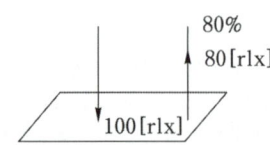

$R = \pi B = \rho E$ 에서

$B = \dfrac{\rho E}{\pi} = \dfrac{0.8 \times 100}{3.14} = 25.47$ [cd/m²]

또한 $R = \pi B$ 이므로

$\therefore B = \dfrac{80}{\pi}$ [nt] $= 25.47$ [cd/m²]   **답** ①

08 무인 엘리베이터의 자동제어는?

① 정치제어
② 추종제어
③ 비율제어
④ 프로그램제어

풀이 제어 목적에 의한 분류

① 정치 제어 : 제어량을 어떤 일정한 목표값으로 유지하는 것을 목적으로 하는 제어법(연속식 압연기)

② 추종 제어 : 미지의 임의 시간적 변화를 하는 목표값에 제어량을 추종시키는 것을 목적으로 하는 제어법

③ 비율 제어 : 목표값이 다른 것과 일정 비율 관계를 가지고 변화하는 경우의 추종 제어

④ 프로그램 제어 : 미리 정해진 프로그램에 따라 제어량을 변화시키는 것을 목적으로 하는 제어법(무인 엘리베이터, 산업로봇) **답** ④

09 어떤 종이가 반사율 50[%], 흡수율 20[%]이다. 여기에 1,200[lm]의 광속을 비추었을 때 투과 광속은 몇 [lm]인가?

① 360 ② 340
③ 580 ④ 960

풀이

반사율 $\rho = \dfrac{\text{반사 광속}}{\text{입사 광속}} \times 100[\%]$

투과율 $\tau = \dfrac{\text{투과 광속}}{\text{입사 광속}} \times 100[\%]$

흡수율 $\delta = \dfrac{\text{흡수 광속}}{\text{입사 광속}} \times 100[\%]$

의 식으로부터 $\rho + \tau + \delta = 1$이 된다.
$\tau = 1 - \rho - \delta = 1 - 0.5 - 0.2 = 0.3$
따라서 투과 광속
$F_\tau = \tau F = 0.3 \times 1,200 = 360[lm]$ **답** ①

10 제철용 압연기에 쓰이는 전동기의 속도 제어 방식은?

① 일그너 방식
② 극수 변환 방식
③ 여자 제어 방식
④ 워드 레오나드 방식

풀이 대용량의 부하에서 가변 속도의 경우에 일그너 방식을 사용하며, 제철·제관 작업에 응용된다. **답** ①

11 전기철도에서 전식을 방지하는 방법이 아닌 것은?

① 전차선 전압을 승압한다.
② 변전소 간격을 단축한다.
③ 도상의 절연저항을 작게 한다.
④ 귀선로의 저항을 적게 한다.

풀이 레일과 변전소 간에 상당한 전위차가 생기면 누설 전류가 흐르고, 그 누설 전류에 의해 지중 매설물에 전해 작용이 일어나서 점점 얇아지게 된다. 이것을 전식이라고 하며 그 방지 대책은 다음과 같다.

(1) 전철측 시설
① 귀선 저항을 작게 하기 위하여 레일에 본드를 시설하고 그 시공, 보수에 충분히 주의한다.
② 레일을 따라 보조 귀선을 설치한다.
③ 변전소간의 간격을 짧게 한다.
④ 귀선의 극성을 정기적으로 바꾼다.
⑤ 대지에 대한 레일의 절연 저항을 크게 한다.
⑥ 3선식 배전법을 사용한다.
⑦ 절연 음극 궤전선을 설치하여 레일과 접속한다.
⑧ 가장 먼 ⊖ 궤전선에 음극 승압기를 설치한다.

(2) 매설관측 시설
① 배류법 : 선택 배류법, 강제 배류법
② 매설관의 표면 또는 접속부를 절연하는 방법
③ 도전체로 차폐하는 방법
④ 전위 제어법 **답** ③

12 전기 집진기는 무엇을 이용한 것인가?

① 자기력
② 전자기력
③ 유도기전력
④ 대전체 간의 정전기력

풀이 전기 집진기는 일반적으로 기체 중에서 그 중에 부유하는 고체형 액상 미립자를 전기적 방법으로 제거하고, 혹은 채집하는 장치로서 정전력을 이용한 것이며, 코트렐(cottrell)식은 그 대표적인 것이다. **답** ④

13 일반적으로 사용되는 서미스터(thermister)는 온도가 증가할 때 저항은?

① 감소한다.
② 증가한다.
③ 임의로 변한다.
④ 변화가 없다.

풀이 서미스터 : 반도체의 일종으로 열저항 소자라고도 하며, 정특성 서미스터와 부특성 서미스터가 있다. 일반적으로 온도가 상승함에 따라 전기 저항이 감소하는 부(−)특성의 서미스터를 많이 사용하며, 온도 보상 회로에 이용된다. **답** ①

14 백색 LED의 발광 원리가 아닌 것은?

① GaN계 적색 LED와 청색 발광형광체를 조합한 형태

② GaN계 청색 LED와 황색 발광형광체를 조합한 형태

③ GaN계 자외선 LED와 적·녹·청색 발광의 혼합형광체를 조합한 형태

④ 3색(적·녹·청)의 개별 LED 칩을 1개의 패키지 안에 조합한 멀티칩 형태

풀이 백색 LED의 발광 원리

① GaN계 청색 LED를 광원으로 사용하여 황색 발광형광체를 여기 시킴으로써 백색을 구현
 – 제조단가가 저렴하고 발광 효율이 우수하다.

② GaN계 자외선 발광 LED를 광원으로 하여 삼원색 형광체를 여기 시켜 백색을 구현
 – 연색성이 우수하다.

③ 빛의 삼원색(적, 녹, 청)을 내는 3개의 LED를 조합하여 백색을 구현
 – 연색성이 우수하지만 가격이 높다   **답** ①

15 다음 ( )에 들어갈 도금의 종류로 옳은 것은?

> ( )도금은 철, 구리, 아연 등의 장식용과 내식용으로 사용되며, 크롬도금의 전 단계 공정으로 이용되고 있다.

① 동 ② 은
③ 니켈 ④ 카드뮴

풀이 니켈도금의 방법 중 하나인 전기도금은 황산니켈·염화암모늄·붕산용액 또는 염화니켈을 첨가한 용액을 사용하여 니켈을 양극으로 하고 금속을 음극으로 해서 전류를 흐르게 하는 것으로서 철, 구리, 아연 등의 장식용과 내식용으로 사용되며, 대부분 그 위에 얇은 크롬도금을 입혀서 사용한다.   **답** ③

16 로켓, 터빈, 항공기와 같은 고도의 기계공업 분야의 재료 제조에 적합한 전기로는?

① 크리프톨로 ② 지로식 전기로
③ 진공 아크로 ④ 고주파 유도로

풀이 진공 아크 용해로는 Ti, Zr, Mo 등의 활성 금속 혹은 내열 금속의 용해법으로 개발되었으나 그 후 철강 분야에 이용하게 됨에 따라 대형화되었다. 그러나 이 노는 설비비가 높고 재용해 작업상, 경제상 불리하며, 또한 생산성이 낮다는 단점이 있어서 품질에 대한 요구도가 높은 제트, 로켓, 터빈 및 항공기와 같은 고도 기계 공업 분야의 재료 제조에 적합한 전기로이다.   **답** ③

17 전기철도에서 귀선 궤조에서의 누설전류를 경감하는 방법과 관련이 없는 것은?

① 보조귀선

② 크로스본드

③ 귀선의 전압강하 감소

④ 귀선을 정(+)극성으로 조정

풀이 귀선궤조에서의 누설전류 경감 대책

① 레일을 따라 보조귀선 설치

② 귀선저항을 작게 하기 위하여 레일에 본드(bond)를 시설
 • 레일본드 : 레일의 접속부분을 연동선으로 연결
 • 크로스 본드 : 양 궤조 간 및 궤조 상호간을 전기적으로 접속하는 본드

③ 귀선을 부(–)극성으로 조정   **답** ④

18 다음 전동기 중에서 속도 변동률이 가장 큰 것은?

① 3상 농형 유도전동기

② 3상 권선형 유도전동기

③ 3상 동기전동기

④ 단상 유도전동기

풀이 • 동기 전동기는 일정한 속도(동기속도)로 회전하며, 3상 유도전동기는 정속도 전동기로 부하의 변화에 대하여 속도의 변화가 적다.

• 단상 유도전동기는 교번자계를 이용하며, 3상 유도전동기에 비해 속도 변동률이 크다.   **답** ④

19 태양광선이나 방사선을 조사(照射)해서 기전력을 얻는 전지를 태양전지, 원자력전지라고 하는데 이것은 다음 어느 부류의 전지에 속하는가?

① 1차전지 ② 2차전지
③ 연료전지 ④ 물리전지

풀이 실용전지의 분류

분류		종류
1차 전지		망간 건전지, 적층 건전지, 공기 건전지, 리튬 전지, 수은 전지
2차 전지		연 축전지, 알칼리 축전지
연료 전지		알칼리 전해액 연료전지, 산성 전해질 연료전지, 용융염 전해질 연료전지, 고체 전해질 연료전지
특수 전지	물리 전지	태양전지, 열전지, 원자력 전지
	생물 전지	아직 실용화되어 있지 않음

답 ④

20 수은이나 불활성가스와 같은 준안정상태를 형성하는 기체에 극히 미량의 다른 기체를 혼합한 경우 방전개시전압이 매우 낮아지는 현상은?

① 페닝 효과
② 파센의 법칙
③ 웨버의 법칙
④ 빈의 변위효과

풀이 페닝 효과 : 준안정상태를 형성하는 기체에 극히 미량의 다른 기체를 혼합한 경우 방전전압이 하강하는 현상

답 ①

2023년 – 4회 _ 공사산업기사

01 백열전구의 봉함부 도입선으로 쓰이는 재료는?

① 니켈강에 동을 피복한 것(듀밋선)
② 몰리브덴 선
③ 동에 니켈강을 피복한 것(텅스텐선)
④ 동선

풀이
• 봉함부 도입선에는 유리를 관통하므로 공기가 새지 않도록 유리와 거의 일치하는 팽창 계수를 갖는 듀밋선(dumet wire)이 사용된다.
• 듀밋선은 42[%]의 니켈을 포함한 철강 선에 구리를 두껍게 피복한 것으로 팽창 계수는 6×10^{-6} 정도이다.

답 ①

02 서로 관계 깊은 것들끼리 짝지은 것이다. 옳지 않은 것은?

① 유도가열−와전류손
② 형광등−스토크스정리
③ 표면가열−표피효과
④ 열전온도계−톰슨효과

풀이 제벡 효과 : 두 금속을 두 접점으로 폐회로를 만들고 두 접점의 온도를 달리하면 기전력이 발생한다. 이 두 금속을 열전대라고 하며, 이것을 이용한 것이 열전 온도계이다.

답 ④

03 3상 유도 전동기의 플러깅(plugging)이란?

① 플러그를 사용하여 전원에 연결하는 방법
② 운전 중 2선의 접속을 바꾸어 상회전을 바꾸어 제동하는 법
③ 단상 상태로 기동할 때 일어나는 현상
④ 고정자와 회전자의 상수가 일치하지 않을 때 일어나는 현상

풀이 플러깅(plugging, 역전제동) : 회전중인 전동기의 1차 권선 3단자 중 임의의 2단자의 접속을 바꾸면 역방향의 토오크가 발생되어 제동하는 방법으로 이 방법은 급속하게 정지시키고자 하는 경우에 사용된다.

답 ②

04 열전도율을 표시하는 단위는?

① J/℃
② ℃/W
③ W/m · ℃
④ m · ℃/W

풀이
$$열류 \ q = -kA\frac{d\theta}{dx}[\text{W}]$$
단, k : 열전도율[W/m℃], A : 단면적[m²]
θ : 온도차[℃], x : 두께[m]

답 ③

05 표정 속도의 정의는? 단, L : 정거장 간격, t ; 정차 시간, n : 정거장 수, T : 전 주행시간이다.

① $\dfrac{L}{(t+T)}$

② $\dfrac{nL}{(nt+T)}$

③ $\dfrac{(n-1)L}{(nt+T)}$

④ $\dfrac{(n-1)L}{(n-2)t+T}$

풀이 표정속도 = $\dfrac{\text{이동거리}}{\text{운전시간} + \text{정차시간}}$

정거장 수 n이면 정차시간은 출발역과 종착역을 제외한 역에서만의 정차시간이므로 $(n-2)t$, 이동거리는 $(n-1)l$ 이 된다. **답** ④

06 피드백 제어계에서 꼭 있어야 할 장치는?

① 응답 속도를 빠르게 하는 장치
② 안정도를 좋게 하는 장치
③ 입력과 출력을 비교하는 장치
④ 제어 대상

풀이 입력과 출력을 비교하여 오차를 자동적으로 정정하게 하는 자동 제어 방식을 **피드백 제어**(feed back control)라 한다. **답** ③

07 완전 확산면은 어느 방향에서 보아도 무엇이 같은가?

① 광속
② 조도
③ 광도
④ 휘도

풀이 휘도는 보는 방향에 따라 변화하지만 **어느 방향에서 보아도 휘도가 같은** 면을 완전 확산면이라 한다. **답** ④

08 전기회로의 전류는 열회로의 무엇에 대응하는가?

① 열류
② 열량
③ 열용량
④ 열저항

풀이

전기	전압	전기량	전류	도전율	저항	정전 용량
열	온도차	열량	열류	열전도율	열저항	열용량

답 ①

09 $GD^2 = 150[\text{kg} \cdot \text{m}^2]$의 플라이휠이 1200[rpm]으로 회전하고 있을 때 축적 에너지는 약 몇 [J]인가?

① 296,000
② 148,000
③ 79,000
④ 39,000

풀이 축적 에너지

$W = \dfrac{1}{2}\left(\dfrac{1}{4}GD^2\right)\left(\dfrac{2\pi N}{60}\right)^2 = \dfrac{GD^2 N^2}{730} = \dfrac{150 \times 1200^2}{730}$

$= 296,000 \,[\text{J}]$ **답** ①

10 반사갓을 붙인 60[W] 전구를 책상 위 2[m]의 높이에서 점등하면 바로 밑 책상면의 조도가 17.5[lx]였다. 이 전구를 50[cm]만큼 책상 쪽으로 내린다면 책상면의 조도[lx]는?

① 약 31
② 약 41
③ 약 51
④ 약 61

풀이 조도는 거리의 제곱에 반비례하므로 최초의 조도를 E [lx], 50[cm]만큼 책상쪽에 가까이 할 때의 조도를 E' [lx]라 하면

$\dfrac{E'}{E} = \left(\dfrac{2}{1.5}\right)^2$

$\therefore E' = E \times \left(\dfrac{2}{1.5}\right)^2 = 17.5 \times \left(\dfrac{2}{1.5}\right)^2$

$= 31.1[\text{lx}]$ **답** ①

11 2차 전지에 속하는 것은?

① 공기전지
② 망간전지
③ 수은전지
④ 연축전지

풀이 실용전지의 분류

분류		종류
1차 전지		망간 건전지, 적층 건전지, 공기 건전지, 리튬 전지, 수은전지
2차 전지		연축전지, 알칼리 축전지
연료 전지		알칼리 전해액 연료전지, 산성 전해질 연료전지, 용융염 전해질 연료전지, 고체 전해질 연료전지
특수 전지	물리 전지	태양 전지, 열전지, 원자력 전지
	생물 전지	아직 실용화 되어 있지 않음

답 ④

12 그림과 같은 전동차선의 조가법(弔架法)은?

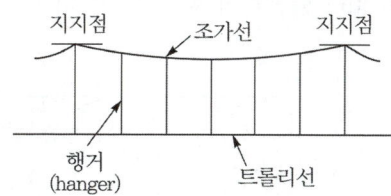

① 직접 조가식
② 단식 커티너리식
③ 변형 Y형 단식 커티너리식
④ 복식 커티너리식

풀이 • 단식 커티너리(simple catenary) 조가 방식은 조가선과 전차선의 2조로 구성되고 조가선으로 전차선을 궤조면에 대하여 평행이 되도록 한 방식이다.
• 커티너리식은 전차선의 높이가 균일하므로 고속도용에 적합하다. **답** ②

13 같은 크기의 교류 전압을 실리콘, 정류기로 정류하여 직류 전압을 얻는 경우 가장 높은 직류 전압을 얻을 수 있는 정류 방식은? 단, 필터는 없는 것으로 하고 부하는 순저항 부하이다.

① 단상 반파
② 3상 반파
③ 단상 전파
④ 3상 전파

풀이 • 단상 반파 정류 : $E_d = \dfrac{\sqrt{2}}{\pi}E = 0.45E$

• 3상 반파 정류 : $E_d = \dfrac{3\sqrt{3}}{\sqrt{2}\pi}E = 1.17E$

• 단상 전파 정류 : $\dfrac{2\sqrt{2}}{\pi}E = 0.9E$

• 3상 전파 정류 : $E_d = 2.34E$

여기서 E : 상전압 **답** ④

14 동의 원자량은 63.54이고 원자가가 2라면 전기 화학당량은 약 몇 [mg/C]인가?

① 0.229
② 0.329
③ 0.429
④ 0.529

풀이 화학 당량 $= \dfrac{\text{원자량}}{\text{원자가}} = \dfrac{63.54}{2} = 31.77$

1[g] 당량의 물질이 전기 화학적으로 석출, 용해 또는 반응하는 데에 소비되는 전기량은 물질에 관계없이 일정하며 96,500[C]이다.

∴ 전기 화학 당량 $= \dfrac{31.77}{96,500} = 0.0003292\,[\text{g/C}]$

$\qquad\qquad\qquad = 0.3292\,[\text{mg/C}]$ **답** ②

15 높이 10[m]의 곳에 있는 용량 100[m³]의 수조를 만수시키는 데 필요한 전력량은 몇[kWh]인가? (단, 펌프의 종합 효율은 90[%], 전손실 수두는 2[m]이다.)

① 3.6
② 4.1
③ 7.2
④ 8.9

풀이 • 총 양정 $H = 10 + 2 = 12[\text{m}]$

• 양수량 $q = \dfrac{100}{60 \times 60}[\text{m}^3/\text{sec}]$

• 펌프 용량 $P = \dfrac{9.8qH}{\eta} = \dfrac{9.8 \times \dfrac{100}{60 \times 60} \times 12}{0.9}$

$\qquad\qquad = 3.63[\text{kW}]$

여기서, H : 총양정[m], q : 양수량[m³/sec], η : 효율
따라서 소요 전력량
$W = P \cdot t = 3.63 \times 1 = 3.63[\text{kWh}]$ **답** ①

16 저항 용접에 속하지 않는 것은?

① 심 용접
② 아크 용접
③ 스폿 용접
④ 프로젝션 용접

풀이 저항 용접의 종류
① 겹치기 저항 용접
  • 점(spot) 용접 : 전구의 필라멘트 용접, 열전대의 용접
  • 돌기 용접(프로젝션 용접)
  • 심 용접 : 이음매 용접
② 맞대기 저항 용접
  • 업셋 맞대기 용접
  • 플래시 맞대기 용접
  • 충격 용접 **답** ②

17 FET에 관한 설명 중 틀린 것은?

① 제조기술에 따라 MOS형과 접합형이 있다.

② 극성이 2개 존재하는 쌍극성 접합 트랜지스터이다.

③ 다수 캐리어인 자유전자나 정공 중 어느 하나에 의해서 전류의 흐름이 제어된다.

④ 게이트에 역전압을 인가하여 드레인 전류를 제어하는 전압제어 소자이다.

풀이 FET(field-effect transistor)는 **단극성 소자로** 다수 캐리어만으로 동작한다. **답** ②

18 금속을 양극으로 하고 음극은 불용성의 탄소 전극을 사용한 다음, 전기 분해하면 금속 표면의 돌기 부분이 다른 표면 부분에 비해 선택적으로 용해되어 평활하게 되는 것은?

① 전주

② 전기 도금

③ 전해 정련

④ 전해 연마

풀이 ① 전주 : 전기 주조라고 하며 공예품의 복제, 활자 인쇄용 원판, 레코드 원판 제조 등에 이용된다.

② 전기도금 : 도금하고자 하는 금속을 양극, 도금되는 금속을 음극으로 하고 도금하고자 하는 금속이온을 함유한 수용액 중에서 전기분해하여, 음극으로 금속을 석출시키는 것이다.

③ 전해정련 : 전기분해를 이용하여 순수한 금속만을 음극에서 석출하여 정제하는 것으로 구리, 주석, 금, 은, 니켈, 안티몬 등을 제조할 수 있다.

④ **전해 연마** : 금속을 양극으로 한 후 적당한 전해액 중에서 단시간 전류를 통하면 **금속표면의 돌기 부분만이 먼저 분해되어 거울과 같은 표면을 얻는 방법** **답** ④

19 그림과 같은 배광곡선과 루소선도에서 반사갓이 없는 형광등의 루소선도는 어느 것인가?

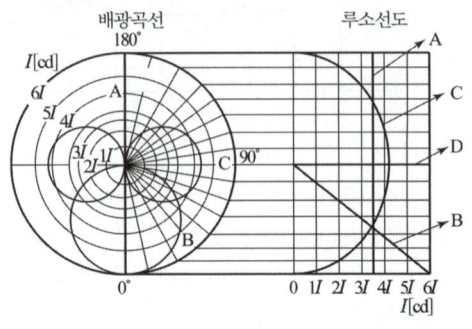

① A   ② B   ③ C   ④ D

풀이

광원 성질	직선	원판	평면판	원통	구면	반구면
수직배광 곡선						
루소선도						

답 ③

20 전열기에서 발열선의 지름이 1[%] 감소하면 저항 및 발열량은 몇 [%] 증감되는가?

① 저항 2[%] 증가, 발열량 2[%] 감소

② 저항 2[%] 증가, 발열량 2[%] 증가

③ 저항 4[%] 증가, 발열량 4[%] 감소

④ 저항 4[%] 증가, 발열량 4[%] 증가

풀이 $R = \rho \dfrac{l}{s} = \rho \dfrac{l}{\frac{1}{4}\pi d^2}$ [Ω]에서 $R \propto \dfrac{1}{d^2}$ 이므로

$$R : R' = \frac{1}{d^2} : \frac{1}{(0.99d)^2}$$

$$R' = \frac{d^2 R}{(0.99d)^2} = \frac{R}{0.9801} \coloneqq 1.02R$$

따라서, 저항은 2[%] 증가

발열량 $Q = I^2 R t = (\dfrac{V}{R})^2 R t = \dfrac{V^2}{R} t$ 에서

$$Q \propto \frac{1}{R}$$

$$Q' = \frac{R}{R'} Q = \frac{R}{1.02R} Q = 0.98Q$$

따라서, 발열량은 2[%] 감소 **답** ①

문제의 번호는 실제 시험문제의 번호와 같게 하였습니다.

2024년 - 1회 _ 공사산업기사

01 표준전지에 쓰이는 것이 아닌 것은?

① $CdSO_4$　　　② Cd
③ Hg　　　　④ H_2SO_4

풀이 표준전지
- 표준전지는 전압 표준기(전압계 보정용)로서 온도와 환경 변화에도 일정하고 안정적인 전위를 유지하여야 한다.
- 카드뮴 전지(웨스턴 전지)는 대표적인 표준전지로 양극에 수은(Hg), 음극에 카드뮴 아말감($Cd-Hg$), 전해액에 황산카드뮴($CdSO_4$) 용액을 사용하고 $20[℃]$에서 $1.01827[V]$의 기전력을 갖는다. **답** ④

02 다음은 사이리스터를 이용하여 얻을 수 있는 결과들이다. 적당하지 않은 것은?

① 교류 전력 제어　　② 주파수 변환
③ 직류 위상 변환　　④ 직류 전압 변환

풀이 사이리스터는 위상제어, 정지 스위치, 인버터 초퍼, 타이머 회로, 트리거 회로, 카운터, 과전압 보호 등에 쓰인다. 그러나 직류에서 위상이라는 개념은 없다. **답** ③

03 유도전동기를 기동하여 각속도 ω_s에 이르기까지 회전자에서의 발열 손실 $Q[J]$를 나타낸 식은? (단, J는 관성 모멘트이다.)

① $Q = \dfrac{1}{2} J \omega_s$　　　② $Q = \dfrac{1}{2} J \omega_s^2$

③ $Q = \dfrac{1}{2} J^2 \omega_s$　　　④ $Q = \dfrac{1}{2} J^2 \omega_s^2$

풀이 기동 시의 경우 슬립은 $s_1 = 1$, 각속도 ω_s에 이르는 슬립은 $s_2 = 0$이므로

$$Q = \int_{t_1}^{t_2} P_c \, dt = -\omega_s^2 J \int_{s_1}^{s_2} s \, ds = -\frac{1}{2} J \omega_s^2 [s^2]_{s_1}^{s_2}$$

$$= -\frac{1}{2} J (2\pi n_s)^2 [s^2]_{s_1=1}^{s_2=0} = \frac{1}{2} J \omega_s^2 [J]$$

회전수 n_s에 있어서 회전자에 축적된 운동 에너지와 같다. **답** ②

04 열차의 자중이 $120[t]$이고, 동륜상의 중량이 $90[t]$인 기관차의 최대 견인력$[kg]$은? (단, 레일의 점착계수는 0.2로 한다.)

① 1800　　　② 2160
③ 18000　　④ 21600

풀이 $F = 1,000 \mu W_0 = 1,000 \times 0.2 \times 90 = 18,000[kg]$
여기서, F : 견인력$[kg]$, μ : 점착계수
W_0 : 동륜상 중량$[ton]$ (자중이 아님) **답** ③

05 백열 전구의 동정 곡선은 다음 중 어느 것을 결정하는 중요한 요소가 되는가?

① 전류, 광속, 전압　　② 전류, 광속, 효율
③ 전류, 광속, 휘도　　④ 전류, 광도, 전압

풀이 에이징(aging)이 끝난 전구는 사용함에 따라 필라멘트가 승화하여 가늘어지며, 저항은 증가하고 전류나 광속, 효율 등은 감소하는데 이 변화 과정을 동정이라 하고, 이 변화를 곡선으로 그린 것을 동정 곡선이라 한다. **답** ②

06 자동차 등 차량공업, 기계 및 전기 기계기구, 기타 금속제품의 도장을 건조하는 데 주로 이용되는 가열방식은?

① 저항 가열　　　② 유도 가열
③ 고주파 가열　　④ 적외선 가열

풀이 적외선 가열
- 원리 : 고온 물체에서 나오는 적외선 조사에 의한 가열
- 적용 : 두께가 얇은 재료에 적합하고, 주로 섬유, 도장 관계에 많이 사용된다. **답** ④

07 부하 전류가 증가하면 가장 급격히 속도가 감소하는 전동기는?

① 직류 분권 전동기　　② 직류 복권 전동기
③ 3상 유도 전동기　　④ 직류 직권 전동기

부하의 변화에 따라 직류 직권 전동기는 속도가 현저히 변화하는 특성이 있다. **답** ④

---

08 용접용 전원의 특성에서 부하가 급히 증가하면 전압은 어떻게 변하는가?

① 일정하다. ② 급히 상승한다.
③ 급히 강하한다. ④ 서서히 상승한다.

풀이 아크 용접용 전원의 전압-전류 특성은 **전류(부하)가 증가하면 전압이 감소하는 부특성(수하특성)**이다. **답** ③

---

09 루소선도가 아래 그림과 같을 때, 배광곡선의 식은?

① $I_\theta = 100\cos\theta$

② $I_\theta = 50(1+\cos\theta)$

③ $I_\theta = \dfrac{2\theta}{\pi}100$

④ $I_\theta = \dfrac{\pi-2\theta}{\pi}100$

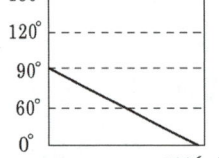

풀이 배광곡선의 기본식 $I_\theta = a\cos\theta + b$ 이다.
루소 선도에서 $\theta = 90°$일 때
$I_{90°} = a\cos90° + b = 0[\text{cd}]$이므로, $b=0$
$\theta = 0°$일 때 $I_{0°} = a\cos0° + b = 100[\text{cd}]$이므로,
$a = 100$
$\therefore I_\theta = 100\cos\theta$ **답** ①

---

10 불활성 가스 용접에서 아르곤 가스가 헬륨보다 널리 사용되는 이유로 틀린 것은?

① 전리전압이 낮으므로 아크의 발생과 유지가 쉽다.
② 피포작용이 강하여 기류가 견고하다.
③ 용접면의 산화방지 효과가 크다.
④ 가스필요량이 적으며 가격이 저렴하다.

풀이 헬륨은 아르곤보다 열전도율이 높아 빠르게 용접이 진행되고, 용융 풀(Molten Pool) 위에 균일하게 퍼져 산소와의 접촉을 차단하므로 산화 방지 효과가 더 크다. **답** ③

---

11 반도체 소자의 종류 중에서 게이트에 의한 턴온을 이용하지 않는 소자는?

① SSS ② SCR
③ GTO ④ SCS

풀이 SSS(Silicon Symmetrical Switch)의 특징
① 실리콘 양방향성 소자이다.
② 전극은 2단자로 npnpn의 5층으로 되어 있다.
③ SCR을 역병렬로 2개 접속한 것과 같은 특성을 갖는다.
④ SCR과 달리 제어 게이트 전극이 없는 구조로 게이트에 의한 턴온을 할 수 없다. **답** ①

---

12 200[cd]의 점광원으로부터 5[m]의 거리에서 그 방향과 직각인 면과 60° 기울어진 수평면상의 조도[lx]는?

① 4 ② 6
③ 8 ④ 10

풀이 광도 I[cd]의 광원에서 r[m] 떨어져서 θ만큼 기울어진 면의 조도 E[lx]는 다음과 같다.
$E = \dfrac{I}{r^2}\cos\theta[\text{lx}] = \dfrac{200}{5^2}\times\cos60° = 4[\text{lx}]$ **답** ①

---

13 전동기의 토크 단위는?

① [kg] ② [kg·m²]
③ [kg·m] ④ [kg·m/s]

풀이 힘[kg], 관성 모멘트[kg·m²], 토크[kg·m], 동력[kg·m/s] **답** ③

---

14 파장이 가장 긴 빛은?

① 적색 ② 노랑
③ 파랑 ④ 보라색

풀이 가시광선 중에서 적색이 파장이 길고 보라색이 짧다.

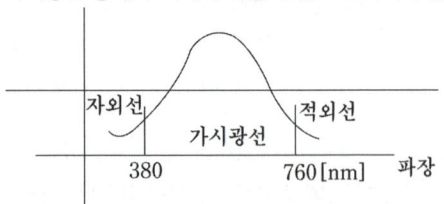

답 ①

15 유전 가열에 관한 사항으로 관계되지 않는 것은?

① 급속 가열 가능
② 균일 가열 가능
③ 온도 제어 용이
④ 열전 효과의 이용

풀이 유전 가열의 장·단점
[장점] ① 각 부를 균일하게 가열
② 가열 시간 단축
③ 주파수에 의하여 선택적 가열 가능
[단점] ① 고주파 전원이 필요
② 설비의 고가
③ 효율의 저하
④ 통신·기타에 장애를 줌
⑤ 피열물 구조에 따라 균일 가열 곤란

답 ④

16 물을 전기분해할 때 도전율을 높이기 위해 20[%] 정도 첨가하는 용액은?

① 가성소다와 황산
② 가성소다와 가성칼리
③ 가성칼리와 황산
④ 가성칼리와 인산나트륨

풀이 물을 전기 분해하면 음극에서 H^+가 방전하여 수소를, 양극에서는 방전하여 산소를 발생한다.

• 전해액 : NaOH, KOH의 용액
• 전해조 전압 : 2.2~2.5[V]

보통 전해조 및 전극은 철로서 특히 양극은 니켈 도금을 하여 산화를 막고 과전압의 저하가 생긴다. 음극은 수소 발생의 과전압을 작게 하기 위하여 몰리브덴, 니켈 합금을 사용하는 것이 좋다.

답 ②

17 폭 10[m], 길이 20[m], 천정의 높이 4[m]의 식당에 1,000[lm]의 백열전구를 설치하여 평균 조도 100[lx]로 하려면 필요한 전구의 수는? (단, 조명률 0.5, 감광보상률은 1.5이다.)

① 30개
② 60개
③ 40개
④ 80개

풀이 $N = \dfrac{AED}{FU} = \dfrac{10 \times 20 \times 100 \times 1.5}{1,000 \times 0.5} = 60$등

답 ②

18 전기차량의 구동용 주전동기의 특성을 설명한 것이다. 틀린 것은?

① 직류 직권 전동기의 회전수 n은 단자 전압에 비례 하고 부하전류에 반비례한다.
② 직류 직권 전동기의 토크는 전류의 2승에 비례한다.
③ 유도 전동기는 VVVF 인버터 장치가 필요하다.
④ 유도 전동기 2차전류(I_R)은 자속 P와 주파수 f_s에 반비례한다.

풀이
① $N = K_1 \dfrac{V}{\phi} = K_2 \dfrac{V}{I}$ ($\because I \propto \phi$)
② $T = K_1 \phi I = K_2 I^2$ ($\because I \propto \phi$)
③ 3상 유도 전동기는 속도 제어 및 기동 특성 개선을 위하여 인버터(VVVF)가 필요하다.
④ 조건에 맞지 않는다.

답 ④

19 플라이휠 효과가 GD^2[kg·m²]인 전동기의 회전자가 n_2[rpm]에서 n_1[rpm]으로 감속할 때 방출한 에너지[J]는?

① $\dfrac{GD^2(n_2 - n_1)^2}{730}$
② $\dfrac{GD^2(n_2^2 - n_1^2)}{730}$
③ $\dfrac{GD^2(n_2 - n_1)^2}{373}$
④ $\dfrac{GD^2(n_2^2 - n_1^2)}{373}$

풀이
$$W = \frac{1}{2}\left(\frac{GD^2}{4}\right)\left(\frac{2\pi n}{60}\right)^2 = \frac{GD^2 \cdot n^2}{730}[J]$$
방출 에너지 = $W_2 - W_1$
$$= \frac{GD^2}{730}n_2^2 - \frac{GD^2}{730}n_1^2 = \frac{GD^2}{730}(n_2^2 - n_1^2)$$

답 ②

20 바깥쪽 레일은 원심력의 작용으로 지나친 하중이 걸려 탈선하기 쉬우므로 안쪽 레일보다 얼마간 높게 한다. 이 바깥쪽 레일과 안쪽 레일의 높이차를 무엇이라 하는가?

① 편위
② 확도
③ 캔트
④ 궤간

풀이 캔트(cant : 고도)

차량이 곡선부를 달릴 때에 발생하는 원심력에 대비하여 곡선 바깥쪽의 레일을 안쪽 레일보다 높게 하여 차량전체를 곡선의 중간쪽으로 기울이게 하여 원심력과 평행시키는데 이 기울임(운전의 안전확보를 위하여)의 고도를 캔트(cant)라 한다.　**답** ③

2024년 _ 2회 _ 공사산업기사

01 모든 방향의 광도 360[cd]되는 전등을 지름 3[m]의 책상중심 바로 위 2[m] 되는 곳에 놓았다. 책상 위의 최소 수평 조도[lx]는?

① 23　　　　② 46
③ 62　　　　④ 90

풀이 그림에서와 같이 책상위 최대 수평 조도의 점은 제일 가까운 점 O가 되고 최소 수평 조도의 점은 책상끝 C 혹은 B점이 된다.

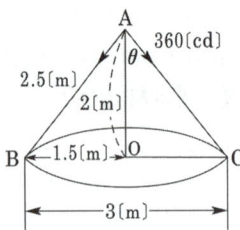

B점에서 수평면 조도

$$\frac{360}{2.5^2}\cos\theta = \frac{360}{2.5^2} \times \frac{2}{2.5} = \frac{720}{2.5^3} \fallingdotseq 46.1[lx]$$　**답** ②

02 와전류손을 이용한 가열 방법이며, 교번자계 중에서 도전성의 물체 중에 생기는 와류에 의한 줄 열로 가열하는 방식은?

① 저항가열　　　② 적외선가열
③ 유전가열　　　④ 유도가열

풀이 유도가열은 교번자계 중에 있는 도전성 물질에서 발생하는 철손(와류손과 히스테리시스손)에 의한 발열을 이용하는 것으로

• 표면가열(표면담금질, 금속의 표면처리, 국부가열)
• 반도체 정련(단결정 제조)

에 이용된다.　**답** ④

03 일그너(Ilgner) 장치의 속도 특성과 사용처는?

① 정속도 소용량 탈곡기
② 고속도 소용량 압연기
③ 가변 속도 중용량 크레인
④ 가변 속도 대용량 제관기

풀이 일그너 장치는 대용량 부하에서 가변 속도의 경우에 사용한다. 제철, 제관 작업 등에 적합하다..　**답** ④

04 다이액(DIAC)에 대한 설명 중 틀린 것은?

① 과전압 보호회로에 사용되기도 한다.
② 역저지 4극 사이리스터로 되어 있다.
③ 쌍방향으로 대칭적인 부성저항을 나타낸다.
④ 콘덴서 방전전류에 의하여 트라이액을 ON 시킬 수 있다.

풀이 • DIAC : 양방향성(쌍방향성) 2극 소자
• SCS : 역저지(단방향성) 4극 소자　**답** ②

05 5층 빌딩에 설치된 적재 중량 1,000[kg]의 엘리베이터를 승강 속도 50[m/min]으로 운전하기 위한 전동기의 출력[kW]은? 단, 평형률은 0.5이다.

① 4　　② 6　　③ 8　　④ 10

풀이 엘리베이터의 소요 출력 P[kW]는

$$P = \frac{WVC}{4,500\eta}[HP] = \frac{WVC}{6,120\eta}[kW]$$

단, W : 정격 하중[kg], V : 정격 속도[m/min]
　　C : 평형률

$$\therefore P = \frac{WVC}{6,120\eta} = \frac{1,000 \times 50 \times 0.5}{6,120 \times 1} \fallingdotseq 4[kW]$$　**답** ①

06 합판 및 비닐막의 접착에 적당한 가열방식은?

① 유도가열　　　② 적외선가열
③ 직접 저항가열　④ 고주파 유전가열

풀이 • 유전가열은 고주파 자계에 의한 분자의 마찰열을 이용하는 것으로 목재의 건조, 목재의 접착, 비닐막의 접착 등에 사용된다.
• 비닐막은 절연물로서 저항가열, 아크가열, 유도가열은 쓰지 못한다.　**답** ④

07 전기철도의 전기차에 대한 직류방식의 특징이 아닌 것은?

① 직류변환장치가 필요하다.
② 교류에 비해 전압강하가 크다.
③ 사고 시 선택차단이 용이하다.
④ 교류에 비해 절연계급을 낮출 수 있다.

풀이 (1) 직류 방식
① 전압이 낮아 절연 계급을 낮출 수 있다.
② 통신 유도 장해가 없다.
③ 경량 단거리 수송에 유리하다.
④ 운전전류가 커서 누설전류에 의한 전식대책이 필요하다.
⑤ 전철용 변전소에 정류장치를 설치해야하므로 건설비가 높다.
⑥ 전력손실, 전압강하가 크므로 변전소의 간격을 짧게 한다.
(2) 교류 방식
① 대용량 중·장거리 수송에 유리하다.
② 에너지 이용률이 높다.
③ 사고 시 선택차단이 용이하다.
④ 전식의 우려가 없으나 통신선 유도장해의 대책이 필요하다. **답** ③

08 발산광속이 상향으로 90~100[%] 정도 발산하며 직사 눈부심이 없고 낮은 휘도를 얻을 수 있는 조명방식은?

① 직접조명
② 간접조명
③ 국부조명
④ 전반확산조명

풀이 ① 직접조명 : 빛을 직접 대상물에 비추는 조명방식
② 간접조명 : 상향광속이 90~100[%]가 되고 하향광속은 10[%]정도이므로 거의 대부분의 발산광속을 윗 방향으로 확산시키는 방식. 빛의 90~100[%]가 천정과 벽에 반사되고 10[%]만이 물체의 표면에 직접 투사된다.
③ 국부조명 : 희망하는 곳에 희망하는 방향으로부터 충분한 조도를 얻을 수 있다.
④ 전반확산조명 : 하향광속으로 직접 작업 면에 직사시키고 상향광속의 반사광으로 작업면의 조도를 증가시키는 조명방식 **답** ②

09 전구의 필라멘트나 열전대 용접에 알맞은 방법은?

① 점 용접
② 돌기 용접
③ 심 용접
④ 불활성 용접

풀이 • 점 용접 : 필라멘트, 열전대 용접
• 심 용접 : 이음매 용접 **답** ①

10 광도가 780[cd]인 균등 점광원으로부터 발산하는 전광속[lm]은 약 얼마인가?

① 1892
② 2575
③ 4898
④ 9801

풀이 • 모든 방향의 광도가 균등한 F[lm]의 점광원을 균등 점광원이라 한다.
• 균등 점광원에서의 광속
$F = 4\pi I = 4\pi \times 780 ≒ 9801$[lm] **답** ④

11 $\cos \omega t$의 라플라스 변환은?

① $\dfrac{s}{s^2 - \omega^2}$
② $\dfrac{s}{s^2 + \omega^2}$
③ $\dfrac{\omega}{s^2 - \omega^2}$
④ $\dfrac{\omega}{s^2 + \omega^2}$

풀이 $f(t) = \cos \omega t$에 대한 라플라스 변환은
$$\mathcal{L}[f(t)] = \mathcal{L}[\cos \omega t] = \int_0^\infty \cos \omega t\, e^{-st} dt$$ 이고
$\cos \omega t$ 의 지수형을 적용하면 간단히 된다.
$$\cos \omega t = \frac{e^{j\omega t} + e^{-j\omega t}}{2}$$ 이므로
$$\begin{aligned}
\mathcal{L}[\cos \omega t] &= \int_0^\infty \cos \omega t\, e^{-st} dt \\
&= \frac{1}{2} \int_0^\infty (e^{j\omega t} + e^{-j\omega t}) e^{-st} dt \\
&= \frac{1}{2} \int_0^\infty (e^{-(s-j\omega)t} + e^{-(s+j\omega)t}) dt \\
&= \frac{1}{2}\left(\frac{1}{s-j\omega} + \frac{1}{s+j\omega}\right) = \frac{s}{s^2 + \omega^2}
\end{aligned}$$

따라서 $\mathcal{L}[\cos \omega t] = \dfrac{s}{s^2 + \omega^2}$를 기억하는 것이 바람직하다. **답** ②

12 전동기의 제동 시 전원을 끊고 전동기를 발전기로 동작시켜 이때 발생하는 전력을 저항에 의해 열로 소모시키는 제동법은?

① 회생제동
② 발전제동
③ 와전류제동
④ 역상제동

풀이 ① 회생 제동 : 전동기에 전원을 접속한 상태에서 전동기에 유기되는 역기전력을 전원 전압보다 높게 하여 회전 운동 에너지로 발생되는 전력을 전원 측에 반환하면서 제동하는 방법이다.
② 발전 제동 : 전동기의 전기자를 전원에서 끊고 전동기를 발전기로 동작시켜 회전 운동 에너지로서 발생하는 전력을 그 단자에 접속한 저항에서 열로 소비시키는 제동 방법이다.

③ 와전류 제동 : 전동기 축에 동심으로 설치한 구리의 원판을 자계 내에서 회전시켜 동판에 생긴 와전류에 의해서 제동력을 얻는 방법이다.

④ 역상 제동 : 전동기의 전원 접속을 바꾸어 역토크를 발생시켜 급정지시키는 방법으로 역전제동 또는 플러깅(plugging)이라 한다. **답** ②

13 2[g]의 알루미늄을 0[℃]에서 60[℃]로 높이는 데 필요한 열량은 약 몇 [cal]인가? (단, 알루미늄 비열은 0.2[cal/g℃]이다.

① 24 ② 20.64
③ 860 ④ 20640

풀이 열량 $Q = mc\theta = 2 \times 0.2 \times 60 = 24$[cal] **답** ①

14 잔류편차가 발생하는 제어 방식은?

① 비례제어 ② 적분제어
③ 비례적분제어 ④ 비례적분미분제어

풀이

종 류		특 징
P	비례동작	• 정상오차를 수반 • 잔류편차 발생
I	적분동작	• 잔류편차 제거
D	미분동작	• 오차가 커지는 것을 미리 방지
PI	비례적분동작	• 잔류편차 제거 • 제어결과가 진동적으로 될 수 있다.
PD	비례미분동작	• 응답 속응성의 개선
PID	비례적분미분동작	• 잔류편차 제거 • 응답의 오버슈트 감소 • 응답 속응성의 개선

답 ①

15 건전지와 감극제가 서로 옳게 표현된 것은?

① 보통 건전지 – MnO_3
② 공기 건전지 – $NaOH$
③ 표준 전지 – CuO
④ 수은 건전지 – HgO

풀이 1차 전지의 명칭과 감극제는 다음과 같다.
① 보통(망간) 건전지 - MnO_2
② 공기 건전지 – O_2
③ 표준(웨스턴) 건전지 - Hg_2SO_4
④ 수은 건전지 – HgO **답** ④

16 궤도의 확도(slack)를 표시하는 식은? (단, R : 곡선 반지름 [m], l : 고정차축 거리 [m])

① $\dfrac{l^2}{5R}$ ② $\dfrac{l^2}{R}$ ③ $\dfrac{l^2}{8R}$ ④ $\dfrac{l^2}{2.5R}$

풀이 확도(slack 슬랙)란 곡선로 부분에서 후렌지가 레일 측면에 끼어서 탈선하는 것을 방지하기 위해서 궤간을 직선부보다 약간 넓게 하는 것을 말한다.

$$S = \frac{l^2}{8R}[m]$$

l : 고정 차축간 거리[m], R : 곡선 반지름[m] **답** ③

17 다음 그림은 UJT를 사용한 기본 이상 발진회로이다. R_E의 역할을 설명한 내용 중 옳은 것은?

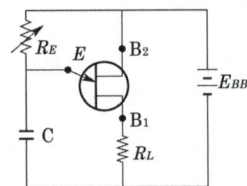

① 콘덴서(C)의 방전시간을 결정한다.
② B1과 B2에 걸리는 전압을 결정한다.
③ 콘덴서(C)에 흐르는 과전류를 보호한다.
④ 콘덴서(C)의 충전전류를 제어하여 펄스 주기를 조정한다.

풀이 ① 충전전류에 의해 C의 전압이 UJT를 on시킬만큼 증가하면 C는 방전 후 다시 충전전류에 의해 전압상승 한다.
② R_E가 감소하면 C의 충전전류가 증가하여 펄스 주기가 빨라지고, R_E가 증가하면 C의 충전전류가 감소하여 펄스 주기가 짧아진다.

따라서 R_E는 콘덴서(C)의 충전전류를 제어하여 펄스 주기를 조정하는 역할을 한다. **답** ④

18 휘도 B[sb], 반지름 r[m]인 등휘도 완전 확산성 구 광원의 전광속 F[lm]는 얼마인가?

① $4r^2 B$ ② $\pi r^2 B$
③ $\pi^2 r^2 B$ ④ $4\pi^2 r^2 B$

풀이 $B = \dfrac{I}{\pi r^2} = \dfrac{1}{\pi r^2} \cdot \dfrac{F}{4\pi}$ [nt]

∴ $F = 4\pi^2 r^2 B$[lm] **답** ④

19 직류방식 전차용 전동기로 적당한 전동기는?

① 분권형 ② 직권형
③ 가동복권형 ④ 차동복권형

풀이 **직류 직권 전동기**의 토크는 전류의 제곱에 비례하므로, 기동시 토크가 커야 하는 **전차용**, 전기 철도용의 견인 전동기로 사용된다. 답 ②

20 전해 콘덴서의 제조나 재생고무의 제조 등에 주로 응용하는 현상은?

① 전기침투 ② 전기영동
③ 비산현상 ④ 핀치 효과

풀이 전기침투 : 액을 다공질 의 격막으로 나누고 그 양측에 직류 전압을 걸 면 격막을 통해서 액체 는 한쪽으로 이동하여 수위는 높아진다.
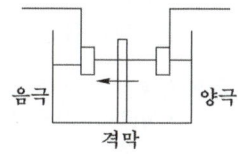
전기 침투는 전해 콘덴서 제조용, 재생고무의 제조, 점토의 전기적 정제 등에 응용되고 있다. 답 ①

2024년 - 3회 _공사산업기사

01 열차 저항의 분류에 들어가지 않는 것은?

① 복선 저항 ② 주행 저항
③ 가속 저항 ④ 곡선 저항

풀이 열차 저항은 열차가 주행중 또는 출발할 때에 이것에 대항하여 열차의 진행을 방해하도록 하는 힘의 총칭을 열차 저항이라고 한다.
① 기동 저항(출발 저항) : 정지 중에 열차가 출발할 때 발생하는 저항
② 주행 저항 : 열차가 평탄한 직선로 위를 운전할 때 발생하는 저항
③ 구배 저항 : 열차가 구배를 올라갈 때 중력에 의해 발생하는 저항
④ 곡선 저항 : 열차가 곡선로를 통과할 때 차륜과 레일 과의 마찰에 의해 발생하는 저항
⑤ 가속도 저항 : 열차가 주행 중 가속할 때에 발생하는 저항으로 열차를 가속하기 위해서 필요한 견인력과 같다. 답 ①

02 네온전구에 대한 설명으로 옳지 않은 것은?

① 소비전력이 적으므로 배전반의 파이롯트 램프 등에 적합하다.
② 전극간의 길이가 짧으므로 부글로우를 발 광으로 이용한 것이다.
③ 음극 글로우를 이용하고 있어 직류의 극성 판별용에 이용된다.
④ 광학적 검사용에 이용된다.

풀이 ① 네온전구의 특징
• 전극 간을 짧게 하여 부글로우를 이용한 것이다.
• 음극만 발광하므로 직류 극성의 판별에 이용된다.
• 일정 전압에서만 점등되므로 검정기, 교류의 파고 값 (최댓값)의 측정에 쓰인다.
• 빛의 관성이 없고 어느 범위 내에서는 광도와 전 류가 비례하므로 오실로그래프에 이용된다.
• 소비전력이 적으므로 배전반의 파이롯트등에 적 합하다.
② **광학시험(유리 굴절률 측정, 평면 검사 등)에는 나트 륨등이 사용**된다. 답 ④

03 완전 확산면의 광속 발산도가 2000[rlx]일 때, 휘도는 약 몇[cd/cm²]인가?

① 0.2 ② 0.064
③ 0.682 ④ 637

풀이 $R = \pi B$
$$\therefore B = \frac{R}{\pi} = \frac{2000}{\pi}[\text{cd/m}^2]$$
$$= \frac{2000}{\pi} \times 10^{-4} \fallingdotseq 0.064[\text{cd/cm}^2]$$

※ $R = \pi B$[rlx], $B = \frac{R}{\pi}$[nt]이므로

휘도 문제를 다룰 때에는 1[sb]=10^4[nt]의 관계를 잊 으면 안 된다. 답 ②

04 적분 요소의 전달 함수는?

① K ② Ts
③ $\dfrac{1}{Ts}$ ④ $\dfrac{K}{1+Ts}$

풀이 • 비례 요소 : K • 미분 요소 : Ts
• **적분 요소 : $\dfrac{1}{Ts}$** • 1차 지연 요소 : $\dfrac{K}{1+Ts}$
답 ③

05 열차의 무인운전과 같이 미리 정해진 시간적 변화에 따라 정해진 순서대로 제어하는 방식은?

① 추종 제어   ② 비율 제어
③ 정치 제어   ④ 프로그램 제어

풀이 제어 목적에 의한 분류
① 정치 제어 : 제어량을 어떤 일정한 목표값으로 유지하는 것을 목적으로 하는 제어법(연속식 압연기)
② 추종 제어 : 미지의 임의 시간적 변화를 하는 목표값에 제어량을 추종시키는 것을 목적으로 하는 제어법
③ 비율 제어 : 목표값이 다른 것과 일정 비율 관계를 가지고 변화하는 경우의 추종 제어
④ **프로그램 제어** : 미리 정해진 프로그램에 따라 제어량을 변화시키는 것을 목적으로 하는 제어법(**무인 엘리베이터**, 산업로봇)   **답** ④

06 빛의 파장이 몇 [nm]인 때 가장 밝게 느껴지는가?

① 300   ② 400
③ 500   ④ 555

풀이 최대 시감도는 555[nm]의 황록색에서 발생하며 그 때의 시감도는 680[lm/W]이다.

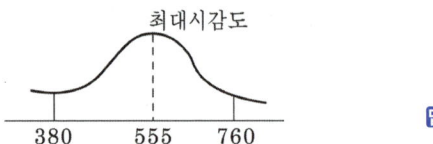
최대시감도
380   555   760
   답 ④

07 제너다이오드에 관한 설명 중 틀린 것은?

① 정전압 소자이다.
② 전압 조정기에 사용된다.
③ 인가되는 전압의 크기에 따라 전류방향이 달라진다.
④ 제너 항복이 발생되면 전압은 거의 일정하게 유지되나 전류는 급격하게 증가한다.

풀이 **제너 다이오드는** 제너 항복을 응용한 정전압 소자로, **전압의 크기가 변하면** 전류의 크기는 변하지만 **방향은 변하지 않는다.**   **답** ③

08 발광에 양광주를 이용하는 조명등은?

① 네온전구
② 네온관등
③ 탄소아크등
④ 텅스텐아크등

풀이 • 양광주 이용 : 네온관등, 수은등 및 형광등
• 음극 글로우 이용 : 네온 전구   **답** ②

09 광질과 특색이 고휘도이고 배광제어가 용이하며 흑화가 거의 일어나지 않는 램프는?

① 수은램프   ② 형광램프
③ 크세논램프   ④ 할로겐램프

풀이 할로겐 전구의 특징
• 동정 곡선이 극히 완만하여 수명 및 광속의 변화가 거의 없다.
• 별도의 점등장치가 필요하지 않다.
• 연색성이 좋다.
• 배광제어가 용이하다.
• 초소형, 경량의 전구(백열전구의 1/10 이상 소형화 가능)
• 온도가 높다.(할로겐 전구의 베이스로 세라믹 사용)
• 휘도가 높다.
• **흑화가 거의 발생하지 않는다.**
• 수명이 백열전구에 비하여 2배로 길다.   **답** ④

10 전기철도에서 귀선 궤조에서의 누설전류를 경감하는 방법과 관련이 없는 것은?

① 보조귀선
② 크로스본드
③ 귀선의 전압강하 감소
④ 귀선을 정(+)극성으로 조정

풀이 귀선궤조에서의 **누설전류 경감 대책**
① 레일을 따라 보조귀선 설치
② 귀선저항을 작게 하기 위하여 레일에 본드(bond)를 시설
• 레일본드 : 레일의 접속부분을 연동선으로 연결
• 크로스 본드 : 양 궤조 간 및 궤조 상호간을 전기적으로 접속하는 본드
③ **귀선을 부(−)극성**   **답** ④

11 저항 온도계의 저항 요소로 사용되지 않는 것은?

① 백금　　　　　② 니켈
③ 구리　　　　　④ 텅스텐

> **풀이** 텅스텐의 저항은 온도 변화에 따라 비선형적으로 변동하고, 내식성이 좋지 않아 저항 온도계에 사용되지 않는다.　　**답** ④

12 광원 중 루미네선스(luminescence)에 의한 발광현상을 이용하지 않는 것은?

① 형광 램프
② 수은 램프
③ 네온 램프
④ 할로겐 램프

> **풀이** • 물체의 온도를 높여서 발광시키는 온도복사 이외의 모든 발광을 루미네선스라 한다.
> • 백열전구나 할로겐 전구는 온도복사를 이용한 광원이다.　　**답** ④

13 $t\sin\omega t$의 라플라스 변환은?

① $\dfrac{\omega}{s^2+\omega^2}$　　　② $\dfrac{\omega^2}{s^2+\omega^2}$

③ $\dfrac{\omega s}{(s^2+\omega^2)^2}$　　④ $\dfrac{2\omega s}{(s^2+\omega^2)^2}$

> **풀이**
> $$\mathcal{L}[t\sin\omega t]=(-1)\frac{d}{ds}\{\mathcal{L}[\sin\omega t]\}$$
> $$=-\frac{d}{ds}\cdot\frac{\omega}{s^2+\omega^2}$$
> $$=-\frac{\omega'\cdot(s^2+\omega^2)}{(s^2+\omega^2)^2}+\frac{\omega\cdot(s^2+\omega^2)'}{(s^2+\omega^2)^2}$$
> $$=-\frac{0}{(s^2+\omega^2)^2}+\frac{2\omega s}{(s^2+\omega^2)^2}$$
> $$=\frac{2\omega s}{(s^2+\omega^2)^2}$$
> **답** ④

14 납 축전지의 충전 후의 비중은?

① 1.18 이하　　　② 1.2～1.3
③ 1.4～1.5　　　④ 1.5 이상

> **풀이** 납축전지의 비중은 완전 충전 시 1.26-1.28 [g/cm³], 방전 시 1.14 [g/cm³]이다.　　**답** ②

15 등기구의 표시 중 H자로 표시가 있는 것은 어떤 등인가?

① 백열등　　　　② 수은등
③ 형광등　　　　④ 나트륨등

> **풀이**　H : 수은등
> M : 메탈 헬라이드등
> N : 나트륨등
> X : 크세논등
> F : 형광등　　**답** ②

16 전동기 절연물의 종별에서 허용온도 상승한도가 130[℃]인 것은 어느 것인가?

① Y종　　　　　② A종
③ E종　　　　　④ B종

> **풀이**
>
> | 절연의 종류 | Y | A | E | B | F | H | C |
> |---|---|---|---|---|---|---|---|
> | 허용 최고 온도[℃] | 90 | 105 | 120 | 130 | 155 | 180 | 180 초과 |
>
> **답** ④

17 다음 중 열 용량의 단위를 나타내는 것은?

① [J/℃ kg]　　　② [J/℃]
③ [J/cm²℃]　　　④ [J/cm³℃]

> **풀이** 전기에서 정전 용량 $C=\dfrac{Q}{V}\left[\dfrac{C}{V}=F\right]$이고,
> 열에서는 Q(전기량) → Q열량(kcal)으로 전위차 V[V]가 온도차 V[℃]로 되므로
> $$\frac{C}{V}\Rightarrow\frac{\text{kcal}}{℃}\Rightarrow\text{J/℃로 되어진다.}$$
> **답** ②

18 스테판 볼츠만(Stefan-Boltzmann) 법칙을 이용하여 온도를 측정하는 것은?

① 광 고온계　　　② 저항 온도계
③ 열전 온도계　　④ 복사 고온계

풀이 온도계의 동작 원리

온도계의 종류	동작원리
저항 온도계	측온체의 저항값 변화
열전 온도계	제벡 효과
복사(방사) 고온계	스테판-볼츠만의 법칙
광고온계	플랑크의 방사 법칙

답 ④

19 반도체에 빛이 가해지면 전기 저항이 변화되는 현상은?

① 홀효과   ② 광전효과
③ 제벡효과   ④ 열진동효과

풀이 **광전효과** : 광전효과는 광도전 효과와 광기전력효과가 있다.
• 광도전효과 : 광에너지를 흡수하여 전기저항이 변화하는 현상
• 광기전력효과 : 광에너지를 흡수하여 전하분포가 변화하는 현상

답 ②

20 직류 전동기의 속도 제어에 쓰이지 않는 것은?

① 전류 제어   ② 전압 제어
③ 저항 제어   ④ 계자 제어

풀이 **직류 전동기의 속도 제어법 비교**

구 분	제어 특성	특 징
계자 제어법	• 정출력 제어	• 속도 제어 범위가 좁다.
전압 제어법	• 정토크 제어 – 워드 레오나드 방식 – 일그너 방식	• 제어 범위가 넓다. • 손실이 매우 적다. • 정역 운전이 가능 • 설비비가 많이 든다.
직렬 저항법		• 효율이 나쁘다.

답 ①

문제의 번호는 실제 시험문제의 번호와 같게 하였습니다.

2025년 - 1회 _ 공사산업기사

01 전기회로와 열회로의 대응관계로 틀린 것은?

① 전류-열류
② 전압-열량
③ 도전율-열전도율
④ 정전용량-열용량

풀이

전기	전압	전기량	전류	도전율	저항	정전용량
열	온도차	열량	열류	열전도율	열저항	열용량

답 ②

02 그림과 같은 배광곡선과 루소선도에서 반사갓이 없는 형광등의 루소선도는 어느 것인가?

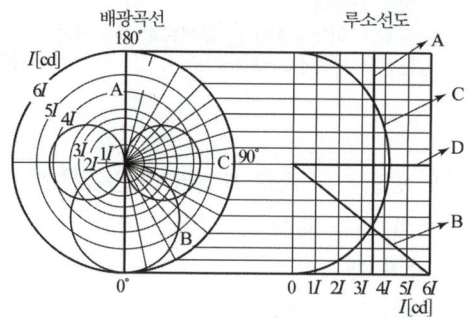

① A
② B
③ C
④ D

풀이

성질 \ 광원	직선	원판	평면판	원통	구면	반구면
수직배광곡선						
루소선도						

답 ③

03 목재의 건조, 베니어판 등의 합판에서의 접착 건조, 약품의 건조 등에 적합한 전기 건조 방식은?

① 아크 건조
② 고주파 건조
③ 적외선 건조
④ 자외선 건조

풀이 고주파 가열에는 유도 가열과 유전 가열이 있다.

항목	유전 가열	유도 가열
원리	유전체손 이용	와류손 및 히스테리시스손실 이용
적용	목재의 건조, 목재의 접착, 비닐막 가공 등 절연체(유전체)에 이용	• 표면가열 : 표면담금질, 금속의 표면처리, 국부가열 • 반도체 정련 : 단결정 제조 등에 이용

답 ②

04 파장폭이 좁은 3가지의 빛을 조합하여 효율이 높은 백색 빛을 얻는 3파장 형광램프에서 3가지 빛이 아닌 것은?

① 청색
② 녹색
③ 황색
④ 적색

풀이 삼파장 형광등은 파장 폭이 좁은 청색·녹색 및 적색 빛을 조합하여 효율이 높은 백색 빛을 얻는 등으로서 특징은 다음과 같다.
• 가장 밝은 형광등이다.
• 색상이 보다 자연적이며, 아름답고 선명하게 보인다.
• 산뜻하고 싱싱한 분위기를 만든다.
• 전기요금이 절약된다.

답 ③

05 교류식 전기철도가 직류식 전기철도보다 유리한 점은?

① 전철용 변전소에 정류장치를 설치한다.
② 전선의 굵기가 크다.
③ 차내에서 전압의 선택이 가능하다.
④ 변전소간의 간격이 짧다.

풀이 (1) 직류 방식
　① 전기차 설비가 간단하다.
　② 통신선 유도장해가 적다.
　③ 절연이 용이하다.
　④ 전철용 변전소에 정류장치를 설치해야 하므로 건설비가 높다.
　⑤ 전선의 굵기가 크다.
　⑥ 전력손실, 전압강하가 크므로 변전소의 간격을 짧게 한다.
　⑦ 보호방식이 복잡하다.
　⑧ 전식에 의한 피해가 있다.
　(2) **단상 교류 방식**
　① 전선의 굵기가 적다.
　② **차내에서 전압의 선택이 가능**하다.
　③ 전력손실이 적으므로 변전소 간격을 길게 할 수 있다.
　④ 전식에 의한 피해가 없다.
　⑤ 통신선 유도장해가 크다.　　　　**답** ③

06 반사율 ρ, 투과율 τ, 반지름 r 인 완전 확산성 구형 글로브의 중심의 광도 I 의 점광원을 켰을 때, 광속 발산도는?

① $\dfrac{\rho I}{r^2(1-\rho)}$　　　② $\dfrac{4\pi\rho I}{r^2(1-\tau)}$

③ $\dfrac{\tau I}{r^2(1-\rho)}$　　　④ $\dfrac{\rho\pi I}{r^2(1-\rho)}$

풀이 $R = \dfrac{F\eta}{S} = \dfrac{4\pi I}{4\pi r^2}\cdot\dfrac{\tau}{1-\rho} = \dfrac{\tau I}{r^2(1-\rho)}$ [rlx]　**답** ③

07 저항 용접에 속하지 않는 것은?
① 심 용접
② 아크 용접
③ 스폿 용접
④ 프로젝션 용접

풀이 저항 용접의 종류
　① 겹치기 저항 용접
　　• **점(spot) 용접** : 전구의 필라멘트 용접, 열전대의 용접
　　• 돌기 용접(**프로젝션 용접**)
　　• **심 용접** : 이음매 용접
　② 맞대기 저항 용접
　　• 업셋 맞대기 용접
　　• 플래시 맞대기 용접
　　• 충격 용접　　　　　　　　　　**답** ②

08 회전축에 대한 관성모멘트가 150[kg·m²]인 회전체의 플라이휠 효과(GD^2)는 몇 [kg·m²]인가?

① 450　　　　② 600
③ 900　　　　④ 1000

풀이 관성모멘트 $J = \dfrac{1}{4}GD^2$ [kg·m²]

$\therefore GD^2 = 4\times J = 4\times 150 = 600$ [kg·m²]　**답** ②

09 정전압 소자로 사용되는 다이오드는?
① 제너 다이오드
② 터널 다이오드
③ 포토 다이오드
④ 발광 다이오드

풀이 ① **제너 다이오드** : 제너 항복을 응용한 **정전압 소자**이다.
　② 터널 다이오드(에사키 다이오드) : 터널 효과에 의한 부성특성으로 증폭이나 발진 등에 사용된다.
　③ 포토 다이오드 : 빛에 의해서 변화하는 전압 전류 특성을 가진다.
　④ 발광 다이오드(LED) : 일렉트로 루미네선스의 발광 현상을 이용한 소자이다.　**답** ①

10 유도 전동기의 속도 제어가 아닌 것은?
① 2차 저항 제어
② 계자 제어
③ 공급 단자 전압 제어
④ 극수 변환

풀이 유도 전동기의 속도 제어
　① 주파수 변환
　② **극수 변환**
　③ **전압 제어(공급 단자)**
　④ **2차 저항 제어**　　　　　　　**답** ②

11 모든 방향의 광도 360[cd]되는 전등을 지름 3[m]의 책상중심 바로 위 2[m] 되는 곳에 놓았다. 책상 위의 최소 수평 조도[lx]는?

① 23　　　　② 46
③ 62　　　　④ 90

풀이 그림에서와 같이 책상위 최대 수평 조도의 점은 제일 가까운 점 O가 되고 최소 수평 조도의 점은 책상끝 C 혹은 B점이 된다.

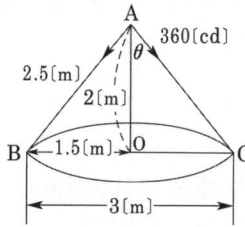

B점에서 수평면 조도

$$\frac{360}{2.5^2}\cos\theta = \frac{360}{2.5^2} \times \frac{2}{2.5} = \frac{720}{2.5^3} = 46.1[\text{lx}]$$ **답** ②

12 전기철도의 교류 급전방식 중 AT 급전방식은 어떤 변압기를 사용하여 급전하는 방식을 말하는가?

① 단권변압기
② 흡상변압기
③ 스코트변압기
④ 3권선변압기

풀이 **단권변압기(AT) 급전방식**
① 레일에 흐르는 전류를 차량을 중심으로 각각 반대방향의 AT 쪽으로 흐르게 하여 근접통신선에 대한 유도장해를 경감하고 전압변동 및 전압 불평형을 억제하는 급전방식
 • 교류전기 방식에 적용
 • 단권 변압기(AT : Auto Transformer) : 권선비 1 : 1인 변압기를 급전선과 전차선 사이에 병렬로 설치 접속하고 변압기 권선의 중성점을 레일에 접속한다. 설치 간격은 약 10[km] 정도 된다.
② AT급전 방식의 특징
 • 급전전압이 차량 공급전압의 2배로서 전압강하율이 적다.
  따라서 대 전력 공급측면에서 유리하며 중성점이 접지되어 있어 실제 절연 레벨은 급전전압의 1/2이 된다.
 • 전압강하가 적으므로 변전소 이격거리가 길다.
 • 부하전류는 인접한 양쪽의 AT로 흡상되므로 통신 유도 장해가 적다.
 • BT 급전방식과 같은 섹션이 불필요하다.   **답** ①

13 전구의 필라멘트나 열전대 용접에 알맞은 방법은?

① 점 용접
② 돌기 용접
③ 심 용접
④ 불활성 용접

풀이 • 점 용접 : 필라멘트, 열전대 용접
 • 심 용접 : 이음매 용접   **답** ①

14 전동기 절연물의 종별에서 허용온도 상승한도가 130[℃]인 것은 어느 것인가?

① Y종
② A종
③ E종
④ B종

풀이

절연의 종류	Y	A	E	B	F	H	C
허용 최고 온도[℃]	90	105	120	130	155	180	180 초과

답 ④

15 투명 네온관등에 네온가스를 봉입하였을 때 광색은?

① 등색
② 황갈색
③ 고동색
④ 등적색

풀이 가스와 광색

봉입가스	유리관색	관등의 색
네 온	투 명	등적색
	청 색	등 색
아르곤과 수은	투 명	청 색
	황록색	녹 색
헬 륨	투 명	백 색
	황갈색	황갈색
아르곤	투 명	고동색

답 ④

16 1[kW]의 전열기를 사용하여 20[℃]의 물 10[l]를 80[℃]까지 올리는데 걸리는 시간은?

① 약 1시간
② 약 30분
③ 약 1시간 15분
④ 약 42분

풀이 전열기 용량 $P = \dfrac{Mc(T_2 - T_1)}{860\eta t}$ [kW] 에 의하여 시간을 산출한다.

여기서, P : 전력[kW]

t : 시간[h]

M : 물의 양[l],

T_1, T_2 : 물의 온도[℃],

c : 비열

η : 효율, 주어지지 않았으므로 1로 본다.

$$\therefore t = \frac{Mc(T_2 - T_1)}{860P}$$

$$= \frac{10 \times 1 \times (80° - 20°)}{860 \times 1} ≒ 0.7[h] \times 60$$

$$= 42[min]$$

답 ①

17 rate 동작이라고도 하며 제어 오차가 검출될 때 오차가 변화하는 속도에 비례하여 조작량을 가감하도록 하는 동작은?

① 미분 동작

② 비례 적분 동작

③ 적분 동작

④ 비례 동작

풀이

종 류		특 징
P	비례동작	• 정상오차를 수반 • 잔류편차 발생
I	적분동작	• 잔류편차 제거
D	미분동작	• 오차가 커지는 것을 미리 방지
PI	비례적분동작	• 잔류편차 제거 • 제어결과가 진동적으로 될 수 있다.
PD	비례미분동작	• 응답 속응성의 개선
PID	비례적분미분동작	• 잔류편차 제거 • 응답의 오버슈트 감소 • 응답 속응성의 개선

답 ①

18 1차 전지의 국부작용을 방지하기 위해 아연 전극을 아말감화할 때 사용하는 금속은?

① 구리 (Cu)　　② 주석 (Sn)

③ 납 (Pb)　　④ 수은 (Hg)

풀이 아연 음극 또는 전해액 중 불순물(Cu, Ni, Fe, Sb 등)이 섞이면 국부 전류에 의한 전극의 부분 용해로서 자체 방전이 생기고 수명이 단축된다. 이것을 방지하기 위하여 아연 전극에 수은 도금을 하거나 순도가 높은 전극 재료를 사용한다.

답 ④

19 전기철도에서 전기부식방지 방법 중 전기철도 측 시설이 아닌 것은?

① 레일에 본드를 시설한다.

② 레일을 따라 보조귀선을 설치한다.

③ 변전소 간 간격을 짧게 한다.

④ 매설관의 표면을 절연한다.

풀이 레일과 변전소간에 상당한 전위차가 생기면 누설 전류가 흐르고, 그 누설 전류에 의해 지중 매설물에 전해 작용이 일어나서 점점 얇아지게 된다. 이것을 전식이라고 하며 그 방지 대책은 다음과 같다.

(1) 전철측 시설

　① 귀선 저항을 작게 하기 위하여 레일에 본드를 시설하고 그 시공, 보수에 충분히 주의한다.

　② 레일을 따라 보조귀선을 설치한다.

　③ 변전소 간의 간격을 짧게 한다.

　④ 귀선의 극성을 정기적으로 바꾼다.

　⑤ 대지에 대한 레일의 절연저항을 크게 한다.

　⑥ 3선식 배전법을 사용한다.

　⑦ 절연 음극 궤전선을 설치하여 레일과 접속한다.

　⑧ 가장 먼 ⊖궤전선에 음극 승압기를 설치한다.

(2) 매설관측 시설

　① 배류법 : 선택 배류법, 강제 배류법

　② 매설관의 표면 또는 접속부를 절연하는 방법

　③ 도전체로 차폐하는 방법

　④ 전위 제어법

답 ④

20 전기분해에 의하여 전극에 석출되는 물질의 양은 전해액을 통과하는 총 전기량에 비례하며 그 물질의 화학당량에 비례하는 법칙은?

① 줄(Joule)의 법칙

② 암페어(Ampere)의 법칙

③ 톰슨(Thomson)의 법칙

④ 패러데이(Faraday)의 법칙

풀이 패러데이 법칙

전기 분해에 의해 석출되는 물질의 양은 전해액을 통과하는 총 전기량에 비례하고 또 물질의 화학 당량에 비례한다.

$$W = KQ = KIt[g]$$

여기서, W : 석출되는 물질의 양[g]
K : 화학당량[g/C]
Q : 통과한 전기량($Q = It$)[C]
I : 전류[A], t : 시간[s]

답 ④

2025년 - 2회 _ 공사산업기사

01 방전등의 전압 전류 특성은 마이너스(負特性)이므로 이것을 일정 전압의 전원에 연결하면 전류가 급속히 증대되어 방전등을 파괴한다. 이것을 방지하기 위하여 필요한 장치는?

① 점등관
② 콘덴서
③ 안정기
④ 초크 코일

풀이 방전등에 전류의 안정을 얻기 위하여 접속하는 저항 또는 초크 코일을 안정기라 한다.

답 ③

02 자동차 기타 차량 공업, 기계 및 전기 기계 기구, 기타의 금속 제품의 도장을 건조하는데 이용되는 가열은?

① 저항 가열
② 고주파 가열
③ 유도 가열
④ 적외선 가열

풀이 ① 적외선 가열 : 적외선 전구에 의하여 피건조물을 가열하고 건조하는 것
② 적외선 가열의 특징
- 신속하고 효율이 좋으며 표면 가열이 가능하다.
- 조작이 간단하고 온도 조절이 쉬우며, 시간 지연이 매우 적다.
- 설비비가 적고 소요 면적이 적어도 가능하다.
- 적외선 전구를 배열하는 구조로 매우 간단하다.
- 두께가 얇은 재료에 적합하고, 주로 섬유, 도장 관계에 많이 사용된다.

답 ④

03 축전지의 용량을 표시하는 단위는?

① J
② Wh
③ Ah
④ VA

풀이 축전지 용량[Ah] = 방전 전류[A] × 방전 시간[h]

답 ③

04 2개의 곡선반경 중심이 선로에 대해 서로 반대측에 위치하는 선로 곡선은?

① 단심곡선
② 복심곡선
③ 반향곡선
④ 완화곡선

풀이 ① 단심곡선 : 원의 중심이 1개인 곡선
② 복심곡선 : 반경이 다른 원 2개의 중심이 동일한 축에 위치한 곡선
③ 반향곡선 : 두 개의 곡선 반경의 중심이 선로에 대해 서로 반대 측에 위치한 곡선
④ 완화곡선 : 직선부와 곡선부 사이에 설치하는 완만한 곡선

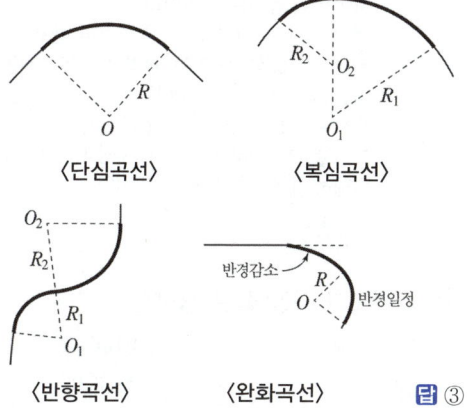

〈단심곡선〉　〈복심곡선〉

〈반향곡선〉　〈완화곡선〉

답 ③

05 다음 납축전지에 대한 설명 중 잘못된 것은?

① 납 축전지의 전해액의 비중은 1.2 정도이다.
② 납 축전지의 격리막은 양극과 음극의 단락 보호용이다.
③ 전지의 내부 저항은 클수록 좋다.
④ 전지 용량은 [Ah]로 표시하며 10시간 방전율을 많이 쓴다.

풀이 전지의 내부 저항이 클수록 전지 내부의 전압강하도 커지고 손실도 증가하므로, 가능한 한 전지의 내부저항은 작을수록 좋다.　　　　　　　**답** ③

06 기중기 등으로 물건을 내릴 때 또는 전차가 언덕을 내려가는 경우 전동기가 갖는 운동에너지를 전기에너지로 변환하고, 이것을 전원에 반환하면서 속도를 점차로 감속시키는 제동법은?

① 발전제동　　　　② 회생제동
③ 역상제동　　　　④ 와류제동

풀이 전동기의 전기적 제동
① 발전 제동 : 전동기의 전기자를 전원에서 끊고 전동기를 발전기로 동작시켜 회전 운동 에너지로서 발생하는 전력을 그 단자에 접속한 저항에서 열로 소비시키는 제동 방법이다.
② 회생 제동 : 전동기에 전원을 접속한 상태에서 전동기에 유기되는 역기전력을 전원 전압보다 높게 하여 회전 운동 에너지로 발생되는 전력을 전원측에 반환하면서 제동하는 방법이다.
③ 역상 제동 : 전동기의 전원 접속을 바꾸어 역토크를 발생시켜 급정지시키는 방법으로 역전제동 또는 플러깅(plugging)이라 한다.
④ 와전류 제동 : 전동기 축에 동심으로 설치한 구리의 원판을 자계 내에서 회전시켜 동판에 생긴 와전류에 의해서 제동력을 얻는 방법이다.　　**답** ②

07 시감도가 가장 좋은 광색은?

① 청색　　　　② 백색
③ 적색　　　　④ 황록색

풀이 어느 파장의 에너지가 빛으로 느껴지는 정도를 시감도라 하며, 최대 시감도는 파장 555[nm](5550[Å])의 황록색에서 발생하고, 그 때의 시감도는 680[lm/W]이다.
　　　　　　　　　　　　　　　　답 ④

08 온도가 20[℃] 일 때 저항률의 온도계수가 가장 작은 금속은?

① 금　　　　② 철
③ 알루미늄　　　④ 백금

풀이 온도계수의 크기
알루미늄 > 구리 > 백금 > 금　　**답** ①

09 SCR을 역병렬로 접속한 것과 같은 특성의 소자는?

① TRAIC　　　② GTO
③ SCS　　　　④ SSS

풀이 트라이액(TRIAC : Triode AC Switch)

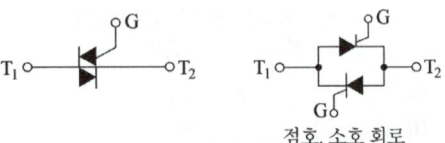

점호, 소호 회로

트라이액은 두 개의 SCR을 역병렬한 것을 한 개의 소자로 만든 것으로서 무접점 스위치나 위상 제어 회로, 가정용 조광 장치 및 전기로의 온도 조절 또는 전동기의 속도 제어 등에 광범위하게 응용되고 있다.　**답** ①

10 평균 구면 광도 100[cd]의 전구 5개를 지름 10[m]인 원형의 방에 점등할 때 조명률 0.5, 감광 보상률 1.5라 하면, 방의 평균 조도[lx]는?

① 약 35　　　　② 약 26
③ 약 48　　　　④ 약 59

풀이 $FUN = AED$ 에서
(여기서, F : 등기구 1개의 총 광속, U : 조명률,
　　　　N : 조명기구 개수, A : 면적, E : 평균 조도,
　　　　D : 감광보상률)
구광원이므로 $F = 4\pi I = 4\pi \times 100 = 400\pi$[lm]
$N = 5$, $U = 0.5$, $D = 1.5$, $A = \pi \times 5^2 = 25\pi$이므로
$\therefore E = \dfrac{FUN}{AD} = \dfrac{400\pi \times 5 \times 0.5}{25\pi \times 1.5} \fallingdotseq 26.7$[lx]　**답** ②

11 전기차량의 구동용 주전동기의 특성을 설명한 것이다. 틀린 것은?

① 직류 직권 전동기의 회전수 n은 단자 전압에 비례 하고 부하전류에 반비례한다.
② 직류 직권 전동기의 토크는 전류의 2승에 비례한다.
③ 유도 전동기는 VVVF 인버터 장치가 필요하다.
④ 유도 전동기 2차전류(I_R)은 자속 P와 주파수 f_s에 반비례한다.

풀이
① $N = K_1 \dfrac{V}{\phi} = K_2 \dfrac{V}{I}$ $(\because I \propto \phi)$

② $T = K_1 \phi I = K_2 I^2$ $(\because I \propto \phi)$

③ 3상 유도 전동기는 속도 제어 및 기동 특성 개선을 위하여 인버터(VVVF)가 필요하다.

④ 조건에 맞지 않는다. **답** ④

12 서로 다른 두 개의 금속이나 반도체를 접속하여 전류를 인가하면 접합부에서 열이 발생하거나 흡수되는 현상은?

① 제벡 효과
② 펠티에 효과
③ 톰슨 효과
④ 핀치 효과

풀이
① 제벡 효과 : 열전온도계, 즉 두 금속을 두 접점으로 폐회로를 만들고 두 접점의 온도를 달리하면 기전력이 발생한다. 이 열기전력은 두 접점 간의 온도차에 비례한다. 이 두 금속을 열전대라 하고 이것을 이용한 것이 열전 온도계이다.

② 펠티에 효과(Peltier effect) : 서로 다른 두 종류의 금속선으로 폐회로를 만들고 온도를 일정하게 유지하면서 전류를 흘리면 금속선의 접속점에서 열의 흡수(온도 강하) 또는 발생(온도 상승)이 일어나는 현상이다.

③ 톰슨 효과 : 제벡 효과의 역현상의 일종으로 동종의 금속의 접점에 전류를 통하면 전류 방향에 따라 열을 발생 또는 흡수하는 현상이다.

④ 핀치 효과 : 용융체에 강한 전류를 통하면 전자력에 의한 인력이 커지므로 용융체가 도중에서 끊어져 전류가 끊어지는 현상을 말한다. **답** ②

13 목표값이 시간에 따라 변화하지 않는 제어는?

① 정치제어
② 비율제어
③ 추종제어
④ 프로그램제어

풀이 제어 목적에 의한 분류
① 정치 제어 : 제어량을 어떤 일정한 목표값으로 유지하는 것을 목적으로 하는 제어법(연속식 압연기)
② 비율 제어 : 목표값이 다른 것과 일정 비율 관계를 가지고 변화하는 경우의 추종 제어
③ 추종 제어 : 미지의 임의 시간적 변화를 하는 목표값에 제어량을 추종시키는 것을 목적으로 하는 제어법
④ 프로그램 제어 : 미리 정해진 프로그램에 따라 제어량을 변화시키는 것을 목적으로 하는 제어법(무인 엘리베이터, 산업로봇) **답** ①

14 전차용 전동기에 보극을 설치하는 이유는?

① 역회전 방지
② 정류 개선
③ 섬락 방지
④ 불꽃 방지

풀이 보극은 정류불량(불꽃 등)을 개선하기 위해 설치한다. **답** ④

15 30[W] 이하의 진공 전구에 게터로 사용되는 것은?

① 아르곤
② 적린
③ 바륨
④ 알루미늄

풀이 게터는 필라멘트의 증발을 감소시키고 진공을 좋게 하여 유리구의 흑화를 방지하고 수명을 길게 한다.
• 진공 전구 : 적린과 플루오르화소다
• 가스 주입전구 : 질화바륨 과 카올린 **답** ②

16 용해, 용접, 담금질, 가열 등에 가장 적합한 가열방식은?

① 복사가열
② 유도가열
③ 저항가열
④ 유전가열

풀이
① 복사 가열 : 적외선 가열이라고도 하며, 적외선 전구 또는 비금속 발열체 등에서 복사된 적외선을 피열물의 표면에 조사하는 가열
② 유도 가열 : 교류자계 중에 있어서 도전성 물체 중에 생기는 와전류에 의한 전류손 또는 히스테리시스손을 이용하는 가열로 금속의 표면 담금질 · 형조 · 용해 · 풀림 · 연납땜 · 경납땜 등에 응용된다.
③ 저항 가열 : 전류에 의한 옴손을 이용한 가열
④ 유전 가열 : 고주파 전계 중에 절연성 피열물을 놓고, 여기에 생기는 유전체손을 이용하는 가열 **답** ②

17 동의 원자량은 63.54이고 원자가가 2라면 전기 화학당량은 약 몇 [mg/C]인가?

① 0.229
② 0.329
③ 0.429
④ 0.529

풀이
화학 당량 $= \dfrac{\text{원자량}}{\text{원자가}} = \dfrac{63.54}{2} = 31.77$

1[g] 당량의 물질이 전기 화학적으로 석출, 용해 또는 반응하는 데에 소비되는 전기량은 물질에 관계없이 일정하며 96,500[C]이다.

∴ 전기 화학 당량 $= \dfrac{31.77}{96,500} = 0.0003292\,[\text{g/C}]$

$= 0.3292\,[\text{mg/C}]$ 답 ②

18 휘도가 낮고 효율이 좋으며 투과성이 양호하여 터널 조명, 도로조명, 광장조명 등에 주로 사용되는 것은?

① 형광등 ② 백열전구
③ 나트륨등 ④ 할로겐등

풀이 나트륨등은 나트륨 증기 중의 방전을 이용한 것으로 인공 광원 중 최대 발광 효율(80~150[lm/W])을 나타내며, 단색광으로 연색성이 대단히 나빠 실내조명으로는 부족하다. 투과력이 양호하여 강변 도로등, 안개지역 가로등, 광학시험에 사용된다. 답 ③

19 열전 온도계의 원리는?

① 핀치 효과 ② 제어만 효과
③ 제벡 효과 ④ 홀 효과

풀이

온도계의 종류	동 작 원 리
저항 온도계	측온체의 저항값 변화
열전 온도계	제벡 효과
방사 온도계	스테판–볼츠만의 법칙
광 고 온 계	플랑크의 방사 법칙

답 ③

20 엘리베이터용 전동기에 대한 설명으로 틀린 것은?

① 관성 모멘트가 작아야 한다.
② 기동 토크가 큰 것이 요구된다.
③ 플라이휠 효과(GD^2)가 커야 한다.
④ 가속도의 변화율이 적어야 한다.

풀이 엘리베이터에 사용되는 전동기의 특성
① 플라이휠 효과(회전부분의 관성 모멘트)는 적어야 한다(기동 · 정지가 빈번).
② 가속도의 변화비율이 일정 값이 되도록 선택(가속 · 감속 시)한다.
③ 기동 토크가 커야 한다.
④ 소음이 적어야 한다. 답 ③

2025년 - 3회 _ 공사산업기사

01 루소선도에서 전광속 F와 면적 S 사이의 관계식으로 옳은 것은? (단, a와 b는 상수이다.)

① $F = \dfrac{a}{S}$ ② $F = aS$

③ $F = aS + b$ ④ $F = aS^2$

풀이 루소선도에 의한 광속계산

총 광속 $F = aS = \dfrac{2\pi}{r} \times$(루소 그림의 면적)[lm]

(단, $a = \dfrac{2\pi}{r}$)

① 하반구 광속

$F_1 = \dfrac{2\pi}{r} \times$(루소 그림의 0°~90° 사이의 면적)[lm]

② 상반구 광속

$F_2 = \dfrac{2\pi}{r} \times$(루소 그림의 90°~180° 사이의 면적)[lm]

답 ②

02 유도가열과 유전가열의 공통된 특성은?

① 도체만을 가열한다.
② 선택가열이 가능하다.
③ 절연체만을 가열한다.
④ 직류를 사용할 수 없다.

풀이 유전 가열과 유도 가열의 비교

항목	유전 가열	유도 가열
원리	유전체손 이용	와류손 및 히스테리시스 손실 이용
적용	절연체(유전체)	금속(도체), 반도체
전원	교류(**직류 사용불가**) 1~200[MHz]	교류(**직류 사용불가**) • 저주파 유도 가열 : 60[Hz] • 고주파 유도 가열 : 5~20[kHz]

답 ④

03 비례 적분(PI) 제어 동작의 특징에 해당하는 것은?

① 간헐 현상이 있다.
② 응답의 안정성이 작다.
③ 잔류 편차가 생긴다.
④ 응답의 진동 시간이 길다.

> **풀이** 비례 적분 제어계는 계단 변화에 대하여 잔류 편차가 없는 것이 장점이며 간헐 현상이 있다. **답** ①

04 다음 납축전지에 대한 설명 중 잘못된 것은?

① 납 축전지의 전해액의 비중은 1.2 정도이다.
② 납 축전지의 격리막은 양극과 음극의 단락 보호용이다.
③ 전지의 내부 저항은 클수록 좋다.
④ 전지 용량은 [Ah]로 표시하며 10시간 방전율을 많이 쓴다.

> **풀이** 전지의 내부 저항이 클수록 전지 내부의 전압강하도 커지고 손실도 증가하므로, 가능한 한 전지의 내부저항은 작을수록 좋다. **답** ③

05 반사율 ρ, 투과율 τ, 흡수율 δ일 때 이들의 관계식은?

① $\rho + \tau - \delta = 1$ ② $\rho - \tau + \delta = 1$
③ $\rho + \tau + \delta = 1$ ④ $\rho - \tau - \delta = 1$

> **풀이**
> • 반사율 $\rho = \dfrac{\text{반사 광속}}{\text{입사 광속}} \times 100[\%]$
> • 투과율 $\tau = \dfrac{\text{투과 광속}}{\text{입사 광속}} \times 100[\%]$
> • 흡수율 $\delta = \dfrac{\text{흡수 광속}}{\text{입사 광속}} \times 100[\%]$의 식으로부터
> $\rho + \tau + \delta = 1$이 된다. **답** ③

06 다음 중 전기건조방식의 종류가 아닌 것은?

① 전열 건조   ② 적외선 건조
③ 자외선 건조   ④ 고주파 건조

> **풀이** 적외선을 열선이라고 하는데 대응하여 자외선은 화학작용이 강하므로 화학선이라 하기도 한다.
> 즉, 적외선이 건조에 사용되는 반면 자외선은 살균, 유기물 분해 및 소독 등에 사용되고 건조에는 사용되지 않는다. **답** ③

07 SCR을 두 개의 트랜지스터 등가 회로로 나타낼 때의 올바른 접속은?

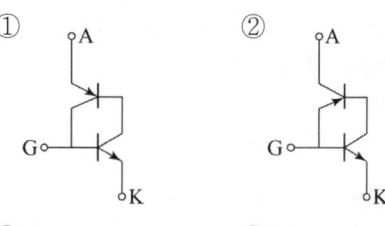
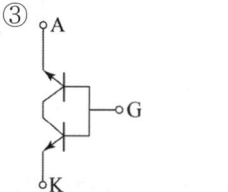
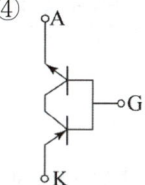

> **풀이** SCR의 기호
>
>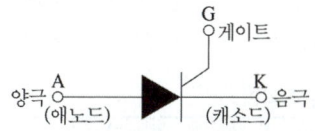
>
> A : Anode(양극), G : Gate, K : Cathode(음극)
> **답** ①

08 다음 ( )에 들어갈 도금의 종류로 옳은 것은?

> ( )도금은 철, 구리, 아연 등의 장식용과 내식용으로 사용되며, 크롬도금의 전 단계 공정으로 이용되고 있다.

① 동   ② 은
③ 니켈   ④ 카드뮴

> **풀이** 니켈도금의 방법 중 하나인 전기도금은 황산니켈 · 염화암모늄 · 붕산용액 또는 염화니켈을 첨가한 용액을 사용하여 니켈을 양극으로 하고 금속을 음극으로 해서 전류를 흐르게 하는 것으로서 철, 구리, 아연 등의 장식용과 내식용으로 사용되며, 대부분 그 위에 얇은 크롬도금을 입혀서 사용한다. **답** ③

09 형광등을 사용함에 따라 광속이 감속하는 원인이 아닌 것은?

① 전극의 전자 복사가 적어진다
② 방전관의 양단의 흑화 현상
③ 형광체의 열화
④ 형광등의 부특성

풀이 점등 후 전압이 낮아지고 전류가 증가하는 현상을 형광등의 부특성(負特性)이라 하며, 이는 광속 감소와 직접적인 관련은 없다. **답** ④

10 스테판 볼츠만(Stefan–Boltzmann) 법칙을 이용하여 온도를 측정하는 것은?

① 광 고온계
② 저항 온도계
③ 열전 온도계
④ 복사 고온계

풀이 온도계의 동작 원리

온도계의 종류	동작원리
저항 온도계	측온체의 저항값 변화
열전 온도계	제벡 효과
복사(방사) 고온계	스테판–볼츠만 법칙
광고온계	플랑크의 방사 법칙

답 ④

11 동력 전달 효율이 78.4[%]인 권상기로 30[t]의 하중을 매분 4[m]의 속력으로 끌어 올리는데 필요한 동력은 약 몇 [kW]인가?

① 14
② 18
③ 21
④ 25

풀이 $P = \dfrac{KWV}{6.12\eta} = \dfrac{30 \times 4}{6.12 \times 0.784} = 25[kW]$

여기서, K : 손실계수 (여유계수)
W : 중량(하중)[ton]
V : 권상속도[m/min], η : 효율 **답** ④

12 자동제어에서 제어량에 의한 분류인 것은?

① 정치 제어
② 연속 제어
③ 불연속 제어
④ 프로세스 제어

풀이 ① 제어량의 성질에 의한 분류
: 프로세스 제어, 서보 제어, 자동 조정 제어
② 목표값의 성질에 의한 분류
: 정치 제어, 추치 제어 **답** ④

13 권상하중 10000[kg], 권상속도 5[m/min]의 기중기용 전동기 용량은 약 몇 [kW]인가? (단, 전동기를 포함한 기중기의 효율은 80[%]라 한다.)

① 7.5
② 8.3
③ 10.2
④ 14.3

풀이 전동기 용량 P는
$P = \dfrac{KWV}{6.12\eta} = \dfrac{10000 \times 10^{-3} \times 5}{6.12 \times 0.8} = 10.2[kW]$

여기서, K : 손실계수 (여유계수)
W : 중량(하중)[ton]
V : 권상속도[m/min]
η : 효율 **답** ③

14 강철의 표면 열처리에 가장 적합한 가열 방법은?

① 간접 저항 가열
② 직접 아크 가열
③ 고주파 유도 가열
④ 유전 가열

풀이 고주파 유도 가열은 전류가 금속 표면에 집중되는 표피 효과를 이용해 강철의 표면만 빠르게 가열·경화시키는 방법으로, 표면 열처리에 적합하다. **답** ③

15 인버터(inverter)의 용도는?

① 교류를 직류로 변환
② 직류를 직류로 변환
③ 교류를 교류로 변환
④ 직류를 교류로 변환

풀이 • 인버터 : 직류 전원을 교류 전원으로 변환하는 장치
• 컨버터 : 교류 전원을 직류 전원으로 변환하는 장치 **답** ④

16 출력 7200[W], 800[rpm]로 회전하고 있는 전동기의 토크[kg · m]는 약 얼마인가?

① 0.14 ② 8.77

③ 86 ④ 115

풀이 토크 $T = 0.975 \frac{P}{N} = 0.975 \times \frac{7200}{800}$
$= 8.77[\text{kg} \cdot \text{m}]$ **답** ②

17 전기화학 공업에서 직류전원으로 요구되는 사항이 아닌 것은?

① 일정한 전류로서 연속운전에 견딜 것
② 효율이 높을 것
③ 고전압 저전류일 것
④ 전압조정이 가능할 것

풀이 전기 화학용 직류 전원의 요구 사항
① 저전압 대전류 일 것
② 효율이 높을 것
③ 전압조정이 가능할 것
④ 정전류로써 연속운전에 견딜 것
⑤ 시설비가 저렴하고, 신뢰성이 높을 것
⑥ 보수, 운전, 취급이 간단할 것 **답** ③

18 어느 쪽 게이트에서든 게이트 신호를 인가할 수 있고 역저지 4극 사이리스터로 구성된 것은?

① SCS ② GTO

③ PUT ④ DIAC

풀이 SCS(Silicon Controlled Switch)는 두 개의 게이트와 애노드, 캐소드의 4단자 구조, P층과 N층에서 게이트를 뽑아낸 PNPN 4층 구조이다.

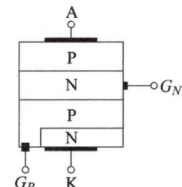 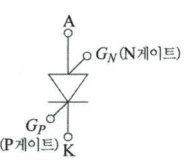

P게이트만 사용하면 일반 사이리스터(SCR)로 사용하고 N게이트만 사용하면 PUT로도 사용할 수 있다. 양쪽의 게이트를 사용하여 감도를 높이고 유리 전류를 광범위하게 조절할 수 있다. **답** ①

19 휘도가 균일한 긴 원통 광원의 축 중앙 수직 방향의 광도가 100[cd]이다. 이 원통 광원의 구면 광도는?

① 약 157[cd] ② 약 78.5[cd]

③ 약 100[cd] ④ 약 92.5[cd]

풀이 원통 광원 수직 방향의 광도 I_0와 전광속 F 사이에는,
$\therefore F = \pi^2 I_0 = 3.14^2 \times 100 = 985[\text{lm}]$
평균 구면 광도 I는
$I = \frac{F}{4\pi} = \frac{985}{4\pi} = 78.5[\text{cd}]$ **답** ②

20 궤간이 1[m]이고 반경이 1270[m]인 곡선궤도를 64[km/h]로 주행하는 데 적당한 고도는 약 몇 [mm]인가?

① 13.4 ② 15.8

③ 18.6 ④ 25.4

풀이 $h = \frac{GV^2}{127R} = \frac{1,000 \times 64^2}{127 \times 1,270} = 25.4[\text{mm}]$
여기서, h : 켄트[mm], G : 궤간[mm]
R : 곡선 반지름[m]
V : 열차속도[km/h]이다. **답** ④

전기기사시리즈 6

전기응용 공사재료

발　　행 / 2025년 12월 30일

|저자와의
협의에
따라
인지생략|

・

저　　자 / 검정연구회
펴 낸 이 / 정 창 희
펴 낸 곳 / 동일출판사
주　　소 / 서울시 강서구 곰달래로31길7 (2층)
전　　화 / 02) 2608-8250
팩　　스 / 02) 2608-8265
등록번호 / 제109-90-92166호

ISBN 978-89-381-1739-7 13560
값 / 22,000원